ニューヨーク
都市居住の社会史

A History of Housing
in New York City
Dwelling Type and Social Changes
in the American Metropolis

ニューヨーク
都市居住の社会史

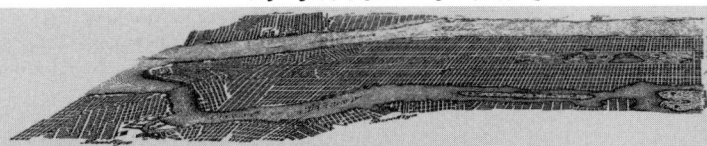

リチャード・プランツ
Richard Plunz
酒井詠子 訳

鹿島出版会

A History of Housing in New York City
Dwelling Type and Social Changes in the American Metropolis

Richard Plunz ©

First published in the United States by Columbia University Press, 1990.
Published in Japan by Kajima Institute Publishing Co., Ltd., 2005.

Japanese translation rights arranged through
The Sakai Agency, Tokyo.

目次

日本語版刊行によせて ……………………………………… 7
プロローグ ……………………………………………………… 13

第1章 持てる者と持たざる者 ………………………………… 23
第2章 急増するテナメント生活 ……………………………… 47
第3章 不平等なハウジング …………………………………… 81
第4章 テナメントを超えて …………………………………… 123
第5章 ガーデン・アパートメント …………………………… 161
第6章 美学とアイデンティティ ……………………………… 209
第7章 政府の援助と干渉 ……………………………………… 253
第8章 公営ハウジングの病理 ………………………………… 299
第9章 新しい動向 ……………………………………………… 335
第10章 エピローグ ……………………………………………… 373

補遺：エンドゲーム …………………………………………… 403

訳者あとがき …………………………………………………… 411
原註 ……………………………………………………………… 413
図版出典 ………………………………………………………… 448
欧文索引 ………………………………………………………… 457

日本語版刊行によせて

　1609年のヘンリー・ハドソンによるマンハッタン島発見、そして1614年、オランダ商人の植民によって都市としての歴史をスタートするニューヨーク。19世紀前半のエリー運河の開削を契機に、港湾都市として急速な都市化が始まり、大量の移民を受け入れつつ世界でも稀にみる特異なメガロポリス化を果たした都市で、人々はどのような住まいに暮らし、いかなる生活を繰り広げてきたのか。貧富の差、疫病と災害、人種の坩堝、加熱する不動産投機と無秩序な建設活動など、およそ考えられ得るあらゆる社会問題を、そのスタート時点から抱え込まざるを得なかったニューヨークにおける未曾有の都市実験は、建築や都市に携わる人間のみならず、あらゆる学問分野の興味をかき立ててきた。本書は19世紀後半の急速な人口増加によって過密化するニューヨークから筆を起こし、現在に至るまでのおよそ200年間の変化に満ちた都市居住の歴史を、膨大な資料にもとづいて明らかにした記念碑的な作品である。

　本書が出版される以前にこの種の総合的な研究はほとんどなく、チャールズ・ロックウッドの先駆的な研究 *Bricks and Brownstone: The New York Row House, 1783-1929, An Architectural and Social History*（1972）や、エリザベス・クロムレイが1982年にニューヨーク市立大学に提出した学位論文 "The Development of the New York Apartment, 1860-1905"（1990年に *Alone Together: A History of New York's Early Apartments* として出版）が目につく程度である。その後の研究もさほど進展していないところをみると、本書がニューヨークの都市居住の歴史を扱った定本として、揺るぎない位置にあることは疑いない。

　本研究のもつ意義については、次のような点が挙げられよう。
　第一に、ニューヨークの都市居住の歴史を、従来の建築史・都市史の分野にとどまることなく、総合的な社会史として描くことに成功したこと。本書に登場する人物、団体、社会階層は多岐にわたり、著者の視線は著名な建築家や上層階級の住宅だけでなく、歴史上ほとんど忘れ去られた無名の人物の活動や社会の底辺に生きる人々の生活にまで及ぶ。ロバート・スターンを中心として刊行されている一連の研究（*New York 1880, New York 1900, New York 1930, New York 1960*）が、各時代のニューヨークの建築をハイカルチャーとして取り上げているのと好対照をなしている。
　第二に、膨大な資料と先行研究の地道な調査が、本書の確かな基盤を築

いているということ。注、参考文献、図版出典を見れば直ちに納得できるように、既往の研究論文はもとより、同時代の各種統計、行政文書、新聞・雑誌記事など、多種多様な一次資料にもとづく実証研究であって、充実した注や参考文献リストは後進のためのデータベースないし辞典的な役割も兼ねている。これは本書を上梓するにあたって、著者が大いに意を払ったところだと推測する。

第三に、豊富な図版が大きな魅力となっていることが挙げられる。第二の特徴と関係して、著者は収集した図版や写真をできるかぎり省略せず掲載することを考えたに違いない。読者は図版を通覧するだけでも十分にニューヨークのハウジング史の世界を堪能できる。

最後に通史叙述について。本書の扱う範囲はすでに指摘したように、最上層のブルジョワから最下層の人々にまで及ぶが、著者は過大な評価や拙速な断言を避け、抑えた筆致で都市居住の社会史を淡々と描く。通史を叙述する際、一定の史観がどうしても必要になるが、それはややもすれば歴史のある流れを必要以上に強調することにつながる。著者はその点を十分に意識して、研究者としての冷静かつ客観的立場を崩すことはなかった。

本書は決してセンセーショナルな話題を呼ぶような種類の本ではなく、将来にわたって信頼すべき研究書として長い生命を保ち続けるであろう、いわば「橋頭堡」的な作品である。今後のニューヨークの都市居住の歴史研究は本書を通過せずにはありえないだろう。

著者リチャード・プランツ氏は、本書にも登場する名門レンセラー工科大学の出身で、同大学、ペンシルヴァニア州立大学で教鞭をとったあと、コロンビア大学に移り、1992年以降アーバン・デザイン・コースのディレクターを務めている。研究対象はニューヨークにとどまらず、イタリア、トルコなど海外の都市に及び、アーバン・デザイナーとして活躍するかたわら、教育者、歴史家としてすぐれた業績を残してきた。

私事にわたるが、鹿島学術財団の助成を得て、1999年から2000年にかけて、ちょうどY2Kで沸き返るニューヨーク、コロンビア大学に在外研究員として滞在することができた。当時のコロンビア大学では、学部長のバーナード・チュミ率いる刺激的なカリキュラムにもとづく建築教育が展開しており、学生たちはコンピュータを駆使した新しいデザインの可能性に邁進していた。

こうしたやや「派手な」環境のなかで、一貫して地に足のついたアーバン・デザインを講じていたのが、プランツ氏であった。彼の講義やスタジオに参加を許され、彼の発言や本書を含む研究に触れるにつれて、親密の度を深めることになった。トライベッカの自邸に招かれて、イタリア人の夫人が腕をふるったおいしいイタリア料理は、いまでもニューヨークの楽しい想い出の一つである。物静かなプランツ氏と明朗快活な夫人のコントラス

トにも興味を惹かれた。彼の思想の基本は、デザイナーとしての自己顕示でなく、技術者あるいは研究者としての良心にあり、町に住むごく普通の人々がつくる社会への共感だったように思う。

　本書の日本語版を出そうという企画は、鹿島出版会の打海達也氏の発案によるものであり、彼もプランツ氏の許に学んだ一人である。翻訳者の酒井詠子さんもニューヨークで知己を得た。私がコロンビア大学に滞在できたのも鹿島学術財団のご助力があったことを考え合わせると、さまざまな偶然の糸が絡み合って一本の太い糸になり、本書をここに導いたという思いを禁じることができない。

　プランツ氏の文章は不思議な文体である。学術論文に特有の言い回しのなかに、簡単な動詞を使った平明な表現がやや唐突にあらわれる。私はこの文章感覚に大きな魅力を感ずる。酒井さんは、はじめての訳業であるにもかかわらず、プランツ氏の作品を良質な日本語に置き換えてくれた。敬意を表したい。

　ニューヨーク都市居住の社会史という、わが国に従来なかったジャンルの研究書が出版されることの意義は大きい。東京という都市の居住を考えるうえで、一足先にメガロポリス化を経験したニューヨークの事例はまたとない素材を提供してくれるに違いないからである。本書が多くの読者を得て、都市に住まうことの本質的な問題を再考するきっかけになることを願う次第である。

東京大学大学院教授
伊藤　毅

For JAZ:

. . . She it was put me straight
about the city when I said, It

makes me ill to see them run up
a new bridge like that in a few months

and I can't find time even to get
a book written. They have the power,

that's all, she replied. That's what you all
want. If you can't get it, acknowledge

at least what it is. And they're not
going to give it to you. Quite Right.

William Carlos Williams
The Flower

オランダ植民地時代から残る最後の住居。
（1834年『ニューヨーク・ミラー』誌より）

プロローグ

　こ の研究は、ニューヨークがアメリカのメトロポリスへと変貌を始めた19世紀中頃、植民地時代の暗がりから、物理的形態と文化の変化によってかたどられた、新しい時代の明るみへと抜け出した時期を始点としている。この都市を構成するハウジング（housing：集合住宅、住宅地［計画］、住宅供給、［総称的に］住宅）は、こうした変化を反映していた。マンハッタン南端のオランダ風住居は、既に1830年代には姿を消しており、1850年代になると、それまで連続住宅＝ロウハウス（row house）が見られただけのニューヨークの様相は、無数のハウジングを包含する都市へと変容し始めていた。新しい秩序と開発の速度は、都市の将来への自意識と自己疑念、つまりアイデンティティの集団的危機をもたらしたのである。そこに、人々が何を予期し、予期しなかったかを、吟味することは興味深い。ここで浮き彫りにされた問題の多くは、20世紀に入っても解決されることはなく、あるいは深刻化しただけであった。

　基本的に大衆主義的な、ハウジングの特性を理解するには、出版物の文化評論が役に立つ。19世紀の後半、ハウジングはメディアの大きな関心を集めていた。1871年の11月から12月にかけて、ニューヨークの著名な雑誌『ワールド』誌と『アップルトンズ・ジャーナル』誌上で啓発的な意見が取り交わされた。現在ニューヨークとして知られる地域の大半は、未だ田園風景を残していたが、両誌の編集者にとって、市の成長は重要な問題として迫っていたのである。マンハッタンでは過密化が進行し、鉄道や高架電車の開通が、都市の水平方向への拡大を予見させていた。しかし、この議論を実際に触発したのは、同年の10月に発生したシカゴ大火である。この火災は、シカゴ再建に関する論争だけでなく、その規模と構想ともに、米国の都市史上、前例のない都市計画の原型をつくる機会となり、市場が無奔放に生産してきた、無秩序かつ偶発的な都市成長を超えて、壮

大な未来像を主張したのであった。両誌のやり取りには、来たる世紀を通して、米国の都市の発展を先取りするだけの、議論の遠大さが読み取れる。それはニューヨーク市の発展と、都市のハウジングの蓄積が、当時の一般的生活様式と比較して、いかに独特であったかを鮮明にしていた。

『ワールド』誌によれば、シカゴの惨事が偶然にも理想的な都市の形の再建に対する刺激になったとするなら、それは大量輸送という新技術による分散都市の創造であった。ビジネス・センターは広い空間に配置され、ハウジングは個々の住居と庭を持ち、距離を置いて散在し、近接性を持った旧来の都市を、この「未来の都市」が取って代わると言われた。

適切な移動手段があれば、休息の場から仕事場まで、我々の祖先が数百ヤードを移動したのと同じように、10マイル、20マイル先に行き着くことが可能である。波止場や取引場の騒音や混乱の中で一日を過ごした人間が、田舎家の木々や蔦の間を散歩しながら、静かな夕べを過ごせない理由はないのである。都市が時代の利を最大限に利用してつくられるのは当然で、それは中世の粗野な生活にあってはならない… 住宅は騒々しい市場から、離れた広大な地に散在し、それぞれが満足な広さの敷地を持ち、楽園のごとく清いそよ風に、木々や植え込みが揺らめき、健康的な陽射しを十分に享受すべきである。不快な部屋や、混み合ったテナメントは、野蛮な過去として片付けられなければならない。都市が計画される時、活動の中心から家があるべき場所、つまり広くて緑に覆われた郊外まで、人々をあらゆる方向に10マイル、20マイル、30マイルも運ぶ手段が十分に提供されるよう、心がける必要がある。[*1]

これに強く反対した『アップルトンズ・ジャーナル』誌は、別のモデルを提示して『ワールド』誌に反論した。彼らの提案は、新しい高層ビルの技術によって、前例のない密度と文化性を持った垂直都市が生まれるというものであった。

もし都市を建造する目的が、商品を交換する機会の供給だけというのであれば、『ワールド』誌が描く理想都市は、大いに実用性があると言えよう。しかし、見事に田園が広がる都市が、文明化された地域社会の必要性や期待に応じることはほとんど無いであろう。社会的、知的な要求がある人に、仕事場と寝所を往復する高速鉄道を供給するだけでは不十分であるし、どんな意味においても、村の空間と状態を単に拡大しただけのものを、メトロポリスとみなすことは出来ない。豊かで、実体があり、寛容な生活は、都市社会の緊密さによって生まれるのであり、多かれ少なかれ、拡散や分配はそれを損なうのである。オペラや劇場、クラブ、読書室、図書館、アートギャラリー、コンサート、舞踏会、プロムナードのきらめきと活気、群集の感動的ふれ合い、交流の魅力—このすべては、その界隈に頼るところが大きい。いかなる交通手段を使っても、点在

する共同体の要望に見合った社会目的のために、離散する人々を集めることは出来ない。結局「理想都市」はその関心を分断し、交流を弱め、人々の楽しみを制限しがちなのである。人は男女を問わず、都市の喧騒や雑踏を好むものである。我々は誰でも、ジョンソン博士のロンドンの街路への愛着を知っているが、こうした情熱は何も変わったことではない。また、このモデル都市は、現代生活の悪のうち、最大であるものを、改善するよりむしろ助長するのである。…もちろん、郊外の住宅を好む人々はいるであろうから、彼らの好みを満足させる方法には決して欠かないであろう。しかし我々が想像する理想都市は、都市を構成する緊密な界隈の、科学的な規定を試みるべきである。数ヵ月前に、我々はこの誌上で大都市における空中空間の利用を主張している。その建物は、街のすべての活動から至近距離にありながら、新鮮な空気と、完全なプライヴァシー、最高の住宅設備が可能であることを示した。近年のニューヨークでは、幾つかの真に華麗な、大規模なフレンチ・フラット方式の建物が完成している。…今日の住宅は防火材料で建設され、蒸気エレベーターのおかげで、住民は階段で2階に昇るよりも、容易に8階まで上がることができる。この2つの事実は、良好な空気と、プライヴァシー、そして花や緑の蔦の魅力が、街の中心、すなわち大都市の社会的長所すべてが手に届く範囲で、実現可能なことを示しているのである。[*2]

　振り返ってみれば、『ワールド』誌と『アップルトンズ・ジャーナル』誌が唱えた両極端の状況が、どちらもニューヨークのハウジングに備わっていたことが観察できよう。しかしこの街を、米国唯一のメトロポリスにしているのは、その密度に他ならない。1880年代、高層生活は既に裕福なマンハッタン人に結びついていた。見たところは技術革新に起因した楽観主義も、空想の域に入り、現在と未来の可能性が大衆の心の中で曖昧にとらえるようになっていた。引き続いた論議において『アップルトンズ・ジャーナル』誌は、リチャード・モリス・ハントによる完成したばかりのスティーブンス・ハウス(fig.3.19参照)を「未来の都市」として引用したが、確かにこの建物における技術革新は驚異的で、未来が一足先に到来したかのようであった。[*3]　しかし、この新しい都会性はマンハッタンの垂直方向への密度に限られたことではなかった。例えば、ブロンクスの大半に見られた、水平方向の強烈な連続性は、都市空間と都市自然という、大きなスケールの概念によって強化され、社会学者ルイス・ワースによって「生活様式としての都会性」と定義づけられた文化によって支えられた。

　20世紀のごく普通の認識では、米国文化の本流は農業の副産物とみなされてきた。しかし19世紀を通じた米国文化の歩みは、概ね都市の歴史であり、ビジネスと知的生活を惹きつけたのは、地方ではなく都市であった。[*4]　ニューヨーク州ではニューヨーク港を拠点として、一連の都市がエリー運河と鉄道に沿って西に向かって成長し、目覚しい都会性すべてが、

プロローグ　15

美しい農耕的風景に重ねられたのである。都市的、田園的価値観の双方を希薄にし、都市の拡散を美化しようという確固たる信念を背景に、アメリカの都心部の解体が目撃されたのは20世紀以降のことである。ある程度まで、ニューヨーク市の発展は、この逆集中化の傾向に沿っている。この発展は水平性と垂直性の狭間で、妥協と矛盾に満ちたものであったが、中核部の圧倒的な密度は、近代の拡散した都市と比較して、未だ類を見ないものであることに変わりはない。

　ニューヨークは、1811年のニューヨーク州コミッショナーズ・プラン（fig.1.7参照）の予想をはるかに超える速さで、メトロポリスへと急成長した。この集積を助けた統制のなき市場における、都市の成長がもたらす結果への理解は小さく、そうしようとする意思はさらに少なかった。保健衛生の問題は、この状況をよく表している。19世紀半ばには、採光や通気の不足と、疫病感染の関係性を示す統計調査により、ハウジングの劣悪な状況が、伝染病の蔓延につながることは広く疑われていた。しかしこの状況は、病気のメカニズムに対する誤解によって妨げられた。1870年代の医学界は、細菌説の議論で二分されていた。1880年代、疫病は依然として都市への深刻な脅威と考えられていたが、*5　政治勢力はそれに勝り、ニューヨーク州最高裁判所は、テネメントの状況と公衆衛生は関係ないという口実のもと、政府による介入を事実上阻止し、テネメント改革運動を10年以上にわたり妨害したのである。*6　1910年には細菌説は一般に受け入れられるようになり、それに伴うナイーヴな行為も見られ、例えば結核患者のために建てられた、イーストリバー・ホームズでは（fig.4.19-21参照）、埃や泥と同様に、ばい菌を容易に拭き取れるよう、隅が丸められたりした。

　病気に対する近代の専門的理解の発達が遅々としていたとすれば、病気の心理的影響は直接的に永続していた。コレラへの理解度は最も低く、そして何よりも恐れられていた。

　産業化にもたらされた疫病による変化のうち、最初に起きて、多くの意味で最も重大であったものは、コレラの世界的流行である… それは自律した有機体として、水中で長時間生き延びることの出来る細菌が原因であった。飲み込まれて、コレラ菌が胃液にも死なない場合、人間の消化器官内でたちまち増殖し、激しく劇的な症状、下痢、嘔吐、熱、死などが、多くの場合、症状が出て数時間のうちにもたらされる。コレラが死者を次々に出したその速さは甚大で、完全に健康な者でさえ、感染者の近くにいる場合は、常に突然の死の恐怖に身をさらされていた。加えて、その症状はとりわけ冷酷であった。急激な脱水症状により、患者は数時間で以前の姿のしおれた風刺画のように変わり果て、毛細管の破裂から皮膚は青と黒に変色したのである。その様子は、死というもの

を独特に可視化した。身体が朽ちてゆく経緯は、早送りの動画のごとく悪化し、加速するのであり、目にした者すべてに死の醜い恐怖と、無条件の必然性を、思い起こさせるのである。*7

　ある資料は、ニューヨークでは、1810年には46人に1人が、1859年には27人に1人が死亡したと計算しており、市内の状況の変化を反映している。*8　続く数10年間、衛生改善や医学の躍進を通じて、死亡率はさらに減少した。コレラ以外にも都市の殺人犯は天然痘、腸チフス、マラリア、黄熱病、結核などがあった。コレラ、腸チフスとジフテリアのワクチンは1890年代に開発され、天然痘、マラリア、黄熱病は、既に都市の危機でなくなっていた。しかし疫病自体が抑制された後も、都会の恐怖は残り続ける。コレラによる死はあまりにも劇的であり、その衝撃は20世紀以前に頂点を過ぎていたが、近代になっても都市計画家によって何度となく引き合いに出された。近代医学と近代都市論が同時に発展した様子は興味深い。1929年のペニシリン発見と同時期に発表された、「公園の中のタワー」（tower in the park）都市論は、衛生の問題を確固たる動機としており「太陽、空間と緑」の導入によって、ばい菌の繁殖を防ぐという考えは、生理学の問題であるとともに道徳的なものであった。ペニシリンと同様、この新しい都市論は技術的躍進であり、高層建築という技術的革新の産物であった。しかし皮肉にも、ペニシリンの実用化がこの急進的な都会性の未来像を、少なくとも衛生の立場から見て、時代遅れにしたのであった。1950年、都市の最後の伝統的厄難としての結核が、ペニシリンに克服されたちょうどその頃、「公園の中のタワー」は、最盛期を迎えていたのである。

　19世紀半ば、ニューヨーク港を経た大規模な移民が到来し、都市の社会的様相に大きな変化をもたらした。ニューヨークの観察者であるE・アイデル・ザイスロフトは『ニュー・メトロポリス』誌の中で、「1845年に始まったドイツ人の移民流入によって、ニューヨークは踊る都市となり、オランダの威厳とニューイングランドの清教主義が社会に張り巡らした防塞は、打ち破られたのである。」と論説している。*9　新しいハウジングの可能性は、階級構造との相互関係を示したが、本書においては、慣例的に用いられる「上流」（upper）、「中産」（middle）、「下層」（lower）という3つの用語に概ねとどめている。複雑ではないが正確には、ザイスロフトによる次の区別がある。「マンハッタン島では、人々は7つの階級に分けられるだろう。真のお金持ち、繁栄する者、裕福に満足している者、裕福だが不足している者、貧乏でも幸せな者、貧窮した者、貧乏に苦しんでいる者である。」*10　ハウジングは住まう人々の階級に比例するかたちで、ある程度まで、居住の種類に従って進化した。他の社会統制の側面と同様に、ハウジングと社会階級の関係性は、短期間のうちに「制度化」され、

プロローグ　17

社会階層の両端を際立たせたのである。こうした理由により、この研究はハウジングの歴史における建築的、社会的次元の区別を明らかにする目的で、建物の類型＝タイポロジー（typology）に焦点を当てている。

　ニューヨークにおけるハウジングの形態の進化は、ある側面は意識的であり、計画されたものである。偶然や無意識的なものもある。建築家にとって、その制度化は、一連の設計基準や慣行を通じて強化された。企業、政府、建築界の利害に基づいて、公式非公式を問わない統制が課された。こうした制度化は貧困層のハウジングの進展に顕著であるが、すべての階級のハウジングに影響を及ぼすことになる。1950 年代、政府による社会住宅政策によって、ハウジングを社会統制の拠り所とする動きは、決定的な段階に到達した。

　米国の建築職能の制度化においても、並行する発展が見られる。この研究が、建築「文化」の展望、とりわけ本流の建築家と、ハウジングに深く関わった建築家の対比に重点を置いているのは、そのためである。建築家の職能の制度化は 19 世紀の中頃に始まり、何よりも 1857 年にニューヨークに設立された、米国建築家協会（American Institute of Architects, AIA）に象徴されている。AIA は全国的な視野に基づいた、専門ロビー団体であった。それ以前の職業団体は地域的なもので、全国的な努力は 1837 年に試みられたが実現することはなかった。[*11]

　AIA 設立は功を奏し、「建築家」（architect）という用語の意味は、それまでの「マスター・ビルダー」から、専門団体を持つ「デザイン・スペシャリスト」に変化した。この変化は「建築」（architecture）と「建物」（building）の区別が曖昧であった時代から、構築物が担う社会的役割に対する異なる態度を象徴した。もちろんそれまでにも、1781 年に米国の建物の「優雅で有用な芸術」への改革を求めて「優雅で使いやすい芸術」を目指した、トーマス・ジェファーソンを始めとする建築家は存在していた。[*12] しかし当時の主たる建築的関心はその必要性、すなわち、まだ若い国に「シェルター」を供給するという実用的な問題であった。建築の職能の確立と、その建設技能に対する専門家の権利の明文化は、困難な戦いを伴う正当化を必要とした。わずか 100 年余り前まで、法律上の建築職能は、土木工学に付随するものに過ぎなかった。土木技術者に必要とされた専門性は、建築に先立って「事実上の職能」となっており、数年の間、その区別は非公式なものであった。

　最初の 2 つの建築高等教育プログラムは、土木工学の課程に含まれており、1817 年にウェストポイント（陸軍士官学校）に、1825 年にはレンセラー工科大学に創設された。アメリカ土木技術士建築家協会（American Society of Civil Engineers and Architects）は、1852 年の設立から 1969 年まで、技術士と同様に建築家の専門家ロビー団体であったが、会員数の減少は AIA との競合が原因であったとされる。[*13] その年、同協会の名称から「建築家」

が削除されて初めて、正式に建築と土木の職能が分離された。*14

1881年にはニューヨーク建築連盟（Architectural League of New York）が設立され、この分離はさらに信用度を増した。同連盟は、建築家を構造や設備の技師ではなく、彫刻家、画家、芸術家と融合させることを主張した会員制の私的機関で、チャールズ・フォレン・マッキムといった新しい建築界の商業エリートとオーガスタス・セント・ガーデンズなどの正統派芸術家を引き合わせた。*12 1893年にはシカゴ・コロンビア博覧会という転機が、東海岸の芸術家サークルの話題となり、建築と芸術の統合に拍車をかけた。芸術家協会（Fine Arts Society）は西57丁目の新しい建物（現在は芸術学生連盟［Art Students' League］の建物となっている）に移転し、一時的であったが建築連盟と、芸術学生連盟、米国芸術家の会（Society of American Artists）の統合が実現した。*13 同時に市芸術協会（Municipal Art Society）が設立され、「都市芸術」を促進した。その会員の多くは建築家であり、初代会長はリチャード・モリス・ハントであった。ハントはパリのエコール・デ・ボザールに入学した最初のアメリカ人であった。

建築と土木工学は不幸にも、「美学」と「実用性」を建前に二分化されていた。ハウジングに特有の複雑性に関しては、2つの専門領域が成長しても、両分野の二極化はどちらの視野も強化することはなかった。ハウジングは両者の融合に対する、独特の挑戦であることに変わりはない。建築の職能は必然的に、ハウジング・デザインに対する管轄権を握ったが、その姿勢はどちらつかずの状態でもあった。不特定多数の人々を対象とするハウジング問題を追求するために、必要なデザインの感覚は、今日まで建築文化を支配してきたデザインの創造性という、慣習的なイデオロギーに、容易には適合しなかったのである。概して建築の職能には、ハウジングのデザインに当てはまる、革新、評価、そして学習還元という一貫したパターンが見られたことはない。それでも、ハウジングのデザインは、他の建築活動と比較して、建築形態という社会的派生物の長い伝統により近く、ルイス・マンフォードの先駆者的研究の中で証言された「社会機能主義」の一面を持っていた。*14 この関係性は社会的関心よりも、スタイルを優先しようとする者にとって、常に問題を生じ、ハウジングを「ハイ・スタイル」的な建築実務の対象とすることは、常に中傷を伴ったのである。

ハイ・スタイルという建築界の主流と離れていたが、一部の建築家には長期にわたるハウジングとの歴史的な関わりが存在する。実務と理論研究の両方において、その生涯をハウジングに捧げた建築家の系譜にも、本書は重点を置いている。彼らは正統な建築史の外に身を置き、全く無名の者もいる。1850年以降、傑出したグループがニューヨークに出現した。エドワード・T・ポッター、アーネスト・フラッグ、アイザック・ニュートン・フェルプス・ストークス、グローヴナー・アッタベリー、ヘンリー・アッタベリー・スミス、アンドリュー・トーマス、ジェームズ・フォード、クラレ

ンス・スタイン、ヘンリー・ライト、フレデリック・アッカーマンなどである。さらに、建築実務に開かれた道の限定的な性格によって、ハウジングの活動は、正統な専門活動と交差することなく並行して発展する。それは、キャサリン・ビーチャーやオリビア・ダウが19世紀中頃に開拓した、成功した建築家たちが見向きもしなかった、住宅設計の社会的側面に重点を置いており、その本来の価値として独特な遺産をつくりだすに至っている。*15

　ニューヨークのハウジングの歴史は、まさにアメリカ住宅の進化の縮図である。辛辣なハウジングの問題を抱えていたニューヨークは、その革新と改革において国全体を先導したのである。もちろん他の都市も、ハウジングの発展にとって、幕間の出来事を経験してきたが、ニューヨークには、そのすべての場面が見られるのである。テナメントの悲惨さは、ニューヨークで完璧の域に達し、ほとんどの改革に関する法制度と慈善事業が、この都市から始まった。裕福な市民が、高層建築の技術革新を喜んで受け入れたことは、その後も含め、ニューヨークに特有の現象であった。貧困層を対象とした公営ハウジングもニューヨークを起源とし、後々の中間所得層ハウジングへの政府助成も同様である。ニューヨークの規模と、地理の多様性は、マンハッタンのミッドタウンやロウアー・イースト・サイドの中心から、ブロンクスやクイーンズの果てまで、さらにロング・アイランドのヘンプステッドの荒野まで広がり、生み出されたハウジングの組み合わせと、置き換えのタイポロジーは、その範囲と完全さにおいて驚異的である。この壮大さに伴う困難は、幾つかの幸運な事情によって相殺される。ニューヨークの発展の特異な様相は、それを研究しようとする者に、申し分のない詳細な記録を残している。土地開発と投機という途方もない道具—入念に記録された出来事を持つ、何百万という区画から成る碁盤街区（gridiron）—は、望む限り完全に、都市の物理的、経済的な発展の記録を提供する。1850年をわずかに過ぎた頃、その100年足らずの歴史において、世界のメトロポリスという地位を獲得したニューヨークは、近代アメリカのアーバニズムの、政治的、そして文化的境遇の、壮大な記録を証言してくれるのである。

Rich and Poor

第1章

持てる者と持たざる者

ニューヨークの歴史上、政府によるハウジングへの介入は、最初の入植者が到着してから間もない1624年、オランダ西インド会社（Dutch West Company）が、この新しい植民地に建造可能な、住宅の形状と位置を決める詳細な規則を作成したことに始まる。[*1] これは後に非実用的と判明、放棄されるが、市の成長とともに新しい法律が毎年のように承認され、建物のなりたちや衛生基準を義務付けていった。大幅な改正は数少なく、大規模な災害の発生後にようやく行われることが多かった。[*2] 政府は当初、市と地方レベルでのみハウジングの規制に関与し、州レベルの取り組みが始まるのは、後になってからであった。また、これらの建築法規は主に火災と疫病の予防を第一目的としていた。

1. 火災と保健

防火を目的とする包括的な建設法規が初めて公布されたのは、1648年、火災の危険性を除去するために、木造や漆喰の煙突の解体を強制したものであった。[*3] 市の火災法規は1683年に強化され、煙突および暖炉の観察検査官（viewers and searchers of chimneys and fire hearths）制度を設けて違反を報告する仕組みがとられている。[*4] 1775年には近代的な消防法の始まりとなる、劇的な法案が承認された。この新法は火災の予防と処置法を規定し、新規の建設のみならず、既存建物の改善方法にも触れている。[*5] そのわずか1年後、市内の建物の約4分の1が火事で崩壊し、再建を必要とした。[*6] 1791年、ニューヨーク州議会は、隣家への延焼を防止する目的で、3階建て以上の建物が隣接する場合、屋上までパラペットとして伸びる、組積造による分離壁を義務化した。[*7]

一方、衛生面において最初の法案は、運河へのごみや汚物の投げ捨てを禁止したもので、ニュー・ネザーランド議会（Council of New Netherland）

において 1657 年に可決された。[*8] 19 世紀に入るまで、衛生法規は主に汚水とごみ処理に関するものであった。また一部ではあるが、相容れない土地利用の分離や、牛馬、豚などの野飼いの規制も行われた。1695 年、地方議会は市議会（Common Council）による 5 名の「貧民と公共施設・建物の監督者」（Overseers of the Poor and Public Works and Buildings）の任命と、貧民や公共衛生サービスを救済する税金の賦課を認めている。[*9]

18 世紀は天然痘の流行とともに始まった。1702 年に 500 人の死者を記録して以来、世紀を通じて疫病が猛威を振るった。18 世紀末期の水道供給はかなり汚染されていた。1790 年代の黄熱病流行により、市はその衛生状況を初めて客観的に報告している。[*10] 1797 年、ニューヨーク州議会は市の保健コミッショナーを 3 名任命し、衛生に関する規制の作成と、その執行権を与えた。[*11] これが保健局（Board of Health）の始まりである。この頃、市による下水道の建設が始まり、ごく一部では上水道も通じていた。1823 年には最初のガス灯会社が設立され、火災の危険性が高い灯油ランプや石炭の代替手段を提供した。[*12] しかし 1827 年時点の飲料水の主な供給源は、依然としてパーク通りの旧式な茶水ポンプ（tea water pump）などに頼っていた。[*14] 1835 年、市の 40 マイル北を流れるクロトン川からの水道橋建設が、市民投票により承認され、1842 年にはこのクロトン水道橋を経由して、浄水が市内まで届くようになった。切望されていた近代水道システムの基盤が完成したのである。[*13] しかし、これらの技術的進歩にもかかわらず、火災と衛生状況は深刻さを増すばかりであった。

1800 年から 1810 年にかけて、ニューヨーク市の人口は 60,515 人から 96,373 人へと急増し、[*15] それに伴い疫病の流行や社会不安も増加していった。1805 年の黄熱病だけでも 645 人以上が死亡したと推定されている。[*16] この 10 年間を通じて、保健局は詳密な公衆衛生基準の定義を求められ、これらの基準は、単に清潔さを保つだけでは保健問題は解決されないという、素朴な認識を反映し始めていた。例えば、市議会が 1804 年に制定した、宿泊施設の人口密度を制限する法律は、衛生的配慮に由来しており、[*17] ハウジングにおける最大定員を初めて規定したものである。

ハウジングデザインにおける専門家の参加は、1806 年に保健局が報告書の中で「科学的で熟練したエンジニア」の採用を提案したことに始まる。[*18] この頃、スラムの除去の必要性を唱える意見が増えていたが、歴史上初めてのことではなかった。既に 1676 年には市議会が放置・崩壊した住宅を押収し、改修あるいは再建する意思のある者に渡す市の権利を認めていた。[*19] 1800 年、ニューヨーク州議会は指定地域内の違法建築物の買収権を市に与え、買収された土地は「市の保健と福祉により役立つ」方法で処理することが許された。[*20] その後この法律は、放置住宅を主

1.1 1835年の大火災の一場面。その後の建築法規の改革に重要な影響を及ぼした。

とする、各対象に適用された。重要な例外として、1829年にこの法律を適用して黒人家族が住む住宅4棟が解体されたことや、[*21] 1835年にクリストファー通りに建つ建物が公的収用され、公園とされた例が挙げられる。[*22]

1811年、1828年、1835年、1845年には大火災が発生し、黄熱病とコレラなどの疫病が1819年、1822年、1823年、1832年、1834年、1849年に流行した。小さな災害は毎年のように訪れた。大量の報告書と提案書が作成され、予防活動の理論的基盤をつくった。1820年にリチャード・ペネル博士が作成したコレラ流行に関する報告書では、ハウジングの形態と、健康との関係が定義づけられている。ペネルは地下室と地上階における病人の数を比較し、「地下の10室に住む48人の黒人のうち、33人が病を患い、そのうち14人が死亡したが、同じ建物の地上階に住む白人120人は、1人として発熱すらしていない」と述べている。[*23]

保健に関連する包括的な法案の制定には、倫理的な問題もあり、長い年月を費やすことになる。最悪のコレラ流行は1832年、1849年、1866年に発生している。1866年に設立されたメトロポリタン保健局（Metropolitan Board of Health）によって、衛生対策が一定の水準に達した後は、大規模な流行の発生はなかった。[*24] 火災に関する法律の制定は比較的安易であったが、それでも対応は遅々としたものだった。ニューヨーク史上最大の火災、1835年の大火では、ウォール街とブロード通りから南東全域、674棟の建物が崩壊し、その被害額は推定2,600万ドルに及んだ（fig.1.1）。[*25] その10年後に同規模の大火災が発生したにもかかわらず、市議会が防火法を改良し、合理的な基準が策定されたのは、ようやく1849年になってのことであった。[*26]

持てる者と持たざる者　25

1820 年に 123,706 人であった市の人口は、1860 年に 813,699 人にまで増加し、さらに 266,661 人がブルックリンに在住していた。[27]　この頃には大西洋の蒸気船横断が開始されており、移民人口が急増している。この 40 年間に、米国に到着した 400 万人の移民の大半が、ニューヨークから入国し、1860 年までに 383,717 人の移民が市内に定住していた。[28]　世紀半ばには、ニューヨークは北米のメトロポリスとしての地位を獲得し、[29] 今日のニューヨークに見られる特徴的なハウジング文化が出現したのもこの頃である。つまりニューヨークは戸建て住宅 (houses)、ではなく集合住宅＝ハウジング (housing) の都市となったのである。市内のハウジングに住む人口割合の増加は、国内では唯一の現象であった。この状況は、貧民の棟割アパートメント＝テナメント (tenement) から、高密度になりつつあった上流中産階級の連続住宅＝ロウハウス (row house) にまで、階級を越えて存在していた。過密化により植民都市の居住形態と文化が本質的に変化したのである。1847 年、ニューヨークの観察者として知られたフィリップ・ホーンは、ニューヨークの複雑な外見は、ヨーロッパの大都市が持つ幾つかの性質を供していると述べている。

　ニューヨークという、我々の良い都市は、過度の人口増加や、高級な生活が…毎日、毎時間に不潔な貧困と欠乏と隣り合わせになっている状況などにおいて、既にヨーロッパの大都市と同じ社会状況にまで成長した。[30]

2. テナメントの始まり

　19 世紀の中頃まで、貧困層を対象にした防火と衛生に関する法律は、その生活状況の向上よりも、上流階級を貧困のしわ寄せから守ることを目的としていた。これらの法律が承認されたのは、火災や疫病を発生源付近に抑えることは難しく、惨事に至った場合には、上流階級と貧困層を無差別に襲ったからである。貧困層の生活条件の改善は、そのまま上流階級の利につながった。しかし、都市の成長とともに貧民街 (ghetto) が形成され始めると、上流階級は貧困層から距離を置くことが可能になり、法律は社会管理というよりも、より抽象的な考えを反映するようになる。

　1850 年には、既にハウジングと社会管理の関係における新しい考え方が、個人の慈善 (philanthropy) という理念を基盤に展開していた。1842 年に市の検査官を務め、ハウジング改革の最初の救世主となったジョン・H・グリスコム博士は、この点に関する包括的な文書を発表している。[31]　英国のエドウィン・チャドウィック卿の研究に多大な影響を受けたグリスコムは、貧困層のハウジング基準を徹底することの難しさについて論じ、住宅状況を改善する財源と責任を家主に帰している。[32]　法律で定められた最低限以上の改善は、資本主義社会において経済的な説明がつかず、家主の善意に頼るしかなかったのである。この議論は、関係するものすべてに

とって、良心をもってしたほうが、搾取よりもより大きな利益につながるというものであった。家主は「入居者の幸福、健康、モラルと心地よさの向上と、社会の秩序という、金銭に換算できない」正当な報いを享受できるとした。*33　グリスコムはまた、教育機関の特性を導入することにより、ハウジングの改善は社会を向上させる手段に成り得るとした。「貧民も住めるような手頃な家賃でありながら、清潔さと秩序が保たれた規律のあるテナントの方式を作るべきである」*34 という、改善誘発のメカニズムを説明した論点は、その後のハウジングプログラムに取り入れられている。

　グリスコムはハウジングの改善を、個人の家主に託すことを望んでいたが、その提言の特徴は、大規模事業への反対であった。一般の家主は1つの建物を所有して、テナントと同じ場所に住むのではなく、同時に何十軒という物件に投資し始めてからは、テナントからますます遠のいていたのである。この新しい規模のハウジング事業は、大型の慈善事業と言うよりも、家主不在のシステム（absentee landlordism）をつくる結果となった。

　多数の貧民が従属しているテナント制度は、現在彼らが直面している、有害で無力な状況の主たる原因であるとみなすべきである。諸悪の根元はテナント制度への服従であり、代理大家（sub-landlord）による容赦ない圧迫と略取である…
　所有者はこうしてテナントの入れ替えや、家賃の集金などの付帯義務から解放されるのである。その収入は個々の人々から得られるにもかかわらず、本人はなんの苦労や憂鬱も味わうことがない。*35

　新規のハウジング設計に関して、グリスコムは構造システムや材料だけでなく、建築図面も綿密な審査を受けるべきであると述べている。

　もし火災に関して、建築物の施工を規制する法律に妥当性があるのならば、粗悪に計画された住居やアパートメントによる、致命的な影響から入居者を守ることは、同様に重要である。行政官に与えられた、崩壊の可能性があり住民や通行人に危険とみなされた建物を取り壊す権限は、同様にテナント内部の状況が健康や生命に危険であれば、それを矯正するための十分な理由に成り得るであろう。立法者や執行者は、このことについて市民の物件と同様な配慮を払うべきである。*36

　グリスコムは設計上、十分な採光と換気を最も重視した。地下室のアパートメントは1850年に多く見られたが、これらが禁止された後、20世紀を過ぎても、採光と換気の確保はハウジングデザインの重要な項目であり続けた。グリスコムは何度となく先見性のある発言をしては、ニューヨークのハウジング問題を次世紀まで予測したのであった。
　19世紀の前半を通じて、貧困層を対象としたハウジングの主な形態は、

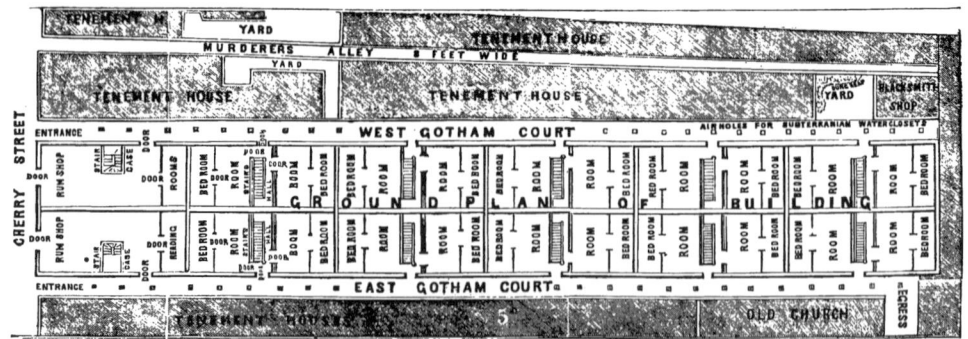

1.2 ゴッサム・コート（1879年）。ニューヨーク史上最も悪名高い貧民ハウジングとして。サイラス・ウッドの投資により完成。

他の用途に使われていた既存の建物を改築したもの、もしくは不法居住者が自ら建てた小屋であった。もともと単世帯用のロウハウスは「最小の空間に最多数の人間を詰め込める方法を企むだけの」家主によって、しばしば条件の悪い小部屋に分割され、そこに貧しい家族が居住したのである。[*37] 新しいハウジングは、恵まれた人々を対象とした単世帯用に限られていた。

　貧しい家族のために建てられた、最初の低水準のハウジングに投資したのは、ジェームズ・アレアである。トンプソン・プライスの設計によってウォーター通りに建てられた「複数のテナントを想定した4階建て」の住宅であった。別の資料には、1838年にチェリー通りに、テナメントが建てられたことが明記されており、さらに以前の1820年代にも、モット通り65番地に7階建てのテナメントが建てられた証拠が残っている。[*38]

　ゴッサム・コートは、十分な記録が残された最初の貧民用のプロジェクトであり、1850年、サイラス・ウッドによってチェリー通りに完成した。[*39] ゴッサム・コートは6軒の6階建てテナメントが背中を合わせるように2列配置され、チェリー通りから直角に伸びる2本の細い路地に面していた（fig.1.2）。各テナメントは10×14フィートの2戸の住居からなり、それぞれが通過換気のない2部屋に分割されていた。路地に連続する地下室には便所と流しが設けられ、地下への換気は天井にはめ込まれていた小さな格子蓋だけであった。路地に対面する建物によって採光は限られ、曇りの日には日中でもランプが必要であったという（fig.1.3）。[*40] しかしながら、ゴッサム・コートは有益な投資であった。140世帯を収容するように設計されていたが、1879年には240家族が住んでいたと言われている。[*41] 過密、不潔、犯罪、病気が蔓延し、長年にわたってニューヨークの悪名高いスラムとされていた。改革者たちは口を揃えてゴッサム・コートを批判の標的にしたが、中でもジェイコブ・リースは、1895年にテナメント法（Tenement House Law）に加えられた新しい条項のもと、これを解体させることに成功した。[*42]

ゴッサム・コート。

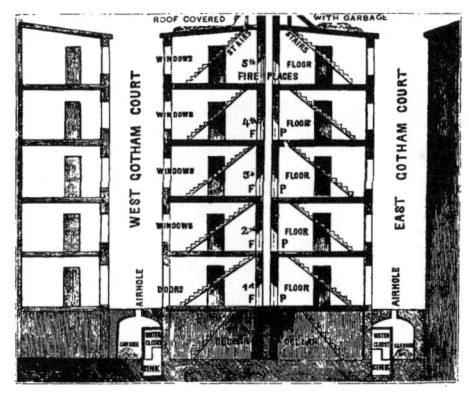

1.3　ゴッサム・コート断面図。十分な採光と衛生が不可能であることがうかがえる。

　真の慈善主義に基づいた、ニューヨークで最初のハウジングは、ニューヨーク貧民状況改善協会（New York Association for Improving the Condition of the Poor, AICP）によって1855年に建設された、ワーキングメンズ・ホームである。AICPは、様々な方法で貧民を支援し、1世紀以上にわたって社会福祉プログラムやハウジングの供給を支援した民間機構であり、1845年に設立されていた。[*43]　1847年には、モデルハウジングの設計図を建設業者に回覧させ、関心を引き出そうと試みたが、反応はなかった。しかしつぎに引用するこの計画条件は、採光と換気の問題に取り組んだ先駆的試みとして重要である。

　市内の有効な場所に200平方フィートの土地を購入する。4階建ての箱型のビルをブロック状に配置する。縦方向に20フィート幅の通路によって2分割され、横方向にはそれぞれ20、10、20フィート幅の通路によって4分割される。このようにして出来た8棟にはそれぞれ3軒が入る。各戸には入り口と廊下があり、各階の裏には小さなベランダがある。各階には15×11フィートの部屋が2つあり、各部屋には7×12.5フィートの寝室が2つ付随し、それぞれ流しと便所がある。つまり、全4階で合計24部屋があり、同数の家族が居住出来る。そして区画全体には、それだけの家族が住まうことが出来るのである。[*44]

　ジョン・W・リッチによってキャナル通りの細長い敷地に設計された、ワーキングメンズ・ホームは、さらに大規模、高建蔽率であった（fig.1.4）。[*45]　ゴッサム・コートと同様、裏通りに面して構成されたが、これらの裏通りは両端で道路に通じていた。さらに外部空間のギャラリー（gallery）から上部階までアプローチすることもできた。ギャラリーは鉄の梁とレンガのアーチによる、当時工場用に開発されたばかりの防火工法であり、住宅としては初めての採用だったと思われる。ワーキングメンズ・ホームは、各テナントに水道と便所を提供した最初のテナメントとされている。[*46]　ギャラリーにはガス灯がともり、自然採光と換気の水準はゴッ

持てる者と持たざる者　29

1.4 ジョン・W・リッチ。ワーキングメンズ・ホーム（1855年）。ニューヨーク市初の慈善主義ハウジング。労働者階級の黒人を対象とした。

サム・コートよりも多少向上したが、内側の寝室には窓がなく暗かった。

　これらのアメニティの改良と引き換えに、テナントは管理人によって監督され、厳しい道徳と衛生の規則の遵守を期待された。テナントは黒人に限られ、最上階にある大きな2部屋は、コンサートや道徳講義、宗教目的に利用された。この機構の慈善主義的な目的はしばらくの間成功していたようである。1858年に発表された AICP の年報には、次のように記されている。

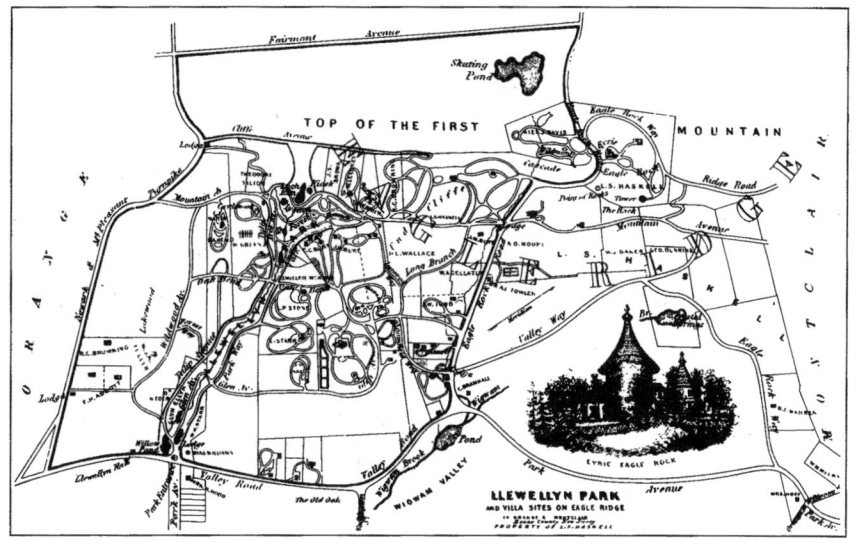

1.5 アンドリュー・ジャクソン・デイビス。ルウェリン・パーク（ニュージャージー州、1890年）。1853年、ルウェリン・ハスケルにより、ニューヨーク初の郊外ハウジングとして計画開始。

ホームが開設してからしばらくの間は、無秩序、不穏、そしてみだらな言動などもかなり見られたが、向上した居住環境が好ましい影響をもたらし、それらは次第に姿を消していった。今ではより秩序立って、清潔で行儀のよいテナントが他では見られないような慎ましいコミュニティをつくりあげている。*47

ワーキングメンズ・ホームは、開業12年後に個人投資家に買収され、ビッグ・フラットとして知られるようになる。生活態度の規律が緩和されると、この建物はゴッサム・コートのような悪評には至らなかったとはいえ、似たような荒廃を迎えることになった。もともと黒人が住んでいた住居に、主にアイルランド系住民が占める周辺地域より白人が引っ越すのは不可能に近く、さらに後退が進んでいった。*48 1879年までには、住人のほとんどがポーランド系ユダヤ人によって占められていた。*49

3. ルウェリン・パークと10丁目スタジオ

貧民層のハウジングが変革を必要としていた時、富裕層の住宅においても重要な先例が確立されることになる。1853年にルウェリン・ハスケルが、建築家のアンドリュー・ジャクソン・デイビスとともに、マンハッタンから12マイル離れたニュージャージー州オレンジ・マウンテンに計画した、面積400エーカーの郊外型コミュニティである。*50 開発は各宅地面積が5〜10エーカーの大邸宅に限られ、曲線による道路システムや緑地の造景は、以前の自然の姿を保つよう綿密に計画されていた（fig.1.5）。ハスケル自身、19世紀後半に人気のあった先験論を説く友人に囲まれて

持てる者と持たざる者　31

10丁目スタジオ。1938 年、ベレニス・アボット撮影。

住みたい、という願望が多少は作用したのではないかと言われている。ルウェリン・パークとニューヨーク市の関係は、その 10 年前、エリザベス・ピーボディーが「都市という制度以上にくだらないものなんて考えられるでしょうか」*51 と言ったという、排他的なブルック・ファームとは異なり、むしろ財力のある者を対象とした、都会の延長のようなものであった。住民は市内で財を築く一方、都会に背を向けることもできた。ロウアー・マンハッタンからの通勤時間は、フェリーと馬車鉄道を利用すれば 1 時間程度で、路面電車でセントラルパーク近辺の豪華な住宅に帰るのと同じ所要時間であった。

　当時のニューヨークにおいて、通勤はもはや新しい現象ではなかった。1819 年にはブルックリン・ハイツが通勤コミュニティとして開発されており、世紀半ばには似たような都市の拡張が各方面で起こっていた。英国で既に 50 年の歴史を持つ郊外の理想というロマンチックな追求は、目新しいことではなかったが、ルウェリン・パークはその極端さにおいて前例のないものであった。*52　田舎風の守衛所は都会からの脱出を象徴していた。富裕層を対象とした類似のコミュニティーは他にもつくられ、タリータウンに 1859 年に開発されたアービング・パーク、1885 年のタクシード・パーク *53 が挙げられる。

　19 世紀後半になると、このような郊外の理想は労働者階級のハウジングのモデルにも反映され始めるが、都市脱出の幻想が、後に影響力を発揮する新しい中産階級にとって現実となるのは、連邦政府による高速道路の建設が開始され、連邦住宅局による住宅ローンの保証が実施される 20 世紀半ばになってからである。

1.6 リチャード・M・ハント。10丁目スタジオ（1857年）。1868年、画家ジェームズ・M・ハートのスタジオでの歓迎会。

　1850年になると、ニューヨークはアメリカのメトロポリスとして確実に文化の深みを帯びており、例えばニューヨークの芸術市場は他の都市を圧倒していた。[*54] この要素は、特に上流中産階級を対象としたハウジングに、独自の感性を生み出すことになる。ニューヨークの芸術の現場は、富めるニューヨーカーの文化観に影響し、同様に多くの点で国内の趣味を左右していった。彼らの因習にとらわれない生活様式は、上流中産階級の嗜好のバロメーターとなり、続く世代はさらに増した富の新しい表現方法を探すようになった。[*55] そしてハウジングの形態は、この等式の中で重要な役割を担うことになるのである。

　重要な先例は、1857年のリチャード・モリス・ハントによる10丁目スタジオである。[*56] 10丁目スタジオは、芸術家を対象にしたニューヨークで初めての共同住宅（collective housing）であり、アーティストの神秘的な生活様式をより大きな文化の理想とつなごうとした一連の試みの発端となった。プロジェクトに出資したのは、準慈善主義によって芸術の場を養おうとした、ジェイムズ・ブアマン・ジョンソンである。この建物には19世紀後半を通じて、ニューヨークで最も著名な芸術家が多く住み、芸術活動の中心となっていた。ハントのオフィスもこの建物に置かれていた。アメリカ人として初めて、パリの国立美術学校＝エコール・デ・ボザール（Ecole des beaux-arts）に学んだ彼の経歴は、この文化的先見性に一致するものであった。

　10丁目スタジオはアーティストのアトリエ以外に、ギャラリー（展示スペース）を備えていた。建物の中心にある高くなった中庭で、スカイライトで覆われていた。ギャラリーを囲むように、25ユニットの2層吹き抜けのアトリエが配置され、その半数は寝室を備え、ニューヨーク市における最初のアパートメントのひとつとなった（fig.1.6）。この建物のヴォ

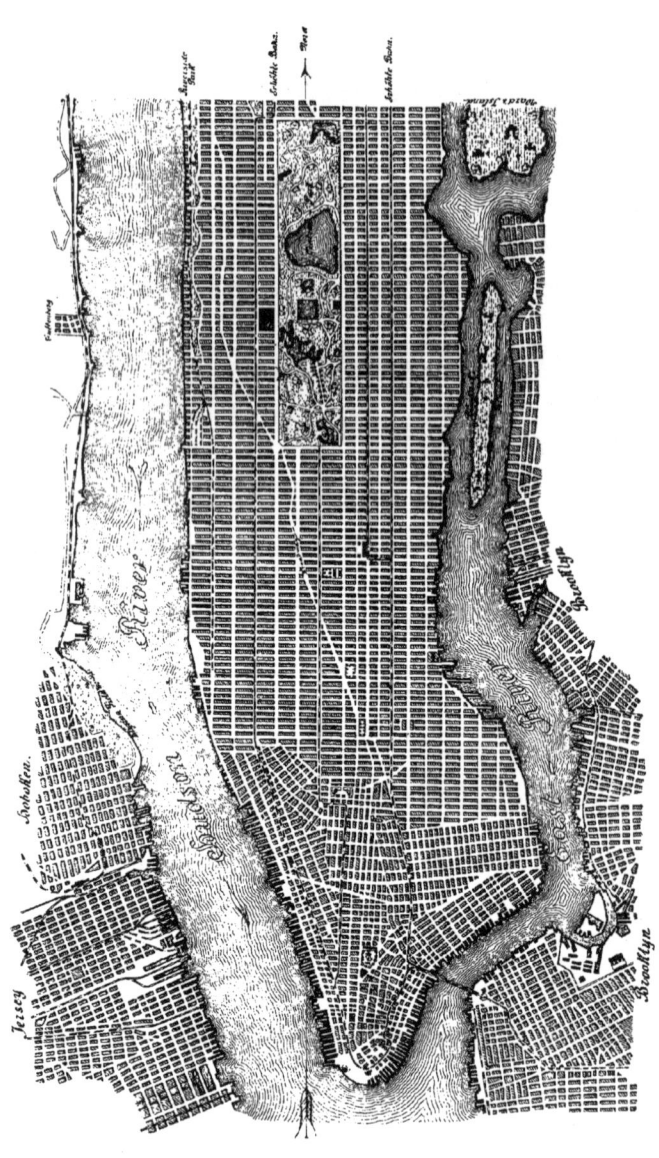

1.7 マンハッタン南部。1811年コミッショナー街区計画と1853年に確保されたセントラル・パークを示す。

リュームと断面構成は、世紀末に出現するパラッツォ型アパートメントを予見させるものであるが（fig.3.30 と 3.31 参照）、より直接的には、20世紀初期に発展した2層構成（duplex）のアーティスト・スタジオ・アパートメントと関係していた。しかしその頃、2層吹き抜けのアパートメントは流行の形態となり、多くのアーティストには手が出ない、高価なものになっていた。

1.8 25×100フィートの区画を用いた街区分割システム。19世紀前半はこのパターンのロウハウス開発が主流であった。

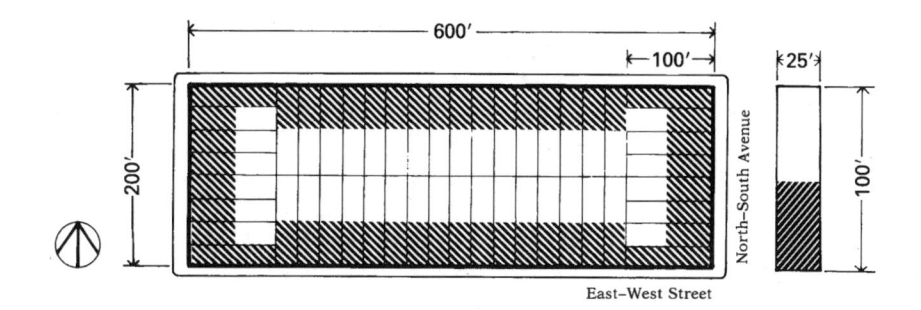

4. コミッショナーズ・プランの影響

　1865年のニューヨーク市の人口は100万人に近づいていた。テナメントの数は15,309棟に及び、*57　高密化するテナメントの発展は、マンハッタンの碁盤街区（gridiron）制度に特有の問題を表面化させることになる。この街区制度は10万人にも満たない市の人口が、島の南端に集中していた頃に設定されたものである。1807年、市議会が将来必然となる都市の成長には、偏りのない計画が必要であるとして、的確な助言をする委員会の任命を州議会に依頼したのがきっかけだった。*58　こうして1811年にニューヨーク州コミッショナーズ・プランが採用され、壮観たる19世紀のマンハッタン開発における基盤となった（fig.1.7）。コミッショナーズ・プランは、14丁目以北の全不動産を約2,000の200×800フィートの街区に組織化するもので、各街区はさらに25×100フィートの区画に分割された（fig.1.8）。つまり100フィート幅の南北に延びる本街路（avenue）が12本、さらに60フィート幅の東西に延びる交差道路（cross street）155本であった。

　この街区制度は1811年に採用された時点で、既に機能的とは言えなかった。当時大半を占めていた単世帯用のロウハウスにとって、日光の方位に対する街区の向きは理想に反していたのである。各街区が南北に延びていれば、各住戸の前後のファサードに日光が当たるはずが、東西に長いため、南側のファサードにのみ日光が当たり、北側にはまったく日が射さない状況が生まれた。さらに、他の都市に見られる、街区中央を貫通するサービス通路が採用されなかった。コミッショナーズ・プランの論理は、一般の街区計画で確証された原理に固執するよりも、東西方向のストリートを商業用輸送に対応させ、サービス通路を排除して売地面積を最大化することであった。結果としてマンハッタンの街区は水準以下のものとなるが、それでも1世紀以上も侵されることなく存続し、例外は1853年に確保されたセントラルパークだけであった。残念なことに、同じ欠点がブルックリン、クイーンズ、ブロンクス地区の開発にも繰り返されることになった。ハウジングデザインにおいては、ニューディール政策による政府助成の事業が実施される20世紀に入るまで、この碁盤街区の法則は破られること

持てる者と持たざる者　35

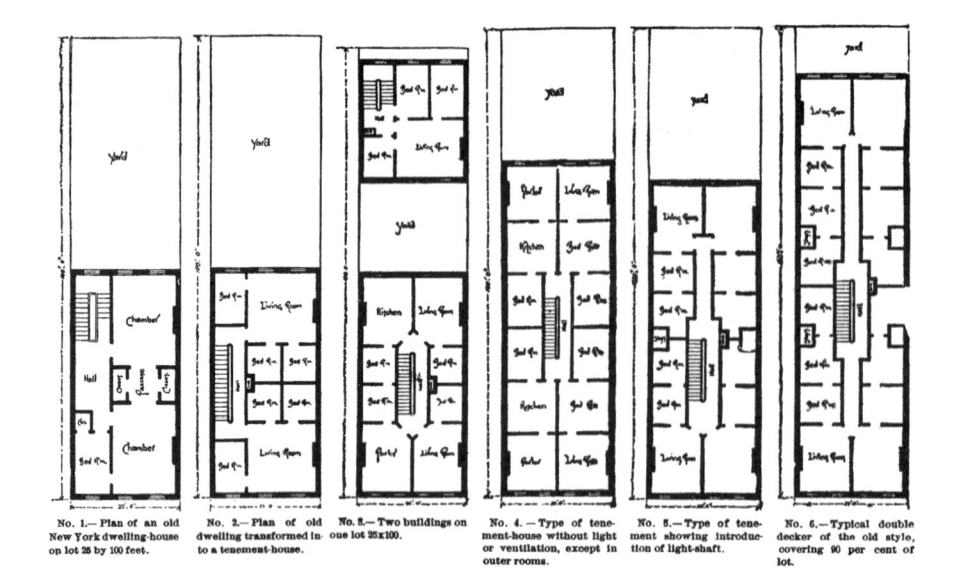

| No. 1.— Plan of an old New York dwelling-house on lot 25 by 100 feet. | No. 2.— Plan of old dwelling transformed into a tenement-house. | No. 3.— Two buildings on one lot 25x100. | No. 4.— Type of tenement-house without light or ventilation, except in outer rooms. | No. 5.— Type of tenement showing introduction of light-shaft. | No. 6.— Typical double decker of the old style, covering 90 per cent of lot. |

1.9　1879年度テナメント法以前のニューヨーク市におけるハウジングの変遷。単世帯用ロウハウスから鉄道アパートまでの段階を表している。

はなかった。

　テナメント（tenement）という言葉は、1865年には、都市の貧困層のハウジングを指す技術的用語として使われていた。ハウジングの類型としてのテナメントは、25×100フィートの区画を最大利用する必要から生まれたものである。25フィートの幅は、木造床の最大スパンという構造上の制約と、1区画に1棟を建設する一般的慣習によって決められていた。縦方向には、100フィートの奥行きの9割以上を建物が占めることがよくあり、その高さは通常、5－6階建てであった。この細長いテナメントの内部は、鉄道の車両のように部屋が並び、俗に鉄道アパート（railroad flat）と呼ばれた。また古い建物構造に上階を付け足したり、裏庭の部分に裏建物（back building）を増築したりして、テナメントに改造する例も見られた。マンハッタンの無数の碁盤街区が、面積、採光、換気に関する最低限の基準もないまま、テナメントで埋め尽くされていた。

　ニューヨークのテナメントが、ロウハウスの個人住宅から、25×100フィートの敷地の9割以上を占める鉄道アパートへと展開していく段階を表した図（fig.1.9）によると、鉄道アパートでは裏庭は完全に排除されるか、わずか数インチしか残っていないことが多く、[*59]　日光が入るのは、道路に面した部屋のみであった。テナメントの1フロアには18部屋あることも珍しくなく、建物が南向きの場合に限り、そのうち2部屋にだけ直射日光が入った。内側の部屋は、換気シャフトが設けられていない限り、換気もできない状態であった（fig.1.10）。また、裏建物は時に異常な状態に至ることも多く、ロウアー・マンハッタン、モット通りのロッカリーがその典型である。合計90フィートの幅を持つ、5区画分の敷地に、横方

1.10 鉄道アパート内側の窓のない部屋。ジェシー・ターボックス・ビールズ撮影（1910年）

向に3棟のハウジングが建てられていた（fig.1.11）。*60　中央と裏の建物の間隔はわずか1フィートであり、片側の窓から見えるのは、煉瓦の壁だけであった。表側と中央の建物の間隔は6フィートで、汚物の溜まり場となっていた。1865年、ロッカリーには352人が居住し、1人あたりの床面積はわずか23平方フィートであった。

　このような裏建物は、マンハッタンの高密度地域に溢れていた。1882年には『ニューヨーク・デイリー・トリビューン』紙が、裏側のテナメントを「それ自身で階級を成す」と評し、その不健康さを報じている。「暗い中庭と狭く汚臭のする通路を抜けて… それらの存在は衛生上危険であるだけでなく、火災の場合の危険性も倍になる」*61　また、ロウアー・イースト・サイドの東11丁目には、形態の興味深い変型も見られた。街区によって定められた各区画の境界線は、以前斜めに通っていたスタイヴェサント通りの痕跡と混合された、直角の中に斜めの建物が挿入されるという奇妙な結果が生まれた（fig.1.12）。残された狭い空地には、周辺に住む家族が利用可能な、共用の水栓と便所が設けられた（fig.1.13）。便所は屋外便所、もしくは大きめのスクールシンク（school sink）で、その違いは、汲み取り式か、道路脇の下水に流すかであった。汲み取りの回数は少なく、下水も頻繁に詰まった。スクールシンクは不潔さ疫病の源として、悪評高いものであった。*62

　1865年までのテナメントでは、小さな換気シャフトの設置が水準の向上とみなされていた。高密度で建てられたテナメントには、デザインの革新につながる大胆な選択肢はなかったのである。例えば、菱形をした換気シャフトなどは、見た目が少し向上したかもしれないが、実質的には最低

持てる者と持たざる者　37

FLOOR PLAN OF AN OVERCROWED TENANT-HOUSE.

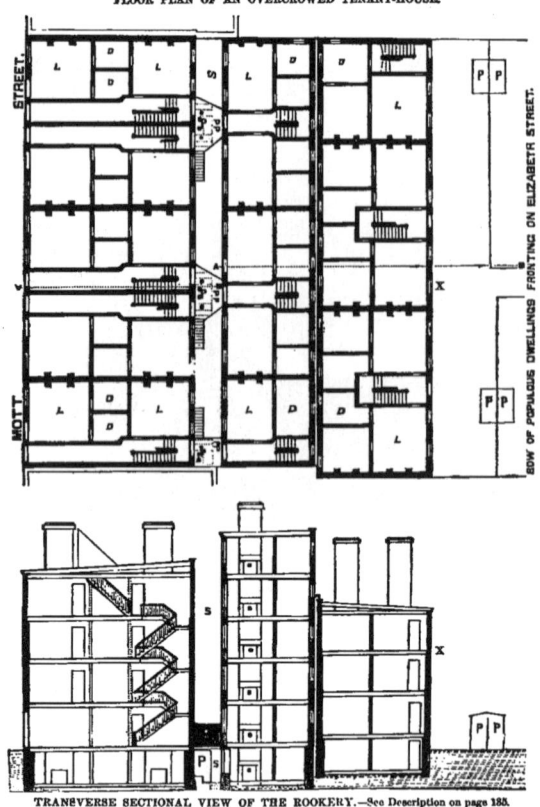

TRANSVERSE SECTIONAL VIEW OF THE ROOKERY.—See Description on page 185.

L L (In Floor-Plan) the Living-Rooms.
D D　　　　　　　　 Dormitories.
S S (In both Plans) the space (6 ft.) between Front and Rear Tenant-houses.

P P show the location of the line of subterranean Privies.
S　the Stairway to them.
X　another Row of Tenant-houses east of, and back to these.

1.11 モット通りのテナント、ロッカリーと呼ばれた。「裏建物」の過酷な状況が示されている。

BIRD'S-EYE VIEW OF AN EAST SIDE TENEMENT BLOCK. (FROM A DRAWING BY CHARLES F. WINGATE, ESQ.)

1.12 ロウアー・イースト・サイドのテナメント街区。旧来の道路パターンに新しい碁盤街区が重なった結果、裏建物の配置が変則的となっている。

38　第1章

限の改良に過ぎなかった (fig.1.14)。隣接する建物の間に設けられた換気シャフトは、わずかながら換気量を増やしたようである。*63　レナード通りに建てられた「改良型」テナメントでは、共通換気シャフトが示されている (fig.1.15)。十分な大きさの裏庭には、贅沢な数のスクールシンクが設けられた。

5. 街区制度 vs ボザールの理想

　確立されつつあった建築家の職能も、テナメントの問題からは遠く離れた存在であった。テナメントの形態を支配した経済的制約は、計画のすべてを建設業者の職分に置いていた。さらに専門分野が進化する中で、貧困層のハウジングに気を回す姿勢も見られなかった。建築家は、月並みで反復されるものではなく、独創性に溢れ、象徴的なものを追求していた。しかしハウジングの改革に興味を示す官僚の間には、職業的専門性の限界を危険視する共通の認識が生まれていたようである。市の検査官ジョージ・W・モートンは、1857年の報告書で、社会的な目的を取り入れた建築の大学をつくる必要性を唱え、以下の内容を挙げている。

　大多数の人々に、衛生の原理の知識を普及させること、医学の視点を取り入れながら、建築と農業の相互協力を固めること、導入が望まれる改良点を時あるごとに、近代的な化学や技術を用いて、すべて推奨していくことである。
　そのような利点を持った建築大学の創立に、ニューヨークのような大都市ほどふさわしい場所はない。これほど多くの建物が建設中であり、ここで生まれる改良は自然とアメリカ大陸全体へと広まっていくからである。*64

　ニューヨーク、あるいはどの都市においても、このような建築学校が設立されることはなかった。1846年にリチャード・モリス・ハントが、ア

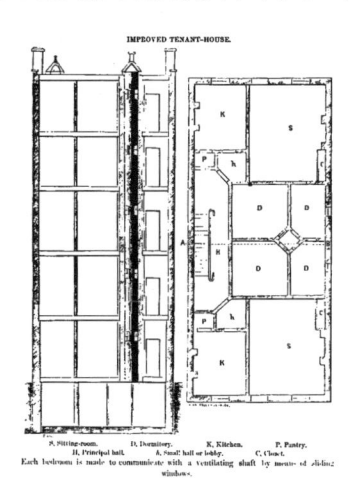

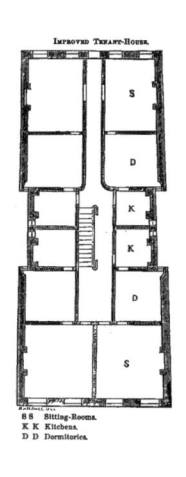

1.13　典型的裏テナメントの記録（東28丁目、1865年）。残った[庭]部分に屋外便所と小屋が建てられている。

1.14　2棟の「改良型」テナメント（1865年）。微細なエアシャフトが設けられたためそう呼ばれた。

持てる者と持たざる者　39

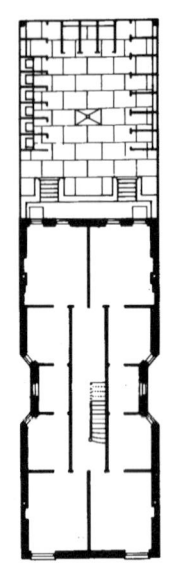

1.15 初期の「改良型」テナメント（レナード通り）。裏庭部分には余るほどの屋外便所が設けられている。

メリカ人として初めてエコール・デ・ボザールに入学したことは、熱意ある建築学生すべての目標となった。まだ発展途中にあった建築という職能にとって、テナメントの現実よりも、ボザールの理論が優先されたのである。1879年までに、46人のアメリカ人学生がボザールに入学したが、その中にはヘンリー・ホブソン・リチャードソン、チャールズ・フォレン・マキム、ルイス・サリヴァン、ジョン・カレールなどが含まれていた。ボザール留学生はエリート集団を形成し、長年にわたって建築界を独占することになる。建築を専門とする最初の教育課程は、マサチューセッツ工科大学（MIT）にボザールの方針に基づいて1868年に設立された。校長のウィリアム・ロバート・ウェアは他の教師陣とともに、ボザールの卒業生であった。[65] MITのプログラムは草分けではあったが、その内容は1857年に市の検査官が提唱したような建築学校とは程遠いものであった。

1870年代の建築家の間では、マンハッタンの街区制度は建築の発展の妨げとなっている、という見解が共通していた。反対意見は機能面や美的な点をもとにしていた。1876年にランドスケープアーキテクトのフレデリック・ロー・オルムステッドは次のように述べている。

ニューヨークは（街区の）システムを採用した時点で、素晴らしいことを漠然と期待しながらも、人里離れた小さな村では考えられないような視点に立って、市内の都市設備をすべて慎重に問い直した。

ロンドンやパリを始めとするヨーロッパの大都市に見られるような、公私の多くの建造物は、敷地の大きさやプロポーションの制限により、ニューヨークで建てることは不可能である。コロンビア・カレッジの評議員会は、何年にもわたり、自らが所有する2つの街区を統合し、目的に合った十分に広い建物を建てる特権を得ようと努力したが、拒否されたのである。[66]

オルムステッドは、サービス通路の欠如が、高密度で建設する可能性をなくしていると指摘し、利用目的によっては、短い奥行きの区画が適している場合でも、奥行きが100フィートに限られている、と論じた。

ニューヨークの奥行き100フィートの宅地は、小さく安い住宅向きに買えるような値段ではない。上物の家賃に対して、地代の割合が大き過ぎるのである。繁栄する古い都市で、町外れに時折見られる以外は、道から道への間隔が200フィートも連続する区画内に、中流の家庭が住居を構えることはありえない。ニューヨーク市の1807年計画のもとでは、望むべくも無い。[67]

1875年には、保健分野の改革家として知られるスティーブン・スミス医学博士が、ニューヨークの街区システムを再編し、その短辺の長さを200フィートから50フィートに減らすことを提案している。[68] 建築家

たちも同様に、街区制度の限界を克服しようと、街区の範囲で調整する方法を考え始めていた。1878年には、19世紀の傑出したハウジング理論家となるエドワード・T・ポッターが、街区を改善しテナメントの採光換気を向上させる研究を発表した。[*69] この分析は複数の区画に建てるほうが、単一区画に建てるよりもデザインの可能性が広がり、25フィート幅の制限を克服できることを指摘していた。[*70] 例えば、倍の敷地が連続した場合、区画の後方間に換気通路をつくることが可能で、採光、換気は鉄道アパートよりも数段向上するというものであった(fig.1.16)。この理論は、その後のテナメント法成立時においてその重要性が確証されることになる。

さらにポッターは、既存の街区に南北の小道を通すことで、東西からの採光を可能にした例を挙げ、マンハッタンの街区に見られる典型的なロウハウス開発と対照させ、その採光と換気の条件を比較している(fig.1.17、1.18)。建蔽率は裏建物付きのテナメントと同じでありながら、採光条件が向上することを示している。この小さな連結路や路地(mews)の方式は、未発達ながらゴッサム・コートやワーキングメンズ・ホームで使われていたものである。1879年には、建築家ジョージ・ポストと技師ジョージ・ドレッサーが共同して、マンハッタンの街区の路地を利用した再編案を発表した(fig.1.19)。[*71] 他にもネルソン・ダービーなどの建築家が似たような提

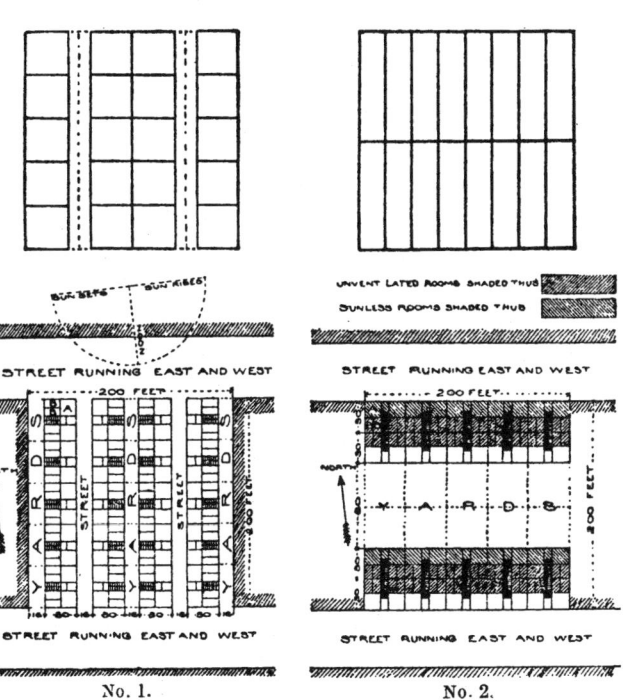

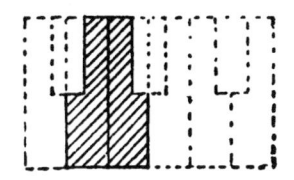

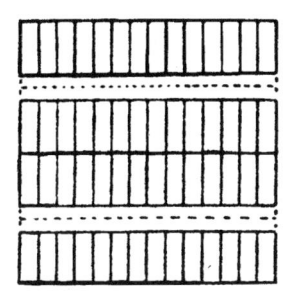

1.16 エドワード・T・ポッター。街区改良案(1878年)。テナメント・デザインを改良する目的で、碁盤街区方式の再編方法を2通り示した。

1.17 エドワード・T・ポッター。街区改良案(1878年)。現存の街区内に南北の「路地」を通し、街区を再編する方法(No.1)。ロウハウスの従来の配置パターン(No.2)。

持てる者と持たざる者　41

1.18 エドワード・T・ポッター。街区改良案（1878年）。「路地」を採用した新しい住戸タイプ。

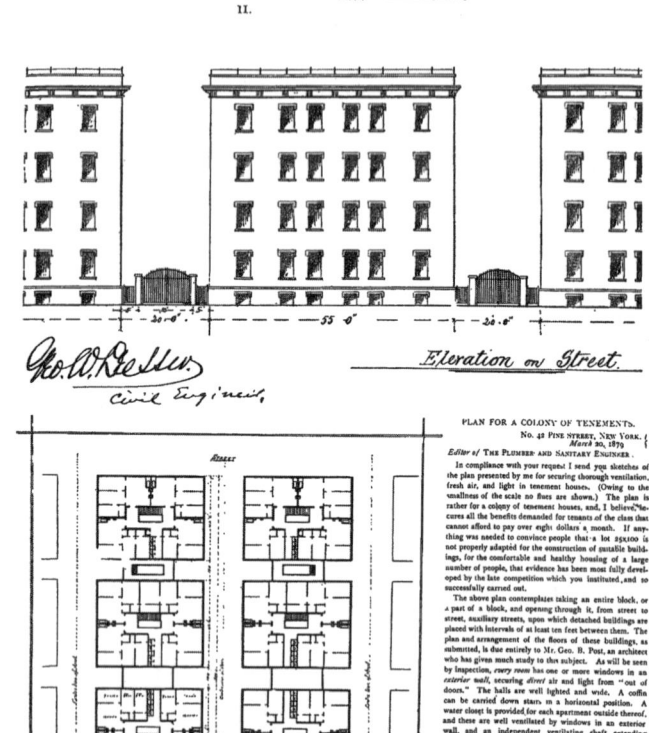

1.19 ジョージ・ポスト。技師ジョージ・ドレッサーとともに発表したニューヨーク市碁盤街区の再編（1879年）。ポッターの提案と同様に南北方向の「路地」を採用。

案を発表している。*72

　東西方向への街区の再編案は、確固たる理論に基づくものであった。この理論が広く応用されていたならば、ニューヨーク市のテナメントの採光と換気は、密度を犠牲にすることなく大きく改善されていたであろう。しかしマンハッタンの土地投機というシステムのもとでは、売却可能な土地を連結路のために減らすことは考えられなかった。たとえ市が地権者に補

償したとしても、市場から土地を永遠に削除することは、果てしない将来の収益性をなくすことであった。街区制度は利益を最大にすることを目的に計画されたのである。土地への投機は大きなビジネスであり、そこに従事する者の権利を容易に侵害することは不可能であったのである。

**Rise of
the Tenement
Dwelling**

第2章

急増するテナメント生活

1850年代になると、テナメントの問題への法的介入を求める圧力が高まってくる。貧民のおかれた状況は痛々しく、さらに災害の発生が追い討ちをかけた。1849年のコレラ大流行は約5,000人の命を奪い、1854年のコレラは2,509人の死者を出している。[*1] 全国的な経済難はあまりにも辛辣で、1857年には市議会が失業者の雇用斡旋と貧民への食料配給を強いられている。1858年の失業者数は25,000人に達し、その家族を含めると約10万人が窮乏の状態にあった。[*2] 当時の貧民状況改善協会（AICP）の年間報告書には、市史上でも最悪の惨状が描かれている。ニューヨーク州議会は行動を迫られていた。1856年にハウジング問題を検討する最初の州議会委員会が設置されるが、翌年まで続いたその研究は、テナメントの状況を詳細にわたって説明したものの、法的な解決には至らなかった。[*3]

1. メトロポリタン保健局と1867年テナメント条例

この状況は社会秩序への悪影響を及ぼした。1849年と1857年に起きた大暴動は、抑制を失いかけていたテナメント住民の生活状況への反動であった。さらに衝撃的な市民騒動は、1863年7月に発生した「ドラフト暴動」（Draft Riots）である。[*4] それは表面的には新しく導入された南北戦争の徴兵制度に反対するものであったが、同時に市内の貧困層の状況に耐えかねたものでもあった。抑圧され、病に侵されたテナメント住民が、第6分区を中心に路上へと溢れ出たのである。市民がハウジング問題と市民騒動の脅威のつながりを噴出させたことは疑いのないことであった。ドラフト暴動の直後、影響力のある市民によって、ニューヨーク市民協会（Citizens' Association of New York）が結成され、市内の衛生状況の改善を提唱することになる。

ニューヨーク市民協会は公衆保健衛生委員会（Council of Hygiene and Public Health）をその下に設け、現況の包括的な調査を行った。1865 年に発表された記念碑的とも言える衛生局報告書（Report of the Council of Hygiene）は、今でもその範囲と周到さにおいて類のない資料として残っている。全 29 区に及ぶ衛生検査地区（Sanitary Inspection Districts）が詳細に分析され、以前の調査で不明であった建築に関する資料もある程度含まれていた。その中で最も衝撃的な統計は、ブルックリンを除く 70 万人のニューヨーク市民のうち 480,368 人が水準以下のテナメント 15,309 棟に居住している、というものであった。[*5] 翌年にはニューヨーク州議会によりテナメント研究会が任命され、公衆保健衛生委員会の、建築に関する資料を補足する報告書を提出している。この報告書は、多数の事例をもとにしたテナメントの形態の社会的分析であった。[*6]

1866 年と 1867 年、確然たる政府立法への重圧により、ついに変革の動きがとられる。州議会は 1866 年にニューヨーク市内の建設基準を定義する包括的な法律を承認する。[*7] 翌年には最初のハウジング法となる 1867 年テナメント条例（Tenement House Act of 1867）を法令化し、その後の低予算ハウジング政策への関わりを運命づけた。テナメントという用語も、この条例において次のように法的に定義された。

（テナメントは）住宅、建物やその一部に、3 家族以上が個別に居住する場合、あるいは 1 つの階に 2 家族以上が同様に居住し、それぞれ炊事を行い、廊下、階段、庭、水洗便所もしくは屋外便所のすべて、あるいはその部分使用権を共有する目的で、賃貸、貸室、間貸し、借用される目的で貸し出されている、あるいはその予定の物件を指す。[*8]

1867 年テナメント条例の目的は、前年の新しい建設基準をテナメント独特の観点から補足することであった。どちらも防火対策を強化し、例えば非耐火建築における避難階段の義務化にみられるように、付加構築物を必要とした。衛生に関しては、テナメント条例は住民 20 人に 1 つ以上の便所を設けることを規定している。しかしテナメント住宅の空間的な基準については、建物間の距離に若干触れたのみで、わずかに改善されただけであった。地下の居住は天井の高さが地上 1 フィート以上である場合を除き禁じられた。

1860 年代は建築基準の施行において重要な進展が見られ、ニューヨーク市の近代的な建築官僚制度の確立に向けて、最初の動きがとられた時代でもあった。それまでの建築法規は、1813 年から 1849 年は市から指名された検査官が、1849 年から 1860 年までは消防局の監督官が施行していた。1860 年、州議会は建物管理者部門を消防局内に設け、構造上の安全に関する法例を施行する検査官を置いた。この部門は 1862 年に消防局

から独立し、新たに建物調査監察局（Department of Survey and Inspection of Buildings）となった。建築家によるすべての図面はこの局によって審査され、訴願はニューヨーク市最高裁判所に直接提出された。1866年には州議会が1801年以来の衛生局に代わるメトロポリタン衛生局（Metropolitan Board of Health）を設置した。1867年テナメント条例も同局の管轄となる。一方で建物調査監察局がテナメントを取り締まる権威も同時に強化された。[*9] この「衛生官僚」と「設計官僚」の対立は、世紀の変わり目まで続くことになる。テナメント条例の施行が、この構造によって最大の影響を受けることになるのも、テナメントは他の種類の建物と異なり、衛生と設計が深く絡み合っているからであった。

規制の強化が進むと、建築規制の遵守を確認する建築図面の審査が義務付けられた。1862年には、この権限は建物調査監察局にあったが、1874年になると訴願の裁定は市の最高裁判所ではなく、審査局（Board of Examiners）に委託されるようになった。腐敗したウイリアム・ツイード市政のもと、建築家と市の建築官僚との関係は厄介なものであったようだ。その結果、訴願はすべて司法制度の外で取り扱われるようになった。[*10] 審査手続制度が施行されると、当時高まりを見せていた建築家の専門性は、その存在を正当化する新しい方法を見出した。つまり、建設の業務内容を、市が要求する説明義務の用語へと翻訳する専門家が必要である、としたのである。それでも、建築家と市の建築官僚の共生した関係は常に建築家の職能のために作用したわけではなく、両者の関係は、建築家の専門能力を鑑定する独立した機構の欠如によって翳りあるものとなっていた。

美的な外観を誇る大規模な建物においては、建築家の地位は確立されていた。寛大な予算のもと、建築基準の遵守は容易であった。しかし低予算の建物では、建築家の専門性を活かすことは困難であった。1870年代末には、建築業務の資格の規定を求める大きな動きが業界内部に出始める。その議論は専門性を強化するために「非建築家による建築家の仕事を禁じ」、「建築家が的確に業務を達成する」ことで、公共の利益を守るというものであった。[*11] 奇妙なことに国内最大の都市を持つニューヨーク州が独自に建築家の資格試験を始めるのは、既に似たシステムを採用していた他の8州に遅れること1915年になってからであった。[*12] しかし配管工の資格認定は1881年に義務付けられていた。[*13]

建物官僚組織が単に存在しているだけでは、法律の施行は保証されなかった。あからさまな不履行の例は、1867年テナメント条例で義務付けられた避難階段の設置である。1900年に標本抽出された2,877棟のテナメントのうち、98棟には避難階段が一つもなく、653棟には裏側の階段のみが設置されていた。[*14] ハウジング改革者、ローレンス・ヴェイラーとヒュー・ボナーは、1900年ニューヨーク州テナメント・ハウス委員会に特別報告書において、その責任が建築の見かけ重視にあるとした。

急増するテナメント生活　49

避難階段を建物の前面につけないという理由は、安っぽい鉄のバルコニーを建物の正面につけたくないという、建築家と所有者のプライド以外に有り得ない。これらのバルコニーが彼らの芸術的感性を害するというのであれば、次の二つの対処法が考えられる。ひとつはバルコニーを芸術的にすること、もうひとつは建物そのものを耐火建物にすることである。我々は人命を守ることは、他の何よりも大切であると信じる。*15

　1867年テナメント条例における避難階段設置の条項は、ニューヨークの道路の美観に大きな影響を与えるものであったが、この問題に対する建築家や所有者の対応は限られたものだった。精巧にデザインされたファサードに避難階段が何の配慮もなく成り行きで設置されることが多かった。ファサードは建築の範疇に入っても、避難階段は法律の範疇に過ぎないということだったのであろう。

2. 1879年テナメント条例＝旧法（Old Law）とダンベル型プラン

　建築家は通常、改革運動のリベラルな協力者として、貧困層のハウジング問題に取り組むことが多く、デザインの革新に向けて専門知識を推敲することは少なかった。建築の革新は法律によって間接的に生まれたが、その施行はある意味、専門的理想と、資本社会における低費用のハウジング生産という問題の間で、緩衝材の役割を果たしたのである。しかし、1879年テナメント条例（Tenement House Act of 1879）を取り巻く状況を見ると、この程度の介入でも問題が生じたことがわかる。1879年テナメント条例は、1867年テナメント条例の第13章と第14章を改定しただけのものであったが、それは重要な内容を含んでいた。*16　最も抜本的な条項は、新築されるテナメントは25×100フィートの敷地の65%以上を占めてはならないというものであった。もうひとつの重要な条項は、テナメントの裏建物を十分な採光と換気が得られない限り禁止したことである。1867年時の条例よりも最低便所数も増やされた。しかし不運にも、衛生局が特定の条項を施行する権限は自由裁量であったため、同局は不動産の利害に屈し、新しい条項は事実上無効となってしまった。この条例のもとに生まれた「ダンベル」（dumbbell）テナメントはよく知られており、一般的に「旧法テナメント」（Old Law tenement）と呼ばれたが、その施行はある種の妥協であった。その建蔽率は通常25×100フィートの区画の80%以上を占めていた。

　1879年テナメント条例の第13項と14項における、意匠上の解釈と不思議に関係していたのは、前年に『配管工と衛生技師』誌が主催した、建築家を対象としたテナメント住宅の設計競技であった。要求されたのは25×100フィートの区画上に反復可能なテナメントの平面であり、とり

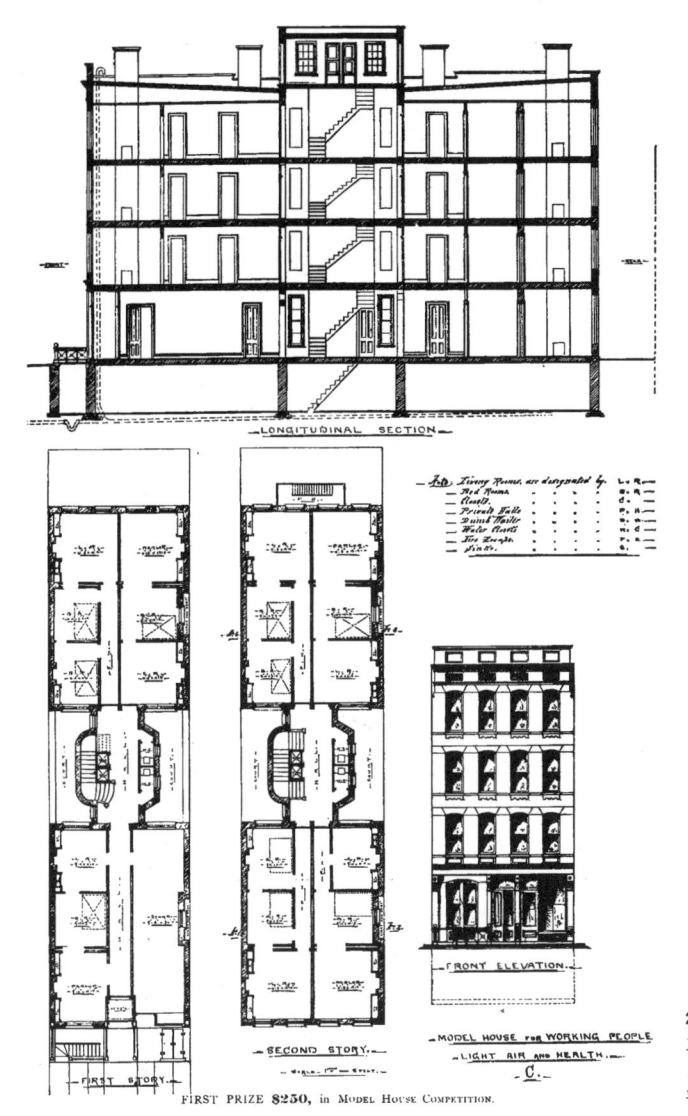

2.1 ジェイムズ・E・ウェア。『配管工と衛生技師』誌主催の1878年テナメント設計競技優勝案。ダンベル型平面が敷地の90%を占めている。

わけ典型的な鉄道アパートを、採光、換気、衛生と防火の面において改良することが求められた。[*17] さらに、経済的にも現実性があり、投資を回収するのに十分な数の家族が住めることが必要とされた。提出された209案のうち入賞した計画はいずれも非常に保守的なものばかりで、それまでに普及していた鉄道アパートをわずかに改良しただけのものであった。[*18] 1等入選したニューヨークの建築家ジェイムズ・ウェアは、後にテナメント設計の第一人者となる人物である。彼のデザインはダンベル型平面の変形で、敷地の90%を占めていた（fig.2.1）。各階には、階段室と便所があ

急増するテナメント生活　51

る中央のコアを囲むように、4住戸が配置されている。コアの両側にある採光シャフトは、隣接するテナメント同士で組み合わせると、より効果的になった。

入賞した12案の多くがウェアの提案と同様に保守的なものであったが、中には現状を単純に合理化するだけでなく、革新的なアプローチをとったものも見られた（fig.2.2）。ニューヨークのジョージ・ダ・クーニャの案は、平面の中心に屋外ギャラリーを設けて中庭の容積を拡大させた。ウェアは別案を提出し9等に入賞しているが、それは内部のギャラリーを変形させ、平面の中心部にかなり大きなオープンスペースを設けていた。フィラデルフィアの建築家、ロバート・G・ケネディの設計は区画の縦方向に5フィートの空間を残すものであり、隣の敷地と合わせると建物の間隔が10フィートとなる計算である。高建蔽率を確保するために、100フィートの区画奥行き全長にわたって建物を配置した。空地に面した壁は多数の開口部があり、採光と換気が最大となる仕組みであった。

入賞案の発表後『ニューヨーク・タイムズ』紙に掲載された批評は、後にダンベル型アパートメントの通俗的批判として広く行きわたったものであった。

これらの入賞案が求められ得る最良のものとするならば、それは信じ難いことであるが、要するにこの問題には解がない、ということなのであろう。上位入賞の3案ですら、無数にあるテナメントの配置をほんのわずかに改良したものに過ぎない。それは単に、前後に配置された「2重の家」の間に廊下と便所が置かれただけである。いずれも「2重の家」の欠点がすべて残り、しばしば衛生面での非難、さらには逆効果な法律すら生み出したのである。空気が入るのは、建物の正面を除いては、建物間の小さな中庭からだけである。もしこの計画が全面的に採用されたとしたら、建物後部の反対側には別の建物の後部がそそり立つことになる。さらに不具合なことに、2階の各部屋にはこれまでと同じ問題が存在し、現在の配置で見られる暗い寝室は、熱病と病気の温床となっている。室内の換気は、他の部屋を経由させるか、もしくは小さなシャフトを通じてであった。旧システムからの改良点は耐火性のある階段室、廊下のプライヴァシーが増えたことと、そして便所の換気に過ぎない。[19]

『配管工と衛生技師』誌上の設計競技は、1879年テナメント条例の可決を決定づけるものであった。この設計競技主催者により設立されたニューヨーク衛生改革ソサエティ（New York Sanitary Reform Society）が法律の草案をまとめ、1879年の冬にかけて州議会にその制定を働きかけたのである。[20] 州政府が制定した後は、衛生局はコンペで優勝したダンベル型プランに体現された基準を、それが厳しい批判を受けたにもかかわらず、守らせようとするだけであった（fig.2.3）。『ニューヨーク・タイムズ』紙は、

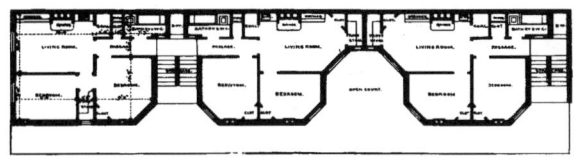

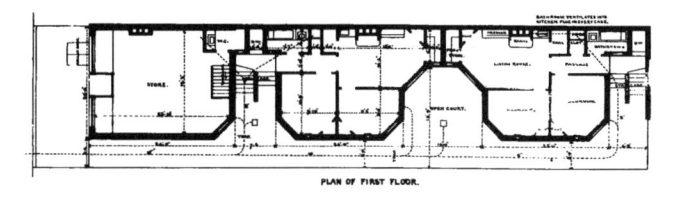

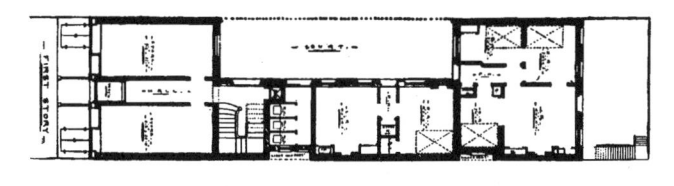

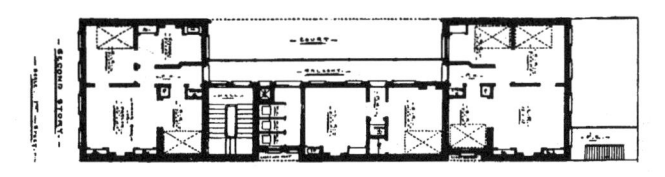

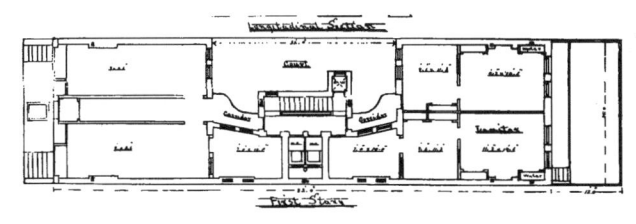

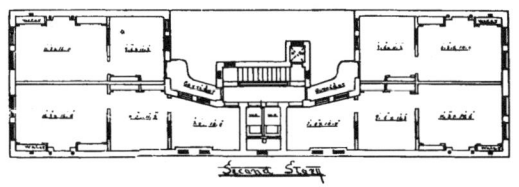

2.2 1878年テナメント設計競技入選案。上から順に、ロバート・G・ケネディ、ジェイムズ・E・ウェア、ジョージ・ダ・クーニャ。いずれも優勝案よりも優れた設計水準を備えている。

急増するテナメント生活　53

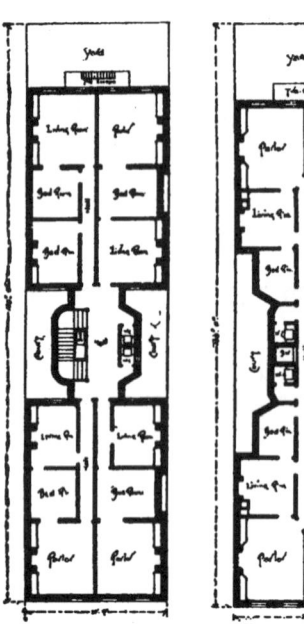

2.3 ジェイムズ・E・ウェアによる「ダンベル型」テナメント平面図(右)。1879年度テナメント条例によって奨励された。建蔽率約80%。「旧法テナメント」とも呼ばれ、前年の設計競技での優勝案 (fig.2.1) に基づいている。

No. 10.—First prize plan -- model house competition of March, 1879.

No. 11.— Mr. Ware's modification of his prize plan.

衛生局の局長として尊敬を集めていたチャールズ・F・チャンドラーが、この法律を強行できない理由を、「家主たちが議会に政治的圧力をかけることを恐れていたに違いない」と伝えた。[21] 不動産業者の利益は当然のごとく満たされていた。ダンベル型アパートが鉄道アパートに劣っていると証明できる者はいなかったし、建蔽率は以前のまま高く、最大限の収益性はそのまま確保されたからである。ハウジングの官僚たちも依然としてテナメントを監督しているような外見を維持できたので、同様に満足していた。残念なことに、まだ成長期にあった建築家の職能界は、公開された設計競技を通してその信用度を妥協するにとどまった。職能界と市の建設官僚との間には、たとえ明確な取り決めがなかったにしろ、専門家の沈黙によって後押しされた、紳士協定のようなものがあったようである。

1879年テナメント条例の施行によって建築家が強いられた気詰まりな立場は、アメリカ建築家協会(AIA)ニューヨーク支部長であったアルフレッド・J・ブルアのとった態度に明瞭に表れている。ブルアは1880年11月、第14回全国大会において長い文書を発表し、テナメント設計競技と、その結果衛生局が強制するようになったダンベル型アパートを非難した。

最近の新聞で大いに宣伝されている、先日のテナメント設計競技の入選案は、いずれも内側に暗い部屋を有し、貧民に加えて医者や訪問者が皆おぞましく思うもので、これまでに衛生局によって痛烈に非難され、実際に、建設局が公式に廃

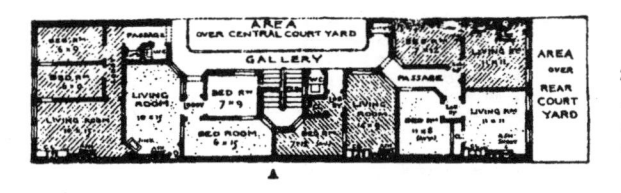

2.4 アルフレッド・J・ブルア。テナメント提案（1880年）。25×100フィートの区画は平凡な結果で終わっている。

止するべきものである。*22

　ブルアは 25 × 100 フィートの区画では満足な結果は出せないとしながらも、自分なりの「解決案」を発表している（fig.2.4）。この提案以外には、新しい高速輸送網の開発がいずれ「現在テナメントに住んでいる人々に、しだいに分離したコテージの形で、一軒家が与えられるだろう」という淡い希望を述べるにとどまった。*23　しかしこの先見は、続く半世紀にわたって、労働者階級のハウジングを支配する全国的なデザインのイデオロギーとなるのであった。

3. エドワード・T・ポッターの機能主義的アプローチ

　建築界の主流は、テナメント問題への取り組みを敬遠していたが、1880年代に入ると鉄道アパートに代わるデザインを提示する研究が増え始めた。初期のハウジング研究者として特筆すべきはエドワード・T・ポッターである。彼は長い職業人生をテナメント研究に捧げた人物であり、最も良く知られているのは1888年に発表されたモデル・テナメントの提案であろう（fig.2.6）。*26　ポッターは碁盤街区における1区画の幅を37.5フィートに拡張し、採光シャフトの原則を用いて、より好ましい住居の配置の可能性を獲得した（fig.1.14 参照）。大きな「光のスロット」（slot）が建物のヴォ

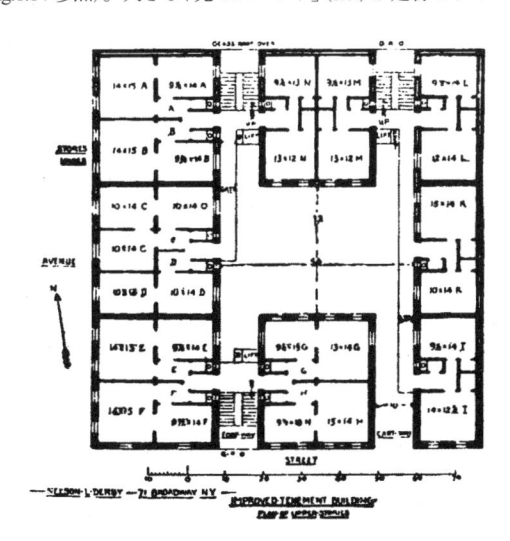

2.5 ネルソン・ダービー。テナメント提案（1877年）。4つの25×100フィート区画を組み合わせ、中庭を囲む斬新な構成をつくった。

急増するテナメント生活　55

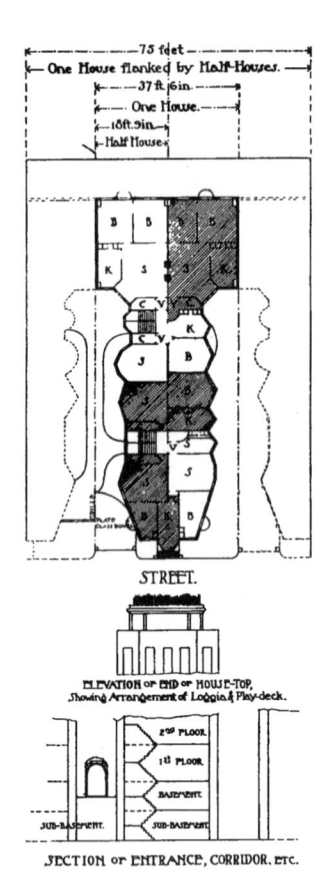

2.6 エドワード・T・ポッター。テナメント提案（1888年）。37.5 × 100 フィートの区画を利用し、詳細な機能基準のもとに構成されている。

リュームに道路側から入り込み、従来裏庭に面していた採光スロットを逆にしたのである。階段室にはこのスロットを経て入ることが出来た。ポッターの提案は目前の問題を純粋に機能分析したものであり、これまでに確立されたいずれの類型にも分類されないものであった（fig.2.7）。側壁が波打つ形状は、各戸から道が斜めに見えるように計算されている。全住戸に通過換気があり、夏の暑い夜には全戸に海風が入り、毎日最低1時間の直射日光が射すように方角が調節された。主な材料は鋼、組積造とガラスであった。階段室の上部はガラス屋根で覆われ、屋上には十分に植栽が計画されていた。建物の入り口はステンドガラスで囲まれ、数箇所の窓には、プライヴァシーを守る半透明の縦ルーヴァーが取り付けられ、さらに他の窓には日よけのシェードが設けられた。

ポッターは1897年にブリュッセルで催された低コストハウジング国際会議（International Congress on Low Cost Housing）に出席し、自らの計画案をモデル・テナメントの大きな模型とともに発表した。彼はそこで、新しい材料、技法、電気や水圧技術など、開発途中の建設技術を、他の種類

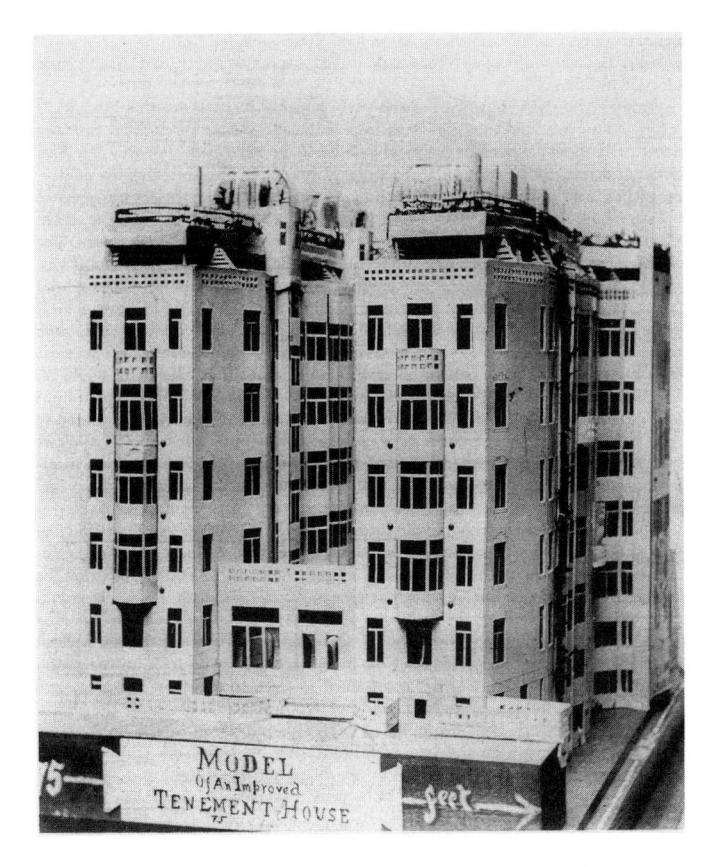

2.7 エドワード・T・ポッター。テナメント提案の模型。「機能主義的」手法を表現している。(fig.2.6 の平面図参照)

の建物だけでなく、テナメント問題の解決に向けて効率よく利用する必要性を説いた。*27　ポッターは無名であったが、ニューヨークのハウジング改革に建築面から取り組んだ建築家の1人である。彼らは1930年代になるまで建築美学の主流の外にあった、機能主義という流れの中にいた。例えば、1887年にポッターが発表した高層ビルの提案はニューヨーク市の高層建築に斬新な未来像を与えたが、それは当時台頭しつつあったこの建物の類型に、十分な光と換気を供給するという徹底した研究に基づいていた (fig.2.8)。*28　このセットバックの背景にある原理は、1916年のニューヨーク市建築形態規制＝ゾーニング法（New York City Zoning Resolution）にようやく反映され、さらに1929年にはニューヨーク州複合住居法（New York State Multiple Dwelling Law）としてより包括的に取り入れられることになる。アルフレッド・J・ブルアは、1905年のポッターの死によせて、以下のように述べている。

　その生涯を、自分の感性や才能を満足させるような教会や住宅、あるいは（儲けの多い）金融高層ビルなどの雄大な建築の仕事に固執するのではなく、すべて

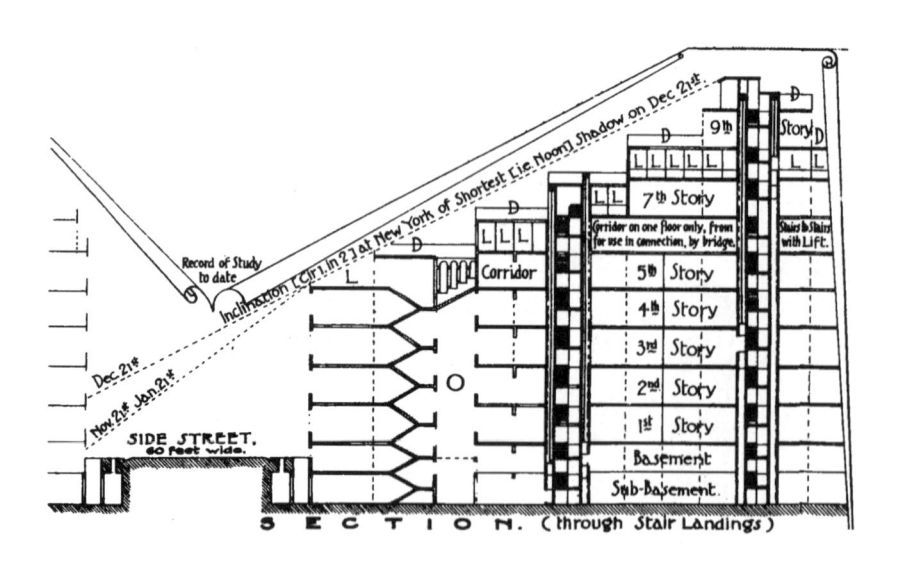

2.8 エドワード・T・ポッター。セットバックを用いて採光を多くする調査研究（1887年）。

のコミュニティの大多数—つまり、金持ちではなく、貧しい者、さらに貧しい者たち—にどのようにして適切な住まいを与えるかという、当面の問題の解決に取り組み、都会、郊外、田園を問わず、予算、地域法令、敷地条件、環境などの避けられない制限のもと、部屋の十分な採光と通風、暖冷房と換気、居住者のプライヴァシーと使いやすさを考慮し、住まいということを十分に考え抜き、その計画に専念したのである。[*29]

4．3人に2人がテナメントに住むニューヨーク：無数のダンベル基準

　19世紀末期、ニューヨーク広域には既に8万棟を超えるテナメントが建ち、市の全人口3,369,898人のうち2,300,000人が住むまでに成長していた。そのうち6万棟が1880年以降に建設されたもので、[*30] すべてが旧法テナメント（Old Law tenement）であった。ほとんどはダンベル基準に沿って設計され、テナメント条例が改正される1901年まで建築官僚によって承認され続けたものである（fig.2.9）。同じ期間に、都市圏人口は約150万人増加したが、テナメント基準に特に目立った改善は見られず、[*31] 部分的な法改革も実施不可能なものばかりであった。一方、1880年に建設局がコスト削減を受けて消防局の一部となって以来、建築官僚制度は再編が続いていた。1892年に建設局は再び独立し、それまで保健局によって行使されていた、建物の採光、換気、配管と排水を管轄するまでになった。建設局のこの権限は1897年大ニューヨーク憲章（Greater New York Charter of 1897）の制定後も変わらず、マンハッタン、ブルックリン、ブロンクス、クイーンズとリッチモンドの全域を統括するようになった。[*32]

　ニューヨークの建築法規の統一化への最初の試みは、1882年統合法（Consolidation Act of 1882）によってなされた。この法律は管轄権の矛盾

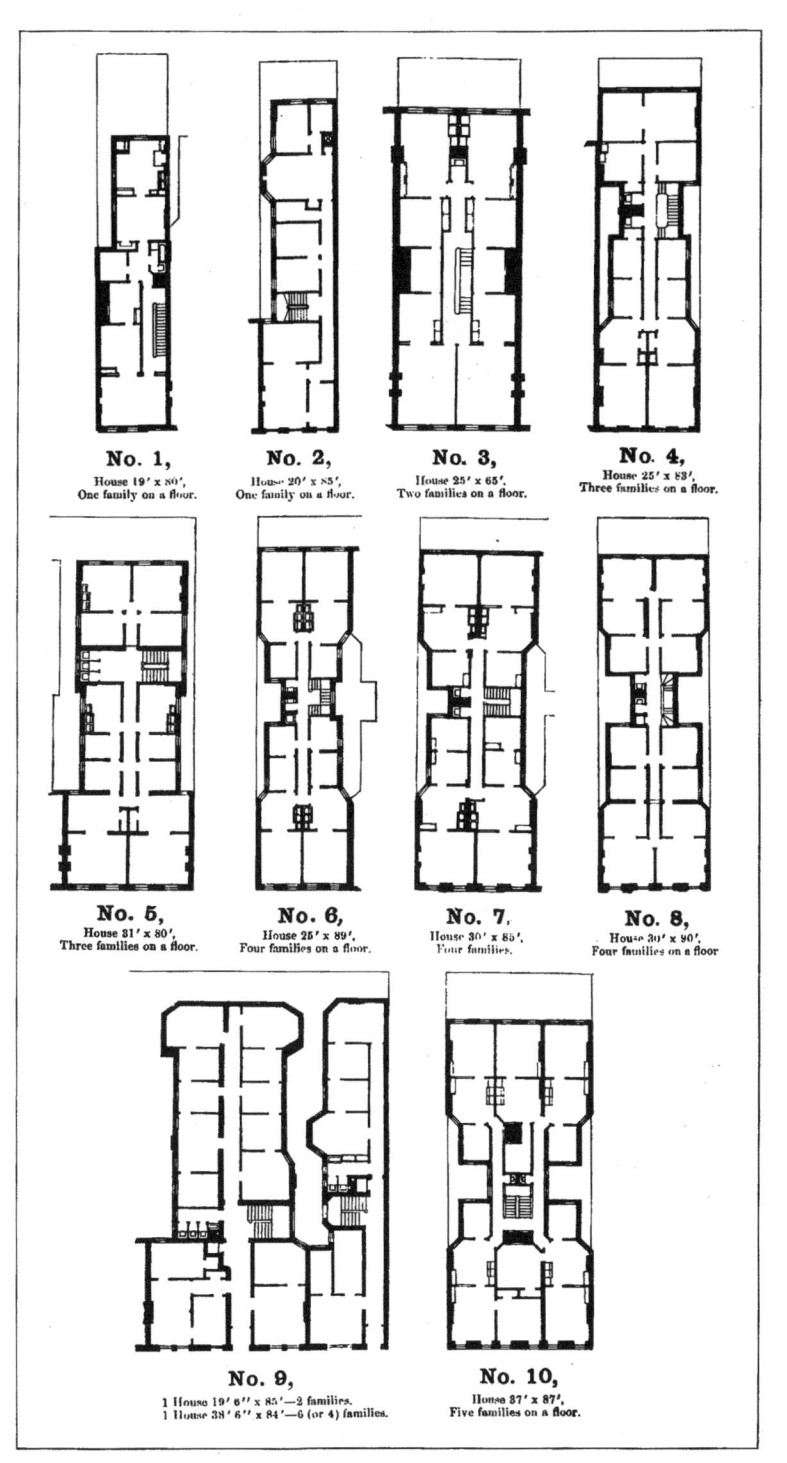

No. 1,
House 19′ x 80′,
One family on a floor.

No. 2,
House 20′ x 85′,
One family on a floor.

No. 3,
House 25′ x 65′,
Two families on a floor.

No. 4,
House 25′ x 83′,
Three families on a floor.

No. 5,
House 31′ x 80′,
Three families on a floor.

No. 6,
House 25′ x 89′,
Four families on a floor.

No. 7,
House 30′ x 85′,
Four families.

No. 8,
House 30′ x 90′,
Four families on a floor

No. 9,
1 House 19′ 6″ x 85′—2 families.
1 House 38′ 6″ x 84′—6 (or 4) families.

No. 10,
House 87′ x 87′,
Five families on a floor.

2.9　保健局認定のテナメント平面図（1887年）。

急増するテナメント生活　59

を取り除き、建設法令を単一の文書にまとめたものである。テナメントと一般建物の建築法規はここで初めて統合されたが、管轄主体は建築局とテナメント・ハウス局と別々であった。*33 この法令の「衛生的」側面はテナメント法の範囲内であったが、世紀の変わり目には官僚組織が変化し、旧来のデザインと保健を管轄する法例の施行権限をめぐる対立は弱まっていた。建築家の図面審査に関するお馴染みの問題はより厳しくなった。この状況は、後の 1899 年度ニューヨーク州議会特別委員会（New York State Assembly Special Committee of 1899）による、ニューヨーク市の調査において述べられている。建築家のアーネスト・フラッグは次のように証言した。

　私が話した建築家は皆、現在の編成、つまり現在の評議委員会は非常に悪いという意見で一致していました。責任の所在が明確でなく、委員たちはその立場にふさわしい訓練を受けていないからです。彼らが企業組織と深く関係していることは、この職業一般の常識のようなものであることを私は理解しています。…評議員の行いは、そこまで悪くないにせよひいき主義と言っても差し支えないと考えます。この考えに同意する者は他にもいるでしょう。建設業者と建築家は、このシステムに公的に対抗する姿勢を表明するのに難しい立場にいます。忍耐の限度を超えた苛立ちはあり得ますし、私のこの証言によって、また腹を立てることでしょう。*34

　ニューヨーク州議会は 1884 年に第 2 次テナメントハウス委員会を任命するが、これは倫理文化協会（Society of Ethical Culture）の創始者でもある活動家、フィリックス・アドラーが先導した訴えを発端としていた。この委員会は 1867 年テナメント条例が規定した、入居者 20 人あたり 1 つ以上の便所を必要とする条項が、ほとんどにおいて無視されている現況を報告した。実際、調査されたテナメントのうち便所が 1 つでもあったのは、30.1％に過ぎず、2 階以上の階に水道が通じている建物は皆無に近かった。*35 さらに委員会は、テナメントの形態を規制するには、科学的尺度に準じた衛生水準の定義が必要であるとし、「予防」処置の育成には、建築デザインの実質的な管理と、その法令化が必要であることを示唆している。

　衛生上の問題に取り組む場合、第一の実質的な困難は、不健全な状況をつくる原因について、十分に明確で満足のいく主張を確立することである。現在の法律において不衛生な建物とは、他の入居者に移る可能性がある伝染病が現に存在する建物、と定義されている。しかし現在の知識では、この定義は、経験上、伝染が始まる可能性のある状況も含むべきであり、実際に感染が見受けられるまで待つべきではない。　…これまで保健当局が適用していた建物の健全性を計る唯一

の基準は、1人あたりの空間の量であったが、今では、換気、敷地の湿度と日光などの必要条件を含む基準も適用させることが望ましい。*36

　1884年のテナメント・ハウス委員会が推奨した設計例は包括的なものであった。その中に含まれたのは、1879年テナメント条例で指定された建蔽率65%の制限を強化すること、屋外便所の全面禁止、各階への水道配備、すべての居室と廊下への直接採光、テナメント地区への電気街灯の設置であった。テナメント条例は1887年になって改正されることになるが、その時でさえ、幾つかの施行規定が追加されたのみで、新たなデザインの統制が強化されることはなかった。*37　委員会の報告書には、立法上の影響力はほとんどなかったのである。

5. 改革運動の後退とモラリストたちの抗議
　実質的な新法の欠如と、その施行への反抗的な雰囲気は、部分的には反改革派の利権者による影響が大きい。これらの懸念は、1885年のニューヨーク州控訴裁判所の判決において決定的になった。前年に可決したばかりのテナメント条例の修正条項を白紙に戻したのである。この条項はテナメント内での非居住目的の活動を規制することによって、法改革への土台を広げたもので、葉巻製造業者組合が起草し、住宅内でタバコ製造を内職することを禁止し、製造会社に職場条件の責任を負わせようとしたものであった。*38　テナメントの過密状況も同時に指摘されており、当時ニューヨーク州議員であり、立法委員会の一員として、法案準備中にあるテナメントを訪れたセオドア・ルーズベルトは、後に写実的に描写している。

　圧倒的に多くの例では… 1部屋、2部屋、あるいは3部屋のアパートであったが、そこでは昼夜の区別なくタバコ製造の作業が、食堂、居間、寝室、時にはすべてを兼ねる同一の部屋で行われていた。私が忘れられないのは、2家族が住んでいた1部屋である。私がそこにいた3人目の男性は誰かと尋ねたところ、一家族の下宿人だという返事が返ってきたのである。部屋には数人の子供と、男3人、女2人がいた。あらゆるところにタバコが積まれていた。汚れたベッドの脇、食べかすがちらかった部屋の隅など。この部屋の男女と子供たちは、一日中、夜遅くまでここで働き、寝食を共にしていた。彼らは英語を話せないボヘミアンであったが、1人の子供が通訳をするだけの言葉を知っていた。*39

　裁判所は非常に強い語調を使ってこの法案を「個人の自由と私的財産」—もっとも、それは葉巻会社に属するものであったのだろうが—への脅威であるとみなした。

　このような法律は、今日ある階級の権利を侵害し、また明日には別の階層を侵

害するかもしれず、それが憲法によって是認されるのであれば、遠い将来には政府機関が住宅の建設、牧畜の飼育、種まきから穀物の収穫までを監視して、政府の法例によって職人の活動や労働、賃金、食物の値段、人々の食品と服装、そして、すべての文明の地において政府機能の外にあると見られてきた様々な事柄を規制するような、政治の在り方になっていくであろう。このような政府の介入は、社会構造の正常な調整機能を妨げ、精巧で複雑な産業の仕組みを狂わせる。一つの悪を排除しようとする間に、幾つもの悪をもたらしているのである。[*40]

　裁判所の判決はハウジングと保健問題の改革に対する、保守的な反応であり、不動産業と製造業に決定的な勝利をもたらした。そしてすべての改革運動に翳りを投げかけたのである。官僚たちは、さらなる有害な訴訟の誘発を恐れて、現法の施行を控えざるを得ず、新たに重要な法案をニューヨーク州議会に提出することは、不確定な行為としかみなされなかった。ルーズベルトは後にこの打撃の重大さを語っている。

　この判決はその後20年間にわたり、ニューヨークのテネメント改革への立法を妨げ、現在［1914年］にいたるまで障害であり続けている。これは産業、社会の進展と改革がかつて被ったことのない深刻な挫折である。[*41]

　しかし、前向きの観点から見れば、この難局は改革活動家たちを奮起させたのであった。1880年代から1890年代にかけて、ポピュリズム的な改革活動家たちは、テネメントに全国的な注目を集める推進力となったのである。この運動は全国的なマスメディアの発展を最大限に活用した。写真ジャーナリズムのような新しい手法は、テネメントの記録に現実性を付け加えた(fig.2.10)。改革活動家の中でも、ジェイコブ・リースは傑出しており、テネメントの改善を政治改革にまで変えた人物である。デンマークからの移民であったリースは新聞記者として働き、1889年に最初の改革記事『残りの半分はどのように生きているか』（How the Other Half Lives）を『スクリブナーズ』誌に発表、1890年に同じ題名の本として出版した。[*42] 続く10年間にわたり一連の世評にのぼる本を刊行し、改革を目指した幅広い運動を行いつつ「最初の半分」の道徳的感性に訴えた。またスティーブン・スミス博士は、1866年のメトロポリタン保健局の設立に深く関わった後、1868年から1875年にかけて保健局長を務め、全国保健省（National Board of Health）に対する運動を開始した。この法案は1879年に国会にて承認された。リースと同様、スミスの活動はニューヨーク市の状況に全国的な注目を集め、彼の前任者であるジョン・グリスコム博士のように、保健とハウジング立法に向けての科学的基盤の確立に貢献したのである。[*43] 別の流れでは、1882年に設立された慈善機構協会（Charity Organization Society, COS）により、市内の慈善団体の活動が一括して調整されるようになった。

一般的に、COS は貧民状況改善協会（AICP）の事業を拡張したものであった。*44

1884 年テナメント・ハウス委員会はテナメント立法に必要とされる十分な「科学的」基盤を特定出来ないことに苛立ちを隠せないでいたが、こうした落胆も、ポピュリズム的な改革活動によって育まれた「道徳主義者」の声によってなだめられることになる。委員の一人であったチャールズ・F・ウィンゲートは 1885 年に「テナメント・ハウス問題の道徳的側面」を記述し、非常に非科学的な議論を繰り広げている。

　全市の病気のうちおそらく 75％が、テナメント住居より発生して、裕福な地区にまで伝染することがある。これらの部屋で生まれた子供たちのうち 90％が青年期を迎えずして死ぬ。病気の頻度は死亡率に比例し、段階的な身体の退歩が見られる。消耗性の疾病が流行している。幼い生命はつぼみのまま摘み取られ、青年期は歪んで嫌気に満ち、30 歳にて老衰が訪れるのである。

2.10　ジェイコブ・リース撮影。旧法テナメントの通気シャフト。

急増するテナメント生活　63

ウィンゲートは続けて次のような対処法を述べている。

　　ニューヨークが欲するのは、市民としての誇りを復活させ、公的な義務に金銭だけでなく、時間と思考を差し出すように、市民を鼓舞することである。個人的な事情に埋もれた人々は、安月給で疲れきった役人に責任を任せることに甘んじている。もし必要性のみによって提示出来なければ、私利による方向転換が責務である。しかし何よりもまず、聖職者たちと、必要性を感じる者たち全員が、この限りない問題の実際的な解決法を模索するべきである。[45]

　　ポピュリズム運動の一面には、おびただしい数の移民に対する社会不安への反応があった。1890年には移民は市内人口の42％を占め、テナメントのほとんどを占有していた。[46] ウィンゲートは彼らについて「無知で汚く、品がなく、多かれ少なかれ質が悪い。特にイタリア人、ポーランド人、ロシア人とボヘミアンがそうである」と憚らなかった。[47] これらの「道徳的な」問題はさておき、移民人口の政治的束縛は、実質的な面で問題を引き起こした。既に市の人口の半分に近づいた移民たちの政治的見解を、危険とみなす批評家たちもいた。アレン・フォアマンは1888年に『アメリカン』誌に書いている。

　　ポーランド人、ロシア人、さらにドイツ人の最下層の者たちは、無政府思想を吹き込まれてやってくる。その思想は働かずに富を得ようとやって来たこの国で、生活の惨めさと失望により培われ、ヨーロッパのスラム街から流入する彼らとは全く性質の異なる人種を対象とする（我々の）法律が認める、言論の自由によってさらに助長されるのである。[48]

　　1890年代の半ば、テナメントに関する2つの重要な研究が記録として残っている。ニューヨーク州議会が1894年にまとめた、テナメントハウス委員会による報告書で、テナメントの改善の変遷を詳細にたどり、255,033人が住む8,441棟の調査に基づき、それまでになかった記録を提供した。当時ニューヨーク市の人口は世界第6位であったが、1エーカーあたり143.2人という人口密度は世界一であった。第2位のパリは、1エーカーあたり125.2人とかなりの差があった。ロウアー・イースト・サイドの一部では800.47人の密度に達したところもあり、ボンベイ市の一部で記録された1エーカーあたり759.66人という、世界一の密度を超える数値であった。[49] 報告書におけるこのような統計分析の多用は、テナメント問題の「科学化」を新しい段階にまで引き上げたのであった。
　　委員会の報告書はニューヨーク市の人口の半分以上がテナメントに住む状況を示し、改良されたテナメント・デザインとその変遷の議論に焦点を当てている。これはテナメントの状況の説明に、写真を補足として使っ

た最初の公的記録でもあった（fig.2.11）。この報告書は、都市全体の状況をマッピングし、比較表を用いた点でも革新的であり、後に学問として誕生する都市計画の先駆けとなった。勧告事項としては、1879年テナメント条例が定めた65％の建蔽率を、現実性のある70％に引き上げ、これまで法施行の抜け道となっていた保健局の自由裁量権を禁止することが挙げられた。また別の興味深い推薦事項として、テナメント地区の過密状態を緩和する、高速輸送網の早急な開発が推奨された。しかし、1884年委員

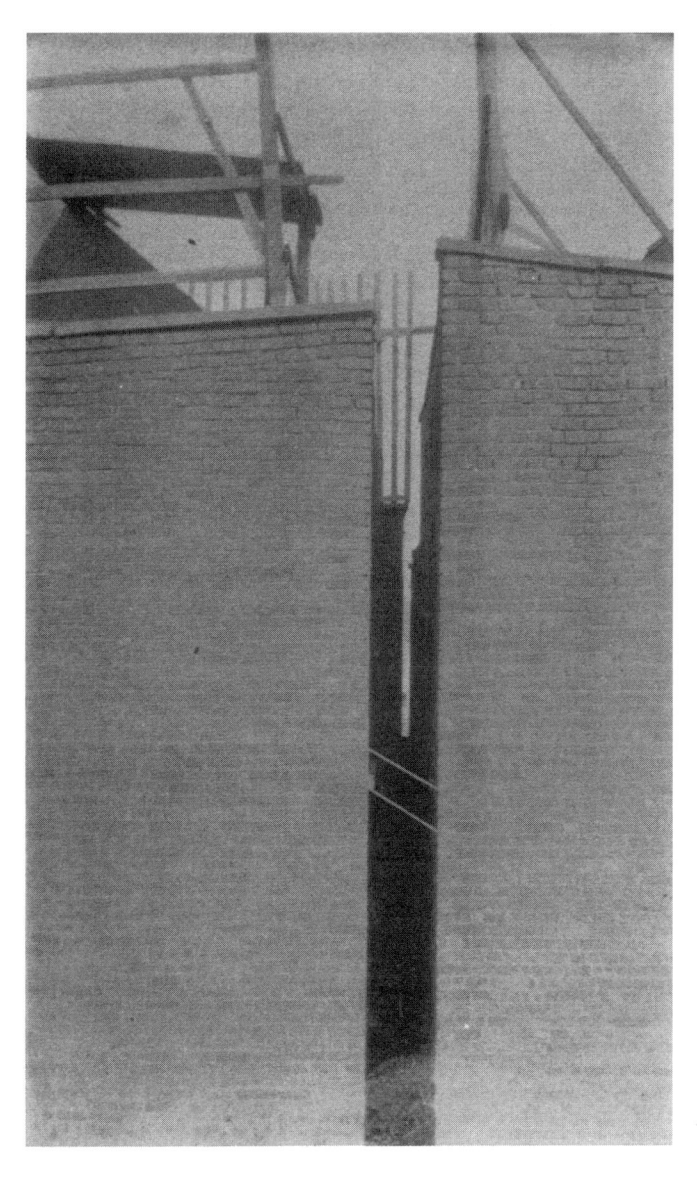

2.11 テナメントと裏建物の隙間。（ロウアー・イースト・サイド、1895年頃）。(fig.1.11参照)

急増するテナメント生活　65

会の例と同様、1894年委員会による報告書の推薦事項は、特にデザインの基準に関しては、翌年に通ったテナメント法にほとんど何の影響も及ぼさずに終わった。*50

もう一つの重要なテナメント研究は、1895年に連邦政府がハウジング問題に初めて取り組んだ結果生まれたものである。労働省による、「労働者のためのハウジング」と題された特別報告書は、*51 省内のエコノミストであったハウジング改革者、エルギン・R・L・グールドによって編纂された資料をもとにしている。この研究はハウジングの改革活動を官民問わず、包括的に調査し、米国だけでなく、イギリス、フランス、ベルギー、ドイツ、オーストリア、オランダ、スウェーデンとデンマークの事例も記録されていた。それまでに米国で発表された外国のデザイン先例は、19世紀半ばにイギリスで建設された慈善事業のハウジングだけであった。労働省の報告書はヨーロッパの新しい情勢の重要な情報とともに、建築的記録も相当含まれていた。

1895年には、ヨーロッパの多くの自治体が、政府の直接主導による貧民住宅の建設を提唱しており、労働省の報告書には、英国のハッターズフィールドとリバープール、スコットランドのグラスゴー、そしてドイツのデュースブルグの事例が記録されている。これらの先例は、報告書の結論に偏見を与えることなく、政府基準に基づいた民間部門による貧民用住宅の建設を明確に求めている。それにもかかわらず政府による住宅建設が行われなかったのは、ロビー活動の欠如が理由ではなかった。1880年代から、フェリックス・アドラーと倫理文化協会の先導により、最も前衛的なハウジング改革運動者による圧力は強まる一方だった。1884年3月9日にマンハッタンのチッカリング・ホールで行われたアドラーの講演「政府による救いの手」にはその論点が典型的に表れている。

この都市のテナメント地区の悪は、借家人の快適さを無視する不動産業者と、法外な家賃を要求する大家たちである。労働者階級は自ら家を建てることは出来ず、政府は道徳的配慮をもって、これらの家が入居者の生活と道徳を害さないような法を布くべきである。家が過密であれば、政府はそれを防止しなくてはならない。政府は住民数の削減を強制し、大家の負担による改装を促し、改装が不可能であれば、家を解体して消滅させるべきなのである。*52

しかし、これらの訴えも聞き入れられずに終わる。政府主導の住宅建設計画が始まるのは第1次大戦時に生産危機が訪れた時であり、それも貧民が対象ではなく、軍需産業の工場労働者のための住宅だった。政府が貧民の住宅建設において初めて主導権を握るのは、1930年代の大恐慌時代であり、ヨーロッパにかなりの遅れをとっていた。

6. コロンビア博覧会と'シティ・ビューティフル'運動

　1880年から1900年にかけての20年間は、建築家の職能を最終的な形成において重要な時代であった。1893年にシカゴで開催されたコロンビア博覧会の成就をもって、建築は工学から独立し、同等の地位を獲得したのである。博覧会は、電気、機械、そして構造における革新的技術が揃った工学の代表作であった。しかしこれらの工学の驚異は電気照明から運河のシステムまで、あらゆるスケールにおいてすべてが徹底して建築によって覆われていた。名高いエンジニアであるチャールズ・エメリーはこの極端な二重性を次のように説明している。

　幽霊のように建物の骨組みが立ち上がってきた。それらは何百万という奴隷労働者による長年の苦役であった、石を積み上げるという歴史時代の建築の扱いを模倣するために設計されたものだ。本物を試みることは近代の技術の進歩を用いても、その時間と莫大な費用によって禁じられていた。偽の本物らしさは、薄っぺらなフレームの全体を知り尽くしたエンジニアの知識によって、いわゆる「蔦入り石膏」、つまり外壁という衣装を支え、建物の建築的特徴を表現することが可能になったのである。[53]

　シカゴ万博に先立つ華やかでよく知られた論争において、選ばれた建築「衣装」のスタイルは古代ローマであった。それはパリのエコール・デ・ボザールにて解釈され、ニューヨークの建築主流派を経て中西部に到達し、そこでダニエル・バーナムが巧みにまとめた万博となった。このスタイルを熱狂的に支持した大企業はいずれも、ローマという象徴が、彼らが米国に抱いた帝国主義的な野心を擁護する上で、利用価値があることを理解していた。[54]　アーバニズムとハウジングに関する議論においては、日常生活の事細かで平凡な事柄よりも、シティ・ビューティフル運動の象徴的で先進的な意味に注目がおかれた。この運動は当時高まりつつあった反都市的な感情を抑える役割としては意義があったものの、都市社会最大の構成要素を成す、恵まれないテナメント住民には何の手段も示さずに終わっている。シティ・ビューティフル運動の最も有力な支持者であった、チャールズ・マルフォード・ロビンソンは、その領分の限界を疑うことなく次のように述べている。

　我々がまず気付くべきは、目前の主題は社会学ではなく公の芸術であるということである。近代が生み出したこの都市美学の最高の栄光は、これらのテーマが幾度となく交わることであり、時としてその区別は純粋に独断的でなければならない。ただし、我々は道理をわきまえて断言するだろう。都市芸術は、住宅の外見だけを扱うべきで、社会学的に急迫している状況—つまり、日のあたらない寝室や、暗い廊下や階段、汚れた地下室、危険な労働、そして便所の欠如などに関

しては、公の芸術は何の責任も負わないが、誠実に悲嘆するのである。*55

　ルイス・サリヴァンは、より社会主義的な建築の着想に基づく機能主義の伝統に属していたが、この議論では劣勢であった。彼はダニエル・バーナムを新種の建築起業家とみなし、商業界の実力者が独占権を得るように、バーナムも「スタイル」の市場を買い占めることを厭わないだろうと考えていた。サリヴァンは『自伝』の中でこう記している。

　同じ頃、産業界では合併や連合、そしてトラストが着々と進んでいた。シカゴで唯一、この動きに則った建築家はダニエル・バーナムである。彼は拡大化、組織化、委託や激しい商業主義への傾向に、自分の考えが相補的に働くと感じていたのである。*56

　スタイルの独占主義は、その後も移り変わりがあったが、ボザールほど一枚岩的だったものはない。その主唱者たちは1898年に行われたアントワープ・コンペティションの結果を完全勝利として宣言する。これはハースト家を主たる出資者とした、カリフォルニア州立大学バークレー校のキャンパス建設計画であり、応募総数108点に及ぶ国際設計競技であった。*57 入賞した11作品のうち、6点が米国からであり、そのうちの大多数がボザールで教育をうけた建築家であった。アメリカのあるコラムニストが述べたとおり、「これはアメリカ対世界という議論であったが、勝利はアメリカにあった。また芸術を鑑賞する者にとってはボザール派対非ボザール派という別の議論があった。そしてボザールが勝ったのであった」。*58

　こうしてボザールは商業だけでなく、文化におけるアメリカの帝国主義への希望を背負って立つことになった。「英国システム」はイギリスからの入賞作品がなかったことを証に「敗北した」と伝えられ、イギリス人の審査員であった著名な建築家であるリチャード・ノーマン・ショーもその状況を、残念だが相応の結果である、と認めたほどであった。*59　ここで使われている英国システムという用語は、サリヴァンが興味を示した進歩主義の一派であったと見られる。ボザールの勝利にもかかわらず、そのネオゴシック機能主義の伝統は、米国の中西部と西海岸において進化を続け、現在に至るまで途切れることなく存続している。

7. アーネスト・フラッグによるボザールの移調

　東海岸では、ボザールが建築の職能を支配しており、ニューヨークはその震央であると同時に、大企業の中心地でもあった。シカゴでは独特なものとして受け止められたバーナムの建築活動のスケールも、ニューヨークでは今日的な風潮であった。彼のビジネス戦略に関しても同様であった。

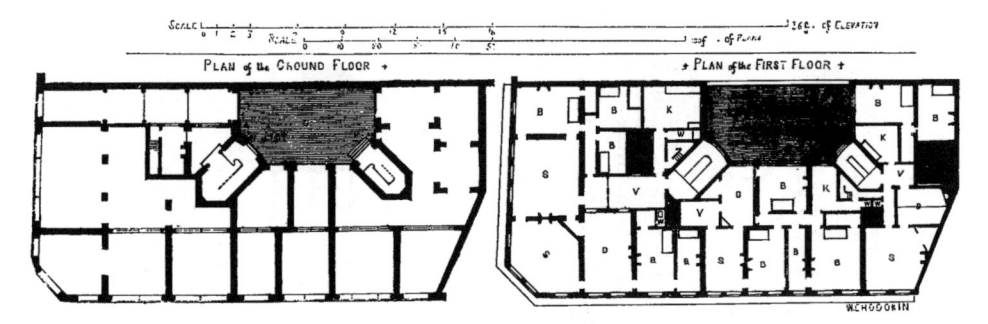

PARIS ARCHITECTURE: HOUSE IN RUE DE LA CHAUSSÉE D'ANTIN.——M. ROLLAND, ARCHITECT.

2.12 フランソア・ローランド。パリのアパルトマン（1859年）。フランス第二帝政の上層中産階級ハウジングの特徴を表している。

　それでもニューヨークの建築界には、少なくとも3人の建築家が当時の一般的慣行を越えた立場にいた。グローヴナー・アッタベリー、アーネスト・フラッグ、アイザック・ニュートン・フェルプス・ストークスである。3人ともボザール出身であったが、決して順応主義に取り入ることなく、ハウジングの生産に関する問題に並々ならぬ興味を示し、貴重な貢献を成している。アーネスト・フラッグによる研究が最初で、最も影響力があった。1894年、ボザールを卒業して間もない彼はテナメントに関する研究を発表している。フラッグはフェルプス・ストークスと同様、ボザール在学中にニューヨークのテナメント問題を追求していた。彼のプロトタイプはパリやヨーロッパ大陸に遍在する中庭型アパートを、ニューヨークのテナメント設計の状況に即して、巧みにつくり直したものであった（fig.2.12）。

　フラッグのプロトタイプはパリのアパートに見られる馬車出入口（porte cochère）と中庭を巧妙に取り入れている（fig.2.13）。[60] 4つの25×100フィートの区画を1つの建物に組み合わせ、道路からは通路を介して中央の中庭に直接入る配置であった。中庭から四隅に配置された階段を通って建物に入り、100フィートを1単位としておのおのに幅18フィートの採光スロットが後方まで開いていた。またこのモデルを75×100フィートの建物に応用した計画も示している。幅100フィートのモデルが好まれたのは、ダンベル型テナメント4棟と同じ床面積を再配分したものでありながら、採光と換気がはるかに優れていたためであった。

　フラッグの研究の影響は直接的であり広範囲に及んだ。彼のプロトタイプによって理路整然と示された論法は、明確なだけでなく、碁盤街区の難題や、投機目的の民間開発に対しても現実的であった。フラッグは1896年に彼の研究の一例をAICPの改善ハウジング委員会（Improved Housing Council）が主催したテナメント・ハウス設計競技に提出し1等入選している（fig.2.14）。[61] ダンベル型テナメントの設計で有名であったジェイムズ・ウェアも、このタイプを一部変更した案を提出して2等に入賞した（fig.2.15）。1900年に第2回テナメント・ハウス設計競技が慈善機構協会（COS）の後援により行われた際も、このフラッグ型のプランが圧倒的で

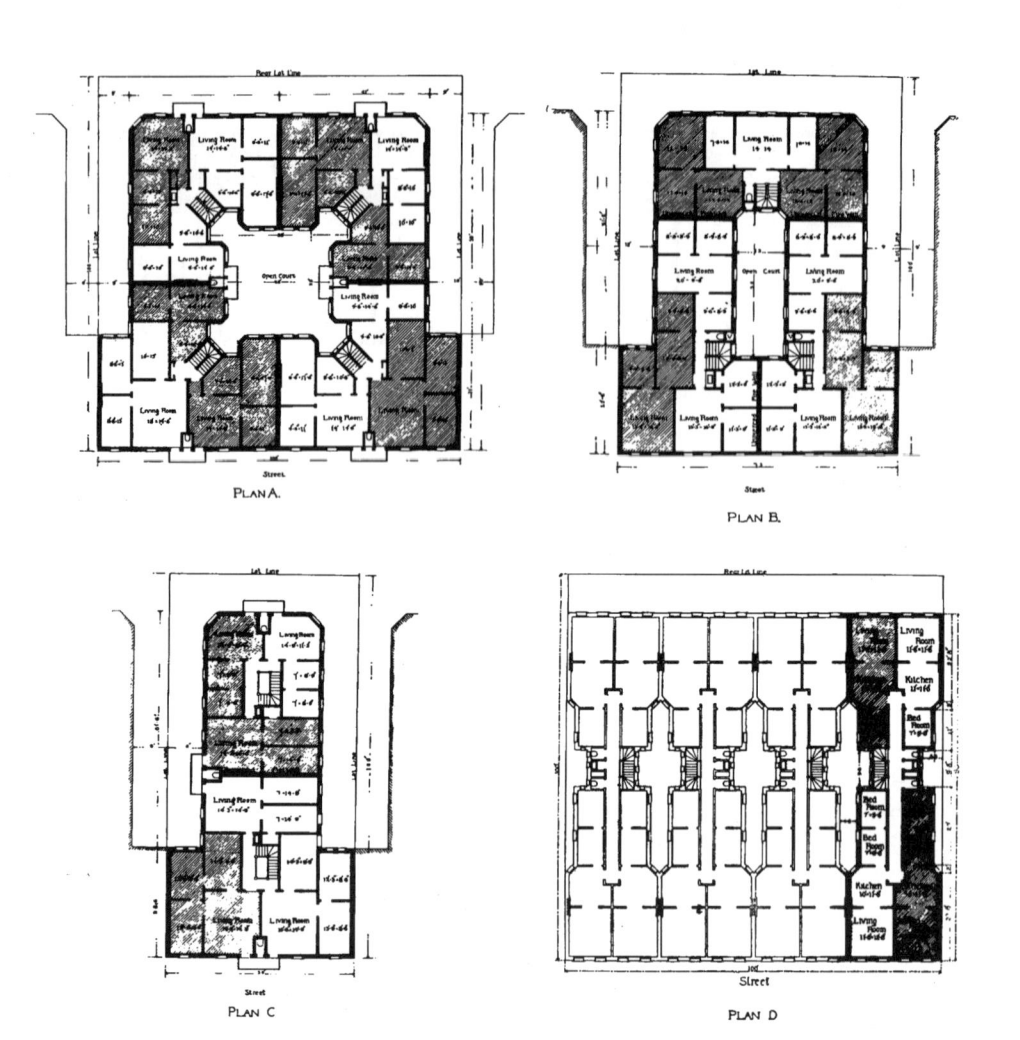

2.13 アーネスト・フラッグ。テナメント・プロトタイプ（1894年）。パリ風の中庭やポルテ・コシェールを複数の区画に用いた。典型的ダンベル型テナメントとは対照的である。

あった。*62　ここでは斬新な変型も開発され、例えばヘンリー・アッタベリー・スミスによる3等入賞案は、フラッグ型プランをもとに、外階段として便所の換気を兼ねていた（fig.2.16）。1等入賞したR・トーマス・ショートによる案は、フラッグのプロトタイプよりもさらに採光の効率が増すように、中庭側のヴォリュームを巧みに操作したものであった（fig.2.17）。

　改善ハウジング委員会の後援による1896年設計競技で求められたのは、ニューヨークの碁盤街区に収まる200×400フィートの区画内における、6階建て、最大建蔽率70％のハウジングの設計であった。続く1900年のCOSによる設計競技では、建蔽率と建物の高さの制限は同じであったが、区画幅が25、50、70、100フィートの各部門に分かれ、より焦点の絞られたものであった。*63　これらの設計競技から、幅広く可能性のあるテナメント構成原理が生まれることになる。2つの設計競技は、それまで

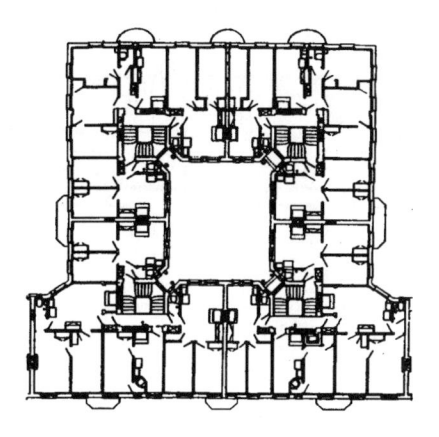

2.14 アーネスト・フラッグ。1896年テナメント・ハウス設計競技1等入選案（貧民状況改善協会主催）。1894年のプロトタイプを変形させたもの。

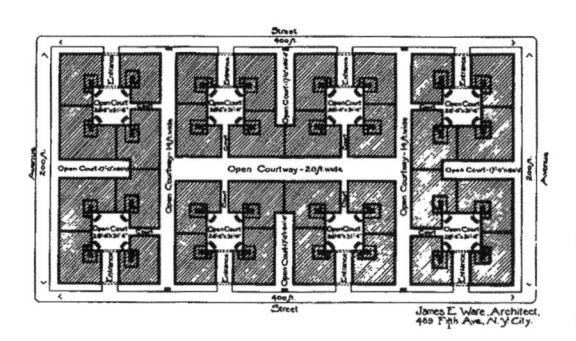

2.15 ジェイムズ・E・ウェア。1896年テナメント・ハウス設計競技2等入選案。フラッグの提出案に類似、理想的な街区構成。

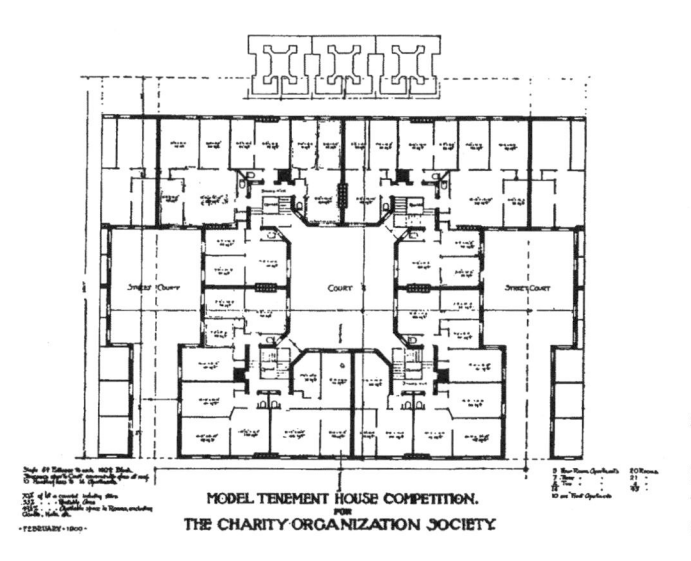

2.16 ヘンリー・アッタベリー・スミス。1900年テナメント・ハウス設計競技3等入選案（慈善機構協会主催）。フラッグ型の平面と外部階段を組み合わせている。

急増するテナメント生活　71

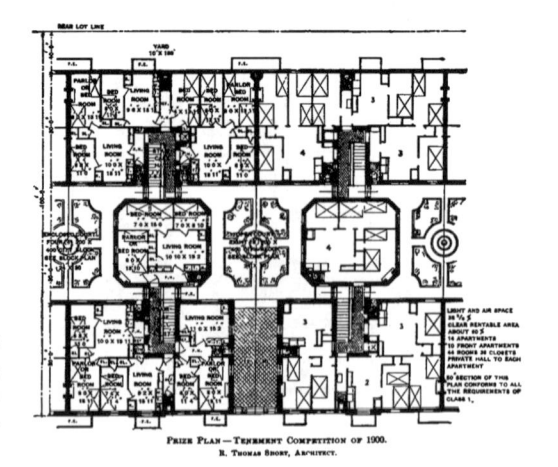

2.17 R・トーマス・ショート。1900年テナメント・ハウス設計競技1位入賞案。フラッグ型平面の変型、中庭部分のヴォリュームを削減している。

20年間にわたるテナメントの研究をもとに、ダンベル型よりも完成度が高く、明確で立法化につながる新しい建築言語を生み出す役割を果たした。提出作品の多くが試みた形態は、フラッグ型プランほど複雑ではなかったが、共通した手法はダンベル型の通気シャフトを単純に拡大し、建物の前面あるいは後部まで貫通させ、それまでの採光シャフトを採光スロットに変えたものであった。1896年の設計競技で3等入賞したパーシー・グリフィンの案はこの手法を使っており、彼はその後数年にわたり、この類型をさらに開発している（fig.2.18）。同じ方法論のもと、さらに研究された変型を提出したのは、I・N・フェルプス・ストークスであり、エコール・デ・ボザールにおける彼の研究がその原型となっている（fig.2.19）。[64]

8. 1900年の「テナメント・ハウス展覧会」

1900年2月、法制化されたテナメントにむけて、理想的な建築的形態を論じる場が設けられた。COSの後援により、改革家ローレンス・ヴェイラーが組織したテナメント展覧会である。[65] 展覧会では同時代のデザイン提案の多くが発表され、建築模型、1,000点以上の写真と100枚あまりの地図、多数の図表が展示された。テナメント・ハウスの問題を様々な視点から討論する会議も連続して催された。ヨーロッパで建てられたモデル住居の記録も相当な量が同時に展示され、ニューヨークのハウジングの展覧会として、その後も類を見ない規模と範囲であった。

展覧会の建築模型のひとつは、ロウアー・イースト・サイドにある、クリスティー、フォーサイス、キャナル、ベイヤードの4つの通りに囲まれた、テナメント地区を描写したものであった（fig.2.20）。この、200×400フィートの街区には、2,781人が住み、1エーカーあたり1,515人という驚異的な密度は、1894年のテナメント・ハウス委員会が発表した数値をはるかに超えていた。全605戸に対し、便所の数は264であり、そのうち給湯設備

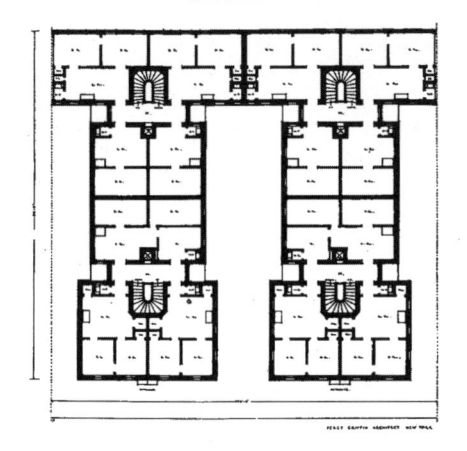

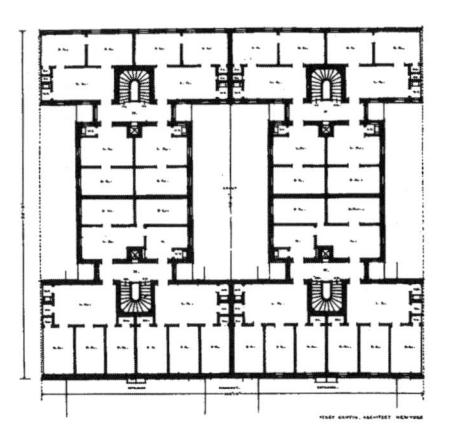

2.18 パーシー・グリフィン。テナメント提案（1896年テナメント設計競技3等入選案に基づく）。フラッグ型平面の中庭を拡大することで開放された採光スロットとした。階段配置は簡素化されている。

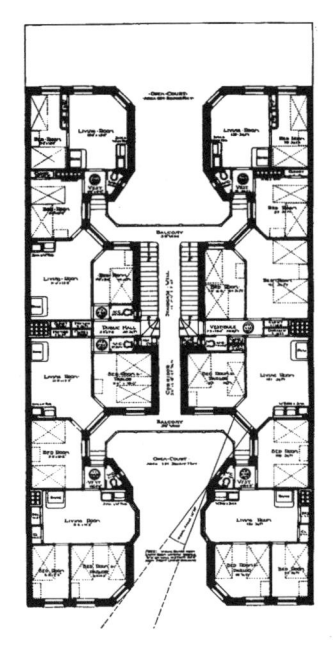

2.19 I・N・フェルプス・ストークス。1896年テナメント・ハウス設計競技提出案。エコール・デ・ボザール在学時の研究をもとに、フラッグ型への代案を提示。採光スロットと外部ギャラリーを設けることで、採光と換気を最大化。

急増するテナメント生活　73

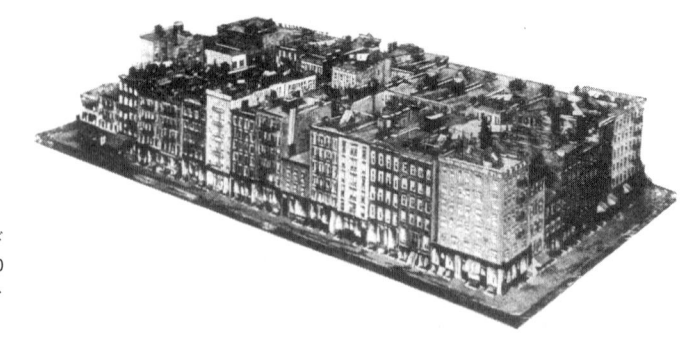

2.20 ロウアー・イースト・サイドの典型的テナメント街区模型（1900年）。慈善機構協会主催のテナメントハウス展覧会にて発表された。

2.21 ロウアー・イースト・サイドの典型的ダンベル型テナメント街区模型（1900年）。テナメントハウス展覧会にて発表。「旧法」ハウジングに比べはるかに高密度である。

のあるものはわずか40戸であった。全1,588室のうち、411室には採光も換気もなく、さらに635室は通気シャフトに面していた。*66　比較のため、典型的なダンベル型のテナメント街区の模型も展示され、1879年のテナメント条例は状況をより悪化させただけであることを証明した（fig.2.21）。この街区の大きさはやはり200×400フィートであったが、4,000人以上が住み、その密度は1エーカーあたり2,000人以上に及ぶと言われた。

9. テナメント・ハウスの問題と1901年テナメント条例＝新法（New Law）

COSから圧力をかけられたニューヨーク州政府は、1900年に第4次テナメント・ハウス委員会を任命した。ロバート・デフォレストが委員長を、ローレンス・ヴェイラーが事務局長を務めた。最終成果は「テナメント・ハウス問題」という2巻からなる論文にまとめられた。それはニューヨークだけでなく、アメリカやヨーロッパの都市におけるテナメント住宅に関わる法律とその改革の、当時としては最も徹底した調査記録であった。この報告書のほかにも、新しい試みとして、建築家によるテナメント統制となる、デザインの派生事例の研究が真剣に検討された。提案された法案の条項を検証するため、多くの建築家が招かれ、図面を準備した。*67　アーネスト・フラッグが提出したテナメントのプランは（fig.2.22）、彼の以前

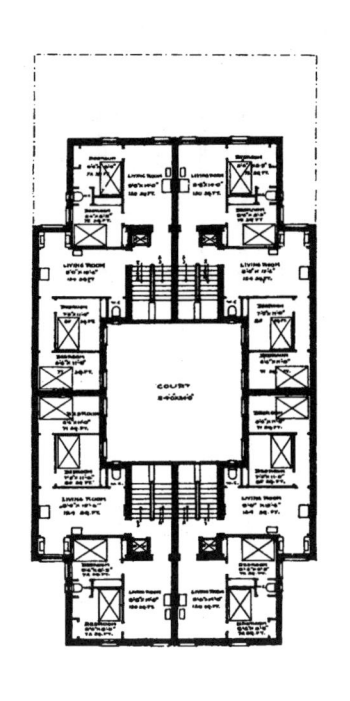

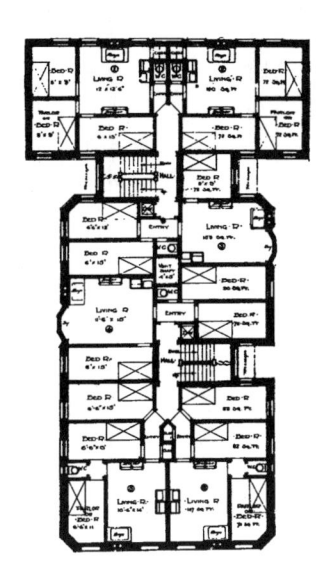

2.22（左）アーネスト・フラッグ。テナメント提案（1900年度ニューヨーク州テナメント・ハウス委員会に提出）。独自の平面型を洗練させながらも階段や動線に効率の悪さが残っている。

2.23（右）I・N・フェルプス・ストークス。テナメント提案（1900年度ニューヨーク州テナメント・ハウス委員会に提出）。投機目的の開発に見合う、実用性に近い構成となっている。

のプロトタイプに見られた中庭と、適度に凹凸のある両面の外壁を混成したものであった。またI・N・フェルプス・ストークスによる研究は、投機的動機を持つ建設業者にとって利用価値のあるプロトタイプに近いものであった（fig.2.23）。

　それまでの世論の訴えにより、1901年、州議会はついに決定的な法による対応をとることとなった。この年に制定された1901年テナメント条例（Tenement House Act of 1901）は「新法」（New Law）と通称され、テナメント立法に関する全国的な規範となった。[*68]　以降、広範囲にわたる修正が続き、この条例の規定は現在でもニューヨーク市の低層ハウジング規制の基本となっている。中でも最も重要な条項は、1879年テナメント条例（旧法）が定めた建蔽率の改定であった。旧法では施行不可能だった65％の建蔽率は70％まで引き上げられ、厳しい施行が強制された。ダンベル型の通気シャフトの寸法は、中庭と呼べる大きさに拡大され、閉じられた通気シャフトは事実上禁止された。中庭の最低寸法は、区画の端に面している場合は12×24フィート、建物の中心にある場合は24×24フィートに定め、建物の高さが60フィート以上ある場合は、さらに大きくする趣旨であった。裏庭の奥行きは最低12フィートとされ、やはり60フィート以上の高さの建物はその拡大が要求された。すべての建物は面する道路幅の3分の4の高さを限度とし、水道と便所の設置が義務付けられた。各部屋は最低寸法以上の外部に面した窓を必要とし、火災による死亡事故を防止する目的で一連の建設法と避難に関する必要条件が定められた。

急増するテナメント生活　75

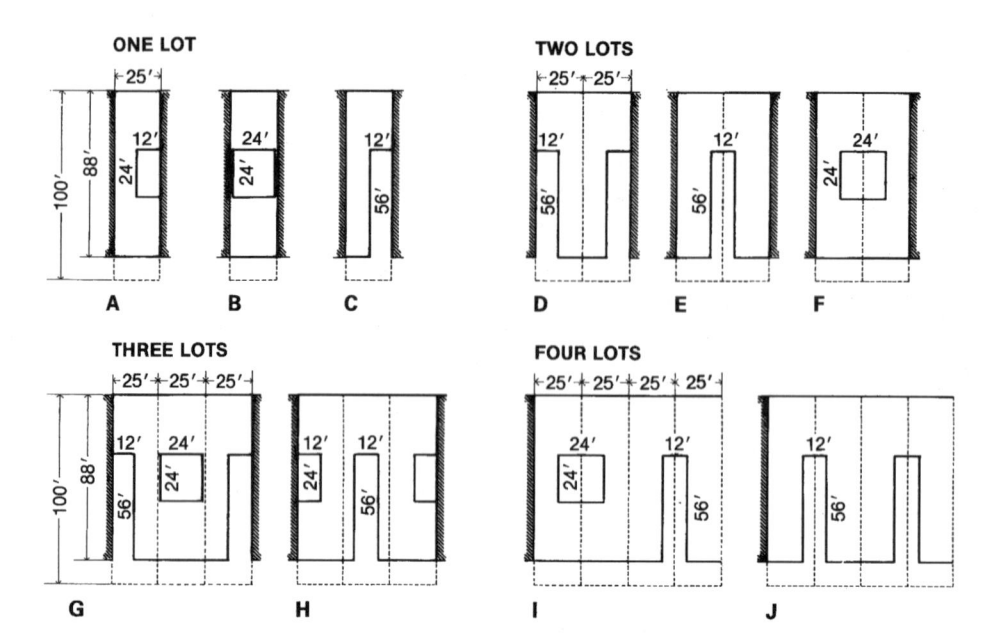

2.24 1901年テナメント条例（新法）が許容するテナメントの形状分析。ダンベル型のエアシャフトが拡大され、建蔽率は最大70％とされた。効率の良い構成が可能になるのは複数の区画を組み合わせた場合のみである。

新法が定めた最小寸法を用いて建設可能な、効率が良い平面は限られていた。許容される70％の建蔽率を守って、25×100フィートの区画を1から3区画使用した場合に建設可能な例を考察してみると（fig.2.24）、1区画の例では、成立しているのはBだけであり、それでも非常に効率が悪い。2区画の例では、EとFは成り立つが、やはり効率が悪い。B、EとFは建蔽率を60％に引き下げた場合に機能する。70％の建蔽率を確保して効率も良いものは、3区画の場合だけである。Gは新法の寸法をもって、フラッグ型の平面に限りなく近づいた例である。一般に40×100フィート以下の敷地では、新法に即して効率の良い開発は無理であった（fig.2.25）。新法を施行するのは、記録部、建物部、検査部からなる新しいテナメント・ハウス局（Tenement House Department）であった。1901年テナメント条例と、1897年大ニューヨーク憲章の政治的統合によって、ニューヨーク市内にあからさまに水準を下回る住宅を建てることは不可能となった。この増強された統制は、マンハッタンの高密度という難局から生じた基準であった

2.25「新法」の定める基準に従ったアッパー・イーストサイドにおける投機目的の典型的な街区開発。各区画の大きさは40×100フィート。

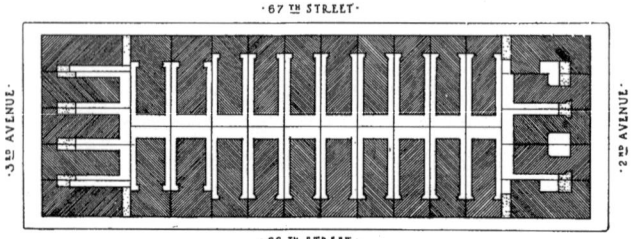

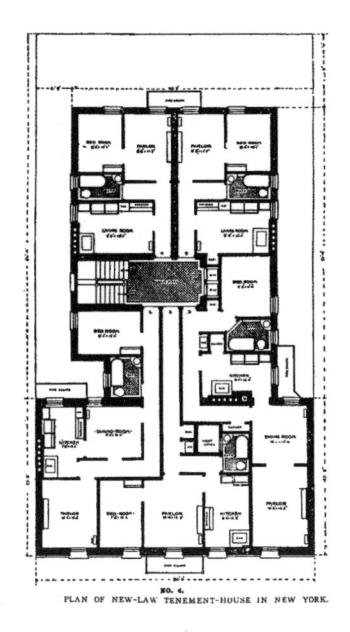

2.26 投機目的の典型的な「新法」平面。50×100フィートの区画に建つ。

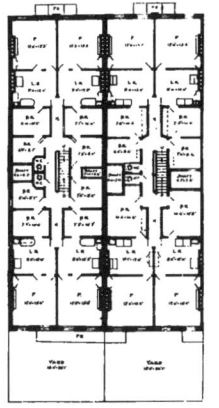

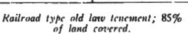

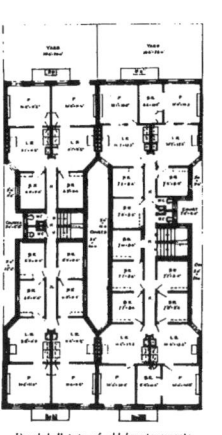

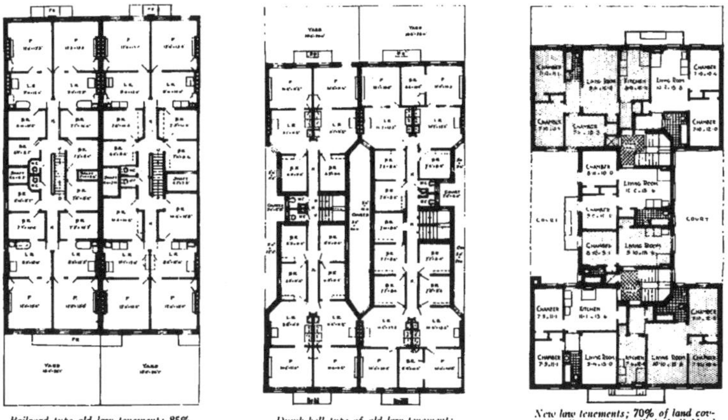

2.27 テナメントの変遷図。左から鉄道アパート、ダンベル型、「新法」平面。

が、平面タイプの制限とともに、ニューヨーク市の外郭行政区のハウジングにも同様に影響を与える結果となった。それは、1811年のコミッショナーズ・プランが定めた碁盤街区が、他の区で機械的に繰り返された状況に似ていた。

　新法の寸法上の制限によって、一般市場において25×100フィートの単一区画のみを開発することは事実上不可能となった (fig.2.26)。区画単位で建設を行ってきた小規模開発業者は、高密度のハウジング生産への影響力を失い、大資本がテナメント市場を独占し始めたのであった。新法の複雑な空間要求は、半ば強制されたより大規模なプロジェクトとともに、

急増するテナメント生活　77

建築家たちにもこの市場の一部を開放した。彼らの立場は、建設業者が自由に解釈していた1879年の旧法のもとでは保証されていないものであった。ハウジング官僚たちにとっては、新法は理論上だけでなく実務においても、ハウジングデザインの統制を堅固たるものにした。一般大衆にとってはテナメントの質が根本的に改善される機会となった。旧法と比較して、新法は不動産の利権者、建築職能界、そして建設官僚の力の均衡を獲得したのである。1901年テナメント条例の施行を可能にしたのは、つまりこの均衡があったからであった（fig.2.27）。

Unequal Housing

第3章

不平等なハウジング

19世紀の後半、ニューヨークはハウジングの形態や生産技術において、目覚しい革新を遂げることになる。1885年には、以前には想像すらされなかった変化がハウジングにもたらされ、鉄骨フレーム、エレベーター、電気、近代的な衛生設備が、新しい高層アパートメントを可能にした。この貴重な発展と同時に、居住空間における貧富の差も未曾有のものとなった。上流階級が新技術を即時に実用化する一方、その余裕のない下層階級は、地下室やロッカリー、不法居住小屋などに住み続け、時にはそれが宮殿のような高層ビルの影にあったりした。

1. 地下、ロッカリーと不法居住者の仮小屋

貧困層に与えられた住宅の選択肢のうち、地下居住（cellar）は最も遍在的であり、同時に最も危険であった（fig.3.1）。地下室は必然的に貧民と病気を結びつけていた。過密、不潔、密閉、湿気、暗さの中、旧式の下水道から漏れるガスが充満したり、共同流しが溢れたり、地下室はコレラやマラリア、結核の巣窟だった。1849年のコレラ大流行は、バックスター通りにある、ファイブ・ポイント近くの地下室から発生した。往診した医師、ウィリアム・P・ブエルは、次のように状況を説明している。

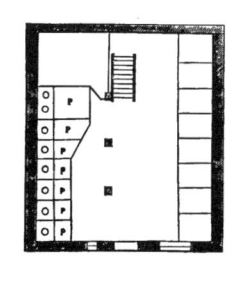

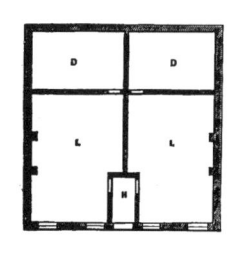

3.1 地下利用法の典型。便所に使う場合と、貧民の住居とした場合。

5月16日に最初に訪れたときは、男1人と女4人の合計5人の人間が床に横たわり、それぞれ異なるコレラの段階にあった。彼らの下には泥と汚物しかなく、彼らを覆うものは、もはやこれ以上汚れることのないマットが数枚あるだけであった。文明と大都市がこれほどまでの光景を見せつけることが有り得るだろうか。[*1]

市内の衛生状況の進歩は、貧民にとっては不利に働くこともあった。例えばクロトン水道橋は、上流階級の住宅まで純粋な水を供給するという意味では、偉大な衛生改善として賞賛されたが、個々の井戸が水道橋の完成後に利用されなくなると、地下水面が上昇し地下室に浸水したのである。[*2]

地下室は市内で最悪の居住状況を意味し、初代改革者たちの格好の標的となった。地下居住者の数は既に1859年から減少し始め、1850年よりも9,000件少ない20,000件が報告されている。[*3] 次第にテナメントが地下住居に取って代わり、最悪の要素は取り除かれた。

貧民窟=ロッカリー（rookery）という用語はテナメントよりも早くから使われ、別の意味合いを持っていたが、地下室と同様悪名高い存在であった。ロッカリーはもともとテナメントを意図したものではなかった。通常、放置された建物に住み着き、それがテナメントの密度に達したものであった。多くは煉瓦が安価で出回る前に木造で建てられた、単一家族用の住宅であった。地下室と同様、ロッカリーは19世紀半ば以降、姿を消し始めるが、やはり改革の標的であった。いずれも燃えやすく、崩れやすいものばかりであった。市内で最悪とされたロッカリーは、マルベリー・ベンドに接するファイブ・ポイントの付近に密集していた（fig.3.2）。[*4] マルベリー・ベンドには、裏建物を持つ、木造とレンガ造の建物が混在しており、このスラム地域の撤去の提案は、市議会が市内の「ひどい混乱と犯罪の場所」の排除を構想していた1829年に始まる。[*5] しかし、実行に至るのは世紀末のことである。この地域の醜悪の描写は、長い間、驚くほど不変であった。チャールズ・ディケンズは1842年にファイブ・ポイントを訪れ、『アメリカ日記』（American Notes）の中でこう述べている。

汚い道が我々を招き入れるこの場所は、何という場所であろうか。まるでらい病の家が集まる場所のようで、いくつかの家に行き着くには、崩れかけた木製の階段を使うしかないのである。ぐらつく階段の向こうには何が待ち受けているのか、しかもこの足元の軋む音といったら！　惨めな部屋を照らすのは、暗い蝋燭一本のみで、心地良いものは何ひとつ見られない。みすぼらしいベッドに何か隠されているのかもしれないが、その横には男が座っており、膝の上に肘をつき、額を手で覆っていた。「あの男は何を苦しんでいるのか」と最初の役人が尋ねた。「熱だ」と彼は顔も上げずに不機嫌に応える。このようなところで、熱に浮かされた脳髄を想像してみたまえ！[*6]

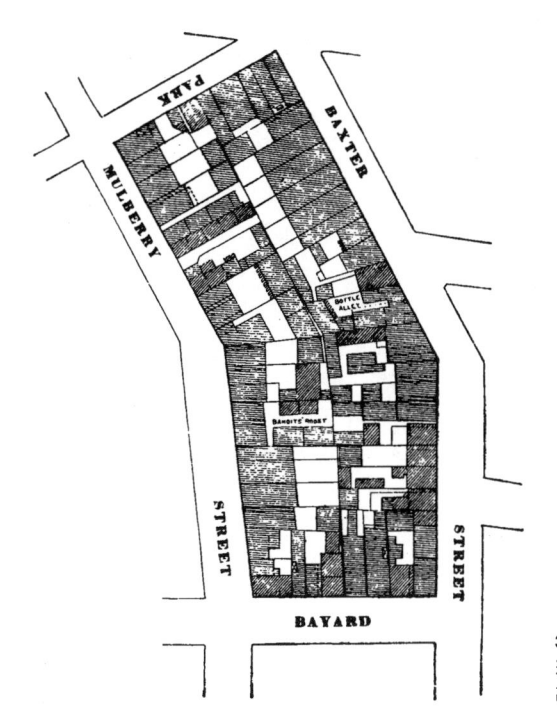

3.2 マルベリー・ベンド。19世紀を通じてニューヨーク市で最も悪名の高いスラムであった。

マルベリー・ベンド。ジェイコブ・リース撮影。

不平等なハウジング　83

1884年度テナメント・ハウス委員会は、とりわけマルベリー・ベンドとファイブ・ポイントを憂慮し、最終的にはこの地区の焼却を推奨している。委員会はマルベリー・ベンドで近年3年間に記録された659人の死者のうち、65％が5歳以下の子供であったことを発表した。*7　こうした公的な統計は、ハウジング改革者によりさらに強調される。ジェイコブ・リースは『残りの半分はどのように生きているか』(How the Other Half Lives, 1890) の1章をマルベリー・ベンドに割き、このスラムが最終的に焼き払われることになったのも彼の努力によるところが大きい。リースの時代に、マルベリー・ベンドはアイルランド系移民からイタリア系移民に引き継がれ、町並みは変化していった。「ニューヨークの道ではなく、イタリア南部の町並みのようである―しかし住居はすべて、何の変哲もないテナメントのまま」*8　であった。この迷路状の地域の奥にある「瓶型裏通り」について、リースは「この種のものでは、典型的な標本である…　これらの家のいずれを覗いてみれば、ぼろ布や、悪臭のする骨、かび臭い紙が山積みになっている。すべて、衛生局の役人がごみ捨て場や倉庫に持ち去ったと言い張るものばかりだ。」*9　と描写した (fig.3.3)。別の改革者、アラン・フォーマンは世論でもより保守的な意見を代弁し、それは明確に被害者の責任を問うものであった。「何といっても、海を渡ってきた移民たちのうち、最も邪悪で、無知であり堕落したものは、マルベリー・ベンドと、その周辺のテナメントに住むイタリア人たちである…　そこは市の生活の中のかすの溜まり場であり、全人類の廃棄物がそこに堆積しているようである」。*10　度重なる延期の後、市はようやくマルベリー・ベンドを全面的に買収し、1894年に解体を開始した。1896年には敷地全体はコロンバス・パークとなっていた。マルベリー・ベンドの解体は、近代的な尺度でのニューヨーク初のスラム除去プロジェクトであった。*11

不法居住 (squatter) の小屋は、地下室やロッカリーと比較して、その住民にさほど危険を与えるものではなかった。発展途上の大都市における典型的な状況として、ニューヨーク市には多くの不法居住者人口があった。しかし不法居住のハウジングは、一時的なものであったため、地下居住やロッカリーと異なり、法の検査の範囲外に置かれていた。従って不法住居の居留地に関する記録は数少ない。それでも19世紀後半にわたって、マンハッタンの57丁目より北側が、仮小屋街＝シャンティタウンと化していた事実が確認されている。『ニューヨーク・タイムズ』紙は、1864年に「この島には、自分が住む家の家賃や不動産税のどちらも納めない人口がおよそ2万人ある。彼らは不法居住者と呼ばれる人口の一部を構成している」と推測している。*12　同紙は「何百、何千という（不法居住）者が、この法のシステムを免れて一財を築いた」*13　と悲嘆した。ここでの2万人という数字はどう見ても控え目であり、とくに不法居住の意味を拡大し

て、投機目的の土地所有者たちが、地価が高騰するまで不法居住者から家賃を取り立てるという、当時蔓延していた習慣を含むと、さらに大きな数字となるであろう。*14　この「家賃」収入によって土地の購入代金と年々の税金を賄った投機家は、丸儲けが保証された。しかし、この土地を「賃借」して自ら小屋を建てた家族には、土地の所有者がそこに新たな建物の建設を決定した暁には何の権利も残されなかったのである。

　衛生委員会が1865年に発表した報告書には、当時のアッパー・イースト・サイドとアッパー・ウェスト・サイドの不法居住の範囲が記されている。アッパー・イースト・サイドは、恒久的な都市化が早くも訪れ、裕福な人口を惹きつけていた。1867年には、マンハッタンの40丁目以北の東側地区は、3,286軒の1－2世帯用の住宅と、1,061棟のテナメント、1,016戸の不法居住小屋を数えた。不法居住者の大半は、セントラルパークの東側に集中していた。50丁目以北の西側地区には、516軒の1－2世帯用の住宅と、1,760棟のテナメント、そして865棟の不法居住小屋があった。*15 その後20年間でこの傾向は逆になり、不法居住小屋の確認された範囲は、

3.3　マルベリー・ベンド。ジェイコブ・リース『残りの半分はどのように生きているか』（1890年）所載。貧民の中でも最下層とされたクズ拾い（rag-and-bone picker）が住んでいた。

不平等なハウジング　　85

投機家たちが辛抱強く待ち続けていたセントラルパークの西側に限られていた。

1857年以前には、セントラルパーク内にも不法居住者が散在していた（fig.3.4）。この習慣は、市が公園用地の買収を開始した1853年以降に最も活発であったと思われる。1856年、市はエグバート・ヴィエールによる最初の公園のデザインを提案した（fig.3.5）。公園に面する5番街は、既に一部の人々によって新しい高級住宅地域としてみなされ、ダウンタウンから上流階級が次々と北上していった。*18 1857年、公園計画の第一歩として、セントラルパークのコミッショナーに任命されたフレデリック・ロー・オルムステッドは、義務的に300軒の不法居住小屋を取り除いた。*19 セントラルパークの創出は、クロトン水道橋と同様に、富裕層と貧困層に異なる影響を与えるものであった。この新しい公園の地均し作業のため、市議会が一時的に不法居住者たちを雇ったことは、皮肉と言えよう。*20

しばらくの間、不法居住者たちは公園の縁を離れようとしなかった。1864年に『ニューヨーク・タイムズ』紙は、公園に面した5番街に「あと数年もすればこの大陸で最上のテラスがつくられる土地に」いまだに不法小屋があることに不満を表した。*21 これらの小屋もその後、個人邸宅に土地を明け渡すことになる。衛生委員会が発表した1865年度の報告書には、不法居住者の小屋や仮小屋について、次のような貴重な描写が見られる。

仮小屋は文明社会において最も安価で、簡素に建てられた住み家である。典型的なものは、床、壁と屋根のすべてが粗い板でつくられている。直接地面に建てられるか、わずかに持ち上げられて。高さは6フィートから10フィートで、建物の面積は様々であるが、いずれも適度な大きさであった。暖炉や煙突はなく、代わりにストーブから延びるパイプが、屋根を貫通している。3つ4つの窓があり、1つの窓枠に4つから6つの小さなガラスが嵌められている。1室のみの仮小屋も幾つかあるが、寝室となる小さな部屋が付随しているものもある。より良い仮小屋になると、ラス張りの上に漆喰が塗られている。しかし仮小屋の住民にとって、住居と個人を清潔に保つことが不可能であることは明白であった。1つの小さな部屋の中に、家族、壊れかけた汚い椅子、調理用具、ストーブ、ベッド、犬あるいは猫、時には多かれ少なかれ、鶏がいるのである。戸外には、多くの場合、玄関の近くに豚やヤギ、また鶏が飼われている。流しや排水口はなく、汚水は地面に捨てられる。使用される水は、あるときにはクロトンの水が付近の大通りから、バケツで仮小屋まで運ばれる。クロトンの給水栓が遠く、地面が沼に近い場合は、水は地面を掘った穴から汲み取られた。この水は見た目に濁っており、不快な味がした。仮小屋は押しなべて地面の上に乱雑に建てられ、秩序に対する配慮は一切払われていなかった。*22

3.4 セントラル・パーク不法居住者（1857年）。

どこにおいても不法住居の居留地が増大した地域は、その密度に比例し

3.5 エグバート・ヴィエールによる、セントラル・パークの当初案（1856年）。翌年オルムステッドとヴォーの計画が取って代わった。裕福層を対象としたマンハッタン北部の開発のきっかけを示す。

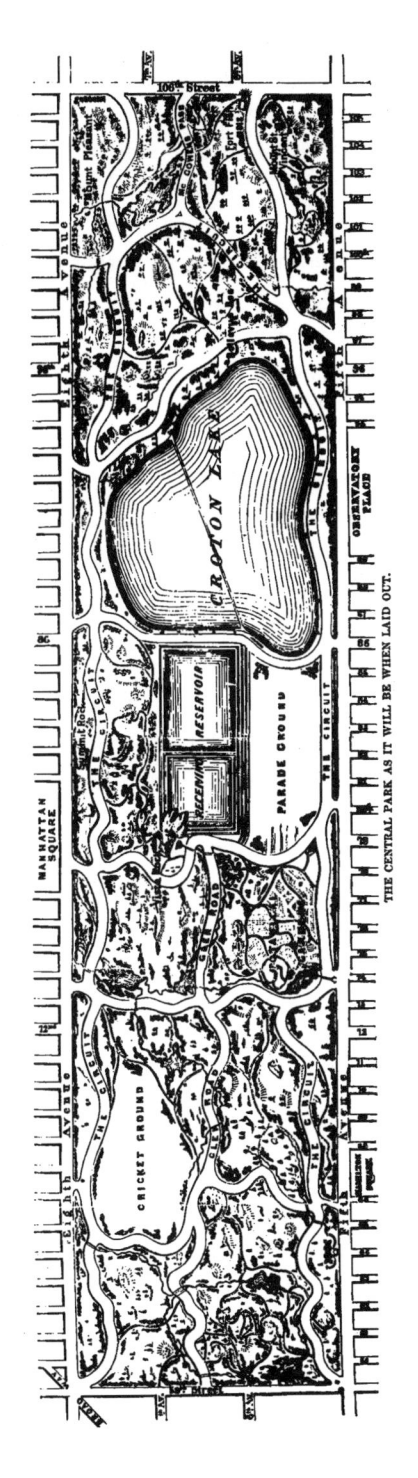

て衛生の危険性が高まっていた。それでもなお、マルベリー・ベンドの状況と比較すれば、不法居住は牧歌的であった。1880 年、『アメリカン・アーキテクト・ビルディング・ニュース』誌は、アッパー・イースト・サイドに残る不法居留地のうち、最悪といわれた、東 67 丁目と 68 丁目付近を取り上げ、その汚さと魅力の共存について次のように記述している。

　この地域の状況は非常に悪く、地面は汚物にまみれ、小屋は異常に混み合い、密集していた。漂う臭気はあまりにもひどく、隣接する孤児院の支配人たちはそちらの窓を閉め切ったままにしなくてはならなかった。さらに幾つかの部屋は居住不可能とされていた。付近の高台に建つマウント・サイナイ病院にも、悪疫な空気が浸透し、この汚い村に一番近い病棟では、丹毒、赤痢やジフテリアなどの病気が常に蔓延していた。そのような状況のもと、(保健) 局はこれらの仮小屋を社会の厄介物として除去するように命じた。汚い巣窟の消失を嘆くことは、衛生面で高い理想を掲げる機関誌として似つかわしくないことだが、正直にいうと、我々はこの村の前を通り過ぎる際、その絵画的な様子に惹かれずにはいられなかった。都市のロッカリーほど陰鬱でも、邪悪な見かけでもなく、不法住居地の住宅は、その白く塗られた粗板でつくられた壁があらゆる方向に傾き、どこかの解体された倉庫からしわくちゃに破り取られた、錆付いたトタン屋根や、屋根や壁から唐突にはみ出た、荒れ果てたストーブの煙突、そしてヤギと子供の群れが陽だまりの中で岩の周りを曲がる道を登っている様子は、いずれも彼ら独特のナイーヴな魅力があるからである。[23]

　1870 年代を通して、セントラルパークからハドソン川に広がるアッパー・ウェスト・サイドは、未開発のまま残っていた。多くの道路はいまだ未開通であり、既存の道路もほとんどが無舗装であった。[24] 存在する二大不法居留地のうち、一つは、西 65 丁目、西 85 丁目、9 番街とセントラルパークを境界とするダッチタウン、もうひとつは西 58 丁目、西 68 丁目、10 番街とハドソン川に囲まれる地区であった。[25] 後者は、市内で最も高密度であると言われた。[26] 残る土地の大半が、小さな庭に囲まれた小屋で覆われ、その間には 79 丁目のシャンティヒルや、その南東にあるウォールハイといった小さな村が点在していた。[27] 恒久的な都市化が始まると、仮小屋と新しいロウハウスが隣接し、一時的ではあるが印象的な建物の対比が見られた (fig.3.6)。[28]

　不法居住者の生計と生活状況は様々であった。劣悪な仮小屋もあれば、小奇麗で心地よい場合もあった。アッパー・ウェスト・サイドの不法住居の大半は、小さな庭を持ち「市内で消費される野菜類の大部分—レタス、パセリ、セロリ、キャベツとジャガイモ」を生産していたと言われる。[29] 養豚も日常事であった。一方、その他の不法居住者たちは、ごみを漁る日々を送り、その中でも最下層の者は、ぼろや骨、消し炭を拾う人々であった。

3.6 西86丁目、東方向を望む（1880年）。コロンバス・アベニューの高架鉄道と新しいロウハウス、不法居住小屋。

　不法居住者たちは毎日、夜明け前から南のワシントン・マーケットに農産物を売りに行くため、骨の折れる行程に出発する様子が見られた。市の検査官が1856年に苦情を述べたように、彼らの存在は市全体に浸透していた。

　ここで定義される階級の人々は、おもにアップタウン地区の住民であるが、日々の生業の性質により、市の全地区が彼らの存在や、その収集物の臭気から逃れられずにいる。彼らが住む仮小屋がある地域は、汚い蒸気に格好の巣窟であり、また様々な取引のために、骨、腐敗した肉、変質した脂肪を煮る大釜に近づいた時の臭いを表現する言葉はない。これがすべてではない。病原菌が付着していそうなぼろ布が使われ、再度使われ、洗われて住戸内や周辺で干されているだけでも、この問題は、即時に世間から根こそぎ除去されなくてはならない厄介事なのである。*30

　それでも公的な対応がなされなかったのは、新開発の波が押し寄せたからである。大規模な変容が急速に進み、アッパー・ウェスト・サイド全体が1885年から1895年までの10年間で、恒久的な都市化を遂げたのである（fig.3.7）。ダッチタウンのような大きな居留地ですら一掃され、まもなくテナメントと上流階級の住居が混在するようになった。市内全域にわたり、仮小屋とロッカリーは、ダンベル・テナメントによって凌駕されつつあった。テナメントは莫大な搾取の可能性を持ち、しかも利益を生むだけでなく、法律によって義務付けられていたのである。市場はすべてを制覇し、土地投機による利得は相当な額であった。ある話によれば、西84丁目と8番街の北西の角に住んでいたテナントは、1865年に彼の敷地を含む39区画を900ドルで買い取る話を断ったという。しかし1895年には、彼の区画だけでも35,000ドルの値がついたのであった。*31　技術も市場

不平等なハウジング　89

SEVENTIETH STREET BETWEEN CENTRAL PARK WEST AND COLUMBUS AVENUE IN 1882, THEN KNOWN AS EIGHTH AND NINTH AVENUES.

SEVENTIETH STREET TO-DAY, BETWEEN CENTRAL PARK WEST AND COLUMBUS AVENUE.

3.7　西70丁目、東方向を望む（左／1885年、右／1896年）。ダッチタウンと呼ばれた不法居住コミュニティから、上層中流階級のコミュニティへの急速な変貌。

を加勢した。1880年代に完成した圧力岩石ドリル技術は、マンハッタンの厄介な岩石をすばやく掘削し、安く容易に宅地造成を可能にしたのである。*32

2. 1880年以前のロウハウス：フェデラル様式からブラウンストーンまで

　貧困層のハウジングが地下室、ロッカリー、不法居住の仮小屋で構成される一方、1880年までの富裕層の主な居住形態は連続住宅＝ロウハウス（row house）であり、それに手の届かない中産階級だけが、複合住宅（multiple dwelling）を住まいとした。上流中産階級と上流階級は一戸建て住宅という理想に固執したのである。しかしその理想も1880年には、経済的、物理的な制約により蝕まれてゆく。影響を受けなかったのは、最も裕福な階級の邸宅だけであり、それは都市の商業基盤の繁栄とともにさらに壮麗になっていった。その先例となったアレクサンダー・T・スチュアート邸は、5番街に建設された最初の巨大邸宅である。*33　ジョン・ケラムの設計により1869年に完成した百万長者商人の邸宅は、ファイブ・ポイントからの新たな対極に位置していた（fig.3.8）。控え目な第二帝政様式を用いた壮大なスチュアート邸は、大理石造で、西34丁目の6区画を占めていた。

　スチュアート邸は、成金的な性格を伴っていたが、成長を続ける大都市の、新しい富の象徴として幅広く注目された。1861年にニューヨークを訪れた、小説家のアンソニー・トロロプは、「5番街の貴族社会」について述べている。

　5番街を行ったり来たりして、その眺めを楽しんだことは認めるし、この都市が富を誇りにして当然であるとも感じた。しかし偉大さや美しさ、富の栄光は、このような場合、私にとってかけがえのないものである。私は5番街の住民で、偉大な人物、著名な政治家、あるいは特筆すべき博愛家を一人たりとも知らない。その右に住む紳士はシャツの襟を発明したことで、100万ドルという金額をものにし、またこの左の紳士は世界中をローションひとつで驚かせたという。そしてあの角に住む紳士にいたっては――彼についてはキューバの奴隷輸入という噂が

3.8 マシュー・ヘール・スミス『ニューヨークの陽だまりと影』(Sunshine and Shadow in New York、1869年)の表紙。同年完成した、デパート王アレクサンダー・T・スチュアート邸(ジョン・ケラム設計)と荒廃したファイブ・ポイントとの対比。

あるが、私の情報源はそれが決して本当ではないということを知っている。これが5番街の実像である。私に言えることは、私もローションひとつで100万ドルを儲けられるのであれば、このような家のひとつに住む権利があって当然ということだけである。*34

　百万長者という用語が生まれたばかりの1840年代、ニューヨーカーでそのような富を持つ者は一握りであった。1870年には、市内には115人の百万長者がいたと推定されている。*35　いずれにせよ、南北戦争は大なり小なりの富を生み、すべての富めるニューヨーカーたちが、新しく手に入れた地位を誇張気味に主張しがちであった。それ故にハウジングへの期待も高まったのである。

　単に裕福なだけの者は、単世帯用のブラウンストーン(brownstone)で満足するしかなかった。大きめのロウハウスに与えられたこの名称は、一般にその前面が地元で豊富に取れた、褐色砂岩で覆われていたことに由来する。通常は25×100フィートの区画に建てられた。マンハッタンでも、既に建て込んでいた地域では、地価が上昇しており、複数の区画の統合

不平等なハウジング　91

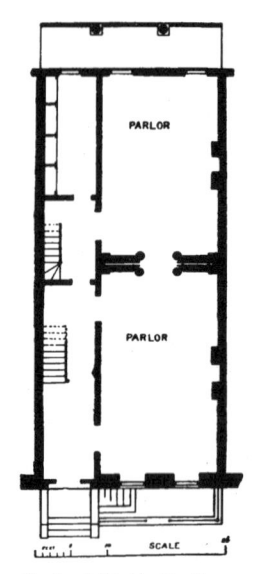

Plan 1.—A Washington Square House, New York, about 1830.

3.9 典型的ロウハウス（1830年代初め）。ワシントン・スクエア周辺が上流階級のコミュニティになりつつある時期に建てられた。

は、特別な邸宅を除き困難であったのである。ブラウンストーンの形態はマンハッタンのロウハウスが論理的に発展した結果である。[*36] 1800年前後に見られた比較的質素なフェデラル様式のタウンハウスは3－4階建て、6－8部屋から構成されたが、敷地の半分以上を占めることはなかった（fig.3.9）。次の発展段階は、市内の富の増大を証明しており、特に商業階級において顕著であった。既に1830年代には、成長途上の富は、より大きなギリシャ復興様式によって表現され、隣接するフェデラル様式のロウハウスを規模で圧倒していた。しかし1850年代になると、規模の拡大は難局を迎える。社会状況の観察者であるチャールズ・アスター・ブリステッドは、このジレンマを説明している。

ファッショナブルな地域の地価の高さは、これまでに何度となく伝えられてきたが、実際に建てるとなると、ニューヨーカーは土地に経済的になる。普通の大きさの1区画は間口が25フィートで100フィートの奥行きがある。自分の家を通常よりも少しばかり大きくしたいという欲望が、多くの敷地を… 整理し…間口幅を26フィートや27フィートにするのである。いずれ明らかになるのは、そのような幅では、さほど広くない廊下と道路に面した部屋が1つあるだけで、住宅そのものは奥行きと、高さのみが拡張可能であるということである。したがって、ヴァンダーリン氏の26フィートの幅は、そのまま美しい4階まで立ち上がり、奥行き方向には敷地の100フィートのうち70フィートまで伸び、わずかの庭しか残らないが、各階には3部屋が連続して配置されたのである。このような配置で困ることは、廊下が非常に狭くなってしまうか、あるいは独立した階段をすべて排除しなくてはならないことである。ヴァンダーリン氏は後者を選んだのであった。[*37]

ブラウンストーンの発展は1880年には完成した。そのファサードの背後で住居はますます拡大し、5階まで押し上げられ、裏庭まで突き出たかたちになった。虚飾的なブラウンストーンは、4－5階建て、通常16から20の部屋を持ち、敷地の9割まで占めることもあった。同時に不動産の価格は、区画の幅をむしろ狭くする傾向にあった（fig.3.10）。建築家が設計したブラウンストーンでさえも、寸法という類型の問題を避けて通ることはできなかった。例えば、1879年にブルース・プライスが設計した住宅は、敷地の90％を占めたが（fig.3.11）、[*38] 内部には、ダンベル型のテネメントの程度にしか日光と外気が入らないような空間があった。

マンハッタンの碁盤街区の欠点は、テネメント基準の発展に支障をきたしただけでなく、富める階級の単世帯住宅にも影響をもたらした。25×100フィートの敷地内に建て過ぎることは、世帯数にかかわらず、乏しい採光と換気を意味した（fig.3.12）。[*39] 拡大したロウハウスが敷地を占めるほど、外側の部屋には日光が入っても、内側の暗い部分が増大したので

THE FIRST HOUSE LIGHTED WITH GAS,
No. 7 Cherry Street, residence of Samuel Leggett, First
President of the New York Gas Company.

HOUSE IN FIFTY-SIXTH STREET.
BRUCE PRICE, ARCHITECT.

3.10 1830年代の上流階級住宅と1880年代の住宅との比較。規模の拡大と装飾に覆われた体裁への変化が見てとれる。

ALTERNATIVE DESIGNS FOR A CITY HOUSE, NEW YORK, N. Y.
MR. BRUCE PRICE, ARCHITECT, NEW YORK.

As shown by the appended plans the house is to cover an ordinary twenty-five foot city lot.

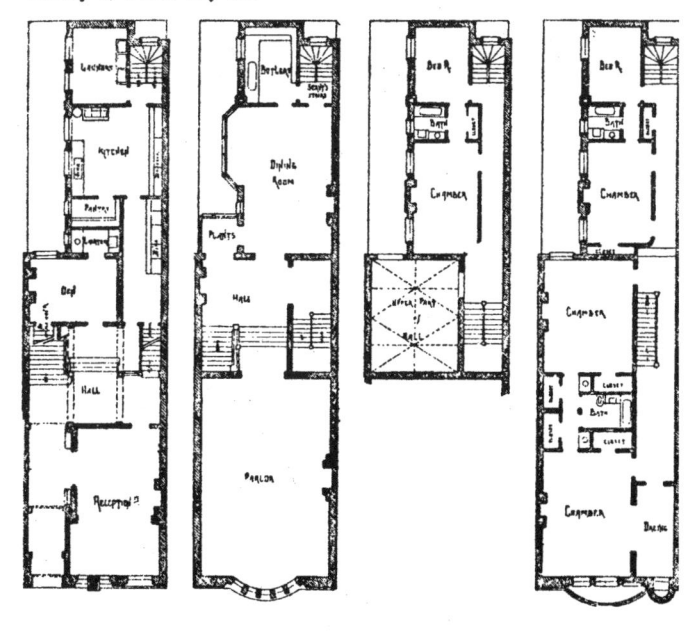

3.11 ブルース・プライス。上流階級のブラウンストーンの提案（1879年）。25×100フィートの区画を想定。

不平等なハウジング 93

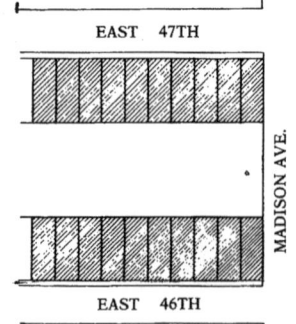

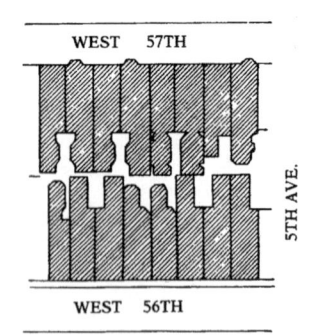

3.12 1830年代の典型的ロウハウス街区（左）と、1880年代の典型的ブラウンストーン街区（右）。上流階級の単世帯住宅にみられた過密状況を表している。

ある。ブラウンストーンの中央部には、最新の水道設備が見られたが、クロトン水道橋から給水されたこれらの技術も、納骨堂のような空間に設置され、採光や換気は不十分な場合が多かった。

　ブラウンストーンの規模と形態に伴う不便さは他にもあった。1軒の住宅の維持には、最低4人の使用人を必要としていたのである。使用人は監督を必要としただけでなく、多大な経費を生み出した。さらにブラウンストーンの生活は多少、人目をひくところがあった。1870－80年代は、米国史上最も暴力的な時代と呼ばれたが、[40] ブラウンストーンの客間と道路を隔てるものは窓一枚であったし、屋根と階段室の間には天窓があった。裕福なニューヨークのビジネスマンは、必然的に路上犯罪の標的となり、不満を持つ関係者から追われるなど、無政府状態の脅威にさらされた住居は、必ずしも「城」とは言えなかったのである。

　1880年代以前、ブラウンストーンの不便さにもかかわらず、ニューヨークの資産家たちはフレンチ・フラット（French flat）、すなわちアパートメントを拒み続けた。フレンチ・フラットという名称は中産階級のための複合住宅を指し、小さなテネメントに対して、大きなアパートメントのことである。[41] パリのアパルトマンはこの類では完璧の域に達したと考えられていた。オースマンがパリのブルジョアに成したことは、ニューヨーカーにとって羨望の的であった。[42] しかしフランスのものすべてに偏愛を示したにもかかわらず、ブラウンストーンに手が届く階級の間ではフレンチ・フラットは人気がなかった。これはアングロ・サクソン系に特有な、家とその所有権に対する固執を表していると言えよう。それは米国民の執着でもあった。フレンチ・フラットには、過度に連想された様々な不安がつきまとい、中には姦淫や家族生活の崩壊なども含まれていた。[43] とりわけ、米国の社会階級に特有の表現としての家、という問題があった。1880年にサラ・ギルマン・ヤングは次のように説明している。

　アメリカの都市に建つアパートメント・ハウスには何の反論もない。あるのは偏見だけであり、それは他国よりも米国においての方が強い。アメリカ人にとっ

ては階級の問題なのである。我々がテネメント・ハウスと呼ぶものに、少しでも似通うものはタブー視されている。アメリカには他国のような固定された身分制度は存在せず、我々は生活と消費の様式によって地位の差異を計っている。とりわけ住まいの外観には、尊敬と富の表現を求めている。素晴らしい家に住みたいという願望は特にアメリカ人的なものである。他国においては、卓越したヨーロッパ人でさえ、その住居の外見にそれほどこだわらないのである。*44

さらにヤングは部分的に米国のアパートメントの質と管理を非難している。

アメリカのアパートメントが適切に建設され、正しく管理されていたならば、それに賛成する人は即座に増えるであろう。まず何よりも、ヨーロッパで、特にこのシステムが完成しているフランスで修学した建築家が設計するべきである。*45

実際、アメリカ人として初めてエコール・デ・ボザールを卒業したリチャード・モリス・ハントは、ニューヨークで最初の富裕階級のアパートメントを設計している。1855年頃には、ウースター通りのアパートメントを設計したと言われているが、*46 最も良く知られている作品は、1869年に東18丁目に完成したスタイヴェサントである（fig.3.13）。*47 スタイヴェサントはエレベーターのない5階建で、同一平面の建物2棟からなり、各棟の敷地は25×100フィートの区画を2つ合わせた上に建っていた。それぞれに共用の表階段と裏階段があった。この配置によって、空間は独

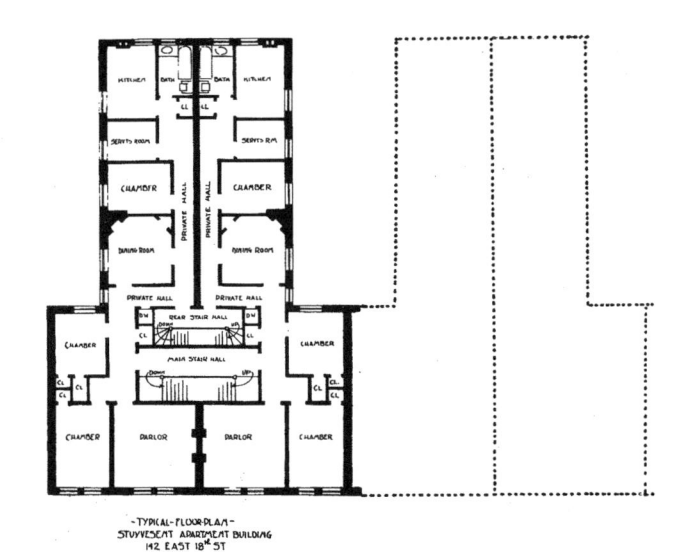

3.13 リチャード・モリス・ハント。スタイヴェサント（別名フレンチ・フラット）（1869年）。4つの25×100フィートの区画を連結。富裕層を対象にしたニューヨーク市で最初のアパートメントとされている。

不平等なハウジング　95

スタイヴェサント。

立した階段を2つ設けた場合によりも柔軟性を持ち、私用の裏階段を共用スペースから隔離するコンセプトを生み出した。各階の広さは典型的なブラウンストーン程度であったが、階段の巧みな配置により、効率の良い平面構成が実現した。しかし、各戸の部屋数は6から10室と、ブラウンストーンよりも控え目であった。

スタイヴェサントの平面は、特に同時代のアパートメントに比べると、比較的成功していた。その秘訣は複数の区画を利用したことであった。一方、カルヴァート・ヴォーは1857年、アメリカ建築家協会に「パリの建物」と題する論文を提出し、単一区画内に建つ上流階級向けのアパートメントを提案している。残念ながらその設計は、単一区画内で一定の水準を満たす大型の建物は、建築家が設計しても不可能である、ということを立証したに過ぎなかった（fig.3.14）。ヴォーは各階に1戸のアパートメントを提案したが、単世帯住宅の空間構成に近づけるよう、居間と寝室に高低差を

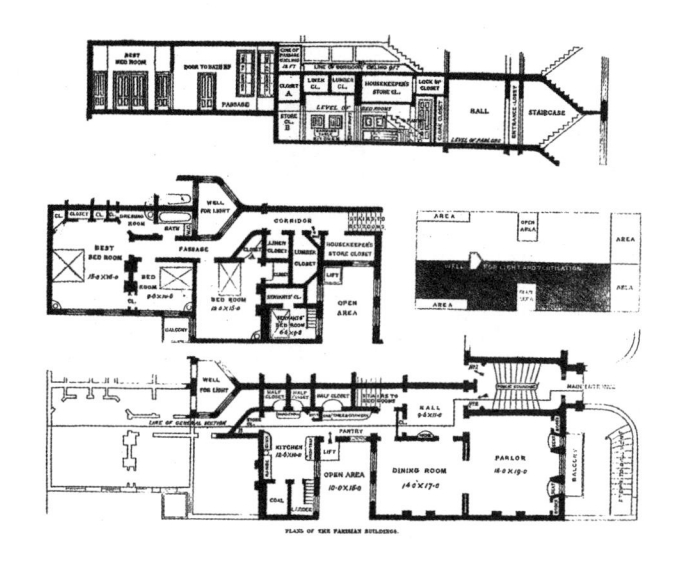

3.14 カルヴァート・ヴォー。パリジャン・ビルディング（1857年）。高所得層を対象としたアパートメントとして提案。25×100フィートの区画を2つ使用。共用階段が設けられた。

つけていた。隣接する建物も同一の平面からなり、両棟共用の共用階段があった。各階に3寝室という簡素なアパートメントを配置するために、敷地のほとんどが占められ、換気用のエアシャフトが3箇所に設けられた。また1878年には、ブルース・プライスが、東21丁目の単一区画上に別の手法を用いている（fig.3.15）。[*49] そのヴォリュームは、後に新法によって義務付けられるテナメントの形に似ていたが、各戸は不格好にも細長い形状に押し込められていた。自然採光はヴォーの設計よりも優れていた。しかし、その印象的なファサードをもってしても、ブラウンストーンの社会的象徴性に対等であろうとする狙いが実現することはなかった。

1880年には、このブルース・プライス案に類似した形式が、増加しつつあった中産階級のアパートメントにも多く採用されることになる。彼らは人口の密集した地区に残ることを望みながらも、単世帯住宅を所有する余裕はなかった。[*50] 例えばある開発業者による平面は、プライスの提案と同一の形状であるが、各階に3戸の住戸が配置されている（fig.3.16）。中産階級向けの一般的なハウジングとして、ロウハウスを改造し、小さなアパートメントに分割したものも見られた。隣接するロウハウスの各階は、境界壁がくり貫かれ、階段が再編成され連結された（fig.3.17）。このような改築の大半は中産階級の水準に満たなかったが、それは新築の場合でも同様であった。1879年のアップルトン辞書は、「これらの建物は数百を数え…　市内に散在し、常に新築されている」と記録した。[*51] その表によれば、そのうち高額とされた物件は50件にも満たなかった。残りの多くは中産階級にも十分とは言えなかった。

アップルトン辞書は「テナメント」と「アパートメント」を注意深く区別し、その違いとして、後者の高い家賃やサービス以外にも、サービスを

不平等なハウジング　97

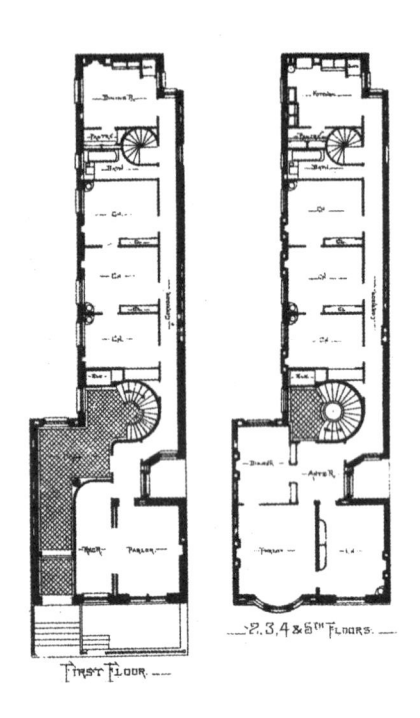

3.15 ブルース・プライス。東21丁目のアパートメント（1878年）。単一の25×100フィート区画に建てられた。

分離するために階段を2つにするなど、より精巧な空間構成を挙げている。しかし新しい高密度ハウジングの多く、とりわけ中間所得層が対象であった場合、アパートメントとテネメントの境界は曖昧であった。この頃になると、適度な家賃のハウジングが不足し、マンハッタンの最も人口密度が高い地区から中産階級は姿を消し始め、その状況は慢性化していった。ある観察者は1885年にこう記している。

> ニューヨークは明らかに家のない町である。人口の3分の2がテネメントに住み、残りはマリーヒルやその近辺の、見かけは宮殿のようでも陰気なブラウンストーンに住むか、下宿人である。金持ちと貧乏人が増え続け、倹約家で知的な中産階級の多くは、郊外に群がっていくのである。[*52]

交通機関が改善されると、中産階級は周辺地域に移っていった。ハーレムやブルックリンでは、ささやかなロウハウスを個人住宅として所有できたのである（fig.3.18）。都心部については、1874年に『スクリブナーズ』誌が次のように報告している。

> そこには… 3－5階建ての住宅がさらに10倍ほど計画されている… それ

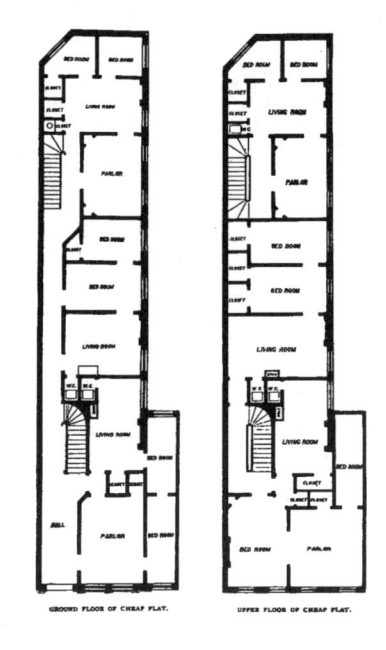

3.16 低所得層用アパートメントの典型例（1880年代）。単一の25×100フィートの区画。各階に3戸を収容した。

それぞれ単世帯用で、それだけの大家族であるということだ。反面、市内に居住する、あるいは居住希望の家族で、家として維持できるだけの家屋を見つけられるのは1割以下である。つまり、必要な部屋数があり、家政が容易で経済的であり、過度な露出から守られているアパートである… 時折、フレンチ・フラットが、特にウェスト・サイドの大通りに面して建てられることがあるが、これといって成功している訳ではない。偽りの優美さと全般的な不便さが顕著な特徴であり、つまり大理石の暖炉棚、あり余る暗い部屋を虚しくも償おうと大量に塗られたペンキ、狭い通路や腰を痛める階段などである。[*53]

3. 上流階級ハウジングにおける高層革命

上流階級にとって、ハウジングの行き詰まった状況を脱する機運は、住宅用のエレベーター技術が完成した1880年代に訪れた。フレンチ・フラットに住む弊害は、共用階段を最高4階まで昇ることであり、テナメントの住民でもない限り、受け入れ難いことであった。エレベーターは未来を象徴するステータスとして、階段という辛労に取って代わったのである。耐火性のある独立鉄骨構造は、既に商業ビルに採用されていたが、客用エレベーターと組み合わされた結果、複合住宅には高さという制限がなくなったのであった。ハウジングにおける高層革命が即時に訪れた。

ニューヨーク市で最初の住宅用機械式エレベーターは蒸気式のもので、1858年、ブロードウェイに建てられた5階建ての著名なホテル、アスターハウスに設置された。[*54] 翌年には「ネジ式」エレベーターが、西22－23丁目の6階建て、フィフス・アヴェニュー・ホテルに採用されている。[*55]

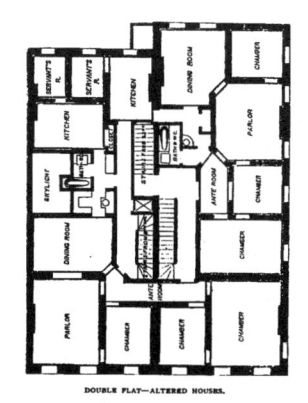

3.17 低所得層対象のアパートメント（1870年代）。2つの単世帯用の住宅を1つに統合。

不平等なハウジング　99

3.18 西133丁目を望む（1877年頃）。中間所得層を対象とした単世帯用ロウハウスが建ち始めている。当時の典型な小規模開発がうかがえる。

1870年代を通じて、エレベーターの様々な試みが増えるとともに、建物の階数も増していった。1870年には5階建てのハイト・ハウスが、5番街と西15丁目の角に完成し、蒸気エレベーターが採用された。それは現存する建物を家庭的な趣を残しながら改築したもので、「5番街や15丁目を歩いている者で、これが個人の私邸でないとは、だれも想像出来ないであろう」と言われていた。[56] 実際、20家族と、15人の独身者用のアパートが、ホテルのサービスを受けていた。居住者たちは、共同の食事や、家事サービスを享受できた。この特典が、初期の開発業者の間で汎用されたのは、私用の家政人員を必要とし、経費がかさむブラウンストーンに対抗し得る決め手となったからであった。

高層革命における重要な先例はスティーブンス・ハウスである。[57] ブロードウェイの西26－27丁目間、リチャード・モリス・ハント設計により1872年に完成した。8階建てであったが、住戸数はわずか18戸であり、建物の高さと、ユニットの広さにおいて、以前のアパートメントと比較してはるかに芸術の域に達していた（fig.3.19）。スタイヴェサントと異なり、中庭を中心に構成された形状は、その後30年間、エアシャフトを拒否することになる、高級ハウジングを予見するものであった。ハントの深い関わりは、このプロジェクトが上流階級の趣向へ受け入れられたことを保証していた。しかし、この計画は経済的には失敗し、わずか数年後にはホテルに改装されることになる。贅沢という点でニューヨークに新しい時代を迎え入れたスティーブンス・ハウスも、その時代の不安定な金融状況の犠牲となったのであろう。一般大衆の目には、スティーブンス・ハウスは、時代に先立って訪れた「未来の都市」を体現していた。非凡な高さに加えて、スチーム暖房、蒸気エレベーター、強制換気、ガスレンジなど、日常生活のあらゆる近代的な工夫がなされ、スティーブンス・ハウスを技術のランドマークとしたのであった。

スティーブンス・ハウスは文化のランドマークでもあった。新たな種類の都会の洗練さを秘めていたのである。特大のマンサード屋根や精巧なディテールなど、建築様式はパリ風であり、第二帝政時代のパリのアパルトマンをいくらか現代化したものであった。しかし『アップルトンズ・ジャーナル』誌による見解は、それ以上である。スティーブンス・ハウスに、パリの先を行くもの、米国独自の技術を推進力とした、真に新しい都会性の表出を見たのである。

　我々は皆、ヨーロッパにおけるフラットでの生活についてはよく聞いているし、ある程度知っている。パリ風の生活を取り入れる目的で、立派な建物がこの街でも建てられつつある… しかし（現在では、）… 単に蒸気を用いて各階と街路をつなぐだけで、我々は建物を任意の高さまで上げ、またその最上階を選び抜かれた部屋にすることが出来るのである。*58

　この「空の家」や「家族の群居としての巨大で緻密な構造物」による新しい時代は、都会の社交界に新しい形態をもたらし、前代未聞の密度を「科

3.19 リチャード・モリス・ハント。スティーブンス・ハウス（ブロードウェイと27丁目の角、1871年）。蒸気エレベーターなどの新技術を駆使した最初の高層アパートメント。

不平等なハウジング　101

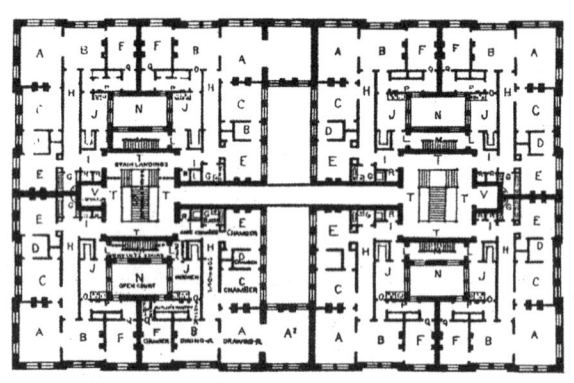

3.20 アーサー・ギルマン。高層アパートメント提案（1874年）。エレベーター付き7階建て。第二帝政様式の堂々とした外観。平面計画には大きなエアシャフトや眺望のない部屋が多いなどテナメントの名残が見られた。

学的緊密法」によって生み出した。「上方の純粋な天空」には屋上庭園がつくられ、「郊外生活の最高の特色」が、眼下の都会と並置され、構築物と自然の混合物が出来上がったのであった。

　それでも発展は遅々としていた。新しい高層アパートメントは、それが密集するようになってからは、ブラウンストーンやテナメントと同様に、光と空気という問題から逃れられなかったのである。それは複雑な機能の問題を、未熟な設計者が扱うことを意味していた。アーサー・ギルマンによる1874年の平面はその一例である（fig.3.20）。[*59]設計案はあらゆる高層ビルの仕掛けを含みながらも、思考方法という点においては、未来のハウジングではなくテナメントのままであった。全体の形状はテナメントの平面を単純に拡大した様子で、テナメントより大きいとは言え、多くの部屋は採光シャフトに面していた。ギルマンの設計の欠点は、彼の長年にわたるアパートメント設計の経験によって浮き彫りにさ

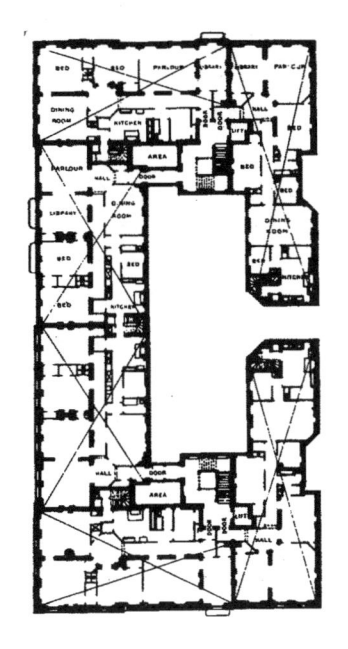

3.21 ヘンリー・ハーデンバーグ。ヴァンコリア（1880年）。エレベーター付き6階建て。後の高層周囲型アパートメントを予見させる。

れただけであった。ギルマンは、1857年にボストンに完成した、おそらく米国最初のアパートメント・ホテル、ホテル・ペラムの設計に関わった経験があったのである。*60　その高級アパートメントの外観は最初から上流階級のものであったが、計画の内容が住民の社会基準に合うようになるまでに、さらに10年の歳月を必要とした。ギルマンは建物の正面を第二帝政様式のファサードで飾り、それはパリであったら重要な公共建築のみふさわしいとされる程に壮大なものであった。

　ヘンリー・ハーデンバーグの設計によって1880年に完成したヴァンコリアは、高層住宅の計画の進化にとって重要な一歩となった。*61　わずか6階建てではあったが、蒸気よりも進んだ水圧式エレベーターを2機配していた。開発業者のエドウィン・セヴェリン・クラークは、ヴァンコリアに、その後の高層のビルに採用されることになる最新技術を取り込んでいた。しかし最も重要な点はその平面構成である。7番街の西55－56丁目間に位置する建物は、高さに対して十分な広さの中庭を持ち、適度な採光を可能にした。この構成はニューヨークのアパートメントの形態として重要な手法、パラッツォ型平面の前兆とも言えた（fig.3.21）。ハーデンバーグはその後、同じ開発業者のために、ダコタを設計する際、同じ手法を用いることになる。

　異なるアプローチを取り入れたアパートメントは、1833年に西23丁目に完成したチェルシーである。ヴァンコリアと対照的に、一枚岩的な形状であり、すべての採光を外側のファサードに頼っていた。1883年、フィリップ・ヒューバートが、ヒューバート・ピアソン・アンド・カンパニーのた

めに設計した、市内で最初の共同所有住宅＝コーポラティヴ（cooperative）である。フィリップ・ヒューバートは幾つかの高級高層プロジェクトを同社のもとで手掛けており、その大半はヒューバート・ホーム・クラブと呼ばれたコーポラティヴであった。[*62] ホテルサービスを始めとする、協同の「家の所有権」は、ブラウンストーンから住民を惹きつけ、ヒューバート・ピアソンはその先駆者であった。[*63] チェルシーは、11階建て、3－9部屋から成る、90戸のホテル機能付きアパートメントであった（fig.3.22）。各階の中央に位置する縦のコアには、エレベーター2機と階段が設置された。建物の全長にわたる両側居室の廊下は、第2次世界大戦後に見られることになる高層のスラブ・ブロック＝板状型ハウジングによく似ていた（fig.8.13 参照）。この時代においても、通過換気の問題は完全に解決されることはなかったが、チェルシーでは、各階の廊下に屋根まで通じる換気シャフトが設けられ、各戸内部に大きな排気口を付け、空気が流れるよう工夫がなされた。独立鉄骨フレームの代わりに、巨大な積石造の構造壁が22フィートの間隔で配置され、それは典型的なテネメントの境界壁をさらに高くしたようでもあった。

1884年にオープンしたダコタは、その贅沢さと豊かさによって、他の高級高層アパートメントを凌駕したが、それは不法居留地であるダッチタウンの中心、西72丁目とセントラルパーク・ウェストの角に建てられたという皮肉によって強調されていた。しかし仮小屋の住民たちも、やがては新開発の波に追われて消えていった（fig.3.23）。おおよそ正方形をしたダコタは、ヴァンコリアと同様、中庭を囲む10階建てであった（fig.3.24）。全65戸は4部屋から20部屋と差があったが、20×40フィートの非常に大きい客間(parlor)もあった。[*64] 客用エレベーター4機と、貨物用エレベーター4機はいずれも水圧式であった。スティーブンス・ハウスやヴァンコリアのように、ダコタは芽生えつつあった機械や電気工学の分野から、あらゆる最新技術を取り込んでいた。

巨大な地下空間には、蒸気ボイラーと、ポンプと発電機のためのエンジンが置かれた。建物に電力を供給するためである。屋上には、6槽の貯水タンクが設置され、1日あたり200万ガロンもの水が、全長200マイル

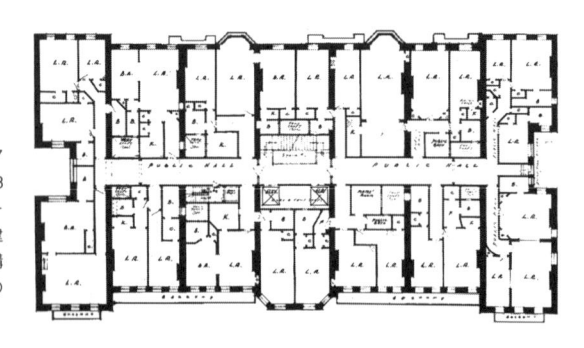

3.22 ヒューバート・ピアソン・アンド・カンパニー。チェルシー（1883年）。ニューヨーク市初の高層アパートメント。エレベーター付き11階建て。構造形式は単純で、連続する構造壁はロウハウスの分離壁の名残のように見える。

チェルシー。

のパイプを経て供給された。構造的には独立鉄骨フレームはまだ採用されていなかった。組積造の構造壁が、3－4フィートごとに並んだ延べ鋼の梁の間に埋め込まれたアーチ状の石積みと合わさり、床を支えた。すべての仕切り壁は耐火煉瓦から成り、縦、横方向ともに火災の延焼が避けられた。

4. 贅沢生活の到来

　1880年の初頭には、数多くのエレベーター付き高層高級アパートメントが、建築局（Bureau of Buildings）に建設申請されている。ある報告書によると、1881年7月から1883年3月の間に、高さ100フィートを超える42棟の建設が認可されたが、その大部分が住宅用であった。[*65]　新築されたアパートメントの多くは、セントラルパークの南側に位置していた。毎年、新しいアメニティが導入されていった。例えば1884年、セントラル・

不平等なハウジング　105

3.23 ヘンリー・ハーデンバーグ。ダコタ（アッパー・ウェストサイド、1884年）。ダッチタウンの不法居留地の中心に建つ。1889年に発表された図版。

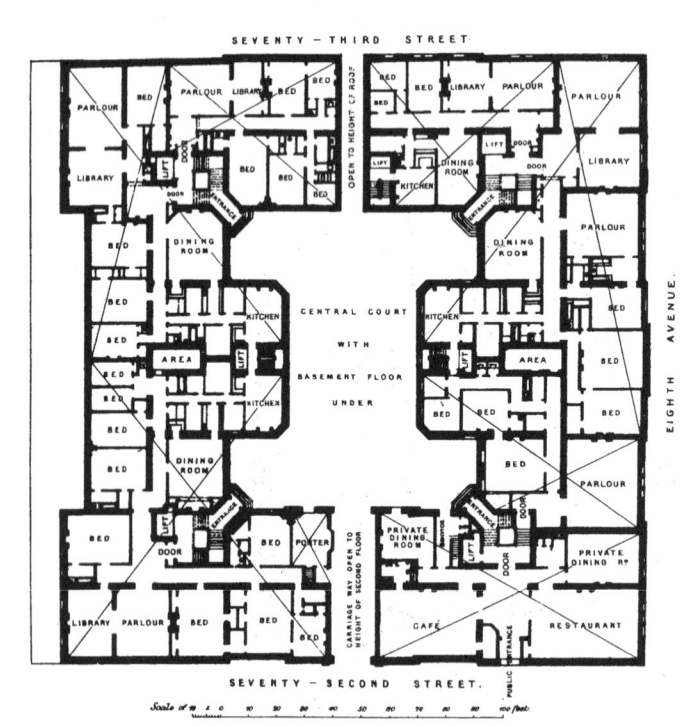

3.24 ダコタ平面図。中庭の4隅にエレベーターが配置されている。

106　第3章

パーク・サウスに完成したダルハウジーは、2層構成（duplex）、冷蔵庫、スチーム暖房を売り物にしていた。*66　しかし翌年には、西57丁目と7番街に、ジェイムズ・ウェア設計によって完成した、惜しみない設備を誇る10階建てのオズボーンの影にひそんでしまう（fig.3.25）。*67　付近にはフィリップ・ヒューバートの設計によるワイオミングがあり、またコーポラティヴも数件建っていた。*68

　高層ビルの勝利は、特にヨーロッパを筆頭に、建築家たちの注目を集めた。ロンドンの『ビルダー』誌は、1883年にオズボーンの計画を発表している。また英国の建築家ジョン・ゲイルは、1882年にニューヨークを訪れた後に、当時出現しつつあった高層ビルについて事細かに記述した。*70　しかし、彼はそれらが予見し得る美学的な変化ではなく、むしろその技術に熱中した。アメリカの建築様式は、どうひいき目に見ても派生的と見られるか、別の批評家が『ビルダー』誌上で1883年に指摘したように「ヨーロッパ化」されつつあった。それでもこの批評家は「より実用的な事に関しては… 我々は、大西洋を越えた従兄弟たちに… 芸術以外の建築について、まだ学ぶことがあるようだ。」*71　と、アメリカの建設技術の独自性を認めている。

　最も壮大な初代の高層アパートメントは、セントラル・パーク・サウス

3.25　ジェイムズ・E・ウェア。オズボーン（アッパー・ウェスト・サイド、1885年）富裕層を対象とした高層アパートメントの典型。

不平等なハウジング　107

3.26 ヒューバート・ピアソン・アンド・カンパニー。セントラル・パーク・アパートメント（1883年）。初期の写真に見られるよう、巨大な10層建築はその後20年間にわたり、ニューヨーク最大のアパートメントであり続けた。

に、ヒューバート・ピアソン・アンド・カンパニーが1883年に完成させたコーポラティヴ、セントラル・パーク・アパートメント、別名スパニッシュ・フラットである（fig.3.26）。8棟からなる、10層の建物は、6－7番街間の街区の半分以上を占めていた（fig.3.27）。住戸によっては、7,800平方フィートの階全体を占めるタイプや、1階の半分を2層重ねたものもあった。[*72] その効果は、ブラウンストーンを「上空に」所有することに、限りなく近づいていた。街区の長方向には私有の中庭が伸び、それは造園ができるほどの面積があり、限られた採光と換気もあった。しかし中庭に面する部屋に眺望はなく、10層の外壁に囲まれた中庭の規模は相当縮小されて見えた（fig.3.28）。それでも、採光と換気の水準は、他の例と比較すればまともであった。新しい高層ビルが立ち並び始めると、外側に面している部屋でも、日当たりや眺めが理想以下のことが多々あった。

　高層ビルの生活に見られた問題は、その形態に特有のものであり、簡単に解決されることはなかった。例えば、音と視覚のプライヴァシーは、アングロ・サクソン文化の偏見も手伝い最も厄介なものであった。しかし高層の生活にいかなる支障があったとしても、1882年の『ハーパーズ・ニュー・マンスリー』誌が物語ったように、ニューヨークの富裕層にとっては、そ

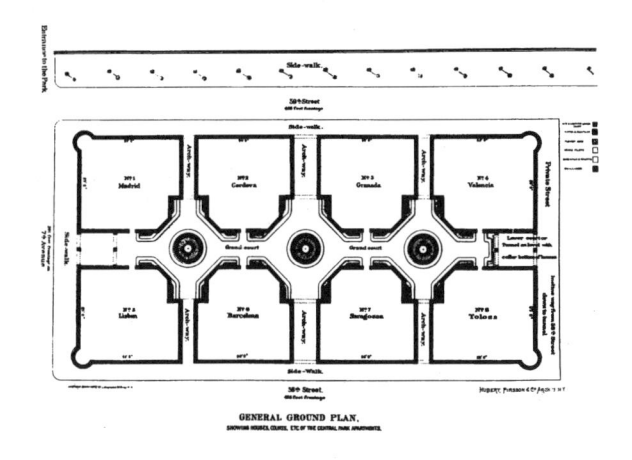

3.27 セントラル・パーク・アパートメントの街区配置図。8棟の連結された建物が中庭を構成。

　の利点の方がはるかに勝っていたのである。*73

　フラットは、アメリカの大多数にとって（ハウジングの）問題解決としては不完全な失敗であったが、高所得層には暖かく受け入れられている。それは流行であり、ある意味ではかなり便利でもある。最も優雅なものは、2,500 ドルから 4,000 ドルもするのだが、即座に借り手がつくのである。アパートメントひとつの賃貸に家1軒、しかも立派な家が十分に賃貸できる金額がつくとは信じ難いかもしれない。しかし、ここで忘れてはならないのは、非常に高いアパートメントでも、家具や使用人も少なく、家1軒にかかるよりも全体的な出費が少なく、節約につながり、また同時にその住民たちは世間から見て同等に美しい外観を提示することができることである。この最後の点は、通例、どんな犠牲を払ってでも、外見の水準を維持しようとするニューヨーカーにとって重要である。彼らは、新しい生活方法によって、様々なトラブルや摩擦を回避することができる。フラットの家政は非常に単純であるし、安心して留守に出来、田舎や海外へ無期限に出かけられる。もしこれが1軒の家であったら、常に泥棒に侵入される心配をするのももっともで、ニューヨーカーのように頻繁に旅行する人たちにとって、そのような恐怖から自由になれることは、尊重しない訳にはいかないのである。ゆえに、社会的にも実用的にも、フラットに賛成する議論は成り立ち、いずれも価値のある議論である。*74

　高層高級アパートメントは、単世帯用のブラウンストーンには表現できない社会の景観をニューヨーカーにもたらし、それは壮大なスケールや、贅沢なディテール、材料などであった。都市のちりや喧騒の上に住み、以前は手に入らなかった景色を見ることは、特別なステータスを伴った。こうしてニューヨーク市で初めて、上層階の家賃が下層階を上回り、階段の昇降という慣習から解放されたのであった。優雅で効率のよい扉、廊下や

3.28 セントラル・パーク・アパートメントの中庭。10層の外壁により眺望は限られていた。

不平等なハウジング　　109

エレベーターマンの存在は、揃ってそびえる高さを祝福していた。エレベーターマンは、来客を見定めエレベーターを操作しながら、その他必要なサービスを提供するとともに、建築上の富の表現を強調したのであった。採用された新技術の中には、単世帯住宅においては百万長者の邸宅ですら見られないものがあった。例えば、公共設備が整う前は、電力はダコタのような、自家発電機を備えた、大規模で最新のにしか導入できず、一戸建ての住宅においては、非常に複雑かつ高額であり実質上不可能であった。1893年の『コスモポリタン』誌が指摘したように、効率の良い平面構成からなる高層アパートメントは、ついにブラウンストーンを凌駕したのであった。

　7部屋から10部屋がすべて同じ階にある一般的なアパートメントは、収納や屋根裏、階段に広い面積を費やす、間口30フィートの4階建てブラウンストーンよりも、使える床面積が大きい。
　…（妻は）女王である。まるでウィンザー城のヴィクトリアのように。孤立した家事は改善され、安全、暖房、照明と世話はすべて総管理人に任せて、より簡単な個人的なサービスの仕事だけを、彼女の女中が行えばよいからである。エレベーターの操作人は、常に家の入り口を監視している。彼女には自分の台所と、応接間と私用の広間がある。家は火事や泥棒から完全に守られている。夏期には、彼女はアパートメントに鍵をかけて出かけるが、秋に戻るまでいかなる妨害の心配も必要ない。その間、無防備の裏窓もなく、屋根から泥棒が入る天窓もなく、特別な警備員を雇う必要もない。この招かれざる侵入者に対する完璧な安全性は、アパートメント・ハウスの特質であり、財政的あるいは政治的な影響力を持ち、常に狙われる人々にとって、近頃特にその価値を増しつつある。ラッセル・セイジ氏が爆弾を投げつけられ、九死に一生を得た一件は、資産家の男性にある生来の臆病さを、即時に一般に強める効果があった。グールド氏、ヴァンダービルト氏、ロックフェラー兄弟やその他の百万長者たちは、その邸宅の前に特別に警備官を雇っているが、ヘンリー・ウィラード氏、ジョン・マッケイ氏など、崖の住民は、高所に住み、アメリカ鷲の巣のごとく侵入から安全を守るのである。[75]

　こうして1870年代、さらに1890年代、アメリカ史上で最大の経済不安と市民暴動の時代とされた時期、高層アパートメントは要塞として歓迎された。しかし暴動の脅迫を恐れず、5番街沿いに壮大な邸宅を建てるものもいた。既に1881年には、52丁目と5番街の数区画にウィリアム・K・ヴァンダービルト邸が完成し、スチュアート邸の格を超えていた。[76] リチャード・モリス・ハントにより、フランソワI世様式として設計され、1914年のフリック邸で盛期を迎える、5番街を北進する屋敷町を先導したのである。

ウィリアム・K・ヴァンダービルト邸（1881年）。

5. アメニティの増加や、〈外向的〉と〈内向的〉な手法

　1890年から1910年にかけて、高層の高級ハウジングの形態は、先駆的成果に基づいて着実な進歩を遂げていた。技術革新は速やかに訪れた。蒸気式、水圧式のエレベーターは油圧式、もしくは電気式に置き換えられた。電動式エレベーターは応用が効き、工事中でも使用可能であり建設工期の短縮が可能となった。[*77]　構造壁、鉄の梁、そしてヴォールト煉瓦の扱いにくい組み合わせは、独立鉄骨フレームと耐火コンクリートに代わった。建物のファサードには重厚かつ高価な石の彫物に代わって、装飾的なテラコッタが使用された。スチーム暖房、電気、中央冷蔵システムは日常のこととなった。マンハッタンの高層高級ハウジングは、57丁目を超えて、ブロードウェイやウェスト・エンド・アヴェニュー、リバーサイド・ドライブ、そしてパーク・アヴェニューを北上した。ブロードウェイの北部の地下鉄、インターボロー・ラピッド・トランジット（IRT）の開通は、アッパー・ウェスト・サイド地域の高級ハウジング開発を促進した。[*78]

　初期の高層アパートメントの計画には、建物のヴォリュームと採光の問題に対して、2通りの手法が用いられた。「外向的な」（extroverted）手法は、外側から建物のヴォリュームに切り込みを入れ、中央近くまで大きな溝＝スロット（slot）を貫入させることだった。ブロードウェイと西72丁目の角に、グレイヴス・アンド・ドゥボイの設計により1902年に完成したアンソニアはこの手法の一例である（fig.3.29）。[*79]　一方1901年、クリントン・アンド・ラッセルによって、ハーレムのアダム・クレイトン・パウエル・ジュニア通りに完成したグラハム・コートでは、[*80]「内向的な」（introverted）手法が採用された。ここでは建物の中央がくり抜かれ、壁に囲まれた大きな中庭となった。1908年には、同じ建築家の手によって、同様の手法に基づいて、さらに大型のアプソープが、西79丁目とブロー

不平等なハウジング　111

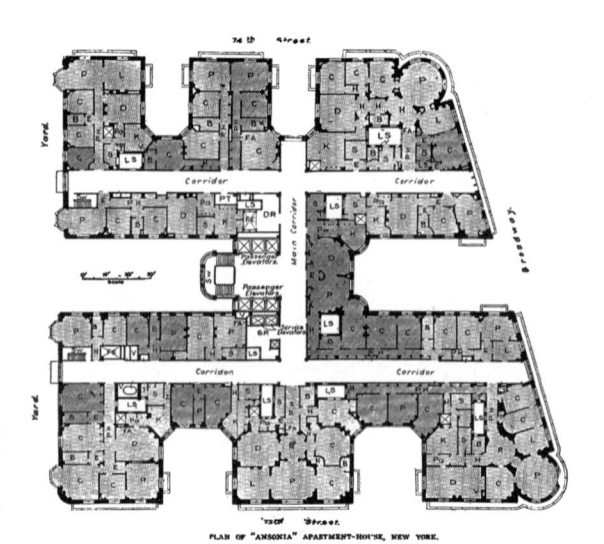

3.29 グレイヴス・アンド・ドゥボイ。アンソニア（1902年）。高層アパートメント建築の第2世代。先例のない17層という高さで、平面的には「外向的な」手法が採用された。

ドウェイに完成した（fig.3.30）。[*81] この「内向型」すなわちパラッツォ型は、高額の費用を必要としたこともあり、実現したものは比較的少ない。最大の「内向型」アパートメントは、西86丁目とブロードウェイに、ヒス・アンド・ウィークスの設計により、1910年に完成したベルノードである（fig.3.31）。[*82] パラッツォ型は、そのヴォリュームの特徴により、効率のよい隅部の住戸の設計が困難であった。またこの形式は、建蔽率が低い程効率を増し、アプソープの建蔽率は86％、ベルノードは67％であった。パラッツォの中庭は、外向型の採光スロットよりも、採光の問題をうまく解決していた。アーネスト・フラッグは、アンソニアのデザインを、住戸内部が暗すぎると批判した。理由の一つには、設計の主体が、建築家のポール・ドゥボイの協力があったにせよ、建設業者のウィリアム・E・D・ストークスであったことを、フラッグが不快に思ったからだと言われる。[*83]

17階建てのアンソニアは、完成時点でニューヨーク市のみならず、世界最大のアパートメントであった。最新の技術を取り入れていたにもかかわらず、外観は歴史主義的であったことは皮肉と言えよう（fig.3.32）。フラッグの採光に対する批判を甘受したとしても、住民たちは皆、明らかに技術的サービスの圧倒的な規模に気を取られていた。340の住戸に通じるサービス配管網はマイルで表現された。すなわち、44.01マイルの水道管、18.56マイルの蒸気パイプ、37.30マイルのガス管、15.81マイルの排水管、39.28マイルの電気用導管である。さらに合計2,440の衛生機器、2,100のガス栓、2,071の蒸気放熱暖房器が設置され、7,849のコンセントが83マイルの銅線を経て通電していた。電力は4機の蒸気ボイラーと、5機の発動機によって発電された。エレベーターは17機あり、冷水が147の給水口に届き、電話の差込口は365あった。圧縮空気チューブが伝言や小包を

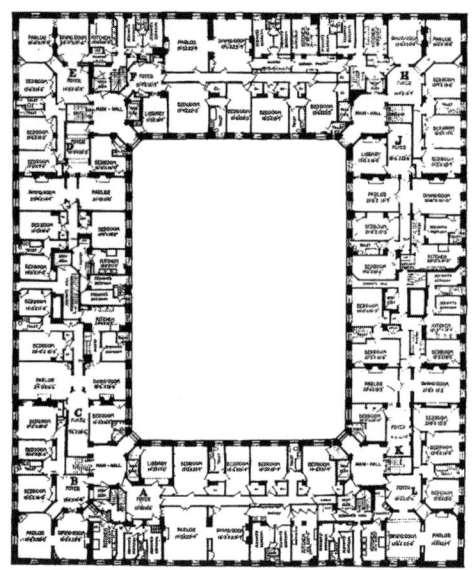

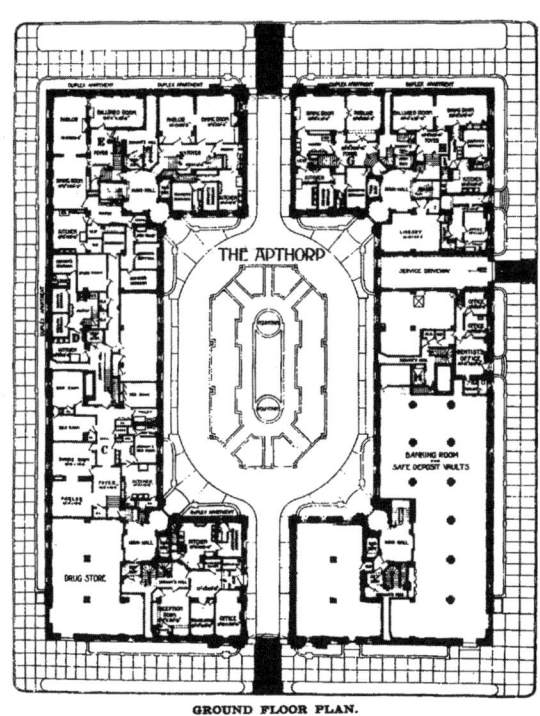

3.30 クリントン・アンド・ラッセル。アプソープ（1908年）。規模と豪華さはアンソニアを凌駕。巨大な中庭と構成する「内向的な」周囲型平面。

不平等なハウジング　113

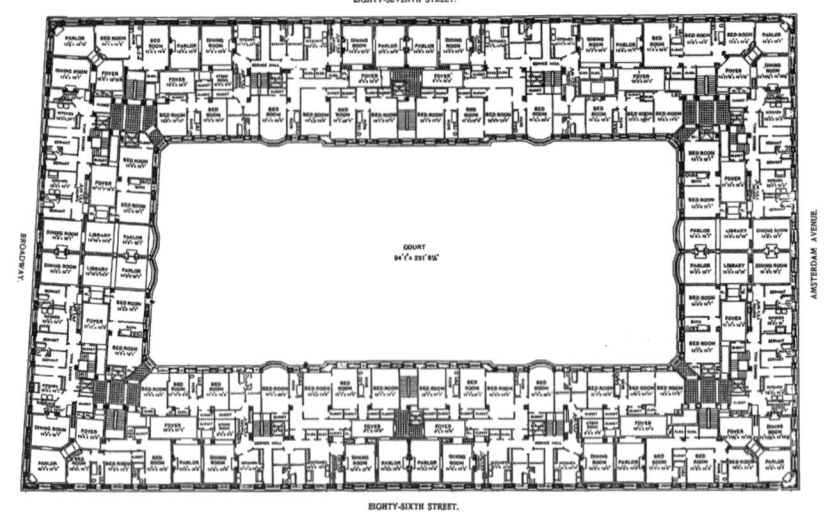

THE "BELNORD"—TYPICAL FLOOR PLAN.

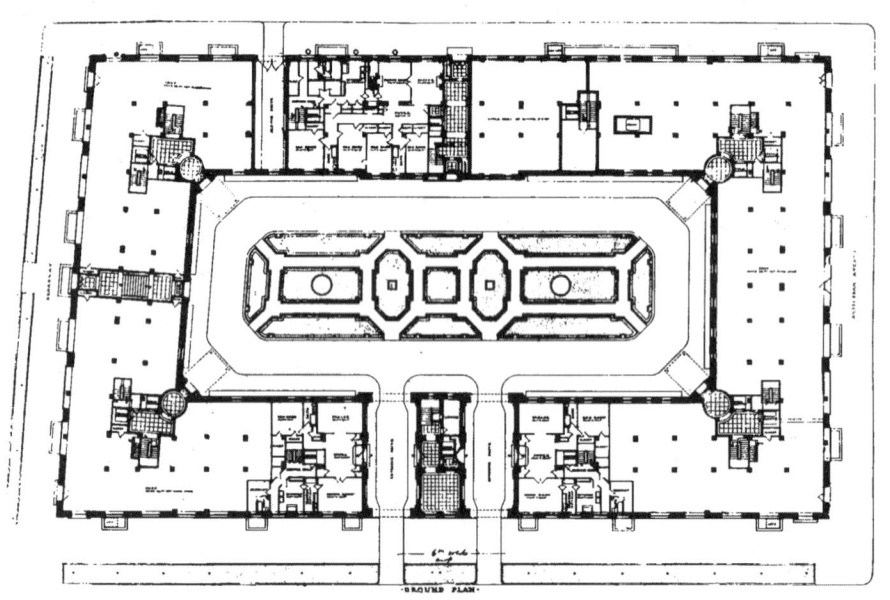

THE "BELNORD"—GROUND FLOOR, SHOWING THE COURT.

3.31 ヒス・アンド・ウィークス。ベルノード。(1910年) アブソープを超える規模の「内向的な」周囲型平面を持つ。

各階に運んだ。また中央集中方式の真空清掃システムを見込んだ配管も施されていた。建物管理に必要な人員は240人であった。洗濯サービスは、一日25,000着を洗う容量があった。他のアメニティには私用の乳製品販売所、床屋、プールと浴場などがあった。完全に実用化される以前から、予期された技術の中には自動車も含まれていた。地下車庫は24台を収容し、修理場もついていたが、それは自動車がブロードウェイに姿を現して

ベルノード。中庭の眺め。

3.32 アンソニア（1903年撮影）。象徴的な第二帝政ファサードとニューヨーク初の地下鉄工事風景。

不平等なハウジング 115

3.33 ベルノード透視図。イタリア様式のファサードは、ルネッサンスのパラッツォを想起させた。

から、まだ間もない頃であった。[84]

　その規模において、アンソニアは間もなくアブソープに追い抜かれ、それもまた、ベルノードに越されることになる（fig.3.33）。どちらもイタリア・ルネッサンス様式で設計され、原型のフィレンツェのパラッツォをはるかに上回る大きさであった。アンソニアも、オスマン時代のパリの街路に着想を得たものであったが、スケールは滑稽なほど大きかった。1918年には、パーク・アヴェニューとマディソン・アヴェニューの間に完成した270パーク・アヴェニューは、最後にして最大のパラッツォ型アパートメントであった（fig.3.34）。ウォーレン・アンド・ウェットモアの設計により、「この類で試されたものすべて」[85] の規模とコストを超えたのであった。建物のヴォリュームは、実際には外周が切断された形で、2棟のU字型に分かれていた。しかし、イタリア風のファサードと中庭も含め、アブソープやベルノードの伝統を忠実に守っていた。

6. 各ユニットの発展、「密造ホテル」と新法平面への適応

　世紀の変わり目を前に、洗練度を増したアパートメントの形態と構成は、個々の住戸計画にも当てはまる。高層アパートメントが出現した当初から、各住戸への実験は、ブラウンストーンの空間アメニティの再現を試みた論理的帰結として、上下2層のユニットが、私用の内部階段を中心に構成されるに至っている。[88] 既に1884年には、セントラル・パーク・アパートメントとダルハウジーにおいて2層式住戸が採用されている。2層を利用することによって、寝室のプライヴァシー確保を含む社会作法の問題が解決された。その後、この形式はさらに発展し、スタジオ（studio）と呼ばれる、2層吹き抜けのリビングあるいは広間を備えた、独特なアパートメントの類型が生まれた。この構成は上層の部屋と北向きの大きな窓を持つ、アーティストのスタジオに由来するものである。アーティストのスタ

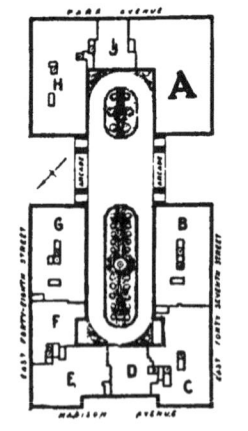

3.34 ウォーレン・アンド・ウェットモア。270パークアヴェニュー（1918年）。最後の周囲型高級高層アパートメント。

ジオは、作業場と略式の展示スペースとして機能し、私室が付随していた。その原型は、1857年に完成した、ハントのスタジオ・ビルディングまでさかのぼることができる（fig.1.6参照）。その後、いくつかのコーポラティヴ方式のスタジオ・ビルディングも芸術家の先導によって建てられたものの、スタジオは芸術家の範囲にとどまっていた。しかし20世紀になると、高級ハウジングにも採用されるようになり、マンハッタン内に興味深い建物が続けて完成した。[*89] 複層式ユニットのプロトタイプは、独立鉄骨構造フレームによる革命的な空間の可能性のきっかけとなった。構造耐力壁が不要になったため、縦方向への自由な空間の拡張が可能になったのである。その後、近代的な空間コンセプトの発展とともに、この自由度はさらに活発に利用されていく。新しい空間の秩序は、そのボヘミア主義との関連に同調して、高所得層を惹きつけたのである。ある観察者は、1920年に記している。

　もしこのタイプの（スタジオ）建物の空間へ需要が、芸術家だけであったのならば… 数少ない建物の供給がそれに応えるであろう。しかし他にも多くの人々が、スタジオの可能性を、装飾的な観点から評価し、心地よく、形式ばらない大きなスタジオの部屋を、通常のアパートメントのリビングルームよりも好んでいるのである。理由はいかにしろ、あまりにも多くの人々がスタジオ・アパートメントに住むようになり、幾らかの建物では、芸術家たちは少数派であると言って差し支えない。おそらく最新の分析では、ほとんどの場合、その誘引は、普通の大きさの家に広いリビングルームを持つこと、すなわち、簡素さと広がりへの願望と同じである。というのも、少なくとも1つの十分に大きい部屋では、人の感じる圧迫感は軽減されるのである。[*90]

　ニューヨーク市では何十年にわたり、高層の高級アパートメントは、特にその高さについて、テナメントのように細かい法的審査の対象とならなかった。1867年度テナメント条例によって定められたテナメントの法的定義—各階につき2戸、全体で3戸以上の、炊事可能な賃貸ユニットを持つすべての建物—に、高層アパートメントが含まれると解釈することも可能であったはずである。[*91] しかし、テナメント条例によって強制された建物の高さ制限を、高層ハウジングを建てる開発業者たちは、あっさりと無視したのであった。この慣習は、新たな高層建築が建設されるたびに騒ぎのもととなった。開発業者たちは、法による拘束を避けようと、高層ハウジングをアパートメント・ホテルと呼んでいた。ホテルは明らかにテナメント法の対象外だったからである。コーポラティヴ・アパートメントも賃貸住居ではなく、私的に所有されていたため対象から除外されていた。[*92] 開発業者が「住宅の所有権」やホテルサービスを宣伝する動機の大半には、ハウジング法による検査を避ける狙いがあったのである。この慣習は、

不平等なハウジング

3.35 チャールズ・W・バッカム。20階建てアパートメント提案（1911年）。1901年度テナメント法（新法）の平面をもとにしている。

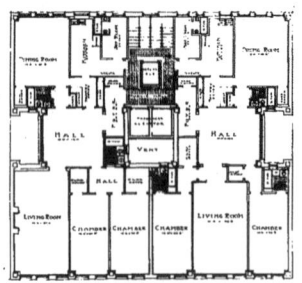

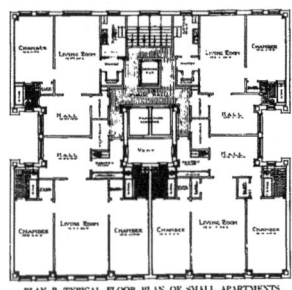

ハウジング業界に新しい枠をつくり、それは通称「密造ホテル」（bootleg hotel）と呼ばれた。*93

1900年、エドワード・T・ポッターは、ニューヨーク州議会のテナメント・ハウス委員会に、高所得層と貧困層のハウジング法の不公平に対して苦情を述べ、同じ法律がすべての人々に適用されるべきだと議論した。

まずテナメントという用語から、その棘のような意味合いを取り除くべきである。そして法律に関しては、それ自体が悪いものは、どこに適用しても悪いのである。私はピーターをある法のもとに置いて、ポールを別の法のもとに置いたり、貴族を負債の起訴から免除したり、さらに特権階級をつくることは好まない。そのほかにも正統な理由はあるが、これは文明の傾向や現代の精神、そして人類の発達と高尚化と矛盾するものである。土地の分割を防ぐ目的で、善を意図してつくられた法は悪行へとつながり、今この委員会が誠意をもって軽減を目指している。テナメントの裏建物も、善を意図して禁じられたが、結局その悪はますます蔓延る結果となった。そして今、階級の格差を広げる趣旨に基づき、その傾向にある法の設立や緩和は、新たな過ちとなって非常に悲しい影響を隅々まで与えるであろう。*94

ニューヨーク市のすべての建物に、高さとセットバックに関する法律がつくられたのは1916年のニューヨーク市建築形態規制＝ゾーニング法（New York City Zoning Resolution）が最初である。この時初めて高層高級ハ

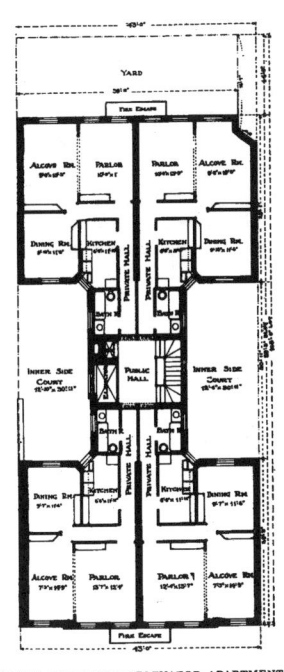

FOUR-FAMILY-ON-A-FLOOR "ELEVATOR APARTMENT HOUSE."
Nos. 82 and 84 West 12th Street. Louis Korn, Architect, No. 31 West 33d Street.
Lot 43 feet wide by 103 feet 3 inches deep; 4 four-room apartments; 16 rooms and 4 baths on each floor.

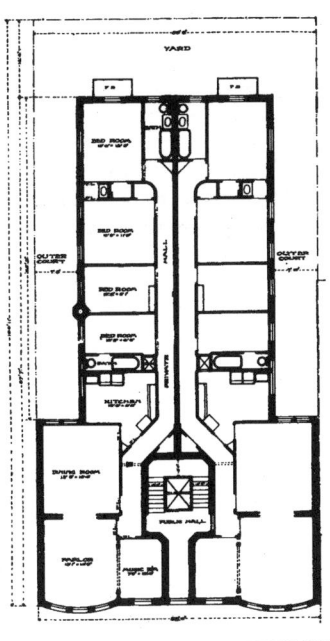

TWO-FAMILY-ON-A-FLOOR "ELEVATOR APARTMENT HOUSE."
North side 113th Street, Geo. Fred. Pelham, Architect, 325 feet west of 7th Avenue. No. 503 Fifth Avenue.
Lot 50 feet wide by 100 feet 11 inches deep: 2 apartments of 8 rooms and 2 baths each.

3.36 ルイス・コーン・アンド・ジョージ・ペラム。中流階級を想定した新法テナメントの改変（1903年頃）。6階建て。小さなエレベーターが組み込まれている。

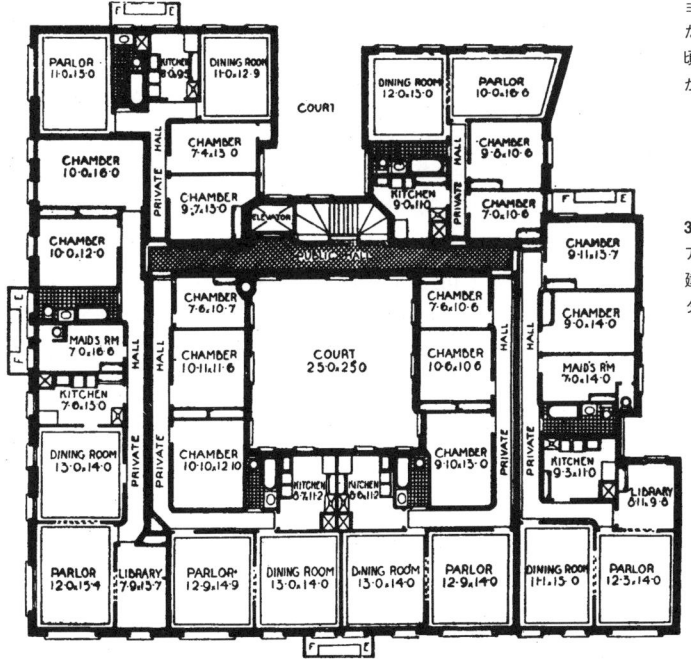

3.37 ジョージ・ペラム。中流級用アパートメント計画（1908年）。6階建て。フラッグ型平面へのエレベーターの導入。

不平等なハウジング　119

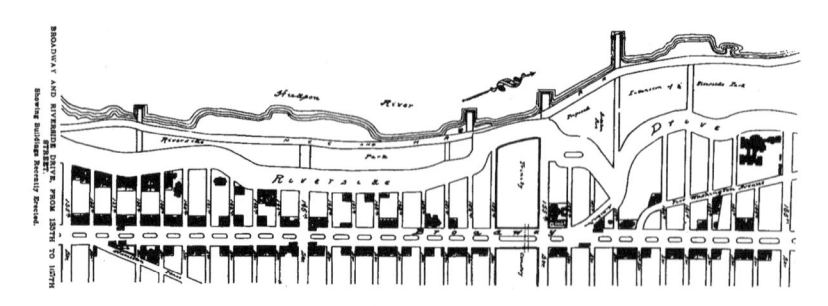

3.38 ブロードウェイ北部の新規開発（1908年頃）。急増した中流アパートメント。

ウジングの実際の形状が法の対象となった。しかし決定的な法令は、すべての種類のハウジングを一律的に規制する、1929年の複合住居法（Multiple Dwellings Law）の制定を待たなければならなかった。それでも、1901年以来のテナメント条例＝「新法」は、新しく芽生えた中間所得層用アパートメントに対して何らかの影響を持っていた。この「新法」平面は、しばしば変形され、垂直方向に反映されることもあった。チャールズ・W・バッカムによる1911年の提案は、ニューヨーク市初の20階建てのアパートメントで、その平面はフラッグ型の派生であったが、採光スロットと成り得る部分を、エレベーターと階段のコアが占めていた（fig.3.35）。*95 建蔽率はどう見ても「新法」の基準を上回っていた。

新法平面は、しばしば自動運転のエレベーター付きのアパートメントに採用され「道路幅の1と3分の1未満」という新法の高さ制限が適用された。多くは5階－7階建て、中間所得層向けであった。この頃、ニューヨーク市の建物規制によって、階段昇降が可能な低層建物での自動運転エレベーターは禁止されていた。*96 ルイス・コーンとジョージ・ペラムの設計による、2つの典型的な新法平面では、小さなエレベーターが挿入された（fig.3.36）。*97 ペラムによる、ブロードウェイ北部の6階建てのラッフォード・ホールはさらに複雑な平面をしていた（fig.3.37）。*98 これはフラッグ型から派生して、中央階段とエレベーターを採用したものであり、増加しつつあった中産階級が住む、市の周辺で多く採用されるようになった。例えば、135丁目から165丁目の間のアッパー・ブロードウェイや、リバーサイド・ドライブでは、1905年から1908年だけで、63軒以上の同類のアパートメントが着工している（fig.3.38）。大半は6階建て、新法平面を持ち、多くがエレベーター付きであった。これらはマンハッタン北部とブロンクスで20世紀初期に建設された、何百という建物の典型であった。

**Beyond
the Tenement**

第4章

テナメントを超えて

1880年から1920年の間に建てられたテナメントのうち、慈善主義に基づいたものは、全体の数から言えばごくわずかであったが、改革者や建築家から大きな注目を浴びることになる。慈善テナメントのデザインは忠実かつ科学的に検討され、居住者のための社会プログラムに密接に関連づけられた。これらのプロジェクトでは、意識的な社会建築(social architecture)を、その他多くの建物と比べて、より具体的に探究することが可能であった。

1. 慈善テナメント：ロンドン、ニューヨーク、フィラデルフィア

慈善主義的テナメントのデザインの検証は、初期の段階では英国、特にロンドンの先例に倣うことが多かった。それらは改善住居会社（Improved Dwellings Company）、ピーボディー・トラスト（Peabody Trust）、メトロポリタン・アソシエーション（Metropolitan Association）などの機構によるもので、合理的な改良方法には、いくつかの珍しい実施例も見られた。[*1] 例えば、共用階段は外部に開いていることが多く、各住戸へはギャラリーを経て入り、多くのロウハウスにみられた、暗く換気のない内部階段は避けられた。建物の前面にある外部階段とギャラリーは奥にある部屋への通気と採光を遮ることもなかった。この考案は、労働者階級の状況を改良する会（Society for Improving the Condition of the Laboring Classes）の先導により、アルバート王子の名のもとに開催された1851年ロンドン大博覧会において、ヘンリー・ロバーツが設計したモデル住居に由来している（fig.4.1）。[*2] 水道や便所のある部分は建物の裏面に通常配置され、換気用の窓が取り付けられた。多くの場合、この箇所はしばしば裏ファサードから突き出し、採光と通気を向上させた。これらの英国の事例がニューヨークで初めて発表されたのは、ニューヨーク市民協会（Citizens Association of New York）に

4.1 ヘンリー・ロバーツ。労働者階級モデルハウジング（ロンドンの大博覧会、1851年）。外部階段とギャラリー・アクセスの方式は、後にニューヨーク市の慈善ハウジングで応用される。

4.2 シドニー・ウォーターロー卿設立の改善住居会社による住宅（ロンドン、1863年）。外部階段とギャラリーを採用し、水周りが突出している。

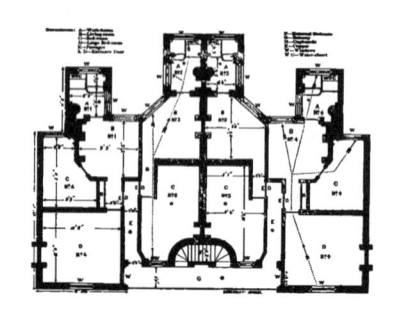

よる、1865年の『衛生局報告書』のようである。*3　掲載された平面図はシドニー・ウォーターロー卿の創立による、改善住居会社による最初のプロジェクトのためであった（fig.4.2）。ロンドンに1863年に完成したこの建物は、ギャラリー・アクセスと裏面に突き出した洗い屋（wash house）を備えていた。

　ウォーターローの平面理論は、ニューヨークのテナメント・デザインにも応用されている。かなり早い時期の例では、巧妙ながら25フィート幅のテナメントの後部を延長して、階段と便所の並置を試みたものがある（fig.4.3）。これは建築家ルイス・E・ドゥンケルが、西26丁目に現存していたテナメントを、1865年頃に改築したもので、自ら所有・管理し、居住していた。*4

　ウォーターロー型をより直接的に解釈した例は、アルフレッド・トレッ

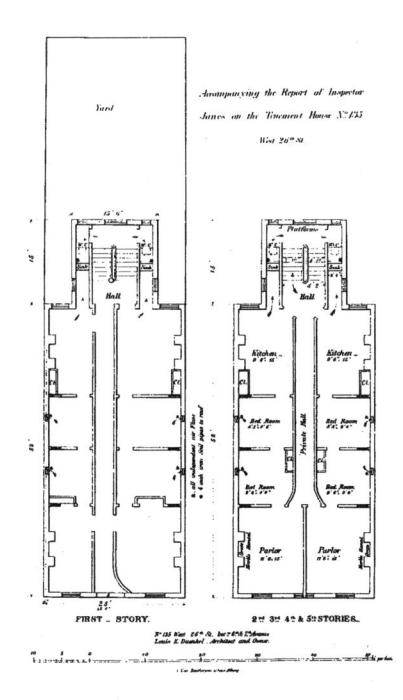

4.3 ルイス・E・ドゥンケル設計の慈善テナメント（ニューヨーク、1865年頃）。既存建物の改修にウォーターロー型の特徴が表れている。

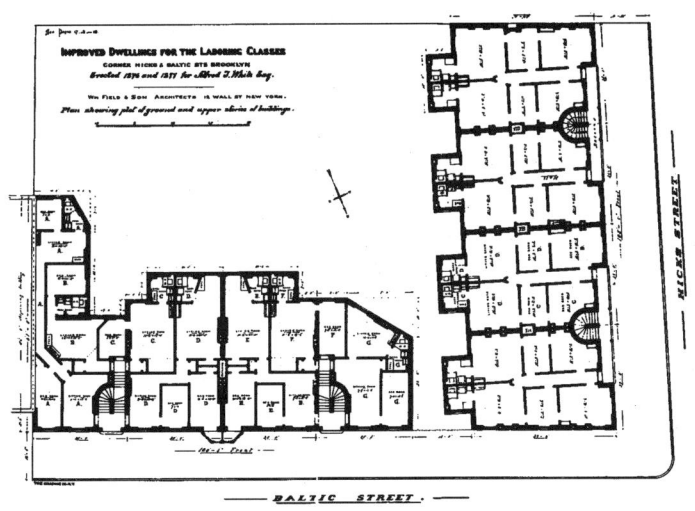

4.4 ウィリアム・フィールド・アンド・サン。ホーム・ビルディング（ブルックリン、1877年）。慈善家アルフレッド・トレッドウェイ・ホワイトの依頼による。ウォーターロー型平面のニューヨークの街区への適用。

ドウェイ・ホワイトによる、ブルックリンの慈善主義的プロジェクト、ホーム・ビルディングであり、ウィリアム・フィールド・アンド・サン設計により1877年に完成した（fig.4.4）。*5 ホーム・ビルディングの周辺には、その後2年間に、ホワイトによるプロジェクトが集中して完成している。2棟から成るホーム・ビルディングは、どちらも6層で、それぞれ40世帯が居住していた。バルティック通りに面した建物には、ギャラリー・ア

テナメントを超えて 125

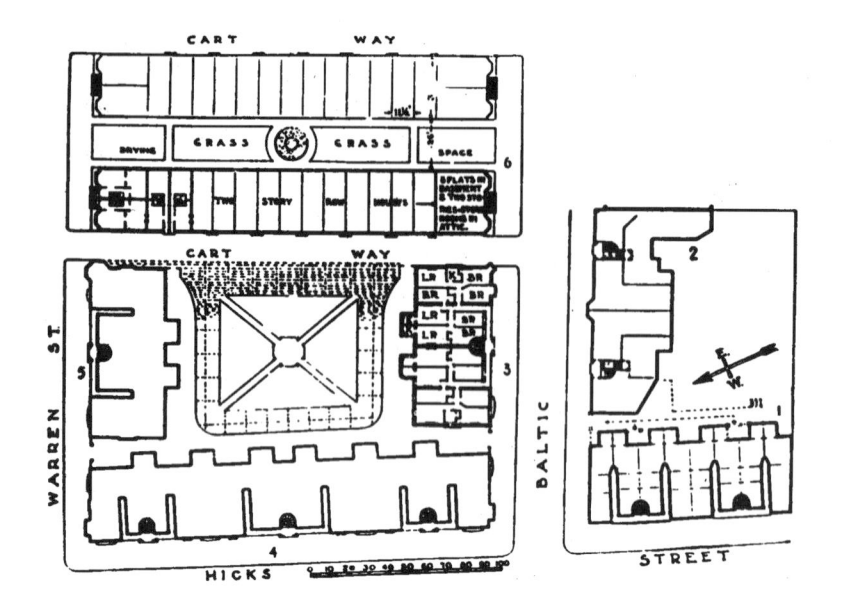

4.5 ウィリアム・フィールド・アンド・サン。慈善家アルフレッド・トレッドウェイ・ホワイトによる慈善ハウジング（ブルックリン、1879年）。ホーム・ビルディング（1）（2）、タワー・ビルディング（3）（4）（5）、ウォーレン・プレイス（6）。

クセスはないものの外部階段があり、部分的に突き出た水回りがあった。各階段は、各25フィート幅の併置するモジュールによって共有された。隣のモジュールからスペースを「借りる」システムにより、各住戸には2－4部屋からなる住戸のタイプがあった。ヒックス通りに面する棟は、よりウォーターローの平面に近いものであったが、建物内部には、直射日光と通気のない部屋があった。いずれもテネメントの水準からすると贅沢な平面構成であり、居間、1－2寝室があり、独立した水回りには流し、洗い桶、便所が含まれ、近代的な台所とバスルームを予見させるものであった。

1879年までに、同じ事業者と建築家によるいくつかのプロジェクトが、ホーム・ビルディングに隣接して完成していた（fig.4.5）。タワー・ビルディングには146戸が入り、ここでもウォーターロー型の平面が採用され、問題の多い内側の部屋は取り除かれた（fig.4.6）。同年、タワー・ビルディング近辺に完成したウォーレン・プレイス・ミューズでは中庭がつくられ、芝生、乾燥棚、ガゼボを囲む遊歩道が配置されていた。タワー・ビルディングは敷地の52％を占めたに過ぎず、旧法テネメントで定められた80％をはるかに下回っていた。ウォーレン・プレイスでは、エドワード・T・ポッターと同様の考え方（fig.1.17参照）に従い、2列に並んだ34軒の単世帯用住宅が東西に24フィート幅のパークウェイ（parkway）に面して建てられ、裏側にはサービス用通路が設けられた（fig.4.7）。両端には9部屋から成る比較的大きい8戸があり、その他の住戸は6部屋のみであった。『ニューヨーク・タイムズ』紙は1879年のテネメント・ハウス設計競技の批評において、ウォーレン・プレイスを「この混乱するテネメント問題を解決

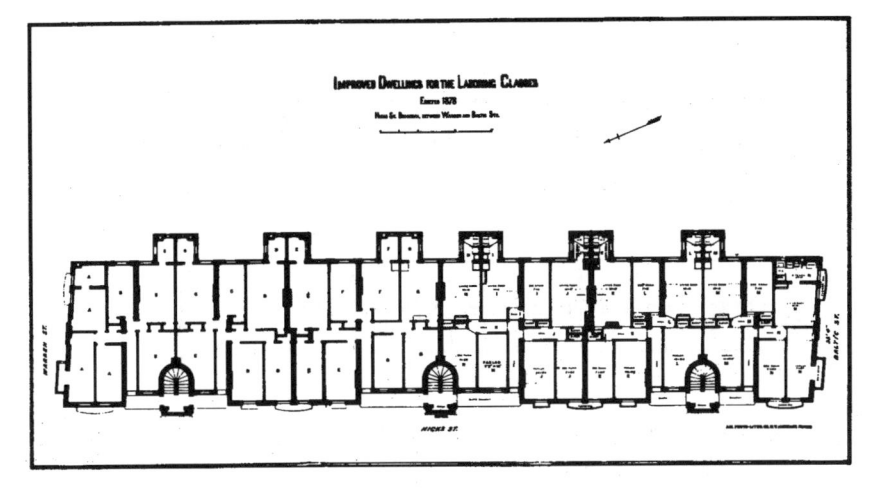

する可能性のひとつとして挙げている。この記事は、ミューズ式のヴィレッジを労働者のコテージとして提唱し、建築貸付組合（building and loan association）の融資が付き、地価が安く公共交通の便も良ければ、経済的に成立するとした。*6 しかし注目を浴びながらも、このようなミューズ型コテージは、ニューヨーク市で実現することはほとんどなく、労働者階級においては皆無であった。さらにホワイトのプロジェクトはいずれも、最低限以上の生活が出来る家族を対象とした賃貸を目的としていた。

ホワイトの主導により、ニューヨーク市で初めて低所得層を対象としたハウジングに、意義のある共有の屋外空間が導入された。一般に、1877－79年に建てられたブルックリンのこれらのプロジェクトは、米国初の個人資本によるハウジングへの慈善事業投資とされている。*7 これらのプロジェクトの実現と、その他の執筆活動などを通して、ホワイトは米国のテナメント改革に偉大な影響を与えた。

ホワイトは1865年にレンセラー工科大学の土木学部を卒業後まもなくして、毛皮業で成した一家の富を、労働者階級を対象とする、利益の限られたハウジングに捧げることに興味を持った。1872年に渡英し、とりわけシドニー・ウォーターロー卿の理論に興味を示すようになる。*8 そしてそれが米国の民間ハウジングの慈善主義にも通用することを確信した。

4.6　タワー・ビルディング（1879年）。ホーム・ビルディングよりも平面構成が優れている。

タワー・ビルディング（左）とホーム・ビルディング（右）。

テナメントを超えて　127

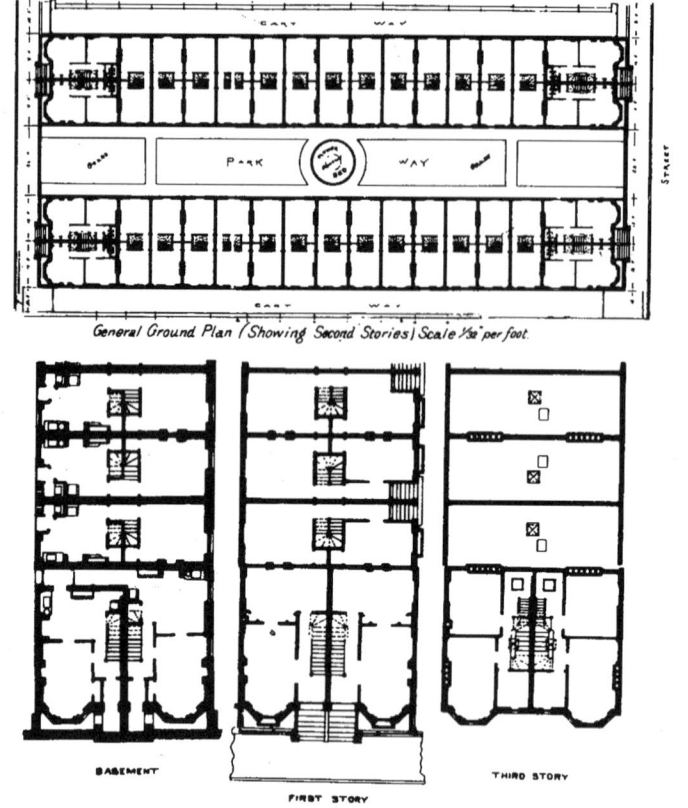

4.7 ウォーレン・プレイス（1878年）。簡素な単世帯用ロウハウスが、私用の「パークウェイ」に並ぶ。

ホワイトの議論は米国のハウジング慈善主義の姿勢を確立し、現在にまで普及している。彼は水準以下のハウジングを禁止する法の措置を提唱したが、真の願いはハウジングの難題を、民間経済によって解決することであった。彼は1877年に発行された最初の小論の中でその繰り返されるテーマに触れている。

　必要なのは法律だけではない。民間の事業が、現存する住居を改善する可能性を示し、改良された住居を建設して、投資に対する適正な利益を生むことが必要なのである。貧民の住宅を、施しとして、すべてあるいは部分的に家具を付けて供給するという、旧世界の試みを考慮することは、価値のないことである。それは不要であり勧めるまでもない。今日の労働者階級がニューヨークで支払う家賃は、通気性に優れ申し分ない住宅を建設する費用に足りる利益をもたらし、それ以上に、慈善の一種としての家を受け入れることは、貧民にとって有害も同然であり、労働における妥当な報酬以外に直接的な施しを受けることが、勤勉な者に

とって思わしくないことと同じである。*9

　ホワイトは続く議論の中で、「理想の都市とは、全家族が独立した家を所有し、住まうことである」という結論に至っている。*10　そして「実際、貧しい者は貧し過ぎ、富める者は富み過ぎていて、市政が順調で経済的に管理されているかどうか、気にもしないのである。自らの住宅を所有する中産階級の存在こそが、大都市の繁栄の存続に不可欠なのである」と続けている。*11　こうしてハウジングの問題は、道徳上の問題となり、主唱者であるホワイトの理論においてさえ、慈善主義とはいずれ中産階級となる者に一時的な住居を与え、経済の民間部門を強化させることに限られていた。それでも「貧しい」とされた市の人口半数を、理想の中産階級に移行させるために、一貫した戦略が提案されることはなかった。

　ホワイトは民間部門によりもたらされた地価の高騰が、ハウジングの改良や、個人所有増加にとって、根本的な障壁となっていることを的確に指摘している。彼は交通機関の改善が、この行き止まりの状態を解決する糸口になると望み、「現在よりはるかに優れた交通手段が見込まれるまでは、ニューヨークとブルックリンの人口のほとんどが、テナメントやフラットを住まいとして頼ることになるだろう」*12　と説いている。この最後の観察は予言的であった。その後80年間にわたり、交通ネットワークが延長される都度に、新たに中産階級に加わる人口が増え、郊外の戸建住宅という理想の実現に近づいたのである。ホワイト自身も、地価を節約するために、彼のプロジェクトをブルックリンで実現せざるを得なかった。

　ホワイトは、ニューヨークの地価の高さが、個人の住宅建設の際、協同信託やローン組合の効果的な利用を妨げている、とも指摘している。これらの機構によって低所得者は自ら投資し、貸付の恩恵を享受出来たはずだが、ニューヨーク市においては利用できなかった。一方、フィラデルフィアでは、この抵当権のおかげで、1880年代には主に個人の一戸建て住宅から成り立つ都市が出来上がっていた。*13　1851年に承認されたニューヨーク州の法律は、貯蓄銀行とローン組合などの編成を認めたが、1888年までに設立された約275団体のうち、ニューヨーク市とブルックリンにあったものは48団体に過ぎなかった。フィラデルフィア市だけでも、1888年までに450機構が創立されていた。*14　1900年には、この2つの都市の住宅組成（domestic fabric）は、極端に異なるものになっていた。フィラデルフィアでは人口の84.6％が一戸建て住宅に住み、6家族以上の集合住宅に住む人口はわずか1.1％であった。ニューヨークでは6家族以上の集合住宅に人口の50.3％が住み、一戸建て住宅の住民の割合は17.5％であった。*15

2. 都市と郊外のイデオロギーの対立

1900年には、すべての階層の住宅に関して、ニューヨークでは米国でも特異な密度にまで達していたにもかかわらず、慈善事業ハウジングの分野においては、理想のハウジングに関する、未解決の問題が残っていた。イデオロギーと経済の制約は、都市と郊外のどちらを発展させるかという、二重の焦点を導いたのである。ホワイトは彼のホーム/タワー・ビルディングにおいて、貧困層が中産階級へと昇格し、最終的には郊外の一軒家に到達できるよう、当座の処置としての慈善テナントを提案した。彼が遵守した建築図面、作法の規約や経営方針は、この目標を達成するよう慎重に計画されていた。後に続いたすべての慈善プロジェクトと同様、居住者は細かく審査され、上昇志向のある者ばかりであった。ホワイトは断言している。「全家族のうち、申請前に所有者や仲介者と面識があったのは一家族だけである。実際にテナントとして受け入れられた者たちよりも、いい境遇にある者たちを確保するほうが容易であった。」[16] 収入条件があっただけでも、極度に貧窮する者は排除されてしまっただろう。その雰囲気は、更生施設というよりも、教養学校に近いものであった。

市内のハウジング慈善事業における別の取り組みとして、再教育（reeducation）と呼ばれた計画は、ロンドンの社会改革者、オクタビア・ヒルの仕事を模範としていた。[17] 彼女の実用的な方法は、居住者の教育プログラムと、建物の具体的な補修を通じて既存のテナントの状況を改善することに焦点を当て、通常は個人主導による小規模なものであった。ニューヨークでは、オリビア・ダウやエレン・コリンズによるプロジェクトが評判を呼んだ。ダウが1881年にゴッサム・コートにおいて行った改修は、その悪名高いスラムに、短期間ではあったが実質的な効果をもたらした。[18] 一方、コリンズは1890年にウォーター通りの建物を買い取り、その建物と住民の更生を同時に開始した。[19] 郊外の慈善プロジェクトも計画されつつあった。都市と郊外の方策の混同は、余裕ある田舎家から、わずかに改善されたテナントまでと、世紀の変わり目までに発達した幅広い提案に反映されている。

大方において、都市の慈善事業による建築は、建蔽率を低く抑え、余った土地に曖昧な用途の共有空間を提案するというものであった。表向きには、オープンスペースは住居内への最大限の採光を意図していたが、その意義はほとんど象徴的な次元に達していた。オープンスペースを提供することは、実際にはただの残余であっても、いつでも良いこととみなされたのである。中庭と称してもコンクリートで舗装された特大の通気シャフトに過ぎないこともしばしばであった。しかし世紀末までのいくつかの提案では、この残余スペースは急激に増え、ブルックリンのホワイトによる一群のハウジングに引けをとらないものもあった。

建蔽率を縮小する一般的な方法は、通気シャフトを裏庭に面して開放す

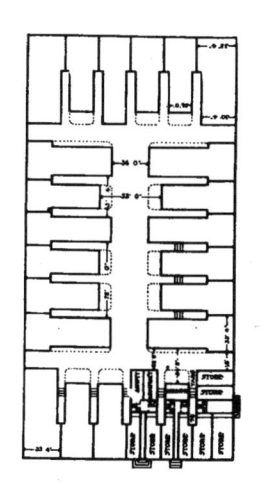

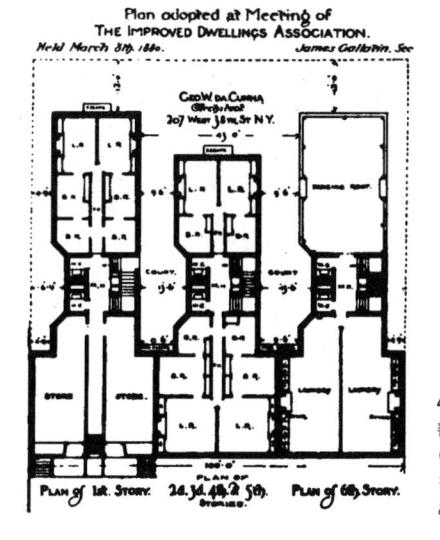

4.8 ジョージ・ダ・クーニャ。改善住居協会への慈善テナメント提案（1880年）。ダンベル型デザイン水準を引き上げ、街区中心に広い中庭がある。

ることだった。この手法は、1880年に建築家ジョージ・ダ・クーニャによる、発足したばかりの改善住居協会（Improved Dwellings Association）のための、1－2番街間の、71－72丁目沿いの数区画における提案で使われている（fig.4.8）。[20] 彼は標準ダンベル型の通気シャフトの幅を、9フィート以上にまで拡張し、さらに区画の中心部を開放させることで採光と通気を改良した。この区画の建蔽率はわずか67％であった。ホワイトによるコンプレックスと同様、住民のための共同スペースを外周の建物が囲む形であった。この「周囲ブロック」（perimeter block）方式は、高級アパートのアブソープやベルノード（fig.3.30、3.31参照）のみならず、低建蔽率の慈善ハウジングでの提案においても関心を集める運命にあった。ダ・クーニャは、25フィート幅の区画を設計のモジュールとして使うことを放棄し、より計画の効率を改善するために33.5フィート幅のモジュールを採用した。

改善住居協会は、テナメント・ハウス改革の実施手段を考案する目的で、エドワード・クーパー市長に指名された委員会の推薦によって1880年に設立されたものである。[21] 協会の配当は年間5％が限度とされた。当初の資本30万ドルは数人の有力者によって集められたが、そのうちの一人、コーネリアス・ヴァンダービルトは、同年、5番街に自邸を75万ドルかけて完成させたばかりであった。[22] その後、ダ・クーニャから担当建築家の地位を引き継いだ、ヴォー・アンド・ラドフォードによって、最終デザインが当初の敷地の半分を使って完成した。街区の内側は中庭として広く残され、「休養の場、住居への入り口、そして日光と換気を十分に供給するため」の役割を果たした（fig.4.9）。[23]

ヴォー・アンド・ラドフォードの変更案は、ダ・クーニャのプランを

テナメントを超えて　131

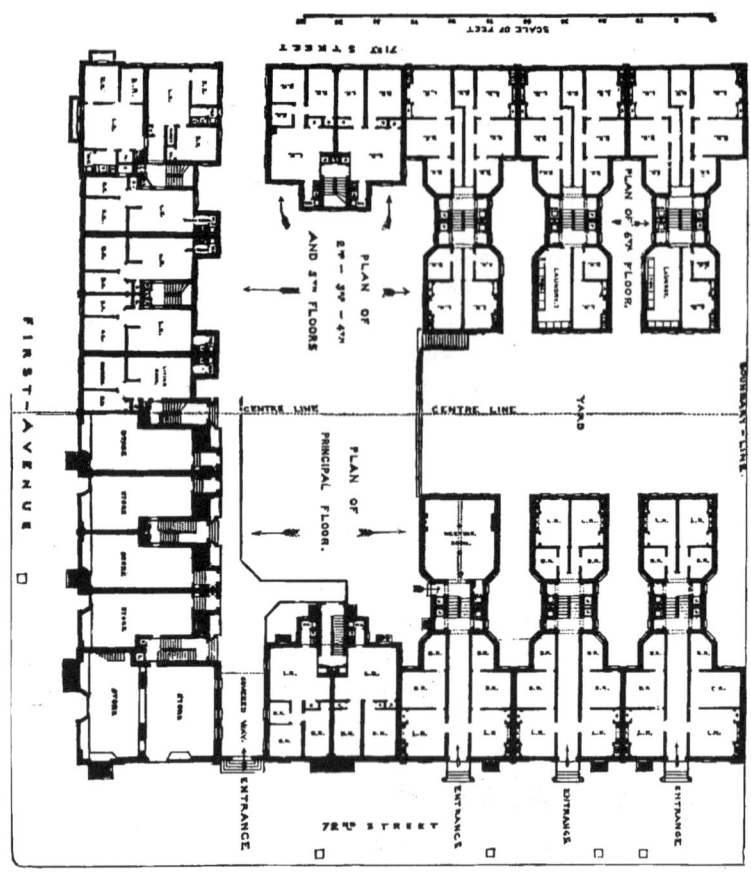

4.9 ヴォー・アンド・ラドフォード。改善住居協会が最終的に採用した平面図。ダ・クーニャの提案をさらに発展させ、ウォーターロー平面と、変型ダンベル型を採用している。

71丁目と72丁目に面する住居に採用し、残りの住居はウォーターロー型の平面の変型とした。水周りが突出していたが、ギャラリーもなく、階段は内階段であった。これらの建物は洗練されたディテールを持ち、ニューヨークの中産階級用アパートメントに比べ、より堂々としていた(fig.4.10)。これは改善住居協会によるプロジェクトで唯一の実現例であった。

ウォーターロー平面は、1879年にウィリアム・フィールド・アンド・サンがロウアー・イースト・サイドに設計した慈善プロジェクト、モンローにも採用されている(fig.4.11)。ここでは、ホワイトのタワー・ビルディングの平面形が利用された。モンローは、アブナー・チチェスター財閥による、利益上限つきの投資として建設されたものである。[24] 戸内の間仕切り以外、すべて耐火仕様で建設された6階建ての建物には、2部屋から成る25戸、3部屋から成る15戸の住居が入っていた。

1886年、ロウアー・イースト・サイドのチェリー通りに建てられた慈

GENERAL VIEW OF BUILDINGS being erected on 71st and 72d Streets and 1st Ave. New-York, for THE IMPROVED DWELLINGS ASSOCIATION—Vaux & Radford, Arch'ts.

4.10 ヴォー・アンド・ラドフォード。改善住居協会の慈善テナメント（1881年）。仰々しい屋根の取り付けが実現することはなかった。

The Monroe Model Tenement.

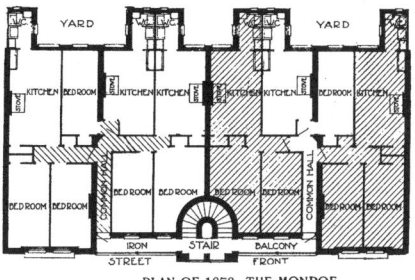

PLAN OF 1878—THE MONROE

4.11 ウィリアム・フィールド・アンド・サン。モンロー慈善テナメント（チチェスター住宅地、1879年）。ウォーターロー平面の変型。

善プロジェクトは、お馴染みの採光スロット（light slot）のテナメントに基づいていた（fig.4.12）。このプロジェクトはウィリアム・シッケル・アンド・カンパニーの設計により、テナメント・ハウス・ビルディング・カンパニー（Tenement House Building Company）によって建設された。[25]後者は、主にフィリックス・アドラーの尽力により、理事らが15万ドル以上の資本金を募って1885年に設立した会社である。配当は4％が上限とされた。チェリー通りの平面計画は、間口が42フィートのモジュールを基本とし、21フィートに分割することも可能であった。部屋は1列あるいは2列からなり、その構成は鉄道アパートに似ていたが、採光と通気はより優れていた（fig.1.8参照）。42フィートというこれまでにない区画の幅は、採光スロットを取り入れることが出来たが、各部屋に窓をつけるためにその奥行きは50フィートという法外な長さに達していた。また、

テナメントを超えて　133

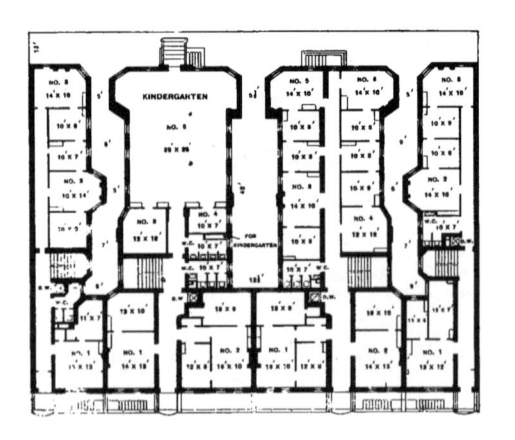

4.12 ウィリアム・シッケル・アンド・カンパニー。テナメントハウス・ビルディング・カンパニーの慈善テナメント（1886年）。利益重視のテナメント平面を洗練させた。

窓の位置や幾つかの部屋からの眺めを改善するために、形も不規則であった。後にこの案は、保健局の基準に適応する推薦平面計画として発表された（fig.2.9参照）。

チェリー通りの建物は敷地の70％を占め、採光スロットとしての外部スペースは舗装され、遊び場として利用が可能であった。さらに土地が限られていたため、屋上全体が錬瓦で舗装され、鉄柵で囲まれて上質な外部空間を提供した。地下にある洗濯室から、洗濯物を小型エレベーターで屋上まで運ぶこともできた。夏の暑い夜には、108人の住民の多くが屋上で寝た。1階の幼稚園は約50人を受け入れ、その多くが建物内に住む子供たちであった。この幼稚園は、裁縫の講習やボーイズ・クラブの集会など、地域活動の場としても利用された。[26] チェリー通りの建物は、テナメント・ハウス・ビルディング・カンパニーが建てた唯一のプロジェクトであった。

1887年、ブルックリンのアストラル・アパートメントの完成をもって、ニューヨークの慈善ハウジングに新しい平面形が登場した（fig.4.13）。このプロジェクトは石油王のチャールズ・プラットによって、ブルックリンのグリーンポイント地区にある彼の製油所付近に建てられた。建築家のラム・アンド・リッチは、ロンドンの新しい慈善ハウジングを詳しく検討したと見られ、とりわけ完成したばかりのピーボディー・トラスト（Peabody Trust）の建物が参考となっている。[27] ピーボディー・トラストは、当時最も成功したロンドンのハウジング機関で、米国ボルティモア出身の慈善家、ジョージ・ピーボディーの資金により設立された。この時期に実現した18のピーボディー・プロジェクトは、ウォーターロー卿の改善住居会社とは幾分異なるデザイン手法に基づいており、内部動線の増加と水回りが特徴である。このアプローチは、ニューヨークの碁盤街区の制約と掛け合わされ、興味深いプロトタイプを生み出した。階段と廊下は内部に閉ざされ、水回りはウォーターロー型よりも、さらに大きくなった突出部分

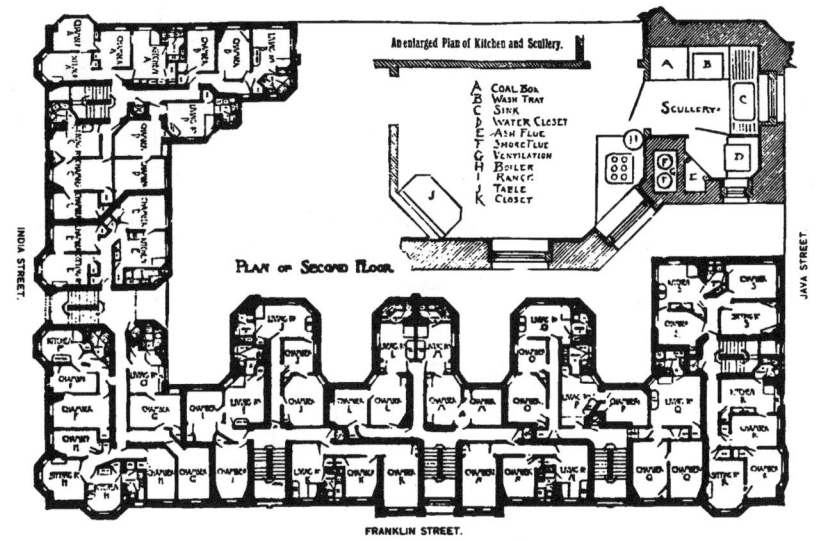

4.13 ラム・アンド・リッチ。アストラル・アパートメント（1887年）。石油王チャールズ・プラットの依頼による。ピーボディー・トラスト（ロンドン）のデザイン手法を踏襲。

　に組み込まれた。採光スロットも通常のニューヨーク市の改良型テナメントよりも幅が広く浅かった。ファサードの展開はピーボディー・トラストの建物に影響を受け、重厚な公共施設を連想させ、入居予定者の多くはそれを好まなかったようである。6階建て、建蔽率62％の建物には、95世帯が入居した。住民用の無料図書館と幼稚園も設置され、1階にある協同組合の売店は、利益の一部を家賃の補助に充てていた。[*28]

　慈善ハウジングの建築的実験は、アーネスト・フラッグが1894年に発表したプロトタイプ（fig.2.13参照）を、理論的基礎としている。ニューヨーク市で初めて建設されたフラッグ型平面は、シティ・アンド・サバーバン・ホームズ・カンパニー（City and Suburban Homes Company, CSHC）のためにフラッグ自身が設計した、クラーク・ビルディングであり、1898年、アッパー・ウェスト・サイドに完成した（fig.4.14）。[*29] この計画は、改善ハウジング委員会の主催による1896年の設計競技での、フラッグによる1等入選提出案をわずかに変更したものであった（fig.2.14参照）。6層の建物群は373世帯が入居することができた。1900年には、CSHCが同じ設計競技で2等入選したジェイムズ・E・ウェア案を修正したものを完成させている（fig.2.15参照）。アッパー・イースト・サイドに建てられたこれらの建物は、ファースト・アヴェニュー・エステートの最初の区分となった。ウェアはフラッグ型の平面を採用し、クラーク・ビルディングをわずかに改良したものであった（fig.4.15）。[*30] 各住戸は、中産階級の水準に見合うように設計され、玄関ホール、近代的なバスルーム、セントラル給湯システム、蒸気暖房、ガス機器とレンジ、造り付けのクローゼットを備えていた。続いて街区全体が開発された。ウェアはさらに3つの区分のそれぞ

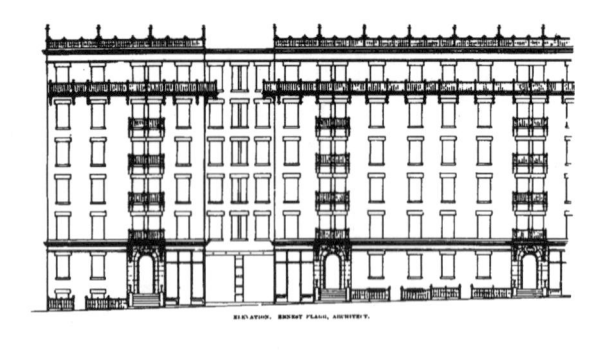

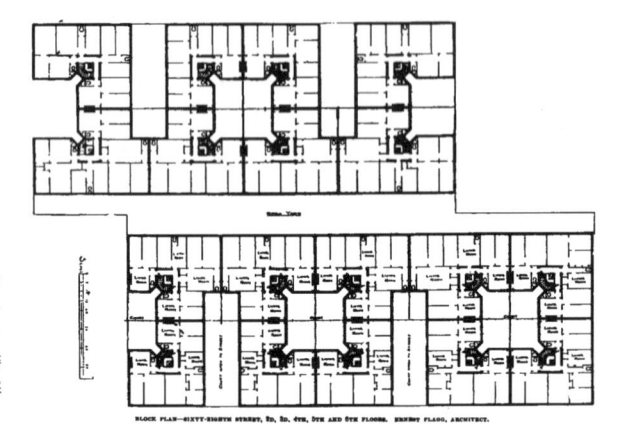

4.14 アーネスト・フラッグ。クラーク・ビルディング（1898年）。シティ・アンド・サバーバン・ホームズ・カンパニー（CSHC）による初の慈善プロジェクト。フラッグ型平面の採用。

れを、同じ形式の平面に基づいて設計している。最終区分はフィリップ・オームによって1915年に完成した。

同じ時期、CSHCはアッパー・イースト・サイドにヨーク・アヴェニュー・エステートを建設している。ヨーク・アヴェニューに面した第1区分は、ハード・アンド・ショートの設計によって1901年に完成した（fig.4.16）。[31] 1904年にはパーシー・グリフィンが第2区分を完成させている。残りのブロックは、フィリップ・オームが7区分に分けて1907年から1914年の間に完成させた。これらのエステートは、いずれもフラッグ型平面の制約内にあったが、新しい区分の完成ごとに完成度が高くなっていた。平面の綿密な比較により、微妙にして密度の高い探求がうかがえる。CSHCによるエステートは、デザイン上の貴重な「実験室」となり、テナメント・デザインの技術への貢献を維持し続けた。

CSHCは、貧民状況改善協会が1896年に組織した、改善ハウジング委員会（Improved Housing Council）の協力の結果生まれたものである。1896年3月に委員会が主催した「改善ハウジング会議」は、幻滅に溢れ、テナメント・ハウス問題の深刻さを考えると、民間の慈善だけでは効果がないことが証明された。参加者たちは全体の新しいイニシアチブについて議論

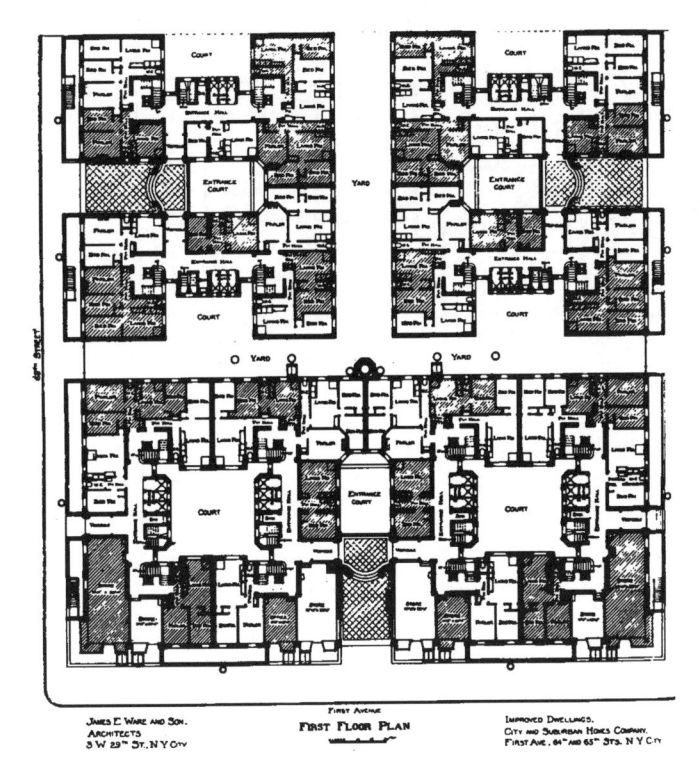

4.15 ジェイムズ・ウェア。ファースト・アヴェニュー・エステート第1期（1900年）。CSHCによる2番目の慈善ハウジング。フラッグ型平面を追求。

を重ねた。フィリクス・アドラーは最も強い語調で問いを投げかけた。

　慈善！まったく！私はこの言葉を恥ずかしく思う。30年前に我々はこの問題を下手にいじくり回していた。ニューヨークはその時、突然コレラの恐怖によって眠りから目覚めたのである。そして、自身の安全が脅かされて初めて、周りを見回すことになったのだ。我々は、テナメント・ハウスに住む労働者階級の生活を、どこまで改善したというのか。ある程度のことが成し遂げられたことは事実

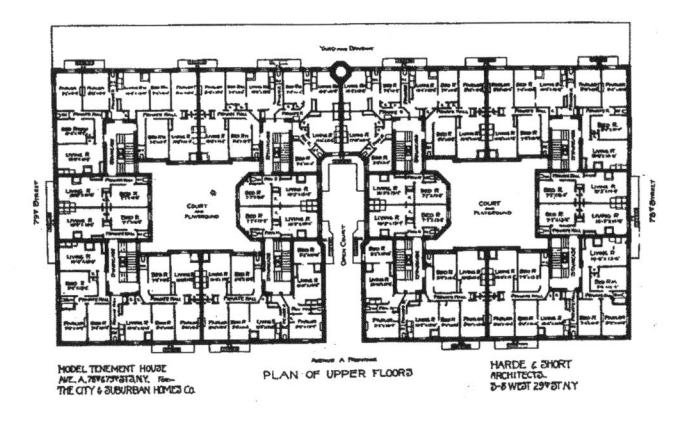

4.16 ハード・アンド・ショート。ヨーク・アヴェニュー・エステート第1区分（1901年）。CSHCによる3番目の慈善ハウジング。

テナメントを超えて　　137

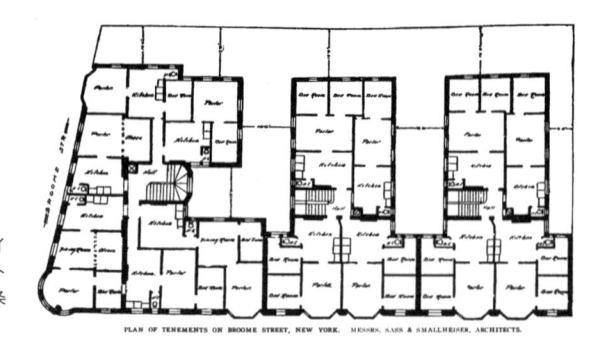

4.17 サス・アンド・スモールハイザー。マルベリー通りのテナメント（1902年）。1901年度テナメント条例の影響が見られる。

である。より良い住宅が建ちつつあるが、半数以上はいまだに1879年以前に建設された建物に住んでいる。私はなぜニューヨーク市が燃えていないのかが理解できない。なぜこの問題に燃え上がっていないのか。*32

　こうして再考された議題は、当時の経済不安と市民暴動に刺激されたものである。この会議の懸念の緊急性によって、改善ハウジング委員会は1896年の5月にテナメント・ハウス設計競技を主催することになった（fig.2.14、2.15参照）。フラッグとウェアによる2つの入賞作品を実際に建てるという委員会の決定は、フェリクス・アドラーや、エルギン・R・L・グールドなどによる、シティ・アンド・サバーバン・ホームズ・カンパニー（CSHC）の設立をうながし、グールドはその後1915年まで社長を務めた。この慈善に対する最新の試みは、先例よりもはるかに確固たるもので、CSHCは米国最大のモデル・テナメント建設会社になることが運命づけられた。*33　アドラーとグールドは馴染みの万能薬、すなわち郊外の労働者階級のための住宅開発や、それに伴う交通機関の供給を提唱した。*34 会社名に示される都市と郊外の二分法も新しいことではなく、慈善事業の関心における両焦点を反映し、郊外に一戸建て住宅を建設する傍ら、マンハッタンにテナメントを建設したのであった。1938年に、40年にわたる運営を振り返ると、株主は年平均4.2％の配当が支払われ、資本金も489,300ドルから4,255,690ドルに増加していた。そして、15件の低家賃ハウジングを立ち上げたのであった。*35

　1920年代までには、民間開発による中間所得層ハウジングにおいてフラッグ型の平面が急増しており、エレベーターなど、慈善プロジェクトに見られない設備を備えていた（fig.3.36、3.37を参照）。一方、民間による低所得層ハウジングでは、普通の採光スロットが裏庭に面して開いた新法の平面の方が、中庭を備え複雑なフラッグ型に比べて、より一般的であった（fig.2.25参照）。1902年、ブルーム通りとマルベリー通りの角に、サス・アンド・スモールハイザーが設計した平面はこの典型である（fig.4.17）。*36 慈善企業とともに、フラッグ型の平面を利用して研究を重ねた建築家たち

のグループは、必然的に互いの成果を改良しようとした。アーネスト・フラッグ自身もクラーク・ビルディングの完成後、その変形を幾つか設計している。1899年には、ニューヨーク防災テナメント協会の建物を、10番街沿いの西41－42丁目間に完成させ、*37 1911年には類似する平面を持つ建物を同社のために完成させている。*38 こうしてフラッグ型を活用し、階段の位置をずらしたり、数を減らしたり、あるいは中庭から取り除くことによって、より効率の良いプランの試みがなされた。注目すべき例は、1906年にグローヴナー・アッタベリーの設計による、慈善家兼実業家ヘンリー・フィップスが、ニューヨーク市で初めて建てたハウジングである。*39 東31丁目のこのプロジェクトでは、階段室は中庭から完全に取り除かれ、その数も各建物につき2つに削減された。さらにCSHCの、ファースト・アヴェニューならびにヨーク・アヴェニュー・エステートにおける平面の変遷も興味深い（fig.4.18）。一連の建物はフラッグ型の外形

4.18 CSHCによるヨーク・アヴェニュー・エステート、ファースト・アヴェニュー・エステートそれぞれの拡張平面。ハード・アンド・ショート（1901年、左上）。フィリップ・オーム（1906年、右上）、ジェイムズ・E・ウェア（1900年、左下）、同（1905年、右下）。フラッグ型平面を探求。

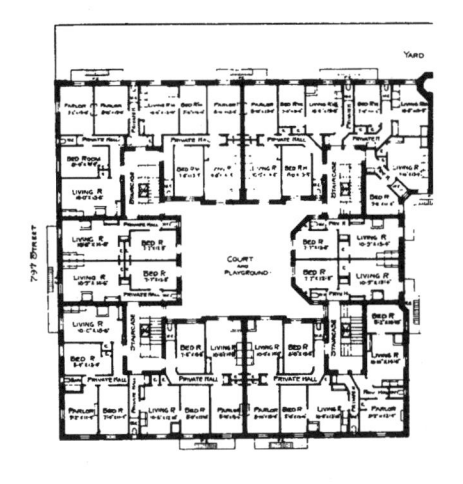

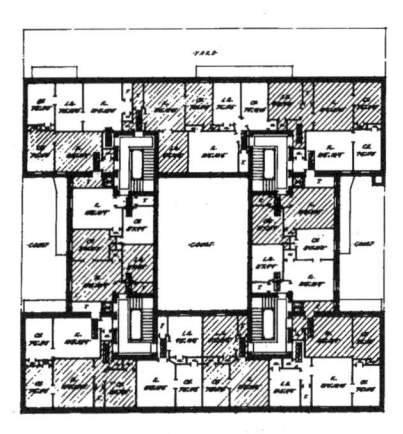

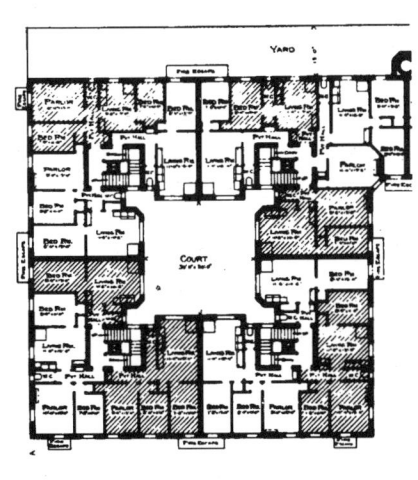

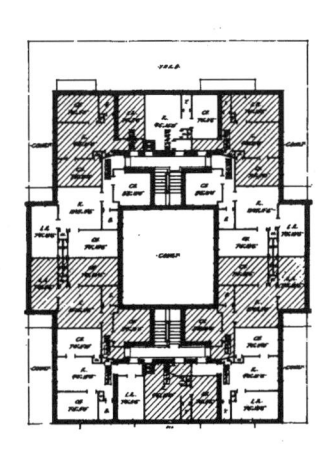

テナメントを超えて 139

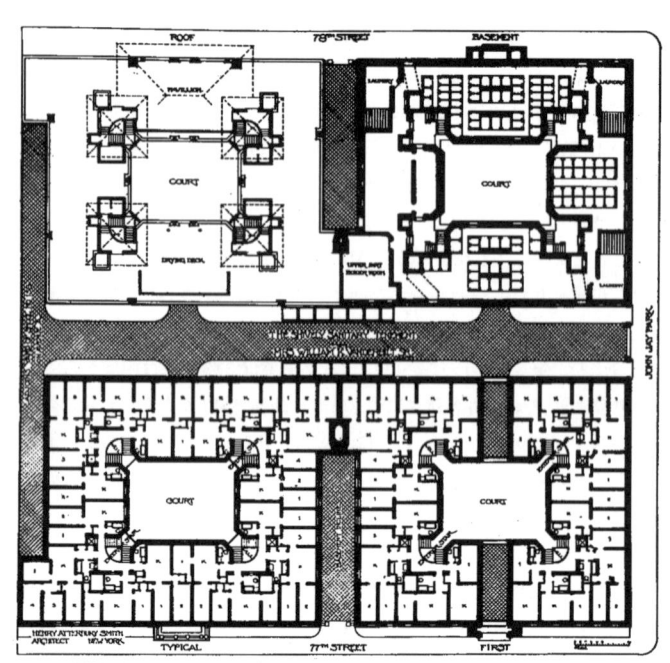

4.19 ヘンリー・アッタベリー・スミス。イーストリバー・ホームズ（1912年）。外部階段付きフラッグ型平面。アン・ハリマン・ヴァンダービルトの出資による結核患者を住まわす試み。

FLOOR PLAN AND PLANS OF BASEMENT AND ROOF OF EAST RIVER HOMES

におさまりながらも、表動線と裏動線の水平と垂直方向の複雑な配列の展開例が、採光と換気の必要条件に合わせつつ探究されたものである。

3. ヘンリー・アッタベリー・スミスとイーストリバー・ホームズ

　ニューヨーク市に建てられた、フラッグ型の慈善テナメントの中で最も注目すべきは、ヘンリー・アッタベリー・スミスの設計により1912年に完成した、イーストリバー・ホームズであろう。[*40] 東78丁目と79丁目の間、ジョン・ジェイ公園に隣接する、6階建ての4棟は、383世帯を収容した（fig.4.19）。アン・ハリマン・ヴァンダービルトの豊富な資金によるこのプロジェクトは、結核を患う貧しい家族たちのリハビリをめざす試みであった。スウェーデンでの先例を模範とする方策は、サナトリウムにおける単なる治療ではなく、むしろ家族を病因となる環境から切り離すことであった。感染した家族は市内に残って半ば普通の生活を送り、不確かなリハビリ期間が終わった後も、再発を予防するためにとどまることが可能であった。このようなハウジングに求められた、機能上の特殊な条件を理由に、スミスは採光と換気の問題を強調している。ここでは、1900年の慈善機構協会主催の設計競技において、彼が初めて用いた外部階段（fig.2.16参照）を採用している。中庭の四隅には外部階段が配置されていた。各住戸にはバルコニーが設けられ、屋上も戸外活動を促進するために広範囲にわたって手が施された（fig.4.20）。

独特な要求機能と十分な助成金によって、イーストリバー・ホームズの
デザインと細部の扱いは、慈善ハウジングにおいて前例のない水準に到達
した。スミスは16の外部階段に十分留意して、それぞれに鉄とガラスの
庇と屋上の覆いが設けられた（fig.4.21）。中庭に面して開放されたこれら
の階段は、革新の象徴となり、旧来の建築的な修辞に頼ることなく、率直
かつ効果的にそれを祝うかのようであった。例えば踊り場の鉄細工と一体
化した小さな「窓腰掛け」（window seat）は、健康を慮ってのものであろう。
アパート内部も細部まで同様の工夫が行き届いていた。バスルームは衛生
と美観の理由から、可能な限り連続する表面としてデザインされ、輪郭に
沿ったタイルの隅部と、造り付けのバスタブが用いられた。さらに全棟は
完全に通電しており、ガス灯などによる空気汚染を避けることが出来た。
ガスレンジ上部にあるレンジフードには換気扇が取り付けられ、調理によ
る発煙を除去した。1912年の時点ではもちろん、その後においてもイー
ストリバー・ホームズは、ニューヨーク市で最も先進的なモデル・テナメ

4.20 イーストリバー・ホームズ完成時。バルコニーと屋上休憩施設などには鉄とガラスが豊富に取り入れられている。

4.21 イーストリバー・ホームズ。階段と屋根のディテール。

テナメントを超えて　　141

ントであった。技術革新の頂点を代表し、新たな機能主義をスタートさせたのである。ハウジングデザインの流れにおいて、民間の資金の制約、さらには当時の建築表現を支配していた過剰な歴史主義からも解放され、多くの面において、スミスの関心は彼に先立つエドワード・T・ポッターと並行するところがあった。

　ヘンリー・アッタベリー・スミスは、1920年代の最後まで、その生涯を通して、ニューヨークのハウジングデザインの発展における、中心人物であった。初期においては、主に外部階段の促進に努力を注ぎ、それは複数の改革者たちの主張ともなった。1891年には、チャールズ・チャンドラーなどのグループが、テナメント経済協会（Tenement Economics Society）と呼ばれる運動団体を組織し、テナメント・ハウス法の改正案として、最低面積を計算する際に通気シャフトの代わりに外部階段を認めるように求めた。[*41]　しかしローレンス・ヴェイラーなどの批評家たちは、これに反対し、政治的策略も手伝ってテナメント・ハウス局は外部階段に対して厳しい制限を課すようになっていった（fig.4.22）。スミスは1912年から5年間に及んだ論争の中心にいた。[*42]　1910年になると、外部階段テナメント会社（Open Stair Tenement Company、後の外部階段住宅会社 Open Stair Dwellings Company）が、外部階段付きの慈善ハウジングを専門とする配当制限会社として、シャンプレーン・L・ライリーの指揮のもと設立された。[*43]　スミスはこの会社によるプロジェクトを幾つか引き受けており、ウィリアム・P・ミラーとの協働により、イーストリバー・ホームズの向かい側に1913年に完成したジョン・ジェイ住宅や、1917年に完成した、西147－148丁目のオープン・ステア住宅[*44] などであった。1913年にはヘレン・ハートリー・ジェンキンズのための慈善事業、ハートリー住宅を西47丁目に完成させた。[*45]

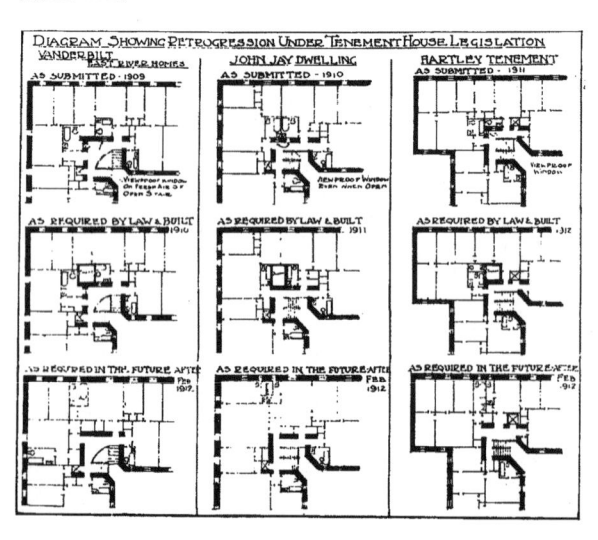

4.22　ヘンリー・アッタベリー・スミス。テナメント・ハウス局の規制に基づいた外部階段の変遷。

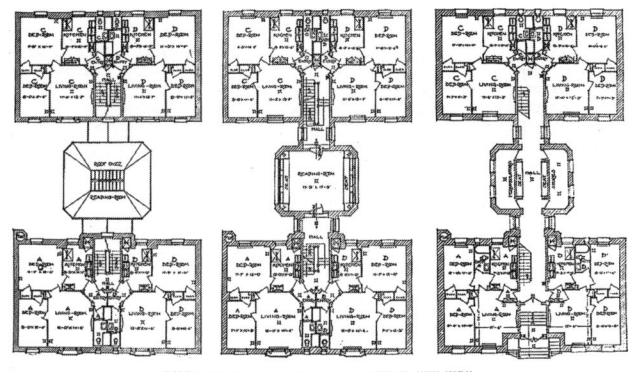

4.23 グローヴナー・アッタベリー。ロジャース・モデル住宅（1915年）。キャサリン・コシット・ロジャース出資による慈善テナメント。内側のヴォリュームは2層の読書室だけに低くされた。

4. フラッグ型平面の変型と周囲型の変容

　1916年、テナメント・ハウス局の「報告書」に掲載された18件のモデル・テナメントは、5,249戸を供給し、およそ18,000人が居住出来た。[*46] 他のプロジェクトも掲載されていたが、すべてフラッグ型平面の変型を持つ慈善ハウジングであった。しかし慈善事業のためであっても、マンハッタンの不動産価格は、建蔽率の縮小を伴う、建物ヴォリュームへの根本的な取り組みを妨げた。建築上の制限は残ったものの、1901年のタスキージーや1915年のエマーソン等、多数のプロジェクトに革新的なプログラムが見られた。タスキージーは西62丁目に完成、フェルプス・ストークス基金のためにハウエルス・アンド・ストークスが設計したもので、1855年のワーキングメンズ・ホーム以来の黒人を対象とした慈善プロジェクトであった。[*47] タスキージーは後にCSHCによって買収された。一方エマーソンは、建築家ウィリアム・エマーソンが設計・施工したもので、1階部分のすべてが共有アメニティのスペースに充てられ、協同組合の商店、保育園、共同浴場、そして家政学を教えるキッチンがあった。[*48]

　グローヴナー・アッタベリーは、西44丁目のロジャーズ・モデル住宅において、フラッグ型平面に前例のない自由度を加えた。これは、キャサリン・コシット・ロジャースの出資による1915年の慈善プロジェクトである（fig.4.23）。[*49] 中央部分は2層しかなく、共有アメニティ専用の空間となっていた。これは慈善機構協会が1900年に主催した設計競技の入選案を改変したものである（fig.2.14 参照）。建物のヴォリュームを大幅に削減した結果、より多くの部屋に自然採光がもたらされた。しかし、こうした根本的な改良の変遷にもかかわらず、フラッグ型平面は利便性を失い始めていた。この流れの最後の事例には、外部階段住宅会社のスミスの設計による、西146－147丁目の慈善テナメントがある（fig.4.24）。[*50] 惜しみないオープンスペースと中庭を囲んで、閉じた建物が隣り合わせになった奇妙な全体構成になっている。中庭をオープンスペースに向けて開

ロジャース・モデル住宅。

テナメントを超えて　　143

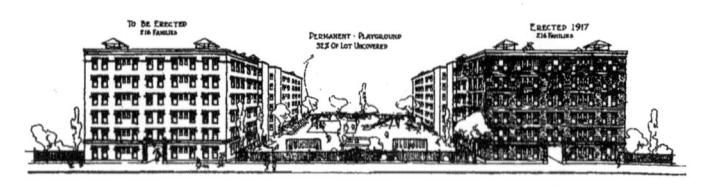

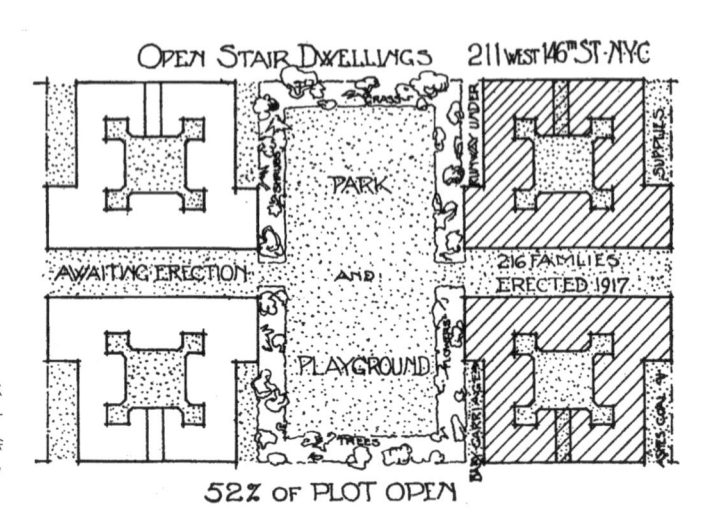

4.24 ヘンリー・アッタベリー・スミス。西146－147丁目の慈善テナメント（1917年）。外部階段住宅会社出資による。建蔽率52％、フラッグ型平面からの開放。

放するなどの工夫が求められよう。建蔽率はわずか52％であったが、配置構成は異なる方法が妥当と思われた。周囲ブロック（perimeter block）も一つの選択である。19世紀末には、アプソープやベルノードなどの高級高層ハウジング（fig.3.30、3.31参照）と同様に、慈善ハウジングにも周囲型が応用され始めていた。それまで民間企業によるハウジングでは、経済的理由から高密度を保つために高層にならざるを得なかったが、低層の慈善ハウジングにおいては、建蔽率が50％近くまで小さくなると、周囲型も選択肢の一つとしてようやく考慮出来る対象となったのであった。

アルフレッド・トレッドウェイ・ホワイトによる最後の慈善プロジェクト、リバーサイド・ビルディングは、1890年にブルックリンに完成した6階建ての周囲型であった（fig.4.25）。[*51] それは街区のほとんどを占める規模であった。ウィリアム・フィールド・アンド・サンにより、10年前のタワー・ビルディング（fig.4.6参照）と同様、ウォーターロー型の平面構成が用いられた。ホワイトによれば、平面が変わっていないのは、「12年に及ぶ初期の建設経験からは、改良につながる重要な提案が何ひとつ生まれてこなかった」からである。[*52] 6階建て、280戸を収容した建物には19の店舗が取り込まれていた。この計画は、長年にわたり毎年5％ほどの配当を生み出した。[*53] 建蔽率はわずか49％に過ぎず、碁盤街区に

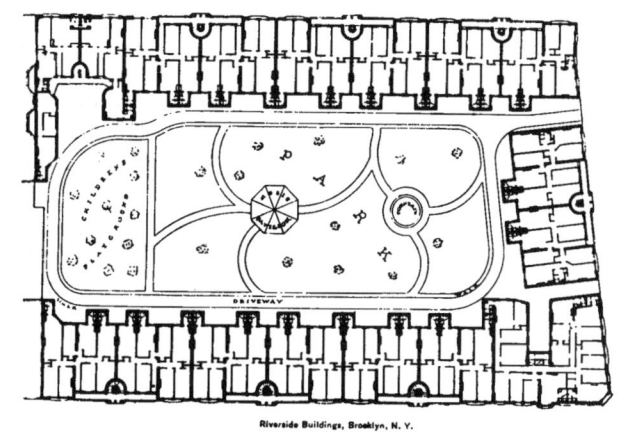

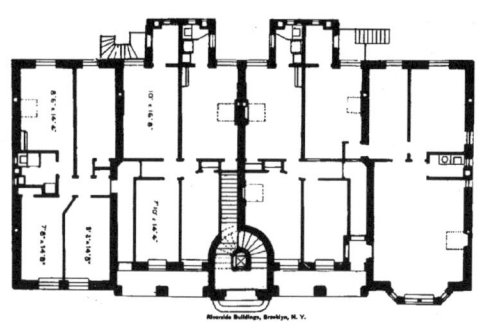

Riverside Buildings, Brooklyn, N. Y.

Riverside Buildings, N. Y.

4.25 ウィリアム・フィールド・アンド・サン。リバーサイド・ビルディング（ブルックリン、1890年）。アルフレッド・トレッドウェイ・ホワイトによる慈善プロジェクト。ニューヨーク市で最大、最も洗練された周囲ブロック型のハウジング。

おける12区画分に相当する敷地が、テナント用の内部公園にあてられた（fig.4.26）。ホワイトのパンフレットには、この半公共スペースの特徴を「樹木、噴水、遊歩道が配置され… 南端の50×80フィートの広場にはブランコや砂山等がある。公園の中央には大きな覆いと音楽パビリオンがあり、5月から11月の間の毎日曜日、午後4時から6時の間、当社の出費によりバンドが演奏する。」[*54] と記されていた。

リバーサイド・ビルディングの半公共スペースは、1890年当時、高所得者住宅を含む、ニューヨーク市のいかなるハウジングにおいても、前例のない大きさであった。比較できるものと言えば、その半世紀前に整備されたグラマシー・パークのようなごく少数の私有公園のみであった。民間資本によって建てられた高層ハウジングでは、中庭のサイズは経済的理由によって制約を受け、ベルノードにおける67%の建蔽率を下回ることはまれであった。1890年頃にヒューバート・ピアソン・アンド・カンパニーにより提案された周囲型のハウジングは、1階部分のすべてを商業目的に供することで、経済的な制約の回避を試みていた（fig.4.27）。[*55] さらに内側の屋上は、その上部12層の入居者に共有される中庭となり、全体の建蔽率は65%であった。この計画はマディソンとパーク街、東26、27丁目に囲まれる街区全体を占める予定であったが、実現することはなかった。

テナントを超えて 145

4.26 リバーサイド・ビルディング中庭。ジェイコブス・リース撮影(1890年代)。

4.27 ヒューバート・ピアソン・アンド・カンパニー。周囲ブロック提案 (1890 年頃)。1 階全体が商業スペースとなっており、上部は公園となっている。

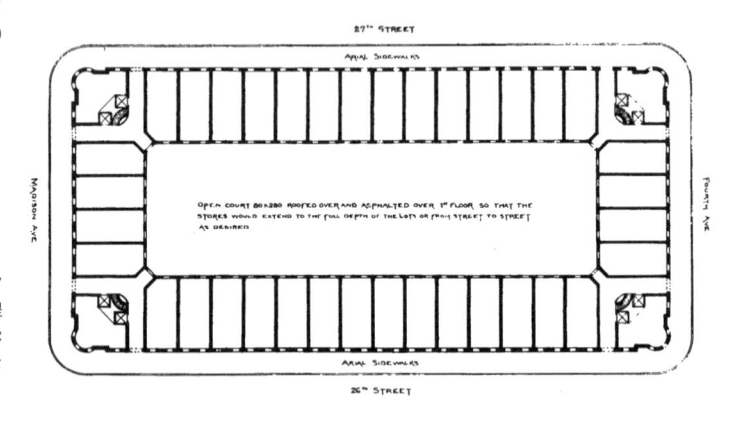

建築家はその理由を、テナメント法の曖昧さが、時には高層アパートメントビルの建設の妨げとなりうるからとしている。

周囲型は、長さが400 フィート以下の小さな街区に用いられることが多かった。通常の600 フィートから800 フィートの碁盤街区では、中庭が細

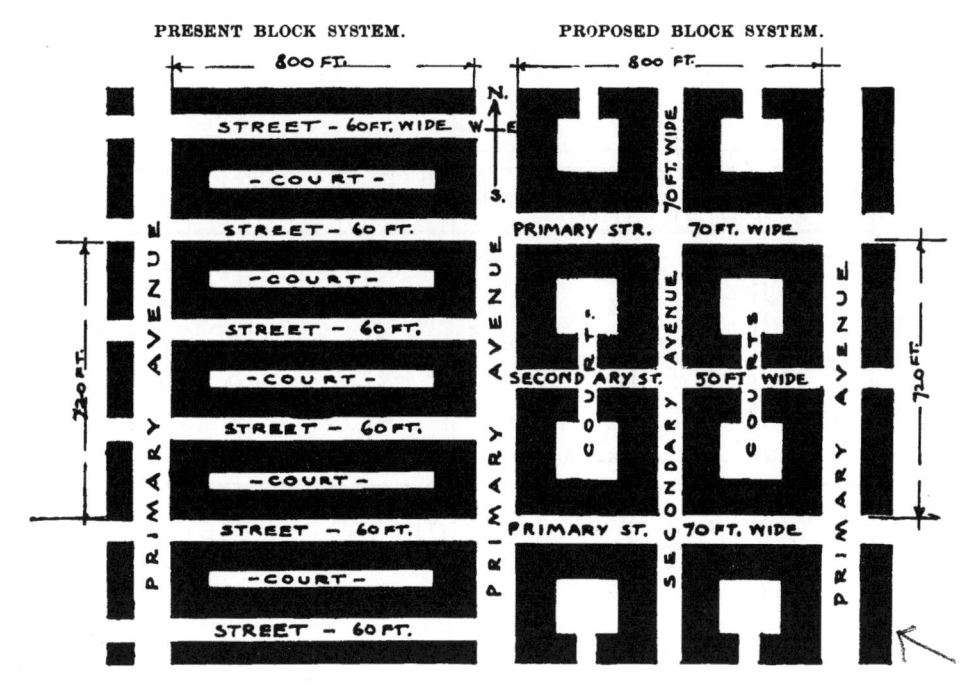

```
PRESENT BLOCK SYSTEM.         PROPOSED BLOCK SYSTEM.
```

(図:COMPARATIVE BLOCK SYSTEMS OF STREETS.)

4.28 ジュリアス・F・ハーダー。ニューヨーク市の街区再編案（1898年）。副次街路と周囲ブロックの導入。

長くなり、対処が困難であったのである。世紀が変わる頃、高層の周囲型への関心が高まるにつれて、碁盤街区を再編成する提案も現れた。これはハウジングの採光と通気性を向上させるために提案された、南北方向の通路の提案に由来していた（fig.1.17を参照）。例えば、1898年に建築家ジュリアス・F・ハーダーが発表した周囲型の提案は、2次的な道路を街区の中心に通し、東西の道の数を3分の2に減らすというものであった（fig.4.28）。[*56] この新しい構成は、主要とサービス道路に序列を与え、建物の日当たりが改善し、ハーダーは「夏はより涼しく、冬はより暖かく」さらに「採光性は50％向上し、路上の影は3分の1減る」と論じた。

ホワイトの計画は、半公共スペースが敷地の50％近くを占めた、第1次大戦以前唯一の慈善ハウジングであった。民間投資による慈善ハウジングにおいて、こうしたアメニティが提供されることは通常不可能であった。民間によるイニシアチブが行き詰まり、公の議論は政府による半公共スペースへの対策に焦点を当て始めた。1901年にはテナメント・ハウス・コミッションの報告書の中で、I・N・フェルプス・ストークスは、周囲型街区の開発を提案し、奥行き40フィートで6階建ての建物を周囲に配置し、中庭を市有公園とすることを説明している。[*57] 建蔽率はわずか33％であった（fig.4.29）。このプロジェクトはスラム・クリアランス対策として提案され、ハウジングの更新に合わせて公園緑地を提供するものであった。

テナメントを超えて　147

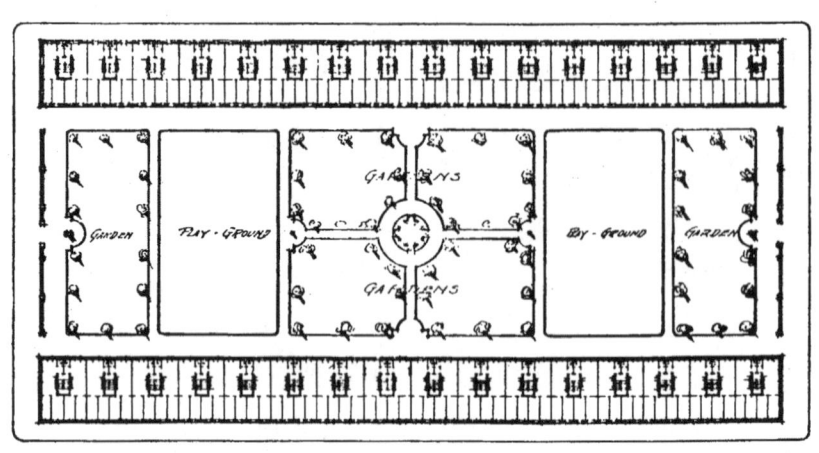

4.29 I・N・フェルプス・ストークス。周囲ブロック提案（1900年）。内側の公園部分のニューヨーク市による買収と管理を見込んだ。

フェルプス・ストークスは 200×400 フィートのテナメント街区のうち、約3分の2の戸数を収容することが可能で、仮に市が街区の空地を買収すれば、部屋あたりのコストは変わらずに済む、と述べている。これはニューヨーク市において、政府の直接的なハウジング供給への介入を、経済面から詳細にわたって論じた最初の例である。この目標が実現するのは、1930年代の連邦発議案が出されるまで待たなくてはならないが、フェルプス・ストークスの議論は、公共介入に関する経済的議論とオープンスペースを関連づけた点で予言的であった。

5. 都市と田園：英国のガーデン・シティへの類似

1930年以前において、労働者階級のハウジングに対する政府と市の関心は、一般的に都市よりも郊外に焦点が置かれていた。ニューヨーク州は、1893年のシカゴのコロンビア博覧会において、郊外型の労働者階級のためのモデル・コテージを発表し、ハウジング生産の重要な前例を打ち出した（fig.4.30）。[*58] ニューヨーク州は、国内で最も人口密度が高く、北米のメトロポリスの発祥地であったにもかかわらず、高密度のハウジングについてのいかなる陳情も取り入れずにいた。19世紀を通じて、労働者階級のコテージは通例的な仕事として生産され続けた。都市の境界が拡張するにつれて、工場もより広く、安価な土地を求めて移動していったのである。地方においては、工場町とその社宅、商店が労働者階級の生活の主要

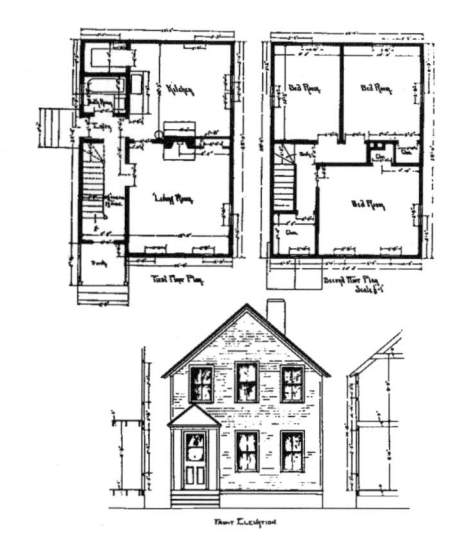

4.30 労働者モデル住宅（1893年）。ニューヨーク州政府によるシカゴ・コロンビア博での展示。労働者ハウジングの問題への政府の配慮を示した。

素となっていた。*59　しかしニューヨークで、労働者階級のベッドタウンとしての郊外住宅地が出現するのは、世紀半ばを十分に過ぎた頃、ルウェリン・パークの後継として、市北部のタクシード・パークや、ニュージャージー州のショート・ヒルズが計画されたのと同時期のことであった。*60

ニューヨーク市では、郊外型の労働者コテージの実現は困難なものであった。安価な公共輸送手段無くしては、ブロンクスやクイーンズの辺鄙な地域など、低開発の郊外の遠く離れた土地から、製造業の集積したロウアー・マンハッタンに通勤するには、多大なコストがかかったのである。実現したのはわずかであったが、それでも計画案は無数につくられた。典型的なものは、ニューヨーク・ドイツ家具師協会による、コーポラティヴである。1869年、この協会は91エーカーの土地を、クイーンズのアストリアに購入し、翌年にはこの開発地から、ハンターズ・ポイントとイーストリバー・フェリーまでつながる鉄道を敷設していた。*61　アストリアにおけるもう一つの提案は、事務員機械工住宅会社が1880年に提出した、ロウハウスを一戸あたりわずか1,000ドルで建てるという計画であった。*62 さらに1891年には、ある投資シンジケートが、ブロンクスに労働者を対象とした100戸の木造のコテージを建設することを提案している。*63

1869年には、最も意欲的な郊外型労働者住宅計画が、ニューヨークのデパート王、アレクサンダー・T・スチュアートの出資によって建てられた。スチュアートは既に従業員の労働環境を向上させたことで知られていた。彼は、ロング・アイランドのヘンプステッド近辺に広大な土地を購入し、そこに彼の従業員を含む、ブルックリンとマンハッタンで働く労働者のための新しい町をつくる計画を公表した。スチュアートはこの町をガーデン・シティと名付けた（fig.4.31）。*64　建築家、ジョン・ケラムととも

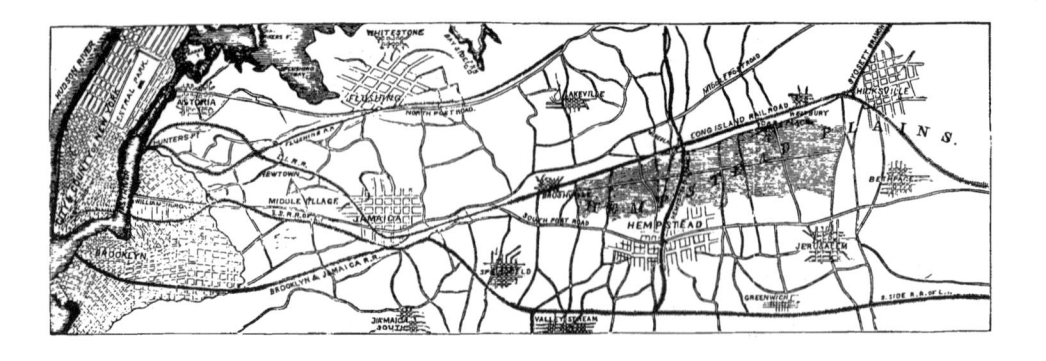

4.31 ジョン・ケラム。ガーデン・シティ（ロング・アイランド、1869年）。アレクサンダー・T・スチュアートによって労働者階級の新しい町として建設。ヘンプステッドからマンハッタンまでの鉄道の建設を伴った。

に市街計画を開始し、それは当時、「あまりにも巨大で、これまでの試みすべてが影に隠れてしまう」と描写された。*65　1873年にはガーデン・シティの中心から、フラッシングまでの鉄道が完成した。鉄道駅に加えてホテル、水道、道路、湖のある公園、馬屋、商業施設、そして労働者階級には似つかないほどの大きな住宅も建設された。

全体計画は、これといって躍進的なものではなかった。このプロジェクトはすべて民間投資によるもので、当初は賃貸ハウジングのみであった。利益を最大化するために、所有管理されたコミュニティをつくりあげている、という中傷も聞かれた。1876年にスチュアートが他界した後も、ガーデン・シティ・カンパニーという民間企業が設立される1893年まで、ガーデン・シティは彼の資産として残り、続く経済的難局を経て、次第に典型的なロングアイランドの郊外と変わっていった。ガーデン・シティは都会との密接な関係の表現として実現するものではなく、そう計画された訳でもなかった。しかしその後数十年間にわたり、米国やヨーロッパで立案された、同様で重要な試みの先例であり続けたのであった。スチュアートの構想は、マンハッタンからの距離や交通手段の規模という点において急進的であった。

より現実的な計画は、南北戦争後に、マンハッタンから数マイルの所に提案された無数のハウジングやコミュニティ計画などである。クイーンズのロング・アイランド・シティはそのような動きの中で中心地となった。1871年、ピアノ製造会社のウィリアム・スタインウェイは、未開発であったアストリア地区に大規模なモデルタウンの開発を開始した。それは同時に、当時マンハッタンの東52丁目と53丁目にあったピアノ工場を、移転させる試みでもあった。*66　スチュワートのガーデン・シティと同様、スタインウェイの町は、部分的には創始者の不動産投資への取り組みの帰結であった。同社のクイーンズにおける保有財産の価値は、ことあるたびに宣伝されていた。さらに、ガーデン・シティとは違い、スタインウェイは企業の町であり、労働者階級の境遇への配慮がうかがわれた。暴動が絶えなかった1870年代、こういった配慮は必然的に政治的性格を伴った。ウィ

リアム・スタインウェイは何年も後に述べている。

> 我々は無政府主義者や社会主義者たちの策謀を避けたかったのである。彼らは25年前でさえ、我々の職人たちの不満をつのらせ、ストライキを扇動していた。我々は彼らの攻撃の的になり得たので、職人がこういった人々と接触するのを避け、またテナメント地域区の都市生活の誘惑から遠ざければ、より満足がいき運気に恵まれるであろうと考えたのである。*67

ガーデン・シティと同様、スタインウェイの計画自体は革新的なデザインではなかった（fig.4.32）。投機的な街区分割が残されたのは、工場やハウジング以外の用途に区画を売却することが目的だったと思われる。ベンジャミン・パイク・ジュニアの家として1865年に建てられた邸宅は、スタインウェイ家の夏の別荘となり、約400エーカー広がる町の、非公式な中心となった。1871年にはロングアイランド海峡に、製材所、鋳造所と小さな港が建設され、材木、砂鉄や銑鉄の輸送が行われた。同年、ニューヨークの典型的な街区パターンに倣って上下水道が敷かれた。1873年には、3種類の労働者用のハウジングが完成した。4寝室の一戸建てコテージ、3寝室の2軒続きのコテージ、あるいは3寝室のロウハウスである。階級の区別は強化され、最も裕福な住宅は、東側の高台に建てられた。スタインウェイは職人たちに即金で住宅を販売することで、コミュニティの安定化と、速やかな利益を期待した。また部外者への区画販売はさらなる利益をもたらした。

概して、スタインウェイは、コミュニティとロング・アイランド・シティ当局を巧妙に操りながら、地域のアメニティを最低限の出費で提供し、その投資価値を強化した。20年にわたって、プロテスタント教会、公園、図書館、幼稚園、公共浴場、消防署、郵便局のすべてが、スタインウェイが寄贈した土地に建てられたが、建設費は市の負担であった。彼は職人のマンハッタンまでの往復だけでなく、不動産の価値を上げるためにも、交通の重要さを理解しており、自社の職人に限らず、「裕福で洗練された人々」への販売を促進した。当初はアストリア・フェリーとロングアイランド鉄道を利用していたが、1890年には路面電車サービスが開始された。また、不成功に終わったが、東77丁目付近にイーストリバーの橋を架ける事業にも参加している。クイーンズがマンハッタンと道路によって連結したのは、クイーンズボロ橋が完成する1909年のことであった。スタインウェイは、公共交通のトンネルのロビー活動も行ったが、それもやはり実現するのは後のことであった。

1881年、スタインウェイには130軒の住宅があり1,200人以上が住んでいた。1890年代の人口は7,000人を超えていた。スタインウェイ自身の取り組みにより、地域として自己充足しており、いくぶん孤立していた。地

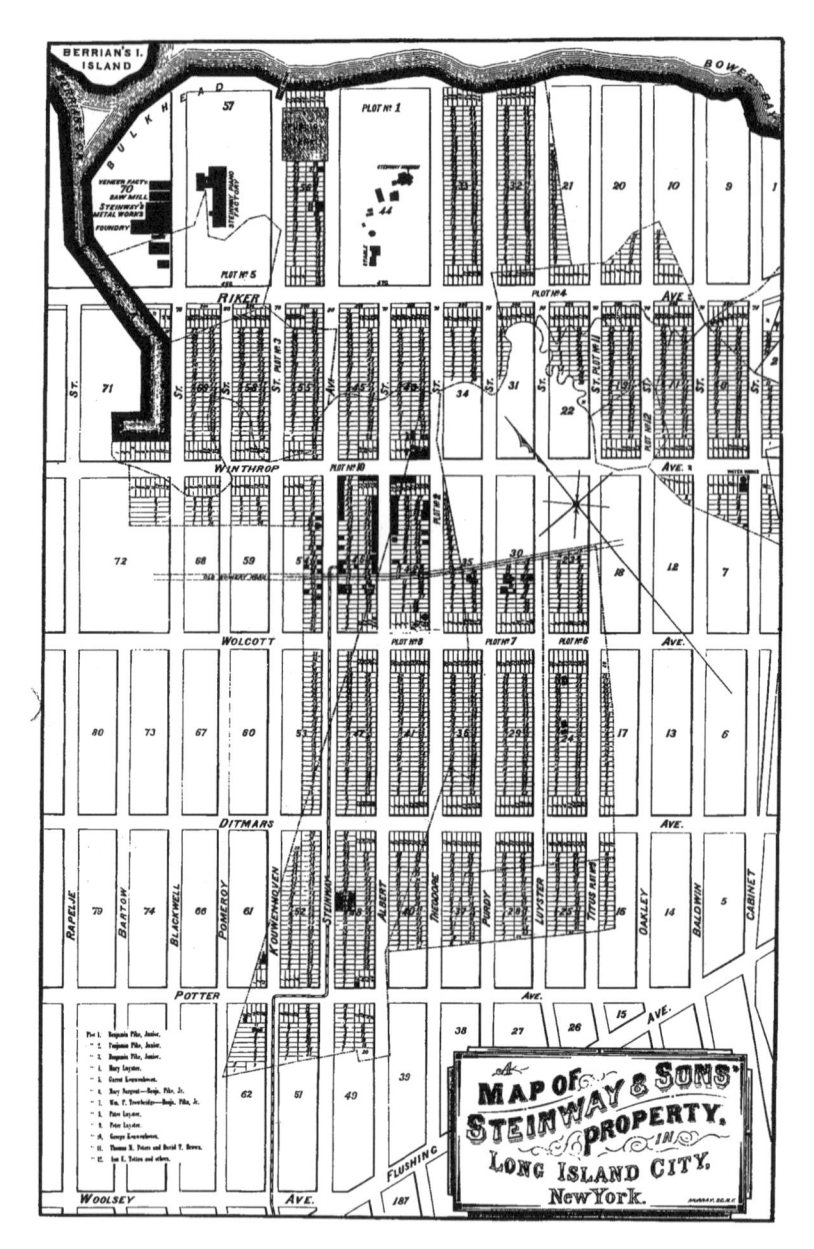

4.32 スタインウェイ村平面図（クイーンズ、1880年頃）。ピアノ製造会社スタインウェイ・アンド・サンズが労働者をマンハッタンから移住させるために建設。工場、ハウジング、学校、その他の市民アメニティ、マンハッタンへの交通が確保されている。

域生活の内向性を保つため、スタインウェイ社は公立学校での音楽とドイツ語の授業を助成し、工場では何年にもわたりドイツ語が常用されていた。そのような家父長主義にもかかわらず、職人たちはかなりの自由を満喫することができた。ジョージ・プルマンによるシカゴでの同様の企業町の試みとは異なり、スタインウェイの職人は、住居の自己所有が可能で、また自ら建設することで会社と同様の経済的報酬を享受することも出来た。し

かし、隔離の持続は、強制出来なかった。スタインウェイ・ピアノの生産は依然としてマンハッタンが中心で、1878年から1880年にかけて、ニューヨーク史上重要な労働紛争となる、悪評高いピアノ・ストライキの拠点となった。1870年代初期の論争によって始まったスタインウェイの労働環境の運動も、すべて失敗に終わったかのように見えた。賃金闘争は1880年2月に頂点に達する。ニス塗り工たちがストに入ると、会社は賃金の値上げをせずに全職人の締め出しを脅かしたのである。他のピアノ製造会社の職人たちも行動を起こした。スタインウェイでは、全ストが5週間続き、最終的には会社側が労働者側の賃金交渉権に同意した。[68]

1898年になると郊外の労働者階級のコテージが初めてハウジング慈善事業の対象になった。シティ・アンド・サバーバン・ホームズ・カンパニー（CSHC）はブルックリンのホームウッド地区で約530区画に及ぶ街区整備に着手する。[69] 同社は、整地に始まって舗装道路、縁石、歩道、上下水道、ガス、造景に至るまで、一貫して開発を進めた。錬瓦と石で出来た質素な一軒家はパーシー・グリフィンによって設計され、それぞれ30×100フィートの敷地を占めていた（fig.4.33）。CSHCは20年の住宅ローンも提供し、その頭金は10%のみで、金利は5%であった。購入者には即座に所有権が与えられたが、同時に借入金の3分の2以上の額に相当する生命保険への加入が義務付けられた。保険債務はCSHCが引き受け、プロジェクトの成功に十分貢献した。1898年に、66軒の戸建住宅が建設されたのを皮切りに、1909年までに合計112戸の戸建住宅と、136戸の単世帯用ロウハウスが建てられた。[70] こうして労働者階級に住宅所有を可能にした、生命保険と住宅ローン保証の組み合わせは、その後数十年間広く普及していった。やがてはニューディールなどの政府主導の方策が主体となっていく。また20世紀初頭に敷かれた鉄道を利用することによって、労働者たちにも安くマンハッタンへの通勤が可能になると、類似する数多くの単世帯郊外開発が増加していった。ホームウッドはマンハッタンから55分、運賃はわずか5セントであった。

1908年にはラッセル・セイジ財団が、ホームウッドに類似した試み、クイーンズのフォレスト・ヒルズ・ガーデンズの開発に投資している。利益有限の投資として始められ、民間による標準的な郊外のコテージ開発とは明らかに一線を画していた。[71] 当初の財団のパンフレットには以下のように述べられている。

ラッセル・セイジ夫人と財団関係者一同は、住宅購入資金として、毎年25ドル以上の支払いが可能な中間所得層を対象とした、より優れた魅力的な郊外のハウジング施設の必要性を痛感している。そして、住宅は、英国の田園都市のように、植栽と花壇に囲まれ、遊び場やレクリエーション施設が近くにあり、しかもそれが何の変哲もない道路に並ぶ部屋と変わらない値段で手に入るべきであると

テナメントを超えて

HOMEWOOD COTTAGES.

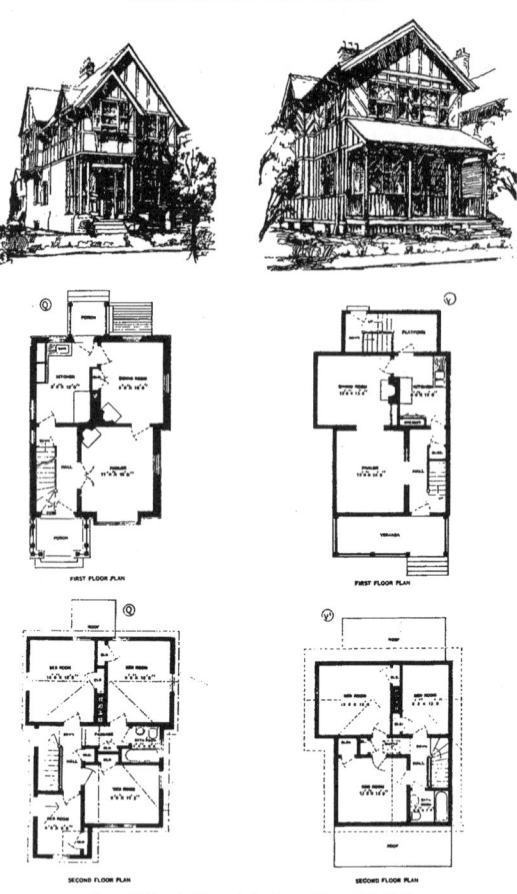

4.33 パーシー・グリフィン。労働者階級のコテージ（ブルックリン、1898年）。シティ・アンド・サバーバン・ホームズ・カンパニーが開発したホームウッド住宅地開発に建設された。ニューヨーク市の慈善プロジェクトとしては、最初の郊外コテージであった。

Percy Griffin, Architect. 48 Exchange Place, New York.

考えた。彼らは自然な地形を無視して、四角い箱が並ぶことを何よりも嫌っていた… 彼らは、並みの収入があり趣味もよく、環境調和の価値を理解し、その職業上、都会付近に拘束されがちな人々のために、ニューヨークという活動の中心から至近距離に田園を手に入れることを望んでいた。[*72]

フォレスト・ヒルズ・ガーデンズはフレデリック・ロー・オルムステッド・ジュニアが計画し、初期の建物のほとんどはグローヴナー・アッタベリーによって設計された（fig.4.34）。用地はロングアイランド鉄道の主線沿い、当時クイーンズで最大の公園、フォレスト・パークに隣接する場所が選ばれた。マンハッタンに新設されたペンシルヴァニア駅からの所要時間は、イーストリバー・トンネルを経て、約15分であった。道路配置は不規則で絵画のような曲線から成り、市による街区計画は大幅に変更された（fig.4.35）。アッタベリーはコミュニティの焦点として、鉄道駅と公共

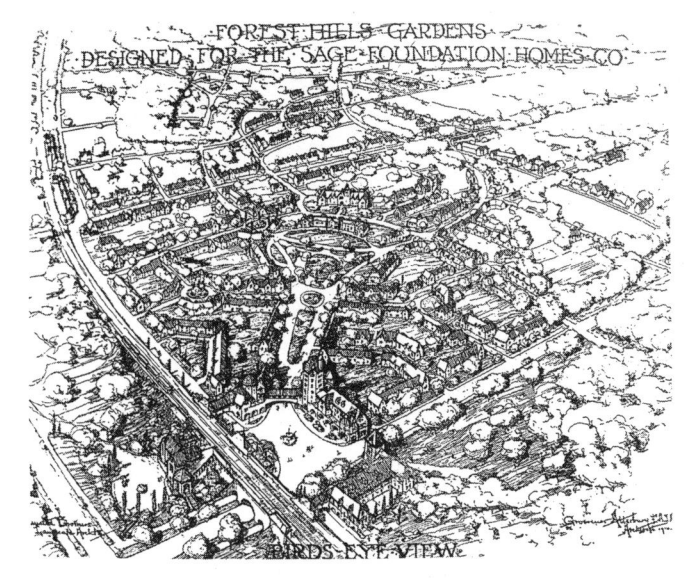

4.34 フレデリック・ロー・オルムステッド・ジュニアとグローヴナー・アッタベリー。フォレスト・ヒルズ・ガーデンズ（クイーンズ、1908年〜）。ラッセル・セイジ財団による半慈善的郊外住宅地。低所得ながら援助に値する家族を対象とした。

フォレスト・ヒルズ・ガーデンズ。

テナメントを超えて　155

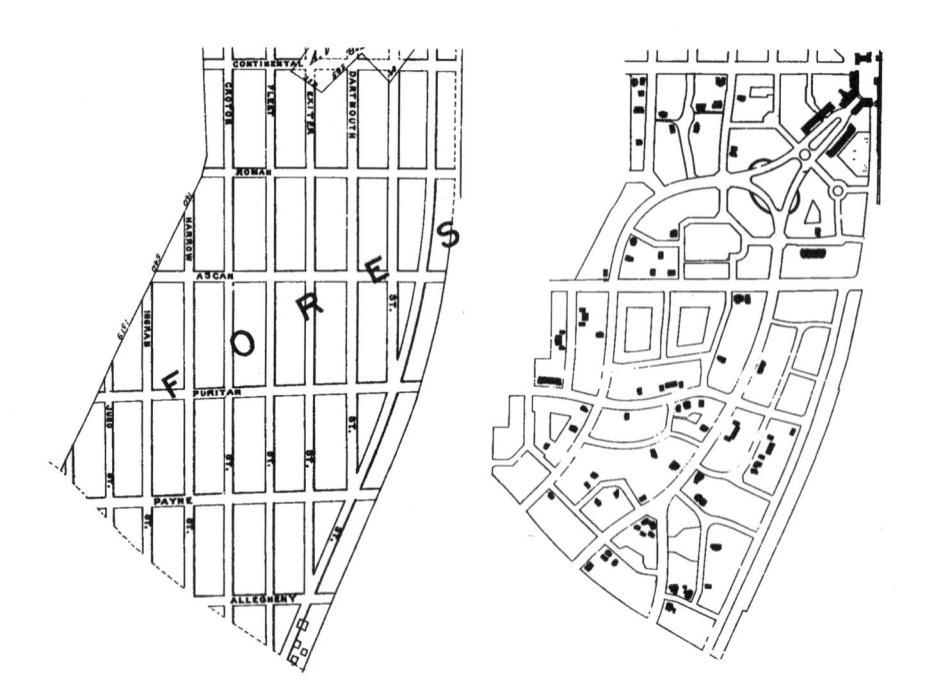

4.35 フォレスト・ヒルズ・ガーデンズ。道路配置（左）と当初計画されていた一般的街区（右）。市内の碁盤街区が大規模にゆがめられた例。

広場、そして高層ホテルを設計した。広場からは2本の湾曲した大通りが、フォレスト・パークの入り口まで伸びていた。市の街区に沿った道路も数本あったが、オルムステッドによると、多くは土地の形状に対応し、「こぢんまりした家庭的な特徴があり… ニューヨークの道路の象徴とも言える、終わりのないまっすぐで吹きさらしの道は、短く、閑静で独立した庭のような、それぞれの特徴を持つ界隈に取って代わられた。」(fig.4.36) [*73] フォレスト・ヒルズ・ガーデンズはニューヨーク市内で街区制度を初めて大きく破った例であった。

　オルムステッドとアッタベリーの計画には、ロウハウスが連続する「ヴィレッジ・グリーン」から、各区画の単世帯あるいは2世帯用の戸建住宅まで様々であった。これらの住宅の多くは、グローヴナー・アッタベリーの研究に基づく、洗練されたプレハブ技術を採用していた。1920年には、実物宣伝となる、プレキャスト・コンクリートの完全パネル構法を使用した一連のプロジェクトが7つ完成した。[*74] アッタベリーの手法は、疑いなく当時で最も洗練された考えを表していた。こういった革新にもかかわらず、10年も経つと、フォレスト・ヒルズにおける建設は、通常の開発業者の水準にまで低下することになる。理由のひとつは未開発の宅地を、個人所有者に転売したことであった。そしてこの最初の数年間でフォレスト・ヒルズ・ガーデンズの慈善思想が幾分古色めいてきたとすれば、ラッセル・セイジ財団ホームズ・カンパニーによる1920年の広告は、それを払拭している。

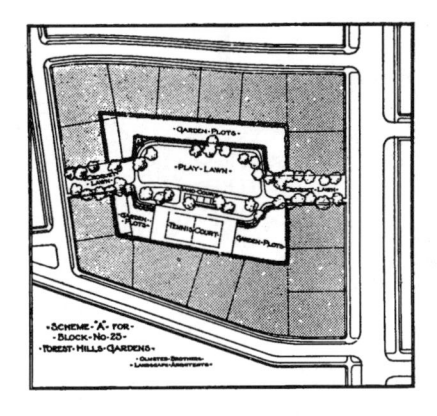

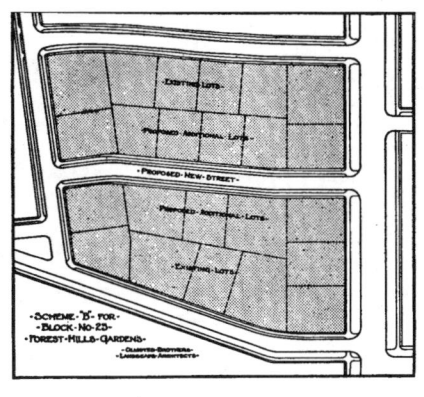

4.36 フォレスト・ヒルズ・ガーデンズ。典型的街区の2つの配置案。

　フォレスト・ヒルズ・ガーデンズが象徴するものへの、混乱や不正確な印象を避けるため、また慈善的、あるいは慈善主義に基づいて開発、着手されたという意見を正すため、ここで、それが目的ではなかったことを明言する。フォレスト・ヒルズ・ガーデンズは厳密な事業の原則に基づいた、高級な郊外型住宅コミュニティである。それは、新しいタイプの高級住宅コミュニティであり、いままでの不合理な空想や、個人の特異性で満たされた一時的な開発と混同してはならない。これは、ガーデン・シティやモデルタウン計画の系譜に沿って成功したプロジェクトであり、自由教育の基礎を含んでいるのである。*75

　ニューヨーク市郊外における、労働者階級のための住宅地開発の試みは、イギリスで発達していた新しい街の理論と表面的な類似性があった。スチュアートのガーデン・シティも事実上、エベネザー・ハワードの同名の提案に先行し、それは都市への鉄道連結や、拡張的な自然環境など、同じ仮定に基づいていた。*76 フォレスト・ヒルズ・ガーデンズのデザインは英国の前例、レッチワースに意識的に倣ったものである。ガーデン・シティ、スタインウェイ、そしてフォレスト・ヒルズ・ガーデンズの背後にある論点は、概してハワードと同じ目標に応答していた。すなわち安価な土地を利用することで、低コストで改善されたハウジングを提供し、また都市環境の悪から距離をおいて、住民の生産性と幸福感を高めることであった。異なるのは経済面であった。これらの3つの住宅地すべては、ハワードが描いたよりも母体となる大都市に頼るところが多く、さらにコーポラティヴ方式ではなく、民間投資によって開発されていた。フォレスト・ヒルズ・ガーデンズは、次第に近隣の民間ハウジング開発の、繰り返される街区に飲み込まれるようになる。特に1922年から、ロングアイランド鉄道の新駅が開設し、フォレスト・ヒルズ・ウェストとして1,500区画が競売に出された後、その傾向がさらに強まった（fig.4.37）。

　フォレスト・ヒルズ・ガーデンズは、ロングアイランド鉄道やクイーンズ・

テナメントを超えて　157

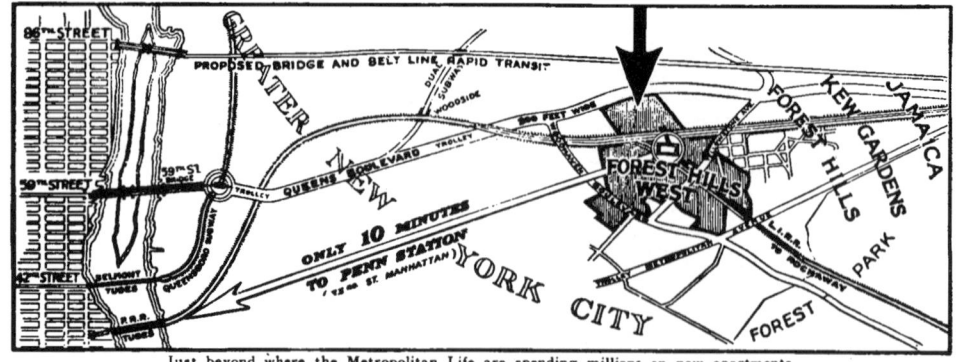

Just beyond where the Metropolitan Life are spending millions on new apartments.

4.37 フォレスト・ヒルズ・ウェストの宅地販売広告（1922年）。電化されたばかりのロングアイランド鉄道沿線に新駅が建設され、周辺地区の急速な開発をもたらした。

4.38 ロング・アイランド、ヘンプステッド宅地販売広告（1920年）。ロングアイランド鉄道の開通によりマンハッタンが通勤圏となった。

ブルバードに沿って、類似する開発を多く産み出すことになる。フォレスト・ヒルズでの構想に近づいたものはなかったが、キュー・ガーデンズや、レゴ・パークは、個性のない郊外の広がりに代わる重要な例である。レゴ・パークの構成は特徴的であり、放射状と円弧を描く道路が駅を中心に半円を成している。1924年から1929年にかけて建設されたレゴ・パークは慈善主義に基づく先例よりもはるかに大衆主義的であり、2人のドイツ系移民が設立したレゴ建設会社によって開発された。*77

ニューヨーク市に合併されたばかりのクイーンズでは、住宅開発の可能性は交通機関の進歩とともにますます大きくなっていった。1909年のクイーンズボロー橋、1910年のイーストリバー・トンネルとロングアイランド鉄道の開通に続き、1915年にはクイーンズボロー地下鉄、さらにクイーンズボロー橋を通過する地下鉄が1917年に開通し、1920年にはブルックリン高速鉄道のトンネルが60丁目付近のイーストリバーに完成して、アストリアとコロナまで接続するようになる。*78 残りのニューヨーク市行政区でも類似する状況が見られた。アルフレッド・トレッドウェイ・ホワイトの、交通のインフラ整備が労働者階級の住宅を改善するのに不可欠であるという仮説は正しかったのである。ロングアイランドのヘンプステッドは、スチュアートによる50年前のガーデン・シティの近くであり、かなりの遠隔地であったが、新たに電化されたロングアイランド鉄道により、ペンシルヴァニア駅からの所要時間が42分となり、住宅問題への答えとして、安価な宅地が売りに出された（fig.4.38）。郊外住宅地は次第に、ニューヨーク市の中産階級により近い存在となってきた。

The Garden Apartment

第5章

ガーデン・アパートメント

1920年代のニューヨークにおける、中産階級を対象としたハウジングの形態や生産技術の進歩は、1880年代の上流階級の住宅革命に匹敵する。経済、技術、社会的要因が融合し、新しいハウジングが誕生したのである。それは多彩なものであったが、総じて「ガーデン・アパートメント」と呼ばれ、既に住宅開発が停滞していたマンハッタンよりも、発展途中の近郊行政区を中心に展開する。ガーデン・アパートメントの第一の特徴は、建蔽率が縮小され、建物のヴォリュームが開放的な中庭、すなわち「ガーデン」を取り込む形式となったことである。換気シャフトを用いた、旧来の慣習は見る影もなくなったのである。それ以前のニューヨークで、ガーデン・アパートメントに類似した手法と言えるパラッツォ型＝周囲ブロックは、厳密に言えば上流階級の基準とともに、より高層で高密度な形態へと姿を変えていた。ガーデン・アパートメントの特性は、その地勢や社会階層、民族的背景などによって千差万別であったが、革新の鍵となる要素は、外郭行政区にある広大な土地、マンハッタンよりも地価が安く、完成したばかりの地下鉄網を利用して中間所得層が通勤可能という立地条件であった。[*1] このようなデザインの革新を育んだ土壌は、戦後に復活した経済が、1920年代の全般的繁栄に後押しされた結果であり、これに匹敵する時代がその後訪れることはなかった。

1. 中産階級用ハウジング市場の拡大

質と量ともに、1920年代に量産された新築ハウジングの水準は、その後も類を見ないものであった。1921年から1929年にかけて、420,734戸のアパートメント、106,384戸の単世帯住宅、111,662戸の2世帯住宅が新築されている。合計658,780戸という供給数は年平均にして73,198戸であり、それは急成長を記録した1960年代を上回る数字である。最多年度は

94,367戸が新築された1927年であり、その次に多かった1963年の60,031戸をはるかに超えていた。この成長期は、新築住宅の居住空間の質を向上させたのと同時に、低水準の旧式テナメントが初めて大きく減少した時期でもあった。同じ10年間で、43,200戸の旧法テナメントがニューヨークから姿を消したのである。*2　1920年代の発展を可能にした経済的、技術的な基盤は既に整っていた。まず、この建設ブームを増強したのは、戦前からの夥しい数の移民で構成される人口層であった。1905年、1906年、1907年、1910年、1913年、1914年には毎年100万人以上が入国し、そのほとんどがニューヨークに到着して、そのままとどまったのである。*3 1900年から1920年にかけて、市の人口は3,437,202人から5,620,048人に急増している。そして1920年には、全市民のうち2,028,160人が移民一世であった。上昇志向にあった彼らは古いテナメントよりむしろ、中産階級向けアパートメントの需要を押し上げる結果となった。*4

　デザイン水準に対する期待は、変わり続ける「アパートメント」の定義にも影響を及ぼした。1880年以降「アパートメント」という用語は広く豪華な住居を指し、通常、エレベーター付きの高層ハウジングを意味した。一方「テナメント」は、階段のみの建物に最低限の設備がある小さな住居を指していた。しかし20世紀に入ると、「テナメント」という用語は使われなくなり、「アパートメント」が、戸建住宅以外のあらゆる住居を指すようになった。ローレンス・ヴェイラーが1914年に発表した「モデルハウジング法」と題された研究では「テナメント」という用語は一切用いられず、代わりに「個人住居」(private dwelling)「2世帯住居」(two-family dwelling)」、そして「複合住居」(multiple dwelling)」が使われている。*5 ある出典によれば、1914年から1920年までの間に、ニューヨーク市で新築された「テナメント」は5,134戸に過ぎず、代わりに89,356戸の「アパートメント」が建設された。*6

　1920年代、中産階級の要望から生まれた住まいは、「アパートメント」と「テナメント」の中間に位置し、適度な広さを持ち、近代的なバスルームとキッチンを備え、採光と通気は、新法が定める最低基準を上回っていた。ますます高水準化する需要に応えて、開発業者は比較的地価の低いブルックリンやブロンクス、クイーンズなどの外郭行政区に用地を選択した。また、これらの住宅生産を支える新しい法案が通過したのもこの頃である。1916年に制定された、ニューヨーク市建築形態規制＝ゾーニング法（New York City Zoning Resolution）は、増加する中産階級のハウジング地域に、好ましくない用途の建物の隣接を禁ずるものであった。もちろん、この法令は高層ビルの高さを、その道路幅に比例して制限した点において有名である（fig.5.1)。*7　これらの各規制のもと、マンハッタンのウェスト・エンド・アヴェニューやパーク・アヴェニューにおいて、大規模な住宅の渓谷が1920年代に完成したのである。この新しい中産階級はテナメント・

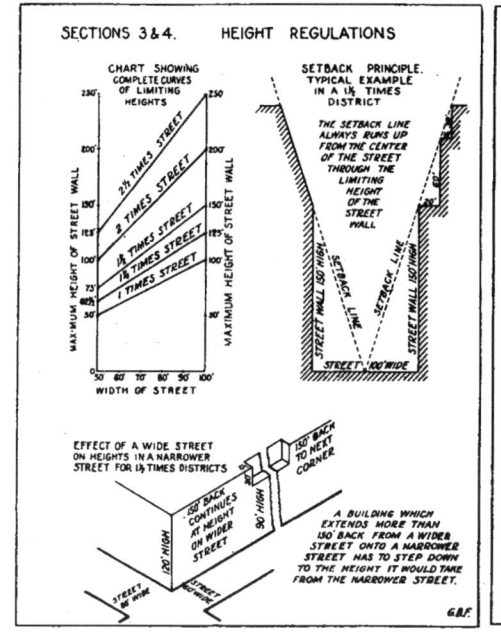

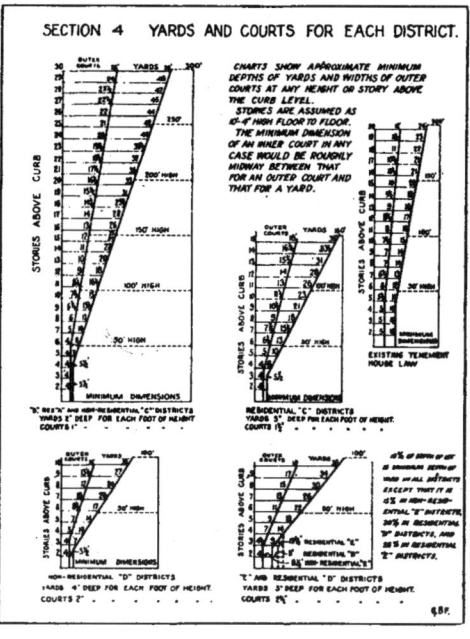

5.1 ニューヨーク市建物形態規制の代表的な図例（1916 年）。ハウジングを含むすべての建物の形状を制限。

ハウス法にも影響し、1919 年の改正によりブラウンストーンなどの単世帯住宅を、より質素な住民用のアパートメントとして分割することが許容された。[*8]

郊外住宅開発の密度や形態は、主にエレベーターなどの建設技術の進歩によって定められた。1870 年代に住居用エレベーターが登場して以来、エレベーター付きのアパートメントは、法律によって義務化された設置方法や操作員のコストにより、高層かつ高所得層用という意味合いを持っていた。しかし 1920 年代には、どちらの制約も緩和されるようになる。交流式の安価な装置が可能になり、[*9] ニューヨーク市建物基準（New York City Building Code）の改正により、大型アパートメントにおいて、無人自動エレベーターの採用が認可されたのである。[*10] セルフサービスの合法化は、長期コストの大幅な削減をも意味した。こうして、それまで階段の昇降を強いられていた階層は、突如としてエレベーターという利器に恵まれたのである。同じ建物内の階層差も変容した。階段を昇る負担から解放された今、採光、通気と眺望の良い上層階の方が、下層階よりも魅力的になったのである。マンハッタンにおけるこの発展は、中産階級用の小アパートメントが詰まった高層ビルが大量に建設されるきっかけとなり、さらに郊外にも新しいハウジング・タイプの変革をもたらした。その最も重要なものが、ガーデン・アパートメントである。

郊外の高密度開発は、エレベーターの採用にもかかわらず 4 − 6 階建てにとどまった。一見矛盾しているようであるが、建築法規と建設コスト、

ガーデン・アパートメント　163

土地の経済が複雑に絡み合った結果である。5層以下の建物には、地階を除き非防火材料の使用が許可され、その他のハウジング形態と比較して、建設コストが一番低くついたのである。6階建てになると、1階と2階に防火材料を採用しなくてはならず、建設コストをわずかに上昇させた。また7階建て以上になると、全階に防火材料の使用が求められ、建設コストは急激に大きくなった。つまりエレベーターの設置コストは、建物を6層以下に抑えることで相殺可能という仕組みであった。さらに郊外の安価な地価を考慮すると、4－6階建てのエレベーター付きアパートメントは、高層の建築よりも高利益となった。こうして1920年代を通じて、郊外の大部分に中産階級向けのエレベーター付きアパートメントが数多く建設されたが、建物の高さはテネメントとほとんど変わらなかったのである。[11]

2. 新しい建築家の世代と連邦政府の直接的関与

　この時代のハウジングの発展で特筆すべきは、1920年代に登場した新世代の建築家たちである。彼らは19世紀後半に形成途上にあった業界を支配していた紳士とは異なっていた。以前は建築家のほとんどが上流中産階級であった。必須とされたエコール・デ・ボザールに進学する資金があり、ワスプ階級に属し、さらにその後援を受けることが必要条件であったからである。ごく一部の建築家を除き、デザイン的イデオロギーを追求していた彼らには、上流階級以外のハウジングは嫌悪の対象とも言えた。1920年代に入り、「ハウジング建築家」の世代が出現すると、エドワード・T・ポッターなど、以前の思想家の呼びかけに、限られた範囲ではあったが応えることが可能になった。1920年代の莫大なハウジングの生産規模も、これらの新世代を生み出す一因となった。彼らのうちの何人かは名を残したが、その大半は、多数の新設ハウジングが集中する郊外に自ら居住し、黙々と実務を営んでいた。多くは副次的な階級を決定づけられた民族出身で、移民1世あるいは2世であり、正式な大学教育を受けていない者も多かった。正式な教育を受けていたとしても、エリートとは言えない市内のクーパー・ユニオン、プラット・インスティチュート、ニューヨーク大学などで、コロンビア大学出身者はいても、ハーバード、イェール、プリンストン大学出身者は皆無であった。この中で比較的知られた人物は、チェコスロバキアから13歳で孤児として米国に入国し、翌年には建築家のもとで修業を始めたエメリー・ロスである。アンドリュー・トーマスはロウワー・ブロードウェイで生まれ、やはり13歳で孤児となった人物である。彼は正式な建築教育を受けることはなかった。ブルックリン生まれのジョージ・スプリングスティーンは、クーパー・ユニオンとプラット・インスティチュートの夜間学校に通い、ホラス・ギンズバーンはコロンビア大学の卒業生であった。[12]

　これら新世代の建築家にとっての、重要な発展は、1917年に発足した

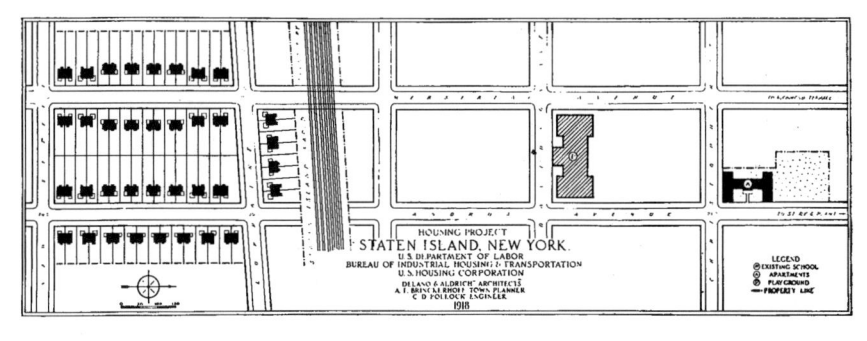

5.2 デラノ・アンド・アルドリッチ、米国住宅法人（USHC）のためのスタテン島における開発提案（1918年提出）。

連邦政府の戦時ハウジング・プログラムであり、それは政府によるハウジングの大規模生産への、初めての直接的関与であった。*13 このプログラムは、1930年代のニューディールに比べて、より大規模な政策への道を開くと同時に、政府介入の可能性を、建築界の人々に認識させる機会をもたらした。実際、多くの若い建築家たちが戦時中に公的機関に勤め、貴重な経験を培ったのである。これらのプログラムは、単世帯用住宅と2世帯用住宅に重点を置いていたが、それらは大型ハウジング生産における重要な訓練となり、民間開発が急増する1920年代に向けて、建築家たちは基礎を十分に学んだのであった。その中にはフレデリック・アッカーマンやクラレンス・スタイン、アンドリュー・トーマス、ヘンリー・ライトなど、いずれも1920 − 30年代の重要なハウジング建築家が含まれていた。

1917年以前に、米国政府が公務員住宅以外のハウジングを生産することはなかった。戦時中、急遽建設された軍需工場の周辺に、民間労働者用のハウジング供給を迫られた政府は、一般市民のための住宅建設を開始する。1917年には米国船舶局内の緊急艦隊公社（Emergency Fleet Corporation）が、海軍施設に関連するハウジングの建設に着手する。翌年、労働省に属する米国住宅法人（United States Housing Corporation, USHC）は、防衛産業を対象とするハウジングプログラムを開始している。これらの公社を通じて、連邦政府は有限利益会社によるハウジング生産への融資や、直接建設することが可能になった。USHCは、1919年までに21,983世帯を収容するハウジング計画を立てていた。*14

戦時中に連邦政府からニューヨーク市に提案されたプロジェクトは、USHCのスタテン島のマリナーズ・ハーバーにおける計画だけである。設計はデラノ・アンド・アルドリッチにより、全36戸のアパートメント棟に78棟の2世帯住宅が組み合わされていた。*15 このプロジェクトが、アパートメント棟を含んだ国内唯一の例であったことは、政府プログラムの労働者用戸建て住宅への偏重を裏付けている（fig.5.2）。このプロジェクトは結局建設には至らなかったが、それは概して全国的な傾向であり、実現したプロジェクトは提案の数に比べ、はるかに少なかった。1919年秋までに、USHCは総額5,200万ドルを投資し、5,998家族と7,181個人のた

ガーデン・アパートメント 165

めの住宅を提供した。しかし第 1 次大戦直後の 1919 年 7 月、連邦議会の決定により、すべてのプロジェクトが 3,250 万ドルの損失をもって売却されることになる。同様に、9,185 家族と 7,574 個人用の住宅を総額 6,750 万ドルで建設していた緊急艦隊公社も、1920 年以降、4,200 万ドルの損失とともに売却を強いられた。[16] 国会が各プログラムを性急に中止した背後には、国内のハウジング生産を自由市場に戻そうという意図があった。いずれにしても戦争が前例を見ないハウジング危機をもたらしたことに変わりはない。[17] この緊急事態に対して建築家たちが起こした抗議は、その後も類を見ない規模であり、建築界の新しい秩序を反映することになる。

3. 政治活動の時代における全国的住宅不足と、建築の新進歩主義

　政府主導のハウジング生産を要求する運動は、主に第 1 次大戦後の経済混乱に起因していた。1919 年のニューヨーク市の新築住宅戸数は、戦前最高を記録した 1906 年の 54,884 戸から大幅に減少し、1,624 戸に過ぎなかった。[18] 1916 年には 5.6％であったニューヨーク市の空室率は、1921 年には史上最低値、0.15％を記録している。[19] この状況は戦前の発展を逆行させることにもなった。例えば、1916 年に空室であった 38,251 戸の旧法テナメントは、1921 年には再び全戸が入居済であった。[20] 住居不足から生じた過密状況は、テナメント・ハウス法の不十分な施行など、地域特有の問題によって悪化する一方であった。1910 年から 1921 年まで、テナメント・ハウス局の全職員の 45％にあたる、361 人が削減されている。同時期に市の全予算が倍増したにもかかわらず、テナメント・ハウス局の予算はわずかながら減少したのであった。[21]

　さらに住宅不足は、不動産関係者に日和見主義をもたらした。例えば家主たちは「賃貸契約から 30 日経過後には、テナントを立ち退かせて家賃を値上げしてもよい」という新法を獲得したのである。[22] また建材業者の間にカルテルが生まれ、建材不足を操作することで価格高騰を引き起こした。銀行は、ハウジングよりも高利益の投機に向かい、取得可能な一握りの住宅ローンは、不当な優遇や不正にまみれたものばかりであった。[23]

　膨大な数の立ち退きに対するテナントの反対運動は、大ニューヨーク・テナント同盟（Greater New York Tenants League）の設立につながった。一連の家賃ストライキは、同時期に頂点に達した社会主義政治と相乗していた。テナント運動は、革命後のロシア情勢への危機感と、国内政治活動に煽られた「赤の恐怖」時代も生き延びたのである。赤狩りや排外主義は家主の間だけでなく、政治家や裁判所にも見られた。1919 年に通過した州法は、スト中のビルから赤旗を振る行為を禁止し、[24] 1919 年 10 月には路上集会で外国語の使用を禁止する市の法案が通過している。[25] 大ニューヨークテナント同盟は、市の検察庁により「ボルシェビキ派」と非難された。[26]

建築界に革新的な声が上がったのは、このような政治的環境からであった。1920年になると、建築界は新しい成熟度と影響力を獲得していた。建築家という職業がようやく法的に認知されたからである。1915年に配管工の登録義務が始まってから34年後、ニューヨーク州議会は、試験に合格した建築家に、評議会が免許を発行する登録法を認めたのであった。[27] 第1次大戦の終わりには、アメリカ建築家協会（AIA）の主導により、戦争終了後も政府のハウジングプログラムを継続するよう、国会に働きかけた。中でもニューヨーク支部は、会員がテナントの苦難を直接目にしていたこともあり、特に活発な運動を繰り広げた。AIAの機関誌は政府プログラムを支持する記事で溢れていた。1920年の掲載記事は、政府による全ハウジングの生産を要求した、ニューヨーク労働党のハウジング政綱を推奨している。[28] それ以来、建築の専門家集団がこれほど政府主導のハウジング生産を求めて奮闘したことはない。しかし、目と鼻の先に迫った1920年代の繁栄の時代はいずれ反対者を静まらせ、国会も行動を起こすことはなかった。州議会では州内の各都市に対して、市が買収した土地にハウジングを建設して無利益の賃貸を認める法案が提出された。しかし法案は通過せず、実業家だけでなくニューヨーク不動産評議員会（Real Estate Board of New York）からも社会主義的と非難された。[29]

4. テナメントの再生と革新的プロトタイプ

　1920年代初頭、デザイン面においても革新の転機が訪れた。基準要請評議会（Board of Standards and Appeals）の会長による極端な提案は、各テナメントに1層増築し、エレベーターなしの7階建てを許可し、テナメント・ハウス法を見合うように変更すれば、住宅危機が解決されるというものであった。[30] より一般的には、ハウジングの難局を乗り越える方法として、19世紀に建設されたテナメントの体系的な再生があげられる。1919年にはアルフレッド・E・スミス州知事が、州議会内に再建委員会（New York State Reconstruction Commission）を設立する。その分科会であるハウジング委員会の試みは、ロウアー・イースト・サイドのテナメント街区を修復する設計競技であった。[31] これは政府機関の主催によるニューヨーク市初の設計競技であり、住宅危機の深刻さを物語っている。1等案は、シブリー・アンド・フェザーストンによる提案で、立法前や、旧法時代のテナメントに8つの中庭をくり抜くもので、採光と通気性を向上させていた（fig.5.3）。しかし、本来水準に満たない建物を、まともなハウジングに変化させる方策には、反論を唱える者も少なからずいた。

　こうして始まった再生の議論は、今日に至るまで解決されていない。ニューヨークでも、より古いテナメントは、革新の力が及ばない最下層階級に割り振られていた。したがって、再生をハウジング改革に結びつけることは必然であった。新築工事は、もはや上昇志向の中間所得層にしか手

ガーデン・アパートメント　167

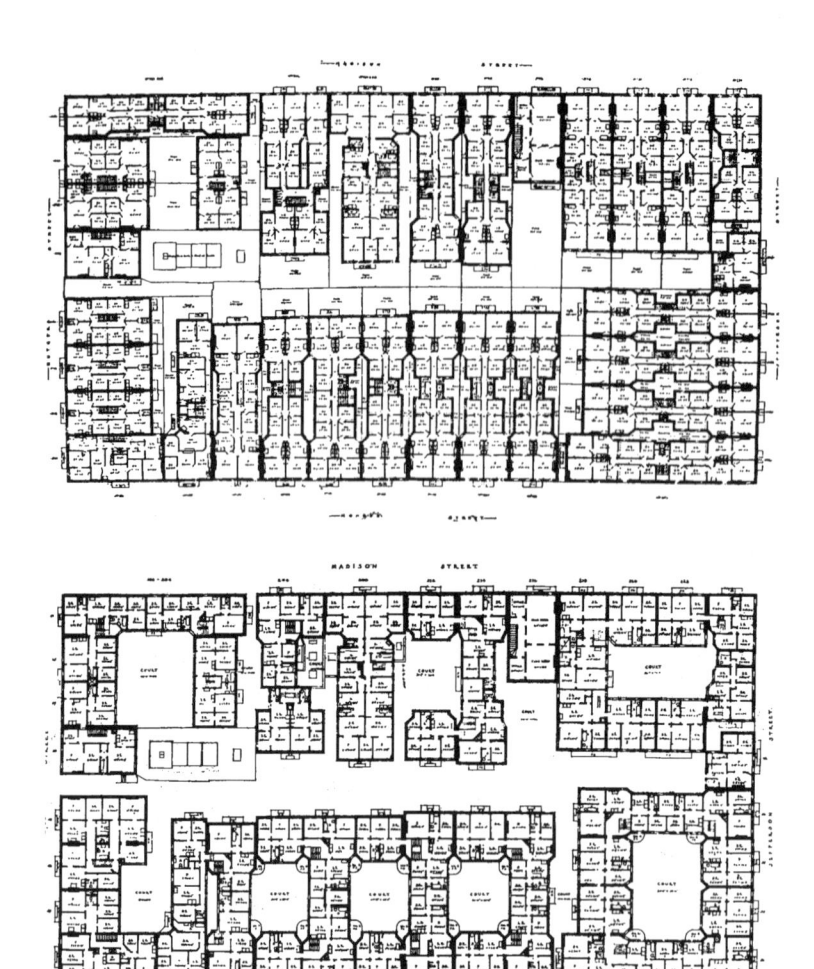

5.3 シブリー・アンド・フェザーストン。テナメント再生設計競技1等入選案(ハウジング協同立法委員会とニューヨーク州議会再生委員会主催、1919年)。旧法テナメントと法施行以前のテナメントが混在するロウアー・イースト・サイドの既存街区(A)。大きな光庭を内部から削り取る提案(B)。

の届かない域にあったのである。しかし、新規工事が次第に旧式テナメントを淘汰していく、という希望も一部には存在していた。このような事態において、設計競技の審査員を務めたアンドリュー・トーマスは、再生の水準は新築工事よりも低く、さらに工事の工程も高くつく、という2点を論じている。一方で、改修を支援する人々は、これは選択上の問題ではなく、50,000戸の旧法テナメントが一夜にして消えることはない、と反論した。結局1920年代の繁栄は、おびただしい数の中間所得層ハウジングを生産したが、1919年の設計競技が描いたような再生は、20世紀を通じてほとんど実現されなかった。

再生の議論以外では、再建委員会のハウジング分科会は、フレデリック・アッカーマン、アンドリュー・トーマス、クラレンス・スタインなどの若いメンバーによる研究を残している。いずれも戦時中に政府主導のハウジ

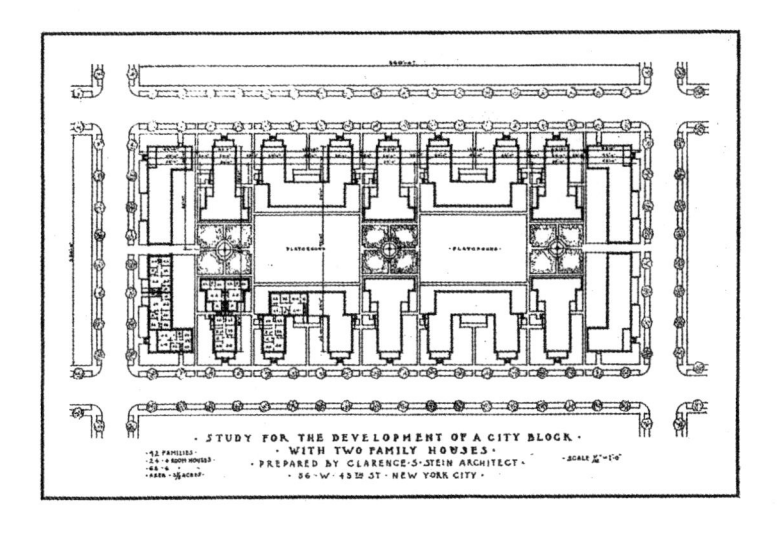

STUDY FOR THE DEVELOPMENT OF A CITY BLOCK WITH TWO FAMILY HOUSES PREPARED BY CLARENCE S. STEIN ARCHITECT

5.4 クラレンス・スタイン。ニューヨーク州再生委員会への提出案 (1919年)。連結された3種類の形状の建物による周囲ブロック計画。

ングプログラムにおいて、経験を積んだ建築家であった。トーマスとスタインの研究は、都市街区の理想的なハウジング配列を仮説的に分析した。例えば、スタインが示した独創的なプロトタイプは、建物の形状と規模に変化をつけて、2世帯住宅をより高密度のアパートメントと組み合わせている (fig.5.4)。区画中央には共有の庭と遊び場が設けられた。スタインは、このうち2世帯用のプロトタイプの一例を、1920年にブロンクスの西239丁目に建設した。*32 この研究の結果より、ハウジング委員会は、地価が安い都市周縁部における大規模供給を、市の住宅不足への唯一の対処法として結論付けた。*33 この見解を裏づける物件は、既に十分に存在しており、特にブロンクスでは20世紀に入って以来急増していた。スタインの提案は革新的な「郊外型」アパートメントの配置構成を展開し、ハウジング委員会の関心の規範となった。

ブロンクスは1897年大ニューヨーク憲章（Greater New York Charter of 1897）の制定以来、加速度的に開発が進んだ最初の近郊行政区である。マンハッタンと近郊行政区の統合は、19世紀半ばから存在していた、共存関係を具現化するものであった。行政上独立し、1855年には全米第3位の都市であったブルックリンでさえも、しばしばマンハッタンに対して従属的に見られていた。*34 しかし、合併以降、その共生を確固たるものにしたのは、新しい行政上の秩序よりも、地下鉄など、新設されたばかりの物理的なインフラストラクチャーであった。例えば、地下鉄開通以前のブロンクスでは、鉄道沿線に村落が点在するだけであった。1886年以降にはマンハッタンの2番街の高架鉄道が、ブロンクスの3番街まで延長すると、最初の人口流入を経験することになる。こうしてブロンクスにマンハッタン並みの密度が見られるようになったのである。その後は、高密度化が急速に訪れた。*35 1904年、ウェストチェスター・アヴェニューの高架

ガーデン・アパートメント 169

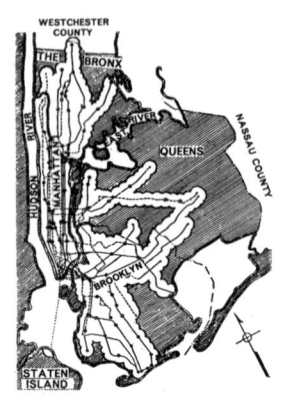

5.5 ニューヨーク市地下鉄路線網と駅周辺圏内。

5.6 地下鉄の新線コロナ・ラインの広告（1917年）。1920年代クイーンズにおけるハウジングタイプの発展のきっかけとなる。

鉄道が開通し、2年後にはレノックス・アヴェニューの地下鉄に接続した。1908年、ブロードウェイ沿いにインターボロー・ラピッド・トランジット（IRT）が完成し、ヴァン・コートランド公園まで開通した。同様に1917－20年にも、数本の主要幹線が完成した。さらに1933年には、IND線がグランド・コンコース沿いに完成した（fig.5.5）。[*36]

ブロンクスでは、マンハッタンと同一軸上に延びる南北の道路が、交通機関の接続を補完した。ブルックリンの地理はそれほど好都合でなく、クイーンズはさらに孤立していた。ブルックリンとマンハッタンを結ぶ最初の交通手段は、イーストリバーを往復する無数のフェリーだった。しかしブルックリンではこの川が障害となり、ブロンクスのように早期から交通機関が発達することはなかった。1883年に完成した雄大なブルックリン橋は、この決定的な状況に証を立てたのであった。ブルックリンの地下鉄開発はブロンクスのそれよりわずかに遅れただけであった。皮切りは、イースタン・パークウェイ沿いに1908年に完成したIRTであった。10年を隔てた後BMT線が完成した。さらに遠方まで延びるIND線は1930年代や1950年代になってようやく完成を見る。ブルックリンの都会化は、ブロンクスよりも半世紀以上も前に始まり、ブロンクスがピークに達した後に終了するという、長期にわたるものとなった。クイーンズの都会化は、最も遅れて到来する。1920年には、115平方マイルが未開発のままであった。そのうちの78平方マイルは農場であり、さらに54平方マイルはグランド・セントラル駅から10マイルの範囲内にあった。[*37] しかしその状況も、高速輸送網の開通と1920年代の繁栄によって変化した。クイーンズボローIRTは、1917年にジャクソンハイツまでの第1区間が開通し、1928年にはフラッシングまで延長された。新しい東60丁目のトンネルを通るBMT線は1917年にアストリアまで開通し、1920年にはクイーンズボロー・プラザまで延長した。広大な農地から、マンハッタンのミッドタウンまで、所要時間はわずか15分であった（fig.5.6）。[*38] その他のクイーンズの主幹線は1930年代と1950年代に開通した。

5. 開発密度の違い：ブロンクスとクイーンズ

ガーデン・アパートメントは、低価格であった近郊行政区の土地を利用した結果だけではなく、広大な用地の規模に即した、中産階級用ハウジングへの資本の再分配を意味していた。20世紀に入ると、民間のハウジング生産の規模はますます拡大していた。19世紀に見られた一区画単位の小規模開発は、経済環境が変化するにつれ、過去のものとなった。近代的な開発会社が出現し、大規模な民間投資が行われるようになったのである。これらの会社は、用地の取得に始まり、設計・建設および賃貸と維持管理にまで至る、新世代の中産階級ハウジングに関わるすべての活動を管理した。最も早い時期に設立された、クイーンズボロー社（Queensboro

Corporation）は重要な例であり、規模のみならず、様々な点で革新的な会社であった。クイーンズボロ社は、クイーンズボロ橋が完成し、クイーンズの広大な土地が開拓された1909年に、エドワード・A・マクドゥーガルによって設立された。マクドゥーガルが買収したジャクソンハイツの6つの農場は、面積が合計325エーカーと広大であり、3,000区画分の大きさがあった。*39 敷地はクイーンズで最も標高の高い地域であり、クイーンズボロ橋に直結するジャクソン・アヴェニューに面していた。同社の強力な圧力により、IRTとBMTの鉄道がジャクソンハイツに隣接して敷かれ、マンハッタン・ミッドタウンへのアクセスを増強し、事実上、周辺一帯の開発を助成することとなった。公共交通による民間開発の支援は、当初からニューヨークの大量輸送機関を予兆するものであった。*40

ジャクソンハイツは長年にわたりクイーンズ最大の開発であったが、クイーンズボロ社は1920年になると、コロナとダグラストンで類似プロジェクトに着手している。*41 その規模の大きさは、ハウジングの大衆向けマーケティングという点で、多くの革新を生み出した。クイーンズボロ社は、ラジオのコマーシャルを含めて、マスメディア広告の先駆者である。中産階級を対象に、コーポラティヴ・アパートメントの所有を強調したもので、かつてのように豪華なハウジングを宣伝したわけではなかった。さらに重要なのは、全体の規模そのものが、理想化されたコミュニティ計画の宣伝に使われたことである。1925年のジャクソンハイツの宣伝用印刷物には、開発の規模が以下のように誇示されている。

単独管理による、世界最大のガーデン・アパートメントのコミュニティである。仮にこのガーデンの部分を、そのままマンハッタンに挿入すると、それは34丁目から57丁目の、3番街から7番街までを占める大きさである。ジャクソンハイツに既に建設されたガーデン・アパートメントを、5番街の両側に並べれば、42丁目から62丁目まで連続して、約2,000万ドルの投資に値するであろう。ここまでに大きい面積を、単独で管理することにより、地所全体の包括的かつ綿密な配置を可能にし、コーポラティヴ所有者の慎重な選択によって地域住民が楽しめるコミュニティ生活を最大限に促すことができるのである。*42

同社プロジェクトの販売対象となったのは、マンハッタンから移動するだけの所得がある中産階級であった。また彼らの存在は、ニューヨーク市に存続する人種や経済的特性に基づく、地理的な社会階層を強化した。ジャクソンハイツに長年住んでいたある住民が1975年に追憶したように、「当時はカトリックもユダヤ人も、犬もいなかった」のであった。*43

一方、ハウジングの革新に関しては、1920年代の各行政区の開発には、それぞれ異なる特色が見られた。長年の歴史を誇るブルックリンは、最も多様性がある行政区として残った。ブロンクスとクイーンズは極めて対照

的であった。1920年代末には、ブロンクスはアパートメント中心の行政区となっており、1920－30年に建てられた198,151戸のうち、1－2世帯用の戸建て住居はわずか18.5%であった。これは他の行政区と比較して最も低い割合である。次いで低かったのはブルックリンの40%であり、スタテン島に次いで高比率であったクイーンズでは、70%が1－2世帯用住宅であった。[*44] クイーンズにおける大半の開発が、ブロンクスと比較して低密度であったのは、単純にその広大な面積を反映しているとも言える。ブロンクスの総面積が43平方マイルであったのに対し、クイーンズの総面積117平方マイルは、ニューヨーク市の総面積の3分の1以上を占めたからである。しかしその対比には、ある程度タイミングの影響もあった。

ブロンクスの開発はクイーンズよりも早く、マンハッタンの開発の流れを直接受け継いだところがあった。新時代が到来する直前に建てられ、交通機関やパークウェイ、そして公園などの近代的インフラストラクチャーを、19世紀の文脈として取り入れたからである。ブロンクス開発の「中心」となったのは、ハーレムから中心軸に沿って北上した地域であり、何よりも都会の密度を、都市空間と都市の自然が共存するという大規模な構想によって強化した点において特徴的であった。そこにはマンハッタンのような垂直性の密度はなく、緊密で強烈な水平の連続性があった。ブロンクスに見られるハウジングの発展には、都会と田園の対話があり、その都会性に独特の特色を与えている。1914年には、ブロンクス全体の17%という膨大な面積が公共の緑地にあてられ、その比率はマンハッタンの11%、ブルックリンの2%とクイーンズの1.5%と比較しても驚異的であった。[*45] クイーンズは「ガーデン行政区」とみなされていたが、その自然のほとんどは、公園ではなく低層ハウジングの庭という形態で私有化されていた。ブロンクスでは、ハウジングと自然の境界線はより明確に引かれており、威厳ある都市的な壁が、壮大な公園に面するかたちであった。ハウジング用デザインにおいて特筆すべきは、この都市と田園の間に生まれた高密度で革新的形態の緊張感であった。

ブロンクスとクイーンズの都会性には、それぞれ異なった感性が見られる。それは20世紀初期のニューヨークの民族性や階層流動性、特にユダヤ人の再定住に集中して現れていた。1930年、ブロンクスでのユダヤ系住民の集中は、市内最大、ひいては全国最大であった。絶対数ではブルックリンの851,000人が1位であったが、ブロンクスの人口1,300,000人のうち585,000人がユダヤ人という数値は、割合にして46.2%と最高であり、次いでブルックリンが33%、さらにマンハッタンは16%であった。一方、クイーンズでは、人口1,100,000人中ユダヤ人は88,000人のみであり、開発の方向性の違いが表れていた。[*46] ブロンクスに限らず、ユダヤ系人口が集中する地域の開発密度は、平均値よりもはるかに高かった。こういっ

た高密な状況はある種の近接の印となり、後に社会学者のルイス・ワース が「生活様式としての都会性」と称したものである。*47 20世紀のニュー ヨークにおいて、高密度開発とユダヤ文化の融合は多くの論評を集めた。 この現象は、米国の主流を成す中産階級が掲げた、反都市的な理想に真っ 向から反対するものであった。*48 こういった高密度の都会性は、ブルッ クリンのイースタン・パークウェイやオーシャン・パークウェイ、クイー ンズのクイーンズ・ブルバードなど、ユダヤ系住民の近郊行政区への進出 と同時に生じたものである。その理想が最も包括的に実現したのがブロン クスであり、ある意味では、より緩慢で管理されたクイーンズの成長に比 べて、ブロンクスの多様な「急発展」の「爆発的性質」に備わった、投資 に対する開放性がユダヤ人の台頭を促したからとも言えよう。*49 マン ハッタンからブロンクスへのユダヤ系住民の流出は、1920年代に最高期 を迎え、ロウアー・イースト・サイドのユダヤ系住民は1923年の706,000 人から1930年には297,000人に減少している。流出人口の3分の2がブロ ンクスに移住したと言われ、そこでは同じ7年間でユダヤ人口が382,000 人から585,000人に増加した。*50

　ブロンクスの開発は、郊外の開発とみなされるかもしれない。しかしブ ロンクスでの最初のユダヤ人世代にとって、ステータスを示す公共の象徴 は、芝生に囲まれた個人のコテージではなかった。彼らの理想はむしろ人 民のパラッツォという、個人主義では手に入らない記念碑的な存在であっ た。芝と花が植えられたコテージの庭は、入念に造園された中庭となり、 共同整備されて全員が享受できた。新法が定めた光庭の最低寸法は放棄さ れ、代わりに中庭が選ばれた。郊外のブロンクスは、1894年に世界で最 も過密な都市集団と描写された、ロウアー・イースト・サイドから開放さ れた人々の住みかとなった。*51 彼らにとって、単世帯用のコテージは 一世代のうちに到達できるものではなかった。ロウアー・イースト・サイ ドの都市的な遺産は、そう簡単に払拭できなかったのである。物質的な快 適さはブロンクスで向上したものの、「メトロポリス」の非常に強い感覚 は存続し、実際ニューヨークのどこよりも祝福されたのであった。グラン ド・コンコースやペラム・パークウェイは、20世紀のクリスティーやフォー サイス通りであり、また3番街とイースト・トレモント通りは、かつての オーチャード通りと同等であった。1920年代は、ニューヨークのハウジ ングのほとんどが、民間資本によって建設されたが、これらの状況は利益 優先の定式以上の結果を生むことになった。経済的制約内での試みが功を 奏し、それぞれが熱心に追求されたのであった。

6. 新法による中コスト民間ハウジングと効率的な周囲ブロックの試み

　適度なコストの民間市場のハウジングでは、開発業者らが新法テナメ ントの調整をする上で、低建蔽率化への動きが1920年以前に芽生えてい

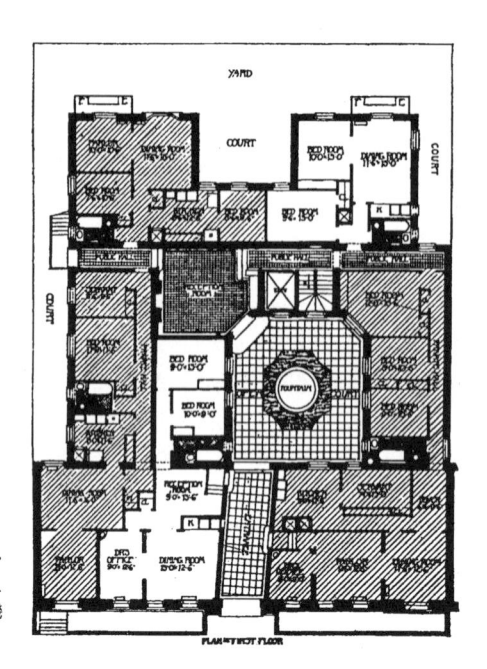

5.7 エメリー・ロス。ゴールドヒル・コート・アパートメント（ブロンクス、1909年）。新法のライトコートに幾分虚飾的な庭園要素が追加された。

た。その多くは、フラッグ型の微小な中庭が婉曲的ながら「庭」に改変されたもので、1909年にブロンクスのユニオン・アヴェニューに完成した、ゴールドヒル・コートは一例である。*52 これはエメリー・ロス設計による最初期のアパートメントであった（fig.5.7）。新法に即したライトコート全体には大きな噴水が設けられ、本来の実用目的を覆い隠していた。中間所得層の自負は、エレベーターの設置や、精巧で多彩なファサードに強調されていた。他には、新法が定める建物のヴォリュームをより自由に解釈し、採光スロットを道路側と裏側から切り込んだ手法もよく見られた。アンドリュー・トーマスが、クイーンズ・ブルバード付近の東45丁目に提案した計画は興味深い。敷地は 70 × 100 フィートであるが、フラッグ型よりも建蔽率をわずかに減少させただけで、優れた採光と通気性を得ている（fig.5.8）。*53 二重階段システムの採用によって非常階段が不要となり、フラッグ型の中庭は、前庭と裏庭の2つに姿を変えた。前面の庭は、少しだけ道路面から持ち上げられ、建物の入り口付近には軽やかに植栽が施された。この手法は、結果的に建設業者の間で幅広く使われることになる。

このような住戸計画の小規模な革新を超えて、デザインの実験は周囲ブロック（permeter block）の領域へと入りつつあった。メルローズ・コートは、ブロンクスでの重要な先例であり、テラー・アヴェニューに隣接する街区に1920年に完成した。当初の建築家はチャールズ・クレーンボーグであり、その後ウィリアム・E・エルブとポール・R・ヘンケルが引き継いだ。*54

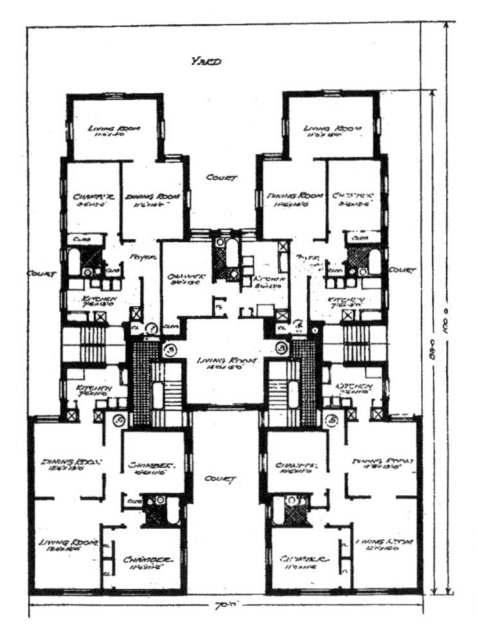

5.8 アンドリュー・トーマス。民間開発によるアパートメント・ビル（1917年）。70×100フィートの敷地での提案。

ここでは 100×200 フィートの大きな中庭が、噴水のある庭園として開発された（fig.5.9）。道路との関係は、従来の逆であり、自動車が庭園を抜けて区画中央を通過できるようになっていた。この反転により、新法の採光スロットの機能が、それまでの用途のない裏庭から、各建物ロビーのエントランス空間へと変化したのであった。建物の建蔽率は65％と比較的高かったが、この採光スロットを巧妙にまとめ配置したことにより、内側の中庭は広々として見えた。

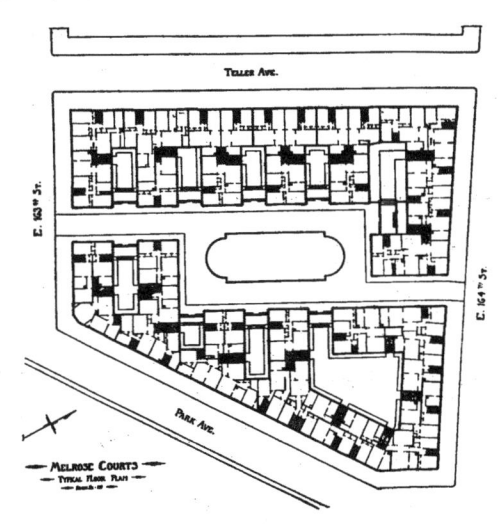

5.9 チャールズ・クレーンボーグ、ウィリアム・E・エルブ、ポール・R・ヘンケル。メルローズ・コート（ブロンクス、1920年）。広い中庭の周辺に新法平面を採用。

ガーデン・アパートメント　175

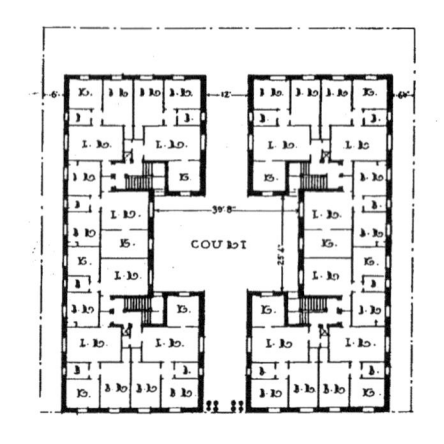

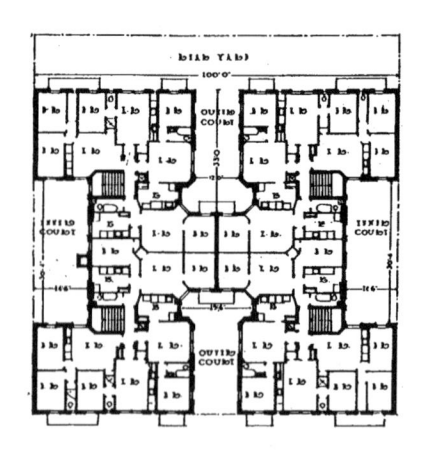

5.10 （左）アンドリュー・トーマス。テナメントハウス・設計競技提出案（フェルプス・ストークス基金主催、1921年）。建蔽率が60％であったため失格となる。（右）シブリー・アンド・フェザーストンによる1等入選案。建蔽率68％。

ガーデン・アパートメントの実現を可能にしたのは、その収益性であり、中間所得層ハウジングの、建蔽率をもとにした利益に対する開発業者の認識を大きく変えた。1920年以前において、建蔽率を下げることは、コストを引き上げ、利益を減少させるものと考えられていた。低建蔽率化の議論は、公益を目指した場合と、高家賃を確保できるという確信のもとで、採光と通気をセールスポイントにした場合に限られていた。安価な土地が外郭行政区に容易に入手可能になると、この通念は逆転することになる。低価格の土地で建蔽率を下げることは、住戸数が少なくても増益につながるだけコストが下がる、という仕組みが分かったのである。このようにして、中間所得層ハウジングの経済的規範は、1879年のテナメント・ハウス法によって義務付けられていた、25×100フィートの宅地分割から、1901年のテナメント・ハウス法による100×100フィート区画、さらに1920年代の街区全体へと拡大していったのであった。この大型開発の鍵は、統合された空地利用によって細部の工事を簡素化し、1部屋あたりの投資額を下げ、さらに家賃を上げる、というものであった。より高密で、空地が少ないテナメントは、十分な採光と通気を供給するために、複雑で費用のかかる空間配置を必要としていた。新しい経済の定式は、とりわけ到着したばかりの中産階級を対象としたハウジングに適合した。彼らが求めた空間水準は、テナメントよりも、はるかに余裕のあるもので、近郊地区においては広い用地と低価格により、低建蔽率が可能になったのであった。

この新しい経済理論を強化した出来事は、フェルプス・ストークス基金の後援による、1921年のテナメント・ハウス設計競技をめぐる議論であった。[*55] その要求プログラムは50×100フィートの区画における24の賃室、あるいは100×100フィートの区画に対して48の賃室を提案し、各階の居住スペースを56％以上にするというものであった。この制限から、動線とその他のサービス空間を含めて、建蔽率は約70％になると計算されていた。アンドリュー・トーマスの提案は、建蔽率が60％に過ぎず一

連の条件を満たさなかったが、彼の主張は、デザイン水準が高いだけでなく、その低建蔽率のために採光と通気性がより優れていれば、より高利益につながるというものであった (fig.5.10)。優勝作品は、従来の「新法」平面を採用したシブリー・アンド・フェザーストンによるもので、建蔽率は 68% であった。レイモンド・フッドによる次点作品は、わずか 64% の建蔽率であった。

　トーマスの提案は適格ではなかったが、その論点はフレデリック・アッカーマンによる後の 3 つの計画を通して、かなりの信用を得ることになる (fig.5.11)。アッカーマンによれば、トーマス案の建設コストは建物体積の減少により 10% 低くなるというものであった。[*56]　総部屋数は 4 部屋少なく、年間の総家賃収入は削減されるが、利益が優勝作品よりも 0.2% 高くなるとされた。建設コストの差は、建物の体積をもとに計算された 10% よりも、実際はさらに大きかった。建築面積が減るため、建築家は、外壁の輪郭や間仕切を単純化することにより、工事の大幅な簡素化が可能になったのである。トーマス案は、1 部屋あたりの家賃収入と 1 立方フィートあたりの建設コストが示すように、家賃収入と形態の均衡が保たれており、さらに建蔽率の低さは、優れた採光と通気性を意味していた。アッカーマンの研究は決定的であった。低建蔽率が道徳上の義務ではなく、明確な経済的利点と初めてみなされたのである。しかし、彼はその研究の結論に、次のような皮肉を込めた論評を追記せずにはいられなかった。「人類が何千年もかけて、ここまで物質世界を支配するようになっても、全人口の半分という多数の人間はこれらの数タイプを、住みかとして選択するであろう」

　1922 年までにトーマスは低建蔽率に対する自らの考えを数多く公表している。1919 年に、彼がニューヨーク州再建委員会のハウジング委員会に出した提案は、200 × 650 フィートの街区の外周に沿って 14 の U 字型建物が併置され、大きな中庭を設けていた (fig.5.12)。[*57]　この U 字型は、コストの最小化、採光と通気の最大化を目的に、建物のヴォリュームと建築形態の関係を、入念に分析した結果導き出された。トーマスは、報告書の中で、70% の建蔽率の場合における利益は、投資の 6.9% に過ぎないが、この配置構成によれば 67.7% の建蔽率で 7.5% の利益を確保できると論じている。トーマスの経済的論点は、ニューヨーク市のハウジングデザインの転機となった。低建蔽率が経済上のインセンティヴとなっただけでなく、同様の議論は街区全体へ拡張できたのである。大規模開発はデザインの効率化だけでなく、建設コストの大幅な削減を可能とした。これらの街区構成は、19 世紀後期ニューヨークの上流階級のパラッツォから、低層、低建蔽率で、より制約の少ない周囲型のヴォリュームへと展開し、低所得層の住民を対象とするまで至ったのである。

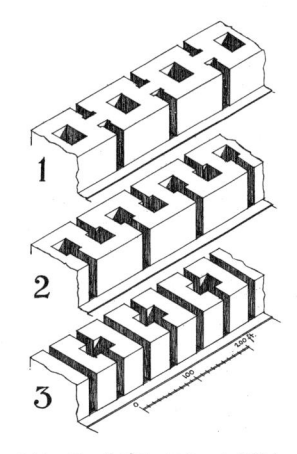

5.11　フェルプス・ストークス基金主催テナメント・ハウス設計競技。シブリー・アンド・フェザーストン (1)、レイモンド・フッド (2) アンドリュー・トーマス (3) による各案の比較。

ガーデン・アパートメント　177

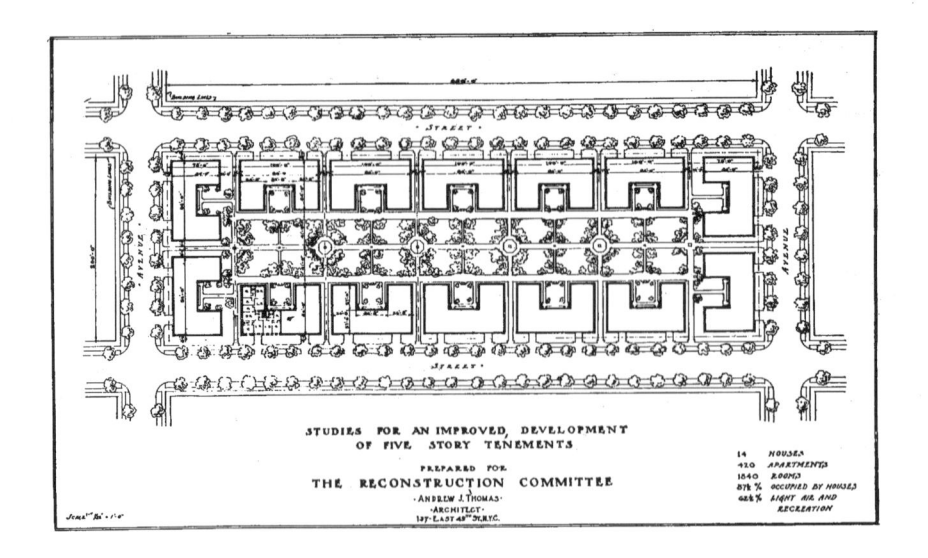

5.12 アンドリュー・トーマス。周囲ブロック計画案（1919年）ニューヨーク州再建委員会に提出。利益率に基づいて低建蔽率を擁護。

7. ヨーロッパの影響とジャクソンハイツの優位点

　ヨーロッパでは、低建蔽率のハウジングが、既に世紀の変わり目には、洗練された段階に達していた。ある大きさの土地を高速鉄道の開発により併合するといった、ニューヨークとの共通点は存在していたが、それ以前のヨーロッパにおける改革は、労働者階級の社会ハウジングプログラムが原動力となり、公営、民間を問わず多様な慈善事業が、大規模な実験を支えていた。ロンドンでは、第1次大戦以前に、ロンドン郡評議会（London County Council）が一連の低建蔽率プロジェクトを完成させている。[*58]
　パリでは、古い城壁が除去されつつあった都市周縁部に、低コストハウジング協会（HBM）による、目覚しいプロジェクトが実現していた。[*59]
　ベルリンでは、王室の保有地であったシャーロッテンブルグの開発に、労働者を対象とした良質なハウジングの集合体が組み込まれた。[*60]　最も早い産業立国である英国とベルギーでは、様々な形態をした労働者階級の「田園住宅地」が伝統となって定着していた。[*61]
　ヨーロッパでの試みは、規模と質においてニューヨークよりもはるかに優れていた。世紀の変わり目に、ハウジングと都市計画に関する熱烈な往信が、国際的に取り交わされたことを考慮すると、ヨーロッパのプロジェクトがニューヨーク市民に影響を与えたことは必然的であった。影響は広範囲にわたり、ハウジング企業家にまで及んだ。クイーンズボロー社の経営者たちは、1914年にヨーロッパのハウジングを視察し、シャーロッテンブルグの新しいハウジングに感心したと述べている。[*62]　エーリヒ・コーンとパウル・メベスが、ベルリン公務員公社協会のために1904年から1909年にかけて設計した、シャーロッテンブルグI/IIのプロジェクトを見たのであろう（fig.5.13）。[*63]　これらの開発はガーデン・アパートメ

ントそのものであった。周囲型のヴォリュームを持つ 5 － 6 層の建物には、十分なレクリエーション施設や、共有スペースが取り込まれており、ジャクソンハイツのハウジングに極めて類似していた。世紀の変わり目、公共交通の導入とともに開発されたシャーロッテンブルグは、クイーンズボロー社の管理者たちに、クイーンズにおいてもデザインの革新と利益が両立することを確信させたに違いない。1910 年頃には、シャーロッテンブルグは米国の建築関係の出版物で注目を集め、この新しいタイプの正統性を支えたのであった。*64

クイーンズボロー社がジャクソンハイツに最初に建設したハウジングは、82 丁目とノーザーン・ブルバードに 1914 年に完成したローレルである。それは小さな中庭を取り込んだ独立したアパートメントであった。*65

ジャクソンハイツでは、短期間ではあったが、土地の経済性と新交通の良好な連絡という、ガーデン・ハウジングの革新に最適な条件が整っており、その特徴は、取り入れられた建物のヴォリュームについての手法が特徴的である。その周囲型の形態は、ブロンクスと比較した場合、より低密度で断続的であり、庭園の存在感が強調されていた。開発当初の段階の建蔽率はわずか 40％であったが、すべての街区の開発が進むとともに増加していった（fig.5.14）。

クイーンズボロー社は、グレイストーンと名付けられたプロジェクトにおいて、「ガーデン・アパートメント」という用語を初めて使用したと主張している。グレイストーンは、ジョージ・H・ウェルズの設計により、ノーザーン・ブルバードに、1918 年に完成した（fig.5.15.）。*66 ガーデン・アパートメントとしては、極めて単純であり、街区の内側ではなく、道路を挟む形式であった。大多数の部屋は道路側に面し、裏の「ガーデン」空間は最小限の開発にとどまった。クイーンズボロー社は、田園的環境でのア

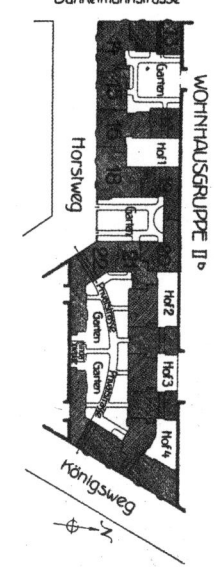

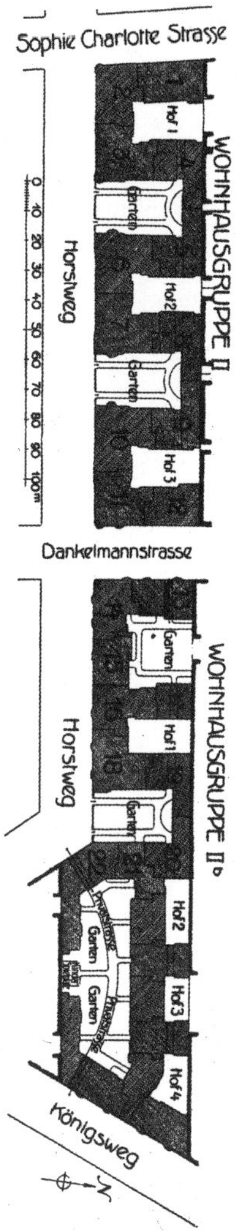

5.13 パウル・メベス。シャーロッテンブルグⅡプロジェクト（1907-1909 年）。ベルリン公務員公社協会による。クイーンズボロー社の役員が 1914 年に視察。

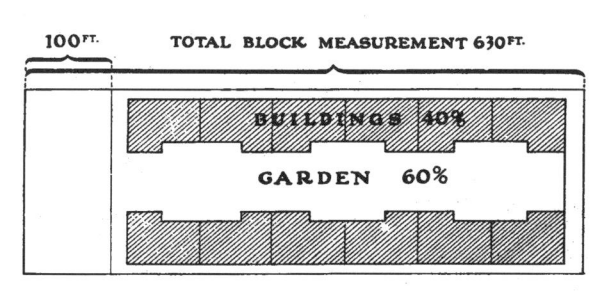

5.14 クイーンズボロー社。周囲ブロック構成方式。後に増築され、建蔽率は 40％をはるかに上回った。

ガーデン・アパートメント　179

5.15 ジョージ・H・ウェルズ。グレイストーン（ジャクソンハイツ、1917-1918年）。クイーンズボロー社。ニューヨーク市初のガーデン・アパートメントとされている。

パートメント生活の理想像を宣伝した。すべての未開発の土地は、一時的に庭園、公園や屋外レクリエーションの場に充てられた。例えば、当初空地として残された街区の端部は、テナントを惹きつける販売戦略として、幾何学的庭園やテニスコート、スケートリンクとして使用された。時にはゴルフコースまでがつくられた。ジャクソンハイツはその開発当初、十分な土地があったため、同社は希望するテナントに個人の庭を提供することもできた。この伝統は、第1次大戦中の家庭菜園（Victory Garden）に始まったもので、周辺の空地がすべて建設される1920年代を通じて続いた（fig.5.16）。この販売戦略により街区の端部が開放された結果、統合された街区の中間部分と分断された端部、という特徴的な周囲型の街区構成が出来上がった。提供された庭園は街区全体を統合する役割を果たした。

アンドリュー・トーマスのハウジングへの関心と、その知名度をもってすれば、彼がクイーンズボロー社に関わるのは必然的であった。トーマスの設計によりジャクソンハイツに実現させたすべてのプロジェクトは、周囲型を構成するU字型建物の変種であり、彼のニューヨーク州再建委員会における研究を探求したものであった(fig.5.12を参照)。最初のプロジェクトは、1920年に完成したリンデンコートである（fig.5.17）。[*67] 37番街とルーズベルト・アヴェニューに挟まれる街区を囲むように建てられた、4階建ての10棟が、2列となって144世帯を収容した。建物後部には限定数の車庫が設置された。自動車の存在感は、機能目的よりも、装飾的な、持ち上げられた中庭によって抑えられていた。各戸から中庭へのアクセスも間接的であった（fig.5.18）。トーマスによる他の周囲型ハウジングにはシャトーやタワーズ・プロジェクトなどが挙げられる。どちらも上流中産階級を対象としたコーポラティヴであり、自動エレベーターが設置され、空間と採光ともに十分な水準に達していた（fig.5.19）。

5.16 グレイストーンの協同農園（1918年頃）。クイーンズボロー社所有の未開発地を利用している。

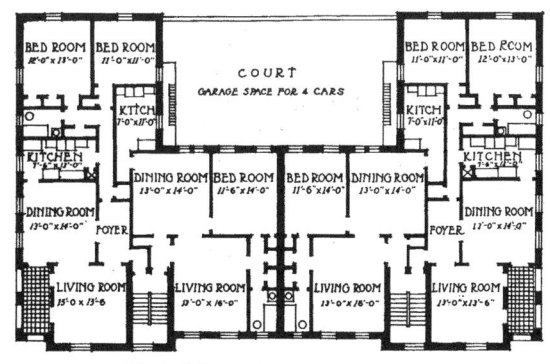

5.17 アンドリュー・トーマス。リンデンコート（ジャクソンハイツ、1920年）。クイーンズボロー社による開発。U字型の建物に駐車場が組み込まれている。

リンデン・コート。

ガーデン・アパートメント　181

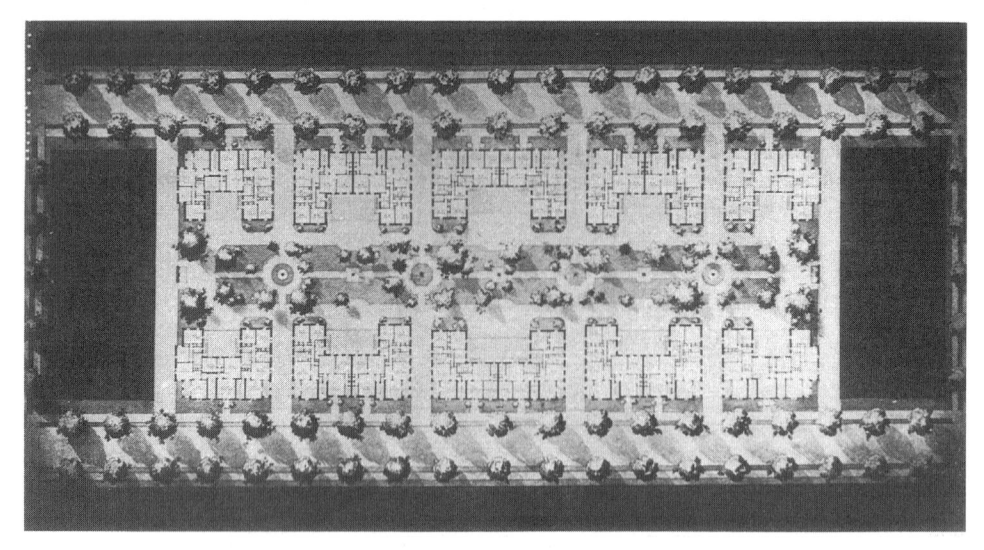

5.18 リンデンコート配置図。中庭に車両アクセスを組み合わせている。

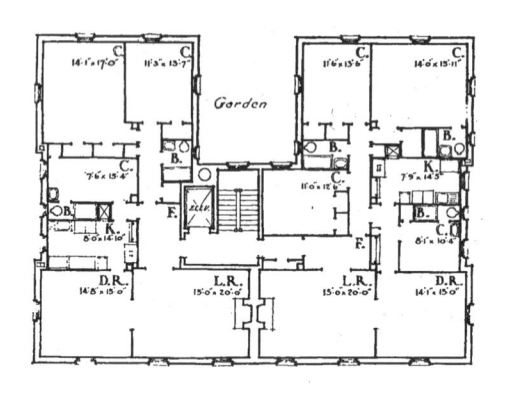

5.19 アンドリュー・トーマス。シャトー（下）／タワーズ（上）の典型ユニット。クイーンズボロー社の開発により、中流上層階級を対象としたコーポラティヴとして、それぞれ1922年と23年に竣工。自動運転エレベーターが設置されている。

最初に完成したシャトーは、80 − 81 丁目、34 − 35 番街に囲まれた街区が敷地であった。[*68] 配置計画はトーマスによる典型的な周囲ブロックであり、3 種類の U 字型の建物が、内側の空地を挟んで合計 12 棟配置された（fig.5.20）。34 番街とノーザーン・ブルバードの間、隣接する街区に建てられたタワーズは、シャトーと手法は類似していたが、住戸の面積はより広く、中庭の造作も入念であった。[*69] しかし、シャトーの中庭はリンデンコートと同様一段高くなっており、緑のオアシスとしてより効果的であった。両プロジェクトは、クイーンズボロー社のテナントでもエリート階級を対象とし、コーポラティヴ方式で販売された。さらに着想から実現、トーマスが得意とするディテールにいたるまで、細心の注意が払われた。外観に用いられた、フランスのシャトーやイタリアのヴィラのモチーフは、これらのプロジェクトが主張する社会的地位を強調していた。それらは同時に都市のパラッツォから郊外のヴィラへと、「周囲型ハウジング」の考え方の転換を示しており、田園の中に孤立する建物へ歴史的に結びついていたイメージを取り入れたのである。

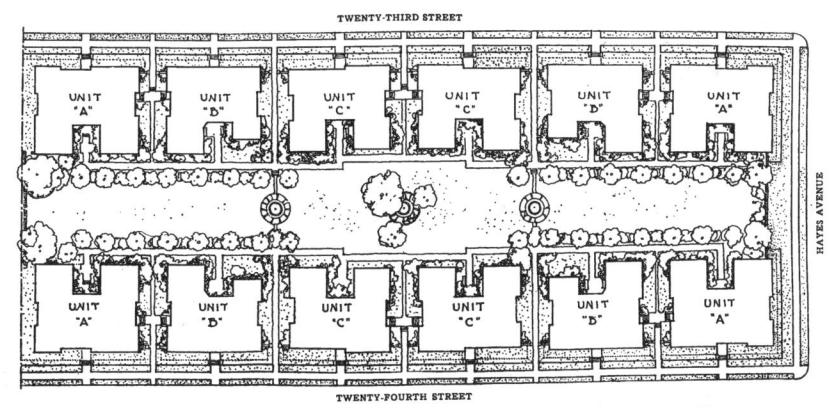

5.20 シャトー配置図。クイーンズボロー社の初期プロジェクトよりも中庭が拡大。

タワーズ（左）。シャトー（右）。

ガーデン・アパートメント　183

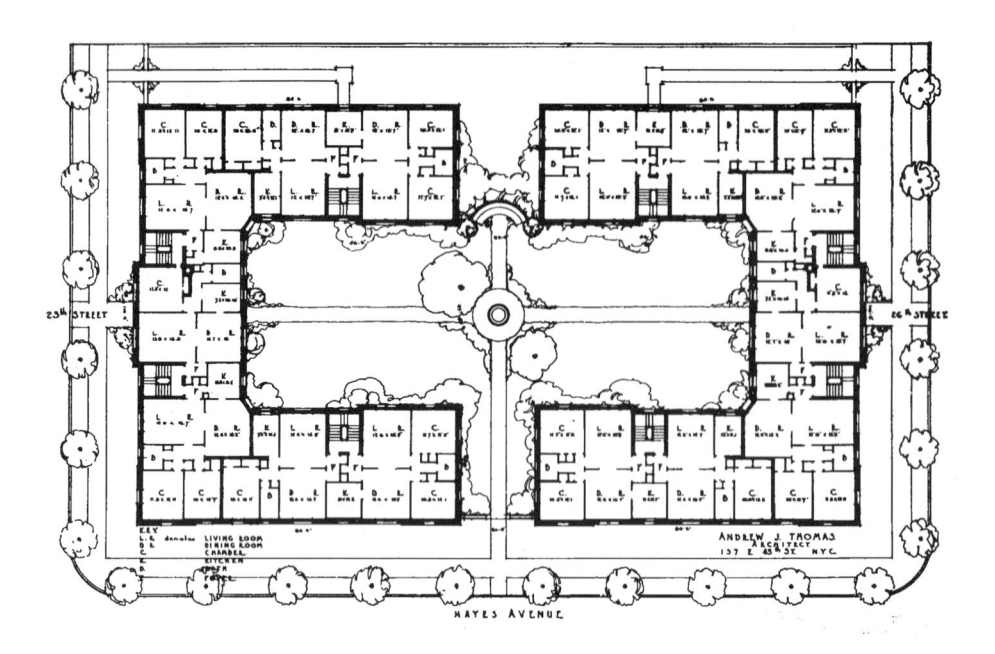

5.21 アンドリュー・トーマス。ヘイズ・アヴェニュー・アパートメント（ジャクソンハイツ、1922年頃）。大型U字型を2棟配置し、調和のとれた大きさの中庭を構成。

ジャクソンハイツでトーマスが手がけたもう一つのプロジェクト、ヘイズ・アヴェニュー・アパートメントでは、U字型プロトタイプが異なる手法で取り入れられ、ジャクソンハイツの敷地計画に特有の街区端部の問題を解決している (fig.5.21)。[*69] 1923年に34番街の82－83丁目間に建てられたこのプロジェクトは、比較的大きい2棟のU字型建物が、小さな中庭を囲み、道路から庭側の半円形ベンチ (exedra) まで通路が設けられた。内側の立面は、庭園の存在感を強調している。様々な環境のもと他の地域でも、トーマスはこれらのヴォリュームの実験を行っていた。興味深い事例は1918年、クイーンズ、アストリア地区に提案された、4階建て、周囲型の低中所得層ハウジング (fig.5.22)。[*71] 同じ形態は、ブロンクスの190丁目とモリス・アヴェニューにある別の計画案にも採用されている。[*72]

しかし一方では、U字型ヴォリュームの経済性を問う建築家もいた。ある分析は、孤立した棟を連結すれば、建設費を上げずに各階に1戸ずつ増やせると計算している (fig.5.23)。[*73] その後、この効率性と経済性を追求する動きは、多数の凹凸が連続する外壁、すなわち「二重輪郭」(double perimeter) 型の建物ヴォリュームを導き、1920年代の終わりにはガーデン・アパートメントの一般的な形状となっていた。同じ方法は、ジョージ・H・ウェルズが、クイーンズボロー社のプロジェクトでも使っており、第10号計画と称された1920年の提案もその1つである (fig.5.24)。[*74] これらの初期の提案は、概して道路と庭側の平面上の対立が解決されていなかった。実際、後のケンブリッジ・コートにて、ウェルズは単純な全階ユニッ

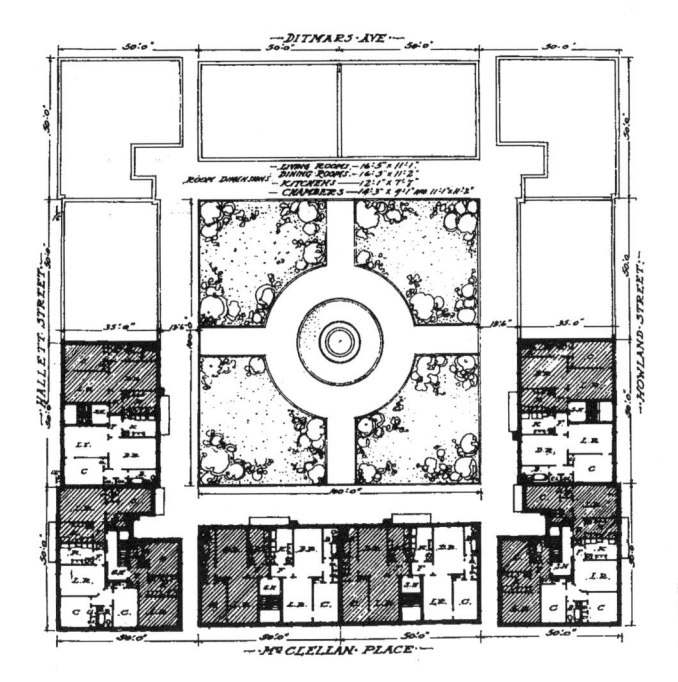

5.22 アンドリュー・トーマス。民間開発のための周囲ブロック提案（アストリア、1918年）。

トを用い、すべてのアパートメントが道路と庭の両方に面するように工夫した（fig.5.25）。

8. 庭園の機能の時間的変化

1920年代を通して、中産階級のガーデン・アパートメントの建蔽率が低下するとともに、ガーデン（庭園）自体の機能が問われるようになっていった。1924年、クイーンズボロ社は、ジャクソンハイツにケンブリッジ・コートを完成させていたが、その建蔽率はわずか35%であった（fig.5.26）。[75] 4階建ての周囲ブロックから構成されるケンブリッジ・コートは、34－35番街の間、70丁目と80丁目に建てられたものである。設計者のジョージ・ウェルズは、道路側と街区内側の両面に庭園を設けた。ジャクソンハイツでは、これらのガーデンの利用法は、幾つかのプロジェクトが完成し、入居者が入った後に再考されることになる。例えば1920年に完成したリンデンコート（fig.5.18参照）のガーデンは眺めるだけのものであった。2年後にトーマスが完成させたシャトーでは（fig.5.20参照）、その設計手法は変化し、いくぶん陽気に説明されている。

初期のガーデンは実験であり、人々が集まることは望ましいことではなかった。経験を重ねた結果、クイーンズボロ社は進歩し、この新しいガーデンは明確に住民を歓迎する社交の場となった。この光景は、動線システムの完備、さらに人々が屋外で座れるような、いくらかの舗装空間、テラスを用いたデザインに含まれ

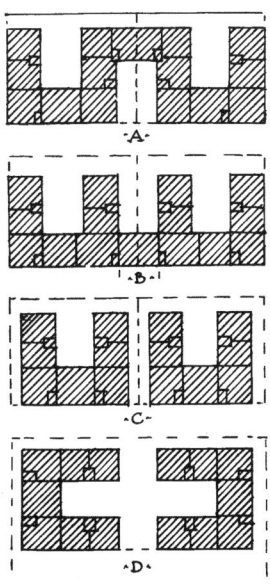

5.23 フランク・シュートウ・ブラウン。周囲ブロック計画のためのU字型と連続型の比較（1922年）。

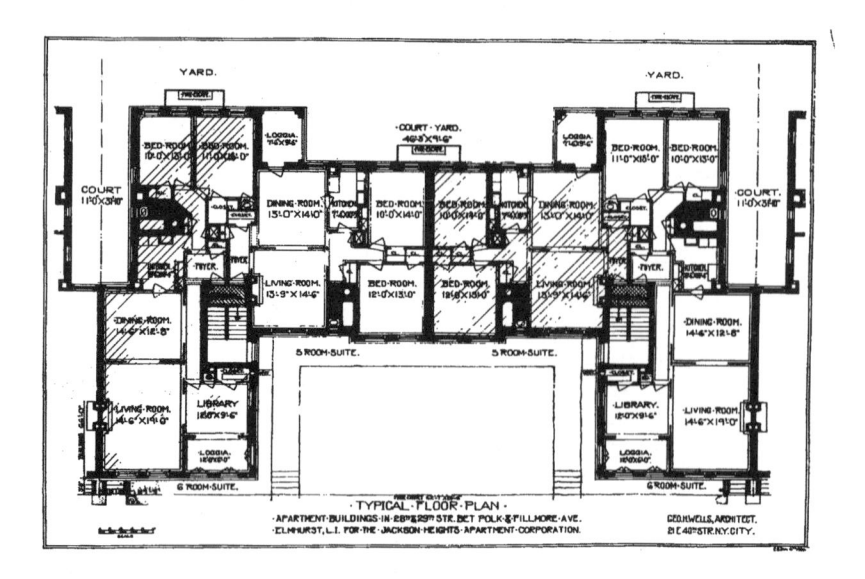

5.24 ジョージ・H・ウェルズ。事業第 10 号。典型的アパートメントの部分提案（ジャクソンハイツ、1920 年）。クイーンズボロー社開発、連続する 2 重輪郭の試み。

ているのである。*76

ジャクソンハイツの開発の独自性が具体化してくると、事業規模や周囲型ガーデン・アパートメントというデザイン慣例などを目当てに、ちょうどクイーンズボロー社の経営者らがヨーロッパの革新的ハウジングを訪れたように、海外から視察客が訪れるようになった。1922 年には、英国のハウジング官僚たちが最初の建物を見学しており、*77 1925 年には、国際地域計画会議（International Regional Planning Conference）の代表者団がその後の進展を調査した。*78 英国のエベネザー・ハワードやレイモンド・アンウィン、ドイツのヨセフ・スタッベン、そしてフィンランドのエリエル・サーリネンなどが代表者団に含まれていた。

ジャクソンハイツは多様なガーデン・アパートメントが集中している点で独特であるが、同様の形式を持つ中間所得層ハウジングの民間開発は、ニューヨーク市全域に及ぶことになる。開発は 1930 年代の終わりまで続き、庭園空間もその精巧さを増していった。しかしその形状は、クイーンズ、ブロンクス、マンハッタンで異なっており、それは各地域の密集度を反映した建蔽率であった。都市的な例としてよく知られているのは、1931 年、ブロンクスの西 168 丁目に完成した 8 階建ての周囲型ハウジング、ヌーナン・プラザである。*79 ホラス・ギンズバーン設計により、マヤデコ（Mayan Deco）調のモチーフが用いられ、滝、金魚や白鳥が放たれた池を持つ中庭が計画された。不足気味の大きさは、これらの装飾要素によって補われていた（fig.5.27）。

ブロンクスでは他にも、良質の U 字型ハウジングが実現している。1929 年、チャールズ・クレーンボーグがグレイストーン・アヴェニュー

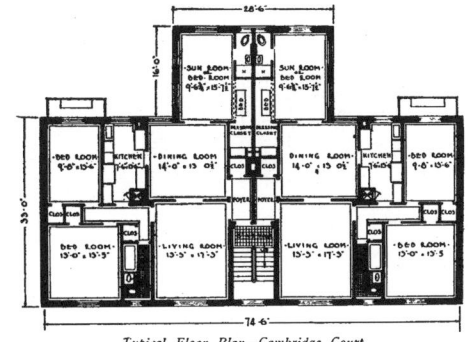

5.25 ジョージ・H・ウェルズ。ケンブリッジ・コート（1924年）。典型アパートメント区分。内部生活空間が道路側と庭園側の両方に面している。クイーンズボロー社のそれまでのプロジェクトよりも直接的である。

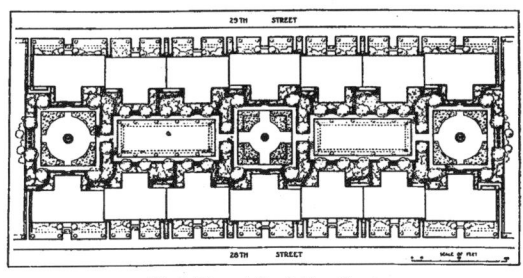

5.26 ケンブリッジ・コート配置図。建蔽率はわずか35％であり、中庭が巧みに開発されている。

に完成させたグレイストーンは、その最も優雅な例である。道路の角度によって定められた、不規則な形状の建物は、芝生と庭を囲み、歩道よりも高い位置にあるために、部分的ながら隔絶されていた。十分な大きさの中庭には、松の木や花壇、遊歩道が敷かれ、入り口には屋根つきのゲートと守衛所が設置された。ペラム・パークウェイ地域にも優れた例がある。その中でも傑出したアルハンブラは、ホランドとウォラス・アヴェニューの間に、スプリングスティーンとゴールドハマーの設計によって1927年に完成した。[*80] 街区の端に奥行きのあるＵ字型が配置されている様子は、世紀の変わり目のベルリンを想起させた。またムリナー・アヴェニュー沿いにも同種の建物が並び、そのいくつかは街路空間を取り込む形でＵ字型の建物が向き合っていた。さらに、ブレイディー・アヴェニューにロバート・Ｅ・ゴールデンが完成させた、簡素なガーデン・ミューズは、このタイプではニューヨークで最も洗練された事例であった。6棟の浅いＵ字型の建物に沿って、ブレイディー・アヴェニューからアンティン・プレイスまで、庭園の回廊がテラスのように連なっていた。

　地価の高いマンハッタンでは、ガーデン・アパートメントは数少ない。しかし、北端のワシントン・ハイツには、1920年代にも未開発の土地が残っており、幾つかの重要なガーデン・アパートメントが実現している。よく知られているのは、1924年にジョージ・フレッド・ペラム設計による、

ケンブリッジ・コート。

ガーデン・アパートメント　187

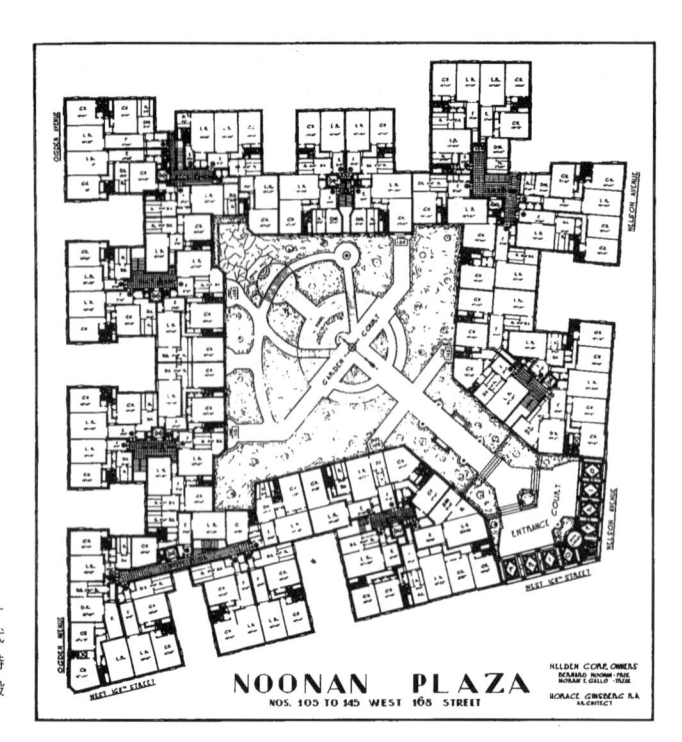

5.27 ホラス・ギンズバーン。ヌーナン・プラザ（1931年）。この時代のブロンクスで最も優雅な庭園を持つ。金魚や白鳥のいる池や、滝が設置された。

182丁目のハドソン・ヴュー・ガーデンズであった。*81 マンハッタン南部の大部分においては、ガーデン・アパートメントに必要な広い敷地は、現存する街区の再開発を必要とした。この頃には、「スラム・クリアランス」は、現実的な方策として、市内の多くの地区で実行され始めていた。特筆すべきは、フレッド・F・フレンチ社による巨大なチューダー・シティであり、グランド・セントラル駅の東側、1番街と2番街の間のほぼ3街区を占めていた。この用地は1919年に、750万ドルという記録的な価格で購入されものである。*82 やはり民間のスラム・クリアランスに基づく、ロンドン・テラスは、マンハッタンの西23－24丁目と9－10番街が囲む街区に、1930年に完成した（fig.5.28）。*83 不運にも、ここでいうスラムは、西23丁目沿いにアンドリュー・ジャクソン・デイビスが1946年に完成させた、同じ名称の19世紀の貴重なテラスハウスであった。*84 新しいロンドン・テラスを設計したファラー・アンド・ワトマーは、周囲型配置を変形させ、重厚な16階建の建築で中庭を囲み込んだ。両プロジェクトの「庭園」が、建物の高さによって圧倒されたのは、マンハッタンの不動産価格の産物と言えよう。いずれにしても、チューダー・シティとロンドン・テラスは、20世紀初頭に建てられた数少ないパラッツォ型高級アパートメント（fig.3.30、3.31参照）に比類する、1920年代のマンハッタンが獲得した最高の水準を象徴していた。

ジョージ・フレッド・ペラム
ハドソン・ヴュー・ガーデンズ
（1924年）。

　しかし、1920年代のマンハッタンにおけるハウジングの革新は、外郭行政区と比較すると非常に少なく、型どおりのものばかりであった。例外は、キング・アンド・キャンベルが1921年に完成させた、ポマンダー・ウォークである（fig.5.29）。[*85]　ブロードウェイとウェスト・エンド・アヴェニューに挟まれた、西94－95丁目の間を路地＝ミューズによって連結し、エドワード・T・ポッターが19世紀に提案した街区再編成を実現した希少な例である（fig.1.17、1.18参照）。しかし、ポマンダー・ウォークは理性的な計画という訳ではなかった。24戸の小さなアン女王朝様式のロウハウスが、ウェスト・エンド・アヴェニューに林立するアパートメントに隣接する様子は、超現実的であり、時代錯誤的でもあった。この計画は、開発業者トーマス・ヒーリーの風変わりな構想に基づいており、数年前にブロードウェイで上演された、ルイス・N・パーカーの演劇「ポマンダー・ウォーク」の舞台セットがもとになっていた。それはマンハッタンを覆いつつあった過密現象に対する、辛口の論評に他ならなかった。
　ガーデン・アパートメントの開発は、民間市場だけでなく、慈善分野においても重要であった。実際、この形式は、社会福祉の改革にとって強力な手本となったのである。庭園によって価値の高められた、中密度の生活という概念は、建築面積の縮小に革新の眼目を置いた、再確立された改革理想に適していたのである。地下鉄が開通すると、民間の開発業者と同様、従来の慈善会社も外郭行政区に長所を見出した。焦点が定まらない活動であったかつての労働者用郊外コテージではなく、高密度ハウジングに注目

ガーデン・アパートメント　　189

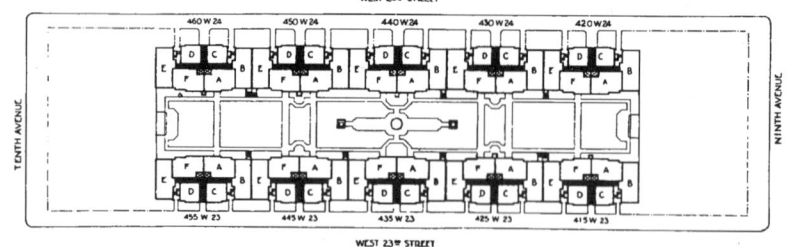

5.28 ファラー・アンド・ワトマー。ロンドン・テラス（チェルシー、1930年）。民間資本による「スラム・クリアランス」プロジェクト。16階建ての周囲ブロック。

したのである。例えば、シティ・アンド・サバーバン・ホームズ・カンパニーは1900年までに、ホームウッド・プロジェクトにおいて、250軒もの一戸建て住宅を建設してきた（fig.4.33参照）が、1920年にガーデン・アパートメントに方向転換し、ホームウッドの拡張地区を、他ならぬアンドリュー・トーマスの設計によって完成させた（fig.5.30）。[*86] 73-74丁目間の17番街に建った4棟は、それぞれ複合U字型に構成され、100家族を収容、建蔽率はわずか52％であった。庭園とそれを囲むファサードはトスカナの風景を想起させるものであった。

9. イデオロギーと立法の革新とユダヤ系労働活動の誕生と衰退

多くの点で、トーマスのホームウッド・プロジェクトは、慈善ハウジングの質の新しい水準を要約している。特にマンハッタンの、行き詰まった

ロンドン・テラス。

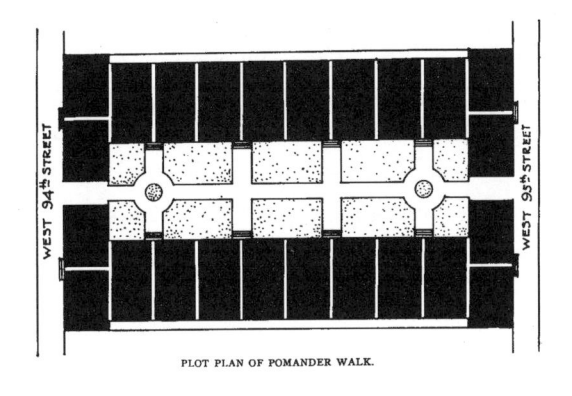

5.29 キング・アンド・キャンベル。ポマンダー・ウォーク（西94－95丁目、1921年）。ニューヨークに建てられた数少ないミューズ。

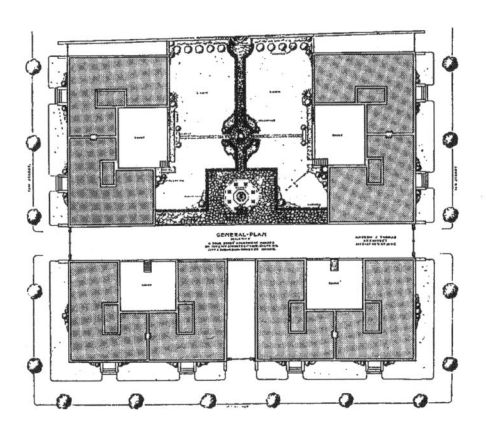

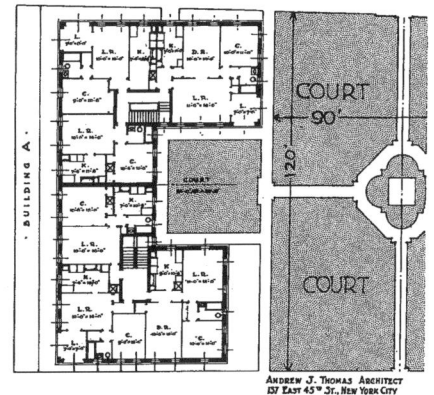

5.30 アンドリュー・トーマス。シティ・アンド・サバーバン・ホームズ・カンパニーのホームウッド・プロジェクト、増築計画（ブルックリン、1920年）。U字型建物が庭園を囲む。トスカナ地方のモチーフが用いられた。

フラッグ型平面を持つハウジングと比較するとなおさらであった（fig.4.24参照）。慈善主義ハウジングの水準は、ようやく中産階級の期待と一致し、ガーデン・アパートメントは慈善ハウジングの類型の規範となったのである。この変化は、ある程度新しい土地経済に関係していた。シティ・アンド・サバーバン・ホームズ・カンパニーは、1917年の年次報告書で、低価格の土地が容易に入手できるようになった今、地価よりも建物の質が、将来の不動産収入において第一の尺度として問われるだろう、と結論づけている。*87　この見解は、ニューヨークのハウジング建設の前提を根底から覆すものであった。同社社長のアラン・ロビンソンは、頂点に達している地価に直面しては、建物の質はさらなる重要性を帯びると論じた。したがって自由市場での投機活動はより高いデザインの品質を促進するようになった。1920年代の繁栄は、ある程度までこの理論を裏づけるものであった。

1920年代初頭に出現した新しい形の慈善事業は、従来の民間活動の範囲を拡張させるものであり、政府参加によって民間市場に様々な刺激を与

ガーデン・アパートメント　191

えて、ハウジング危機を乗り越えようという狙いが含まれていた。[*88] ガーデン・アパートメントは傑出した模範となった。こうして、政府の直接介入に反対する一般市民の積極的な声は、民間生産への間接的助成を支持する民間の運動によって後押しされたのであった。とりわけ1920年代、ニューヨーク州議会は、「1922年4月以前に着工し、1920年4月から1924年4月に竣工した建物」に、10年間の不動産税免除を認める法案を可決した。この法案は、1922年に始まるハウジング・ブームに火をつけることになる。[*89]

1922年、州議会はニューヨーク州保険規約（New York State Insurance Code）の修正案を可決し、生命保険会社によるハウジング開発への投資を一時的に認めた。[*90] それまで、保険会社の投資活動は厳しく制限されており、業界の急成長にもかかわらず、投資の機会を十分に活用できずにいたのである。修正議案の通過後、保険会社は増大する収益を、1部屋あたりの毎月の家賃が、適度な9ドルを超えないという条件で、ハウジングに投資することが許された。修正案は大企業の力をもって公益に貢献すると同時に、利益につながる可能性を示すことで、戦後のハウジング着工件数の刺激を意図していた。ハウジング投資の権利取得を求め、広くロビー活動を繰り広げていた、メトロポリタン生命保険会社は、クイーンズのロング・アイランド・シティに、単体としてはニューヨーク最大となるハウジングを完成させた。[*91] アンドリュー・トーマスの設計により1924年に完成したこのプロジェクトでは、法による家賃設定という経済条件に見合うよう、U字形を変型した構成であった。こうしてクイーンズボロ地下鉄のブリス・ストリート、ウッドサイドそしてディトマーズ・アヴェニューの各駅に近い3地区に、合計2,125家族が入居する54棟が建設された（fig.5.31）。[*92]

1923年、州議会は低建蔽率化への経済的誘因を更新し、不動産税の免除対象物件を「1924年4月までに着工し、1920－26年間に竣工した新築ハウジング」に拡大した。[*93] 1926年には、配当限度付きハウジング社法（Limited Dividend Housing Companies Law)が通過し、既に有利な経済的環境をさらに後押しした。[*94] この新法は、家賃制限付きで、住民を低所得層に限り、配当が6％以下のハウジング会社に対して、公的収用権と、地方税の減免を保証する内容であった。収用権の供与は、市周辺部の未開発用地の不足とそのコスト高に加えて、大規模なスラム排除の必要性を反映していた。同法の施行を監督する目的で、州ハウジング評議員会（The State Housing Board）が発足した。この管轄下で初めて建設されたプロジェクトは、1920年代末に完成した。

1920年代の政治風土は、労働組合やその他の組織による、協同組合用ハウジングに多くの実験を生み出した。1926年の配当限度法を利用したものには、合同衣料労働組合（Amalgamated Clothing Workers

5.31 アンドリュー・トーマス。メトロポリタン生命保険会社プロジェクト（ロング・アイランド・シティ、1924年）。

Union）が 1927 年に組織した、合同ハウジング法人（Amalgamated Housing Corporation）や、1928 年にユダヤ系全国労働者同盟（Jewish National Workers Alliance of America）の出資によって設立されたファーバンド・ハウジング法人（Farband Housing Corporation）などが挙げられる。その他、政府の助成を受けない団体として、1926 年に発足した労働者協同コロニー（Workers Cooperative Colony）や、イディッシュ協同ハイムゲゼルシャフト（Yiddish Cooperative Heimgesellschaft、別称 Shalom Aleichem Cooperative）がある。これらの組織はそれぞれの協同組合員用ハウジングを完成させており、より広範な社会主義的政治運動の、重要な促進剤となった。大半はブロンクスに建設された。各協同組合には明確なイデオロギーがあり、急進派ユダヤ系の多様な政治傾向に呼応するものであった。*95

最初で最大の協同組合は、合同労働組合（United Workers Cooperative）であり、1927 年には、スプリングスティーン・アンド・ゴールドハマー設計によるガーデン・アパートメント、ザ・コープスを完成させている。ザ・コープスはブロンクス公園に面した 6 階建で、深い凹凸を持つ二重輪郭のヴォリュームが庭園を囲み、その庭園を横切る道は公園まで続いていた。*96 翌年、隣接地にハーマン・ジェッサー設計による第 2 期工事が完成し、2 棟の引き伸ばされた U 字型が、公園に面して開いていた（fig.5.32）。建蔽率は 56％から 46％に減少し、庭園が拡張された。いずれのプロジェクトも、噴水を持つ造園が施され、既存の勾配を利用し、庭園のレベルが道路面より高くなっていた。

合同労働組合は、ユダヤ系の労働者グループが 1913 年にマンハッタンの東 13 丁目に小さなテナメントを賃借し、協同組合集合住宅を開始した際に創立された。そこには共同の台所が設置され、朗読、討論の開催や、講師や芸人を招待する文化プログラムも含まれていた。当時の指導者がとった政治的姿勢は、ユダヤ人の母国問題と関係し、シオン主義や領土主義であった。その後グループの規模は拡大し、ロシア革命後には政治的に共産主義に傾倒し始めた。数年後には、ハーレムにさらに大きいアパートメントを賃貸している。協同のカフェテリアが 2 番街に開店し、中には図書館まであり、独自の機関紙も発行された。1924 年には、夏の保養施設、キャンプ・ニゲダイゲットがニューヨーク州ビーコン市、ハドソン川沿い

ガーデン・アパートメント 193

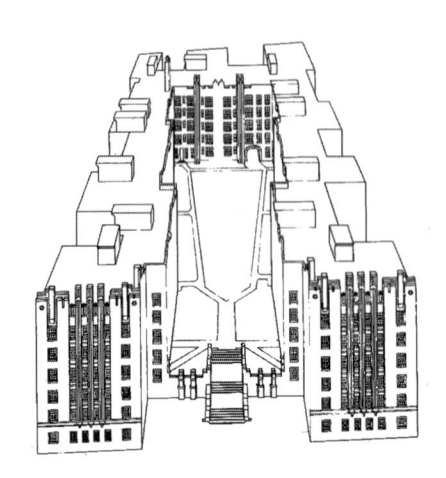

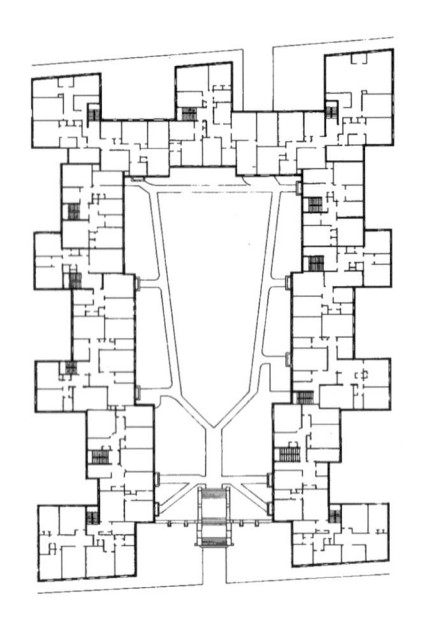

5.32 ハーマン・J・ジェッサー。労働者協同コロニー第2期（ブロンクス、1927年）。当時最大の労働者コーポラティヴ。

の広大な敷地に開設された。1925年には、ブロンクスに一群のハウジングの建設が開始され、続く数年間にかけて合計697戸が完成した。団地内には協同組合の売店や、レストラン、保育所があり、図書館には英語、イディッシュ語、ロシア語で書かれた政治関係の書物が置かれていた。[*97]

労働者協同コロニーは、最初の大型社会主義的ハウジングである。続いて1927年に完成したシャローム・アレイヘム・ハウス（イディッシュ協同ハイムゲゼルシャフト）は、総戸数229戸、スプリングスティーン・アンド・ゴールドハマーの設計により、ジェローム公園貯水池を見下ろすガイルズ・プレイスに建てられた。[*98] 不整形な周囲型建物が丘の頂上を囲み、大きな噴水のある庭園からは西ブロンクスを一望出来た。55％という比較的高い建蔽率は、丘からの眺望で緩和された。周辺の碁盤目街区との対比は著しく、堂々とした都会のオアシスを呼び起こすものであった。シャローム・アレイヘムの会員の起源は、ワークメンズ・サークルと言い、およそ1年前に非宗教的なイディッシュ文化の保存を目指した少人数の協同組合として発足し、著名なイディッシュの作家の名前をとったことに始まった。[*99] 合同労働組合ほど明確な政治性は持たず、むしろ移民2世の文化とその同化が主題であった。同時期、ユダヤ系全国労働者同盟（Jewish National Workers Alliance, Nationaler Yidisher Arbeter Farband）はファーバンド・ハウスと称するコーポラティヴ計画に着手した。バーンズとマシューズ・アヴェニュー間に立地し、全127戸数の2棟で構成され、マイズナー・アンド・アフナーの設計によって1928年に完成した。[*100] ユダヤ系全国労働者同盟は、1912年にワークメンズ・サークルに似た友愛組合として設立されたが、よりシオン主義に傾倒し、米国の労働シオニ

ズムの防護者となった。[*101] その後まもなく、やはりユダヤ系の機構、印刷工組合（Typographical Union）はデイリー・アヴェニューと東180丁目に全60戸のアパートメントを2棟建設した。[*102]

1927年、合同衣料労働組合はブロンクスで最大規模となる労働者用ハウジングに着手した。そのうち最初のガーデン・アパートメントは、ヴァン・コートランド公園に面して建設された（fig.5.33）。設計はスプリングスティーン・アンド・ゴールドハマーにより、住戸数は308戸であった。エレベーター無しの6階建ては、大幅に分節された輪郭を持ち、建蔽率は51％で、行き届いた幾何学式庭園があった（fig.5.34）。1928年、1929年、1931年に増築がなされ、いずれもエレベーター付きであった。[*103] 合同衣料労働組合は、同じ時期、マンハッタンのロウアー・イースト・サイドにも別のプロジェクトを建設している。1931年までに、合同衣料労働組合は、ブロンクスに700世帯を収容していた労働者協同コロニーの規模に匹敵した。どちらのプロジェクトも、協同組合の売店や、文化施設、そして広範囲の社会奉仕活動を提供した。第2次大戦後には、合同衣料労組は複数の高層ハウジングを追加し、その地所をさらに拡大させることになる。

合同衣料労働組合は、衣料業界で最も有力な組合であり、1920年代初頭には175,000人の組合員を数えた。組合員には衣料業界に関わる多種多様の人々がおり、政治的には1920年代の共産主義の進出に抵抗する、中庸な社会主義であった。[*104] この中庸さは、組合住民の大半の見解を反映していたと思われる。一方、労働者協同コロニーは急進的という世評があった。[*105] 他の組合によるプロジェクトと違い、少数ながら非ユダヤ系のテナントも居住していた。

合同衣料労働組合によるロウアー・イースト・サイドのプロジェクトは、1926年の配当限度付きハウジング社法による、最初の大規模都市再開発である。1930年に完成した、このコーポラティヴには233世帯が入居した。[*106] 設計はスプリングスティーン・アンド・ゴールドハマーにより、6階建て、エレベーター付き、建蔽率は60％であった（fig.5.35）。庭園には、大きなプールと噴水があり、今日に至るまでマンハッタンにおける最良の中庭として残っている。ブロンクスのプロジェクトと同様、講堂、会議室、保育所に、相当の面積が割り当てられた。同組合は、新法が定める解体権の条件を利用し、工場地を更地にした。その解体から、新しいハウジングにテナントが入居するまでの期間はわずか9カ月であり、工事短縮技術の成功例でもある。

労働組合主導によるもう一つの重要な計画は、ブロンクスのトーマス・ガーデン・アパートメントであり、労働者住宅建設法人（Labor Homes Building Corporation）という、国際女性衣料労働組合（International Ladies Garment Workers Union）を含む、4組合の合同組織によって開発されたも

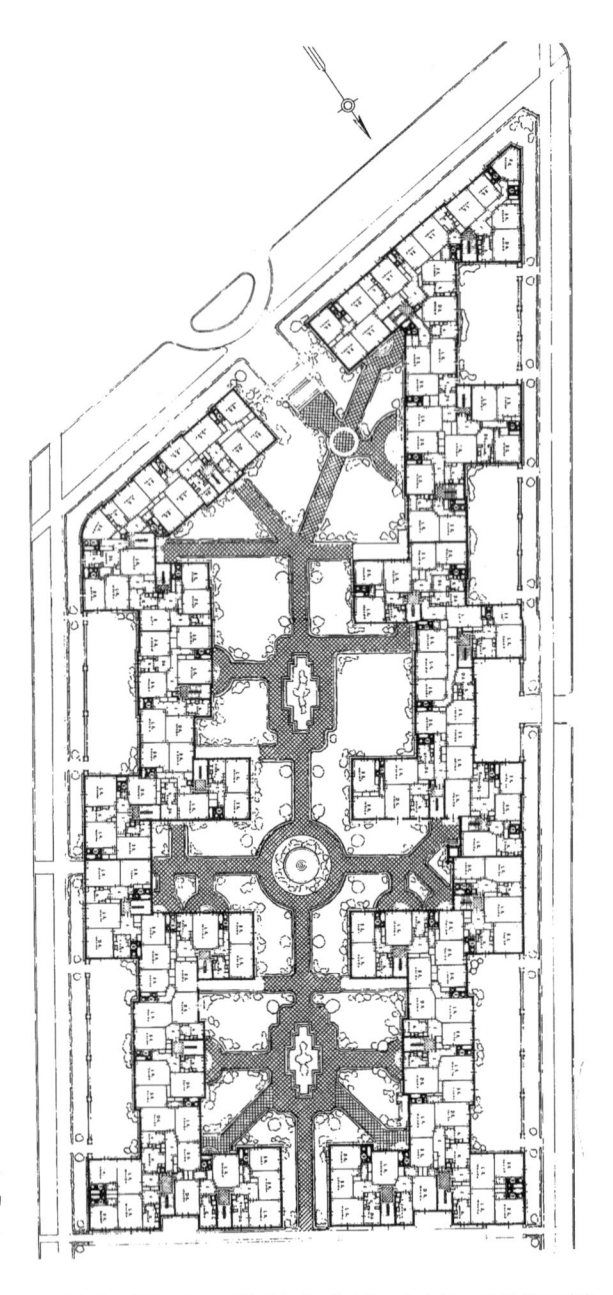

5.33 スプリングスティーン・アンド・ゴールドハマー。合同衣料労働組合による最初の開発（ブロンクス、1927年）。

のである。*107　全170戸のこのプロジェクトは、財政難に陥り、完成前にジョン・D・ロックフェラー・ジュニアによって買収された。5階建て、エレベーターなしの建物は、東158－159丁目間の、グランド・コンコース沿いに建てられた（fig.5.36）。*108　各住戸へのアプローチは、大通りから傾斜する敷地をステップ状に降りて、丹念に計画された庭園を通りぬけ

ていた。デザインは日本庭園を基調とし、コンクリートの灯籠や橋を含み、小川が流れていた。そして当時のニューヨーク・ハウジングにおける、庭園建築のランドマークのひとつとなった（fig.5.37）。

　当初、労働者用協同住宅の資金は、親機構から直接、もしくは政治見解を共有する支持者から集められた。労働者協同コロニーは、債券発行によって資金調達され、合同労働組合協会と政治的に提携していたイディッシュ語の日刊紙、モーゲン・フライハイト（Morgen Freiheit）に募集広告された。各テナントは一部屋あたり 375 ドル分の株式購入が必要とされ、毎月の家賃は 12 ドルであった。テナント募集には、口づてから路上の案内台など、あらゆる方法が用いられた。[109]　シャローム・アレイヘム・ハウスでは、融資方法は似ていたが、さらにミケレットと呼ばれる、組合員だけを対象とする小投資銀行が形成され、資金を募った。[110]

　しかしながらファーバンド・ハウスや合同衣料労組住宅の計画では、1926 年の配当限度付きハウジング社法を利用した助成により、テナントの購入価格は減少したようである。ファーバンド・ハウスの最初の建物は減免対象にならず、1 部屋あたりの支払額は 200 ドルと、労働者協同コ

5.34　合同衣料労働組合による最初の開発。中庭の様子。

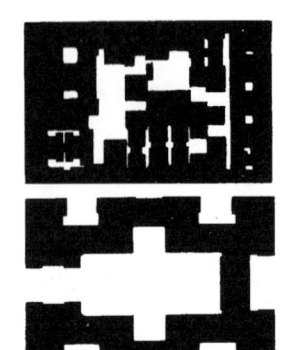

5.35 スプリングスティーン・アンド・ゴールドハマー。グランド・ストリート・ビルディング。合同衣料労働組合による開発（ロウアー・イースト・サイド。1930年）。スラム・クリアランス・プロジェクトとして計画されたエレベーター付き7階建て周囲辺ブロック。

ロニーの375ドルよりも安価であった。しかし、毎月の家賃は16ドルと高めであった。ファーバンドの第2の建物は、この法律の対象となり、家賃の月額が11ドルと減少したが、株式の購入価格は高く、1部屋あたり400ドルであった。*111 合同衣料労組住宅もやはり減免対象となったため、各テナントは1部屋あたり500ドルの投資を必要とされ、家賃は月額11ドルであった。*112 この組合住宅の財政状況が比較的安定していたのは、組合の規模と力によってメトロポリタン生命保険会社からの大型の抵当ローンが保証されたからである。*113 その他にもユダヤ・デイリー・フォワード紙（Jewish Daily Forward）や合同衣料労組に付属する合同銀行（Amalgamated Bank）も、同様に抵当ローンを融資した。

一般に、コーポラティヴ住宅における月々の負担は、民間市場の住宅と比較して25%の節約になるとされていた。*114 関連するコーポラティヴ事業も、節約に一役買っていた。例えばコープス、シャローム・アレイヘム・ハウスや合同衣料労組住宅には、協同組合の直営店があり、通常以下の値段で、日々の食料品雑貨や日用雑貨の購入が可能であった。とりわけザ・コープスと合同衣料労組住宅の売店は、大規模な事業であり、独立した建物が建設された。*115 さらに、いずれの集合住宅でも、保育園や児童を対象とした学習プログラムが用意され、両親ともに働ける環境を提供した。合同衣料労働組合と労働者協同コロニーにおいて1929年に始まった、子供を対象としたサマーキャンプには、大人も参加出来、この階級にはそれまで考えられなかった野外での休暇を、家族揃って楽しむことが出来た。*116 年を重ねるにつれ、合同衣料労働組合は広範囲にわたる消費者サービスを開発し、例えば自家発電によってコンソリデーテッド・エディソン社よりも安価な電気を家庭に供給した。また独自のバス・サービスも開始し、地下鉄駅への往復など多岐にわたって利用された。牛乳と氷は原価で配給され、洗濯サービスも実施された。*117

これらの協同住宅に見られたサービスの特徴と規模は、プロジェクトごとに異なっていたが、すべては共同生活の理想に傾倒し、単なる経済的利点を超えるものであった。不可欠なサービスは図書室であり、各コミュニティが思想的な発展を追求できるよう政治や文化の書物を揃えていた。また男女児童のために無数のクラブが用意され、芸術、音楽や工芸を中心に自己開発を促した。ワークショップもあり、シャローム・アレイヘム・ハウスでは、アーティスト・スタジオが設計に組み込まれ、働く芸術家の協同組合加入を奨励した。彫刻家アーロン・グーデルマンと画家アブラハム・マニエウィッチは、長年にわたる住民であった。同じくシャローム・アレイヘム・ハウスと後の合同衣料労組住宅には、講義やコンサート、そして演劇を上演できる講堂があった。いずれの協同住宅にも、カフェテリアがあり、宴会や茶会など多目的に利用された。また独自の新聞や機関紙も発行していた。ザ・コープスには、ロシア系のダンスグループとJ・B・S・

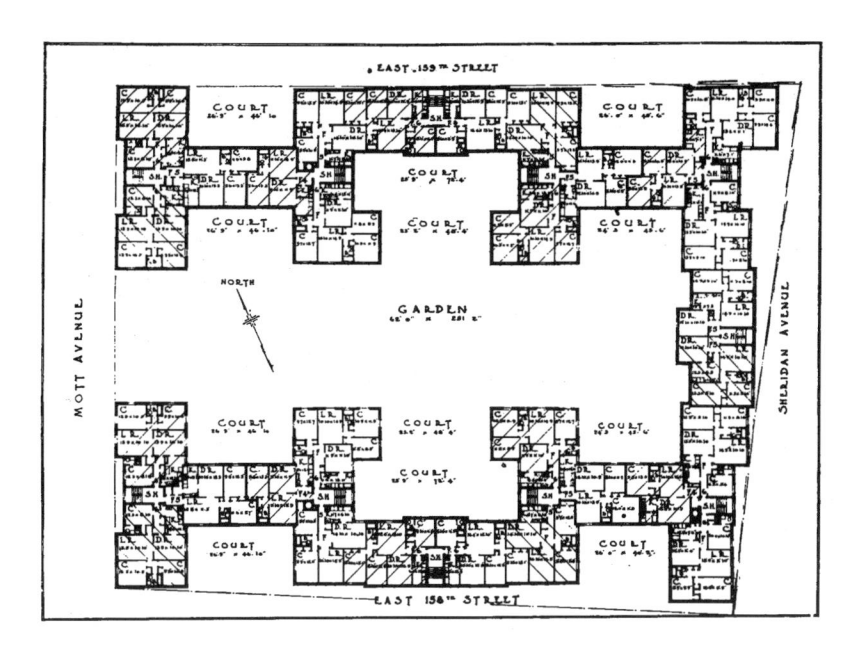

ハルデイン科学協会が所属していたが、後者は英国の有名な生物学者兼急進活動家にちなんで名づけられたものである。合同衣料労組住宅には庭園クラブがあり、栽培用小区画と農園（Grange）がつくられた。ファーバンド・ハウスには、体育館、合唱隊、演劇クラブと子供の勉強グループなどがあった。

その使命に従って、文化活動が最も幅広く行われたのは、シャローム・アレイヘム・ハウスであろう。長年にわたり、膨大な規模のプログラムや行事が蓄積されている。例えば1930年1月30日土曜日。その日の夜の催しは、イディッシュの詩人でもある脚本家H・レイヴィックの作品を称えるもので、出演者は文芸評論家のシュムエル・ナイジャー、役者夫婦のジョセフ・ブロフとリウヴァ・カディソン、役者のラザー・フリードなどであっ

5.36 アンドリュー・トーマス。トーマス・ガーデン・アパートメント（ブロンクス、1928年）。ジョン・D・ロックフェラー・ジュニア出資による中間所得層の白人を対象としたハウジング。

5.37 トーマス・ガーデン・アパートメント中庭。日本庭園を含み、人工流水と橋が設置された。

ガーデン・アパートメント　199

5.38 シャローム・アレイヘム・ハウス：イディッシュの詩人兼脚本家、H・レイヴィックを祝う会（1930年1月30日開催）。

た（fig.5.38）。このような活動は40年間続き、1960年代半ばまで引き継がれた。*118　実際、ニューヨーク市の労働者階級はこれらの労働者コーポラティヴにより、驚くべき次元を持った視野を身に付けたのであった。それは労働運動の指標ともなり、既に大衆文化が均質化され始めていた、アメリカの一般生活の中で、政治的に吸収拡大し一拠点を成したのであった。

当初、ブロンクスのコーポラティヴは物理的な拠点でもあった。重厚な建物は都市の周縁に立地し、野原や戸建て住宅に囲まれていた。ロウアー・イースト・サイドや、ハンツ・ポイントの都会性は、形こそ変わったが、決して破棄されたわけではなかった。コーポラティヴ住民の目には、さらに向上して映ったのである。例えば、シャローム・アレイヘム・ハウスは、丘の上に立つ城郭のようであり、周辺環境との著しい対比を成していた。近隣の郊外型労働者コテージなど、この敷地を全く違ったハウジングによって開発することも出来たはずだが、協同組合の思想は同族の近接を基本とし、自ら高密度の生活を受け入れたのであった。しかしこの重厚な象徴主義は、近隣のそれほど洗練されていない非ユダヤ系住民に無影響では済まず、対立に至ることもあった。*119　ある意味では、これらの協同組合は、ブロンクスのユダヤ人社会の縮図でもあった。グランド・コンコース沿いに建つ、上流で私有の建物での生活は、そこまで厳格でなかったであろうが、それでも、すべての建物は、その社会階級や政治的立場から離れた「ハウジング文化」を共有し、共通の都会的理想や、文化伝統が浸透していたのであった。

1920年代後半以降、従来の「慈善」資本による、幾つかの革新的なプロジェクトが現れる。1927年にはラヴァンバーグ財団がラヴァンバーグ・ホームズを、ロウアー・イースト・サイドのハウストン通りに完成している（fig.5.39）。*120　このプロジェクトは完全に非営利であり、テナント協議会や成人教育の講義などを含む、社会活動の試みが用意されていた。大恐慌の時期には、世帯所得に見合うように家賃が調整された。設計はソマーフェルド・アンド・サス、コンサルタントはクラレンス・スタインであり、113戸を収容する、エレベーターなし6階建てが、街区の4分の1を占めていた。1931年には、スプリングスティーン・アンド・ゴールドハマーが、アカデミー・ハウジング社の配当限度付きハウジングを、ブロンクスのローズデールアヴェニューに完成させている（fig.5.40）。*121　1926年配当限度付き法の下において、単一としては最大のハウジングであった。エレベーター付き6階建てが8棟並び、建蔽率は44％、中央には遊歩道が通っていた。

アンドリュー・トーマスはハーレムの西149丁目に1928年に完成したポール・ローレンス・ダンバー・アパートメントを設計している（fig.5.41）。これは、ジョン・D・ロックフェラー・ジュニア出資のコーポラティヴで

あり、入居者は黒人に限られていた。ダンバー・アパートメントは、白人のみを許可したトーマス・ガーデンズの対照プロジェクトとみなされ、ニューヨーク市でも数少ない黒人所有のアパートメントとして、同年にAIAニューヨーク支部の表彰を受けている。[*122] 全511戸を収容し、エレベーターなし6階建てが、わずかに変形した街区の周囲に並び、内側に

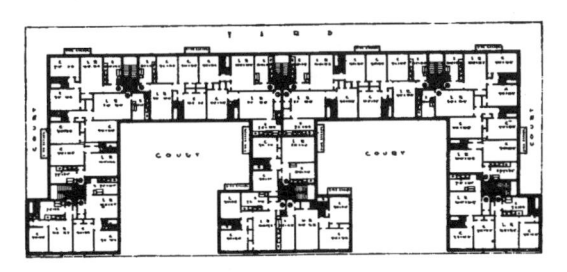

5.39 ソマーフェルド・アンド・サス。ラヴァンバーグ・ホームズ（ロウアー・イースト・サイド、1927年）。数々の革新的なサービスが提供された慈善プロジェクト。

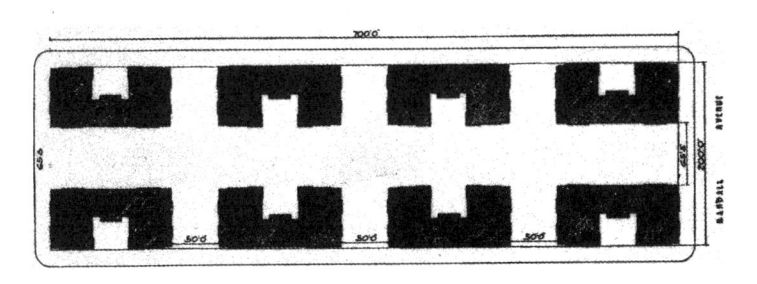

5.40 スプリングスティーン・アンド・ゴールドハマー。アカデミー・ハウジング社のための提案（ブロンクス、1930年）。当時最大の配当限度付きプロジェクト。

アカデミー・ハウジング社のためのプロジェクト。

ガーデン・アパートメント　201

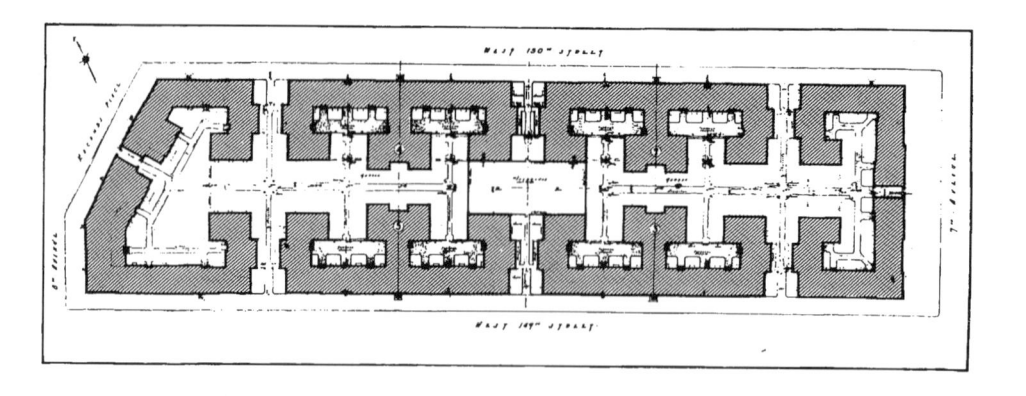

5.41 アンドリュー・トーマス。ポール・ローレンス・ダンバー・アパートメント（ハーレム、1928年）。ジョン・D・ロックフェラー・ジュニア出資による黒人専用のコーポラティヴ。精巧な二重輪郭を持つ。

は広い共有空間がつくられた。この二重輪郭の内側は、トーマスが以前クイーンズのメトロポリタン・ホームズにて用いた単純なU字型よりも複雑であった。建物の突出部は、多数の住戸に2方向への開口や角部屋をつくり、全住戸を通して日照と通気性が優れていた。

このように、周囲型建物の内向的特徴は、ハーレムという立地条件からすれば、悪化しつつあった周辺環境に対する緩衝となり、またロックフェラーによる投資を保護する建築的方策にもなった。ロックフェラーはさらに、より実際的な方法で自らの投資を保護している。彼自身、同社の全優先株式を所有し、綿密に選択された中産階級の入居者は、その貯蓄を専用のダンバー・ナショナル銀行に入金するよう奨励されたのであった。これらの予防策にもかかわらず、ダンバーの住民は大恐慌を切り抜けることは出来なかった。1936年に、ロックフェラーは彼らの抵当権を差し押さえ、プロジェクトを翌年に売却したのであった。[123]

ダンバー・アパートメントの内側に見られるような、極度に形式的な壁面の分節化は、同年代の終わり頃に、多くの革新的プロジェクトで通例的に採用されていた。この手法は、同じくトーマスが設計した、配当限度会社ブルックリン・ガーデン・アパートメント社による1929年の4番街プロジェクトや、[124] 1928年のサニーサイド・ガーデンズにおけるフィッ

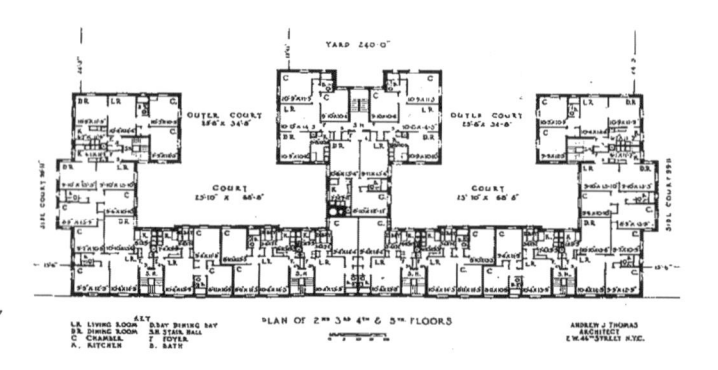

ポール・ローレンス・ダンバー・アパートメント。クラスター平面図。

プス・ガーデン・アパートメントにも用いられている。後者は、フィップス財団の出資によりクラレンス・スタインが設計したもので、4層－6層の、エレベーター付きとなしの建物で構成された大型ハウジングであった。周囲ブロック型の構成を持ち、建蔽率は43％、中流下層所得層の344家族を収容した（fig.5.42）。[125] この周囲ブロックの構成は、連結する断片＝クラスター（cluster）を、それぞれの異なる形態や建築計画の特徴を反映しながら、比較検討した結果出来たものである。この研究より、要所となるエレベーター付きのT字型クラスターが生まれ、より中庸でエレベーターがないI字型やL字型が連続するブロックに組み込まれたのであった。その結果、変化に富んだ壁面が形成され、すべての区分がその位置において効率良く機能していた。これらの応用により、この手法は二重輪郭型の構成をさらに発展させた。しかし研究の観点からは、分解の手法はハウジングの将来を予告するものであり、その後さらに複雑化していくのであった。

　すべての協同住宅は大恐慌時に経済危機に陥ったが、そのうち労働者コーポラティヴは、経済的困窮によってその理想が否定され、最も打撃を受けていた。不運にも、経済的に成熟する前に暴落が到来したため、その損害は痛切であった。財政の見通しが最も安定していた合同衣料労組住宅でさえも、窮地に陥り、次のように説明されている。

　最初の5年間は機構の構築と発展に費やされた… そのほとんどの間、開発をどのようにして完成し、強化するかという計画が常に立てられていた。財政的な成り立ちを熟考した会員はほとんどいなかった。低い家賃や、その他の特典が当然のこととして受け入れられていたのである。何の予防策も立てられずにいた。というのも、当時は入居希望の需要は比較的多く、反対に出て行く者は少なかったので、経済的暴風雨が最大限に感じられたのは1932年になってのことであった。コーポラティヴ住民の多くが、全く職にありつけない状態にあった。さらに多くはアパートメントを維持出来ない状態であった。実際、何人かは、月々定額の家賃を払わなかっただけでなく、協同組合の補助部門から信用貸しを受けなくてはならなかった。またこの開発は不況の嵐を生き延びられないのではないか、という不快な噂が広まっていた。社の収入は、以前の6割にまで落ちてしまった。この難局を救済する方法が取り入れられ、延期が可能な経費は削減された。運営経費を削減する目的で、複数の変更が実施され、辞去する者の株式を買い戻す際には、分割払いで返済した。この状態の深刻さを描写するために言っておくと、この時期の終わりには、全株式持分の3分の1の売却がA・H・消費者協会に申し入れられた。[126]

　協同組合の政治的姿勢は、理論上は資本主義システムに反対したものの、資本システムが崩壊すると他者と同様に損害を被った。頼る先はどこにも

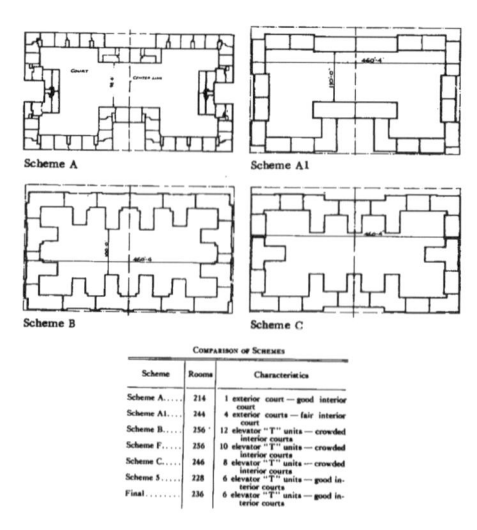

5.42 クラレンス・スタイン。フィップス・ガーデン・アパートメント（サニーサイド・ガーデンズ、1929年）。周囲型構成の分析をもとに、最終的な配置図が決められた。

なかった。さらに、コーポラティヴの空想的で別世界的な性格は、経済危機においてはとりわけ脆弱であった。一時しのぎの方策として、ファーバンドでは家賃軽減基金が設けられ、月々の支払いが出来ない住民に、数カ月間までの無利子貸付がなされた。*127　ザ・コープスでは、元来の現実性に欠けた性格を反映して、支払い不可能の住民の運命は、以下のような分裂的な問題となった。

例えば、彼らは家賃が払えない労働者の立ち退きを躊躇していた。実際、彼らは立ち退き反対運動まで起こし、他の建物から追い出された人々を受け入れたりしたのである。ザ・コープスに長年住む住民によれば、ある女性が家賃の支払いを拒否した理由は、単に彼女が「立ち退きを強制されるわけがなく、『デイリー・フォワード』紙が知ったら、相当な不祥事になるから」であった。1930年代初期、役員たちが建物を管理し続けられた唯一の方法は、抵当権保有者と負債の支払い延期を交渉することであった。1940年代初頭に、役員会による管理を継続するために、各戸家賃を1部屋あたり1ドルずつ値上げするという代案が提示された際、コーポラティヴ住民が投票で否決したのも、部分的には政治的な理由からであった。1945年、労働者協同コロニーが公式に破産した時点では、残った住

フィップス・ガーデン・アパートメント。

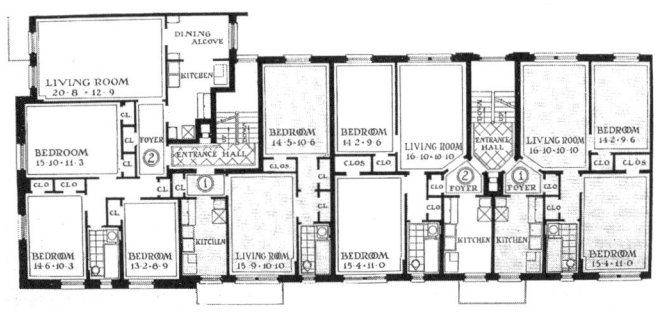

フィップス・ガーデン・アパートメント。クラスター平面図。

民たちは、単にブロンクス・パーク・イースト沿いに建つ、2棟の私有ビルのテナントに過ぎなかった。*128

　最初に経済的破綻に見舞われたのは、シャローム・アレイヘム・ハウスであり、1929年に銀行の管財人管理下に入り、1931年には民間の家主に売却されている。しかし移行の間にも、切迫する新しい財政体制に構わず機能を果たしていた。1932年6月頃には家賃軽減基金が設置され、無職の住民には家賃の半分を支払い、残りはそれぞれが職につくまで延期するよう、家主と口頭の合意を交わした。しかし、8月になると家主は40のテナントの立ち退きを命じ、その結果ニューヨーク市でも最も注目された家賃ストライキが始まった。1週間もたたないうちに、同情して家賃支払いを拒否した40テナントにも、立ち退きが命じられ、その時には既に4テナントが追い出されていた。住民たちは建物のコーポラティヴ的特性に言及して、甚だしい不公正であると主張した。他の建物が大恐慌の際空に

ガーデン・アパートメント　205

なったにもかかわらず、彼らの建物には常に居住者がいたことを強調したのである。また別の建物を求める広告を出し、集団移動を脅迫した。彼らは絶えずピケを張り、市裁判所に申し立てが失敗に終わった際には、裁判所が資本主義的であると言い放った。一方で、緊急国内救援局（Emergency Home Relief Bureau）の福祉援助への懲罰的賠償を求めて争った。社会主義者の大統領候補、ノーマン・トーマスも住民たちについて触れ、ブロンクス家主保護協会によるストライキ参加者たちの「ブラックリスト掲載」反対への争いを助けた。立ち退き命令が何度となく出された後、ようやく合意に至り、家主は家賃を5％削減し、合計家賃の2.5％を求職中の住民の停滞金に充てることに同意し、さらにすべての立ち退き手続きを放棄した。[*129] この合意とともに提議された休戦状態は、その後頻繁に争いが起きたものの、所有者が変わる1949年まで続いた。

　他のすべてのコーポラティヴと同様、シャローム・アレイヘム本来の共同体的理想は、創設者の世代が衰えるまで、経済状況の変化に関わりなく続いた。長年を通じて、危機が何度も訪れたが、最も目立ったのは、社会主義と共産主義の派閥間の、必然的なイデオロギーの対立であった。しかし、真の政治的終焉が訪れたのは、1950年初頭、マッカーシー時代の政治的抑圧の時代であり、コーポラティヴの年配者たちは既に戦えない年齢になっていた。続く世代の義務感は、1950年代の繁栄の兆しによって薄らいでおり、またアメリカ主流の価値観も、ブロンクスでの洗練された社会主義からは、遠くはなれたところにあった。カルヴィン・トリリンは、ザ・コープスについて「単に、ブロンクス・パーク・イースト2700番地という住所であるだけで、市民を危険にさらすと思われていた。人によっては、25年前に引っ越してきたのと同じ理由で離れていっている。つまり、ザ・コープスに住むことが、その政治姿勢を同じくするとみなされるからである。」[*130] と記している。おそらく、彼らの多くは新しい郊外に移り、後に主流となる新しいアメリカ文化に適応していった。第3世代の時代に入ると、もはや何の疑問も残らなかったのである。1967年『ニューヨーク・ポスト』紙は「生き残ってウェストチェスターに移れなかった者は、コープ・シティに行くがよい」と公言した。[*131] そこで待ち受けるのは、全く異なるイデオロギーに基づいた都市生活と、もはやイデオロギーのかけらもないコーポラティヴであった。合同衣料労働組合では、コーポラティヴの経済的利点は残ったが、そのイデオロギーは消滅していた。その他すべてのコーポラティヴも建物だけを残して姿を消していた。シャローム・アレイヘム・ハウスにおいて最後まで残った婦人会も1979年に途絶えたのである。

**Aesthetics
and Housing
Identity**

第6章

美学とアイデンティティ

1920年代に全盛を迎えたガーデン・アパートメントは、ニューヨークの発展全体から見れば短命であったものの、都市ハウジングとして比類なき水準を保ち、今日に至るまで最も住み心地の良いハウジングとして残っている。その成功に必須の条件は、建物のヴォリュームと外部空間が近接性を保ちながら調和していること、すなわち住民たちの共有領域が明確に定義されていることであった。この環境づくりには演劇の感覚が不可欠であり、情景創作(scenography)に近い建築言語を必要とした。ガーデン・アパートメントの「ガーデン」が意味するものは、それを囲む建物のファサードとともに、単なる経済上の帰結からユニークな環境づくりへの移行を決定づけたのであった。時には幻想の域にまで達し、おのおのの建物に特定の場所や住民を惹きつけるアイデンティティを付与した。「ガーデン」は新しく登場した中産階級ハウジングの象徴、ある種の公共劇場として、都市生活の喜ばしい物語の舞台となったのである。

1. 新アメリカ機能主義：テナメント生活体験に取って代わる試み

情景装置としてのガーデン・アパートメントは、多くの場合、建築家の創案に頼った折衷的な典拠を反映した。アンドリュー・トーマスは最も独創的な一人である。トーマスはガーデン・アパートメントでの実験を通して自由度の高い様式を探究していた。1917年にクイーンズのキュー・ガーデンズ地区に建てられたハウジングは典型的であり、「インド風の中庭が開き、見晴らし台で縁取られた屋根の輪郭と、広い庭の効果が特徴的である」と描写され、薄いグレーと緑の色彩が「建物周辺の田園風景と調和するように」計算されていた。[*1] またホームウッドではトスカナ風を引用し、シャトーはフレンチ・ルネサンス、タワーズはムーア風、そしてトーマス・ガーデン・アパートメントは日本様式といった具合であった。この

ような感性はトーマスに限らず、ギンズバーンが設計したヌーナン・プラザの池や小川、橋、金魚、白鳥などがマヤデコ調のファサードに囲まれた様子は、広く知られている（fig.5.20、5.27、5.37参照）。この種の建築的情景は1920年代に多く生まれたが、その感覚は儚いもので、厳密に経済的、機能的とは言えず、続々と登場する様式の流行との競合を運命づけられていた。

1920年代に見られた様式の風潮には、同時期のヨーロッパに由来するものも多く見られた。重要な接点は、ニューヨークの繁栄に惹かれて渡米したヨーロッパ人建築家たちである。彼らはヨーロッパに存在した建築言語をニューヨークの文脈に合わせて解釈し直したのであった。ブロンクスの労働者協同コロニー（fig.5.32参照）における2棟の建物の対比は興味深い。平面構成も異なったが、注目すべきはその外観である。先に完成したスプリングスティーン・アンド・ゴールドハマー設計による、保守的な英国チューダー様式は、ニューヨークの中産階級ハウジングの常套であったが、コロニーの進歩的理想を象徴するものではなかった。しかし続いて完成したハーマン・ジェッサー設計の棟は、ドイツやオーストリアで普及していたテュートン表現主義の影響を受けており、装飾用煉瓦と化粧漆喰の模様が建物のヴォリュームをより抽象的に装飾していた。これを試みたのは、ジェッサー事務所の若い建築家、ハンガリー人のステファン・S・サヨであり、[*2] 新しい表現主義をヨーロッパから持ち込んだ一人であった。

ロウアー・イースト・サイドの合同衣料労組住宅の様式に見られた先取性も重要であり、やはりドイツとオーストリアから持ち込まれたものであった。大きなアーチを描く中庭の入り口は、1920年代、社会主義時代のウィーンに建てられた市営ハウジング、カール・マルクス・ホフを連想させた。[*3] 慎ましいハウジングにしては装飾が豊富であった。建物入り口には抽象的な幾何学的分割が施され、ファサードは織り目付きの煉瓦であった（fig.6.1）。設計を担当したローランド・ヴァンクは、スプリングスティーン・アンド・ゴールドハマー事務所に勤務する若いハンガリー人であった。[*4] その後、ヴァンクはテネシー川流域開発公社（TVA）の主任建築家となり、多様な建造物に近代主義の影響をもたらすことになる。合同衣料労働組合の協同住宅が、1930年にAIAニューヨーク支部の賞を受賞した際には、各新聞は、マンハッタンで最も格式が高いハウジングと競った結果と論じた。AIAは「意味のない装飾を一切削除し、必要なデザイン要素を素直に用いることで、美学上の成果を成し遂げた」[*5] と賞賛した。ハンブルグやウィーンから渡来した新しい美的手法は、ボザールの虚飾的な表現に比べて、その手法の簡約さが何よりも好まれたのであった。

サヨとヴァンクがヨーロッパから近代主義の建築言語を米国に持ち込んだその役割は、ヨーロッパ建築の新しい進展が、ボザールの影響から解

6.1 スプリングスティーン・アンド・ゴールドハマー。合同衣料労働組合の協同住宅（ロウアー・イースト・サイド、1928年）。ドイツ表現主義、とりわけウィーンのカール・マルクス・ホフの影響が見てとれる。

放されつつあった国内の建築事務所に取り上げられ、どのように変容したかを端的に表している。米国の市場はヨーロッパの慣習的表現に含まれた政治的不純物を取り除き、政治表現の手段として建築言語が意識的に用いられることはなかった。このことは、合同衣料労働組合や労働者協同コロニーが、広範囲にわたる政治活動と彼らの建物の間に、何の関係も見出さなかったことからも明らかである。様式は目的を選ばず、自由に伝達され、採用方法はより折衷的であった。この折衷主義は、繁栄の時代に生まれた豊かさと実験によって培われた。しかし建築事務所の一時的な外国人労働者を、単に多様性への貢献者として考えるだけでは不十分であろう。富をもたらすニューヨーク市場に魅了された彼らは、何度となく大西洋を往復したが、米国の建築事務所の習慣からして相当のデザイン上の権限が与え

美学とアイデンティティ

6.2 アンドリュー・トーマス。メトロポリタン生命保険ハウジング（ロング・アイランド・シティ、1924 年）。ブロック配置図。効率の良い U 字形を採用。建蔽率 53％。

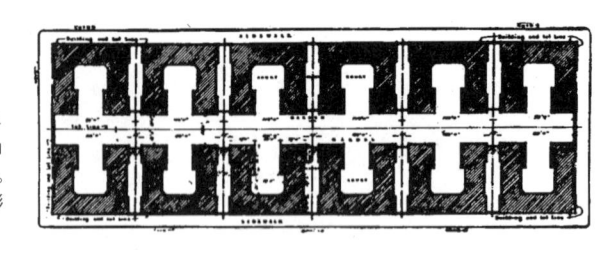

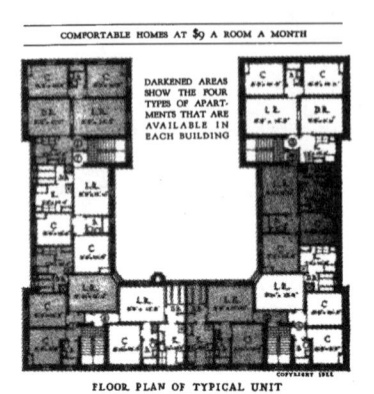

6.3 メトロポリタン生命保険ハウジング平面図。各階には低家賃の 8 戸が配置された。

　られていたと考えるべきである。
　この時期に見られた建築様式の変化は、ニューヨークの政治経済に特有のものであった。ヨーロッパと共通の特色を有していたが、原点は離れたところにあった。ハウジングを取り巻く問題をめぐって、新しいアメリカ機能主義が芽生えていたのである。それはヨーロッパ同様、中産階級の台頭と、その需要に応えたハウジング生産量の増加にも関係していた。生産の拡大は、コストと効率性という現実の問題に焦点を当てていく。また新しい建築構成の試みには、低建蔽率という理想が潜んでいた。アンドリュー・トーマスは自らの折衷主義に、常にこの 2 点を取り込もうとしていた。彼が設計したメトロポリタン生命保険ハウジングは、法律により家賃の上限が定められるという、厳しい財政状況でありながらも、新しい社会的機能主義を予見するものであった。トーマスは経済的制約に見合うように、建蔽率と建設効率のバランスを周到に分析した (fig.6.2、6.3)。敷地計画は工事の簡素化という点で、以前に比べて優れており、各住戸は緻密で一切の無駄が見られなかった。トーマスは社会科学分野の手法である公開会議を組織することで、住民代表者らと住戸のデザインを決定していった。新しい考案としては、賃貸の際半部屋と数えられた「プルマン」（Pullman）と呼ばれる小さな造り付けの食事空間があった (fig.6.4)。[*6]
　メトロポリタン生命保険の住戸は、空間的快適さが増し「アパートメント」

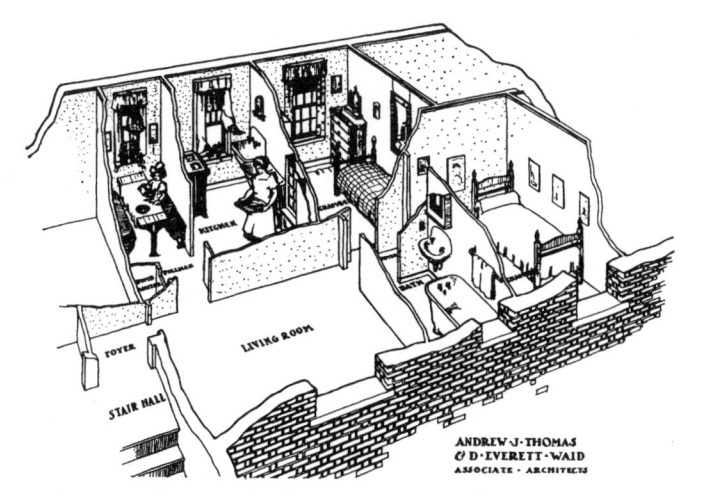

SECTION OF INTERIOR OF TYPICAL APARTMENT—APARTMENT HOUSES FOR THE
METROPOLITAN LIFE INSURANCE COMPANY, NEW YORK CITY.

6.4　メトロポリタン生命保険ハウジング住戸内部。入居予定者の要望に応えたデザインの革新が見られる。

6.5　メトロポリタン生命保険ハウジング竣工写真（1924年）。

の範疇に入ったが、家賃はテナメントとほとんど同じであった。計画の機能主義的な側面は外観にもはっきり表れていた。視覚的な趣は、装飾の代わりとなる、重厚な煉瓦の鱗文様や開口部の反復パターンによって生み出された（fig.6.5）。各建物は固体と空白の厳格な組み合わせから成り、内部の機能を反映していた。簡潔な帯とパラペットが歴史主義的なコーニスに取って代わり、階段室の上部が突出して機能の変化を表現していた。この手法はウェストエンド・アヴェニューに並ぶ壮麗なボザール調のファサードだけでなく、トーマス自身の折衷主義からも対極に位置するものであった。

美学とアイデンティティ　213

2. サニーサイド・ガーデンズと自然の復権

　トーマスの機能分析は、建蔽率が52％の時点で平面効率が上限に達するものであった。しかしその後建設されたハウジングでは、建蔽率がさらに減少し、建物よりも自然を主体とする新しい都市性の下地をつくることになる。シティ・ハウジング社によって1924年に開発が始まったサニーサイド・ガーデンズは、この移行を示す重要な先例である。配当限度付き

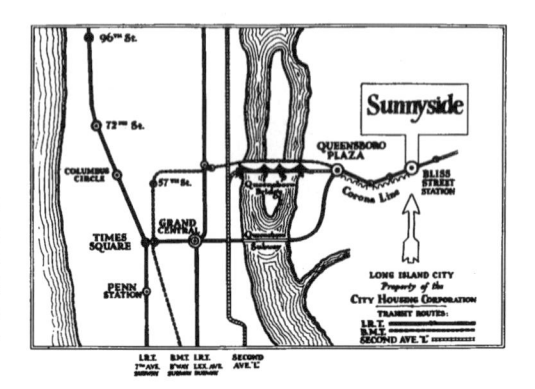

6.6 クラレンス・スタイン、ヘンリー・ライト、フレデリック・アッカーマン。サニーサイド・ガーデンズ（クイーンズ、1924年開始）配当限度付き会社であるシティ・ハウジング社による協同住宅。クイーンズボロー地下鉄沿線に開発された。

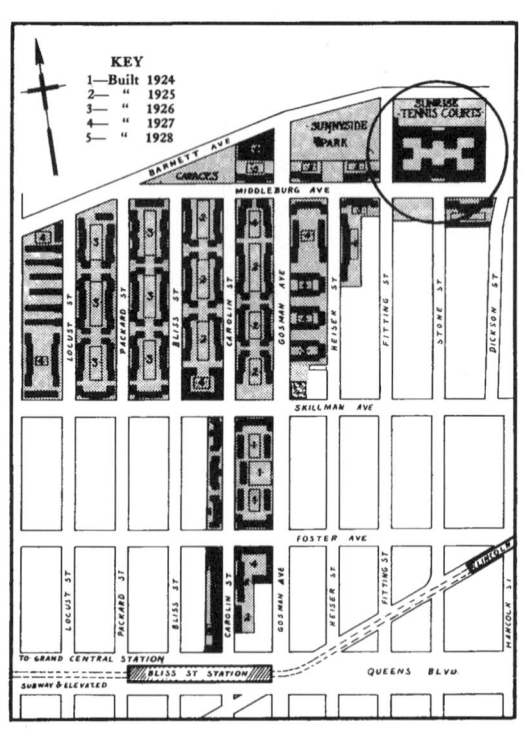

6.7 サニーサイド・ガーデンズ全体図。クラレンス・スタイン設計によるフィップス・ガーデン・アパートメント（1929年）を示している。

A plan of the Sunnyside development on Long Island, showing the location of the Phipps Garden Apartments

会社である同社は、シティ・アンド・サバーバン・ホームズ・カンパニーの慈善主義を「(配当) 6%の社会化されたビジネス」として拡張させた。会社の設立目的は、「生活状況を改善し、家賃を低減し、都市の将来に影響を与える」というものであった。[*7] サニーサイドは、同社の建築家、クラレンス・スタイン、ヘンリー・ライト、フレデリック・アッカーマンらの理想にとって初めての公の舞台となった。開発区域は、クイーンズボロー地下鉄のブリス・ストリート駅周辺、ロング・アイランド・シティの1,100区画である (fig.6.6、6.7)。サニーサイドの対象入居者は中間所得層に傾倒し、1920年代を通じてクイーンズの住宅供給の大半を占めた、1戸建てや2戸建ての民間建売住宅と直接競合するものであった (fig.6.8)。開発の密度はメトロポリタン生命保険ハウジングの5分の1にあたり、1世帯当たりの土地開発コストは約4倍であった。建蔽率は、メトロポリタンの58%に対して、わずか28%であった (fig.6.9)。[*8]

サニーサイドの建蔽率は1920年代に完成したガーデン・アパートメントで最も低かった。上昇した地価の影響が緩和されたのは、建物の形状が極端に簡素化され、建設コストを最小限に抑えたからである (fig.6.10)。

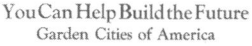

サニー・サイド・ガーデンズ投資広告

サニー・サイド・ガーデンズ。

6.8 開発業者によるクイーンズの典型的宅地開発 (1920年代)。サニーサイド・ガーデンズにおいて改革の対象となった。

美学とアイデンティティ　215

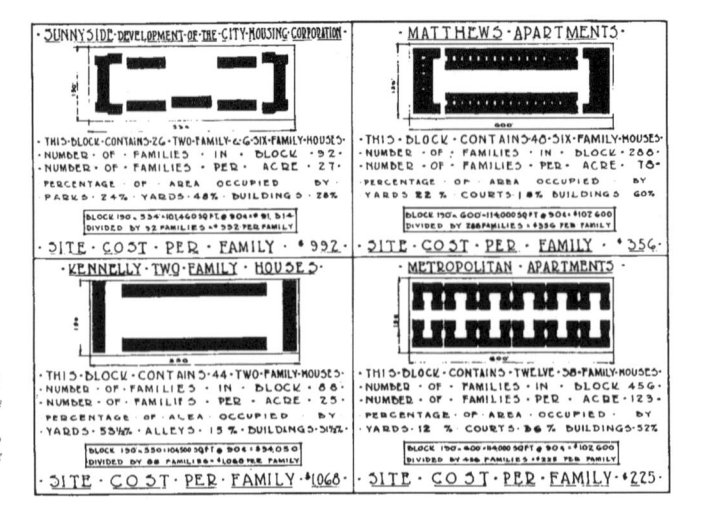

6.9 クラレンス・スタイン、ヘンリー・ライト。サニーサイド・ガーデンズ（1924年）と他開発の比較分析。サニーサイドの低密度／低建蔽率が顕著である。

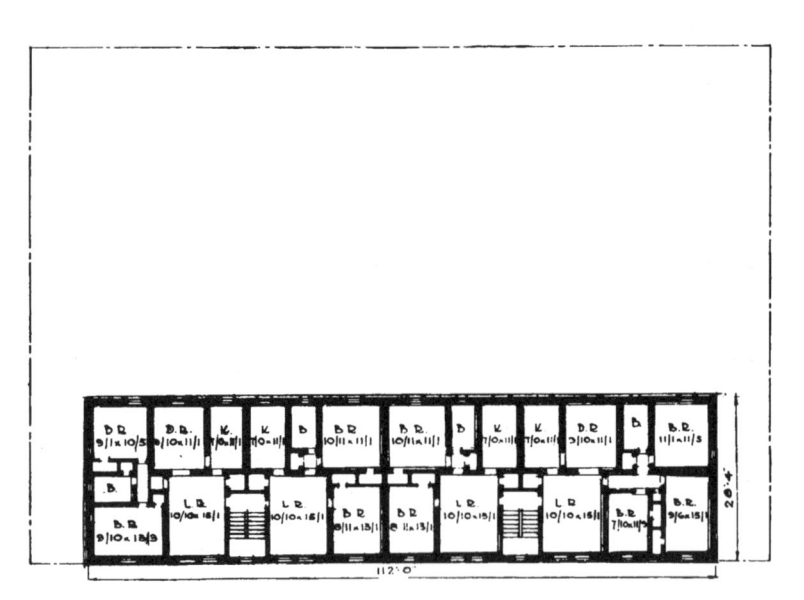

6.10 サニーサイド・ガーデンズ平面図。隅部がなく直線状に単純化されたヴォリューム。

この建蔽率は、周辺の 200 × 800 フィートの街区を開発するハウジング業者にもそのまま採用されていった。直線状の 2 − 4 階建ての住宅やアパートメントの前後には、道路側も含めて連続する緑地が配置された。1924年から28年にかけて追加の開発が継続して行われ、密度と建蔽率は次第に増していった。1928 年の完成時には 1,231 世帯が居住し、[*9] その密度は当初計画された 1,100 の宅地に 1 区画あたり 1 家族という目安をわずかに超えた程度であった。サニーサイドの街区計画は、1920 年代主流のガーデン・アパートメントと比較すると非常に簡素であった。この連続ハウジングは従来の周囲ブロック型に比べると、敷地の角に具合良く対応できな

かったため、断続的な外壁面が並ぶことになった。外観の凹凸は最小限に抑えられていた。空間の囲み具合や共有空間の機能的表現は限られ、コミュニティ生活という、準社会主義的な考えに基づく、曖昧に定義された社会活動によって正当化されていた。ガーデン・アパートメントの折衷主義的な情景は洗練度の低い自然主義に取って代わった。それでも掲げる政治理想に対するコミュニティの結束が強かったのは言うまでもない。

長年サニーサイドの住民であったルイス・マンフォードは、新しい建築の様式が、以前よりも大きい政治的影響力を持ったのは、おそらくサニーサイド自体が政治的理想の具現であるからと主張した。例えば、労働組合ハウジングなどは多様な折衷様式で建てられたが、建築を用いて政治理想を表現するという考えは存在しなかった。マンフォードによれば、サニーサイドの「目に見える建築の一貫性と、グループ活動のために十分な数の集会室」が触媒となり「効果的な集団行動を伴う強固な政治生活と、ある種の公的責任感が迅速に育った」のであった。情景的なものに反対するマンフォードの議論は新しい建築の主論となった。

純粋に有益な物質的事業においては、最大限節約し、極度の倹約を心掛けなくてはならない。しかし政治や教育の事業には惜しみなくあるべきである。このことは、新しいデザインの秩序と、これまでと異なるタイプの設計者を意味している。つまり、これまでの舞台装置から演劇へと主眼が移行し、社会活動や関係の取り扱いが計画者のすべての注意に携わるようになることを意味しているのだ。[*10]

マンフォードの議論にもかかわらず、サニーサイドのコミュニティには、労働者協同コロニーや、シャローム・アレイヘム・ハウスほどの政治的一貫性、宗教や文化上の結集力もなかった。サニーサイドは新参者の政治的関心を高める必要に迫られた、その結果、共同体のアイデンティティは現在に至るまで強く存続している。労働協同組合住宅と同様、1933年には家賃ストライキを経験している。その最中にシティ・ハウジング社が、恐慌の打撃を受けてある保険会社に買収された際には、住民は抵当ローンの支払いを差し控えた。その保険会社は、未払いの住民に立ち退き命令を出し、6割近くの住民が住居を失う結果となった。[*11]

3. 舞台装置から物語へ：組み立ての美学

1920年代も終わり近くになると、低建蔽率のハウジングは数々の研究対象となり、近代的な「ハウジング研究」の原点となった。[*12]　これらの研究は、デザインだけでなく、その分析方法をも向上させた。「デザイン」と「分析」は、相互に関連するプロセスとしてみなされたのである。断片に分解され、分析されたプロジェクトの平面は、あらゆる組み合わせで再

結合され、構造主義的な詳細研究となり、形状の異なる一連の案は、社会的、経済的コストが比較された。研究を実際のデザインに活用することも可能であった。断片の組み合わせから生まれた仮想の住宅は、最も効率の良い解決案の選定を目的として分析された。こうして組み合わせの美学が進化し、断片化への社会経済的な動きを後押しした。類似する手法はそれ以前の建築設計においても見られたが、そのプロセスはより系統的で自意識的になっていった。クラレンス・スタインが1929年にサニーサイドの隣接地に設計したフィップス・ガーデン・アパートメント(fig.5.42参照)は、断片的なクラスター・ユニットを様々な形状に組み合わせ、複数の仮定案を体系的に分析評価することによって生まれた。[*13] ヘンリー・ライトはこの新しいデザイン研究の主唱者であり、類型別の分類、分析的な記録・研究が可能なハウジング形態の特性に着目した。1929年の典型的な分析は、ハウジングの組成において、設計者が一般的に用いる断片の特性を探究したものであった(fig.6.11)。[*14]

ライトは低建蔽率の問題にも取り組んでいる。1929年にはトーマスが発表した建物形状に基づく低建蔽率の議論を展開させ、サニーサイドの初期の平面と、ダンバーアパートメントの一部を比較することによって、敷地構成が建設効率に与える影響を補充した。[*15] サニーサイドはその単純な直線的形状と低建蔽率により、利用可能な床面積がダンバーアパートメントよりも1.6%多いことが示されている(fig.6.12)。ライトによれば、ダンバーアパートメントの効率性が減少した主な要因は、建蔽率が上昇した結果外周部が狭くなり、地階面積の一部が中庭と道路を連結する通路に割り振られたからとしている(fig.6.12.C斜線部分)。一方、低建蔽率であるサニーサイドの独立した建物は、建物を貫通する内部通路をほとんど必要としなかった。しかしライトは、この分析は社会的コストから見ると決定的なものではないと、慎重に指摘している。ダンバーアパートメントにはサニーサイドと比較して幾つかの利点があり、例えば、理想的な形の部屋や、角部屋が多かった。レクリエーションに関しては、サニーサイドのまとまったオープンスペースが支持されたが、その建設費を考慮すると方便的な判断であった。それでも1カ所に集中されたオープンスペースはその後まもなく、新しい敷地計画の目印となる。

初期の慈善ハウジングの先駆者、ヘンリー・アッタベリー・スミスによる1920年代の研究は、トーマスやライトのハウジング研究に匹敵するものであった(fig.4.22参照)。スミスは1917年に、建物の幾何学がニューヨーク街区から解放され得ることを、採光や眺めといった機能的事項に基づいた案によって提示している。一連のダイヤグラムでは、L字形の外階段式建物を道路に対して45度回転させ、採光、通気と眺望を最大化させる工夫を示している(fig.6.13)。[*16] この鋸歯状の平面は、道路に隣接する同一の入り口を複数つくり、その反復によって中庭のスケール感をいくらか

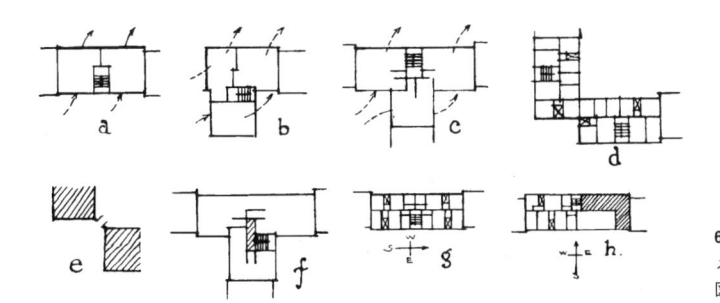

6.11 ヘンリー・ライト。アパートメント・クラスターの結合法の分析図（1929年）。

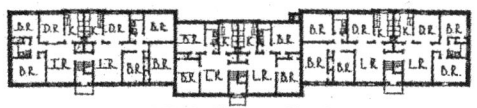

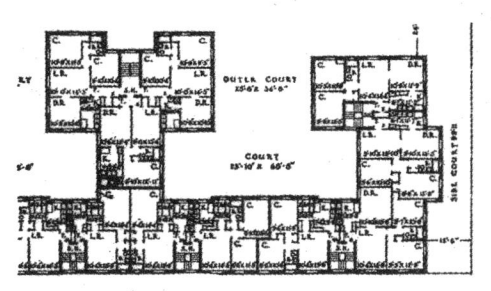

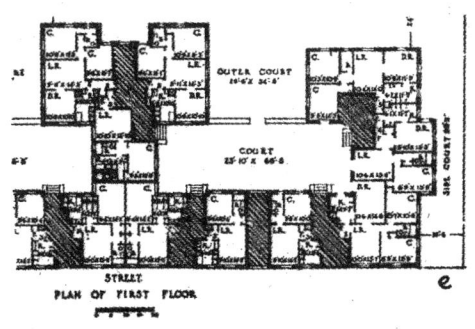

6.12 ヘンリー・ライト。サニーサイド・ガーデンズとポール・ローレンス・ダンバーアパートメントの比較分析（1929年）。サニーサイドの低建蔽率と簡潔な平面は内部空間の効率を向上させるとしている。

美学とアイデンティティ 219

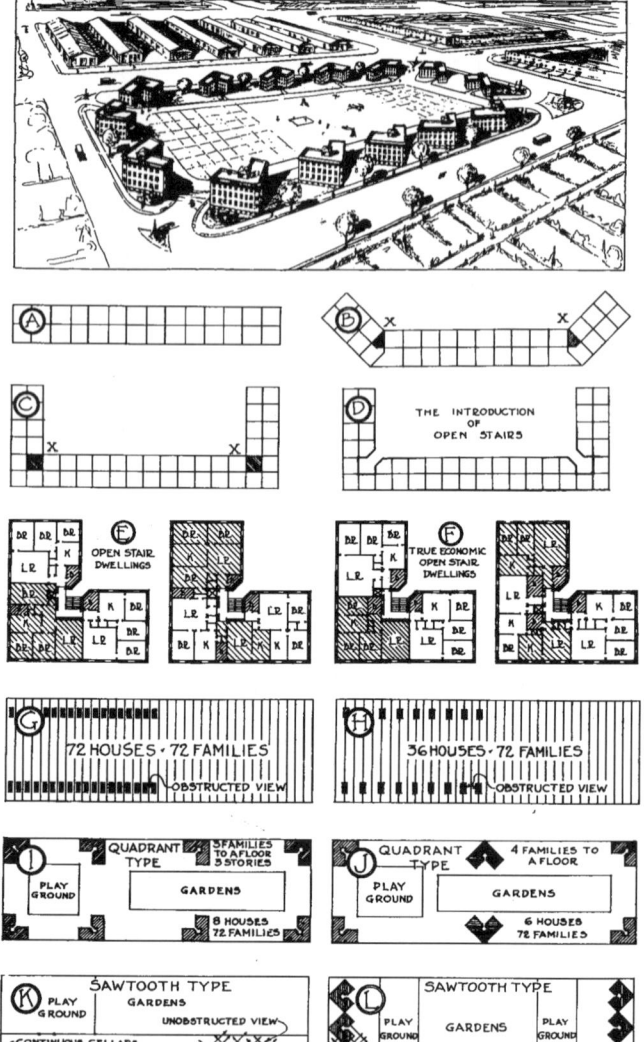

6.13 ヘンリー・アッタベリー・スミス。周囲ブロックに鋸歯状を採用した例（1917年）。街区の直線性から解放された初めてのハウジング提案。

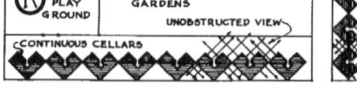

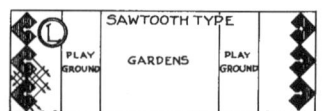

縮小させた。

　この一連の方法論的な図式は、スミスが実際に設計したハウジングに見られる姿勢と一致していた。設計上の解法は方法論から直接導かれたものであり、機能上の規則を複合させることで形態上の可能性が絞られていった。歴史主義的影響が全く見られない点も注目に値する。この鋸歯状の形態は、イーストリバー・プロジェクトの外部階段よりもさらに純粋であった（fig.4.19-21を参照）。スミスは自らの分析結果を、郊外の労働者用ハウジングの仮想プロジェクトにも応用している（fig.6.14）。[*17]　この計画は、

100 平方エーカーの土地を、直径 1,500 フィートの私有公園を一周するサービス道路に沿って鋸歯型ハウジングによって構成するものであった。歩行者のみの環境を維持するため、駐車場は地所入り口付近に隔離された。

同じ頃、スミスは低層ハウジングとエレベーター採用の経済性についても研究を進めていた。彼が 1921 年に設計したモーニングサイドハイツの 2 棟の 6 階建てアパートメント、カテドラル・アイロコートはその成果を用いた例である（fig.6.15）。*18　上階の居住者はエレベーターで屋上まで昇り、階段で各住戸のある階まで降りる仕組みであった。下階の住戸は従来通り直接階段を使用した。屋上は全居住者のためのアメニティとして造園が施されていた。エレベーターの数とその停止階を減らすことがコスト建設費削減につながったのである。1919 年の法律によって認可された自動エレベーターの設置は、スミスだけでなくトーマスにとってもデザイン革新の拠り処となった。両者とも、増加しつつある中産階級ハウジング、特に中層のガーデン・アパートメントに、穏当なコストのエレベーター技術を応用することに興味を示した。しかし低コストの自動運転式エレベーターが登場した当時、その可能性を探究した建築家はほとんどいなかった。

6.14　ヘンリー・アッタベリー・スミス。「ノコギリ」形状の郊外の労働者住宅地計画への応用（1917 年）。内部には広い公園があり、自動車は周辺の駐車場に隔離された。

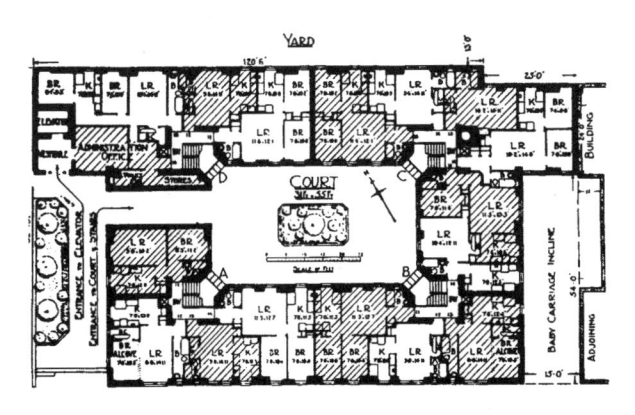

6.15　ヘンリー・アッタベリー・スミス。カテドラル・アイロコート・アパートメント（1921 年）。オープンステア住宅会社。エレベーターの経済性を追求。上階の居住者は一旦屋上まで昇り、居住する階まで歩いて降りた。

美学とアイデンティティ

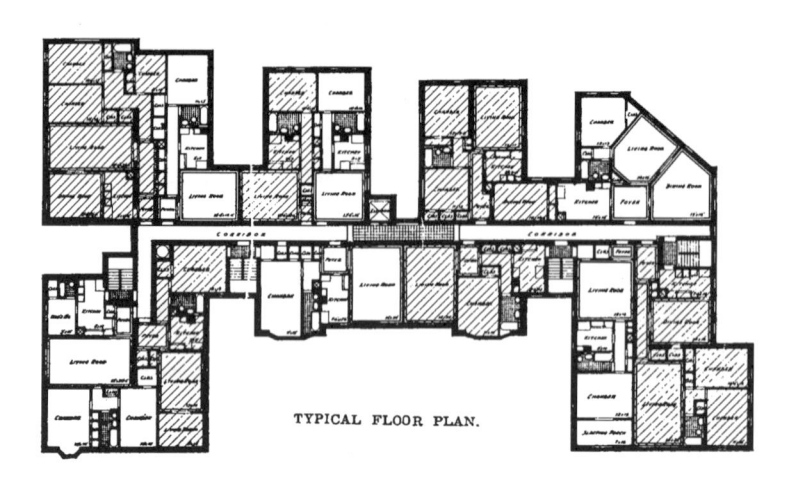

TYPICAL FLOOR PLAN.

6.16 フレデリック・F・フレンチ社。フォレスト・ヒルズ・ガーデンズ (1917年) クイーンズ初のエレベーター付きアパートメントとされる。

例えば1917年、フレデリック・F・フレンチ社によって設計施工されたフォレスト・ヒルズ・ガーデンズの6階建てアパートメントは、クイーンズ初のエレベーター付きガーデン・アパートメントであったが、その平面は従来の中廊下式と変わらないものであった (fig.6.16)。*19

1926年にスミスの設計により完成したメサ・ヴェルデはより急進的で、多くの着想を取り入れている。オープンステア住宅会社がジャクソンハイツに建設したこのハウジングは、スミスが1917年に行った街区分析の唯一の実現例であった。6棟の閉じたL字形の建物が、45度の角度で街区の両側に配置された (fig.6.17、6.18)。*20 街区の両端の空地はレクリエーション・スペースとなり、後の増築用の保有地でもあった。6階建の各棟はフラッグ型の平面から一つの角を切り取った形状を成し、プロジェクトの総戸数は323戸であった (fig.6.19)。設置されたエレベーターはプロジェクト全体で1機のみであり、エレベーター棟とその他の棟は「ハリケーン橋」と呼ばれるブリッジによって連結された。住戸の位置によって、居住者は地上から階段を昇るか、屋上から降りるかのどちらかを選択した。

メトロポリタン生命保険ハウジングと同様、メサ・ヴェルデも装飾的要素がほとんどなく、単純な水平の帯が建物の下部、中部と上部の境界を表していた。視覚上の面白さは建物のヴォリュームによって生み出されていた (fig.6.20、6.21)。ブリッジや歩道で連結された建物の斜線が交わって地上の中庭を縁取り、空を背景に印象的な図案が浮かび上がる光景は独特であり、その名称も例外ではなかった。「メサ・ヴェルデ」とはスミスが1925年に訪れた南西部コロラドのアメリカ先住民の岩窟住居からとったものである。スミスは「4-5層で、梯子のような外階段があり、屋根は平たく、使いやすい」古代の住居と「外階段、屋上庭園と屋上を連結するブリッジ」のある自身のプロジェクトとを関連づけようとした。*21 このような類推は、先例をヨーロッパ文化の影響の外に意識的に求めた点で特

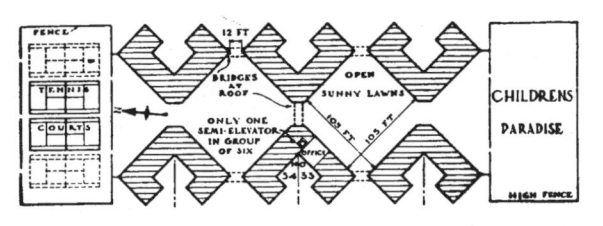

6.17 ヘンリー・アッタベリー・スミス。メサ・ヴェルデ（ジャクソンハイツ、1926年）。配置図。オープンステア住宅会社による慈善プロジェクト。鋸歯型の原理に基づいている。

6.18 メサ・ヴェルデ鳥瞰図と周囲ブロック型の平面検討。

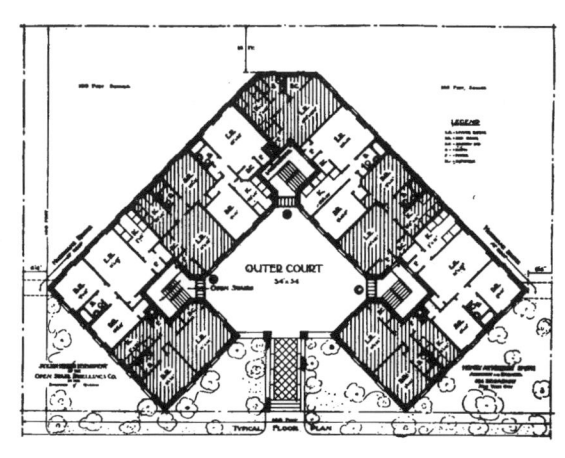

6.19 メサ・ヴェルデ平面図。フラッグ型平面の一角を削り取っている。

筆に値する。

　1920年代前半のプロジェクトや提案に多く見られた「機能性」の厳格な強調は、おおかたハウジング慈善主義の経済的制約に対する反作用である。メサ・ヴェルデも例外ではなかった。経済全般の繁栄にもかかわらず、建築家の設計による中コストハウジングや公共プロジェクトに歴史折衷主義が普及することはなかった。視覚構成の新しい実験が進むと、建築的感性は次第に変化する。この過程は1930年代に入って、ハウジングや公共事業からその他の建物に拡大していった。この新しい感覚は、エドワード・T・ポッターやヘンリー・アッタベリー・スミスなどの建築家によるハウジングと、技術的要素が歴史主義に優先された公共事業の両分野で生まれつつあった。1920年代初頭、テネシー川水力発電開発など国家的大事業

美学とアイデンティティ　223

6.20 メサ・ヴェルデ完成直後の写真。周辺の開発業者による住宅との対比。

6.21 メサ・ヴェルデ中庭写真。「ハリケーン橋」が各棟を連結している。

では、社会機能主義的な表現が歴史主義に取って代わろうとしていた。ハウジングと公共事業の両方において、機能主義的な手法は、先進的な政治経済の見解を暗示していた。しかしヨーロッパの新事業とは異なり、建築表現はどう見ても控え目であった。メサ・ヴェルデはニューヨークで最も

急進的な先見の明であることに変わりはない。テネシー川流域開発公社のローランド・ヴァンクでさえ、米国の近代主義に大きく貢献したとは言え、建設習慣の惰性と新しい社会の展望を調和させることは出来なかった。

革新的な改善は予想もつかないことを行うのと同様に無理なことである。鋼鉄、コンクリート、アルミニウム、ガラス、コルク、ゴム、合成樹脂などの20世紀の材料が、大量生産によって我々の手に届かない限り、我々は祖先と同じ材料に束縛され続けるが、木材、煉瓦、石とモルタルの可能性はすでに祖先によって探求され尽くしているのである。[*22]

4. 国際様式：近代建築国際会議とニューヨーク近代美術館

メサ・ヴェルデはオランダやドイツでの先進的なハウジングに劣ることはなかったが、1926年の時点の国内ではそれに続くものはほとんどなかった。戦後のヨーロッパで育まれた建築思想は、米国の緩慢な建設習慣に先行し、いずれも当時の前衛的政治表現に直接結びついていた。[*23] 郊外の大型ガーデン・アパートメント、例えばドイツのジードルンク（Ziedlungen）などは、政府の直接援助によって建設されたが、大恐慌前のニューヨーク市のハウジング開発は主に民間によるものであった。ヨーロッパにおけるデザインの規模はニューヨークよりも広漠であった。またジードルンクの多くは、1人の建築家の構想によって全体が計画されたが、ニューヨーク市では、ジャクソンハイツのような大規模開発でさえも、設計者は街区ごとに異なっていた。碁盤街区の限界は、強固な境界と明確に規定された空間によって、建物の独立性を強調する傾向にあった。それに対してヨーロッパでは、敷地の形状による制約は弱く、より広く境界が曖昧な公共空間がつくられた。

1920年代にニューヨーク市内で見られた郊外への拡張は、シャーロッテンブルグ（fig.5.13参照）などの、ヨーロッパでの周囲型ハウジングから派生したものである。しかしヨーロッパの前衛的な開発は、既にオープンスペースや理想的な日照など、機能性を重視したものに移行していた。メサ・ヴェルデの折衷機能主義と比較すると、ヨーロッパでの姿勢はむしろ学問的で還元主義的であった。ドイツ人がツァイレンバウ（Zeilenbau）と称した新しい計画手法では、両端が開いたハウジングが、同一方向に並列し、各戸は東西方向に面して理想的に配置されていた。この動向の中心となったのは、近代主義理想の普及を目的として1928年に設立された、近代建築国際会議（Congrès internationaux d'architecture moderne, CIAM）であった。1930年にブリュッセルで開催された第3回CIAM会議は「合理的宅地分割」を議題とし、ツァイレンバウの広範な記録を提供した。[*24] オットー・ヘイスラーが1930年に設計したドイツ、カッセルのローテンブルグ・ハウジングは典型的である（fig.6.22）。このプロジェクトは、

美学とアイデンティティ　225

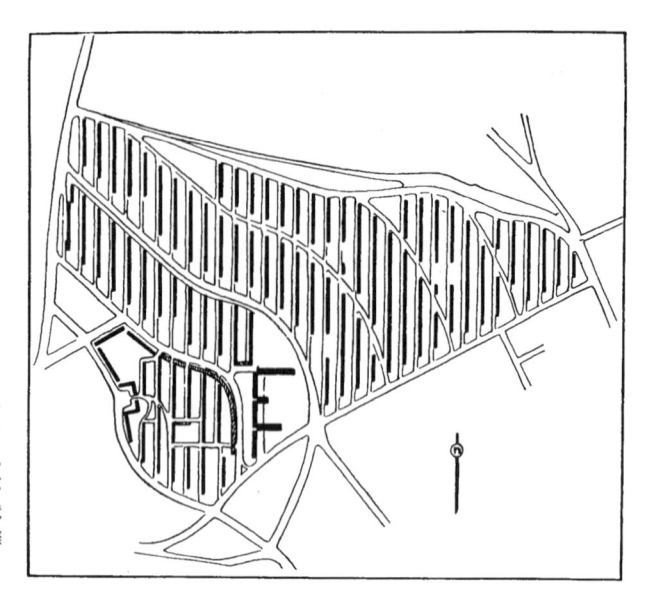

6.22 オットー・ヘイスラー。ローテンブルグ・ハウジングプロジェクト（ドイツ・カッセル、1930年頃）。ヨーロッパで発展したツァイレンバウに基づいた並列棟。1932年に近代美術館で開催された近代建築：国際展で高く評価された。

1932年にニューヨーク近代美術館で開催された近代建築；国際展（Modern Architecture: International Exhibition）を通じて、米国の建築家に知られることになった。*25 その頃には、米国でもヨーロッパの純理論的機能主義を受け入れる下地は整っており、「国際様式」と定義された。米国におけるハウジングの発展において、1932年の国際様式の導入は続く半世紀を支配するイデオロギーへの転機となる。

　1930年代前半のニューヨークは「様式の市場」における開かれた競争という、米国で発展した伝統を強化したという点において1893年のシカゴを想起させたが、決定的に異なる点は、大恐慌の影響であった。新しい建築表現の必要性がこれほど明白であった時期はなく、資本主義社会が危機に陥った中、再生への「革命的」宣言が切望されていた。建築の援護者にとって、この問題に応えるものは国際様式以外にはなかった。ヘンリー・ラッセル・ヒッチコック・ジュニアとフィリップ・ジョンソンは1931年にヨーロッパ周遊から帰国し、1929年に開館したばかりのニューヨーク近代美術館の有力者たちと結託して、この打開策を着想している。財政上の危機に直面して、「建築」の再定義は必死の試みであった。ヨーロッパ近代主義の新しい潮流は米国の機能主義者のアプローチより優れているとみなされたのである。ヒッチコックとジョンソンは、米国の機能主義者について「まず施工者であろうとし」「その言葉のいかなる意味においても建築家ではない」とした。*26 この枠組みの中で、米国の社会機能主義の伝統は退けられ、ヨーロッパを起源とするより知的な機能主義様式が取って代わった。『近代建築：国際展』は、フィリップ・ジョンソンの指揮下、ニューヨーク近代美術館に建築部門が発足した1932年に開催された。同

年、ヒッチコックとジョンソンが出版した『インターナショナルスタイル』（The International Style）は新しい建築の傾向を列挙したもので、75のプロジェクトの美的批評を含む、過去半世紀の建築の発展についての修正論的な歴史書であった。

振り返ってみると、1920年代の米国にはあらゆる様式が集まり、ボザール歴史主義からルイス・サリヴァン、そしてフランク・ロイド・ライトまでの足跡、さらにハウジング公共事業における新しい社会機能主義から、デコモダンの再帰まで及んでいた。しかしニューヨークの大規模建築の大半は、依然として修正されたボザール歴史主義を追求しており、経済や、文化面における現実が、それに見合った文化状況がつくる異なる美学に再編成されるまで待たなくてはならなかった。この窮地を救ったのは、新しいヨーロッパのアカデミックな機能主義であった。

ヨーロッパでの新しい作品群は「機能主義的」と称されたが、その優位性はむしろ新しい学究的な伝統主義に基づいていた。フィリップ・ジョンソンは、「（ヨーロッパ）機能主義者の最も優れた作品は、建築芸術の新しい美的可能性を受け入れる者たちにより、実施よりも理論において一線を画すものである。」[27] と曖昧に記している。さらにヒッチコックは、デコモダン様式に追従する者は「近代建築についての真の概念を持たずに、1925年のパリ博覧会から、デザインや装飾のトリックを借用している」[28]と批判した。サリヴァンの系統が歓迎される一方で、ボザール歴史主義は非難の対象となった。フランク・ロイド・ライトは米国で最も重要な建築家に特定され、第一次世界大戦以前に見られたライトのヨーロッパへの影響が強調された。ジョンソンは、ヨーロッパでの新しい作品が「近代工学と機能の近代的対策に基づいて」[29] 19世紀来の建築と工学の分裂を修復したと主張した。しかし彼の見解は、当時の工学的成果に対する建築家の美的な解釈にとどまっており、実際には両分野は純粋に統合することはなく、その後も異なる道を進んでいくのだった。

ヒッチコックとジョンソンは「建築」と「建物」の区別に細心の注意を払ったが、[30]「ハウジング」の分類は困難を伴っていた。「ハウジング」は『近代建築：国際展』において独立した部門とされ、キャサリン・バウアー、クラレンス・スタイン、ヘンリー・ライトが企画し、カタログにはルイス・マンフォードによる序文が掲載された。ヨーロッパの新しい作品が、ハウジングを建築の問題として正当化していたことを考慮すれば、この分離は不可解であった。少なくとも、日常生活を豊かにする建築の功利的利用という意味において、ハウジングはヨーロッパの新しい建築的感性における着想の中心に位置していたのである。

マンフォードは展覧会カタログの序文で「住宅の建設はいかなる文明においても主要な建築作品であり、近代文明の風潮と無関係ではいられない」[31] と主張している。ヒッチコックとジョンソンは『インターナショ

ナルスタイル』の中で、特定の状況を除くと、ハウジングは「建築」という術語に値しないと反論、ヨーロッパの機能主義者たちは、進歩的な政治意義の欠如を理由に、単世帯住宅の設計依頼を避けることすらあり得ることを指摘した。ハウジングの重要部分である、最小単位の住戸に至っては、「あまりにも単純で、特化できる部分もなく、それらは十分に建物の範疇に入る」ゆえに建築とはみなされなかった。しかし大規模ハウジングについては「恣意選択の機会が多数あり、建築と成り得るであろう」[*32] と述べている。いずれにしても、ヒッチコックとジョンソンにとって、ハウジングを建築的意義の領域に押し上げる最も効率的な方法は、欧州の新しいジードルンクの巨視的な構成原理であった。

5. アメリカ固有のハウジングとプラニング

　1930年代の米国では、ハウジング問題と都市計画を題材とする全国的な「運動」が展開しており、州レベルでのテナメント改革の試みを上回るまでになった。この動きは1910年から1912年の間に生まれたと言われており、全国ハウジング協会（National Housing Association）が形成された時期であった。[*33]　同じ頃、ハウジングと都市計画の専門領域において、前例のない規模の国際交流が存在し、アメリカ人も積極的な役目を果たしている。それらの活動はガーデン・シティ運動から、都市計画、ハウジング改革にまで広がると同時に、第1次大戦前の平和運動など、より大きな政治運動とも関係していた。1900年から1913年の期間だけでも、欧州と北米において2,271の様々な国際会議が開催されたと推定されている。[*34]

　新しいハウジングと都市計画活動は、ある意味、過去20年間にわたって、日常の建築ではなく都市を建築的に装飾することに専念した「シティ・ビューティフル」運動に対する抵抗であった。また社会科学を中心とした都市研究の新しい手法や、都市計画家の誕生も反映していた。[*35]　ハウジングや都市計画に対する関心は、社会的に認知されるまでになり、実務の社会側面に関心を持つ建築家にとってはボザールの制約からの解放を意味した。1920年代、「ハウジング」は建築活動の中でも重要な要素となっていた。1930年には、ニューヨークのヘンリー・ライトやキャロル・アロノヴィチらの実績により、新しい分野として確立された。

　「国際様式」はその名前に反して、建築家の国際交流が多かった前世代に対する反動であり、議論よりもヨーロッパの革新的な事業の背景にあった社会的議題を払拭することを目的としていた。「アメリカン・ジードルンク」と称された1920年代のガーデン・アパートメントは同様な懸念から生まれたものであったが、ヒッチコックとジョンソンによって「時には素晴らしい社会学的理論の例証となるが…、しっかりとした近代的建物であることはまれであり、建築的に卓越したものは何一つない。」[*36]　と退けられた。このような軽視や、「建築」と「ハウジング」の分断を通じて、

ヒッチコックとジョンソンにより確立された風潮は、建築家の職能の対象としての中コストハウジングの正当性を完全に粉砕したのであった。概して、ヒッチコックとジョンソンの姿勢は、広範囲に及んだ米国のハウジング運動と、それが表現する建築的価値に共鳴しなかったと解釈されるべきであろう。大恐慌を触媒として、2人は経済危機に直面していた建築実務の「審美的」側面を強化し、失業や不確かさに苦しむ専門業界の政治的な急進主義への解毒剤を提供したのであった。彼らは政治活動を制しながら美学に基づいた道徳主義を助長したのである。

6. ヨーロッパの新しい都市未来像：ドイツとフランス

　1920年代を通して、アメリカにおけるハウジングの実験の多くが「庭園の中のアパートメント」に限られていた一方、フランスやドイツの前衛派は全く新しいアーバニズムに注目していた。19世紀の都市基盤は広大な公園の環境に変わり、従来の道路や建物の外壁は自然によって昇華された。これらの構想は旧態依然とした形で、世紀の変わり目のフランスに登場し、よく知られた作品に、1917年に発表されたトニー・ガルニエによる「工業都市」(Cité industrielle) [*37] がある。米国とは対照的に、ヨーロッパのハウジング・デザインとその理論は、意識的に論争的な要素を取り入れていた。ヨーロッパには、ヘンリー・ライトが賞賛したドイツの建築家アレクサンダー・クライン [*38] など、実践的なハウジング研究者が多く存在したものの、同時に米国にはないユートピア運動も見られた。米国では1920年代の最も急進的な革新運動でさえ歴史的延長に過ぎず、ハウジング生産の実情に直接反応したものであった。ニューヨークでは唯一ヘンリー・アッタベリー・スミスの作品がヨーロッパ前衛派の感覚に近づいたものであろう。

　「公園の中のタワー」(Towers in the park) はヨーロッパに出現した時点から急進的な形をとっており、それはオーギュスト・ペレが描いた公園の中に立つ高層タワーによるアーバニズムであった (fig.6.23)。1920年代初期のペレの描写は、弟子であったル・コルビュジェによってさらに進化する。ペレは建築家であると同時に技術者でもあり、先駆者的な鉄筋コンクリートの作品が最も有名であるが、彼の描いた都市像は、意義深い先例となった。[*39] 　ペレの思想に大きく影響を与えたのは、マンハッタンで建てられた商業高層ビル、例として1913年の完成当時に世界一の高さを誇った、キャス・ギルバートによる55階建てのウールワース・ビルディングであった。ペレが思い描いたのは、これらの高層建築の、ハウジングなど無数の都市機能への適応であり、高層住宅を可能にした技術革新の大規模な投入はハウジング生産問題への解答とみなされた。米国の建築的発展にペレが魅了された様子は、リチャードソン、サリヴァン、ライトだけに興味を示したバールス・ファン・ベルラーへ、J・J・P・アウトやヘンドリ

6.23 オーギュスト・ペレ。「住宅塔」(maisons-tours)（1922年）の都市のイメージ。ペレのスケッチをもとにジャック・ランベールが描いた。

カス・ヴァイデフェルトなど、他のヨーロッパ人建築家とは異なる次元であった。

　1922年頃、ル・コルビュジェはペレの理論に基づく「公園の中のタワー」の持論を初めて発表する。レスプリ・ヌーヴォー誌で発表された「塔の都市」(Villes-tours) は、ペレの提案の近代主義的解釈であった（fig.6.24）。1927年に発表された「現代都市」(Ville Contemporaine) は、この考えをさらに進めたものである。[*40]　道路や建物など、都市要素の伝統的な意味は抹消され、都市全体の視点からのみ把握可能な規模に拡大された。空前の高さと広がりを持つ高層ビル群は、境界のない公園空間に余裕を持って配置され、低層の建物によって連結されていた。新しいアーバニズムを描いたル・コルビュジェの詩的なスケッチには、風景を分断しないよう柱によっ

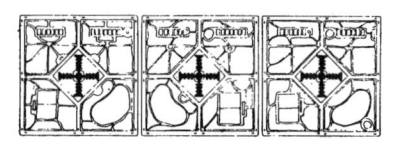

て持ち上げられた建物がしばしば登場する（fig.6.25）。これらは、すべての住民に「太陽、空間、緑」という貴重なアメニティへの権利を平等に与えるという、社会主義的な目標を満たしていた。ペレと同様に、ル・コルビュジェの提案は、常に空想的視野の領域にあった。同じ時期、「公園都市」は、マルセル・ブロイヤー、ワルター・グロピウス、ルドヴィグ・ヒルベルザイマーなどの、ドイツ人建築家によって、建築可能な形態に翻訳されていた。彼らの板状型ヴォリューム＝スラブ・ブロック（slab block）の提案は文字通り公園内のタワーであり、緑を背景に点在する単純な長方形のエレベーター付き高層建物であった。ブロイヤーがスラブ・ブロックを、低コストハウジングとして初めて開発したのは、1924年のことであった（fig.6.26）。[*41]

1930年にはグロピウスがブロイヤーの作品をさらに発展させている（fig.6.27）。[*42] 彼の研究で提唱された建蔽率は約15％であり、各建物は互いの影に入らないように、南北方向に配置された。ツァイレンバウ（Zeilenbau）形式として広く紹介されたこの研究では、隔離された高層ブロックは、他のハウジング形態よりも効率性が高いとされた。1931年には一連の配置図を用いて、高さ、密度と建物の間隔を増やすことにより、より多くの日照が確保でき、[*43] 高密度が常に採光の悪さを意味した従来の低層ハウジングと対比させている（fig.6.28）。密度を基準とした各配置の効率は、2層の建物を配置した場合を最低基準として、階数が増えるごとに建築可能な建物の長さを示している。また一連の断面図は、2階建てを保った場合、長さの増加が空地の増加につながることを示している。どちらの図も、高層スラブ・ブロックは、密度を上げるとともに建蔽率を減少させ、採光と換気を向上させるという、グロピウスの根本的な確信を支えていた。スラブ・ブロックは、単純で細長い形をしており、[*44] より複雑な周囲ブロック型のガーデン・アパートメントよりも、効率的で建設費が安かった（fig.6.29）。

6.24（左） ル・コルビュジェ。「公園の中のタワー」すなわち「塔の都市」（villes-tours）の提案（1922年頃）。ペレの構想に基づく。

6.25 「公園の中のタワー」の典型的風景。建物が「ピロティ」によって持ち上げられ、緑地が連続。

6.26 マルセル・ブロイヤー。スラブ・ブロックを用いた低コストハウジングの提案（1924年頃）。この形状を「純粋に」用いた例としては最初の実用的デザインである。ラルシテクチュール・ヴィヴァント誌（1927年）。

美学とアイデンティティ

6.27 ワルター・グロピウス。「中央緑地帯」のあるツァイレンバウ敷地構成を用いた、スラブ・ブロック提案（1931年）。

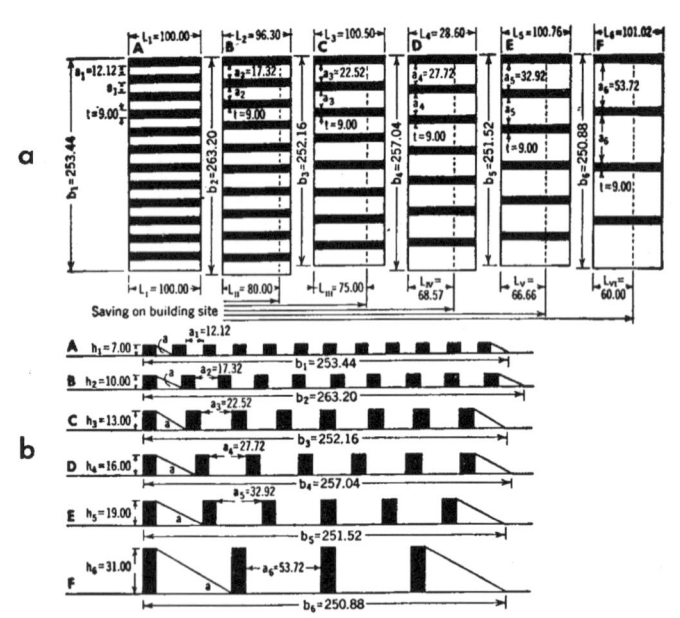

6.28 ワルター・グロピウス。建物高さと最高密度の分析（1931年）。ツァイレンバウ構成を用いた「公園の中の都市」理論を広範囲にわたって裏づけた。

　グロピウスとル・コルビュジェによる主張は、社会的、審美的な側面から、視覚や言葉による大きな論争を引き起こした。それはヨーロッパとアメリカのハウジングが直面する経済的現状に、完全に順応しており、公園の中のスラブ・ブロックは20世紀アーバニズムを象徴する運命にあった。ペニシリン時代が始まろうとする頃、理想とされた衛生的な都市がついに登場し、都市の病を治す万能薬を持って、従来の不健康な都市生活に取っ

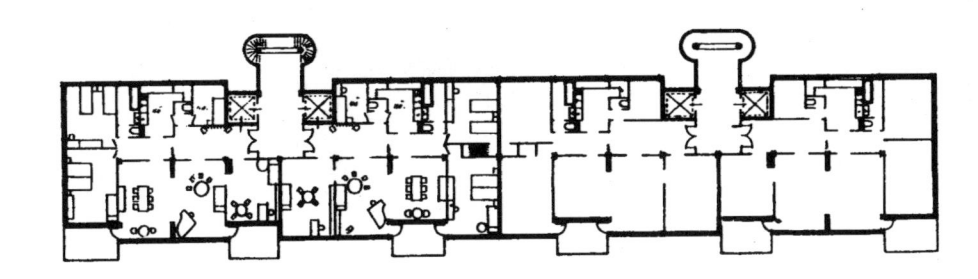

6.29 ワルター・グロピウス。ベルリンのワンシー郊外に提案された典型的スラブ・ブロック平面（1931年）。

て代わったのである。空想主義的な見方では、これを可能にしたのは「新しい」建設技術であった。しかし、同じ技術がニューヨークで半世紀も以前に存在していたという事実は、ここでは議論に挙がらず、技術の解釈そのものが革新的に新しかったのであった。

ニューヨークでは、この姿勢は台頭しつつあった国際様式への傾倒と上手く調和した。新しいアーバニズムの最も誘惑的な側面はその経済性であろう。社会ハウジングと低建設費が決定的に結びついたのである。それまでのコストの問題は、生産の経済性よりも、慈善による安価なハウジングの供給に限られていた。マルセル・ブロイヤーによる提案から、スラブ・ブロックは常にコスト面における打開策とみなされてきた。これ以上安い建設方法はなく、限られた資金で、より多くのハウジングが建設可能であったのである。それはつかみ所のない夢であり、近代福祉国家に芽生えていた道徳心と緊密に結びついていた。

7.「公園の中のタワー」と「明日のメトロポリス」

「公園の中のタワー」はニューヨークの文脈にも取り込まれた。1931年のハウ・アンド・レスケイズ事務所による提案は、ヨーロッパのスラブ・ブロックから派生したものである。ジョージ・ハウはボザール派の建築家として地位を確立していたが、そのスタイルを「モダニスト」の作風に変えようと、1929年に若いスイス人建築家、ウィリアム・レスケイズをパートナーとして迎え入れていた。敷地となったロウアー・イースト・サイドにある細長い敷地には、*45　その後も多数の提案が出されたが、いずれも周囲型のガーデン・アパートメントの慣例に従っていた（fig.6.30）。この提案は、従来の手法とは根本的に異なり、L字形のスラブ・ブロックがピロティーの上に立つ様子は、ル・コルビュジェ的理想を自由に翻案したものであった（fig.6.25参照）。ピロティーからル・コルビュジェ風の列柱を眺めたロマンチックな透視図では、ヨーロッパの理想に近い環境を表現するために、敷地に面するテナメントの外壁は適度に抽象化されていた（fig.6.31）。しかしこの状況が計画の演出を成功に導いた。つまり敷地の形状に制約されたL字形のスラブは、ブロイヤーやグロピウスが描いた単純さへの還元とは、性質を異にしたのである。この提案は、1932年の

美学とアイデンティティ　233

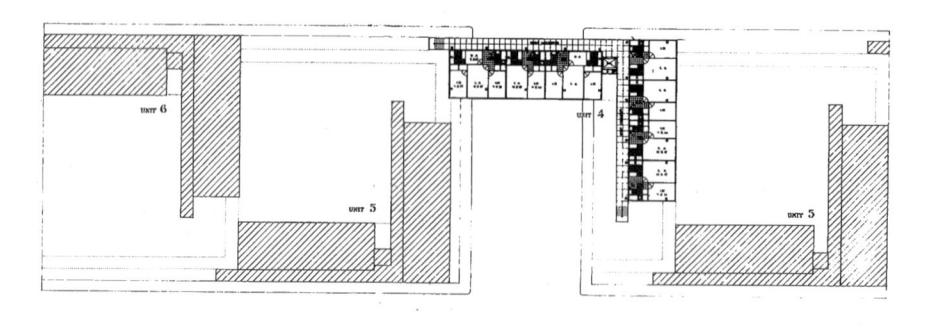

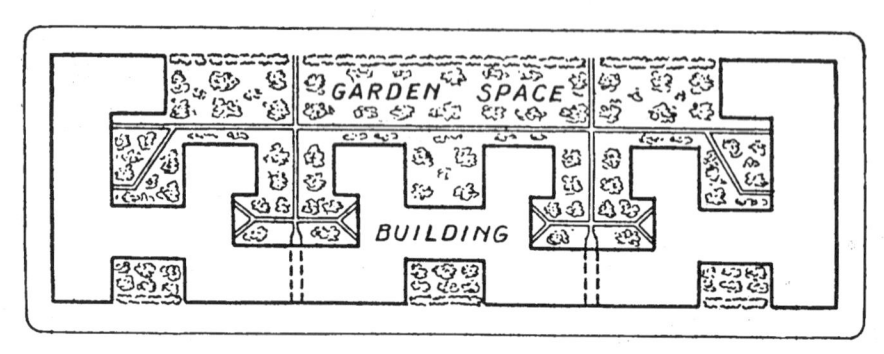

6.30 (A) ハウ・アンド・レスケイズ。クリスティー・フォーサイス通りのハウジング(1931年)。ロウアー・イースト・サイドに提案された典型的ブロック。ニューヨーク市で最初の大型「スラブ・ブロック」。(B) モーリス・ドイチュとグスターヴ・W・アイザー。クリスティー・フォーサイスのハウジング提案(1933年)。中庭のある周囲ブロック構成。

ニューヨーク近代美術館での「近代建築：国際展」に数少ない米国の事例として出品された。その後、この新しい様式を用いた計画が激増していく。他の事例には、クラウス・アンド・ダウブによる、ロング・アイランド・シティでの提案があった (fig.6.32)。[*46] 後に続くプロジェクトと同様、グロピウスの敷地分析を用いていた (fig.6.28 参照)。実際、グロピウスのダイヤグラムはその後数十年にわたって大きな影響力を残すことになる。

1930年代に『アーキテクチュラル・レコード』誌は、フランク・ロイド・

6.31 ハウ・アンド・レスケイズ。クリスティー・フォーサイス通りのハウジング。地階の透視画。ル・コルビュジェ風の連続する緑地空間やピロティがロウアー・イースト・サイドの環境に挿入されている。

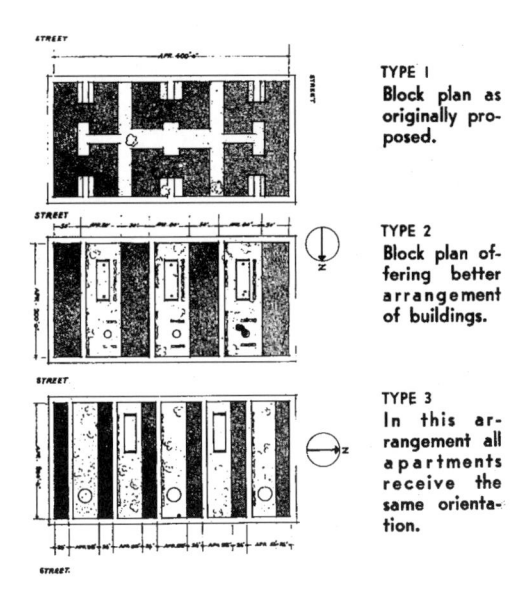

TYPE 1 Block plan as originally proposed.

TYPE 2 Block plan offering better arrangement of buildings.

TYPE 3 In this arrangement all apartments receive the same orientation.

6.32　クラウス・アンド・ダウブ。ロング・アイランド・シティに提案されたハウジングの配置検討。ワルター・グロピウスの密度分析をニューヨーク市の碁盤街区の文脈に適応。

ライトによる、ニューヨーク市のセント・マークス・プレイスに建つ高層住宅計画を紹介している (fig.6.33)。[*47] この計画はバワリー・セント・マークス教会周辺の19世紀の建物を取り壊し、後にブロードエーカー・シティ計画で採用したユーソニアン・タワーを4棟建設するというものであった。[*48] ライトは「公園の中のタワー」を試みたが、その「公園」は周辺のテナメントとの妥協の産物であった。このプロジェクトはヨーロッパの建築家が明言する先進的な目標を、何の変則も伴わずに実現するものとされた。こうして一円を描いて、ヨーロッパの前世代に影響を与えた、年

6.33　フランク・ロイド・ライト。セント・マークス・プレイス高層住宅案（1930年）。ヨーロッパの新しいアーバニズムよりも優れていると主張した。

美学とアイデンティティ　235

老いた巨匠であり、反抗者でもあったライトは、新しい議論と奇妙な都市に対して相反する姿勢を示したのである。セント・マークスタワーは、彼がシカゴで何年も以前に提案した、低層テラス・ハウジングからの根元的な離脱を示していた。*49

　ニューヨークの建築文化に固有の「ユートピア主義」は、ハウ・アンド・レスケイズによるスラブ・ブロックや、ライトのユーソニアン・タワーとはほとんど接点がなかった。ニューヨークで生まれた「未来都市」の構想は、19世紀から進化してきた独特なアーバニズムをより劇的に表現する傾向があった。1920年代末期に、多くのニューヨークの建築家が描いた理想的な都市像は、ヨーロッパの新しい作品に対する応答でもあった。アーサー・J・フラッピア、レイモンド・フッド、ハーヴィー・ワイリー・コーベット、ヒュー・フェリスによる提案は、いずれもボザールの計画原理を規範として、形態と技術の両面において都市の次元を高めるものであった。*50 また新しく可能になった動力技術と建設構法を用いて、かつてない大きさと密度を持った巨大な建物が構想された。1929年に発表されたヒュー・フェリスの研究「明日のメトロポリス」(The Metropolis of Tomorrow) は、首尾一貫した見解を提示している。*51　皮肉にも、その理想主義は、ロックフェラー・センターなどで断片的ながらも実現することになった。

8. テナメント・ハウス委員会と複合住居法の制定

　1920年代の終わり、ニューヨークの高層ハウジングは、空想主義者が描いた「公園の中のタワー」の美学とは異なる光景を映し出していた。マンハッタンの一部、とりわけウェスト・サイドには高家賃の高層住宅が林立していたが、配慮ない反復と設計水準の乏しさも相まって、その需要は低下していた。*52　高層建築は営利目的の高級ハウジングであり、改革が迫られていた。自由市場の需要に従い、高層住宅という高所得者の特権は侵食されてゆく。外観は10室以上のアパートメントがあるかのような新しい建物も、実際内部にあるのは1－2寝室だけの住戸であった。*53

　ブラウンストーンのファサードが中産階級のフラットを覆い隠したのと同様に、富の象徴として残されたのは精巧なボザール様式のファサードだけであった。そのファサードも、高価な石灰岩の代わりに、テラコッタによる複製品が使用され、装飾が施されたのも道路側のみであった。ジョン・H・ハイラン市長は、石よりも美的、構造的に劣るテラコッタの多用を懸念して、1920年には市内の公共建築における使用制限を試みているが、テラコッタの安価さや、石切職人の最後の世代が消えつつある時代では無力な試みであった。*54

　パーク・アヴェニューや5番街、リバーサイド・ドライブ、セントラル・パーク・ウェスト、ウェストエンド・アヴェニューに建つ高級アパートは、1901年のテナメント法に基づいた100×100フィートの平面を用いた場

合が多く、法の定める高さ制限に従って、その高さは12階から15階建てであった。建物の高さが法の限度を超えることもあった。さらに、第2世代の高層住宅が1929年には完成していた。いずれも、テナメント法の規制を逃れる目的から、「アパートメント・ホテル」と分類されることが多かった。1927年にはテナメント・ハウス局によって違法性を提訴され、初審で敗訴したものの、後に逆転勝訴している。[*55] 1924年には、1921年から施行されていた5番街の高さ制限が、1924年の法廷判決により廃止され、開発の口火を切った。[*56] 1926年には、ブルックリンで初めての高級高層住宅が、プロスペクト公園に隣接して完成した。[*57] 1924年の時点において、マンハッタンで提案された最も高い高層住宅は28階建てであったが、[*58] 1928年には58階建ての高層タワーが提案されていた。[*59] 1925年にはパーク・アヴェニューにエメリー・ロスとカレール・アンド・ヘイスティングスの設計による41階建てのリッツ・タワーが完成し、高層住宅の流れを決定づけた。[*60] リッツ・タワーはアパートメント・ホテルに分類されたが、その中には最高18室を持つ大きな住戸もあった。

　高層の居住建物に対する、ニューヨーク市建築法と一般慣例の相違を理由に、1927年5月にはテナメント・ハウス委員会（Tenement House Commission）がニューヨーク州議会内に任命された。同委員会が1928年1月に公表した報告書では、テナメントから高級高層住宅に至る、市内のすべての「住居」を律する包括的な法律の制定が提唱されている。[*61] この報告書では、ローレンス・ヴェイラーによる予言的な1914年モデル・ハウジング法（Model Housing Law）と同様、「テナメント」という用語は一度も使われることなく、テナメントの新規建設が着実に減少しつつある市場の状況を反映していた。1920年代のハウジングブームが終わる頃には、旧法テナメントの空室率は高く、[*62] 不動産投機も野放しになり、テナメント・ハウス局の管轄外で高層住宅を建設する法律の抜け穴、すなわち「密造ホテル」（Bootleg hotel）の悪用は、絶え間ない訴訟をもたらしたのである。包括的なハウジングの新しい立法が迫られていた。[*63]

　テナメント・ハウス委員会による革新的な提案は、地価の評価別の密度を取り入れ、ハウジング法の体系を捉えなおしている。1平方フィートあたり2ドル以下の宅地と、4ドル以上の宅地には、それぞれ異なる設計基準が設定された。この方式が提案された目的は、市内面積の7%にも満たない、平方フィートあたり2ドルを超える土地を対象とする建設基準に、残りの93%を左右させないためであった。この仕組みは、他の選択肢がありうる場合には、巨大な高層住宅の建設を妨げようとするものであった。しかし、この提案だけでなく、他の勧告事項も論争の的となり、結局この法案が議会で承認されることはなかった。委員会は再び招集され、より保守的な提案、複合住居法（Multiple Dwellings Law of 1929）が1929年の州議会で通過した。[*64] 土地の評価額に基づく設計基準は破棄されたが、す

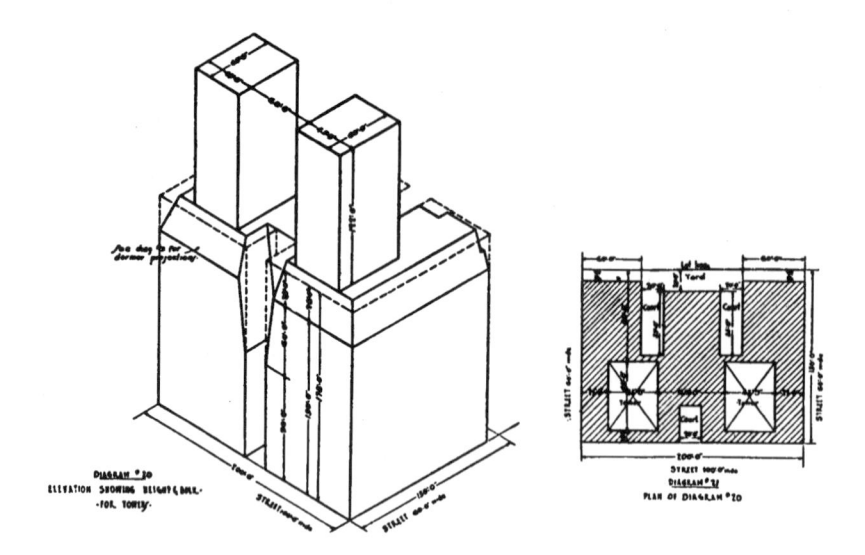

6.34 1929年複合住居法の見本図。最も高い分類の高層住宅に認められた2本のタワー。

べてのハウジングの類型を、同一法の管轄下におくという原則は残されていた。

　複合住居法のテナメントの設計水準に対する影響はわずかなものであったが、中庭の最低寸法が引き上げられたこともあり、50×100フィートの区画の実用性は減少した。同法が根本的に影響を与えたのは、高層住宅であり、そのすべてを厳しい統制においた。「密造ホテル」は、何年にもわたりテナメント法を逃れてきたが、ようやく法の管轄下に入ったのである。[65]　複合住居法は高層住宅の容積および高さの制限を義務化し、その許容される形態の範囲は1916年に公布されたニューヨーク市建築形態規制＝ゾーニング法（New York City Zoning Resolution）が定めたセットバックをはるかに上回っていた。

9. 新設備を誇る高級高層住宅と中産階級ハウジングの限界

　敷地面積が30,000平方フィートを超える大型アパートメントは、複合住居法により各階の面積が敷地の5分の1以内という条件で、道路幅の3倍の高さまでの「タワー」の割増が認められた。低層部分の高さは、それ以下の敷地に建つ建物と同様に道路幅の約1.75倍に制限されていた。非常に大きい敷地においては、2本のタワーが認められた（fig.6.34）。この新しい法律がきっかけとなり、セントラル・パーク・ウェスト沿いに、2本のタワーと基壇部からなる、高級高層住宅が短期間のうちに完成する。最初に建ったのはエメリー・ロス設計のサンレモ（西74丁目）であった。[66] 続いてマーゴン・アンド・ホルダーとエメリー・ロス設計によるエルドラド（西90丁目）、[67]　ジャック・デラマール設計、アーウィン・S・チャニン施工のマジェスティック（西71丁目）、[68]　同じくデラマールとチャ

エメリー・ロス。サンレモ（セントラル・パーク・ウェスト、1930年）。

ニンによるセンチュリー（西62丁目）が続いた。*69　同じ形状をしたそれぞれの建物は異なる外装をまとい、当時の社会的多元性を反映していた。サンレモはイタリア復興主義、そしてエルドラドはマヤデコ調といった具合であった。

　皮肉にも、高層建築の設計基準を初めて包括的に扱った複合住居法は高級ハウジングとしての高層建築の衰退を招くことになる。テナメント法ですら認めていなかった低水準の設計事項を認可したのである。顕著なものは外部採光と換気に関するものである。1901年以来初めて、中廊下と階段に、換気シャフトや中庭などを含む外部への開口が必要とされなくなり、機械換気設備のみで十分とされた。事実上、両側に居室を持つ中廊下が合法化されたのであった。この条項は、高層住宅においては効率の良い空間構成を促進したが、住戸内の通過換気は軽視された。幸いにも裕福な住民にとっては、空調設備という技術革新の実用化は目前であった。*70

　1920年代末にセントラル・パーク・ウェストに並んで建設された2つの高級アパートメントは、高層住宅のデザインの変遷を表している。エメリー・ロス設計によるベレスフォード（1925年）は、ダコタやセントラル・パーク・アパートメントなど、1880年代に遡る雄大なニューヨーク高層アパートメントの系譜の最後である。*71　ベレスフォードは西81－82丁目間の街区を占め、1916年ゾーニング法により定められたセットバックは、イタリア復興様式の装飾モチーフによって飾られていた（fig.6.35）。エルドラド、マジェスティック、センチュリーはそれぞれ街区の半分を占めていたが、その形状は複合住居法を反映しており、ベレスフォードに比べると各住戸の面積は著しく小規模であった。マジェスティックは建設工事半ばにして1929年10月の市場大暴落に見舞われ、開発業者は各戸の大きさ

美学とアイデンティティ　239

6.35 エメリー・ロス。ベレスフォード（セントラル・パーク・ウェスト、1930年）。1916年ゾーニング法によって形態が規制されている。1880年代に始まった壮大な高級高層アパートメントの最後を飾る。

を大幅に縮小せざるを得なかった。*72　エルドラドも同じ道程をたどり、豪華さが目減りした住戸が、それほど裕福でない顧客を相手に取り入れられた。*73　最も住戸面積が削減されたのはセンチュリーであったが、それでも絶対的な優雅さの雰囲気を保つよう苦心された。

　1931年に完成したセンチュリーの形状は、19層の基壇部の上に屹立する2つの14層タワーという構成であった（fig.6.36）。様式的には新時代を強調しており、イタリア調のベレスフォードから、完全に離脱していた。その簡潔で抽象的な幾何学的模様は、主として建物のヴォリュームを劇化しようとする試みに拠っている。ベレスフォードでの精巧なコーニスや欄干は、幅のある帯や素材の質感に取って代わられた。センチュリーのファサードは、トーマスやスミスが以前に設計した準慈善的プロジェクトと同様、経済の必要性を意識していたが、その装飾は、スミスのメサ・ヴェルデをはるかに超えていた（fig.6.20-21参照）。センチュリーは経済の新しい現実に対する上品な反応であり、ベレスフォードのイタリア様式は、ここで高級デコモダンの最新様式という新しい表現となり、パリからニュー

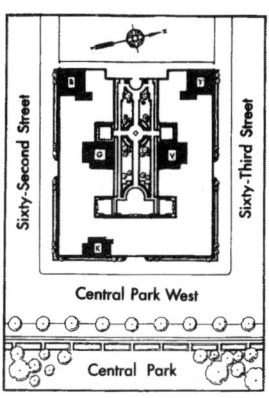

6.36 ジャック・デラマール設計、チャニン社施工。センチュリー（セントラル・パーク・ウェスト、1931年）。1929年複合住居法で許容された2本のタワー。

センチュリー。

ヨークの文脈に見合うよう、チャニン社のチーフデザイナー、ジャック・デラマールのアメリカ的眼識によって変調されたのであった。*74　メサ・ヴェルデにはこれらの気負いは何一つなく、その機能性と外観の革新的なデザインは、経済上の必要と社会問題に対する直接的反応であった。

　センチュリーの開業者と住民たちは、その新しい印象よりも、住戸面積の大幅で現代的な縮小に気をとられていた。皮肉なことに、新しく設定された家賃は、それ以前の広い高級アパートメントと同等であった。開発業者のアーウィン・チャニンは、『不動産記録と案内』誌の記事の中で、センチュリーの6部屋のアパートメントは、空間効率が良く、時間の節約につながる設備や器具の設置により、通常の7部屋アパートメントと同等の価値があると主張している（fig.6.37）。*75　機能的利便性によって住戸面積の縮小を穴埋めするという論法は、富裕層を対象とするニューヨーク市のアパートメントの規模と質の急速な衰退を伴った。その影響を緩和したのは、家電製品の急増である。1925年に開催された、第18回電気工業博覧会にはラジオ、掃除機、アイロン、洗濯機、ミキサーなど卓越した家

美学とアイデンティティ　241

6.37 センチュリーの典型的6部屋のアパートメント（1931年）。近代主義の美学に基づき、空間規模の縮小を機能性で補う。

6.38 フレデリック・アッカーマン。東83丁目のアパートメント（1938年）。中央管理式の空調を完備したニューヨーク初のアパートメント。ガラスブロックが多用されている。

事製品の進歩が展示されていた。低コスト電気冷蔵庫も発表された。製造したゼネラル・エレクトリック（GE）社によれば、毎月の電気代は、氷の費用よりも安いということであった。[*76] こうして昔ならば妥協することのなかった空間のアメニティは、単世帯用のブラウンストーンや、広いだけの高層アパートメントに区別なく、慎ましい広さのアパートにおける、無遠慮な数の消費者用機器に代わったのである。

1938年にはニューヨーク初となる、中央管理式の空調を完備したアパートメントがマディソン・アヴェニューに完成した。[*77] フレデリック・アッ

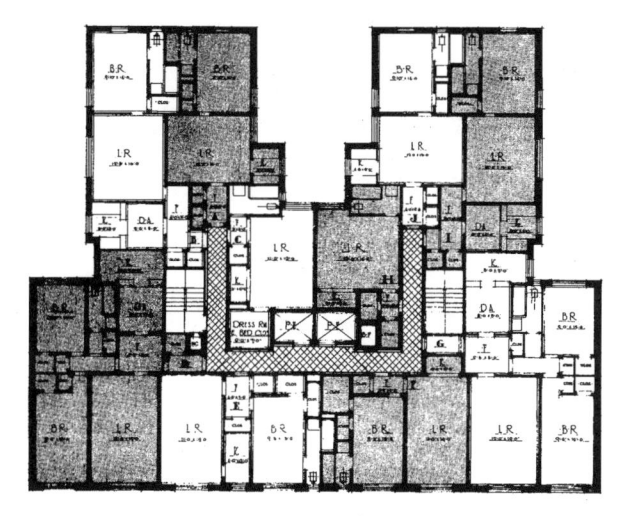

6.39 エメリー・ロス。「平均賃金労働者」のための住宅提案。マンハッタン区長による委託。マンハッタンに中流下層階級をとどめる目的であった。

　カーマンの設計による入念に構成された平面は、高級ハウジングにおける、1－2寝室の住戸という新しい小規模アパートメントの基準を反映していた。12階建ての外観は画期的であり、開口部に使用されたガラスブロックは、十分な断熱性を確保しながらも豊富な採光を可能にした (fig.6.38)。ガラスブロックの格子と、開閉可能なスチールサッシ、変化に富んだ煉瓦による外観は、幾分粗雑であったが、高級ハウジングの世界に、厳密に機能的で技術的な近代主義をもたらしたのであり、それはデコモダンのセンチュリーよりもメサ・ヴェルデの精神を尊重したものであった。

　1920年代末には、マンハッタンの中間所得層の手に届くハウジングの範囲は、厳しく限られるようになっていた。不動産コストと、限られた土地に残された選択肢は、エレベーター付き建物の小さなアパートメントだけであった。1929年のある研究によると1戸あたりの平均部屋数は、1918年の4.19室から、1928年には3.37室まで減少し、同時期に竣工した4部屋以上あるアパートメントの割合は、66.8％から32.7％まで激減していた。[78] マンハッタンの状況は最悪であった。子供のいる家庭にとって、近郊行政区への大移動に合流する誘惑は強まる一方であった。1930年、マンハッタン区長のジュリアス・ミラーは、実現性のある方法を提案することのなかった建築家たちに対し、より安いハウジングを求めてマンハッタンから流出しつつあった「平均賃金労働者」のためのハウジング研究を委託した。[79]

　その中から可能性がある2つの提出案が選ばれている。チャールズ・レングとエメリー・ロスによる、100×100フィートの区画を敷地とした設計案である (fig.6.39)。どちらも複合住居法の新基準を反映し、窓のない中廊下が含まれていた。12階建てのタワーは1室から3室までの、小さなアパートメントのみを収容した。しかしいずれの案も、クイーンズ周辺

美学とアイデンティティ

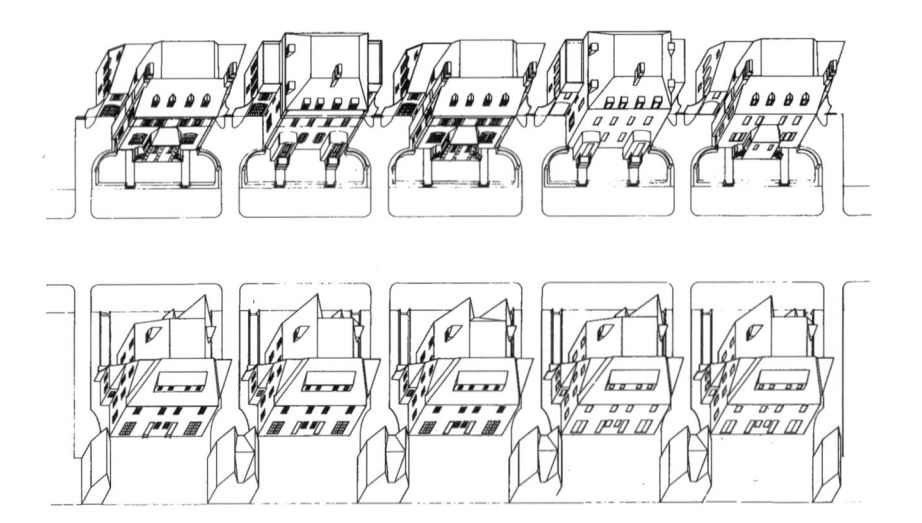

6.40 ロバート・タッパンとロジャース・アンド・ハネン。2世帯用の「イギリス風庭園住宅」(ジャクソンハイツ、1926年)。クイーンズボロー社施工。車庫の編成方法が異なっている。

の建売住宅と比較すると空間のアメニティに乏しく、十分な大きさの寝室や庭、さらに既に重要な消費財となっていた自家用車を駐車する場所もなかった。経済や美学の問題はさておき、20世紀のアーバニズムにおいて、自動車は最も革命的な都市要素を象徴したのであった。

10. 自動車に適応した連続住宅と近郊行政区の街路開発

1920年代の10年間だけでも、自動車は米国文化に本質的な影響を与え

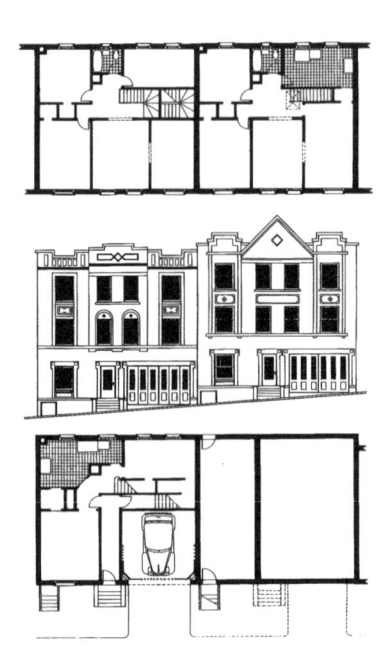

6.41 チャールズ・シェーファー・ジュニア。ハムデン・プレイスの連続住宅(ブロンクス、1919年)。車庫が住宅内に取り込まれている。

始めていた。「自動車時代のハウジング」の主唱者の一人となったクラレンス・スタインは、1910年、全米の自動車台数は458,000台程であったと指摘している。1928年にはその数値はほぼ50倍の21,300,000台までに膨れ上がっていた。[*80] 　自動車の影響はハウジングを含む日常生活のあらゆる面に浸透していた。低密度の独立住宅は特に影響を受け、自動車との融合にうまく機能した。例えば、第1次大戦終了時の近郊行政区では、既存の1－2世帯住宅に車庫を増築する内容の建築申請が著しく増加していた。さらに住宅の形態自体も、付随する車庫によって変化しつつあった。[*81] この手法で興味深いのは、クイーンズボロー社が1926年に、ジャクソンハイツに建設した、ロジャーズ・アンド・ハネマンの設計による2世帯用「イギリス風庭園住宅」である(fig.6.40)。[*82] 　道路の西側に並ぶ住宅には、従来通り独立した車庫が敷地の奥にあり、アプローチは隣家と共有されていた。ロバート・タッパンが設計した東側の住宅はより興味深いものである。玄関よりも半階低くなった車庫は、住宅の側面に組み込まれ、隣家と共有の車寄せがつくられた。自動車が私有の庭を占拠しないという点では、どちらのプロトタイプもよく研究された結果であり、道路側の造園開発は、小さいながら公共アメニティの印象を与えた。

　自家用車に対する建築の対応として極端な事例は、道路から直接入れる、住居と一体化した車庫であった。ロウハウスもこの手法を取り入れるべく変更された。多くの場合、車庫へは歩道から緩やかなスロープを下り、2階の主要居住空間用には階段と外部ポーチが設置された。敷地の奥までに通じる車路が不要となり、道路に沿ってファサードを連続させ、より高密度の開発が可能となった。自動車の存在は誇示され、車庫は概観の構成の中で支配的な要素となった。地階に車庫が挿入されたロウハウスで最初期の例は、チャールズ・シェーファー・ジュニアが1919年にブロンクスに完成させたハムデン・ハウスである (fig.6.41)。[*83] 　3階建ての単世帯住宅は居住空間をある程度犠牲にして、地階のほとんどを自動車が占めていた。比較的原始的であったが、この類型が発展するとともに、自動車の所在は次第に調和し、ロウハウスの独自性は、切妻屋根や出窓などより個別の意匠により表現されるようになっていった。居住空間が少しでも地面に近づくように、しばしば車庫は地下に設けられた。その中でも優れた例は、ジョセフ・クラインが1940年にブロンクスに完成させた一連のロウハウスである (fig.6.42)。[*84] 　チューダー様式の切妻屋根とファサードの細部とともに、煙突、テラスと玄関前の階段が各住宅の個性を確立し、その下に自動車が格納された。この種の住宅は、1940年以前の近郊行政区に多数見られ、現在に至るまで建設され続けている。

　自動車は、住宅の形態だけでなく、伝統的な近隣構造をも変容させることになる。例えばクイーンズのクイーンズ・ブルバードやノーザーン・ブルバード、、ブロンクスのフォーダム・ロードなど、近郊行政区の主要道

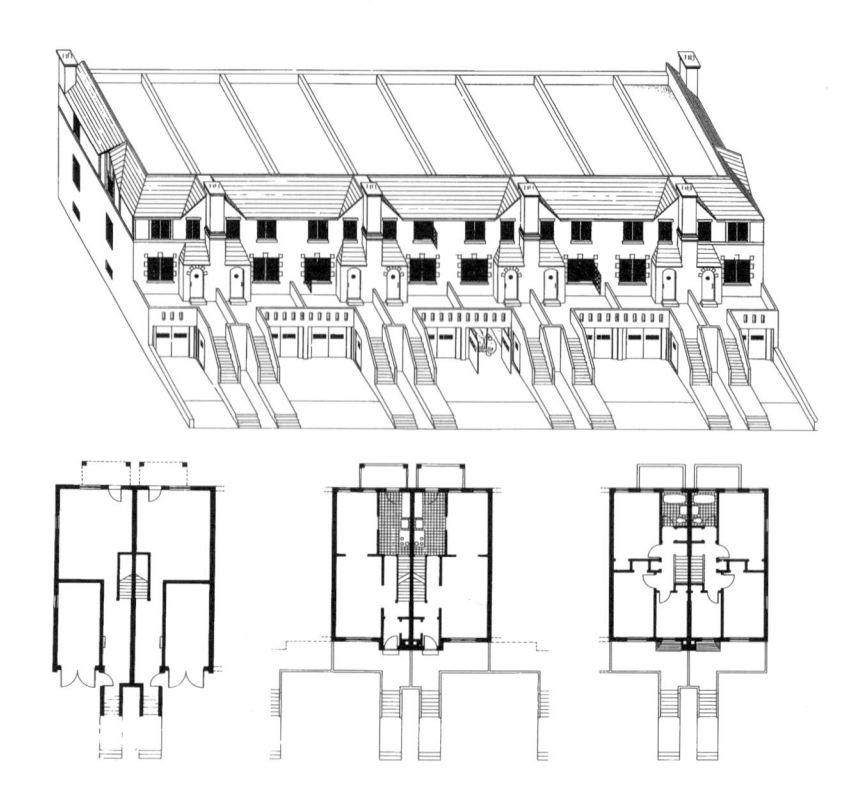

6.42 ジョセフ・クライン。ホランド・アヴェニューの連続住宅（ブロンクス、1940年）。居住空間を損なわないよう、車庫は道路に面したテラス下部に統合された。

路沿いの商業開発は、その空間構造と用途に、街路開発の特徴を現し始めていた。1920年代にはフォーダム・ロードは「ブロンクスの42丁目」と呼ばれるようになった。*88 もちろん名前の由来となったマンハッタンのタイムズ・スクエアとの違いは著しい。フォーダム・ロードは鉄道だけでなく、自動車の基軸でもあり、1923年に完成したばかりのブロンクス・リバー・パークウェイを始めとする高速道路へ円滑に接続していた。新しいだけでなく、まだ揺籃にあった「街路」には、映画館、自動車販売店やチェーン店が建ち並び、30年後に訪れることになるニューヨーク市の郊外化を予想させた。

例えば、不動産事業家のジョセフ・P・デイにとっての事業の命運は、市内の交通システム拡張に大きく左右され、その新しい方向性を予想する能力が成功につながっていたが、1925年での兆候は明白であった。従来の都市の流儀と小売市場は過渡期を迎えており、デイは次のように指摘している。

チェーン店がブロンクスの商業中心地の開発にとって決定的な要素となったのは、地元の人口増加に先見性のある組織が、好機を感知し、乗り出したからである… ブロンクスの人口が年々増加するにつれ、過去の小さな店主は、今日の

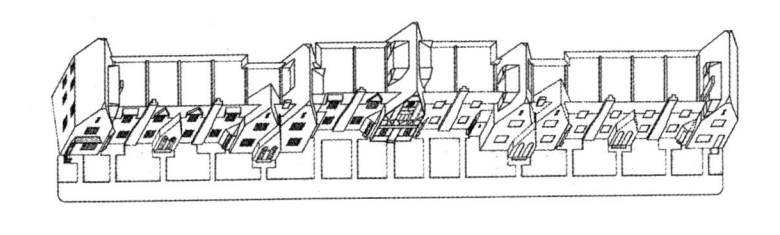

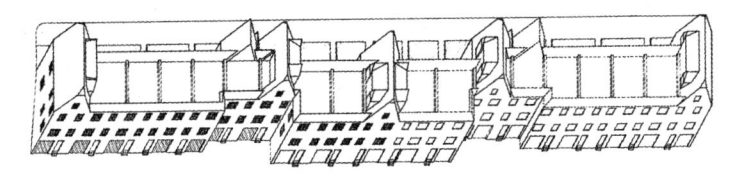

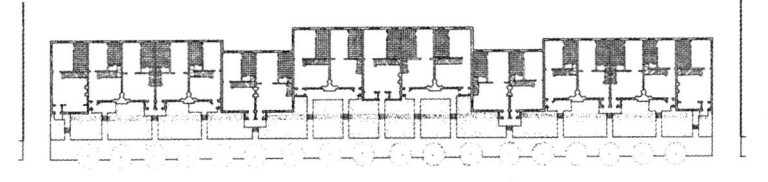

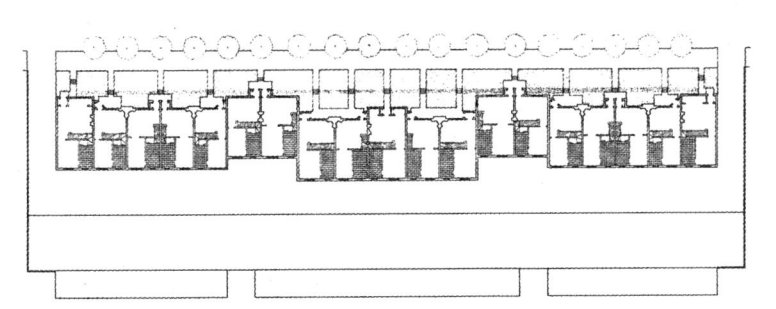

6.43 アーサー・I・アレン。70丁目の連続住宅（ジャクソンハイツ、1927年）。車庫は敷地後部に配置され、道路沿いの造園は、精巧な公共庭園をつくった。

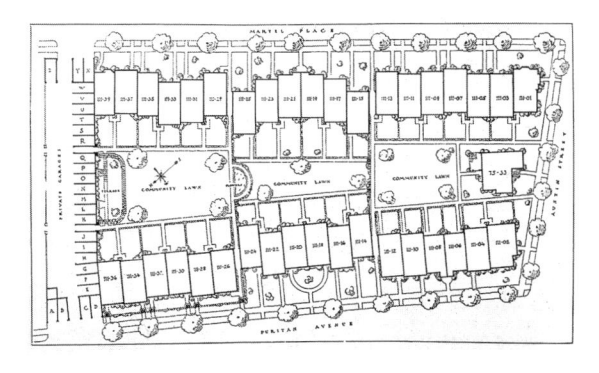

6.44 ロバート・タッパン。フォーレスト・クロース（フォーレスト・ヒルズ、1927年）。ガーデン・ミューズに沿って連続住宅が並び、反対側に駐車場が設けられた。

美学とアイデンティティ 247

6.45 クラレンス・スタインとヘンリー・ライト。ニュージャージー州ラドバーン配置図。シティ・ハウジング社が1927年に開発開始。一戸建てを中心として、自動車の存在を最大限に意識している。

代表的な商人へと成長した。*89

　自動車、チェーン店あるいは映画館など、大衆文化の兆しはすべて揃っていた。デイはさらに状況を一般化している。

　地下鉄、高架鉄道や路面電車から距離を隔てた広大な地域の開発における、第一の要素は自動車であろう。交通機関の沿線に住むことは今や問題ではなく、家を探す者たちは皆、ブロンクスで最も望ましい宅地は、交通機関から多少離れた場所で、しかも自動車で行きやすい場所であるということに気づき始めているのだ。

　先駆けの極致は、1929年にニュージャージー州フェアローンに完成したラドバーンであろう。クラレンス・スタインとヘンリー・ライトの設計による、単世帯住宅を中心としたコミュニティ、世界で初めて「自動車の時代」のためにつくられた郊外住宅地である（fig.6.45）。*90　ラドバーンは1924年からサニーサイドに着手した、シティ・ハウジング社による、中間所得層を対象とした2番目の慈善プロジェクトであり、配当限度付き会社による初めての郊外開発でもあった。フェアローンはニューヨーク市から13マイル離れた所にあり、ハドソン川が障壁となり交通の便が非常に悪かった。しかし1927年のホランド・トンネルの開通により、フェリーの煩わしさなく自家用車で速やかに通勤できるようになった。今では良く知られているラドバーンの設計の原則は、自動車と歩行者の領域の分離と、公園と緑地帯の設置である。ラドバーンはある転換期を象徴していた。つまり自動車が次世代の都市の拡張にもたらす形成上の影響の兆しである。ラドバーンは当時論じられていた分譲地計画についてある洗練度に達していたが、残念ながら匹敵する計画が現れることは、その後長い間ほとんどなかった。その頃には、自家用車は都市計画、建築理論や実務を発展させる役割を担っていた。1923年、ロバート・モーゼスは自身のロングアイランド州立公園委員会（Long Island State Park Commission）を通してロングアイランドを横断するパークウェイを計画しており、1927年にはニュージャージー州へ渡るジョージ・ワシントン橋の架橋工事が開始された。1929年の「ニューヨーク地域計画」の発表をもって筋書きは完成した。その実現化に必要とされたのは、ニューディールの資金だけであった。

**Government
Support and
Intervention**

第7章

政府の援助と干渉

米 国住宅公社（United States Housing Corporation, USHC）と緊急艦隊公社（Emergency Fleet Corporation, EFC）が1920年に解体された後、連邦政府がハウジングの生産に直接介入するのは大恐慌の時期である。1932年から1938年までの間、政府はハウジング生産の活性化を目指して様々な取り組みを行い、その後数十年間を支配することになる手法やイデオロギーが形成されることになる。1931年12月にワシントンで開催された、住宅建設所有大統領会議（President's Conference on Home Building and Home Ownership）において政府介入への総意は得られた。同会議は民間によって組織されたが、ハーバート・フーバー政権の支援を受けていた。[*1] 参加者は3,000人を数え、保守的ながらも影響力を持った推薦内容は、住宅建設の活性化における政府と民間市場の直接競争を避けるため、民間開発業者や住宅所有者への奨励金を支給するというものであった。

活性剤の一つは、住宅融資機関への準備預金調達を目的として1932年に設立された、連邦住宅貸付銀行理事会（Federal Home Loan Bank Board, FHLBB）であった。[*2] さらに同じ年に設立された復興金融公社（Reconstruction Finance Corporation, RFC）は、配当限度付きハウジング会社に対して、州や地方自治体を通じて低金利融資の前貸しを行った。両プログラムとも、その後の政府介入と同様に中間所得層を対象としていた。FHLBBは郊外における住宅建設を刺激し、1934年に始まる連邦住宅局政府ローン保証プログラム（Federal Housing Administration loan guarantee programs）がさらに後押しした。対照的にRFCは短命であり、実際に融資に至ったものはわずか2件であった。その1つはロウアー・イースト・サイドにあるニッカーボッカー・ヴィレッジの建設であり、1926年に設立されたニューヨーク州ハウジング理事会（New York State Board of Housing）を介して800万ドルが融資された。

政府の援助と干渉　253

1. 連邦基盤とPWA住宅部門、都市住宅公社条例

　ニューディール政策の一環として1933年に制定された全国産業復興条例（National Industrial Recovery Act）は、公共事業局（Public Works Administration, PWA）を設置した。PWAのハウジング部門は、RFCの融資プログラムを引き継ぎ、ニッカーボッカー・ヴィレッジを、PWA融資プロジェクトとして完成させた。その他RFCが着手しPWAが受け継いだ融資プロジェクトには、1933年にブロンクスに建てられたヒルサイド・ホームズや、ロング・アイランドのウッドサイド郊外に立つブールバード・ガーデンズ、そして未完成に終わったブロンクスのスペンス・ハウジング・エステートが挙げられる。[*3]　PWAは、プロジェクト費用の30％を上限とする、州や自治体を経由した助成だけでなく、直接事業開発も行った。こうしてPWAは連邦政府に所有された、初めてのハウジング建設の「慈善的」機構となったのである。1935年、ブルックリンのウィリアムスバーグ・ハウスがPWA初の直接介入プロジェクトとして承認され、ハーレム・リバー・ハウスが続いた。1934年にはPWAの融資プログラムは廃止され、直接介入によるプロジェクト開発に方針が絞られた。こうして3年半の期間でPWAハウジング部門による51のプロジェクトが、全36都市で完成した。[*4]

　1934年、都市住宅公社条例（Municipal Housing Authority Act）がニューヨーク州議会によって承認された。この法令は、1926年の州ハウジング法を修正したものであり、地方自治体に独自のハウジングを開発する公立機関の設立と、自治体の公債や政府財源からの資金調達が認められた。[*5] 都市住宅公社条例の批准直後に、ニューヨーク市住宅公社（NYCHA）が設立された。その後、地域レベルの財源を強化する目的で州のプログラムが制定された。[*6]　ジェームズ・フォードは大著『スラムとハウジング』（Slums and Housing, 1936）の中で、1926年の州ハウジング法と、その修正法となる1934年都市住宅公社条例の決定的な違いを指摘している。[*7] どちらも、低所得層を対象とするハウジングの供給促進を目的としていたが、その分類は著しく異なっていた。州ハウジング法は、低所得層ハウジングを、毎月の1部屋あたりの平均家賃をマンハッタンで12ドル50セント、その他の行政区で11ドルを上限として定義していた。一方の都市住宅公社条例は、家賃制限の代わり「低コスト」であることを強調し、つまり建設コストが減少すれば、その居住者にも低家賃が提供できることを暗示していたが、その戦略の成果は疑わしいものであった。

　1934年の都市住宅公社条例は、政府援助による低所得者用ハウジングを、低コストハウジングと同等視していたが、最初の数年間はニューディール政策による寛大な政府財源が存在したため、実際の影響はほとんど見られなかった。最も早い時期の政府補助によるプロジェクトは実験的とみなされ、低コストを居住性に優先させることは決してなかった。その結果、

ニューディール政策下の政府プロジェクトはニューヨーク市でも最良のハウジングとして残っている。しかしプログラムの実験性が薄れ、制度化が進むと、建設費と低家賃との間に矛盾が生まれ始めた。プログラムの目的を満たすためには家賃制限は不可欠であったのと同時に、自由企業経済という全国的な政治イデオロギーのもと、良質のハウジングを市場以下の家賃で貸すことは出来なかったのである。ハウジング生産コストの節減と、プロジェクトの居住性は妥協せざるを得なかった。

コストの問題は単なる建設の経済性やイデオロギーを超えたところにも存在していた。例えば用地選定の際に、複雑な政治的問題を解決する上で、逆効果をもたらすこともあった。[*8] マンハッタンのロウアー・イースト・サイドでの再開発をめぐる論争は、この例証である。市が1929年に買収した用地は、1931年までに既存テナメントの解体が進み、公営ハウジングとして重要な先例が建設される予定であった。1933年には、興味深い様々な提案が、アンドリュー・トーマス、ジョン・J・クレイバー、ハウ・アンド・レスケイズ、スローン・アンド・ロバートソン、ホールデン・マクラウレン・アンド・アソシエイツ、ジャーディン・マードック・アンド・ライト、モーリス・ドイチュとグスターヴ・W・アイザーによって提出された（fig.6.30参照）。[*9] しかしプロジェクトは政治的難局に陥り、公営ハウジング時代における最初の犠牲とされるまでになった。原因の一部は、政治的後援者らが解体費用を膨張させたため、新規建設への投資そのものが問題視されたことにあった。[*10] 結局、この敷地は公園となった。1934年に、公園局コミッショナーに就任したばかりのロバート・モーゼスはこの機会を捉えて自身の影響力を固め始め、彼の野望は公園に限られず、数年のうちにハウジングに及ぶまでに至った。[*11]

2. 連邦助成ハウジング：ガーデン・アパートメントの継承

ニューヨーク市に政府が単独で初めて建設したファースト・ハウスは時代錯誤的であり、その後30年間の公営ハウジングとかけ離れていた。このハウジングはNYCHAによるロウアー・イースト・サイドの、法令化以前のテナメントの修復再生である。[*12] フレデリック・アッカーマン、ハワード・マクファデン、NYCHA技術部のジョージ・ゲヌークによって設計された。合計24棟のテナメントが再建され、採光と換気を可能にするために3分の1が撤去された。123戸の新しいアパートメントは、裏庭を連続させたレクリエーション・スペースを共有した（fig.7.1）。

新築ではなく改修が選択された背景には、ニューヨーク市初の公営ハウジングという複雑な状況があった。プロジェクトの財源は連邦救済局（Federal Relief Administration）による直接の出資と、また間接的には敷地のほとんどを所有するヴィンセント・アスターとの不動産契約があった。開発が議論を呼んだ理由は、一つにはアスターが得たとされる利益であ

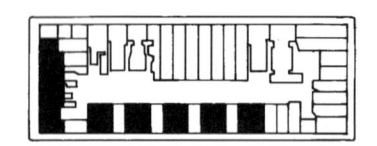

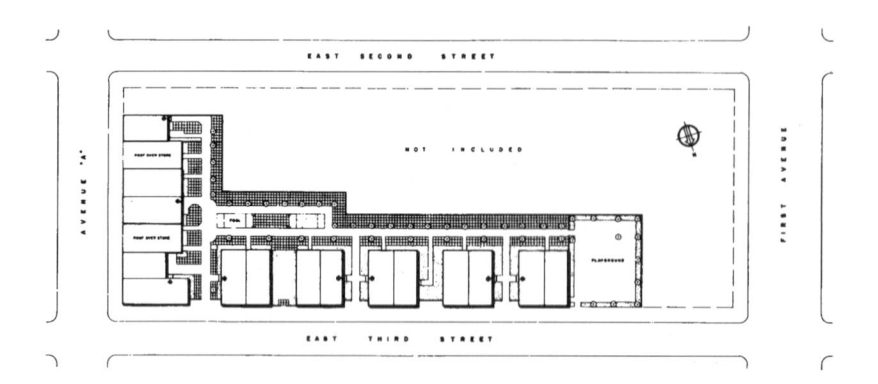

7.1 フレデリック・アッカーマンとNYCHA技術スタッフ。ファースト・ハウス（1936年）。政府単独で建設された市内で初めてのハウジング。現存する一連のテナメント3戸に1戸が解体され、残りは大幅に改築された。

り、またテナメントが解体されずに再利用されたことであった。改修再生は住宅公社にとって対外的に有利であると見られていたようである。[*13] ファースト・ハウスを、テナメント再生問題への決定的な解答とみなす人々もあり、実際、その設計の質はかなりの水準に達していた。しかし建設には巨額の費用を要し、総工事費は第2次大戦前のニューヨーク市における政府新築工事の3倍にも達した。

市内の政府支援によるプロジェクトの多くは、1920年代に確立されたデザインの慣例に従っていた。例えば、1935年に完成したブールバード・ガーデンズは、配当限度付きのPWAによるプロジェクトであり、セオドア・H・エングルハートがサニーサイド・ガーデンズの伝統に従って設計したものである。クイーンズ、ウッドサイドの郊外型の敷地は、広大に開かれた芝生を可能にした。6層の建築の建蔽率はわずか22.4％であった。[*14] また別の例、RFCによる融資プロジェクト、ニッカーボッカー・ヴィレッジは、フレッド・F・フレンチ社所属のジョン・S・ヴァン・ワートとフレデリック・アッカーマンが設計した配当限度付きプロジェクトであった。ロウアー・イースト・サイドに建つプロジェクトは、2棟の12階建て周

ファースト・ハウス。

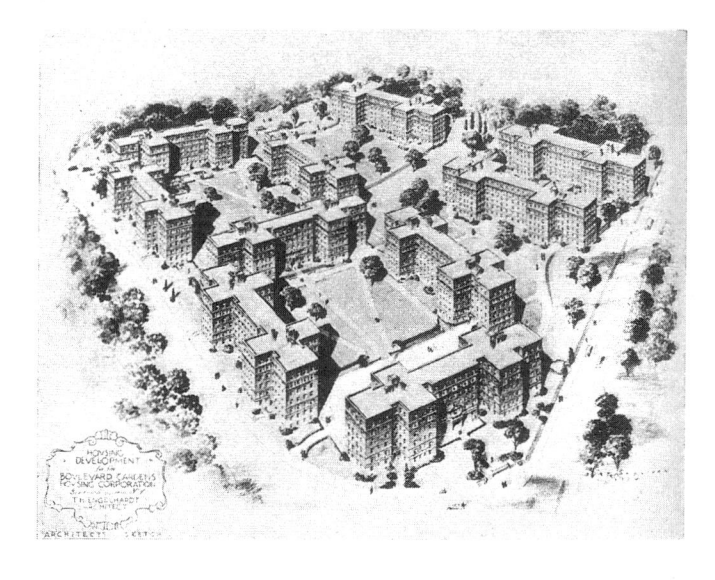

ブールバード・ガーデンズ。

囲型ブロックで構成され、建蔽率は46%であった（fig.7.2）。[*15] 1933年に完成し、低家賃ハウジングとして最初の「内向型」中庭形式は、アプソープやベルノードなど、高級プロジェクトに採用されたものである。しかしニッカーボッカー・ヴィレッジはエレベーター操作員を雇用する代わりに全自動エレベーターを採用し、全1,593ある住戸はどれも非常に小さかった（fig.7.3）。平面は1929年複合住居法を反映し、狭い中廊下には開口部がなかった。通気不足を補う目的で、外壁には多くの小窓があけられ、採光と通気性を上げた。

ニッカーボッカー・ヴィレッジの中庭は、建物高さと比例すると小さなものであったが、周囲型の制約のもとで、密度と建蔽率を最大にしようとした結果であり、世紀の変わり目にかけての高級パラッツォの住民たち

ジョン・S・ヴァン・ワート、フレデリック・アッカーマン、フレッド・F・フレンチ社。ニッカーボッカー・ヴィレッジ（ロウアー・イースト・サイド、1933年）。

政府の援助と干渉　257

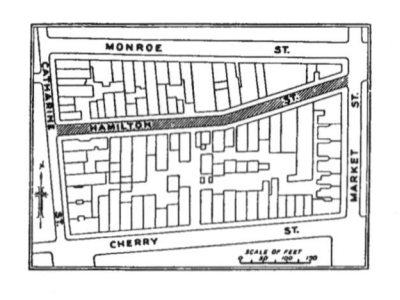

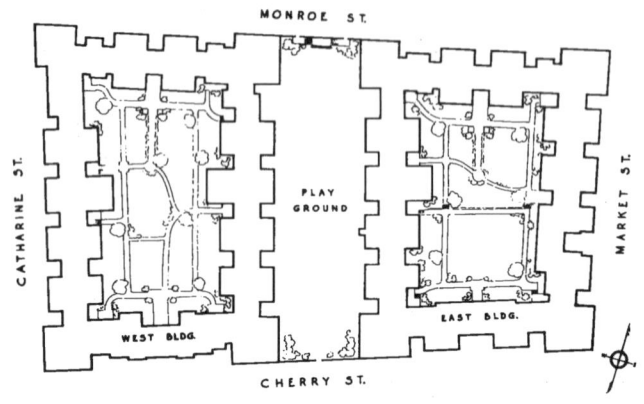

7.2 ニッカーボッカー・ヴィレッジ。高層周囲型は以前までは高級住宅とみなされていた。

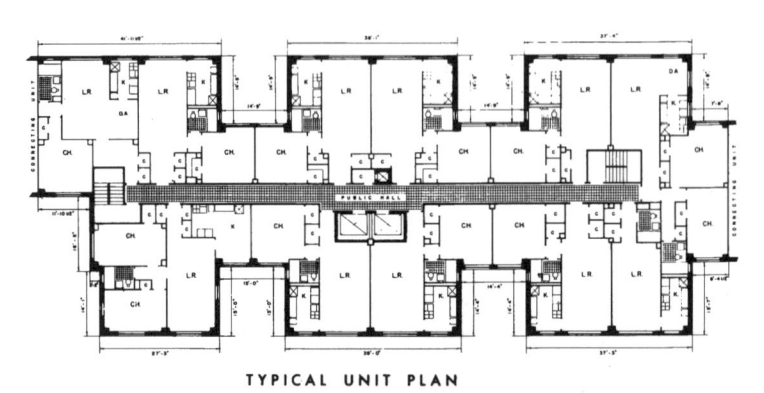

7.3 ニッカーボッカー・ヴィレッジ部分平面図。1929年複合住居法に従い空間水準は低下したが、外壁の凹凸によって採光と通気性が向上。

が経験したジレンマと同じであった（fig.3.30と3.31を参照）。さらに、採光と通気、経済性に重点をおく社会ハウジングでは、処理の難しい角住戸を持つ周囲型は不可解な障害を引き起こしていた。それでも短い期間ではあったが周囲型ブロックは中層高密度に対する建築家たちの関心を呼び、フェルプス・ストークス基金の主催による1933年の設計競技には、この傾向が十分に現れている。要求プログラムは小公園を内部に持つブロック型のハウジングであり、他の選択肢は皆無であった。優勝作品はこの問題への対処法を示すものとして興味深い（fig.7.4）。[16] 設計者のリチャード・フタフとセヴェリン・ストックマーは、密度と建蔽率を削減して採光と効

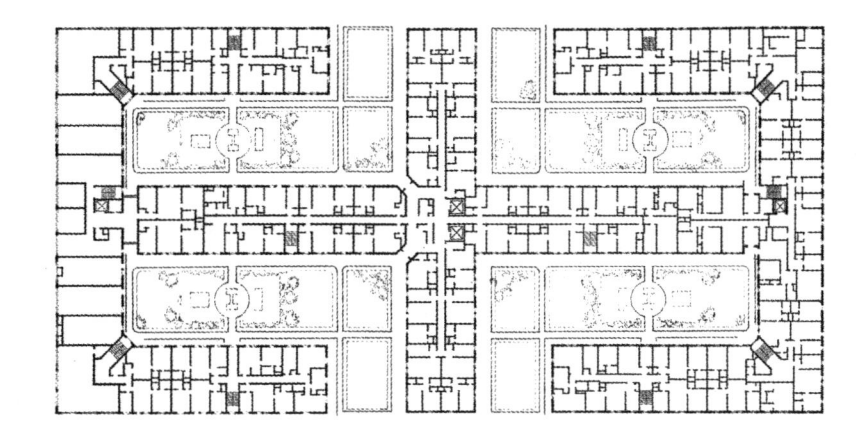

率を上げる、という典型的な解決法を否定した。より多くの住戸を確保するために、密度と建蔽率を増加させ、採光を上げるために従来の周囲型のヴォリュームを徹底的に変化させたのであった。方案は、街区の中心に十字形をした13層のヴォリュームを配置し、比較的低層の棟で囲むというもので、4つの中庭が生まれることになった。

最初の PWA 融資プロジェクトとなるヒルサイド・ホームズの設計において、クラレンス・スタインは、フィップス・ガーデン・アパートメントで、ヘンリー・ライトとともに開拓した案を展開している。計画地はブロンクスの外れ、5つの不整形な街区であった。[17] 初期計画は柔軟なもので、設計の目標はフィップス・ガーデン・アパートメントでは16ドルであった1部屋あたりの家賃を、11ドルに抑えるよう、住戸数、構成、規模と工費のバランスを調整することであった。スタインはフィップス・ガーデン・アパートメントの構成を出発点とし（fig.5.42参照）、巨大なヴォリュームが敷地を占有するような設計手法ではなく、小さなデザイン要素を分析手段として用い、様々な方法で組み合わせることで、新しい計画を創出した。各部分要素はフィップス・ガーデン・アパートメントの平面を応用したものであり、階段のみの I 字形と T 字形、そしてエレベーター付きの T 字形であった（fig.7.5）。その後、階段のみの T 字形は、I 字形と比較してコスト高であったため除外されることになった。

2つの配置計画として、これらの小要素が連続して芝生の中庭を囲む構成が検討された（fig.7.6）。先に設計された A 案は、階段のみの T 字形と I 字形の両方を用い、斜線部分は4棟のエレベーター付き T 字形である。B 案では、階段のみの I 字形が代用されている。最終的に建設された計画では、2 − 5 寝室から成る全1,416戸が、道路を除く建蔽率39％で建てられた（fig.7.7）。この設計手法は、計画の最終段階まで建物の配置構成に変更の余地が残っている点で画期的であり、とりわけ大規模プロジェクトに有用であった。住戸規模の組み合わせも、最後まで調整可能であった。各

7.4 リチャード・フタフとセヴェリン・ストックマー。フェルプス・ストークス基金ハウジング設計競技入選案（1933年）。中央の十字形高層棟を低層建築で囲むことにより、周囲ブロック型の効率性を最大化。

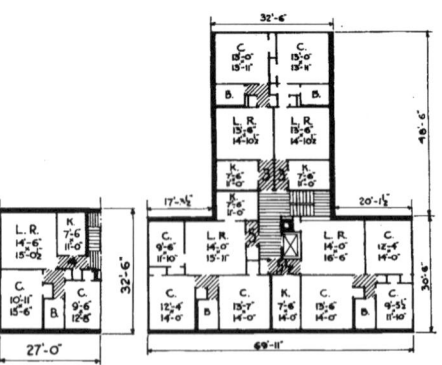

7.5 クラレンス・スタイン。ヒルサイド・ホームズ（ブロンクス、1935年）。PWA の融資による。住居クラスターの形状の決定するまでに、周到な予備研究がなされた。

'I' Walkup   'T' Elevator

Scheme A   Scheme B

7.6 ヒルサイド・ホームズ配置計画検討。多様な住居クラスターの形態が用いられた。

住戸の計画と組み合わせは、入居家族タイプの社会学的研究に影響されており、メトロポリタン生命保険ハウジングの先例にならったものであった（fig.6.4 参照）。

　1930 年代の周囲型ガーデン・アパートメントのもう1つの事例は、シティ・アンド・サバーバン社による最後の開発、セルティック・パーク・アパートメントであった。設計したアーネスト・フラッグは、1898 年に完成した、同社初のプロジェクト、クラーク・ビルディングの設計者でもあった（fig.4.14 参照）。フラッグはハウジング分野における貴重な職業人

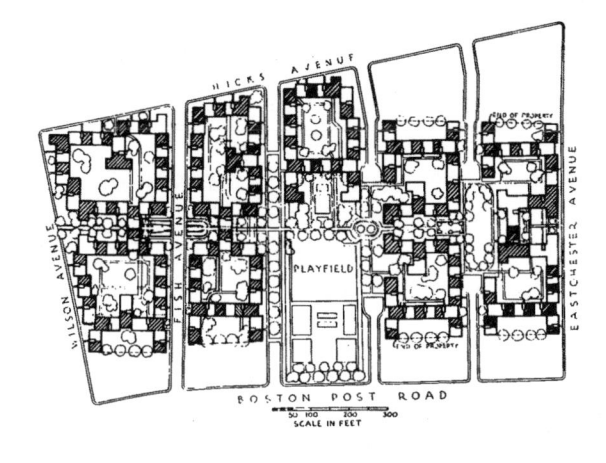

7.7 ヒルサイド・ホームズ最終配置図。合計1,416戸のアパートを収容し、建蔽率は39%であった。

ヒルサイド・ホームズ。

生の終わりに、ニューヨーク市史上、最も重要な民間慈善企業に戻ったのである。*18 ロング・アイランド・シティに建設された、大型の二重輪郭型ハウジングの中庭には精巧に造園が施された。*19 フラッグは両端に立つ建物を設計し、スプリングスティーン・アンド・ゴールドハマーが側面の建物を設計した。それらは合わせて統一されたヴォリュームをつくり出した。

1933年から36年にかけて、アーネスト・フラッグはさらに別の周囲型プロジェクト、フラッグ・コートを設計し、ブルックリンのベイ・リッジ・ブルバードに沿って完成させている。フラッグ自身が運営するモデル防火テナメント社の資金によって建設されたものである。10階建ての建物が囲む中庭は、2つの水泳プール、テニスコート、講堂など類を見ないアメニティが揃っていた。その他の社会的特色として、レクリエーション室、ボウリング場、屋上の遊び場があった（fig.7.8）。*20 特筆すべきは、これらの施設が物理的に中庭に組み込まれ、プールと庭園を挟んだ列柱が、共用の部屋の前に並ぶ様子は、古代ギリシアの「アゴラ」を連想させた。フラッグ・コートは、ニューヨークで達成された社会ハウジングのうち、最

政府の援助と干渉 261

も市民的な表現であった。技術革新としては、各戸の円形の開口部に設置された換気扇、日除けによる日射の調節が挙げられる。庭園や塔屋外壁面ディテールなどに施されたヒンドゥー教のモチーフによる敷地全体にわたる様式の統一は、10年前に傑出していたガーデン・アパートメントの情景的な伝統を受け継いでいた。しかし当時の風潮には変化の兆しが見え始めており、新しい世代から見たフラッグ・コートは、時代遅れに映ったことであろう。フラッグ・コートが完成したのは、大恐慌の深みから建築における新しい社会的展望が最高潮に達した時代であった。

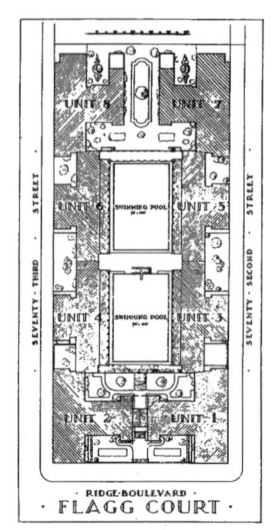

3．PWAによるハウジングと近代主義的形態への反対意見。ニューヨークの都市文脈に挿入されたツァイレンバウ提案

　ニューヨーク市に完成した2つのニューディール・ハウジングである、マンハッタンのハーレム・リバー・ハウスと、ブルックリンのウィリアムスバーグ・ハウスの対比ほど、新しい建築的展望を示しているものはない。どちらもPWAの直接介入によって実現したが、設計手法は大きく異なっていた。1937年に完成したハーレム・リバー・ハウスは、アーチボルド・マニング・ブラウンの指導のもと、PWAのスタッフが設計したものである。主任設計者のホラス・ギンズバーン、チャールズ・F・フラー他4人が協働した。その構成はガーデン・アパートメントの伝統に忠実である（fig.7.9）。*21　このプロジェクトは574戸を収容し、マンハッタン北部、ハーレム川に隣接した4つの不整形な街区に建設された。西152丁目の公道は閉鎖されランドケープに取り込まれた。建蔽率は32％であった。ウィリアムスバーグ・ハウスとは異なり住民は黒人に限られていた（fig.7.10）。

　ハーレム・リバー・ハウスの各住戸は、2－5部屋の広さであった。建物のヴォリュームは、4－5階建てのL、T、Z字形を成し、街区に合わせて連結されることで快適な中庭が随所に生まれた。中庭は煉瓦舗装され、備品や植栽が行き届いていた。プロジェクト全体は周辺道路や建物、敷地

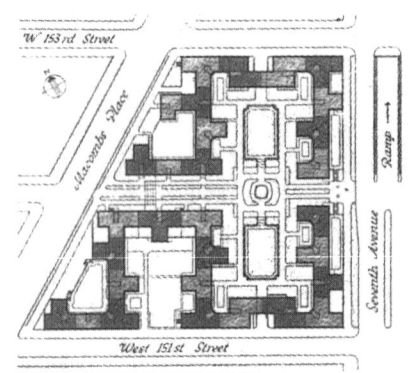

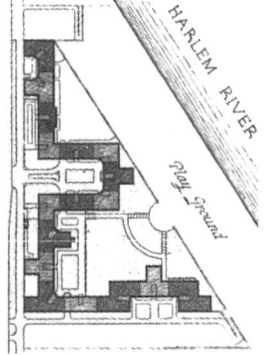

7.8　アーネスト・フラッグ。フラッグ・コート（1936年）。フラッグ自身が投資する形で1933年に開始。トーマス・ガーデン・アパートメントと同様、ガーデン・アパートメント形式を最大限に発展、プールやボウリング場、講堂、テニスコート、屋上の遊び場などがあった。

7.9　アーチボルド・マニング・ブラウン率いる、チャールズ・F・フラー、ホラス・ギンズバーン、フランク・J・フォスター、ウィル・R・アモン、リチャード・W・バックリー、ジョン・L・ウィルソン。ハーレム・リバー・ハウス（1937年）。PWAによって完成した。1920年代のガーデン・アパートメントの伝統を踏襲。

7.10 ハーレム・リバー・ハウス。宣伝冊子に掲載された写真。同プロジェクトが、いずれも隣接する街区に並ぶ、旧法テナメント、新法テナメント、ポール・ローレンス・ダンバー・アパートメントの発展の延長であることを示している。

ハーレム・リバー・ハウス。

政府の援助と干渉 263

の高低差に対応し、地階の高さには変化がつけられた。建物のディテールは平凡であったが、実用性と性能においては高水準であった。ハーレム・リバー・ハウスは依然としてニューヨーク市で最も高品質の公営ハウジングであり、ニューヨーク市ハウジング公社（NYCHA）の傑作の一つとされている。建築家たちも過去のあらゆる経験を注入した。ハインツ・ヴァーネッケの主導により、著名な黒人彫刻家リッチモンド・バルテを含む芸術家のチームが、ニューディール公庫芸術プロジェクトによって参画し、建物と造園の随所に壁画や彫刻が盛り込まれた。[22]

1938年に完成したウィリアムスバーグ・ハウスの設計チームを率いたのは、エンパイアーステート・ビルの設計者でもある、シュレーヴ・ラム・アンド・ハーモン社の代表、リッチモンド・H・シュレーヴである。ウィリアム・レスケイズを主任設計者とし、マシュー・デル・ガウディオ、アーサー・ホールデン、ジェイムズ・F・ブライ、他5人のメンバーから成るチームが形成された。ウィリアムスバーグ・ハウスはガーデン・アパートメントの空間的慣習から逸脱した、ニューヨーク市で初めての収入制限付きハウジングである。ブルックリンの標準的な10の街区における東西方向の交差道路はいずれも閉鎖され、3つの大きな「スーパーブロック」がつくられた。H字形とT字形の、20棟の分節化された建物は1,622戸を収容し、建蔽率は32.1％であった (fig.7.11)。[23] それぞれ建物間の相関性は薄く、碁盤街区から15度傾いて配置された孤立したオブジェと化していた。この角度は、主に美的上の理由に基づいて選択され、1920年代に採光や眺望を入念に分析して、第2の幾何学を導入したヘンリー・アッタベリー・スミスの提案とは異なり (fig.6.13-6.14参照)、その手法には経済的な根拠も見られなかった。事実ウィリアムスバーグ・ハウスの1部屋あたりの建設費はハーレム・リバー・ハウスよりも高くついた。[24]

ウィリアムスバーグ・ハウスの幾何学的な配列は周辺環境から断絶を生み出し、敷地利用に基づいた3次元の空間構成を2次元の発想に置き換えることは、機能上の問題を生む原因となった (fig.7.12)。15度の回転により日照が増すこともなく、中庭に吹く冬の強風の影響は悪化した。タルボット・ハムリンは1938年に記している。

不思議なことに、この（角度は）、平面図上では重要であるが、実際の中に入ってみると、わずかな場所を除いては視覚的に把握不可能なのである。建物の数が多すぎて、その面積も大きいため、受ける印象は… 道路が曲がっているようである。…確かに、道路側から見た鋸歯形の効果は、迎え入れもせず打ち解けてもいない。そこには独特の強引な固苦しさがあり、そのリズムも…全体の画一的な特徴を緩和せずに、むしろ強調するばかりである。[25]

ウィリアムスバーグ・ハウスが計画された当初から、政府主導による

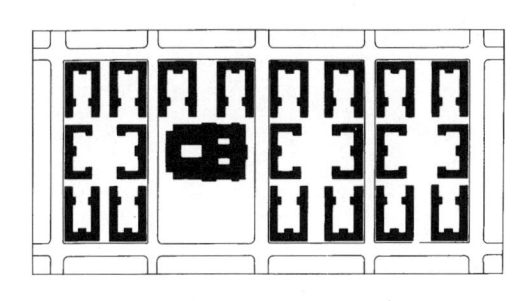

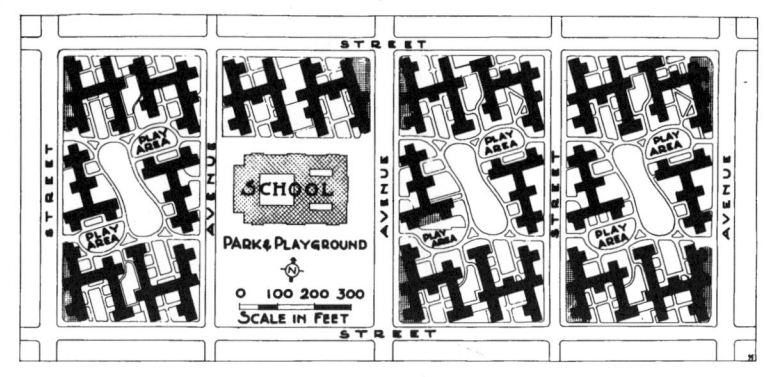

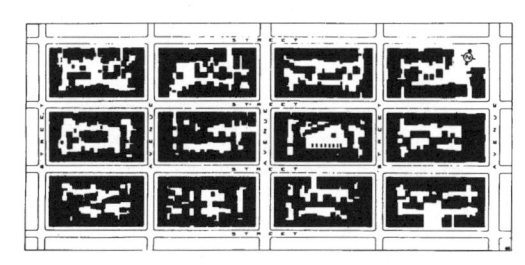

新規ハウジングのデザイン感性には、短期間ではあったが葛藤の様子がうかがえる。一方には、フレデリック・アッカーマン率いるNYCHAの技術スタッフがいた。アッカーマンは米国建築界でも独特の人物であった。彼は生涯を通じてハウジングへの興味を追求し、同公社での仕事の幾つかは、米国のハウジング研究において最も重要なものであった。ルイス・マンフォードはアッカーマンを「建築の社会的責任と…経済的環境に十分に気づいている…おそらくグローヴナー・アッタベリーやジョン・アーウィン・ブライトとともにルイス・サリヴァンに続く第一の重要な建築家であろう。」*26 と賞賛している。第1次大戦時中、まだ駆け出しであったアッカーマンは、自身が研究した英国式の手法をもとに、政府のハウジングプログラムの展開に重要な役割を果たした。*27 その後NYCHAに所属した間、周囲型ガーデン・アパートメントを支持しながらも、より開放的な敷地計画を好んでいた。アッカーマンは「囲まれた中庭」と「長い連続棟」

7.11 リッチモンド・H・シュレーヴ率いる、ジェイムズ・F・ブライ、マシュー・デル・ガウディオ、アーサー・ホールデン、ウィリアム・レスケイズ、サミュエル・ガードスタイン、ポール・トレパニ、G・ハーモン・ガニー、ハリー・ウォーカー、ジョンW・イングレ・ジュニア。ウィリアムスバーグ・ハウス（ブルックリン、1938年）。PWAによって完成。解体前の既存敷地状況（下）。フレデリック・アッカーマンとNYCHA技術スタッフによる初期提案：ガーデン・アパートメントの伝統を引き継いでいる（上）。最終敷地計画：デザインの手法は大幅に変更された（中）。

政府の援助と干渉 265

7.12 ウィリアムスバーグ・ハウス鳥瞰写真（1938年）。周辺街区との著しい幾何学の分裂。

のいずれにも反対したのである。*28　ウィリアムスバーグ・ハウス、クイーンズブリッジ・ハウス、レッド・フック・ハウスを含む、NYCHAによるほとんどの初期プロジェクトにおいて、アッカーマンの指揮下にあった技術スタッフは、準備案として周囲型の敷地計画を作成したが、実施設計段階に入ると、担当建築家によって境界がより曖昧な形態へと変更されたのであった。

　アッカーマンの考え方は、政治経済界の実力者も信奉した、ヨーロッパの新しいモダニズムに影響された世代の建築家に反対されることになる。大恐慌という窮地にあってモダニズムという新しい建築表現は、ロックフェラー家のような有力者が、建築的嗜好や一般文化を大々的に提唱して示したように自由な人道主義に則った資本主義システムの刷新を確約するとみなされていた。*29　一方、アッカーマンは1920年代が残した、豊

かな伝統に基づいた新しい社会的未来像を描こうとした。NYCHAの技術スタッフによる最初期の研究のひとつとして、1934年に発表されたニューヨーク市内における23件の低家賃ハウジングの比較調査がある。事例の大半が1920年代のガーデン・アパートメントであり、新しい政府ハウジングの出発点とみなすことが出来た(fig.7.13)。*30　実現に至らなかったが、1935年にマンハッタンのイースト・ハーレムに計画された第3のPWAプロジェクトには、アッカーマンの好んだ手法が表れている (fig.7.14)。*31

アッカーマンが提案した周囲型は、片側と中央が開いた形であった。ウィリアムスバーグの初期計画においても類似する原型が採用されている (fig.7.11参照)。

この手法はウィリアムスバーグ・ハウスでもアッカーマンによって早い時期から活用された。NYCHAの技術スタッフが作成した初期計画では、碁盤の幾何学は保持され、長いU字形のハウジング棟が周囲に配置された。*32　さらにNYCHAはウィリアムスバーグの企画をもとに設計競技を行い、新規プロジェクトに起用する建築家を選定した。アッカーマンが慎重に企画したこの設計競技には、多様の設計手法に基づく278案の作品が提出され、22人の建築家が資格を得たのものの、ウィリアムスバーグの設計委託を受けたものはいなかった。代わりに選ばれたチームは、NYCHAの評議委員を務める建築家たちであり、この評議委員会はNYCHAの設計競技を審査する立場にあったのである。その中にウィリアム・レスケイズのチームが選ばれたという事実は、尋常ならぬ影響力を示唆した。職だけでなくデザインのイデオロギーを求める苦闘は危ういものであった。NYCHAの技術スタッフ内部からも抗議の声が上がったが、それも無益であった。*33　レスケイズが採用した、恣意的な角度の平行配置と分断された建物形状は、彼が好んだドイツのジードルンクにおけるツァイレンバウ型の構成に近かった。*34　彼の取り組みは、1939年にニューヨーク近代美術館の10周年展覧会に、ニューヨーク市のハウジングとし

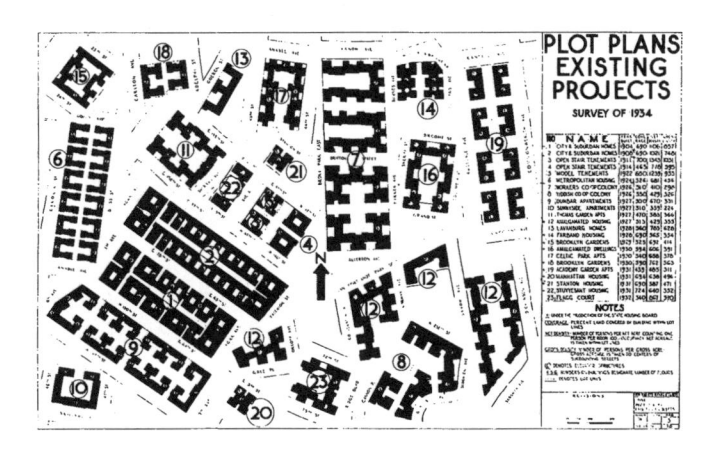

7.13 フレデリック・アッカーマンとNYCHA技術スタッフ。1920年代末までに完成した、中所得層を対象としたガーデン・アパートメントの配置比較（1934年）。

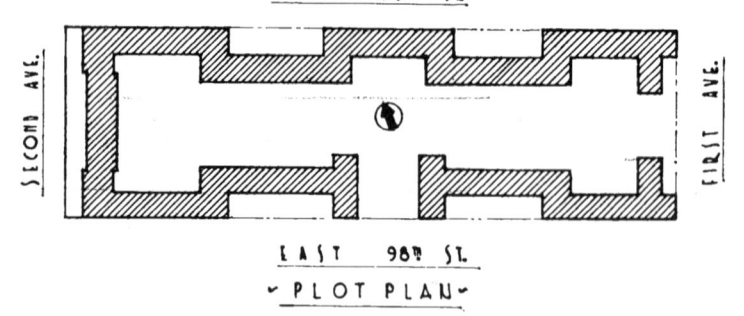

7.14 フレデリック・アッカーマンとNYCHA技術スタッフ。イースト・ハーレムに提案されたPWAプロジェクト（1935年）。周囲ブロック構成を用いている。

て唯一出品されたことで報いられることになる。展覧会の図録はウィリアムスバーグ・ハウスを「荒れ果てたスラム地区にありながら、オープンスペースのオアシスであり、心地よく整然と配置された建物群である。敷地の30%のみが建設されている。碁盤街区は、3倍の大きさのスーパーブロックに変更されている。…これは危険な通り抜け道路を排除し、より効率の良い建物の配置を可能にする」と賞賛していた。*35

ウィリアムスバーグ・ハウスの外観は、平面やヴォリュームと同様に新しい建築表現であり、1920年代の伝統からは完全に逸脱していた。くり抜かれた開口部や折衷的なディテールに代わって、水平の帯と連続窓という抽象的な幾何学が用いられ、その配置は、共用空間の序列よりも内部機能に即していた。参照された先例は工業建築に他ならず、アッカーマンはこれを文化的な判断基準に照らして幾分痛烈に批判している。

　私も自分自身でなぜ住居と工場の外観が区別されなくてはならないのか、十分に説得力のある議論が出来ずにいることを認めている。もしかしたら、住居、工

ウィリアムスバーグ・ハウス。

場と学校の建築的表現を区別する必要がないということかもしれない。…しかし、我々が住む世界には個人的習性や考え方があり、その中で構造を判断しようとする。つまり、我々はこれらすべて考慮すべきであるという根拠は無きにしも非ずである。

アッカーマンはさらに、美学の基礎となった機能的尺度の妥当性にも疑問を呈している。

ここに見られる窓割りには秩序がなく、といって不規則でもなく乱雑でもないというケースである。つまり単に壁にあけられた一連の窓であり、その配置になんの「関心」も持たないというだけである。私は幅広い水平窓に反対しているのではない。重要な部屋の窓の大部分が、最も暗い部分に配置されているような平面では、それらは確かに必要である。私が苛立ちを覚えるのは、そういった状況の結果として生まれた窓割りのパターンである。しかしこの敷地をもってすれば、あまり打つ手はないのである。[36]

同様な還元主義的傾向は、1934年のNYCHA設計競技に提出された敷地計画に顕著である。ツァイレンバウ平面の影響は、ジョン・W・イングレといった年長の伝統主義者の提出案にも表れていた（fig.7.15）。[37] この頃にはバラック（兵舎）様式は、さらに多くの疑わしい用途にまで応用されていた。1934年にはブロウン・アンド・ミューヘンハイムが、テネメント・ハウス局と協働し、巨大なツァイレンバウ原理の文字どおり翻訳を、アッパー・イースト・サイドに提案している（fig.7.16）。[38] ミュー

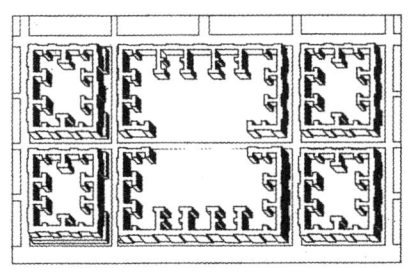

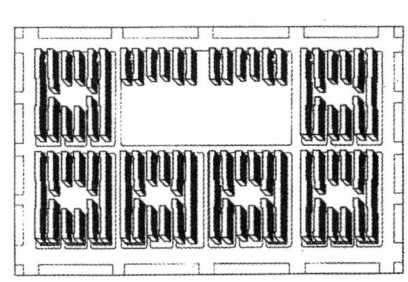

7.15 ホラス・ギンズバーン（上）、ジョン・W・イングレ（下）。NYCHA主催設計競技提出案（1934年）。対象敷地と要求プログラムは、ウィリアムスバーグ・ハウスに類似していた。

7.16 ブロウン・アンド・ミューヘンハイム。イースト・サイドの大規模スラム・クリアランスプロジェクト（1935年）。計画範囲は約50街区に及び、ヨーロッパのツァイレンバウ技術をそのまま取り入れていた。

ヘンハイムはウィーンの美術アカデミーで建築教育を受け、ニューヨークにヨーロッパ機能主義を持ち込んだ建築家の一人であった。このプロジェクトは並列する最長720フィートの5層と12層の板状ハウジングの構想で、ニューヨーク市に提案された最大のツァイレンバウであった。その膨大な規模の愚劣さはさておき、この提案は新しいヨーロッパの作品の米国における誤用を象徴している。ヨーロッパのツァイレンバウは、カッセルのローテンベルグ・エステートなど、比較的低密度の、郊外型のハウジングとして発展したものであったが（fig.6.22参照）、それがニューヨーク市のまったく異なる文脈に挿入されたのである。1934年に刊行されたキャサリン・バウアーによる重要な著書『モダン・ハウジング』(Modern Housing)でさえも、似たような矛盾を提示していた。同書はヨーロッパの新しいハウジングの政治的根拠については、非常に優れた理解を示したが、ヨーロッパと米国の社会ハウジングの応用例では、その物理的、空間的様相の相違が認識されることはなかった。ヨーロッパのジードルンクと、ニューヨークのテナメントの描写が交互し、あたかも両者が交換可能のようであった。*39

ツァイレンバウに対する、アッカーマンの最も意欲的な批評は、ウィリアム・バラードとの共著『敷地と住戸の計画について』(A Note on Site and Unit Planning)に発表されている。*40 これは1934年のNYCHA設計競技の結果をもとにした敷地構成の周到な経済的分析であり、ツァイレンバウ

型の計画は、連続する周囲型のヴォリュームよりも長期コストが高くつくことを証明した。また別の関連研究では、58の現存するハウジングの形状を模型にし、おのおのについて空間と人口統計学上の分析を行ったものがあった。[*41] この2つの研究は、アッカーマンが1921年のフェルプス・ストークス基金主催のテネメント・ハウス設計競技について行った分析と同等の価値があった（fig.5.10 − 5.11参照）。慎重に選ばれた42の敷地計画の、短期および長期コストが評価された。継続維持コストが敷地計画分析に含まれることは珍しかったが、この研究においては重要な要素であった。

この敷地分析は1エーカーあたりの人口密度（ppa）が100 − 250人の範囲で行われた。密度の区分ごとに、単純なリボン型から複雑に分節化されたU字型までの一連のヴォリューム構成が割り当てられ、想定された高さは3階建てから6階建てであった。導き出された結論は、200ppaにおける各案に見られるように、低建蔽率と単純なリボン形状は、必ずしも低コストを保証しないということであった（fig.7.17）。この結果は低家賃住宅のデザイン教義であった、低層の低家賃ハウジングでは、低建蔽率と単純な形態が低コストを意味する、という等式に疑問を投げかけたのであった。アッカーマンは低コストをもたらす決定要素は、長期維持コスト、つまり使用コストであると示唆した。しかし美的上の嗜好や、初期コストの削減だけの関心という風潮の中で、アッカーマンの議論は聞き入れられることはなかった。

しかしながらアッカーマン自身、社会変革の必要性を引き合いに出さずにコスト問題に対処することについては相反するところがあった。NYCHAによる1934年の比較研究では（fig.7.13参照）、1部屋あたり8ドル以下の家賃の慈善プロジェクトがひとつもなかったことに失望を表していた。旧式のスラムで生活する「大多数の家族にとっては手の届かない範囲」であったからである。さらに「低所得層の間にハウジング改善運動に対する、幾分懐疑的な姿勢が形成されつつあるのも、つまり驚くことではない。」[*42] と付け加えている。同時に、低コストによる良質なハウジングの供給についても悲観的であった彼は、家族を貧困から救出する根本的な問題は安価で水準以下のハウジングを提供することではないとしている。

この調査結果は、解答を求めた暗中模索から生まれた妥協をさらけ出している。必然的な使用コストと想定された入居者の収入の矛盾により、この問題をテクニックで解決することは出来ないのだ。この調査は、…しかしあることを明白にしている。技術はこの問題を解決することは出来ない。問題そのものを、一貫性をもって問い直さなくてはならない。低所得層の収入を増やすか、あるいは使用コストを削減するか、あるいはその両方である。[*43]

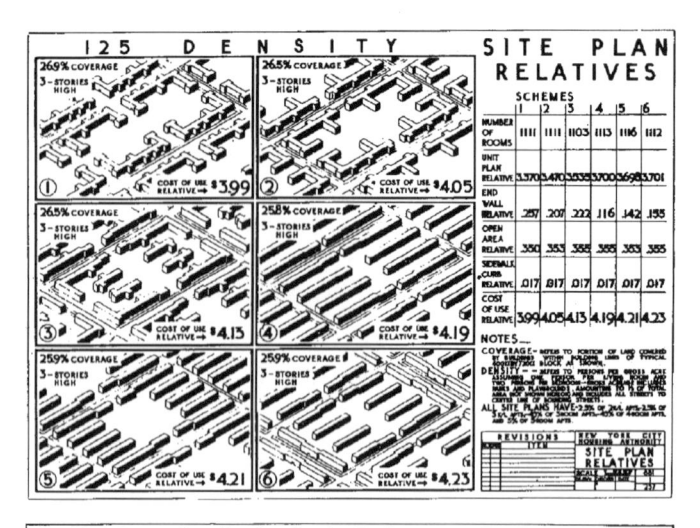

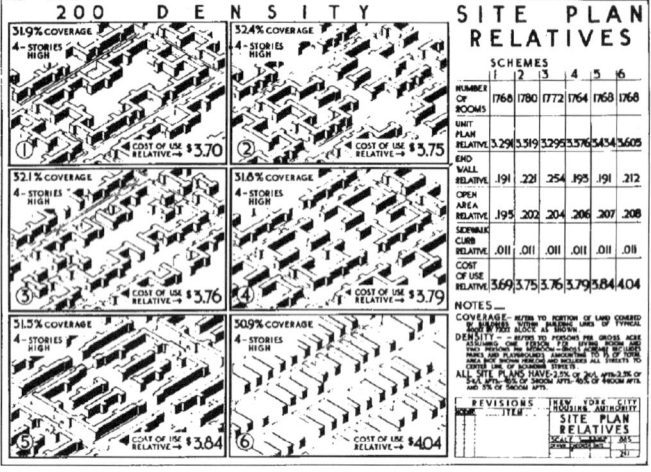

7.17 フレデリック・アッカーマン、ウィリアム・バラード。『敷地と住戸の計画について』(1937年) 掲載図版。ツァイレンバウ型と長期コストとの関係を示している。

アッカーマンの見解は、近代の建設技術がこのジレンマを解消しうるという、当時台頭しつつあったイデオロギーへの反論であった。そしてこの実現困難な希望は、高層のハウジングにも及ぶことになる。

4. 高層対低層：低家賃ハウジングにおけるPWAデザイン基準の変遷

すでに1934年には、新しく創立された市民団体「ハウジング研究会」(Housing Study Guild) が、高層十字形の経済的利点の証明を試みた研究を発表し、低所得層ハウジングにおいて、高層対低層という新しい議論のきっかけをつくった。それまで優勢であった「2階建てフラットが最安価のハウジング形態である…という教義」[*44] に異議を唱えたのである。しかし、低層ハウジングの議論は、コストの問題にとどまらなかった。低

層ハウジングを支持する者は、高層ハウジングは低所得世帯の生活様式にそぐわない、と主張したのである。クラレンス・スタインが1934年に「エレベーター付きの建物は、収入が限られた家族には社会的に望ましくない。子供たちは自由に遊べるような地面の近くにいるべきである」*45 と述べた時の姿勢と同様であった。また貧者にエレベーターという贅沢は許されるべきでない、という古くからの偏見も残っていた。

　高層対低層の議論は、ロウアー・イースト・サイドのコルリアーズ・フック再生地区をめぐる資金論争において表面化した。再生範囲はイーストリバー、マンハッタン橋、ウィリアムスバーグ橋を境とする、50エーカーに及ぶニューヨーク最大の再開発計画であった。1932年頃から数々の開発案が市と連邦政府の官僚によって検討され、その中にはNYCHA技術部門、アンドリュー・トーマス、ハウ・アンド・レスケイズ、ホールデン・マクラウラン・アンド・アソシエイツ、ジョン・テイラー・ボイド・ジュニアによる提案も含まれていた。計画案は、高層から低層、ガーデン周囲型から近代主義的構成、民間あるいは政府主導のものまで多種多様であった。*46 銀行業者と民間開発業者の間でも論争が絶えず、1934年にフレッド・F・フレンチは「ロウアー・マンハッタンのハウジング条件を満たすには、14丁目以南に12層以下の住宅を建設してはならない」と発言している。*47 ジョン・テイラー・ボイド・ジュニアによる提案も同様の論法に従っていた。同提案は、民間のラトガーズ・タウン社出資による配当限度付きプロジェクトであり、数年間かけて極めて周到に計画されていた。101棟の巨大な12階のタワーに3万人が居住する予定であった（fig.7.18）。*48

　ラトガーズ・タウン社は4,000万ドルの融資をPWAに要請したが、1934年5月、資金不足という表向きの理由で却下された。*49 PWA内部の批判者がこのプロジェクトが「垂直型衛生スラム」になることを憂慮したからとも言われている。*50 一方、姉妹プロジェクトとなる37,000人収容のクイーンズタウンが、ラトガーズ・タウンから立ち退かされた住民を収容する目的で、クイーンズに提案された。*51 ヴォーヒーズ・ゲムリン・アンド・ウォーカーによる設計では、もっぱら2階建てのツァイレンバウが用いられていた。ラトガーズ・タウン社は、かろうじてこの提案を維持していたが、1939年、ついに計画を放棄し「ラガーディア市長が政治的賛助を獲得するために公営ハウジングを利用している」と非難した。*52 結局、コルリアーズ・フック再生地区は政府による高層ハウジングで覆われることになった。NYCHAが1941年に完成させたヴラデック・ハウスを皮切りに、この地区の運命は公営ハウジングに定まり、民間業者が構想していたホワイトカラー用のハウジングが、実現されることはなかった。*53

　PWAプログラムは比較的小規模であったが、ハウジングのデザイン手法とイデオロギーの発展に強く影響をもたらし、その後の連邦政府による全米各都市における大規模なハウジングへの取り組みの土台になった。政

7.18 ジョン・テイラー・ボイド・ジュニア。ラトガーズ・タウン・ハウジング計画（1934年）。約50の街区を12層のタワーで覆う計画。「垂直型衛生スラム」と批判された。

府によるデザイン規制のあからさまな正当化は、政府の資金が関係しているということであった。つまり品質を保証するためにも政府の設計指標が必要とされたのである。当初、復興金融公社やPWAによるこれらの指標は、非公式の、主として内部スタッフのための摘要であることが多く、以前の米国住宅公社や緊急艦隊公社の指標とそう変わらなかった。しかし略式の指標も、次第に完結した形をとるようになり、1935年にはPWAが「ユニット・プラン」と呼ばれる、最初の統括的なデザイン指標を発表した。[*54] これはハウジング・ユニットが反復する場合に容認されるデザインの選択肢を列記したものであり、敷地計画についても提言がなされていた。『アーキテクチュラル・レコード』誌1935年3月号は、PWAが期待する設計指標をさらに詳細に解説している。[*55]

　PWAのデザイン指標は敷地計画よりも各住戸のデザインをより細かく規定していた。住戸の設計水準は非常に高く、部屋の大きさ、採光と通気の規準は1920年代のガーデン・アパートメントと同等であった。ユニット・プランと称されたこの指標は、互いに組み合わさるアパートメントのクラスターを系統立てたもので、それぞれ「T－ユニット」、「コーナー・ユニット」、「リボン・ユニット」、「十字平面」とされた。54種類の平面が示され、様々な基準に沿って評価された。敷地計画に関しては、任意に選択された9パターンが簡潔に論じられている。『アーキテクチュラル・レコード』誌の記事では、敷地模型の上にアパートメントのクラスターを表す木製ブロッ

クを用いて、敷地の特徴に適合し、PWA基準を満たすような配置を見つける方法が推奨された（fig.7.19）。それ以上については、実際の敷地なしに論じることは困難であった。建築家は、子供の遊びのようなブロックを使う役を与えられたのだが、その成果は往々にして運命づけられていた。PWAはプロジェクトから通過交通を排除するなど、敷地問題を単純化したのである。また将来の入居者の生活習慣はデザインに悪影響を与えるものとして、コミュニティ参加は退けられた。建蔽率25％の推奨は、社会改革者の「公園の中の都市」という目標にかなうだけでなく、あらゆる幾何学の図形をどこにでも配置できるという状況を意味し、官僚によるデザインの統括を容易にしたのであった。

　PWAの指標が定めた建築家の設計料体系は、広い敷地にPWAのアパートメント・クラスターの大量反復を助長することになる。『アーキテクチュラル・レコード』誌での説明では、「建築業務の報酬は具体的な一覧表に従って、工事費10万ドルの場合の6％、1,000万ドルの場合は2％。この料率は土地の条件に異常がない場合の各戸の反復を基本とする」[*56]　とある。大型プロジェクトでは、建設費がその規模に比べると少ないため、この設計料体系は建築家たちに反復パターン以外の設計を思いとどまらせた。さらにPWAの各住戸の最低基準も逆効果をもたらした。優れたデザインを促進するインセンティブがなければ、「最低基準」は容易に「最大基準」となったのである。こうして、PWAの指標は、官僚的なデザインの統制をもって、成文、不文を問わず急速に固着した法律と化したのである。

　PWAの指標が最終的にまとまった時には、ニューヨーク市内では多数のプロジェクト建設が進行していた。既に完成していたPWAプロジェクトに対照すると、指標自体は不思議なほど抽象的で実体のないものであった。ヘンリー・ライトによるアパートメント・クラスターの分析スケッチ

7.19 PWA住宅部門作成。「PWAの低家賃ハウジングのデザインは木のブロックを組み合わせてスタディすべきである」とした。『アーキテクチュラル・レコード』誌に掲載（1935年）。

政府の援助と干渉

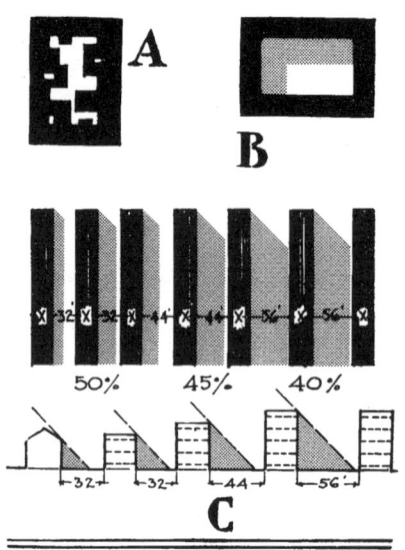

7.20 ヘンリー・ライト。1931年のグロピウスによる研究の直接的解釈（1935年）。

(A, B AND C) COMPARISON OF OLD AND NEW METHODS OF BLOCK DIVISION.

から（fig.6.11参照）、PWAの「ユニット・プラン」が発表されるまでの6年間で、デザインの分析手段はすで単純な法的制約に退化していたのである。ライト自身もこの単純化に一役買っていた。1935年に出版された『アーキテクチュラル・レコード』誌PWA特集号に、ライトはグロピウスのソーラー・スタディ（fig.6.28参照）を翻案して記載しており、それ自体ツァイレンバウ型ハウジングの正当化であった（fig.7.20）。それでもライトは、この手法に対しては批判的ではないにしろ、相反する姿勢を保ったのであった。わずか2年前、彼は「バウハウスを含むドイツ人建築家の、より理論的な研究は… 今までよりもさらに堅苦しく単調なコミュニティ構成を生むようであり、（私が観察したところでも、この全世界的な露出に対する偏狂は是認された目的を達するよりも、生活の質を犠牲にする方が大きいと感じるのである）。」[57]と記していた。

5. ニューディール政策の優先事項：高速道路建設とFHA保証ローンによる中産階級用郊外戸建て住宅

　ニューディールの資金によって建設された社会ハウジングの数は非常に少なかった。しかしこの政策は橋梁や道路の建設を可能にすることで、差し迫った中産階級の郊外ハウジングの発展を促進したのであった。ニューヨーク市でこの一見奇妙な優先事項を指揮したのはロバート・モーゼスであった。[58] 市内に新しい高速道路網を建設する彼の計画は、1930年代半ばには大半が完成していた（fig.7.21）。同時期、連邦政府と民間企業は、郊外の小規模な戸建て住宅を、アメリカン・ドリームの実現として

幅広く推奨していた。*59　その夢が実現するのは、もちろん 1934 年に開始された連邦住宅局（Federal Housing Administration, FHA）のローン保証プログラムを通してである。ハウジング改革者や他の進歩主義者が、PWA によるニューヨーク市での社会的取り組みに重要性を見出したにもかかわらず、実際の資金援助は期待に沿うものではなかった。ハーレム・リバー・ハウスや、ウィリアムスバーグ・ハウスへの直接援助を合わせても、PWA が 1936 年開通のトライボロー橋に融資した 5,300 万ドルの半額にも満たなかった。1937 年、NYCHA は、ハーレム・リバー・ハウスとウィリアムスバーグ・ハウスが「スラムという社会悪の除去ではなく、雇用促進と建設業界を刺激することを主目的に着手された」*60　と臆せずに認めたのであった。

　ニューディールの経済政策は郊外戸建て住宅の生産を、国内の経済復活に不可欠の要素とみなした。その戦略は新しいものではなく、第 1 次大戦後の経済低迷時にも、連邦政府は個人の戸建て住宅所有を促進していた。*61 例えば、1919 年に労働省後援による全国規模の「住宅所有週間」には、ニューヨーク市で「ホーム・ショウ」展示会が催され、その後 3 年連続で実施された。*62　1930 年代に入り、宣伝活動はより洗練されてゆく。1935 年には、政府と民間は頻繁に協力し、新しく開発されたマーケティング技術を経済再生戦略に応用している。彼らの目標は一戸建て住宅の大衆市場を創出すると同時に、FHA を通した住宅抵当権設定による個人住宅資金の貸し付けを拡大することであった。

　モデルハウスも、人気のある販売方策であった。すべての新しい郊外分譲地と「ホーム・ショウ」では、理想の住宅が原寸大で建てられた。それは住宅の最新技術の宝庫となり、ほとんどが新しい家庭用電化製品であった。販売キャンペーンは大企業の宣伝技術を積極的に取り入れた。*63　例えば 1937 年に『レディース・ホーム・ジャーナル』誌のモデルハウスが

7.21 ロング・アイランド上空からニューヨーク市を望む（1937 年）。ロバート・モーゼス率いる市公園局が計画した高速道路網を示す。

政府の援助と干渉　　277

ニューヨーク・ホーム・ショウで発表されて以来、その大衆広告という形式は、自動車産業だけでなく建築の一領域となったのである。『レディース・ホーム・ジャーナル』誌は、従来の工務店によるコテージを、世紀初頭にフランク・ロイド・ライトが始めた型に従い、現代的に洗練された明日の住宅に取って代えたのであった。[64] 建築家ウォーレス・K・ハリソンとJ・アンドレ・フイブーにより設計されたこのモデルハウスは、通常の消費財を美化しただけでなく、床下に姿を消し戸外に開放する電動式のガラスパネルのある半円形の居間など、建築的な呼び物も盛り込まれていた。

ニューヨーク市で最も奇抜なモデルハウスは、ブラード・アンド・ウェンデハックの設計により、1934年にパーク・アヴェニューの紳士クラブ建築用地跡に建てられ、「アメリカの小さな家」(America's Little House) と名付けられた。この正方形の新コロニアル風郊外型コテージは、芝生と杭柵までが揃い、グランドセントラル駅のすぐ近く、テナメントと高層オフィスビルが並ぶ中に佇む様子は超現実的であった (fig.7.22)。[65] この住宅はナショナル・ベターホームズ・イン・アメリカという組織のニューヨーク支部が建てたもので、コロンビア放送網社によって維持管理された。ナショナル・ベターホームズ・イン・アメリカは、一戸建て住宅所有の推進を目的とした地元企業と市民団体の合弁機構であり、商務省と農務省の援助によって1920年代に急速に拡大した。1930年には7,279の地元団体の参加が記録されていた。[66]

1936年、パーク・アヴェニューの同じ敷地は、より刺激的な実験の場となった。「アメリカの小さな家」に替わる「近代の住宅」(House of the Modern Age) は、ウィリアム・ヴァン・アレン設計によるプレハブ式の住宅で、ナショナル・ハウス社のために製作された。[67] スチールのパネルシステムを用いることで、数々の革新的なディテールが生み出された。中にはデュポン社との協同で開発された特殊な外装仕上げも含まれていた。このシステムは4階建てまでの多種の構成パターンが可能になると宣伝され、立体派的な造形は、コロニアル風やコテージ風の、建売開発業者によるモデルハウスと対照的であった。このように、戸建て住宅のキャンペーンが始まった当初には、デザインが平凡化したその後の大量建設の時代よりも、多数のデザインや建設の革新が見られた。

第1次大戦後より、建築出版界は単世帯コテージを建築家の合理的な関心として正当化しようとすることで、政府や産業界による小住宅への傾向を増長させた。1930年代半ばになるとジャーナリズムによる唱導はさらに強化される。建築家や建設業者を対象にしたあらゆる雑誌はこの主題に基づく特集を繰り返した。『アーキテクチュアル・フォーラム』誌の1935年10月の小住宅特集も典型であった。「建築家という職能による、小住宅への新しい取り組みの容認」が宣言され、「FHA保証抵当ローン対象金額範囲内の101件の新しい小住宅」が克明に取材された。翌年には50例が

7.22 ブラード・アンド・ウェンデハック。「アメリカの小さな家」(1934年)。グランド・セントラル駅近くのパーク・アヴェニュー沿いにつくられた郊外住宅のモデル・コテージ。持ち家志向を促進した。

補充され、1937年には、さらに50例が追加された。*68 失業に悩まされる建築職業界は、いかなる合法的な設計の機会を受け入れる体勢にあった。より大きく把握不可能な問題に直面していた建築家にとって、郊外の一戸建て住宅は没頭できる良い主題であり、おそらく安堵のもとでもあった。

セントラル・パーク・ウェストにセンチュリーとマジェスティック (fig.6.36参照) を建てたアーウィン・S・チャニン社は1936年、ロングアイランドのヴァリー・ストリーム付近に、1,800戸からなる郊外分譲住宅、グリーン・エイカーズを完成させていた。これはセンチュリーに代表されるマンハッタンの高層高級アパートメントの経費や空間制限を好まない中流上層階級を対象としていた。チャニンの開発計画はその多くをラドバーンから借用しており「自動車時代のコミュニティ」という標語まで同じであった。また高速道路を利用すれば、クイーンズボロー橋を経てマンハッタンまでわずか25分の所要時間であった。交通分離の原則に公園システムと子供の遊び場を組み合わせることにより、住民は自動車の脅威から解放されると論じられた。*69 ほとんどの住宅は85本の袋小路＝クルドサック (cul-de-sac) に面し、背後の公園に抜けられる仕組みであった (fig.7.23)。各住宅は5－8部屋から成り、車庫、薪用暖炉、完全断熱、石油ストーブ、科学的キッチン、造園が含まれていた。グリーン・エイカーズはその後ロング・アイランドに出現することになる、優れた郊外住宅地の先駆であった。

一戸建て住宅に本来備っている非効率さは、開発者側にとっては集合住宅よりもさらに大きな利益をもたらした。例えば、マンハッタンの全200戸のアパートメントは2台の石油ボイラーで事足りたが、ロング・アイランドでの200戸の住宅開発は200台の石油ボイラーを必要とし、さらに何マイルもの配線と配管、そして洗濯機その他の家事設備が不可欠であった。一戸建て所有を積極的に推進したゼネラル・エレクトリック (GE) 社は、しばしば政府機関と提携している。同社はFHAによる毎週のラジオ番組「私にとって家が意味するもの」の放映料を寄付していた。*70 さらに、家電製品の大量宣伝キャンペーンを独自に展開しており、しばしば疑問の

政府の援助と干渉　279

残る販売手法も用いていた。*71　さらに、以前は資本財に重点を置いていたものの、1920 − 30 年代になると消費財の分野に進出し、世界最大の家電製品の製造会社となった。1941 年に GE 社の家電製品の売上は、1 億ドルに達していた。*72

　1935 年、GE 社は一戸建て住宅を主題とする建築設計競技を主催した。*73 要求プログラムは北方あるいは南方の気候にある小規模あるいは中規模の住宅で、敷地の大きさは 75 × 150 フィートであった（fig.7.24）。応募者は GE 社の家電製品を設計に取り入れることが要求され、中には 76 種類もの製品を好んで取り入れた建築家もいた（fig.7.25）。2 万 1,000 ドルという賞金総額は住宅設計競技史上最大であり、経済のどん底にあった建築業界にとってはさらに得難いものであった。この設計競技には 2,040 案が提出され、おそらく米国のいかなる設計競技の記録を上回っていた。応募作品はメディアに取り上げられ、『アーキテクチュラル・フォーラム』誌も特集を組んでその結果を報告した。その後 2 年間にわたり、入賞した 18 作品の設計図は選ばれた建設業者に渡された。その結果、GE 社による約 500 軒の住宅が、異例の注目を浴びて建設されることになった。*74

　ジョンズ・マンビルやケルビン、レイノルズなど、他の大企業も独自の周到な宣伝キャンペーンを考案している。数え切れないほどの小住宅設計競技が開催され、『レディース・ホーム・ジャーナル』誌主催による 1938 年の設計競技や、*75　アメリカ・ガス協会による 1938 年と 1939 年の設計競技などが挙げられる。*76　後者は、GE 社の設計競技と同様、エネルギー

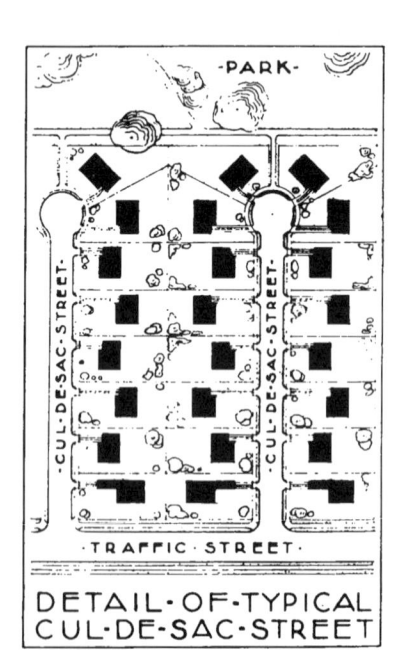

7.23　アーウィン・S・チャニン。グリーンエイカーズ（ロング・アイランド、1936 年販売開始）。民間開発による 1,800 軒の戸建住宅をラドバーンの原則に基づいて構成。

を消費する家電製品や住宅設備を最大限に利用することを強調していた。この姿勢は難なく受け入れられた。第2次大戦後には公営ハウジングの分野でさえ家電製品の促進は浸透していた。ウィリアムスバーグ・ハウスは全電化キッチンを宣伝したが、ハウジング公社は電気コンロを初めて使う主婦を対象に、料理教室を開講しなくてはならなかった。[*77]

　1930年代の経済危機に対する連邦政府と大企業の行動は、その後40年間にわたってアメリカの主流となる生活文化の理想を方向づけた。正確に言えば、建国が完成した今、経済は重工業から消費者向けにシフトしなくてはならない、というものであった。ハウジング文化への影響はかつてないほど重大で、それは郊外の一戸建て住宅の所有や、自動車の最大利用と

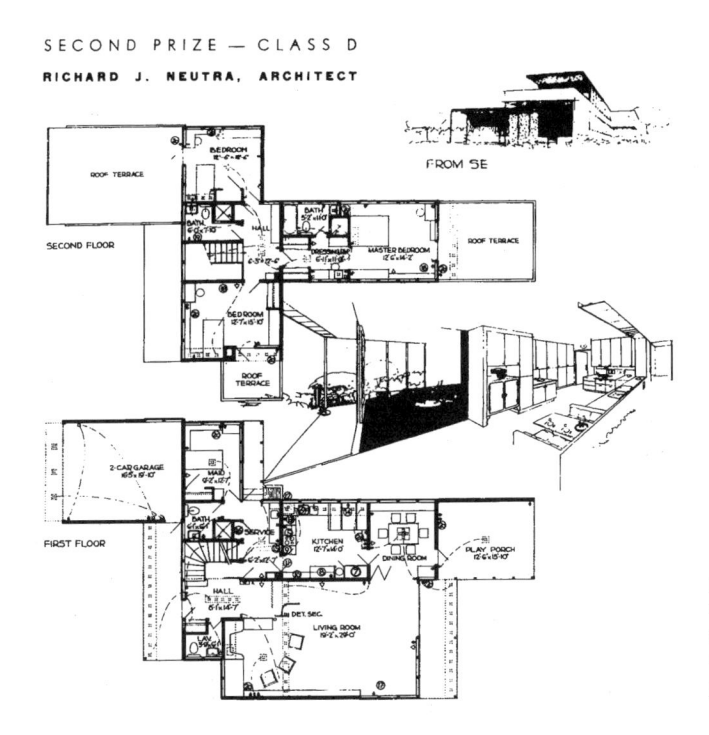

7.24　リチャード・ノイトラ。GE社主催の「近代的に住まう住宅設計競技」2等入選案（1935年）。75×100フィートの敷地への郊外型一戸建て住宅がテーマ。

7.25　チャールズ・C・ポーター。「近代的に住まう住宅設計競技」提出案。キッチンには36種類のGE社製の家電製品が盛り込まれた。

政府の援助と干渉　281

いう形として表れていた。ニューディール時代にこの理想を後押しする活動は、国民生活のあらゆる側面に浸透していた。最も衝撃的な政策は、近年になるまでその影響の規模が注視されずにいた、国内の鉄道輸送網の組織的な破壊である。1932 年初頭、ゼネラル・モーターズ（GM）社は市営の鉄道網の買収を開始し、ディーゼルバスによって置き換えたのであった。*78　その影響は 56 都市に及んだ。また他の先進国が効率的な電車路線を開発していた時期に、GM 社はその廃止に努め、それらをディーゼル機関車によって置き換えようとしたのであった。ディーゼルバスと機関車の売り込みにとどまらず、これらの企みはさらにニューディールの高速道路計画によって強化された。競合する交通機関を支配することにより、GM 社はその後数十年間にわたり、米国の生活様式に決定的な影響を及ぼすことになった。

　1939 年のニューヨーク万国博における「明日の世界」展は、総合的な未来像を詳細にわたって紹介した。その中の「明日の町」では、15 棟のモデルハウスが 56 社の建設製品会社の出資により展示された。郊外革命とその生活様式は、ノーマン・ベル・ゲデスのデザインによって GM 社の「フューチャラマ」(Futurama) に投影され、「ペリスフィア」テーマ館に展示されたヘンリー・ドライフュスの「デモクラシティー」に描かれた未来像は、都市分散というイデオロギーを消費者時代に決定的に突入させたのであった。*79

6.　米国住宅法の制定と米国ハウジング公社の設立：低家賃ハウジングの新体系と公営ハウジングの時代の到来

　政府による慈善ハウジングが、永続する現実となったのは、議会がワグナー・スティーガル法案（Wagner-Steagall Bill）を可決した 1937 年である。*80　米国住宅法（United States Housing Act）として知られるこの法令は、PWA の経験に基づき、低家賃政府ハウジングの恒久的な仕組みをつくり上げた。PWA プログラムとは対照的に、この法令は各都市に対する連邦政府の直接介入を承認することはなく、州および都市単位の公的機関に公社としての権限を与え、連邦政府による事業計画の執行を認めたのである。同様に米国住宅公社（United States Housing Authority, USHA）が設立され、各種のプログラムを連邦レベルから監督した。各都市の公社は事業計画と建設についての契約を USHA と結んだ。米国ハウジング法のもとで、USHA は 5 億ドルまでの債券発行を認められたが、その金額は後の法改正の都度、変化していった。1 年後に、融資限度額は 8 億ドルまで増加している。1937 年から 1957 年にかけて、米国ハウジング法は 14 回にわたり改正されることになる。USHA の管轄権も 1937 年には内務省（Department of Interior）であったのが、1939 年には連邦事業局（Federal Works Agency）に移り、さらに 1942 年に全国住宅局（National Housing Agency）、1949 年

にはハウジング・住宅金融局（Housing and Home Finance Aagency）の管轄下となった。「公営ハウジング」（public housing）という総称は、USHA の業務を取り扱う行政機関に由来している。最初は連邦公営ハウジング公社（Federal Public Housing Authority）であり、次に公営ハウジング局（Public Housing Administration）となった。1937 年から 57 年までの間に、全米で合計 545,594 戸の低家賃アパートメントが USHA の資金によって建設された。[*81]

1938 年、ニューヨーク州は公営ハウジングへの 3 億ドルの投入を一般投票により承認した。翌年、州政府ハウジング理事会（State Board of Housing）に代わる、ハウジング部局（Division of Housing）が設立され、州債の発行によってまず 5,000 万ドルを公営ハウジングに投入することが認められた。1942 年、さらに 2,500 万ドルが追加された。[*82] これらの資金は、州のハウジングプログラムへの道を開き、全体として USHA 事業の慈善的志向と設計の特性を繰り返すこととなった。

事実上、USHA の影響力は以前の PWA より大きかった。USHA は各都市の行政機関によるプログラムの統括を要求したものの、その編成と人事に関与し、さらに資金繰りとデザインのイデオロギーを管理する権限を保持していた。[*83] ニューヨーク市には、1937 年米国ハウジング法が施行された時点で、すでに設立後 3 年を経たニューヨーク市住宅公社（NYCHA）が存在していたため、影響力は最低限に抑えられた。NYCHA は、米国ハウジング法のもとで市を代表する機関となり、1937 年から 1957 年までの間に、連邦プログラムのもとで 33,355 戸の低家賃アパートメントを建設した。さらに同期間で 29,601 戸の低家賃アパートメントが州のプログラムによって、24,787 戸を市独自のプログラムとして建設された。1975 年の時点で、NYCHA は合計 165,892 戸のアパートメントを運営するまでになった。[*84]

連邦と州を合わせて合計 10 億ドル超の膨大なハウジング資金の投入により、各都市における政府主導ハウジングという分野はかつてない政治的重要性を帯びることになった。それは 1938 年にロバート・モーゼスが、ニューヨーク市の公営ハウジング事業の掌握を試みて失敗したことからも裏づけされている。モーゼスは、市の公園局のコミッショナーとしての権限内で「ハウジングとレクリエーション」[*85] なる小冊子を作成し、NYCHA のプログラムを全く無視するかたちで、合計 2 億 4,500 万ドルに及ぶ 10 の公営ハウジングの提案を概説した。大規模なメディアキャンペーンと、政治的ロビー活動によって NYCHA を管轄下に治める政治的支援を集めようとしたものの、ラガーディア市長の反対に直面し、モーゼスの影響の範囲内に公営ハウジングが取り込まれるのは、1948 年まで待たなければならなかった。[*86] 彼の言外の戦略は、公営ハウジングに関係する多数の建築家を離反させることになる。算定された地価の高さや高密度、

政府の援助と干渉　283

Examples of pooling of open space; each study provides the identical linear footage of building

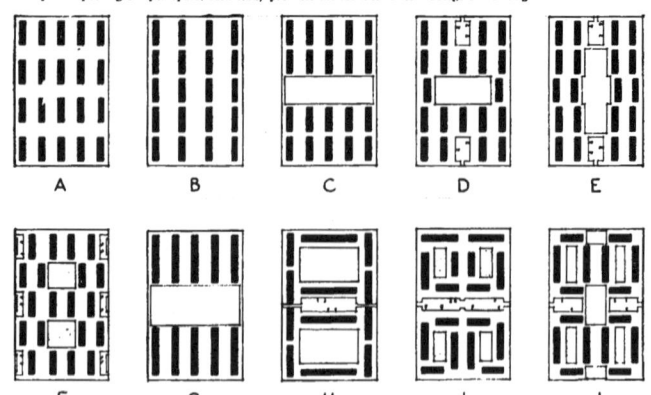

A B C D E
F G H I J

7.26 米国住宅公社（USHA）。建物間の最小距離と、採光と通気の最大値の関係を表した理想的敷地のダイアグラム。各図のハウジングが等しい周長を持つ。1939年に初めて発表され、連邦公営住宅局により1946年に改訂。

極端なスラム除去、財源取得方法に、異議が唱えられた。[*87] しかしこの小冊子に示されたデザイン手法は全体として、新しい近代主義のアーバニズムに共鳴するものであり、公園局コミッショナーのモーゼスが「公園の中の都市」（City in the park）としてハウジング分野に進出したことは、道理にかなっていた。

USHA設立後の連邦政府の設計指標は、より厳格で抽象的になり、美観的基準においても厳密になりつつあった。1939年に発表されたUSHAによる研究、「敷地を計画する」（Planning the Site）では、理想的な敷地に建つプロジェクトの一連の形状が、明確に示されている。[*88] これを改訂、拡張した「公営ハウジング・デザイン」（Public Housing Desing）と称された研究は、1939年と同じ敷地構成に加え、さらに4つの敷地例を挙げている。[*89] USHAの指標における重要なデザインの決定要素は、建物高さに基づく建物間の最低距離であり、1階建ての場合の50フィートから6階建ての75フィートまでの範囲を扱っていた。建物の形態が複雑な場合、この規則は簡単に図式化できるものではなく、ほとんどの場合、単純なリボン型として代表されグロピウスが10年前に発表した内容に類似していた（fig.7.26）。不運にも容易に表現できるものほど認可されやすかった。

ハウジングのデザイン統制に携わるUSHA以外の連邦政府機関で注目すべきは連邦住宅局（Federal Housing Administration, FHA）である。FHAはデザインの承認を含む抵当ローンの保証を扱う包括的なプログラムによって米国におけるハウジング基準に重要な影響を及ぼした。事実上、民間によるすべてのハウジングは直接あるいは間接的にFHAの審査を必要とした。FHAにより1938年に発行された「賃貸ハウジングにおける建築計画と手順」（Architectural Planning and Procedure for Rental Housing）には、1937年の米国ハウジング法の規定に従って、FHAの抵当ローンを保証する設計方法と解答が解説されている。[*90] 住戸の類型化への固執も官僚的な

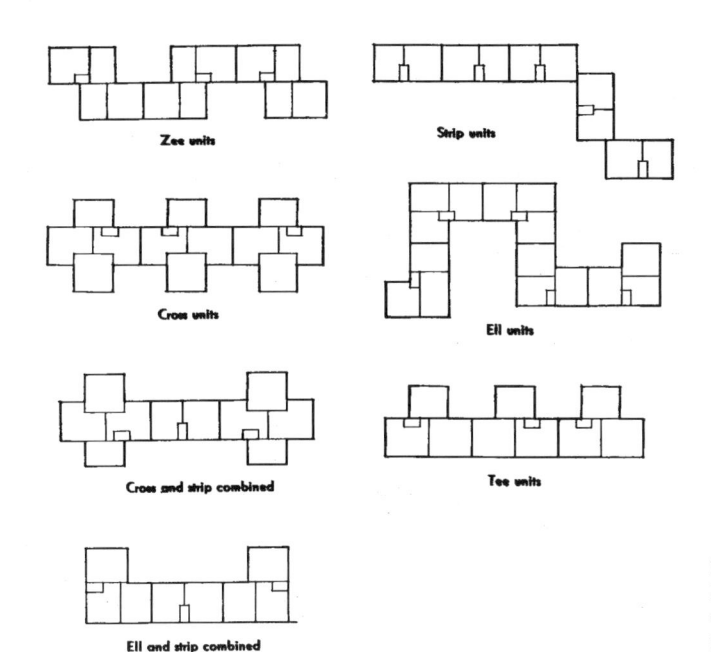

7.27 連邦住宅局賃貸住宅部門。住戸クラスターの組み合わせ例（1938年）。FHA の抵当権取得保証の選考基準となった。

方法で提示された（fig.7.27）。しかし同じ小冊子の中で、FHA は単純な基準の列挙にとどまらず、優等と劣等の平面を分析した。ある例では、ニューヨーク中産階級のアパートメントの長年にわたる特徴であった、床高の低くなったリビングルームが「一時の流行に他ならず、不十分である」と批判され、床レベルを揃えた事例が推奨された（fig.7.28）。

1937 年ハウジング法とその解釈条項は、初期コストと建蔽率の制限を要求した。人口 50 万以上の都市におけるハウジングの総コストは、一部屋あたり最高 1,250 ドルとされた。[*91] この数値は PWA が許容した額から相当減額されており、一部屋の限度が 2,104 ドルであったハーレム・リバー・ハウスよりも 40％低かった。[*92] また、建蔽率を上げた場合は、オープンスペースのアメニティが減少しても総コストが増加する、という推定のもと、USHA は建蔽率 35％以上のプロジェクトの承認を拒否したのであった。[*93] 35％でも割高とみなされ、一般にはより低い数値に抑えられていた。結果、政府援助による低家賃ハウジングは、低コストが転じて低建蔽率と同義となった。低コストを支持する表向きの理由は、一定の金額に制限すればコストが抑えられ、より多くの人々に良質のハウジングが提供できるというものであった。

ニューヨーク市で USHA の助成を受けた最初のハウジング、レッド・フック・ハウスはブルックリンに 1939 年に完成した。レッド・フック・ハウスは、デザイン的に「低コスト」が意味するものを示している。アルフレッド・イーストン・プアーが率いる設計チームには、ウィリアム・F・ドミ

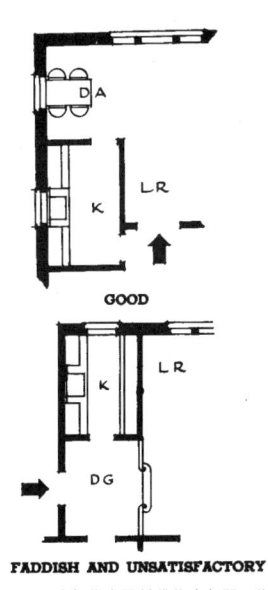

7.28 連邦住宅局賃貸住宅部門。住戸間取りの（良い）例と（乏しい）例。（1938 年）FHA の抵当権取得保証の選考基準となった。ニューヨーク市のアパートメントの一般的な間取りは一時的流行で不十分であるとした。

政府の援助と干渉

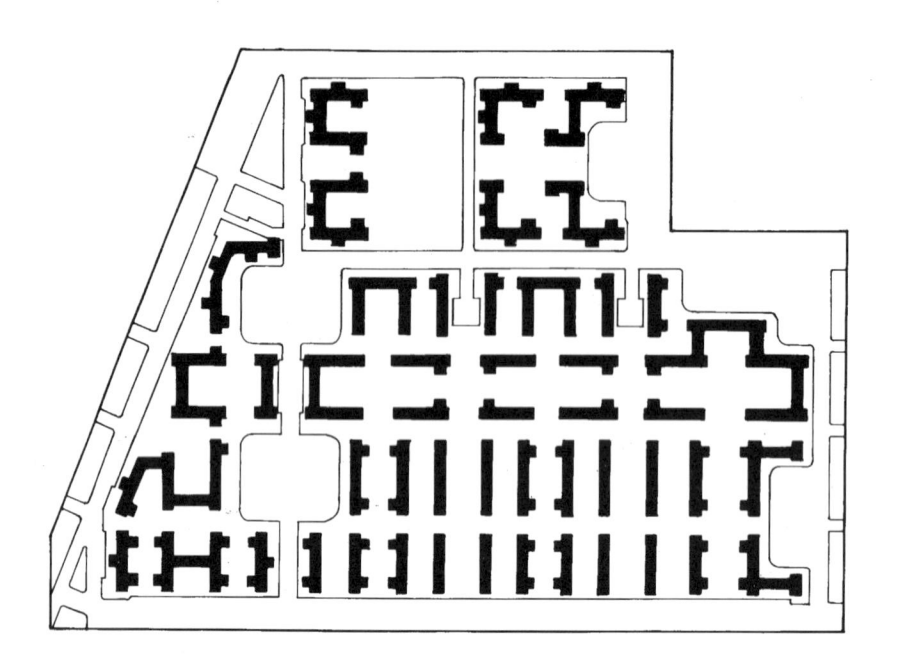

7.29 フレデリック・アッカーマンとNYCHA技術スタッフ。レッドフック・ハウスの初期デザイン（ブルックリン、1935年）。中央軸の周辺に3－4層までの建物がガーデン・アパートメント形式で並ぶ。

ニク、W・T・マカーシー、ウィリアム・I・ホハウザー、エレクタス・D・リッチフィールド、ジェイコブ・モスコヴィッツとエドウィン・J・ロビンらの建築家が含まれていた。2,545戸のアパートメントが20棟の建物に収容され、建蔽率は22.5%であった。[*95] ウィリアムスバーグ・ハウスと同様、レッド・フックの初期の敷地計画はフレデリック・アッカーマンやNYCHAの技術スタッフの影響を受けていた。[*96] その提案は、3－4階建てに限られ、周囲型建物が連続する中央軸に沿って構成されるというものであった（fig.7.29）。最終案では、中央軸は残ったものの、公共空間のヒエラルキーと構成は徹底的に弱まり、普及しつつあった連邦基準が文字どおり解釈された。6階建ての十字形の建物が連結され、各街区に2つの分節されたZ字形の建物が、全16街区にわたり配置された（fig.7.30）。最終デザインはUSHAの設立前に開始されたため、建設費として1,600万ドルが割り当てられていた。しかしUSHAの新しいコスト政策に合わせるため、1938年には1,200万ドルに減額となった。総額の4分の1に値する減額により、当然のごとくデザインの本質的な変更が強いられたのであった。

　コスト削減により、レッド・フック・ハウスの十字形建物は3回にわたって変更された（fig.7.31）。その結果、各部屋の面積は221平方フィートから172平方フィートに減少し、無駄な空間の削除として正当化された。各住戸には扉付きのクローゼットがひとつしかなく、残りのクローゼットにはカーテンが取り付けられた。さらにキッチンと居間を隔てる扉も不可とされた。多くの間仕切壁は組石造ではなく、ラス張りの漆喰壁であった。

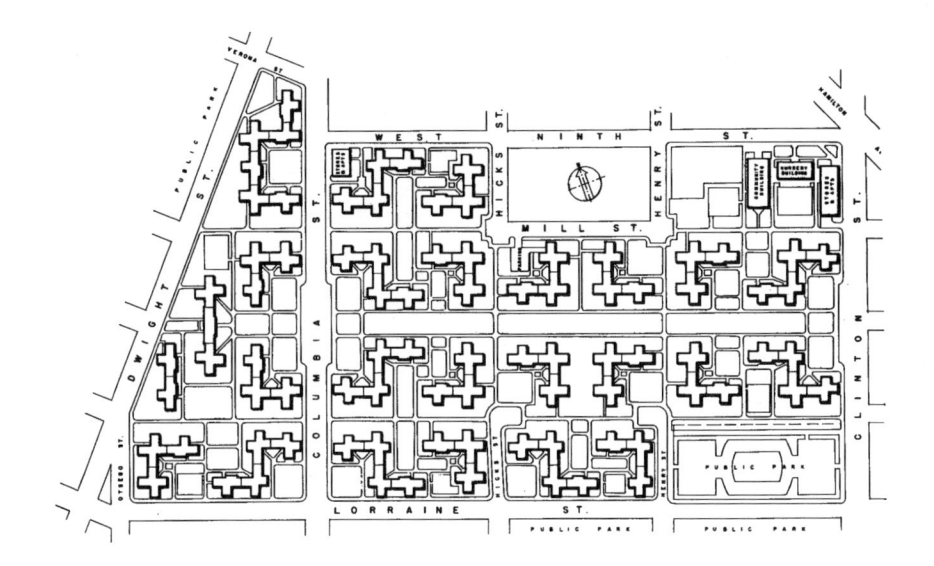

6階建てのため、エレベーターが設置されたが、偶数階の停止は廃止された。エレベーター付きにもかかわらず、建物がそれ以上に高くならなかったのは、ニューヨーク市の建物法により、7階建て以上の階に非常出口が2つ必要とされたからである。また建物を低層にすることは建築面積の増加につながり、乏しい地盤状態にかかる基礎工事のコストを引き上げることになった。それは同時に、屋根や廊下、地下室の面積の増加も意味した。つまり、6階建ては理想的な高さであると考えられた。レッド・フックでの唯一の革新はコスト削減であった。最終的なコストは一部屋あたり1,137ドルであり、米国ハウジング法の限度額をかなり下回っていた。それまでの革新的な慈善プロジェクトは、常にハウジング水準の向上を目指すものであった。しかしレッド・フックをもって、その後20年間のニューヨーク市の慈善ハウジングではこの傾向が逆転するのである。

レッド・フック・ハウスの直後に建てられたクイーンズブリッジ・ハウスは、ウィリアム・F・バラード、ヘンリー・S・チャーチル、フレデリック・G・フロスト、バーネット・C・ターナーの設計により、1940年、クイーンズのヴァーノン・ブルバードに完成した。全3,149戸を収容し、一部屋あたり1,044ドルという建設費は、レッド・フックよりもさらに8％低かった。[97] ウィリアムスバーグやレッド・フックと同様、フレデリック・アッカーマンとNYCHAの技術スタッフが初期の敷地計画に影響を及ぼしていた。[98] 3－4階建てが用いられ（fig.7.32）、最終案と比較すると公共空間の扱いはより構成的で階層的であった。最終案は主にY字形の建物が反復するものであった。

Y字形の望ましい点は、それまでのT字形よりもファサードの面積が大きく、ひとつのエレベーターコアの周りに出来る部屋数を増しながらも十

7.30 ウィリアム・F・ドミニック。W・T・マカーシー、ウィリアム・I・ホハウザー、エレクタス・D・リッチフィールド、ジェイコブ・モスコヴィッツとエドウィン・J・ロビン。主導者はアルフレッド・E・プアー。レッドフック・ハウスの最終敷地配置図（1939年）。NYCHAによる初期案と比較すると、形式性と建物間の連結性が薄れている。

政府の援助と干渉　　287

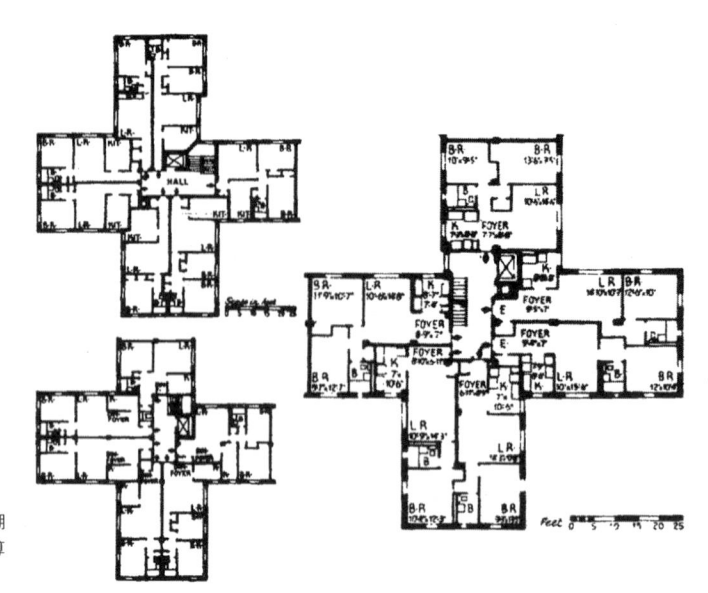

7.31 レッドフック・ハウスの初期平面図と最終平面図。USHA の予算削減による設計変更が見られる。

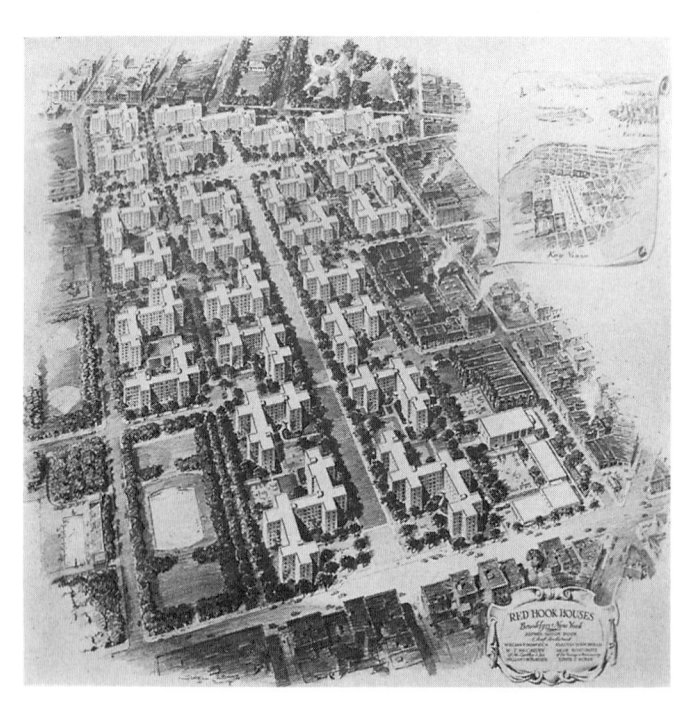

レッド・フック・ハウス。

分な採光を確保出来たからである（fig.7.33）。しかし Y 字形の建物がつくる敷地との関係は、多少困惑を伴った。Y 字のシステムでは、どの道路から見ても建物が面する角度は 6 種類もあった。クイーンズブリッジ・ハウスの敷地計画は、従来のテナメントの形と比較して、低建蔽率と非直角の

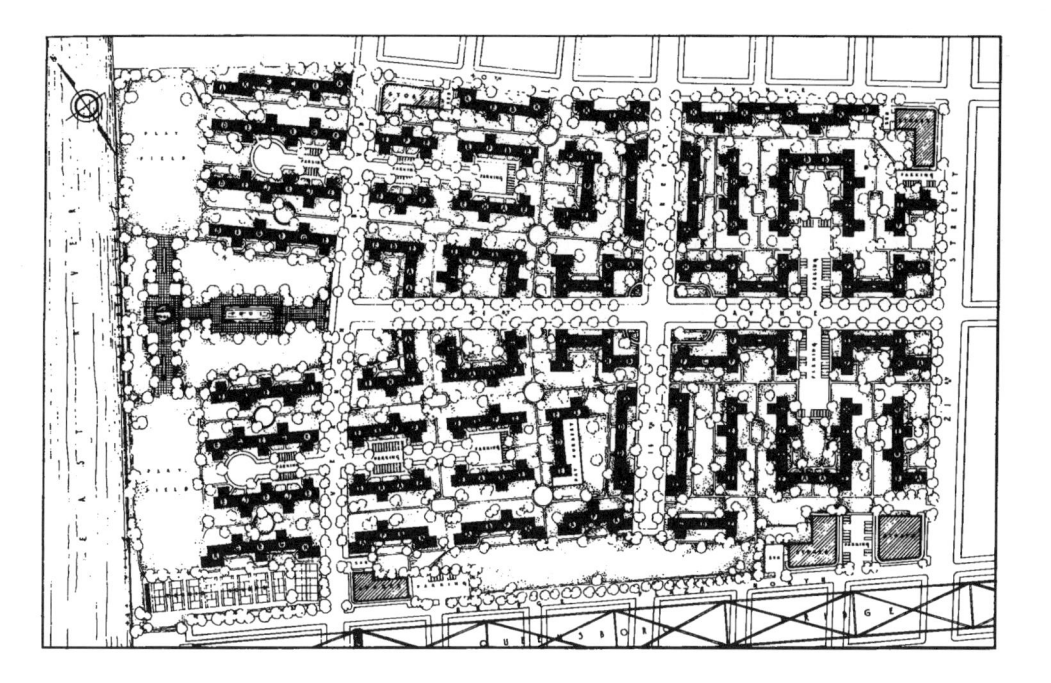

幾何学において新しい大胆なイメージを示していた（fig.7.34）。しかし結局はこの革命的幾何学は、より保守的に計画されたウィリアムスバーグ・ハウスと同様、説得力のあるものではなかった。

1940年には、NYCHAによるヴラデック・シティ・ハウスが完成している。初めての自治体出資による、全240戸のハウジングは、より大規模な連邦政府プロジェクト、ヴラデック・ハウスの一部を構成していた。[*99]論争の的となったラトガーズ・タウン用地の一部を占めたヴラデック・ハウスは、その後ロウアー・イースト・サイドの過去の情景を根絶してゆく、政府プロジェクトの最初の事例となった。シュレーヴ・ラム・アンド・ハーモンのリッチモンド・H・シュレーヴの指揮のもと、ウィリアム・F・R・バラードとシルヴァン・ビーンから成る設計グループは、建物のヴォリュームをツァイレンバウ形式で構成した。しかしその並べ方は幾分折衷的であり、バラック型の線はノコギリの形状によって分断されていた（fig.7.35）。それでも、日光の方向を考慮すると、この配置はやはりシュレーヴが参加していたウィリアムスバーグ・ハウスの敷地計画よりも理にかなっていた。ウィリアムスバーグとヴラデックのプロジェクトは、当時の公営ハウジングの敷地構成に対するの2つの典型を表しており、それらは中心を持つクラスター形式と直線型のバラック形式であった。

7.32　フレデリック・アッカーマンとNYCHA技術スタッフ。クイーンズブリッジ・ハウスの初期設計案（1936年）。中央軸とガーデン・アパートメントの多様な形態が見られる。各棟は3－4層に限られていた。

政府の援助と干渉　289

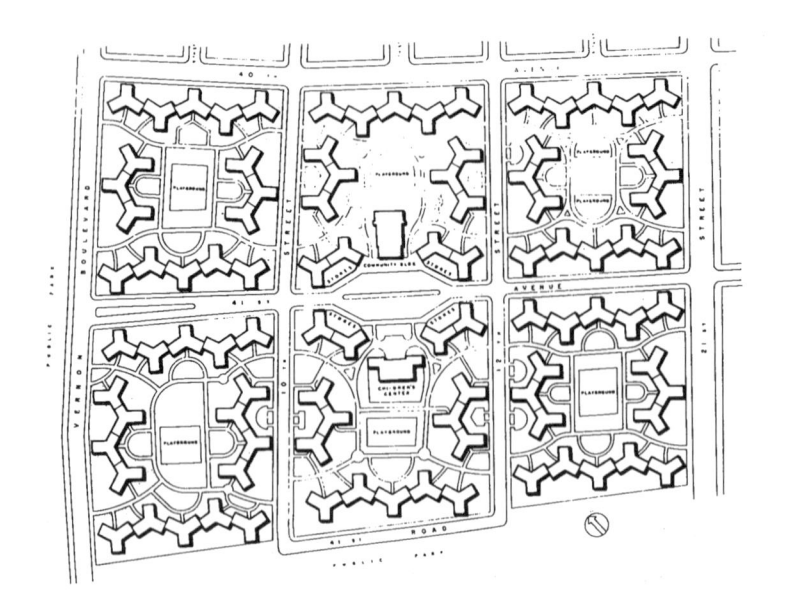

7.33　ウィリアム・F・バラード、ヘンリー・S・チャーチル、フレドリック・G・フロストとバーネット・C・ターナー。クイーンズブリッジ・ハウスの最終案（1940年）。6層のY字形をしたユニットは、道路と庭園に空間的特徴が生まれることはなかった。

7. ル・コルビュジェのマンハッタン・メガブロック計画。イーストリバー・ハウス：市内初のUSHA助成による高層タワー開発

　1941年までは、NYCHAは地価が安い用地を選択することで低層建物の高い建設コストを相殺し、高層ハウジングの建設を避けてきた。この方針は、低層建物が非現実的な場合以外の高層建物の採用を禁じた1937年米国ハウジング法に沿っていた。地盤耐力の問題により、レッド・フックの土地の価格は低いものであった。サウス・ジャマイカ・ハウスと、クレイソン・ポイント・ガーデンズは、それぞれ1940年と1941年に完成しているが、外郭行政区に位置したため、やはり地価が安かった。ここでは半ツァイレンバウ風の敷地計画を適用することでさらにコストが抑えられた。ブロンクスのクレイソン・ポイント・ガーデンズはヨーク・アンド・ソイヤー、エイマー・エンブリー2世とバートン・アンド・ボームによる設計で、2階建て、建蔽率は20.8％であった（fig.7.36）。完成の式典に出席した、USHA局長、ネイサン・シュトラウスは、「私は常に、男女の大人は密集した高い建物に住むべきではなく、子供たちも6階、8階や10階建ての建物に押し込められるよりも、今我々の前にあるような環境の中で育ったほうが、幸せで健康な子供時代が送れるであろう、と信じてきた」と宣言した。[*100]

　このような低層ハウジングの共鳴への広まりにもかかわらず、異なる秩序に基づく美学的、社会的、経済的な議論が、高層デザインの概念を後押ししていた。1935年にニューヨークを訪れたル・コルビュジェは、様々な観察を開花させ、マンハッタンを彼自身の「公園の中の都市」のイメージに変容させることを提唱した。ル・コルビュジェは「超高層ビルが

7.34 クイーンズブリッジ・ハウス。マンハッタン方向を望む。敷地の幾何学により、周辺地区から唐突に分断された様子。

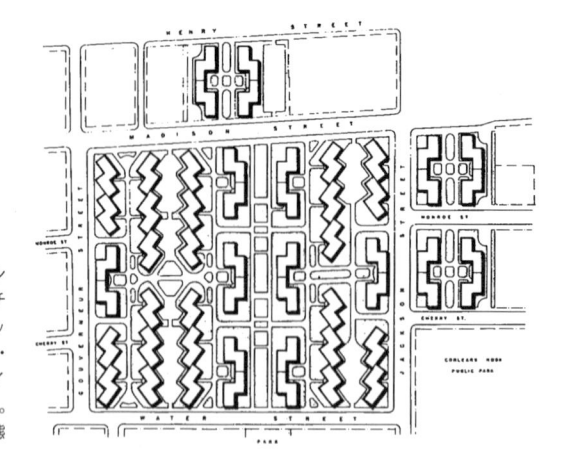

7.35 ウィリアム・F・バラードとシルヴァン・ビーン。主導者はリッチモンド・H・シュレーヴ。ヴラデック・ハウスとヴラデック・シティ・ハウス（ロウアー・イースト・サイド、コルリアーズ・フック、1940年）。ツァイレンバウ計画をずらした形態

7.36 ヨーク・アンド・ソイヤー、エイマー・エンブリー2世とバートン・アンド・ボーム。クレイソン・ポイント・ガーデンズ配置図（1941年）。ニューヨーク市で実現した、低層、低密度の公共ハウジングとしては数少ないプロジェクト。いずれも二層のみで、半ツァイレンバウ的な敷地計画を採用した。

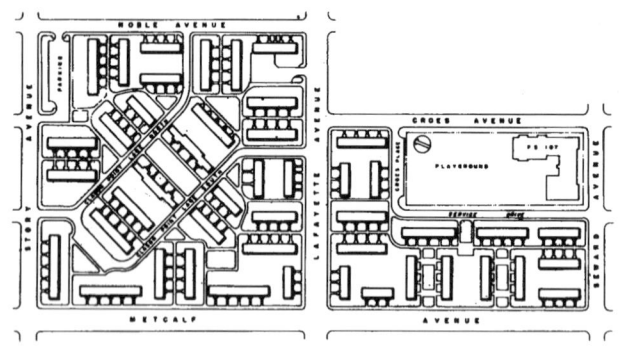

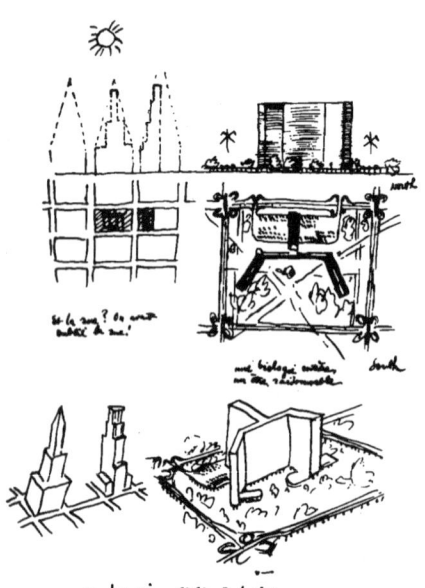

7.37 ル・コルビュジェ。マンハッタン碁盤目街区のメガブロック再編案。「公園都市」のイメージを採用（左）。1935年のニューヨーク来訪後の描写。

小さすぎる」として、マンハッタンの街区をメガブロックに再編成するスケッチを描いた。巨大で形式的に理想化された超高層ビルが中央に配置され、周辺は連続する緑地公園で囲まれていた（fig.7.37）。ル・コルビュジエは1937年に自身の批評と未来像を『伽藍が白かったとき』(Quand les cathedrals etaient blanches) *101 の中で概説している。この本は公園の中の都市に威光と地位を添えていた。『ニューリパブリック』誌の1938年4月号に掲載された風刺漫画には、貧民も海軍と同等の先進技術を手にする権利があるとして、高層タワーに託された理想が表現されていた（fig.7.38）。

　ニューヨークの慈善ハウジングの歴史において、最初の高層プロジェクトは、イーストリバー・ハウスであり、市の5番目のUSHA援助によるプロジェクトとして1941年に完成した。敷地はイースト・ハーレムのスラム・クリアランス地域である東102－105丁目とイーストリバー・ドライブに囲まれていた。*102　設計チームはペリー・コーク・スミスを主任建築家とし、ヴォーレーズ、ウォーカー、フォーリー・アンド・スミス、アルフレッド・イーストン・プアー、C・W・シュルーシングから構成され、全員が低家賃の公営ハウジングの経験を積んでいた。敷地は2本の道路が完全に撤去されたひとつのスーパーブロックであった。マンハッタンの碁盤街区から45度ずれた建物の配置に対して、機能的な説明はなく、日光の向きとも関係がないようであった。選ばれた角度は美学上の選択であり、隣接するロバート・モーゼスによる市立公園の形状が、川岸に向かって広く開く台形をしていたからであった。その後、イーストリバーを横断する歩道橋が架けられ、公園はワード島に連結されることになった。イーストリバー・ハウスの敷地計画では、2種類の形態が検討され、6階建てと6－11階建ての混合であった（fig.7.39）。混合案は6階建てのみの場合と比較して、ほぼ同じ住戸数（竣工時は1,170戸）であったが建設費は3％

7.38　ニューリパブリック誌に掲載された風刺画（1938年）。低家賃ハウジング分野の発展の欠如を批判し、造船技術の発展と対照。

7.39　ヴォーレーズ、ウォーカー、フォーリー・アンド・スミス、アルフレッド・イーストン・プアー、C・W・シュルーシング。主導者はペリー・コーク・スミス。イーストリバー・ハウスの初期配置図（A）と最終配置図（B）。低層のツァイレンバウ形式から、高層のコアと低層の組み合わせへ変化している。

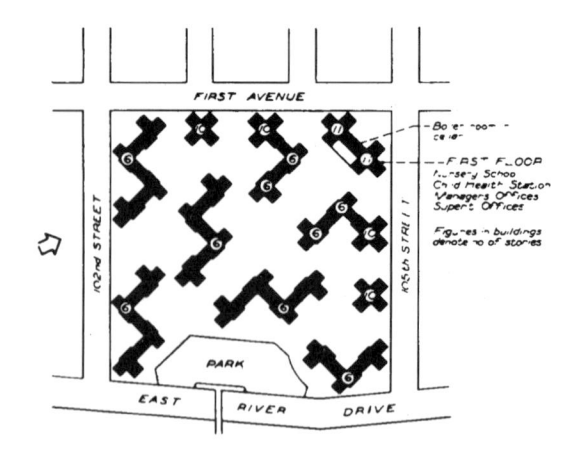

SCHEME "A" (THE ONE ADOPTED)

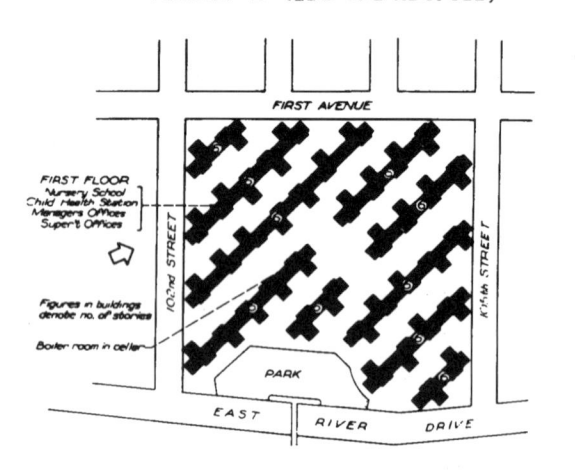

SCHEME "B" (THE ONE REJECTED)

7.40 イーストリバー・ハウス航空写真（1941年）。ニューヨーク市で初めての高層公営ハウジング。

安くついた。しかし両案の差が比較的小さかったのは、混合案の28棟のうち、高層棟が6棟しかなかったためで、全棟が高層であれば、その差はさらに開いたであろう。イーストリバー・ハウスの完成とともに、貧民が高層に住むべきでないという、それまでの何十年にわたって続いた偏見は、コストの現実を証左に覆されたのである（fig.7.40）。

イーストリバー・ハウスに始まる、新しい高層ハウジングは、イースト・ハーレムにおける唯一の政府助成による開発モデルとなった。マンハッタン開発委員会（Manhattan Development Committee）が1945年に発表した報告書には、公園的環境における高層タワーの範囲が示されている（fig.7.41）。[103] 1950年には、次の高層プロジェクトが既に完成しており、ロバート・モーゼス率いるスラム除去市長委員会（Mayor's Committee on Slum Clearance）は、続く4つの用地を明らかにしただけでなく、残る全

7.41 イースト・ハーレム地図（1950年）。その時点までに計画された高層公営プロジェクトが記録されている。

区域の取り壊しを予定していた。[*104] 将来的には、さらに13の用地が開発され、そのうちの4つはNYCHAによるものであった。今日のイースト・ハーレムの約3分の1に及ぶ範囲は戦後の政府助成によるハウジングが占めており、そのほとんどが「公園の中のタワー」のイメージに沿って設計されたものである。ロウアー・イースト・サイドでも同様のシナリオに沿って開発が進み、1950年代末には、テナメントは「公園の中のタワー」の集積によって置き換えられていた。

**The Pathology
of Public Housing**

第8章

公営ハウジングの病理

　第2次大戦は米国政府にハウジング生産の活性化への対応を強いることになる。しかし第1次大戦の時と異なったのは、戦中から戦後にかけての政府介入は、連邦住宅局（Federal Housing Administration, FHA）の抵当権保証や米国住宅公社（USHA）による包括的な政策など、確立された社会ハウジングプログラムに後押しされていた点であった。当初、現行する政府主導のハウジング活動は留保されていたが、1940年には、連邦議会がUSHAの資金を国防関係者用ハウジングに充当することを認可している。1941年には、全国住宅法（National Housing Act）に第4項＝タイトルIVが追加され、国防分野において新住宅を供給する建設業者に、惜しみない抵当保険を認めた。タイトルIVが1947年12月に削除されるまで、全国には962,000戸の新住戸が建設され、さらに1941年のラーナム法（Lanham Act）は、国防関係者を対象に、一時的あるいは恒久的な住居を建設する特別資金を提供することになる。同法のもとで1947年の12月までに945,000戸が供給された。1941年に設立された国防住宅調整部門（Division of Defense Housing Coordination）は、政府の国防住宅活動を調整する機関であった。1942年、ルーズヴェルト大統領の行政命令により、複数の政府住宅機関が全国住宅局のもとに統合される。[*1]

1. 建築界に生まれた社会意識と専門機関。亡命者たちによる貢献

　建築家の姿勢と関心は、大恐慌から第2次大戦時にかけて大幅に変化した。1920年代の繁栄がもたらした膨大な建設活動は、1929年の市場暴落によって突如停止し、続く5年間、建築活動はほとんど存在しなかった。建築家が困窮を極めたこの時期、前例のない規模で専門家への社会援助が始まる。1931年には、ニューヨークにおいて建築家緊急雇用委員会が組織され、打撃を受けた民間業界の範囲外で仕事の斡旋を行い、その活動は

危機期が過ぎ去るまで続いた。*4

　類似する機関は、フィラデルフィア、ボストン、クリーブランドなど、他の都市でも設立されていた。米国建築家協会（AIA）は1931年の年次総会において、連邦機関による建築家の雇用を求めるロビー活動を認めている。政府による対応はニューディール政策に他ならなかった。*5　とりわけ若い世代の建築家たちは、ニューディールの社会的建前を支持する以外に術はなく、その機能主義的な公共事業に合わせた設計活動にいそしむことになる。経済的惨事と、市民の苦痛、先の見えないヨーロッパでのファシズム台頭に挟まれて、建築の職能は根本的に新しい社会意識の形成を必要としていた。こうして現存する業界の制度に疑問を抱き始めた建築家によって、在来のものに代わる建築組織や出版物、教育機関が出現するようになった。

　『シェルター』誌は、フィラデルフィアのT－スクエア・クラブの地域発行物として1932年に発刊された。1933年に一時中断したものの、1938－39年に再刊し、主流の建築メディアに現れ始めた、新しい近代主義的な作品を紹介する傍ら、建築に関する社会問題を取り上げた。また、AIAに続く職業団体として、建築家・技師・化学者・技術者連盟（Federation of Architects, Engineers, Chemists and Technicians, FAECT）が1933年に設立された。FAECTの役割の一つは、建築家や製図工の労働組合として機能することであった。会員は主に労働者であり、管理職はそれまで通りにAIAを支持した。建築業界で労働者がこれほどの発言権を得たのは、この時期が最初で最後であった。FAECTは産業別組織会議（Congress of Industrial Organizations, CIO）に属していたため、社会主義的な傾向が特色であった。1934年から1938年の間、CIOは『テクニカル・アメリカ』という雑誌を発行し、建築の問題に多くのページを割いた。建築教育界も同様に揺れ動いていた。新しい課程がコロンビア大学のジョセフ・ハドナットによって開始された。教育内容はボザールの前例から大幅に変更され、ヘンリー・ライトやキャロル・アロノヴィチの指導によるハウジングのプログラムなどが含まれていた。*6

　労働組合は多くの場合、1930年代の建築文化に織り込まれた、興味深い政治活動の源泉であった。その中でもFAECTは最も影響力があり、建築労働者の声となって、短いながらも熱烈な時期を支配した。戦争は労働機構の建築的関心を散逸させる傾向にあり、戦後になると、業界独特の政治経済により、各機構は沈黙するようになった。しかし『テクニカル・アメリカ』誌に記載された論点の多くは建築の職能にあったことに変わりはない。例えば、建築業界の低所得層への開放や、ますます審査が厳密化する免許制度、そして学術的な建築教育の本質の変化などであった。設計事務所の労働環境も批判の的となり、特に若い建築家の経済的搾取という明白な問題が取り上げられた。建築家すなわちビジネスマンと、無名の設計

製図工という二項対立のテーマも繰り返し取り上げられた。定評のある建築雑誌に対する見解も、常にユーモアと怒りの両方が込められた。同じ論点の多くは、ニューヨークで1936年に発足した専門家組織、米国シェルター設計者協会（Designers of Shelter in America, DSA）の主題でもあった。DSA は従来の裕福な個人パトロンといった顧客ではなく、一般市民の福利を第一の関心としていた。さらに DSA は「様式」の問題は近代主義やその他に関わりなく、目的と機能の問題に比べれば二次的であるとした。[11]

　1930年代も終わりに近づくと、米国の建築家たちの進歩的な思考と活動は、ファシズムを逃れて移住してきたヨーロッパ人によって、さらに強化されることになる。その中でも著名な人々は大学職に招かれ、計り知れないほどの影響をもたらした。1937年にシカゴの新バウハウスを創始したラズロ・モホリ・ナギや、同年ハーバード大学にいたワルター・グロピウスとマルセル・ブロイヤー、1938年のシカゴのアーマー・インスティチュート（後のイリノイ工科大学）のルートヴィッヒ・ミース・ファン・デル・ローエ、ラドウィグ・ヒルバーシャイマー、そして1942年のブルックリン・カレッジにいたセルジュ・シェマイエフ（後に1947年にはシカゴの新バウハウスに移る）などによって、画期的なデザイン教育が実施された。[12] ホセ・ルイス・セルトも、イェール大学の影響力のある客員教授であった。

　このヨーロッパからの流入によって、アメリカの行動主義は、さもなければ見出されることのなかった方向に向かっていった。30年前のヨーロッパでの建築革命に決定的な役割を果たしたワルター・グロピウスは、アメリカ建築にも多大なる影響をもたらした。米国の進歩派たちは、彼の考えを即時に受け入れた。例えば、ジョセフ・ハドナットは1935年にコロンビア大学を辞してハーバード大学に転任していたが、自身の考え方が、1937年に採用したグロピウスの影に隠れてしまったという認識があった。コロンビア時代のハドナットが行った課程は着眼点が異なり、後にハーバードで展開されたプログラムと同等に面白い可能性があっただけに、それが衰退してしまったことは残念であった。振り返ってみて、ヨーロッパ人の支配的影響力にもし問題があったとしても、当時の米国とヨーロッパの運動の一体化は、その後アメリカ建築に起こりうる変化に対して、無限の楽観論を築いたのであった。時を違えず、1938年には、バウハウスへの儀礼的祝福とも言える、大規模な回顧展『バウハウス 1919 − 1928』がニューヨーク近代美術館で開催された。[13]

　建築における一連の進歩的活動は、1940年代になると大きくなる一方であった。1940年にサンフランシスコで形成されたグループ、テレシスは、建築の社会との関係に関する問題を研究し、公表することを目的としていた。[14] 1941年にはハーバード大学で雑誌『タスク』が発刊され、

『シェルター』誌が取り上げた論点の多くを引き継いだ。同時期のニューヨークでは新しい機構が幾つか発足している。建築家委員会が、ソビエトーアメリカ友好全国評議会（National Council of Soviet-American Friendship）と、芸術科学専門界委員会（Committee of the Arts, Science, and Profession）それぞれの下に設立された。どちらも、広範囲にわたる進歩的な政治主張に従って行動した。近代建築国際会議（Congrès internationaux d'architecture moderne, CIAM）のアメリカ部門も、ニューヨークとボストンに設立された。[*15] 1928年に設立されたCIAMは、ヨーロッパにおける近代主義論争を統合する役割を担っていた。[*16] さらにはAIAニューヨーク支部や、ニューヨーク建築連盟（Architectural League of New York）、『アーキテクチュラル・フォーラム』誌のような定評のある専門誌までが、より前衛的な姿勢をとるようになっていった。

これらのうち、短命ではあったが名高い専門機構は、米国プランナー・建築家協会（American Society of Planners and Architects, ASPA）である。ニューヨークで1944年に設立されたASPAは、その後ボストン、フィラデルフィアとワシントンに支部を置き、精選された70人の建築家と理論家は、1950年代の米国建築の方向を決定づけた。4年にわたる活動期間中に執行役員を務めたのは、セルジュ・シェマイエフ、ウォルター・グロピウス、ジョージ・ハウ、ルイス・カーン、カール・コッホ・ジュニア、オスカー・ストノロフ、ヒュー・スタビンス・ジュニアなどであった。会員の中には、アルフレッド・H・バー・ジュニア、マルセル・ブロイヤー、ゴードン・バンシャフト、ウォーレス・K・ハリソン、ヘンリー・ラッセル・ヒッチコック、ジョン・M・ヨハンセン、フィリップ・ジョンソン、エドガー・カウフマン・ジュニア、リチャード・ノイトラ、I・M・ペイ、ホセ・ルイ・セルト、エーロ・サーリネン、そしてコンラッド・ワクスマンなどの名前が見られた。その会員たちは、以前の労働機構を支えた時給制の労働者ではなく、次世代の建築家兼管理職層を代表していた。ASPAの出版物も、アーバニズムへの傾倒を表し、建築における美学、経済、技術と社会学の統合の必要性を強調したのであった。[*17]

2. 戦後の保守主義と経済順応主義：郊外住宅という理想

第2次大戦直後には、それまでの進歩的建築活動にもかかわらず、建築界には圧倒的な保守主義の波が押し寄せていた。建築家たちは、大恐慌から戦時中にかけて政府と産業界が扇動した、米国アーバニズムの大改良と、それに伴う安価な一戸建て住宅の問題に抵抗する力を失っていた。長年の困窮に耐えてきた建築家にとって、戦後景気の到来は見えないニンジンが目の前にぶら下げられたも同然であった。さらに重要であったのは、この景気は、問題が深刻化する都市部ではなく、未開の郊外を舞台とするであろうという共通の認識であった。郊外の発展に不可欠な道路基盤は、ニュー

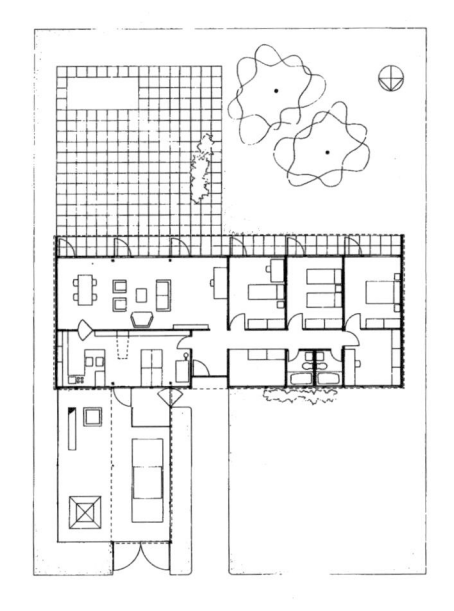

8.1 フィリップ・ジョンソン。郊外の「夢の住宅」(レディーズ・ホーム・ジャーナル誌、1945年)。同年ニューヨーク近代美術館で開催された「明日の小住宅」展に出展。

ディールの公共事業プログラムによって整備が進み、戦後には工業生産の組織化が最優先された。その典型は、家庭電化製品の最大手であるGE社であった。真珠湾前の1941年という早い時期から、GE社はすでに第2次世界大戦後の生産拡大戦略、すなわち戦時中の軍需生産で拡大した生産力を、新しい消費文化に投入する計画を描いていたのである。[*18]

戦時中の政府と産業界は、郊外住宅を遠征中の軍人の家族用として宣伝した。1944年から46年にかけて、若手建築家による「夢の住宅」が『レディース・ホーム・ジャーナル』誌に連載され、[*19] その一部は1945年に近代美術館の『明日の小住宅』展で紹介された。出展したフランク・ロイド・ライトは、長年にわたり同誌上で一戸建て住宅の理想を提唱していた。ライトの「ブロードエーカー・シティ」の理想は、政府や産業界のプランナーが描く都市未来像と大幅に重複していた。[*20] 他の出展作品に目新しいものはなかった。すべては慎ましく、フィリップ・ジョンソンの出展作品に対する「邸宅の縮小版ではなく、簡潔に定義された小さな家」という説明に最も的確に表現されている (fig.8.1)。[*21] いずれの作品も、ガラス壁や車庫、そしてFHAの抵当権承認の条件であったデザインの簡潔さを強調していた。1949年には『レディース・ホーム・ジャーナル』誌が続編として、実際に建てられた夢の家を発表している。[*22] ここで紹介された建築家の多くは1950年代に建築界を独占していく人々である。1950年代になると、ASPAや他の進歩的な団体や活動は既に姿を消していた。職業的保守主義の波は、明らかに建築家のハウジングの設計と生産への姿勢にも影響したのである。かつて社会ハウジングの供給は、都市環境一般の改善とともに、組合やその他の専門機構にとって第一の政治課題であった。

公営ハウジングの病理　303

しかし、ASPA の旧メンバーたちは、有力な営利業務に落ち着いたか、注目を集める教育の場についており、ブロイヤー、グロピウス、セルトがヨーロッパでの経験を米国の状況に適応させる一方、ペイやバンシャフトは「国際様式」建築を大量生産していた。国際様式から長らく離れていたジョンソンは折衷主義の波を進み、サーリネンとカーンはより個人的な表現としての技巧を発展させていった。1930 年代のイギリス建築界を代表したシェマイエフだけが米国市場を拒絶、1954 年には AIA を脱会し、生涯を通じて教育と研究に専念した。1963 年に彼が発表した『コミュニティとプライヴァシー』（Community and Privacy）は、現在でも 1950 年代の郊外住宅への決定的な建築批評として残っている。[*23]

3. 報奨に基づく中産階級ハウジング供給と保険会社の役割

　大恐慌が終わりに近づいても、ニューヨークの住宅生産を取り巻く経済状況では、郊外の住宅に対抗し得る都市型中産階級ハウジングを、民間部門により供給することは、明らかに不可能であった。この事態を受けて、1938 年を皮切りに都市部の中間所得層ハウジングに対して経済的報奨が適用され、低－中所得層間の受益差が次第に小さくなっていく。報奨の範囲は、より直接的な政府の介入と、民間事業への適用の複雑化を伴い、ますます拡大していった。低所得層を対象とした時と同様、中産階級を対象とした政府の慈善プログラムは市内のハウジングデザインへの姿勢を形づくることになる。1950 年には、郊外住宅に代わる都市での選択肢が再形成されていた。

　州議会は第一歩として、ニューヨーク州保険法を 1938 年に一時的に改正し、適度な家賃価格帯にあるハウジングへの、生命保険会社による直接投資を認めた。1922 年法と同様、同法はメトロポリタン生命保険会社の事前交渉後に成立した。[*24]　しかし家賃の上限は規定されず、その利点は税金控除の欠如によってわずかに減じただけであった。その結果、メトロポリタン生命保険はニューヨーク市内に 4 つのプロジェクトに着手し、供給戸数は 25,000 戸を数えた。これらはパークチェスター、スタイヴェサント・タウン、ピーター・クーパー・ヴィレッジ、リバートンである。[*25] わずかに遅れて、エクイタブル生命保険とニューヨーク生命保険も市内のハウジング計画に着手した。これら保険会社によるプロジェクトは都市の中所得層ハウジングの重要な先例をつくった。それまでの革新的な中所得層ハウジングは、低所得層を対象とする慈善ハウジングとは物理的に異なるものであったが、どちらのハウジング・グループも高層タワーにその方向性を一致させていくようになった。

　パークチェスターは保険会社による最初で最大のハウジングとしてブロンクスのホワイト・プレインズ通りに 1940 年に竣工した。設計チームを率いたリッチモンド・H・シュレーヴは、ウィリアムスバーグ・ハウス

（fig.7.11 − fig.7.12 参照）の主任設計者でもあった。51 棟の高層建築から構成され、総戸数は 12,273 戸、居住人口は 42,000 人であった。[*26] 完成した配置計画をゾーニング上許容される最大規模の開発と比較すると、このプロジェクトがニューヨーク市で「公園の中のタワー」のイメージに最も近づいた実例であることがわかる（fig.8.2）。1 エーカーあたり 320 人という人口密度は、許容密度の約半分であった。建蔽率は 27.4%であり、建物の高さは 7 − 13 階建て、各棟は複数のコアタイプを複合していた（fig.8.3）。開発地区からミッドタウンまでの地下鉄の便は悪く、通勤者用に特別バスが準備された。中規模都市に相当するパークチェスターは、独自の商店や施設を備え、地理的だけでなく、文化的にも自立することが意図された。中産階級の新しい文化的包領＝エンクレーヴ (enclave) として、多くの住民が流出していた都心部の不安定さから十分な距離をおいたパークチェスターは、戦後あらゆる中産階級ハウジングにおいて強調されることになる、大衆の孤立化の前兆であった。

　スタイヴェサント・タウンはより都会的なエンクレーヴである。ロバート・モーゼスの強力な指揮により、ロウアー・イースト・サイドの東 14 丁目から 20 丁目の 18 の街区が一掃され、ブルドーザー手法と呼ばれる都市再生が初めて実行された例であった。モーゼスはさらに隣接する土地も一掃し、高所得者を対象とした、ピーター・クーパー・ヴィレッジが建設されることになる。[*27] スタイヴェサント・タウンは 35 棟の 13 階建ての建物で構成され、8,755 戸に 24,000 人が居住した。建蔽率は 23%であった。[*28] パークチェスターと同様、チームによって設計され、主任設計者はギルモア・D・クラークであった。各タワーの平面は、複数のコアユニットが単一の大きなブロックに統合されたもので、敷地計画では不必要な侵入に対する最大限の対策がとられた（fig.8.4）。煉瓦壁と低層の商業、駐車施設によって開発区域全体が囲まれ、歩行者と車両のアクセスは 8 カ所の出入り口に限られた。マンハッタンの基盤街区は完全に姿を消し、内側のオープンスペースは十分に整備された。中央の芝生には歩行道路によって「スタイヴェサント・オーバル」が形取られ、警備ブースが設置された。この一点監視的（panoptic）な建物配置によって、中心から敷地の大部分を見渡すことができた。「公園の中のタワー」は、内側、外側からを問わず、管理面において利点を持っていたのである。

　スタイヴェサントの用地取得は 1940 年代初頭に既に開始されていたが、戦時中、計画は中断され、ようやく完成したのは 1949 年のことであった。大々的な宣伝により、1948 年までに 20 万通の入居希望応募が受理された。各住戸は中間所得層を対象としたマンハッタンの市場としては魅力的な価格であったが、そのデザインと空間水準は公営ハウジングと同等であるか、あるいは劣っていた。2 寝室アパートメントを公営ハウジングであるイーストリバー・ハウスと比較してみるとスタイヴェサント・タウンの家賃は

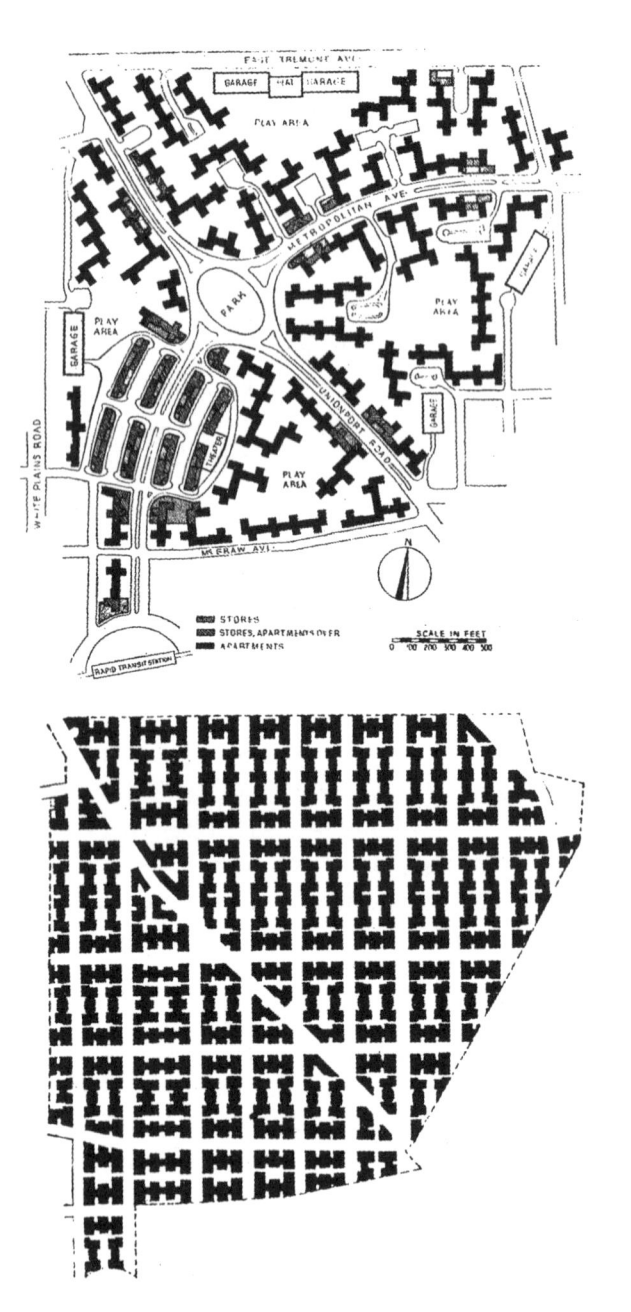

8.2 ギルモア・D・クラーク、アーウィン・クラヴィン、ロバート・W・ダウリング、アンドリュー・J・イーケン、ジョージ・ゴア、ヘンリー・C・メイヤー・ジュニア。リッチモンド・H・シュレーヴ総指揮。パークチェスター（1940年）。メトロポリタン生命による「公園の中のタワー」。ブロンクス郊外。(A) 12,273戸の最終配置図 (B) 建設可能な最高建蔽率と密度（24,800戸）を適用した仮定的配置図。

2倍であったにもかかわらず、その平面構成は明らかに劣っていた（fig.8.5）。また公営高層ハウジングと対照的な点はオープンスペースの解釈にあった。中産階級のスタイヴェサント・タウンの公園は、1880年代以来、ニューヨークの富裕層の象徴であった城砦としてのタワーを単に強調しただけで

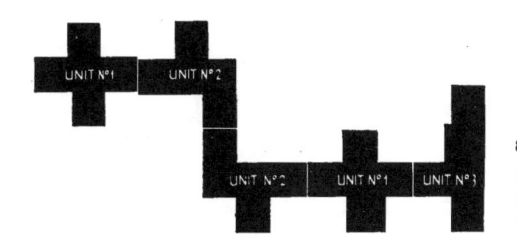

8.3 パークチェスター、ブロックプラン（1940年）。規準化された単位クラスターにより、敷地形態に見合う組み合わせが可能となる。

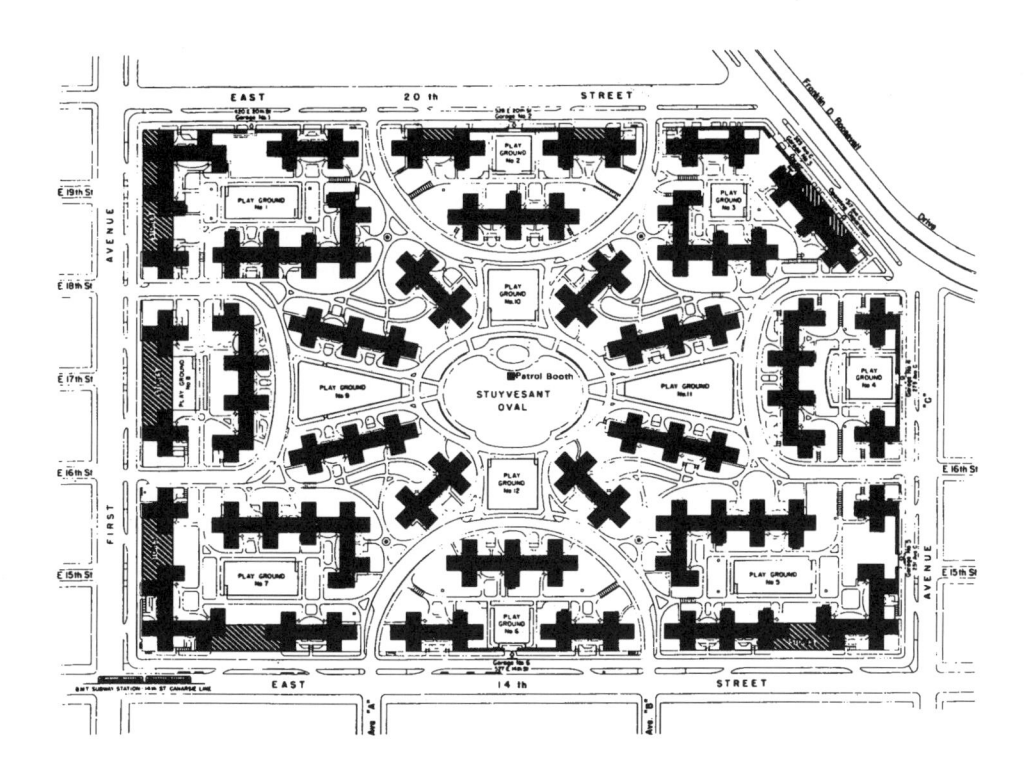

8.4 アーウィン・クラヴィン、H・F・リチャードソン、ジョージ・ゴア、アンドリュー・J・イーケン。総指揮ギルモア・D・クラーク。スタイヴェサント・タウン（1943-49年）。8,755家族が入居した「公園の中のタワー」。メトロポリタン生命保険によってロウアー・イースト・サイドに建設。一点監視システムのように配置され、中心には住民の安全を守る監視所が設けられた。入居対象は白人のみであった。

あった。この意味では公営ハウジングの公園も同様であったが、同時に安全性の否定的主張として、住民の保護ではなく、管理を象徴していた。「公園の中のタワー」は社会の類似点ではなく、むしろ差異を際立たせることで、人種と経済が不均衡であるという新しい時代を象徴したのである。

　保険会社による1940年代のプロジェクトは、その対象を明確に白人中間所得層としていた。黒人の居住が認められたのはハーレムのリバートンのみであったが、その背景にはスタイヴェサント・タウンの発足時から囁かれていた、人種差別に対する非難への対処があった。スタイヴェサント・タウンは1943年にニューヨーク市計画委員会（NYC Planning Commission）と予算委員会（NYC Board of Estimate）によって承認された時

公営ハウジングの病理　307

8.5 スタイヴェサント・タウン（左）とイーストリバー・ハウス（右）の比較。スタイヴェサント・タウンは、公営ハウジング計画の2倍の家賃であったにもかかわらず、その平面構成は劣っている。

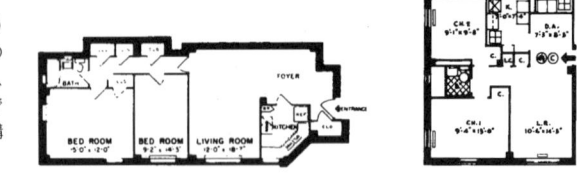

点において「人種的偏見なしにテナントは選ばれるべき」という世論の声は受け止められず、そのような保証は契約に織り込まれずに終わった。*29 スタイヴェサント・タウンが白人中産階級のエンクレーヴとなることを意図されたゆえに、メトロポリタン生命保険はリバートンを黒人用のプロジェクトとして発表せざるを得なかったのである。スタイヴェサントと同じ形状をした6棟のタワーが、ハーレムの東135－138丁目に建設された（fig.8.6）。*30 リバートンの1,200世帯が毎月払う家賃は、スタイヴェサントの一部屋あたり14ドルに対して、12.50ドルであった。リバートンは戦後文化に固有の、新たな人種差別主義の徴候であった。ジェームズ・ボールドウィンは、このプロジェクトに対するコミュニティの反応を次のように説明している。

　　ハーレムは、初めての民間プロジェクト、リバートンを手に入れた　…当時黒人たちはスタイヴェサント・タウンに住むことを許されなかったからである。つまりハーレムの人々は、精一杯の憤りを込めた眼差しでリバートンを見つめていたのであり、建設業者が到着するずっと以前からこのプロジェクトを嫌っていた。収用された住宅から人々が追い出された時点で、すでに彼らの嫌悪は表れており、

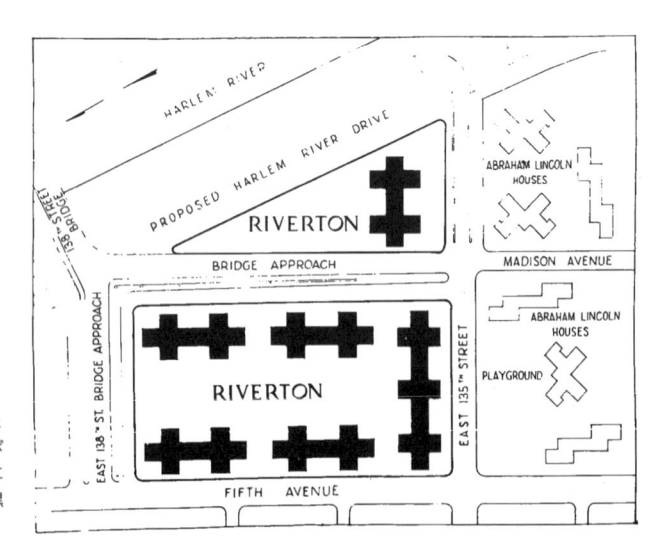

8.6 リバートン配置図。スタイヴェサントの1年後の1944年、メトロポリタン生命保険によってハーレムに着工。1,200戸から成り、入居者は黒人に限られた。

その跡地に建ったのは、いかに白人世界がいかに彼らを軽視していたかを示すさらなる証であった。*31

　1940年代の革新的な建築批評の多くは、「公園の中のタワー」というイデオロギーの米国への導入を、論点の中心としていた。スタイヴェサント・タウンが非難の的となった理由は、そのデザインだけでなく開発を取り巻く状況にあった (fig.8.7)。*32　スタイヴェサント・タウンの建設地の確保は、メトロポリタン生命保険が16.9エーカーに及ぶ公的道路用地の、無償の払い下げを受けたことを意味していた。さらにその後25年間の課税が免除されたのである。このような公的助成は、これが「民間事業」であるというロバート・モーゼスの主張と矛盾しており、モーゼスと同社を支持した『ニューヨーク・タイムズ』紙でさえも、この偽りを誠実に伝えている。*33　とりわけメトロポリタン生命保険が受け取った公的援助の規模を考慮すると、人種差別的な入居者の選別が公然と行われたことは批判者を憤慨させ、*34　後に法廷の場で争われることになる。

　スタイヴェサントの批判者は、さらにプロジェクトの規模と単調さを問題視し、家族にとって人間味ある環境が提供されているかという疑問を呈した。1948年の『ニューヨーカー』誌における、ロバート・モーゼスとルイス・マンフォードの激しいやり取りで、マンフォードは述べている。

　スタイヴェサント・タウンやジェイコブ・リース・ハウスが、開発前の古いスラムに比べてより多くの外部空間を持つことに惑わされてはならない。ここで問

ジェームズ・マッケンジー、シドニー・シュトラウス、ウォーカー・アンド・ジレット。ジェイコブ・リース・ハウス（1949年）。

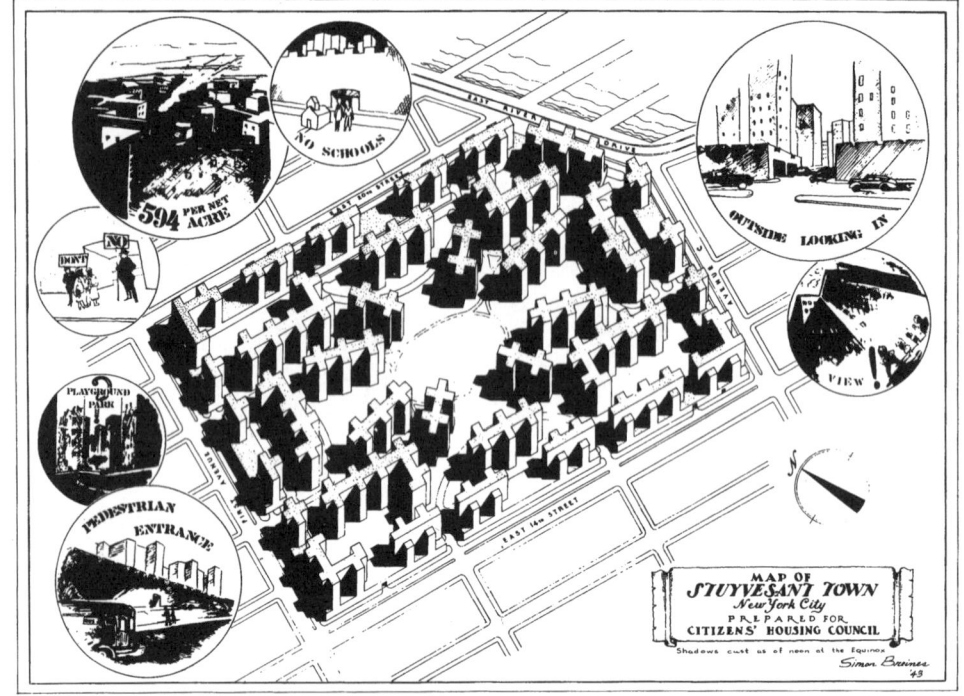

8.7 サイモン・ブラインス。スタイヴェサント・タウン分析図（1943年）。市民住宅委員会に提出された。「疑わしき特色」が列挙されている。

題なのは、単に建物が土地を覆う比率ではなく、ある範囲に詰め込まれる人の数である。ル・コルビュジェと同様、モーゼスは視覚的な外部空間を機能的（居住可能）外部空間と取り違えたのである。*35

こういった批判にもかかわらず「公園の中のタワー」構想は、住宅の大量生産に対する最も経済的な解答として普及していた。政治的状況は公営ハウジングへの適用を強要し続けたが、中所得層にとってパークチェスターやスタイヴェサント・タウンは、郊外の一戸建て住宅に対抗し得るものではなかった。とりわけ郊外ブームが始まってからは、中産階級を対象とした、スタイヴェサント・タウンのようなプロジェクトがマンハッタンに出現することはなかった。ブロンクスのパークチェスターは、1972年にコープ・シティが建設されるまで（fig.9.5参照）、外郭行政区最大の公営ハウジングであった。その頃には、ハウジング生産の経済状況は変わり、郊外への転地に翳りが見え始めていた。

スタイヴェサント・タウンとパークチェスターでは家族用のアパートメントが著しく不足していた。スタイヴェサント・タウンでは全8,755戸中、3寝室以上のアパートメントは491戸だけであり、パークチェスターでは全12,273戸中562戸という状況であった。*36 大型アパートメントを取

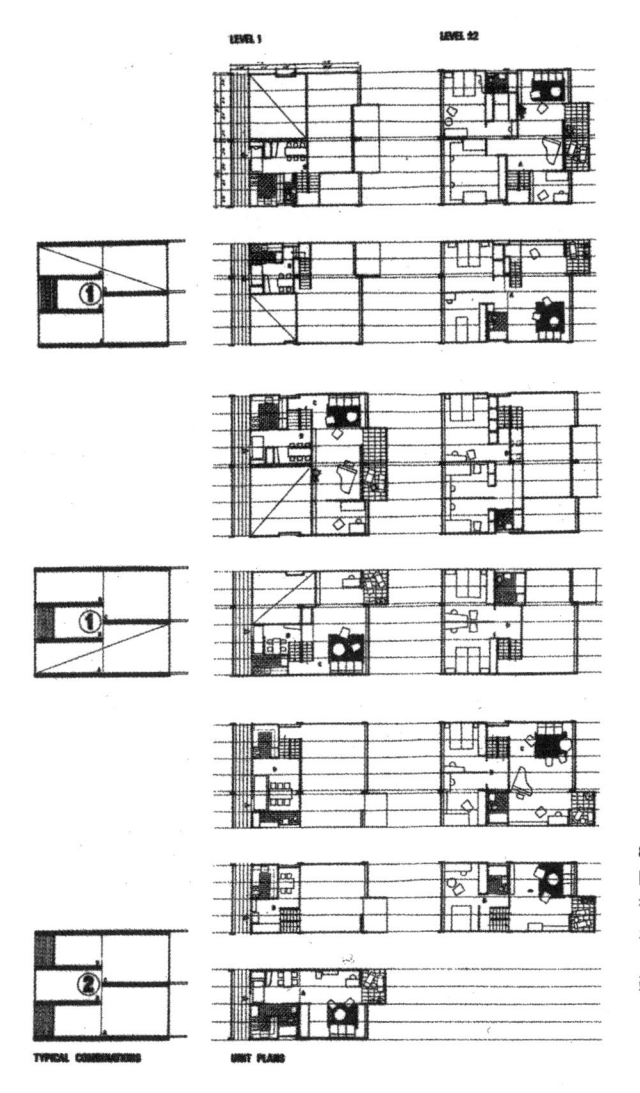

8.8 セルジュ・シェマイエフ。「公園型アパートメント研究」(1943年)。従来のスラブ・ブロックの形態に、多様な住戸プランを効率よく統合する方法を示している。ニューヨーク建築連盟にて、スタイヴェサント・タウンのデザイン発表と同時に展示された。

り入れる場合の制約はコスト以外になかった。セルジュ・シェマイエフが1943年に発表した研究は、大家族を対象とした、ギャラリーアクセス付きの1層あるいは2層のアパートメントを高層スラブ・ブロックの構造グリッドに挿入したもので、非常に効率の良い方式が示されていた（fig.8.8）。*37「パーク・タイプ・アパートメント」と称されたこの研究は、スタイヴェサント・タウンの設計発表と同時に『アーキテクチュラル・フォーラム』誌の後援により、ニューヨーク建築連盟で展示された。他の建築家たちもスタイヴェサントの提案に異議を唱えた。マルセル・ブロイヤーは同じ敷地に、比較研究と称して代替案を作成した（fig.8.9）。彼の提案は、同心円状の計画に代わって軸上に構成され、建蔽率を5％、全体の密度を20％減

公営ハウジングの病理　311

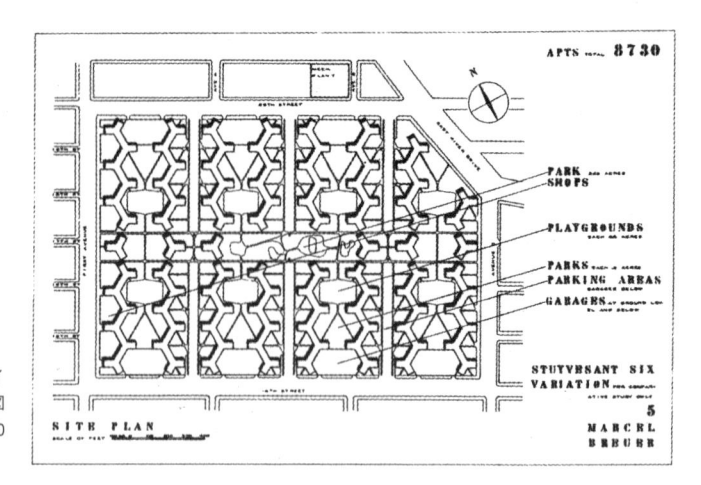

8.9 マルセル・ブロイヤー。スタイヴェサント・タウンへの代案配置図（1944年）。建蔽率と密度がともに20％削減された。

少させた。しかしスケールという面では、原案への問題提起は見られなかった。

4. 低コスト郊外開発への助成、1949年米国ハウジング法とニューヨーク市内の戦後プロジェクト「十字形」から「一線型」へ

郊外における一戸建て住宅の低コスト化は、連邦政府による多大な援助によって可能となった。その内容は、間接的には高速道路やサービス網の建設、直接的には抵当保険や税法であった。ヘンリー・アーロンがブルッキングズ研究所に提出した報告書には、第2次大戦後の政策による一戸建て住宅への援助の程度が記録されている。戦争終了時には、抵当保証を可能にするすべての仕組みが確立されていた。それはニューディール政策に始まり、1932年の連邦住宅ローン銀行システムや、1934年の連邦住宅局（FHA）によるローン保証プログラム、そして1944年の退役軍人を対象とした、住宅ローン保証プログラムであった。さらに重要であったのは所得税法であり、現在でも住宅所有者にとって利点となっている。アーロンは次のように述べている。

　　住宅所有者が投資家と同様に課税されるのであれば、仮に家を賃貸した場合の家賃を、総収入として申告する必要がある。また同時に、維持コスト、減価償却費、抵当利息と固定資産税を、収入の際の経費として控除が可能である。その差額、すなわち純家賃利益が、課税対象収入となるはずである。しかし実際には、この帰属純家賃に対して税金を払うことはなく、抵当権利息と固定資産税を総収入から控除することが認められているのである。

アーロンの計算によると、典型的な一年間（1966年）をとると、公営ハウジングを通じての貧困層への政府援助額が5億ドルであったのに対

し、所得税法を通じて、主に中流住宅所有者が受け取った恩恵は 70 億ドルにのぼった。[40] その他にも、新しい生活スタイルを支えた無数の援助が見られ、多くは自家用車の急増に対応する、道路や公共サービスの基盤づくりに集中していた。[41]

　第 2 次大戦終結時には、復員兵への優先的な住宅供給に加えて、戦後景気を見越した楽観論によって、政府の低所得者ハウジングプログラムはほぼ完全に消滅することとなった。それらを再生させる法的な努力が 1944 年に開始されたものの失敗に終わっている。同年、上院は戦後経済計画・政策特別委員会（Special Committee on Postwar Economic Planning and Policy）を設立し、ワグナー・エレンダー・タフト法案（Wagner-Ellender-Taft [WET] Bill）を起草した。WET 法案は全国住宅局（National Housing Agency）を常設し、現存する連邦住宅銀行、連邦住宅局、連邦公営住宅局を通じた運営を要求した。さらに連邦住宅銀行と連邦住宅局に、民間事業への援助増額を唱えた。連邦公営ハウジング局は、地域のニーズに重点をおいて公営ハウジングプログラムを拡充させ、とりわけハウジング研究に対する助成の増額と一体となったスラム除去へのプログラムを重視した。しかしこの法案は、1945 年に国会に提案された際に多数の反対意見を招き、その後大幅に改正され、1949 年米国ハウジング法（United States Housing Act of 1949）としてようやく通過することになる。[42]

　建築界の WET 法案に対する見解は二分されていた。保守派の意見は、戦後の景気が確実視される以上、ハウジングの自由市場に干渉する必要はないというものであり、革新派は WET 法案をハウジングプログラム拡大の機会とみなしていた。米国プランナー建築家協会（ASPA）は 1946 年 1 月に WET 法案の積極的な支持を決議したものの[43] AIA の理事会が生半可で条件的な支持を表明したのは、さらに 2 年後であった。[44] 1947 年 4 月の AIA 年次総会では、ASPA のカール・コッホが、WET 法案に対する AIA の姿勢を痛烈に非難した。コッホは第 2 次大戦後の AIA の沈黙と、政府にハウジングプログラムを求めた、第 1 次大戦後の積極的なロビー活動との対比に注意を促した。[45] ハウジング関連法案に対する AIA の姿勢の歴史的変遷をたどってみることは重要である。すなわち、新しい職能の不安定さに先導された、ダンベル型のアパートメントに対する 1879 年の「紳士協定」。安定した活発な業界として積極的に支持した 1919 年。そして保守的なエスタブリッシュメントが無関心を通した 1946 年であった。

　1946 年の低－中所得層を対象としたハウジング供給数は、経済恐慌と戦争の悪影響を反映していた。海外からの軍人復員に対する急激な住宅不足は必然的であった。連邦政府の対応は、退役軍人の緊急処置と、抵当保険プログラムの自由化の 2 つに限られたが、恩恵を受けたのは中産階級のみであった。ここで重要な立法は、1946 年退役軍人緊急ハウジング法

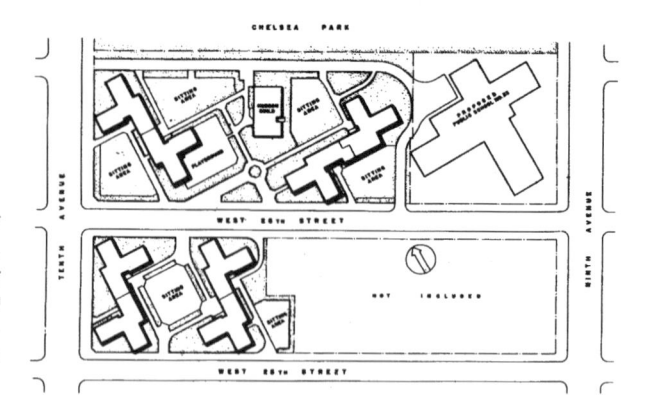

8.10 アーチボルド・マニング・ブラウン、ウィリアム・レスケイズ。エリオット・ハウス敷地配置図（1947年）。マンハッタン。第2次大戦後初の公営ハウジング計画。高層タワー（11－12層）のみで構成された、初の公営ハウジングでもある。

（Veterans' Emergency Housing Act of 1946）であり、FHA の抵当保証の権限を改正・拡張し、一戸建て住宅の建設促進をもたらした。公営ハウジングに対する同様の配慮はなく、州と市政府の自由裁量とされた。それでもニューヨーク市では、財政困難に直面しながらも、1945 年から 1950 年の間に州出資による 9 プロジェクトと、市による 12 プロジェクトが完成した。戦前にはイデオロギー上の選択肢に過ぎなかった「低コスト」は、戦後になると経済上不可欠となったのである。実際、低コストは、当時建設されたプロジェクトだけでなく、将来の公営ハウジングにも多大な影響を及ぼすことになる。

戦後初のニューヨークの公営ハウジングは、1947 年にマンハッタンのチェルシー地区に完成したエリオット・ハウスである。アーチボルド・マニング・ブラウンとウィリアム・レスケイズの設計により、4 棟の 11－12 層のタワーが、2 つの街区の 22％を占めたい（fig.8.10）。エリオット・ハウスには、他の戦後プロジェクトと同様、計画手法に戦前の感覚が残っていたが、後にニューヨーク市ハウジング公社（NYCHA）の建設の主流となる、コスト削減技術も導入されていた。例えばコンクリートの柱とスラブで構成される中空壁構造では、モノリシック仕上げの床がそのまま下階の天井となった。[*46] 戦後 2 番目のプロジェクト、ブルックリンのブラウンズヴィル・ハウスは、フレデリック・G・フロスト設計によって、ロッカウェイ・アヴェニューの 8 つの街区に建設され、階段のみの 3 階建て、エレベーター付き 6 階建ての合計 27 棟に 338 戸が収容され、建蔽率は 22.6％であった（fig.8.11）。

市と州が建設した合計 21 の戦後プロジェクトに違わず、エリオット・ハウスとブラウンズヴィル・ハウスでは「十字形」平面が採用された。この手法は中央のコア動線から放射する袖により L、T、X 字形を構成することで、不要な廊下面積を減らし、各住戸に最大限の採光と通気を可能にした。また 1950 年、ブルックリンのパーク・プレイスに完成したオルバ

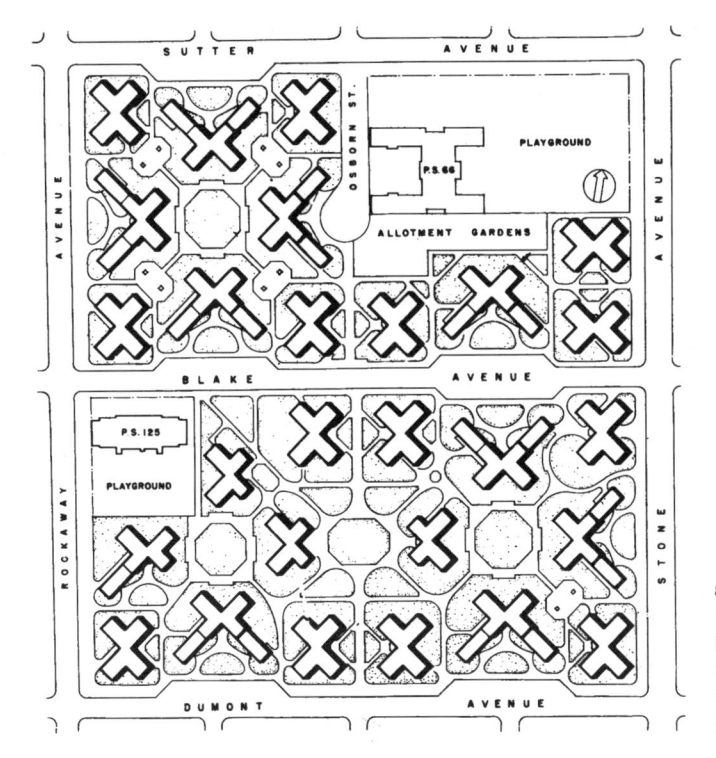

8.11 フレデリック・G・フロスト。ブラウンズヴィル・ハウス敷地配置図（ブルックリン、1948年）。27棟のエレベーターなし3階建て、エレベーター付き6階建ての各棟が45度回転して配置された。

ニー・ハウスでは、フェルハイマー・ワグナー・アンド・ヴォルマーの設計により十字形のコンセプトが極限まで追求された。エレベーター2機と互い違いの階段が集約されたコアを持つ星型が採用された（fig.8.12）。十字形の欠点は、過大な外壁面積と各ウィングとコアの複雑な連結による比較的高い建設費であった。単純な長方形の方が、建設費は明らかに安くついたのである。

『アーキテクチュラル・フォーラム』誌が1949年に掲載した記事では、既に十字形は時代遅れとみなされていた。直線上の中廊下に基づいた、新しい直列型（in-line）平面が紹介され、この進化は「あらゆる形態の中で、十字形がハウジングデザインの頂点であった時」以来の重大革命と宣伝された。[*47] この記事は、米国ハウジング法の通過を見越してニューヨーク市に計画された公営ハウジングを紹介しており、いずれも直列型の平面であった。これらのプロジェクトは、アルフレッド・ホプキンズ・アンド・アソシエイツ設計によるブロンクスのガンヒル・ハウス、ウォーカー・アンド・プアー設計のブロンクスのパークサイド・ハウス、ウィリアム・F・バラード設計のマンハッタン北部のダイクマン・ハウス、そしてSOMのゴードン・バンシャフトが設計したブロンクスのセドウィック・ハウスであった（fig.8.13）。

公営ハウジングの病理　315

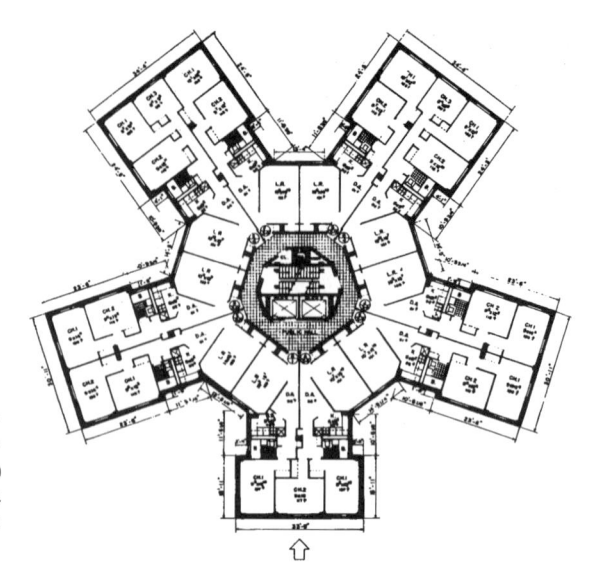

8.12 フェルハイマー・ワグナー・アンド・ヴォルマー。オルバニー・ハウス平面図（ブルックリン、1950年）。十字形に比べより効率的な、14層の星型タワーの採用により、各コアに連結する住戸数が最大化された。

　ガンヒル・ハウスは2つの直列型によりT字形を形成していた。その他のプロジェクトはいずれも単純な板状型ヴォリューム＝スラブ・ブロックであった。パークサイド・ハウスとダイクマン・ハウスのファサードは、通過換気を確保する目的で細かく分節された。またセドウィック・ハウスのスラブ・ブロックでは、建設コストが最小限に抑えられたが、極端に長い廊下などの欠点も見られ、両端以外の住戸に通過換気はなかった。SOMのバンシャフトは、セドウィック・ハウスの他にも、マンハッタン北部とブルックリンにスラブ型公営ハウジングを設計している（fig.8.14）。1950年にまとめられた企画書では、[*48] 同一の板状平面に基づいて、異なる建物の高さが比較された（fig.8.15）。この分析は、20層のタワー2棟の建設費は、高層用のエレベーターにかかる費用の差を除けば、14層のタワーを3棟の建設するコストと同等であるとしながら、高層のタワーの採用による外部空間の増加という、グロピウスのテーマを繰り返していた（fig.6.28参照）。より高層の建物は、1平方フィートあたりの建設費は変わらなかったが、敷地造成コストの節約が可能であった。セドウィック・ハウスの建蔽率はわずか18.7％であり、全体の密度は1エーカーあたり300人であった（fig.8.16）。

5. スラブ・ブロックの経済的正当性と1950年代のCIAMによるイデオロギーの刺激。都市再生とスラム・クリアランス

　ブロイヤーやグロピウスの提案（fig.6.26－29参照）に始まった、近代主義というイデオロギーの祝福を受けた、スラブ・ブロックの経済的妥当性にもはや疑問の余地がなかった。しかし、その美学的、社会的正当性は

PARKSIDE HOUSES
Architects: Walker & Poor
Number of buildings: 3 14-story, 9 7-story and 2 6-story units
Number of apartments .. 879
Site coverage 19.8%
Persons per acre 257.09
Gross area per room*... 230.9 sq. ft.
Construction cost per room* $2,201

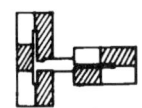

GUN HILL HOUSES
Architects: Alfred Hopkins & Associates
Number of buildings: 6 14-story units
Number of apartments.. 733
Site coverage 13.9%
Persons per acre 322
Gross area per room*... 233.7 sq. ft.
Construction cost per room* $2,204

DYCKMAN HOUSES
Architect: William F. Ballard
Number of buildings: 7 14-story units
Number of apartments 1,167
Site coverage 13.1%
Persons per acre 290
Gross area per room*... 230.8 sq. ft.
Construction cost per room* $2,166

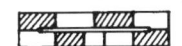

SEDGWICK HOUSES
Architects: Skidmore, Owings & Merrill
Gordon Bunshaft, Partner-in-charge
Number of buildings: 7 14-story units
Number of apartments.. 786
Site coverage 18.7%
Persons per acre 346.9
Gross area per room*.. 235.8 sq. ft.
Construction cost per room* $2,181

* The word "room" refers to construction, not rental rooms. It includes laundry, storage space, etc.

8.13 第2次世界大戦後の公営高層ハウジングの比較（1950年）。アーキテクチュラル・フォーラム誌に掲載。複雑なスラブ・ブロックから単純なスラブ・ブロックへの変遷にデザインの革新を見出した。

8.14 スキッドモア・オーウィングズ・アンド・メリル（SOM）。ノース・ハーレム公営ハウジング計画（1951年提案）。スラム除去市長委員会に提出されたスラブ・ブロックの原型（fig.8.15）を適用した、SOM設計による8件の公営ハウジング計画の1つ。

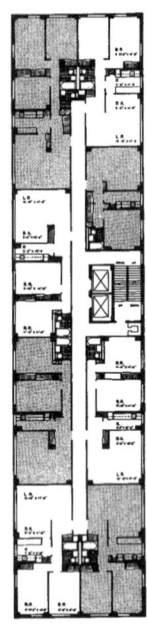

8.15 SOM。スラブ・ブロック公営ハウジングのプロトタイプ（1951年）。ニューヨーク市全域に適応する公共ハウジングとして、スラム除去市長委員会に提案された。通常の14階建てでなく、20階まで建設することによって経済性を強調した。

依然として不確実であった。より新しい影響としてはル・コルビュジェの提案、ユニテ・ダビタシオンが挙げられる（fig.8.17）。1946年以来、建築出版界は、最初のユニテ提案である、激しい爆撃を受けたサン・ディー市への計画と、1951年にマルセイユに建設された単一のユニテ棟に注目していた。*49 ル・コルビュジェがサン・ディーで用いたような、板状の棟が幅広い間隔で並ぶ姿は、まもなくニューヨークでの提案にも出現する。またその他の影響に、「公園の中のタワー」を擁護する豊富な執筆活動が挙げられる。多くはCIAM活動の関係者によるものであり、第2次大戦で破壊されたヨーロッパの都市再建に応える提案であった。

ホセ・ルイ・セルトは米国における最も熱心なCIAM思想の提唱者である。ハーバード大学から1942年に出版された著書『我々の都市は生き延びられるか？』（Can Our Cities Survive?）は、パリで1937年に開催された第5回CIAM会議の産物であり、*50「公園の中のタワー」に対する、社会的かつ美学上の議論を要約することで、その後20年間にわたるイデオロギーに影響を与えることになる。1952年には、都心部の再建戦略に焦点を当てた『都市の中心』（The Heart of the City）が出版された。*51 この本は前年にイギリスのホデスドンで開催された第8回CIAM会議の議事録を骨格とするものである。米国の都市が必要としたのは、戦争によるヨーロッパ都市の破壊への対応と同等であり、「スラム除去」と「都市再生」プログラムとして1950年代に具体化することになる。米国流に改変されたヨーロッパの理想は、皮肉にも戦後の優勢に伴い、再びヨーロッパへと浸透していった。とりわけマーシャル計画（Marshall Plan, 1948－52）は、ヨーロッパ都市の復興に重要な役割を果たした。

戦後のニューヨークの開発では、「公園の中のタワー」に関する考えが一致しつつあった。ネルソン・ロックフェラーのような市場主義者の立場からは、「公園の中のタワー」は道理にかなったものであり、社会ハウジングの建設コストと建蔽率の削減という、望ましい主題を満たしていた。理論上は、同額の予算でテナメントという19世紀の都市を取り除き、より多くのハウジング建設が可能であった。また理論派のセルト、企業派のゴードン・バンシャフトといった建築家の視点からの「公園の中のタワー」は、ヨーロッパの理論、とりわけ戦後、建築的英雄としての立場を固めつつあったル・コルビュジェとの関連により、進歩的な理想像として正当化された。さらにニューヨーク最強の官僚であった、ロバート・モーゼスにとっては、それは改革の象徴であり、多様な地域に汎用的な応用が利き、低コストにより開発の利益を最大化できると考えられた。モーゼスは1948年にスラム除去市長委員会（Mayor's Committee on Slum Clearance）の委員長に任命され、ニューヨーク市の公営ハウジングへの支配権を握る。*52 彼はまず、ゴードン・バンシャフトなどの企業建築家を求めた。戦後の公営ハウジングにとって、ロバート・モーゼスは理論と実践の間における触

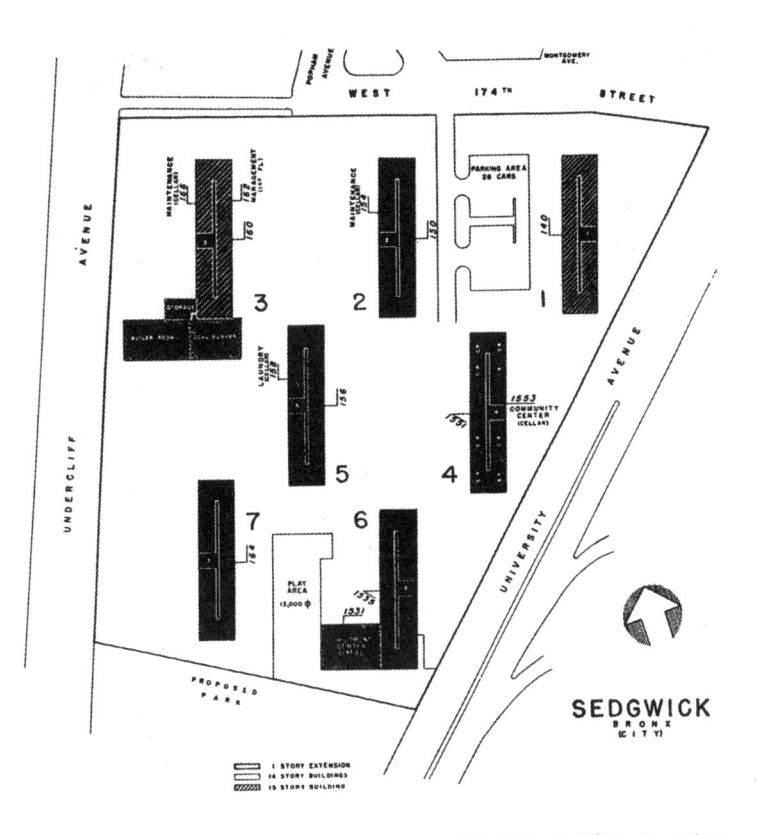

8.16 SOM。セドウィック・ハウス公営ハウジング配置図（1951年）。プロトタイプを応用し、14－15階層のタワーが建蔽率18.7％で建設された。

8.17 ル・コルビュジェ。マルセイユのユニテ・ダビタシオン初期スタディ（1945年）。米国でも幅広く発表された。

公営ハウジングの病理　319

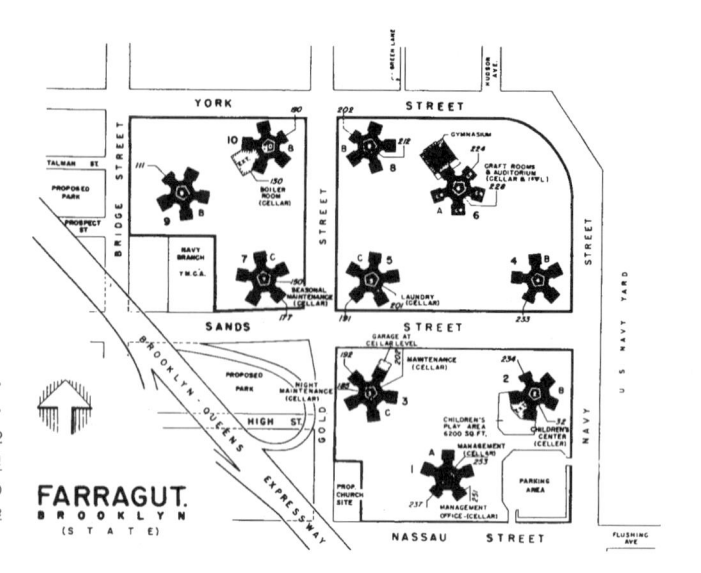

8.18 フェルハイマー・ワグナー・アンド・ヴォルマー。フェラガット・ハウス配置図（ブルックリン、1952年）。ニューヨーク市に建設された星型を用いた2つの公営ハウジングの1つ。タワーが緑地の中に不規則に浮かんでいた。

8.19 フェラガット・ハウス建設中。周辺の都市文脈と公営ハウジングがつくる空間的病理が顕著である。

媒と緩衝材の役割を果たした。彼は「公園の中のタワー」へ経済的、そして政治的な信用を与えると同時に甚だ凡庸なデザインをもたらしたのである。

　ニューヨーク市で1950年代に建設された公営ハウジングは、例外なく高層タワーであった。建蔽率が20％を超えることはなく、多くが15％未

8.20 エメリー・ロス・アンド・サンズ。バルーク・ハウス（ロウアー・イースト・サイド、1959年）。敷地配置図。凹凸のあるスラブ・ブロックが無作為に配置されている。

満であった。低建蔽率によって近接する建物間の制約がなくなると、配置計画の幾何学は、恣意的になりがちであった。多くの場合セドウィック・ハウスのように、単に平行に位置されるか、あるいはファラガット・ハウスの星形タワーのように、理論的根拠なく配置された。ファラガット・ハウスはオルバニー・ハウス（fig.8.12参照）の姉妹プロジェクトであり、同じ建築家の設計により、1952年にブルックリンに完成した（fig.8.18）。建蔽率はわずか13.9%で、緑地の中に不規則に浮かんだタワーと周辺環境にはもはや関係性は存在しなかった（fig.8.19）。しかし、各住戸の平面は十分に配慮され、居住空間と動線空間の分離が特徴的である。この頃になると、公営ハウジングの孤立は用途的にも完結し、商業空間までも排除された。初期のプロジェクトであるファースト・ハウス、ウィリアムスバーグ、ハーレム・リバー、レッド・フック、クイーンズブリッジ、フォート・グリーンの各プロジェクトには合計100店以上の商店が併設されていた。しかし、1944年に住宅局は民間事業との競合は好ましくない、というもっともらしい議論のもと、戦後に建設されたすべての公営ハウジングから、商業施設を排除する決断を下した。[*53]

1950年代の公営ハウジングにおける空間の病理は、ロウアー・イースト・サイドに1959年に完成したバルク・ハウスで頂点に達する。設計はエメリー・ロス・アンド・サンズにより、17棟のタワーが建蔽率13.4%で点在していた（fig.8.20）。[*54] 個々の建物は板状と星型の融合という興味深

公営ハウジングの病理 321

8.21 バルーク・ハウス完成直後。駐車スペースとしての「公園」を示している。

い形態を持っていたが、その配置構成に明確な基準はなく、建物の方向も成り行きであった（fig.8.21）。バルク・ハウスの他にも、イーストリバー沿いには多くの「公園の中のタワー」慈善ハウジングが集中し（fig.8.22）、イースト・ハーレムと同様、場当たり的ながらもラトガーズ・タウン（fig.7.18参照）の夢が実現したのである。

6.「公園の中のタワー」という病理：
放置と犯罪という新しいアーバニズム。都市／郊外人口構成の逆転

「公園の中のタワー」がもたらした新しいアーバニズムは、19世紀テネメントの90％から、10％をわずかに超えるまでの、建蔽率の段階的な縮小に象徴される。しかし、そこには外部空地に関する説明はなく、公園的環境の造成以外には、構成や利用目的に関する基準は存在しなかった。とりわけ、その社会的特性は、テネメントと街路の関係とは遠く離れており、無数の問題を生みだした。公営ハウジングの病理は、ニューヨーク市に限ったことではない。「公園の中のタワー」は貧民用ハウジングとして、全国標準になっていたのである。1950年代末期には、この問題は至るところで浮き彫りになり、そのイデオロギーも問題視された。それでも他の都市に比べると、ニューヨークの高層アパートメント生活には長い歴史があり、NYCHAも他都市の同種の機関よりも効率良く運営されていた。

「公園の中のタワー」に起因する最も波及した問題は、犯罪の増加傾向である。オスカー・ニューマンは、重要な研究『防御可能な空間』（Defensible Space, 1972）の中で、ブルックリンにおける2つの隣接するハウジング、

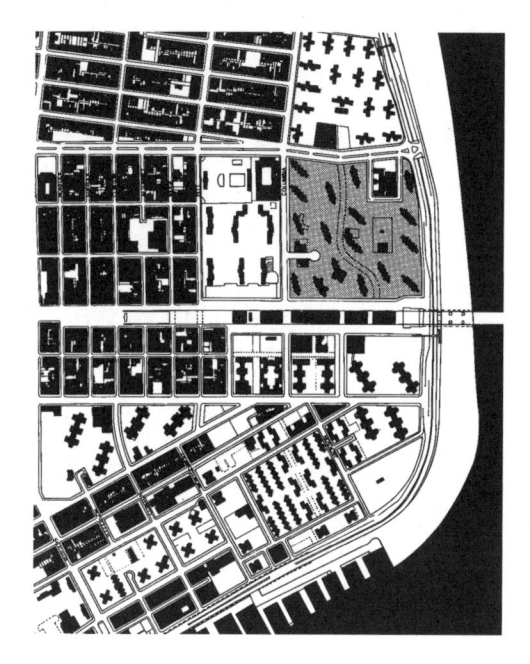

8.22　ロウアー・イースト・サイド周辺。「公園の中の都市」として公営ハウジングが集中する様子は、イースト・ハーレムの変容に類似している。

　1948 年に建設された低層のブラウンズヴィル・ハウス（fig.8.11 参照）と 1955 年に完成した高層のヴァン・ダイク・ハウスの比較から、興味深い結果を引き出している。[*55]　ヴァン・ダイク・ハウスはイザドア・アンド・ザカリー・ローゼンフィールドによる設計で、ブラウンズヴィル・ハウスの西側に完成していた（fig.8.23）。規模と住戸構成は類似していたものの、ブラウンズヴィルが 3 － 6 層、建蔽率 23％であったのに対し、ヴァン・ダイクでは 14 層のタワーが建蔽率 16.6％で配置されていた（fig.8.24）。ある典型的な 1 年間（1969 年）を見ると、ヴァン・ダイク・ハウスの犯罪発生件数はブラウンズヴィルよりも 50％多く、保守費用も 39％多く必要とした。ニューマンの議論は、統計の差の原因をデザイン手法の違いに求め、例えばタワーの規模は、家族領域の認識という日常の行為を妨げるというものであった。また、住戸と外部空間の視覚的関係の欠落による、適度な公衆監視の不在も指摘された。

　1949 年に通過した、米国ハウジング法のスラムクリアランス条項は、その対象地区への公営ハウジングの建設を規定しており、住民の排除も明確に禁じていた。既存スラム住民には再入居の優先権が与えられ、つまりほとんどが公営ハウジングに落ち着いたのであった。結果的には一つのゲットーを別のゲットーに置き換える政策に他ならなかった。さらに住宅局は入居者選択の権限を失っていた。1930 年代、NYCHA は入居者の選択に厳しい基準を課し、「上流のアパートメントと同様の信用照会の要綱を用いて、ヨーロッパの低家賃政府ハウジングの原則を応用」し、[*56]

公営ハウジングの病理

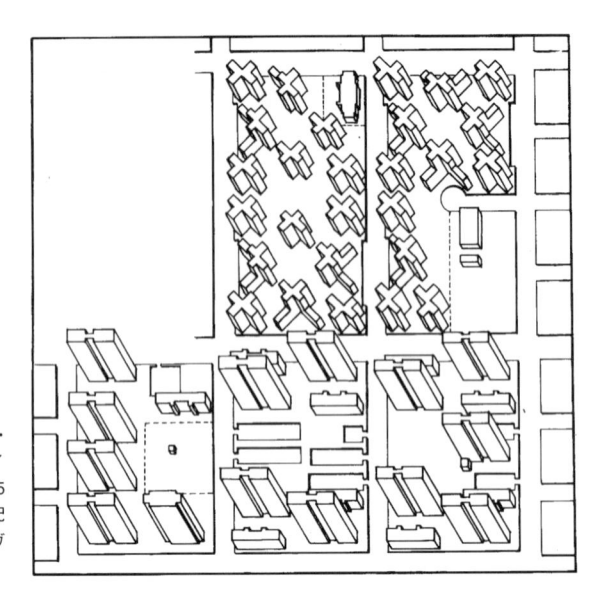

8.23 イザドア・アンド・ザカリー・ローゼンフィールド。ヴァン・ダイク・ハウス（ブルックリン、1955年）。14層のスラブ・ブロックを配置。1948年に完成したブラウンズヴィル・ハウスに隣接。

応募者の自宅訪問まで行われていた。膨大な調査活動は、点数としてまとめられたが、この方式はウィーンの市営ハウジングで開発されたものである。しかし1950年での入居条件は都市再生による立ち退きという点のみであった。運営側には、以前にあっては問題視されたであろう家族の、強制的な流入に対処する準備は出来ていなかった。住民の利益という視点からは、戦前には住民組合の目覚しいネットワークが存在し、慈善ハウジングに結びついた家父長主義や制度主義に対抗する原動力となっていた。しかし、住民がより貧しく文化的思考から疎遠になるにつれ、この貴重な糧も力を失ったのである。[*57]

1938年当時、米国住宅公社（USHA）の調査情報部長であったキャサリン・バウアーは、「今いかなる疑問も存在しない。公営ハウジングプログラムは、ここに存続し、広範な具体的業績を残すであろう」[*58]と記している。しかし20年後、彼女は「公営ハウジングの荒涼たる行き詰まり」について書き綴っていた。[*59] かつての進歩主義者が懸念したとしても、新しく落ち着いた郊外の中産階級は無関心であった。ウェストチェスターの郊外住宅とイースト・ハーレムのタワーの隔たりは大きく、接触のすべての可能性は取り除かれ、ただパーク・アヴェニューを通過する通勤電車や、ハーレム・リバー・ドライブを運転する車窓から経験する、わずかな視覚的不快感だけであった。建築家にとっても、1950年代の多忙な実務に追われ、自己省察の時間など残っていなかった。社会ハウジングの手に負えない設計基準や、底流にある汚職は、ほとんどの建築家の取り組みを遠ざけた。[*60] 公営ハウジングはありふれた建築事務所にとっての、ありふれた仕事に過ぎなかった。1950年代の繁栄は、ハウジングの革新

8.24 ブラウンズヴィル・ハウスとヴァン・ダイク・ハウス。ヴァン・ダイクの完成後の社会問題は、ブラウンズヴィル・ハウスよりもはるかに深刻であった。

にとって1920年代とははるかに異なる影響をもたらしていた。都市はもはやハウジング文化の重要な要素ではなくなり、生活様式としてのアーバニズムは郊外によって覆い隠された。

1960年3月、ワグナー市長の委託によるパヌーク・レポート（Panuch Report）は、ニューヨークのハウジングを取り巻く1950－60年にかけての経過を暗澹と描写している。スラムの状況は悪化し、住戸不足も深刻であった。430,000戸の不足という、1950年の公的な統計を引き合いに、1960年になっても依然として同様の住戸不足があることを論じ、ハウジング問題をすべての所得層を対象として全体論的に検討すべきであると主張した。[*61] 一方、ハウジング再開発委員会（Housing and Redevelopment Board, HRB）はパヌーク・レポートへの反論を1961年11月に発表し、1960年の「居住ユニット」の定義の変更をもとに、「標準以下の住戸」の数が356,000戸まで減少したとし、ハウジングの不足数を「再計算」している。[*62] これは1950年代のハウジングプログラムの成果を暗示したが、そこに欠けていたのは「誰がどこに居住していたか」という論及であった。

周知の事実であった統計がどちらの報告書にも含まれていなかった。1950年代にニューヨークの郊外人口が初めて都市部の人口を超えたことである。郊外人口が2,180,492人増加したのに対し、都市部の人口は109,973人減少していたのである。[*63] 政府のプログラムに効果があった

公営ハウジングの病理

とするならば、それは市内の中産階級が郊外に流出した結果であった。成長の著しいサフォーク郡だけでも、人口は141.5％増加しており、郊外への大規模な再定住は、都市部のハウジング需要に楽観的な数値をもたらすはずであった。しかし実際に都市が受け取ったものはその副作用、すなわち人口減少のみであった。1960年の統計によれば、ニューヨーク都市圏の全人口の66％、9,742,100人が1950年代に住まいを移転しており、[64] NYCHAが同じ期間に建設した75,403戸の公営ハウジングは取るに足らない数であった。連邦政府による真の努力は、それまでの20年に及ぶ計画と一貫して、郊外におけるものであった。公営ハウジングの限界は、米国文化のあらゆる側面に浸透していた思考からすれば、ささいな症状に過ぎなかった。1950年代末には、新たに構成された中産階級という多数派は、大都市、そしてそこに自主的、あるいは止むなく残る者に、見切りをつけたのである。

7. 郊外の理想と都市の現実：つくられた心象風景

　1950年代の郊外単世帯住宅の原型は、レヴィット・アンド・サンズによってロング・アイランドのレヴィットタウンに1947年から1950年にかけて建設された。[65]　「公園の中のタワー」が、ニューヨークにおける高層ハウジングの類型学的発展の結果であったように、レヴィットタウンはガーデン・アパートメントの到達点を象徴していた。それぞれの住宅は4.5室から成り、60×100フィートの区画に建蔽率12％で建てられた。街区は意図的に不規則で、ニューヨークの基盤街区のあらゆる視覚的類似が排除された（fig.8.25）。7,990ドルという格安の価格により、わずか一世代前にロウアー・イースト・サイドのダンベルテナメントに住んでいた家族は、都市から完全に脱出することができたのであった。1948年、ウィリアム・レヴィットは、1,400エーカーの敷地に最初の6,000戸の住宅建設に着手し、アメリカの夢の住宅を求める大衆派事業家としての役割を果たした。レヴィットはマンハッタンに在住していたが、ガーデン・アパートメントを含む都市のハウジングを危険視する政治的見解を持っていた。彼は郊外の単世帯住宅を好み、「自分の家と土地を所有するものに、共産主義者はいない」と論じた。[66]

　床面積750平方フィートを持つ1949年レヴィット住宅原型は、屋根裏の拡張が可能であった。その図面は、『ベター・ホームズ・アンド・ガーデンズ』として、全国のデパートを通じて配布され、ハウジングの生産と形態に全国的な影響を及ぼした（fig.8.26）。1951年には51,000人を収容する15,000軒の住宅が建設され、レヴィットタウンはニューヨーク地域最大のハウジングとなった。[67]　資金調達に関しては、1934年の連邦住宅局ローン保証プログラムに由来する、公的保証を巧みに利用する方法が開発され、販売前の大規模な融資を可能とした。レヴィットは消費者主義

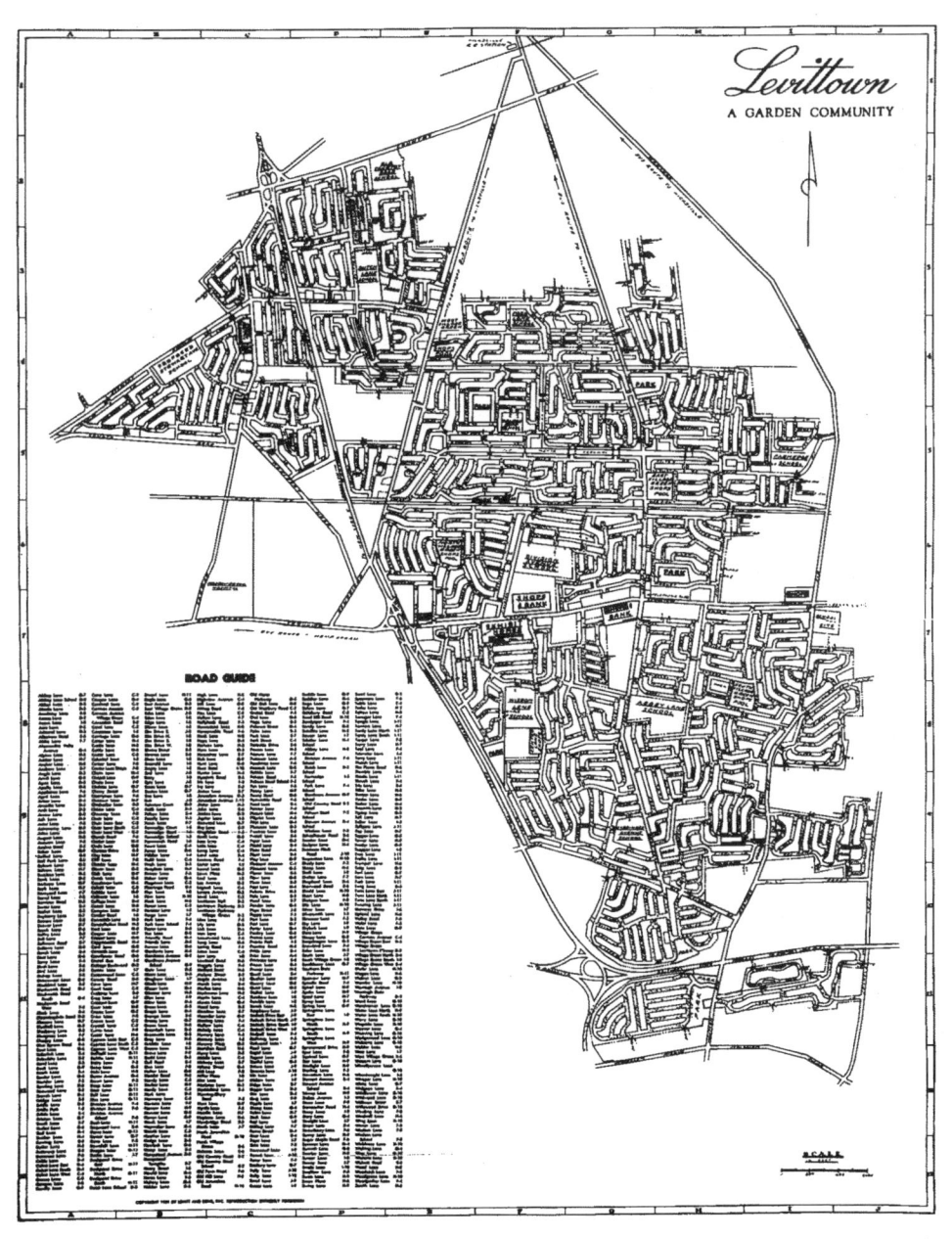

8.25 レヴィット・アンド・サンズ。レヴィットタウン全体図（1947年-）。ロング・アイランド、ハンプステッドに大量生産された安価な単世帯用住宅。1869年にアレクサンダー・スチュアートが建設したガーデン・シティ（1869年）の近辺。

公営ハウジングの病理

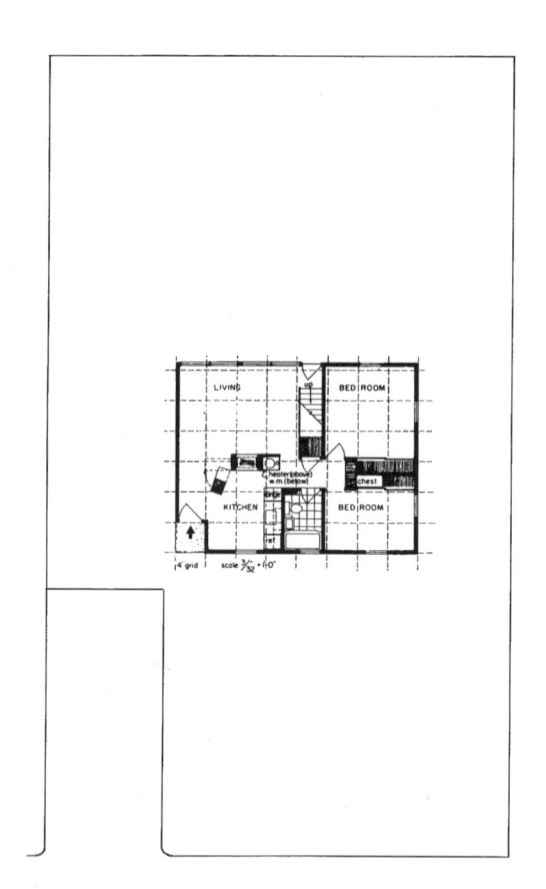

8.26 レヴィットタウンモデル住宅（1949年）。基準となる60×100フィートの敷地に建つ。年間4,200戸が生産された。

の原理を十分に理解しており、ゼネラル・エレクトリック（GE）社やベンディックス社など大企業によって開発された住宅マーケティングの技術を応用した。彼はGE社の広告に記している。「夢の家とは、購入者とその家族が長い間住み続けたいと思う家である　…電化された台所兼洗濯室は、住宅所有者にあらゆる利便性をもたらし、家を真に暮らしやすくする重要な要素である」[68]

　米国文化の発展のあらゆる段階において、都会の美徳に対する懐疑論は常に存在していたが、この場合は以前には考えられなかった側面に現れることになる。核攻撃の脅威からの都市住民の保護を連邦政府に謳わせることになった、1950年代の民間防衛に対するヒステリー現象でさえ、現在では無意味で滑稽に見える。1951年の『原子力科学者会報』誌は「中央分散化による防衛」という特集で、現存する大都市を小規模の居住地に分散することで、核攻撃の標的となる集中地域をなくすことを提唱した。[69] 理想的なモデルは、大幅に縮小した都心部の周辺に、小規模の衛星都市を配置したものである（fig.8.27）。これらの提案は、国民の感情の影響を受けた郊外の倫理観を示していた。そして幅広く公表された核実験が何らか

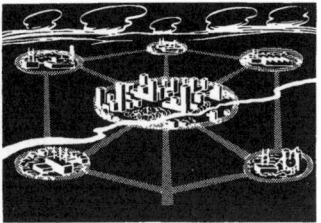

8.27 『原子力科学者会報』に掲載された図版（1951年）。核攻撃防衛のために、米国の各都市を分散させるべきであると論じた。

8.28 連邦民間防衛局作成による報告書の表紙（1953年）。原子爆弾の試験計画によると、米国文化の象徴、郊外住宅やショッピングセンターの駐車場などが原子爆発の標的となった。

の暗示であったとするなら、その関心は郊外にしかなかった。都市を想定した核実験はごくわずかであったのに対し、郊外の住宅は吹き飛ばされ、実物の自動車は微塵になったのであった (fig.8.28)。*70

多くの知的エリート層、とりわけ軍や軍需産業の利益を代弁する者は、率直に都市の除去を提唱した。*71 米国民間防衛局 (US Civil Defense Agency) が核攻撃に関する大がかりな広報活動を始めていた1950年、『コリアーズ』誌は「ヒロシマUSA」と題するジョン・リアーによる仮説記事を掲載し、*72 ソ連によるニューヨークの核破壊を、カラー図版と長文の解説によって恐ろしく詳細に物語っていた (fig.8.29)。この記事は、連邦政府の共謀によって実施された全国マスメディアキャンペーンの一環であり、不謹慎にも都市の確固たる中流生活で、残ったものすべてを破滅しようとするものであった。この記事による仮想の爆心地は、国防省によっ

て市の破滅に最適とされた地点、ロウアー・イースト・サイドの中心であった。しかし皮肉にも、そこでは同じ心証に基づき、経済的、政治的手段による破滅が既に進行していたのである。

8.29 『ヒロシマUSA』からのイラスト（コリアーズ誌、1950年）。ニューヨーク市での仮想の核破壊の描写。爆心地はロウアー・イースト・サイドとされていた。

New Directions

第9章

新しい動向

理　論一辺倒であった戦後のアーバニズムにも、1960年代に入ると、都市と郊外の差なく抵抗の転機が訪れる。とりわけ「公園の中のタワー」は激しい批判の対象であった。混合型の高層アーバニズムとしての社会ハウジングは、皮肉にも公権を奪われた貧民を対象とするプログラムをも設計上の関心に置いた一般的繁栄によって維持されたのである。さらに、ニューヨーク市内に中産階級をとどまらせることを目的に、政府の慈善事業は新たな公的開発の構築を通じて中流ハウジングの分野へと移行していった。少なくとも敷地計画という点において、国内の高層アーバニズムは、この時期が最も革新的であった。郊外と一戸建て住宅に象徴される経済的、文化的な変容も初めて翳りを見せ始めた。特に顕著であったのは、発展途中の郊外で育ち、1960年代の終わりにかけて都市へと呼び戻された「若者」たちであった。

1.「公園の中のタワー」のアーバニズムの軟化：ミッチェル・ラマ・プログラムとタイトルIによるスラム・クリアランス

　ニューヨークには高層居住の伝統が存在していたにもかかわらず、「公園の中のタワー」のアーバニズムは、当初から論争と抵抗の標的とされていた。既に1924年には、ルイス・マンフォードが「空地と庭園に囲まれた住居ビルの所有が可能であると考え、そのような建物の建設によって、ハウジング問題が根本的に解決するかのように話しさえする」楽天的な人々に異議を唱えている。[*1]　さらに1947年には、ル・コルビュジェのマルセイユのユニテや米国の各都市で建設されていたその縮小版を痛烈に批判した。[*2]　しかし、このような非難をよそに「公園の中のタワー」は第2次大戦後に世界的に普及していった。戦後の社会ハウジングの万能薬という、この独特な手法に対する信頼は、批判者の反対意見よりさらに深

く浸透しており、そこには、政治的束縛、低工事費、開発利益、社会改革に結びついた建築像といった、多様な条件から成る作用の一致が象徴されていた。1960年代に慈善主義が中流階級の域にまで到達すると、これらの優先事項も軟化し始めたものの、その順序が覆されることはなかった。

「公園の中のタワー」の擁護者として頂点に立ったのは、ロバート・モーゼスである。戦後を決定付けた14年間、スラム除去市長委員会の委員長として、モーゼスは社会ハウジングのイデオロギーを支配し続けた。例えば1956年、委員会が提案した17のプロジェクトすべては、公園的な環境に配置された高層のスラブ・ブロックであった。[*3] その長大なキャリアが終わりに近づいた1968年にあっても、彼は「多くの人々をより快適に収容するための解答はより小さな土地に、垂直に建設することである。土地の80－85％を占めるような、4-5層の建物を建設するのではなく、建蔽率を20％として高さを4-5倍にするのである。そうすれば十分な外部空間や子供の遊び場、そしてより優れた眺望が得られるのである」[*4]と主張していた。モーゼスは、連邦政府からスラム除去に振り当てられた1949年米国ハウジング法第1編＝タイトルⅠの資金を統括することにより、自身の意見を押し通すことができた。タイトルⅠは、スラム地区を公用収用し、相場より低額で民間開発業者に売却し、連邦政府が差額の3分の2を補填する仕組みであった。

モーゼスやタイトルⅠの存在にかかわらず、「公園の中のタワー」に代わる低層案が、1950年代を通じて現れなかった主な理由は、高層タワー建設における初期コストの経済性である。ここまで単純で収益率の高い形状は存在しなかった。初期コストは、経済、社会的長期コストより重視され、高層タワーを正当化したのだった。1960年代以前における、高層タワーに関する建築家の典型的な反応は、1943年のスタイヴェサント・タウン論争（fig.8.8－8.9参照）に際して作成された代替案に示されている。例えばブロイヤーによる代案は、高層タワー自体を疑うものではなく、その形態をより完璧にする試みであった。ブロイヤーやグロピウスのような近代主義者にとっては、低コストすなわち高層タワーを社会ハウジングと同一視することは、ハウジング生産の限りない可能性を意味したのである。しかし戦後の米国において、この方程式は単に投資家や開発業者の利益を増加させただけであった。

ニューヨーク州議会で1955年に可決された、有限利益ハウジング会社法（Limited Profit Housing Companies Law）は、その後20年間にわたり、ニューヨーク市の政府助成ハウジングの設計と建設に決定的影響をもたらした。[*5] 起案者にちなんでミッチェル・ラマ・プログラム（Mitchell-Lama Program）と通称されたこの法令は、中産階級を政府の慈善活動の対象とした最初の取り組みであり、公営ハウジングプログラムや、民間業者によって供給されることのなかった、都市部における中所得層ハウジングの建設

促進を意図していた。開発業者は、利益には限度を設けることを条件に、州もしくは市から、事業費用の90％に相当する抵当ローンを市場よりも有利な金利で取得することができ、不動産税も免除された。デザイン、建設、運営費と家賃設定が融資元である州もしくは市の監督下に置かれた。ミッチェル・ラマ・プログラムは、しばしばタイトルⅠによるスラム除去と連動することで、その用地が供給された。

ミッチェル・ラマ・プログラムは、その後「公園の中のタワー」において、中所得層を対象とした設計水準や、より高い建設予算のデザインにおいて影響を与え始めた。こうして低コストのハウジング生産というイデオロギーから解放されて、1950年代の高層タワーの厳格さは和らぎ、1960年代半ばには「公園の中のタワー」アーバニズム崩壊の足がかりとなった。ミッチェル・ラマ・プログラムにより、ニューヨーク市では1969年までに57,000戸以上のアパートメントが建設され、半分以上に中流上層所得層が居住していた。[6] また、ミッチェル・ラマにならって、セクション221d3として知られる連邦政府プログラムも開始された。[7] セクション221d3は、1961年全国ハウジング法に付記されたもので、比較的低所得層に重点をおいており、ミッチェル・ラマが生んだアメニティの水準には及ばなかった。[8]

1950年代の形成期にあって、タイトルⅠのスラム・除去は貧困層や低収入労働者の居住地区を、下層中流から中流所得層の開発に置き換え、ブラウンストーンやテネメントの伝統的街並みは姿を消し、高層タワーが林立することになる。例えばSOM設計によるウェスト・パーク・ヴィレッジ（マンハッタンタウン）やハーマン・ジェッサー設計によるペン・ステーション・サウスは、スタイヴェサント・タウンのような、都心のエンクレーヴとしての性格を受け継いでいたが、より小規模であり、敷地計画や賃貸方針といったエンクレーヴの決定的特徴を欠いていた。1952年にはアムステルダム街とセントラル・パーク・ウェストに挟まれる6つの街区に、16棟のスラブ・ブロックから成るウェスト・パーク・ヴィレッジ開発が始まる (fig.9.1)。[9] 1957年には、チェルシーの6街区分のテネメントが、ペン・ステーション・サウスの6棟のスラブ・ブロックによって置き換えられた。[10] どちらの開発も、タイトルⅠの助成を受け、スラム除去市長委員会のロバート・モーゼスによって直接承認された。しかしウェスト・パーク・ヴィレッジは、その後不祥事に巻き込まれ、竣工は大幅に遅れることになった。[11]

2. アメニティと統合されたフレッシュ・メドウズ

外郭行政区では、同様の開発手法がより大規模な形で適用され、郊外に転出することのなかった中流下層階級の大半を収容することになる。外郭行政区の地価はマンハッタンよりも大幅に低く、スラム除去への対処も

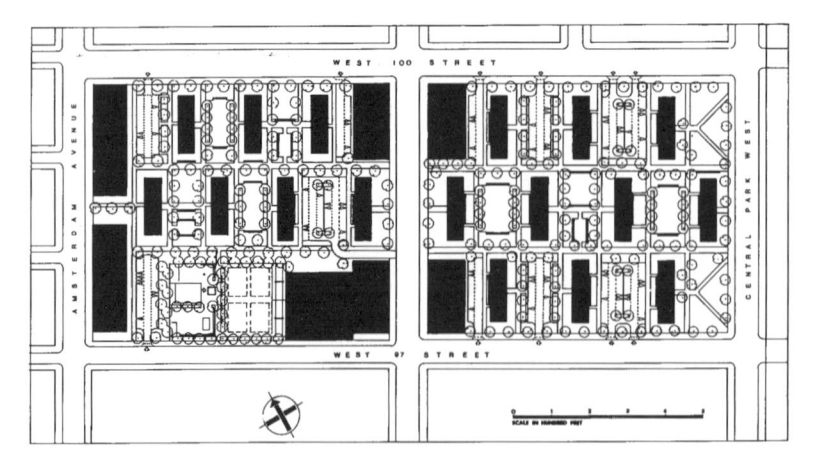

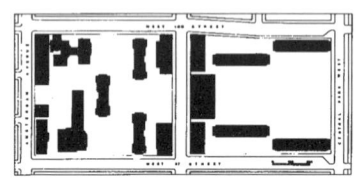

9.1 スキッドモア・オーウィングズ・アンド・メリル（SOM）。マンハッタンタウン（ウェスト・パーク・ヴィレッジ）初期配置図（上）と最終案（下）。(1950年代末）ニューヨークのスラム除去プログラムにおいて目立った批判の対象となった。

はるかに容易であったのである。戦前に完成したブロンクスのパークチェスターは、典型的な事例であった（fig.8.3参照）。その後の一連のプロジェクトは、さらに多くの住民とアメニティを互いに誇示していた。ニューヨーク生命保険によるプロジェクト、フレッシュ・メドウズは戦後最初期のものであり、クイーンズのロング・アイランド高速道路に沿った区域に1949年に完成した。[*12] 設計はヴォーリーズ・ウォーカー・フォーリー・アンド・スミスにより、公園的環境に混在する高層と低層の建物には、3,000戸が収容され、学校、商店、コミュニティ施設が統合されていた（fig.9.2）。フレッシュ・メドウズは地下鉄圏の外に置かれ、環境の悪化した都心部から離れた、中流下層階級のためのコミュニティとなることが意図された。あらゆる種類の「公園の中のタワー」を批判したルイス・マンフォードにとっては、水平に広がるガーデン・シティの理想に最も近づいた例であった。マンフォードはフレッシュ・メドウズを「全国で最も前向きで爽快な、大型コミュニティ計画」として、「ニューヨークをいかに再建しないかについての痛ましい教訓」と呼んだ、スタイヴェサント・タウンという都市の巨大化傾向や、NYCHAのプロジェクトに対する「解毒剤」とみなした。フレッシュ・メドウズは「明日の都市—ヒュー・フェリスの描く、劇場的で（そして空想にふけった）木炭建築デッサンによる未来都市ではなく、どんなに詳密な批判的検討にも耐えられる場所」[*13] であった。

　重なる批判にもかかわらず、高層ハウジングの巨大化傾向は存続した。例えば、エクイタブル生命保険によってブロンクスに1949年に完成した

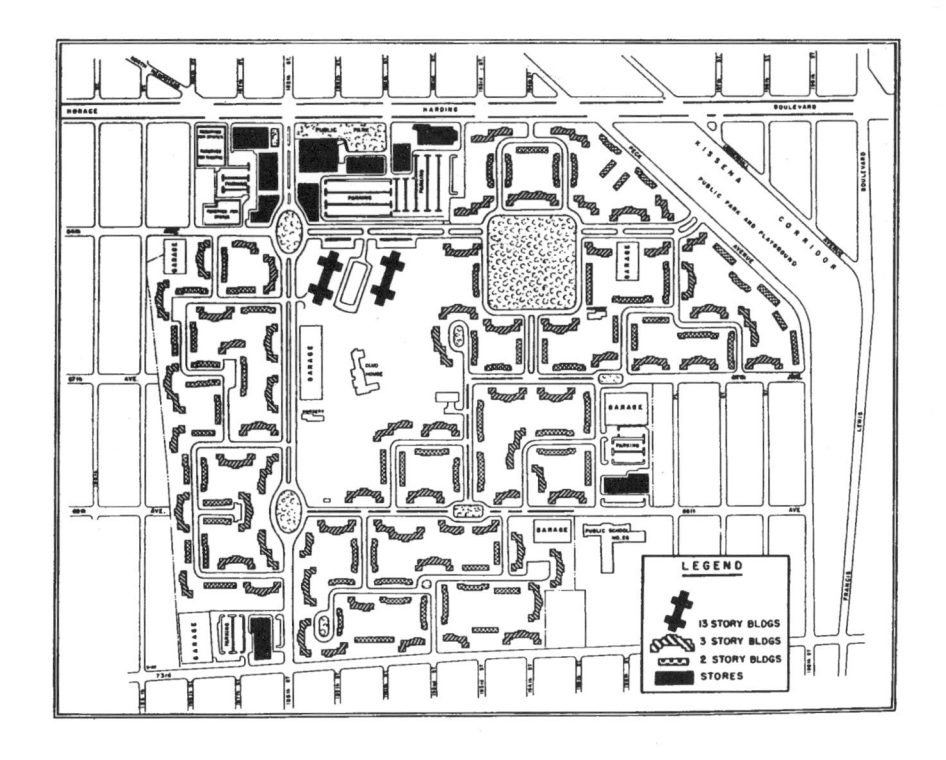

フォーダム・ヒル・アパートメントは、フレッシュ・メドウズと社会的目標の多くを共有していたものの、中所得層を対象とした戦後の高層・高密タワーの先駆となった点において異なっていた。[*14] レナード・シュルツ・アンド・アソシエイツの設計による9棟のタワーは1,118家族を収容した（fig.9.3）。高台に立地するタワーからの眺望は素晴らしいものであったが、高層化の理由は何よりもその経済性にあった。フォーダム・ヒルのタワーが提示した前途は、同規模の低層開発より25％低い維持コストによって約束されていた。実際、フォーダム・ヒルは多くの点で予言的であった。

9.2 ヴォーリーズ・ウォーカー・フォーリー・アンド・スミス。フレッシュ・メドウズ（クイーンズ、1949年）。外郭行政区で中所得者層を対象とした戦後初の大型プロジェクト。低層でガーデン・シティ計画の原理に基づいた唯一の事例であった。

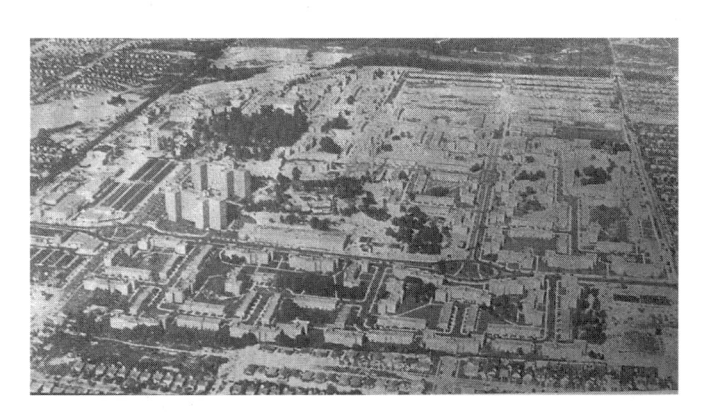

フレッシュ・メドウズ。

新しい動向　339

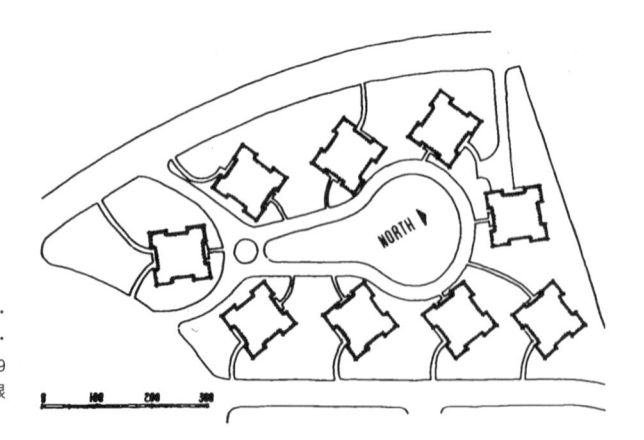

9.3 レナード・シュルツ・アンド・アソシエイツ。フォーダム・ヒル・アパートメント（ブロンクス、1949年）。「公園の中のタワー」を最大限に単純化。

1960年代になると、タイトルⅠによるスラム除去が原因となった都心部の転出や過密など、市内の人口統計、そして文化的特徴の変化に後押しされ、フォーダム・ヒルに類似した開発が急増したのである。[*15]

3. 1961年ゾーニング決議案：「公園の中のタワー」の絶対的承認。マンハッタンの高密度地区の拡張と、外郭行政区の超大型プロジェクト

1961年には新しいゾーニング法（1961 Zoning Resolution）が制定され、[*16]「公園の中のタワー」の理想は経済上の承認を受けることになる。この法令は1916年のニューヨーク市建物形態規制（fig.5.1参照）の大幅な改正によって、高層タワーと余裕ある外部空間を推奨したもので、影響を最も受けた地域は、外郭行政区の大部分、マンハッタン96丁目以北、ロウワー・イースト・サイドなど、これまで低層の高密度な建物が連続する地域であっ

フォーダム・ヒル・アパートメント。

た。初期の建設規制と同様、新しいゾーニング法はマンハッタン特有の高密度の状況を偏重していたため、結果として他の地域はマンハッタン化される傾向にあった。高密度という点に関しては、高さと日照だけを扱った単純な制限から、建物の容積と建蔽率の規制へと移行した。規制対象となる各要素は相互に関連づけられ、外部空間、敷地面積に対する部屋の割合、床面積、敷地最小面積などが統括された。[17] この公式化の中核には、建物の合計床面積の敷地面積に対する比率、すなわち容積率（Floor Area Ratio, FAR）があった。オープンスペースの確保に対する奨励システムが導入された結果、建物はますます細く、高くなっていった。皮肉にもこの変化は、高層ハウジングに厳しい批判が集中していた時期に重なり、建設の実務と法的な制度化の時間差という問題を反映していた。新しいゾーニング法は低層高密という既存の都市構造を分断しただけでなく、民間によるハウジング生産の停滞を招いた。大規模な介入のみが奨励された結果、過去の付加的で小規模な民間開発は払拭されたのである。

　外郭行政区における初期の民間大型ハウジング、レフラック・シティは、ジャック・ブラウンの設計によってクイーンズのロング・アイランド高速道路沿いに、1962年から1967年にかけて完成した。[18] 事業主のサミュエル・J・レフラックは、単一のプロジェクトとしてはニューヨーク市最大の民間家主となった。5,000世帯が居住するレフラック・シティは、現在に至るまで市内最大の民間開発である。フォーダム・ヒルに比較すると、より還元主義的で、5棟の巨大なX字形タワーに、並んで一階建ての商業施設が場当たり的に取り込まれた（fig.9.4）。各棟が世界の大都市にちなんで名付けられたのは皮肉と言えよう。レフラック・シティの完成に続いて、ミッチェル・ラマ・プログラムによる2つの開発、フレッド・C・トランプによるコニーアイランドのトランプ・ヴィレッジ、[19] ハーマン・J・ジェッサー設計により1976年にブルックリンに完成したスターレット・シティがある。[20] トランプ・ヴィレッジは3,800世帯、スターレット・シティは6,000世帯を収容するものであった。

　これらの大型プロジェクトはいずれも、1968年から1970年にかけてブロンクスに完成したニューヨーク市最大の単一のハウジング、総戸数15,500戸のコープ・シティ[21] に凌駕されることになる。ロバート・モーゼスにとって最後の記念碑であるコープ・シティは、ハーマン・J・ジェッサー設計により35層のタワーが35棟、広大な公園的環境の中に配置され、敷地内には2世帯住宅や商業施設、共用施設が点在していた（fig.9.5）。コープ・シティの敷地計画は誇大妄想的という意味で、他の大型ハウジングと明らかに性格を異にしていた。モーゼスの権力は黄昏期を迎えていたにもかかわらず、彼の壮大な未来像がさらに大胆に案出されたのである。[22]

　コープ・シティは州知事であったネルソン・ロックフェラーの社会像とも一致し、さらにハーマン・J・ジェッサーのキャリアの掉尾を飾るもの

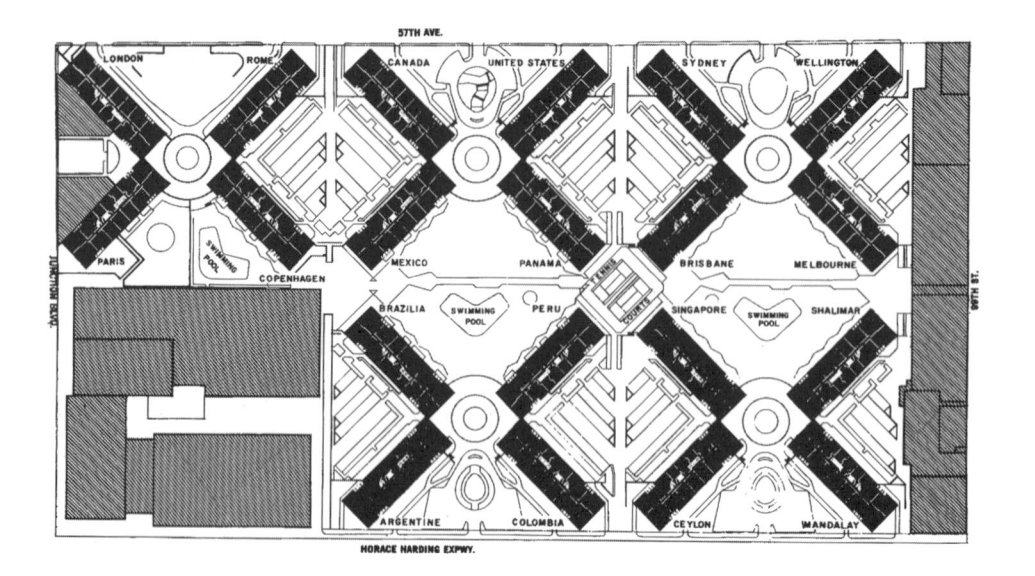

9.4 ジャック・ブラウン。レフラック・シティ(クイーンズ、1962-67年)。民間資本による最大のハウジング。5棟の十字形タワー各棟には800世帯以上が入居し、コルビュジェによる「塔の都市」のスケールを実現していた。

であった。コープ・シティのデザインは、労働者協同組合コロニーのような(fig.5.32参照)、ジェッサーの初期のプロジェクトに見られた感覚からは、遠くかけ離れていたものの、戦後の社会ハウジングの分野に残ることを選択した建築家たちが直面したジレンマを、何よりも明解に示していた。政治的進歩主義はすでに過去のものとなり、設計の慣例を必須とする社会制度主義が主導権を握っていたのである。

大型ハウジングの建設は、市内に古くから存在していた中所得層地域を弱体化させた。とりわけ経済的、社会的問題が増加していたブロンクスの

レフラック・シティ。

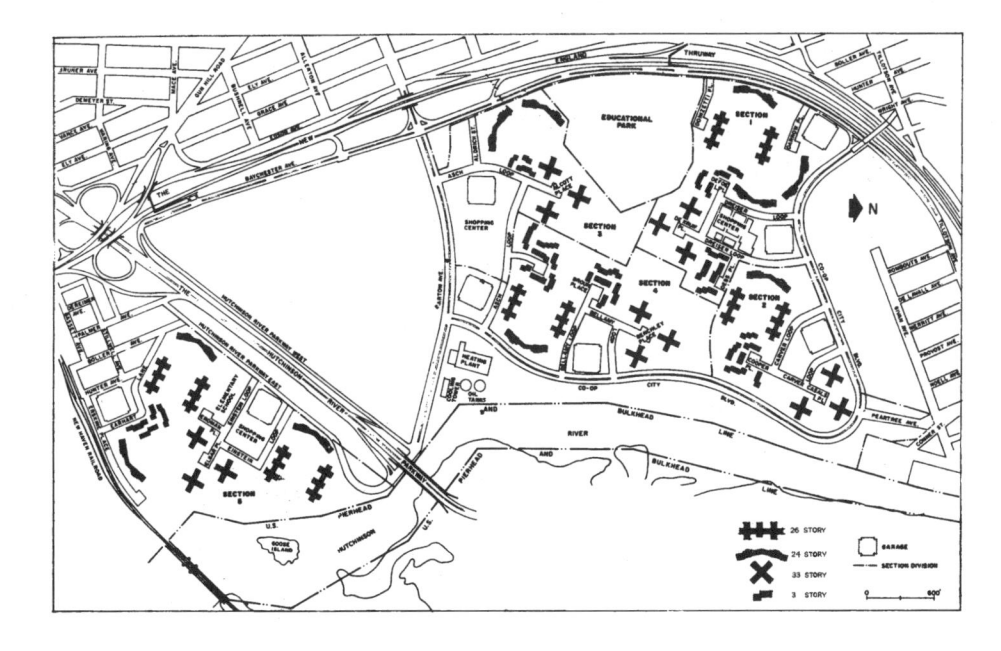

グランド・コンコースなどの地域を悪化させた。*23　地域従来の民族性や階級構成が変化し始めると、郊外への脱出から取り残された人々にとって、外郭行政区の新しい大型プロジェクトは手ごろな移転先となった。立ち退きを強いられた人々にとっても同様である。郊外への車の便をよくするという目的のもとに、南ブロンクスを横断するクロス・ブロンクス高速道路の建設によって、クロトナ・パーク全域は消滅した。*24　1960年代半ばの社会不安は、一般メディアによって増幅させられた。1967年、『ニューヨーク・ポスト』紙は、コープ・シティへの入居応募者の多数が後にしたグランド・コンコースまでたどり、人種と階級の境の急速な混乱に陥っていたコンコースの消滅を告げている。*25　この種の大量の住民流出がも

9.5　ハーマン・J・ジェッサー。コープ・シティ（1968-70年）。ニューヨーク最大のハウジング。広大な公園的環境の中に35棟のタワーが建設された。

コープ・シティ。

新しい動向　343

たらした悲劇は、グランド・コンコースの荒廃だけでなく、転出先となったハウジングにも見てとれる。コープ・シティでは完成当初から経済と建設上の問題が目立ち、その平凡なデザインとゲットーのような都市からの孤立と相まって、グランド・コンコースに代わるはずであった将来性が立証されることはなかった。コープ・シティに対する激しい抗議が上がる中、デニス・スコット・ブラウンとロバート・ヴェンチューリによる「修正主義」が、この計画を彼らの多くの規範と同様「ほとんど申し分ない」としたのは、経済的、文化的衝撃から生じた問題を、あまりにも単純化した解釈であった。[*26]

4. 上層階級ハウジングへのスラブ・ブロックの適用。モーゼスによるスラム・クリアランスへの抵抗

　高層ハウジングの形態が、十字形からスラブ（板状）・ブロックへと展開したのは、社会ハウジングに限ったことではなかった。土地コストという経済上の制約により、公園的空地という必要条件が制限されていたマンハッタンにおいても、スラブ・ブロックが流行として受け入れられることになる。1950年、SOMのゴードン・バンシャフトの設計によるマンハッタン・ハウスの完成をもって、この形状は中流上層階級の領域に取り入れられたのである。[*27] ニューヨーク生命保険が、中流下層階級を対象としたフレッシュ・メドウズを補充する目的で建設したマンハッタン・ハウスは、アッパー・イースト・サイドの東65－66丁目の街区を占めていた(fig.9.6)。重厚で凹凸のある22階建スラブ・ブロックの全長は600フィートを超え、形態の由来となった、マルセイユのユニテ・ダビタシオンをも凌駕していた。両端に配置された低層の商業建築によって近隣との調和が図られ、庭園は街路空間に寄与していた。バンシャフトによる同時期の公営ハウジング、セドウィック・ハウス(fig.8.16参照)と比較すると、マンハッタン・ハウスの十分なアメニティは、同じスラブ・ブロックが、社会ハウジングと高級ハウジングに適用された場合の差を十分に示していた。その後30年以上を経てもなお、マンハッタン・ハウスはニューヨークの高級なアドレスとして残っている。

　1960年から65年にかけて、I・M・ペイ・アンド・パートナーズはS・J・ケスラーと協働して、ル・コルビュジェのユニテ本来の形状を持つキップス・ベイ・プラザを完成させた(fig.9.7)。[*28] 1－2番街と東30－33丁目、広大なプラザに面して建つ2棟のスラブ・ブロックは、プレキャスト・コンクリートとガラスによる均一的なグリッドを構成し、ユニテに由来する最も上品なニューヨークのハウジングであった。駐車場の上部に植栽を施したプラザは、街路側に面した低層の商業施設と一体化することで、都市のコンテクストに織り込まれるのと同時に、公園として隔離と休息の感覚がもたらされた。

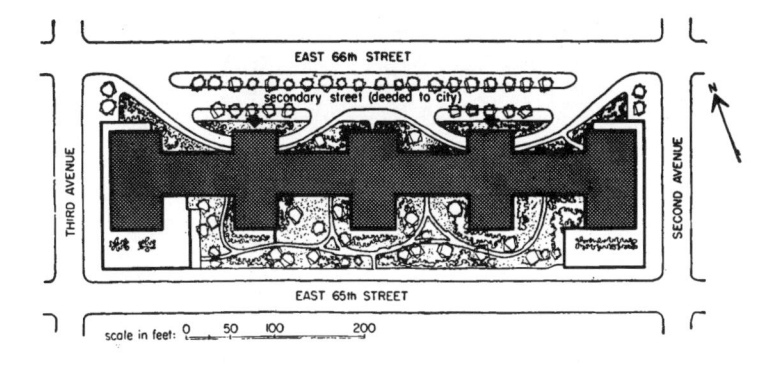

さらに大型のプロジェクト、ワシントン・スクエア・ヴィレッジは、S・J・ケスラー・アンド・サンズとポール・レスター・ワイナーの設計によって、グリニッジ・ヴィレッジの3つの街区に1958年から60年にかけて完成した。[*29] キップス・ベイ・プラザと同様、2棟の巨大なスラブ・ブロックの間は庭園となり、その下部は駐車場となっていた。その後、多くの同形式のプロジェクトが完成し、デザインの詳細に十分な配慮をもってすれば、高所得層を対象とした場合でも「公園の中のタワー」が都市的に機能し得ることを示した。いずれもスラブ・ブロックをいくらか品よく改良したものに過ぎなかったが、同時期に出現し高層ハウジングの画期的な調和への道を開くことになる。

ワシントン・スクエア・ヴィレッジはもともと、スラム除去市長委員会が1951年に提案した悪評高いワシントン・スクエア・サウス計画に端を発していた。[*30] この計画は、ワシントン・スクエアを貫通して5番街を延長させ、スプリング・ストリートにいたる全域を取り壊すというもの

9.6 SOM。マンハッタン・ハウス（1950年）。スラブ・ブロックを採用した高級ハウジング。アッパー・イースト・サイドの一街区全体を占めた。

マンハッタン・ハウス。

新しい動向　345

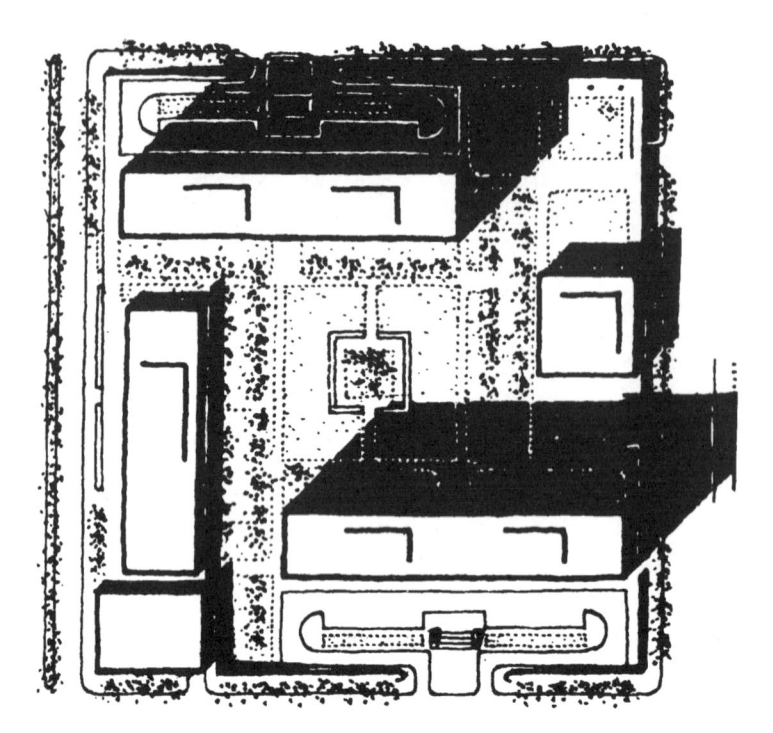

9.7 I・M・ペイ・アンド・パートナーズ。キップス・ベイ・プラザ（1960-65年）。2棟の素朴なスラブ・ブロックが私有プラザに向かい合う。プラザ端部には駐車場と商業建築が組み込まれた。

であった。しかし、この計画はロバート・モーゼス個人と「ブルドーザー手法」に対する反対運動が終結するきっかけとなる。市民の抗議は、ワシントン・スクエアへの冒涜だけでなく、地元の商店や家族の大量立ち退きと、タイトルIを利用して用地を取得するという、退廃的な姿勢に向けられていた[*31]　結局、5番街は延長されず、I・M・ペイ・アンド・パートナーズの設計による3棟のタワー、ユニバーシティ・プラザが1966年に完成しただけであった。[*32]

5. 戦後アーバニズムへの批判：
ジェーン・ジェイコブスとセルジュ・シェマイエフの活動

ニューヨークの戦後アーバニズムに対する批判の根は、大衆的、理論的関心の双方に通じていた。例えばニューヨーク婦人クラブは、タイトルIのスラム除去に結びついた移転問題、具体的にはマンハッタン・タウン（ウェスト・パーク・ヴィレッジ）に関する詳細な研究を行っている。1954年に完成し、1956年に続編が発表されたこの研究は、再開発に伴う社会の分裂を把握しようとしたもので、広範囲にわたる住民からの聞き取り調査と地域分析によって、ニューヨーク市の都市再生が、スラムの除去よりも早い速度で新たなスラムを生み出していることを指摘した。[*33]　またセルジュ・シェマイエフはハーバード大学で1954年頃に始めた先駆的なハウジング研究において、低層の方が高密度を達成しやすいと主張した。

キップス・ベイ・プラザ。

この研究は 1963 年に『コミュニティとプライヴァシー』(Community and Privacy) として出版され、広範な影響をもたらした。*34 しかしニューヨークを背景としてジェーン・ジェイコブスほど多様な議論を一つに集約した人物はいない。1961 年に出版された彼女の著書『アメリカ大都市の死と生』 (The Death and Life of Great American Cities) は、ニューヨークだけでなくアメリカ全土の都市再生政策に対して高まりつつあった抗議に、確かな基盤を築いたのである。

ジェイコブスは、近代アーバニズムによって都市から取り除かれた、すべての正統的なものを取り戻す必要性を論じた。この意味において、彼女の著書は、ちょうど 20 年前に出版された、ホセ・ルイス・セルトの『我々の都市は生き残れるか？』へのアンチテーゼであった。ジェイコブスは、都市機能を住・職・余暇に分離するような、還元主義的な都市概念を批判し、大規模再生ではなく、より小規模で多様性のある、付加的な再建への復帰を主張した。ジェイコブスは、高層タワーが正常な都市生活固有の居住パターンを崩壊させ、その社会コストは、建設費という短期の経済性をはるかに凌ぐとした。さらにダニエル・バーナムの「シティ・ビューティフル」からル・コルビュジェの「輝く都市」に代表される全体主義的な美学にも異議を唱えている。

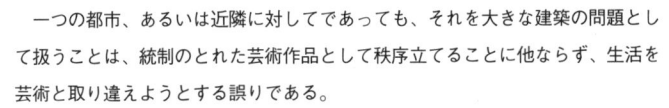

ユニバーシティ・プラザ。

一つの都市、あるいは近隣に対してであっても、それを大きな建築の問題として扱うことは、統制のとれた芸術作品として秩序立てることに他ならず、生活を芸術と取り違えようとする誤りである。
このような重大な誤解が招く結果は、生活でも芸術でもない。それらは剥製である。正しい場におかれた剥製は、有益でまともな工芸と言える。しかし、陳列される標本が、死んだものの展示、すなわち剥製にされた都市である場合は、行き過ぎというものである。*35

ジェイコブスの思考のハウジングに対する影響には、時を移さず多大なものがあった。例えば、ルーベロイド社が 1963 年に主催した、イースト・ハーレムの新規ハウジングの設計競技には、その影響を明白に見てとれる。*36 ニューヨーク市ハウジング再開発評議員会（HRB）との提携によって作成されたプログラムによる再生範囲は、東 107 − 111 丁目間の FDR ドライブに面した 4 街区であった。助成を受けた 1,500 戸の中所得層用アパートメントは、近隣との調和への細心の配慮が開発の目安とされた。ゾーニング法と建築法規の規制範囲内では、高層と低層のあらゆる組み合わせが可能であったが、審査員は低層案に特別興味を示したようである。ホドニー・アソシエイツによる優勝案では、小さな格子状の歩行路や道路に沿って低層住宅を並べた中に、4 棟のタワーが配置されていた。より急進的であったのは、エドヴィン・ストロムセン、リカルド・スコフィディオ、

新しい動向　　347

9.8 エドヴィン・ストロムセン、リカルド・スコフィディオ、フィリックス・マートラノ。ルーベロイド社主催イースト・ハーレム・ハウジング設計競技2等入選案（1963年）。きめ細かい低層高密度のヴォリュームは「公園の中のタワー」手法からの決定的な離脱を示している。

フィリックス・マートラノによる2等案である。細い歩道があり、外周のみに車両の進入を制限した、きめの細かい低層ヴォリュームの提案であった（fig.9.8）。これらの案が呼び起こす世界は、「輝く都市」よりも、19世紀のグリニッチ・ヴィレッジにより近く、ニューヨークの伝統的な都市構造の特色が、建築家の思考として再び主張されるようになったことを示していた。

1968年に実施されたブルックリンのブライトン・ビーチ・ハウジング設計競技では、低層問題がさらに探求された。[*37] スコフィディオとストロムセンらによる2等入選案は、6棟の建物が砂浜に向かって段状に配置されていた。ウェルズーコッターによる優勝案とは対照的に、当時の大規模な社会ハウジングの主流を反映し、25階建てタワーと低層建築が海に面した公共プラザを取り囲むというものであった。しかし一般の関心はヴェンチューリとローチによる3等入賞案に示されていた、1966年にニューヨーク近代美術館から出版された『建築の多様性と対立性』（Complexity and Contradiction in Architecture）以来となるヴェンチューリの思考に向けられた。[*38] 2階建てのタウンハウスが、2つの13階建て煉瓦

棟の間に点在し、それは地元の工務店による建物を想起させるという意味で文脈的であると主張された。この戦略は「既存の可能性」の洗練された適用例として、一部の審査員たちに好まれたものの、他の審査員は「ここにある建物は、クイーンズやブルックリンで大恐慌以来建てられてきた、最も陳腐なアパートメントしか見えず、その配置も平凡でつまらない」*39と批判的であった。ここで重要なのは、ニューヨークで初めて「醜い平凡さ」が社会ハウジングの美徳として表現されたことであり、その後到来する、文化のニヒリズムがハウジングのデザインと密接な関係にあるとみなされる時代の前兆であった。

1960年にロバート・モーゼスがスラム除去市長委員会を辞任すると、ニューヨーク市のハウジング官僚による「公園の中のタワー」に対する支持は急速に衰えることになる。モーゼスの退陣はタイトルⅠを通じた市への連邦資金の操作をめぐって、圧倒的な批判を受けてのことであり、その非難はスラム除去に際しての土地買収に関わる汚職や、利己目的に政治圧力を駆使したプログラムの促進に向けられていた。*40 またマンハッタンタウン開発において、大量の立ち退きを回避できなかったスラム除去の手法に対しても、市民の反感が募りつつあった。モーゼスの辞任を見越したロバート・ワグナー市長は経営コンサルタントのJ・アンソニー・パヌークを起用し、ハウジング官僚制の再編成調査を図った。*41 モーゼスの辞任後、パヌークの推奨項目は実施に移された。ニューヨーク市ハウジング再開発評議会（Housing and Redeveloprmant Board, HRB）が設立され、スラム除去市長委員会を含む、各現行機関の機能を調整した。一般市民は、都市再生において、それまでのブルドーザー手法が破棄されたことを確信した。こうしてニューヨーク市で初めて、タイトルⅠの資金がスラム除去だけでなく、ハウジング再建にも配分されるようになった。

1966年の就任以来、ジョン・リンゼー市長はハウジング部門を含むニューヨーク市政府の包括的な改革を推進し、すべての現行ハウジング機関を1つの機関に統合し、その責任者にはハウジング再開発評議会会長を上回る権限が与えられた。住宅開発局（Housing Development Administration, HDA）と命名された新機構は、1967年の市議会で承認されるとすぐに、ハウジングのデザインやアーバニズムにおいて芽生え始めた新しい動向の拠点となった。*42 議論の焦点は「公園の中のタワー」の終焉についてであった。HDAはランドスケープ・アーキテクトのローレンス・ハルプリンに、社会ハウジングの問題の改善を目的に、市内のタワーハウジングの外部空間再生に関する調査を依頼した。ハルプリンが1968年に発表した報告書には、竣工後10年未満の「公園の中のタワー」ペン・ステーション・サウスの再生案が含まれていた。*43 この提案は既存タワー間に連続する低層の建物を増築し、ヒューマンスケールの空間を作り直すことで、タワーを周囲の都市文脈に調和させるというものであった（fig.9.9）。同様

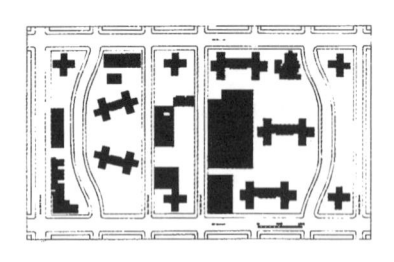

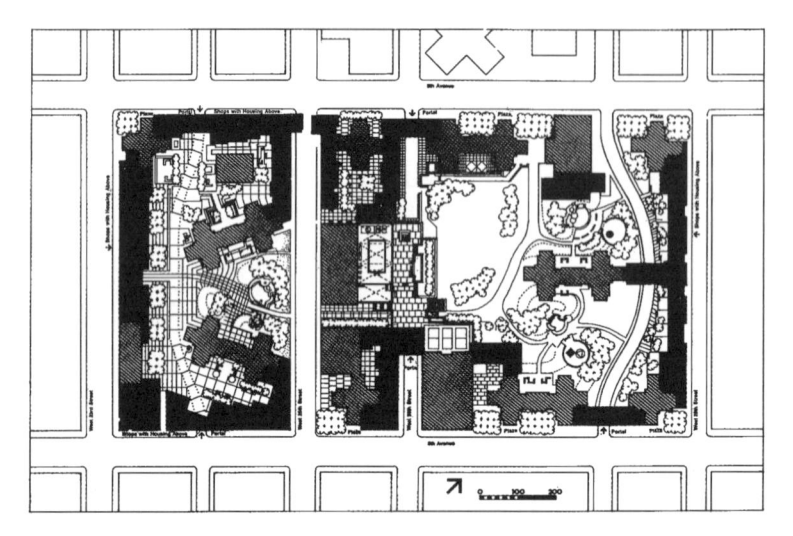

9.9 ローレンス・ハルプリン。ペン・ステーション・サウス再建案（1968年）。敷地内に連続する低層建築が新築され、既存の「公園の中のタワー」と周辺地区の調和を図った。

の感性は、HDA の依頼を受けた建築家や、HDA 内の計画設計研究部のスタッフによる提案にも含まれていた。設計提案は、低層の建物と融合しやすい「浸食された」形態としてのタワーの方向に発展していった。これらの提案が実現すると、高層ハウジングの新しい世代が形成され始め、1970年代半ばに完成することになる。HDA はさらにハルプリンの「公園の中のタワー」再開発構想を推し進めていった。HDA によるブルックリンのインデペンデンス・ハウス提案や、前出のブライトン・ピーターハウジング設計競技においても、同種の関心が表れている。*44

新しい着想の拠点となったのは HDA だけではなかった。ニューヨーク州議会によって 1968 年に設立された、ニューヨーク州都市開発公社（New York State Urban Development Corporation, UDC）は、HDA と同様のデザイン価値基準を推進し始めていた。*45　UDC はデザインの質に関して莫大な影響力を持ち、地元のゾーニング法を覆し、政府組織に土地の徴用を命じることも出来た。また公務規定を通さない建築家の採用が可能であったため、地域の政治的関係に支配された資格保有者への依存から生じる凡庸な結果が避けられた。UDC には財政上の自立性が認められ、独自の債券を発行し、ニューヨーク州の「道徳的義務」によって債務返済が保証された。

さらに UDC の独自性は独自のデザイン基準を発展させ、それは連邦住宅局（FHA）の基準よりも高いものであった。UDC の遺産はハウジングの建設だけでなく、プロジェクトの要綱編成や研究にまで及んだ。*46

その他にも、設計に関する新しい思考が、各地区の計画・デザイン機構によって生み出された。いずれも J・F・ケネディ、リンドン・ジョンソン政権時代の社会プログラムを通じて、政治・財政上の支持を得た団体であり、1960年代末には成熟期を迎えていた。よく知られたコミュニティ発案型プロジェクトには、1967年にミルバンク－フローリー・サークル－イースト・ハーレム住民合同協会と提携する建築家が提案した、タフト・ハウス再開発計画がある。*47 タフト・ハウスは、わずか2年前に公営高層ハウジングとして竣工したもので、HDA によって新規低層充填（infill）ハウジングの敷地として指定されていた。合同協会の意見は、HDA 案は近隣の悪化を招くだけというものであり、低所得層だけでなく中所得層のアパートメントを含む代替案が作成された。居住家族が裕福になった場合には転出することなしに、プロジェクト内のより適当な住戸に移動できるというものであった。同協会に協働した建築家、ロジャー・カタンは、タフト・ハウスの公園用地全体を占める3－11層の水平「棚」のシステムを提案し、道路の空中権も利用された。提案された構造体にはプレハブ住宅が挿入されていた。共有施設も計画され、保健センターや協同組合の商店、公共、民間の機関事務所は、いずれも地域の自足に寄与すると考えられた。しかしプロジェクトの規模が非現実的であることが明らかになると、コミュニティに誤った期待を持たせたとして、非難の的となった。

同じ頃、コロンビア大学建築学科のオスカー・ニューマンは、連邦司法省の資金を受けて、都市住宅環境の安全をテーマとする研究プロジェクトに着手した。ニューマンは「公園の中のタワー」のデザインの特性と、犯罪や暴力の増加の相互関係を見出し、その研究は1972年に『まもりやすい空間』（Defensible Space）として出版され、幅広い議論と影響をもたらした。*48 この本の中で比較されたのはブルックリンのブラウンズヴィル・ハウスとヴァン・ダイク・ハウスであった（fig.8.23 参照）。NYCHA による各種のプログラムが開始されて以来、つまり初代理事のフレデリック・アッカーマンが警告を発してから30年以上を経て、ようやく経験的な信用を得たのであった。アッカーマンの研究の正当性が証明され、ハウジングの長期コストは、少なくとも社会階級に関しては、ハウジングの類型と密接に関係することが確認されたのである。

1967年から1976年にかけて、これらの政府機関によってニューヨーク市には大量の新規助成を得たハウジングが供給されたが、いずれもが移り変わる建築の体勢の影響を受けていた。当時、ハウジングに理解を示す新しい世代の建築家は成熟期を迎え、サウス・ブロンクスのツイン・パークス地域や、コニー・アイランドなどに大規模ハウジングが集中して完成し

た。さらに大型のプロジェクトが、イーストリバーのルーズヴェルト島、マンハッタン南端の埋立地バッテリー・パーク・シティに計画された。後者は1968年に開始し、マンハッタン広域ウェスト・サイド再開発の出発点となった。この計画に含まれたウェストウェイは、42丁目以南のマンハッタン西側水際全域の再整備計画であった。UDC 単独でも、1968年の設立からプログラムが終了した1977年までに、総戸数15,514戸を数える32のプロジェクトを、ニューヨーク市に建設した。[*49] またミッチェル・ラマ・プログラムによって、さらに多く33,718戸が同じ期間に供給された。これらの数は1960年代半ばの記録には及ばなかったものの、以前よりも社会ハウジングの質が相対的に向上したという点が、決定的に異なっていた。

この時期に完成した多数の革新的プロジェクトの賞賛は、必ずしも長期間持続しなかったが、完成当初にはかなりの興味を持って受け入れられ、後続プロジェクトの模範となった。デイヴィス・ブローディ・アンド・アソシエイツの設計により1967年に完成したリバーベンド・ハウスは、ミッチェル・ラマ・プロジェクトのひとつであり、大きな影響をもたらした。[*50] イースト・ハーレムのハーレム・リバー・ドライブに隣接する敷地に建設された624戸から成る19層のスラブ・ブロックは、旧来の自立するタワーとは対照的に、地上から持ち上げられたプラザを囲む形で連結されていた (fig.9.10)。リバーベンドはその先例よりも高密であり、建蔽率は低いほど良いという理想を覆した。住戸のタイプは多様であり、そのうち2層アパートメントは吹き抜けの外廊下に連結し、それぞれにはポーチが設けられた (fig.9.11)。こうしてスラブ・ブロックの内部構成は、全く新しい多様性を伴うようになった。

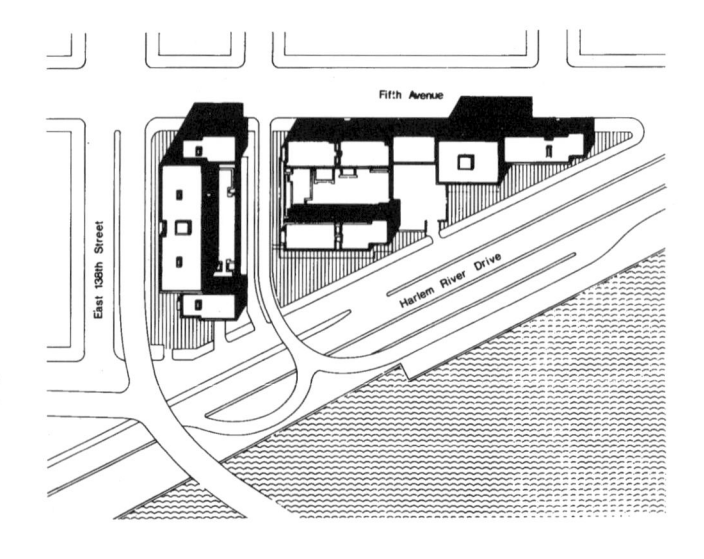

9.10 デイヴィス・ブローディ・アンド・アソシエイツ。リバーベンド・ハウス (イースト・ハーレム、1976年)。従来のスラブ・ブロックから大きく変化し、回廊式「ストリート」が都会的な「プラザ」を囲んでいる。1960年代までヨーロッパで発達した発想が複数採用された。

リバーベンド・ハウス。

9.11　リバーベンド・ハウスの典型的二層ユニット。回廊式「ストリート」断面。一段高くなった玄関脇の「ヤード」。

　ニューヨークのハウジングにおける外部廊下の採用は1855年のワーキングメンズ・ホームまで遡るが（fig.1.4参照）、リバーベンドはその自由な応用の先駆けとなり、実験主義の気風によってだけでなく、消防規則への準拠という好都合にも後押しされた。またより直接的な影響として、ヨーロッパでの先例があった。主任設計者のデイヴィッド・ブローディは、イギリスで経験を積んでおり、イギリスのピーター／アリソン・スミッソン夫妻、フランスのカンディリス・ジョジック・ウッズ、そしてオランダのヤコブ・バケマによるプロジェクトや理論が参照された。いずれも1960年代半ばに米国で注目を集めたチーム・テンのメンバーであった。[*51]

6.　文脈主義と高層ヴォリュームの表面的躍進。ツイン・パークス開発。バッテリー・パーク・シティ公社の設立。ルーズヴェルト島全体計画

　リバーベンドの完成から数年が経過すると、ブロンクスに建設されたツイン・パークス・プロジェクトは、多大なる批評的関心を集めることになる。とりわけ注目されたのは、リチャード・マイヤー・アンド・アソシエイツの設計により1973年に完成した、ツイン・パークス・ノースイーストである。[*52]　ブロンクス植物園に隣接する2つの不整形な街区に建つ高層棟が、近隣の小規模な建物に統合された様子は画期的であった。大胆に分節された7－16層から成る建物ヴォリュームには、523戸の住戸、駐車場、商業・共有空間が緊密に織り込まれていた（fig.9.12）。外部空間は

新しい動向　353

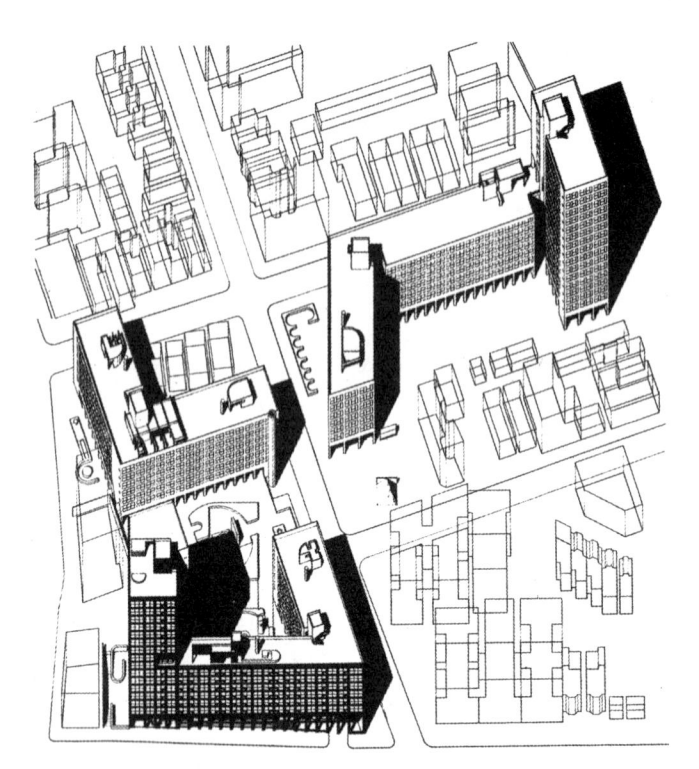

9.12 リチャード・マイヤー・アンド・アソシエイツ。ツイン・パークス・ノースイースト（ブロンクス、1973年）。低層が多い周辺の文脈に配慮し、低層小規模の公共空間の周囲が細分化され、完成当時は高層建築のヴォリューム構成における革新とみなされた。

2つの公共広場によってまとめられ、全体の建蔽率も53％と、新しい高密な方向性を反映していた。[*54] 敷地計画における形式的構成には、マイヤー事務所の主任設計者が師事したコーリン・ロウの影響も見られた。[*53] マイヤー自身の言葉によれば：

> この設計手法は、つまり、既存都市文脈との融合に対する姿勢を表現することであった。主な配慮は、新しい建物を周辺の建造物と関連づけ、公私の空間に内在する差を表現することだった …利用可能な空間を、住民と地域コミュニティのニーズに応えて出来るだけ広く提供するためである。
>
> ツイン・パークス・ノースイースト・ハウジングは孤立した構造体で構成された建築ではない。ここには、伝統的建物の思想への参照と、都市の連続性、そして適応する都市性能という概念がある。 …この考えは、既存の都市環境から進化し、それに適応し、それを強固にする建物を目標とする。[*55]

このプロジェクトを評価したケネス・フランプトンは、この種の「文脈主義」を、オスカー・ニューマンの『まもりやすい空間』が主張した、公共空間の領域性と防御性の問題に対応するものととらえ、「素晴らしい感性である …その既存都市文脈との関係だけでなく、成功しそうな遊び場としての公共空間を提供した点においても。この空間は、自発的利用によっ

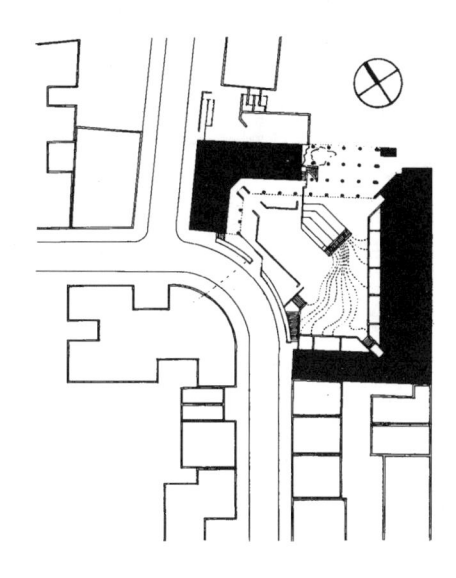

9.13 ツイン・パークス・ノースイースト。部分的な周辺ブロックが、勾配のある地形と調和している。

て十二分に支えられているようである。たとえその利用法が、時たま暴力に陥ったとしても」と述べた。*56　一方で、住戸そのものへの設計上の配慮は非常に小さく、当時の新しいプロジェクトと異なり、各住戸は単純で、新しい思考に寄与するところもなかった。残念なことに、各アパートメントの空間水準はFHAの最低基準に従っただけで、より高い水準に基づいたUDC基準は、プロジェクト完成直後に設定されたのであった。*57

　ツイン・パークス開発では、上記以外にも敷地計画の新しい感性を探求したプロジェクトが完成している。例えば、プレンティス・チャン・アンド・オルハウゼンの設計による、比較的小規模なツイン・パークス・ノースウェストは、変型周囲ブロックを配置し、世紀初頭に幅広く取り入れられたアーバニズムへの関心を復活させる発端となった。*58　ウェブスター・アヴェニューに面する急斜面に建ち、地形と東184丁目の曲線により、単純な周囲型のヴォリュームは一変した（fig.9.13）。またツイン・パークス・ウェストは、ジョヴァンニ・パサネラ・アンド・アソシエイツの設計によるもので、敷地文脈の課題に取り組み、アクセスや地形の機能的分析に基づくパターンに高層板状建築を配置することで、象徴性と門の機能を兼ね合わせていた。*59　ヴァレンタインとウェブスター・アヴェニューの交差点に位置するこの3角形の建物は、敷地の独立性によってそのヴォリュームが強調され、内部居住空間は、ル・コルビュジェのユニテを想起させる、2層の住戸であった（fig.9.14）。その後まもなく、パサネラはツイン・パークス・イーストを完成させており、これも都市の道標をテーマとしていた。*60　サザン・ブルバードとプロスペクト・アヴェニューが交わる主要交差点に位置し、指示塔と玄関門の役割を担う2棟の建物が、ブロンクス動物園の重厚な緑を背景に並置されたのである（fig.9.15）。

新しい動向　355

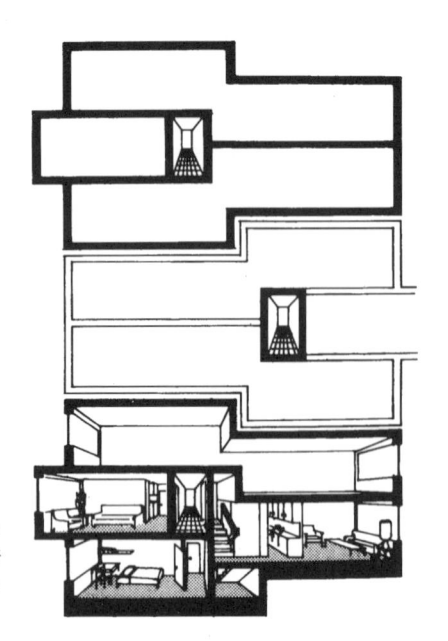

9.14 ジョヴァンニ・パサネラ。ツイン・パークス・ウェストの住戸断面図（1974年）。ル・コルビュジェのユニテ構成を想起させる。

バッテリー・パーク・シティ計画は、1968年、UDCの先例にならった非営利公共法人であるバッテリー・パーク・シティ公社（Battery Park City Authority）の設立をもって始まる。ハドソン川に沿って、チェンバース通りからマンハッタン南端のバッテリー・パークにいたる広大な埋立地への提案は、新しい都市の創生であり、計画住戸数は19,000戸、オフィスや商業空間の就業人口は35,000人とされていた。マスタープランを設計したのは、ハリソン・アンド・アブラモヴィッツ、フィリップ・ジョンソンとジョン・バージー、コンクリン・アンド・ロッサントであった。[61] リバーフロントは遊歩道や公園として整備され、商店の並ぶ中央道路は計画全体

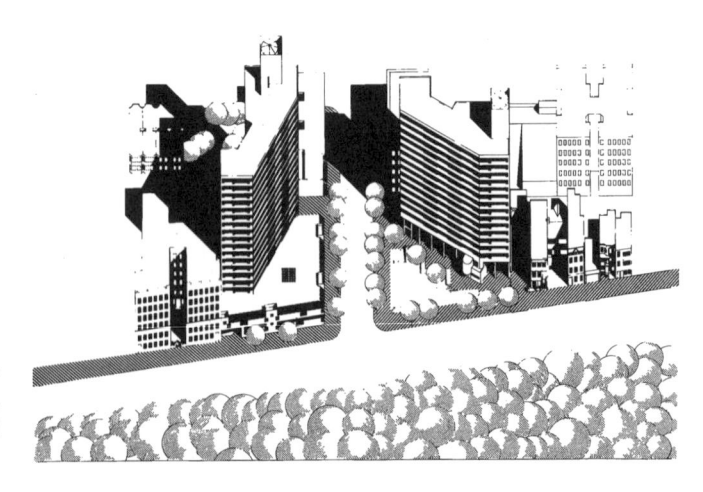

9.15 ジョヴァンニ・パサネラ。ツイン・パークス・イースト（1975年）。ブロンクス動物園に面した「道標」と「ゲート」を兼ねた建築。

の骨格となって、大まかに定義された中庭を持つそれぞれの住居棟を秩序づけていた。しかしバッテリー・パーク・シティ公社は財政難に陥り、計画は立ち往生し、ごく一部の実現をもって、マスタープランは放棄されることになる。

その後まもなく、UDCはルーズヴェルト島開発に着手し、部分的ながら、かなり早い時期から成果が見られた。これもまた「都市の中の都市」をモデルとしていたが、バッテリー・パーク・シティのような商業施設やオフィスの開発は含まれなかった。そして島という特性は、スタイヴェサント・タウンやコープ・シティの伝統により近い都市のエンクレーヴに属した。マスタープランはフィリップ・ジョンソンとジョン・バージーによるものである。バッテリー・パーク・シティと同様、「骨格」が提案され、高層ビルによる景観を絵画的に見せようとした狙いは、注目すべきである。緩やかに湾曲するメイン・ストリートは眺望のスケールを縮小させ、全体の圧迫感を軽減させて。[*62] 個々のハウジング・ブロックは骨格から水辺まで段階的に高さが低くなることで、とりわけマンハッタンのスカイラインへの眺望が配慮された（fig.9.16）。居住空間水準の改善は開発の優先事項であり、UDCによる他のプロジェクトと比較すると、より中所得層を対象としていた。

ルーズヴェルト島のハウジングの中で最も注目すべきは、セルト・ジャクソン・アンド・アソシエイツの設計によって1976年に完成したウェストヴューとイーストウッドのアパートメントである。[*63] どちらも、10年前にハーバード大学に完成したピーボディー・テラスなど、[*64] 広範囲に影響を及ぼしたセルトの作品の特徴をさらに発展させ、ル・コルビュジェのユニテに見られた分割断面をさらに追求するものであった。セルトは3層ごとに外回廊を配置することで水平動線を最低限に抑え、1層と2層の

9.16 フィリップ・ジョンソンとジョン・バージー。ルーズヴェルト島マスタープラン（1971年）。UDCによる委託。湾曲するメイン・ストリートを軸とする圧迫感が軽減するための絵画的な高層建築の試み。

ルーズヴェルト島。メインストリート。

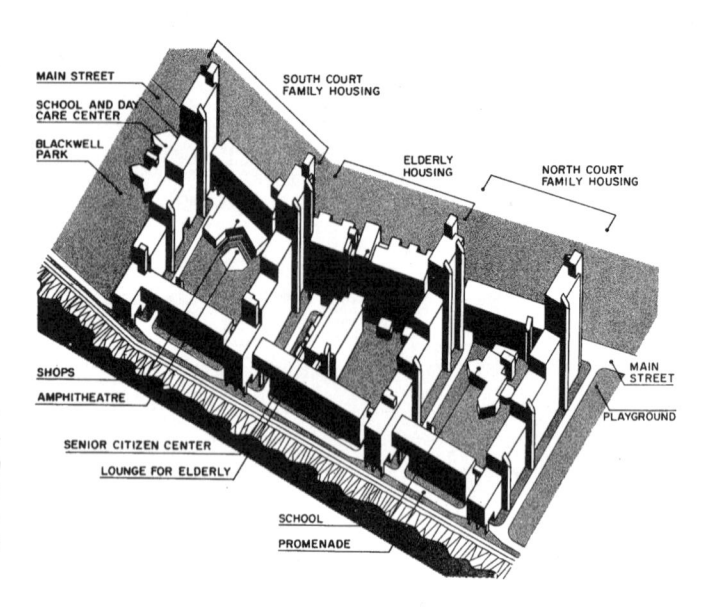

9.17 セルト・ジャクソン・アンド・アソシエイツ。イーストウッド（ルーズヴェルト島、1976年）。開放的な周囲型ブロックが川辺に向かってテラス状に下がっている。ル・コルビュジェのユニテを追求した断面構成を持つ。

ホロヴィッツ・アンド・チャン。コンフューシャス・プラザ（1976年）。

柔軟性が高い住戸編成を可能にした（fig.9.17）。また隣接するリバークロス複合団地は、中流上層所得層を対象とした点で評価されていた。[*65]

1970年代にはマンハッタンの都市構造という点において、文脈主義という規範が進歩的デザインの象徴として台頭していたが、独立するタワーも、少なくとも経済的理由により様々な形で存続していた。タワーの敷地計画はしばしばプラザの領域に入り、建蔽率が最も高い場合には中層ハウジングと商業ビルに結合され「ストリート・ウォール」として景観の連続性が維持された。1977年にデイヴィッド・トッド・アンド・アソシエイツの設計によって完成したマンハッタン・プラザは、比較的散在したオープンな手法の例である。[*66] 西42－43丁目と9－10番街に囲まれる街区の両端には、道路面より持ち上げられたプラザを挟む形で45階建てのタワーが配置され、プラザの階下には、駐車場（fig.9.18）と道路側に面した商店が並んだ。

さらに発展的な例は、デイヴィス・ブローディ・アンド・アソシエイツの設計によって1974年に完成した、イースト・ミッドタウン・プラザである。[*67] このプロジェクトでは、タワーとプラザが既存建物の複雑なパターンを用いて統合された。1－2番街の間の、東24丁目を挟む2つの街区が、道路を横断するプラザによって一体化され、不整形な敷地には「ストリート・ウォール」を維持する形で11層のタワーと低層棟が挿入された（fig.9.19）。また、より象徴的な文脈では、マンハッタンのチャイナタウンに1976年に完成したコンフューシャス・プラザが挙げられる。[*68] ホロヴィッツ・アンド・チャンの設計による曲面状のスラブ・ブロックは、敷地の向かい側にあるマンハッタン橋のアーチ門のスケールに相対し、基

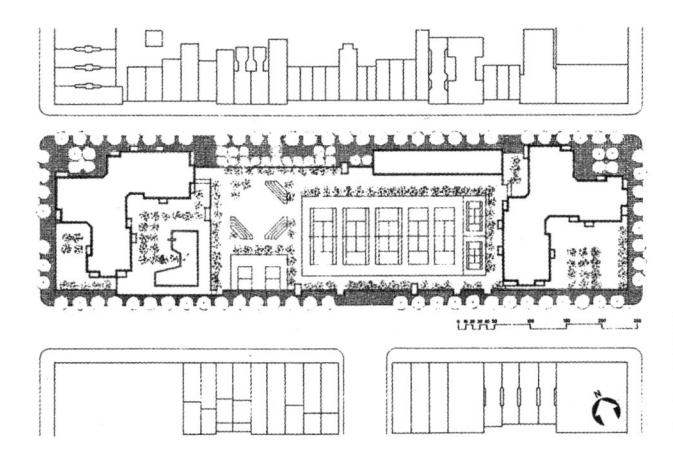

9.18 デイヴィッド・トッド・アンド・アソシエイツ。マンハッタン・プラザ（1977年）。プラザ下部の駐車場と商業施設という形式の原型となる。45層のタワーが街区の両端に建つ。

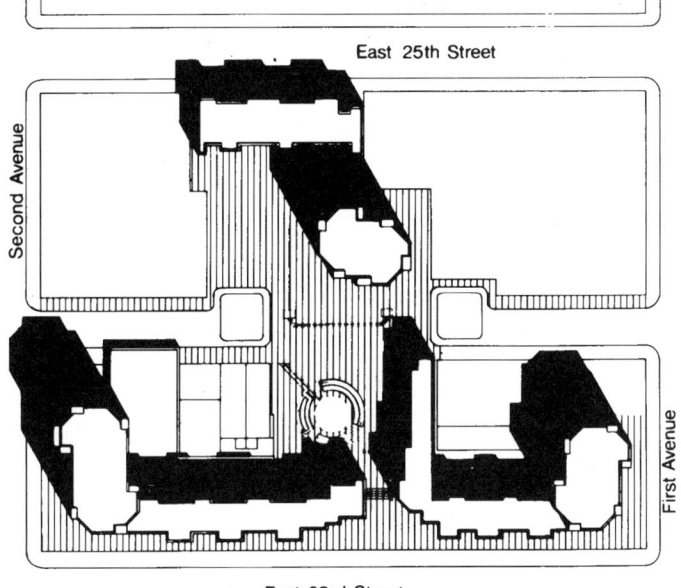

9.19 デイヴィス・ブローディ・アンド・アソシエイツ。イースト・ミッドタウン・プラザ（1974年）。広いプラザが2つの街区にまたがり、既存の町並みに融合した構成となっている。

壇部に設けられたプラザには駐車場と学校、そして商店が統合された。

　この世代のマンハッタンの高層ハウジングの最良の事例は、1975年にイースト・ハーレムのFDRドライブに沿った街区に完成した1199プラザであろう。*69　設計はホドネ・ステージバーグ・パートナーシップにより、プロジェクトの出資者である保健医療労働者組合第1199支部の意見が十分に取り入れられた。計画の原点は、同敷地を対象とした1963年ルーベ

新しい動向　359

ロイド設計競技の優勝案である。最終的な構成は、4棟のU字形の建物が、イーストリバーに向かって32階から6階まで段状に低くなるというものであった（fig.9.20）。そのヴォリュームは興味深く、世紀初頭のタワー、周囲ブロック型、そしてスラブ・ブロックなど、複数のハウジングの類型が組み合わされ、眺望、日照、安全性にも適切に対応していた。1,590戸のアパートメントには多様なタイプが見られ、外回廊からアクセスする2層アパートが特徴的であった。

UDC主催による1975年ルーズヴェルト島ハウジング設計競技は、ルーベロイド設計競技と同様、高層地区問題におけるデザイン革新探求の試みであった。要求内容は、既存のUDC開発に1,000戸を追加するというもので「コミュニティ、子供の監視、安全、維持管理、住みやすさ、都市文脈へのふさわしい応答」という建築上の課題が強調された。[*70] しかし前年代の具体的な成果と比較すると、視覚的、言葉上のレトリック以外に、これらの問題解決となる進歩を見出すことは無理であった（fig.9.21）。唯一特筆すべきは、提出案自体の性格であり、それは幻想的であるか、論争的であるかのどちらかで、この年代の建築思潮を表していた（fig.9.22）。そして設計競技直後に訪れたUDCの財政破綻はハウジングの革新における特異な時代の終わりを告げたのであった。[*71]

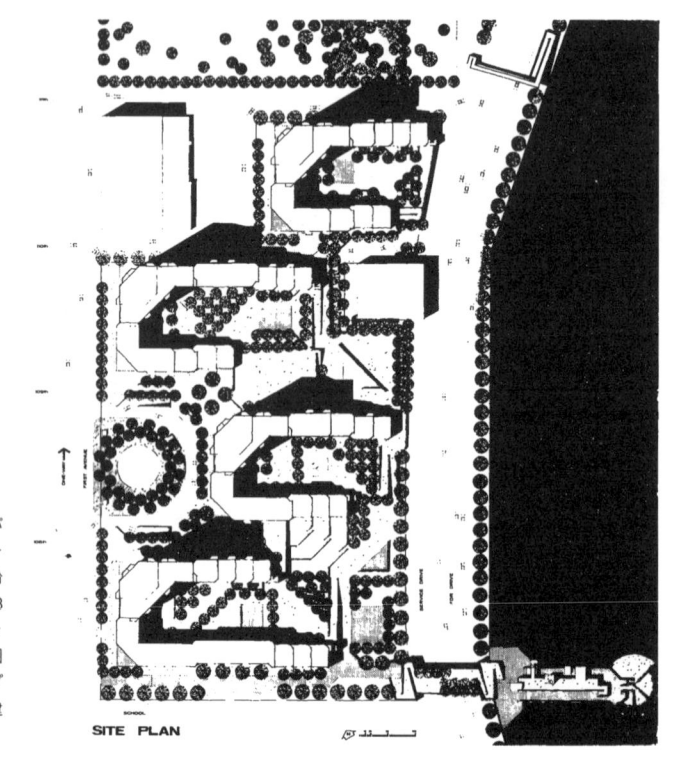

イースト・ミッドタウン・プラザ。

9.20 ホドネ・ステージバーグ・パートナーシップ。1199プラザ（ハーレム、1974年）。イーストリバー沿いの協同形式アパートメント。1963年の設計競技の入賞案が長い年月をかけて改変され、4棟の部分的な周囲型ブロックが川に向かってステップダウンしている。各棟には複数の建築用途が含まれた。

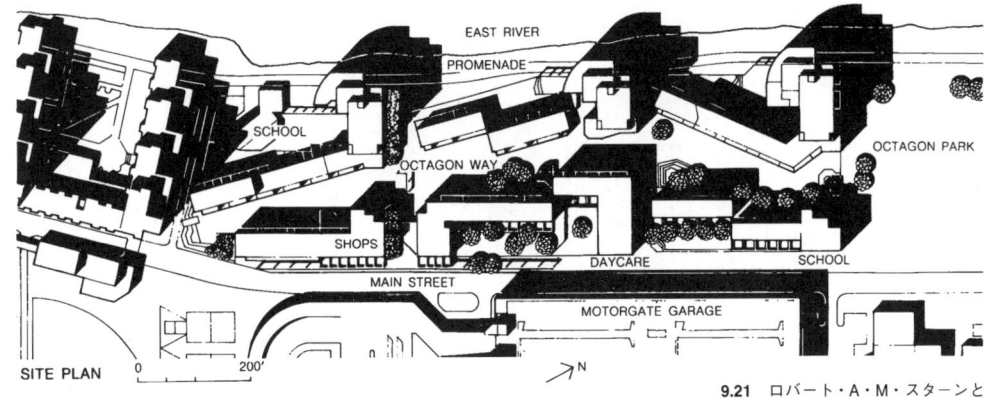

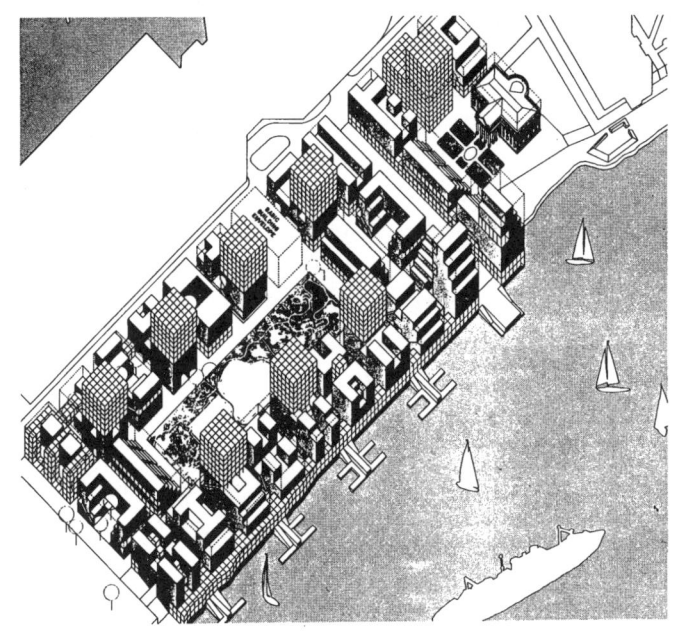

9.21 ロバート・A・M・スターンとジョン・S・ハグマン。ニューヨーク州都市開発公社主催ルーズヴェルト島ハウジング設計競技入賞案（1975年）。

9.22 O・M・ウンガース。ルーズヴェルト島ハウジング設計競技提出案（1975年）。コミュニティの焦点として、小規模版「セントラル・パーク」を配置。計画の柔軟性により、住民グループやその他の建築家も参加出来るようなプロセスを提唱した。

7. 周辺ブロックの再考と低層ハウジングへの応用

　低層ハウジングへの高まる関心は、それまで軽視されていた周囲ブロックを再考する機会をもたらし、その伝統的な適用法が様々な方法で再解釈された。1971年、ブルックリンに完成した、リチャード・カプラン設計によるクラウン・ガーデンズは、街区の中央に、高層スラブが両側の中庭に挟まれる形で建つというもので、[*72] 既存のロウハウスに連続するように低層棟が道路に面していた（fig.9.23）。周囲ブロック型の伝統をより直接的に受け継いだ例には、ブロンクスに1973年に完成した、全736戸のランバート・ハウスがある。[*73] フィップス・ハウスの依頼を受けた、デイヴィス・ブローディ・アンド・アソシエイツの設計により、エレベーター

新しい動向　361

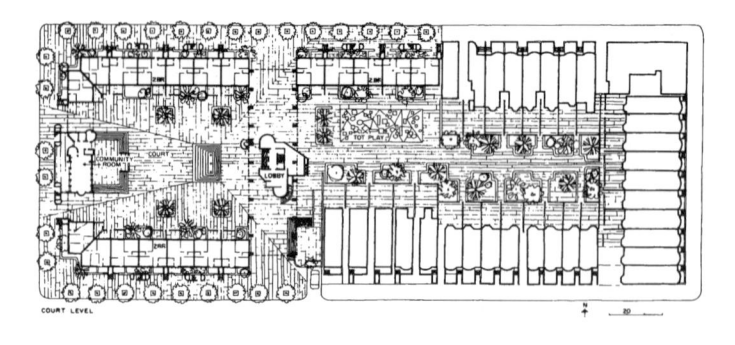

9.23 リチャード・カプラン。クラウン・ガーデンズ（ブルックリン、1971年）。略式の周囲型。高層スラブブロックが既存のロウハウスを含む、低層建築に囲まれた2つの中庭に面した。

付き6階建ての緩やかにまとめられたクラスターは、同機構による1929年の先駆的業績、フィップス・ガーデン・アパートメント（fig.5.42参照）の感性を想起させた（fig.9.24）。それはまたヒルサイド・ホームズ（fig.7.7参照）を単純化したようでもあった。スケールを縮小させ、都市の文脈に対応させようという動きの中で、形式的限界に達した高層ハウジングを完全に否定する歴史主義が生まれつつあった。これらの建築家は、社会ハウジングの成功した類型として、過去の低層時代を参照したのである。

ブロンクスに完成したもう1つの低層プロジェクトは、1974年サウス・ブロンクス・コミュニティ・ハウジング社によってモット・ヘブン地区の複数の敷地に建設された。シアードゥロ・エアマンの設計による、簡素な連続住宅は、同じ建築家によるブルックリンのレッド・フック地区でのインフィル（充填）ハウジングを発展させたものであった。[*74] モット・ヘブンにおいてこの形式は3つの地区に適用され、そのうちプラザ・ボリンクエンでは、街区中央に位置する小規模な周囲型という興味深い構成をとっていた（fig.9.25）。[*75] 高さは3層に抑えられ、合計80戸の各世帯の領域は、共用階段の排除と私的な外部空間によって明確化されていた。敷地計画から熟考された建築詳細まで、プロジェクト全体の質の高さは、住民の視点から見たプロジェクトの成功を十分に物語っていた。

ブルックリンに1975年に完成した、マーカス・ガーヴィー・パーク・ヴィレッジも、この時代の重要な低層プロジェクトである。[*76] UDCによるこの開発は、同公社と建築都市研究所（Institute of Architecture and Urban Studies）のメンバー、デイヴィッド・トッド・アンド・アソシエイツとの協同設計で進められた。敷地はブラウンズヴィル地区の複数の街区に、整然とした低層中密度の形態構成が採用され、既存の建物も計画全体に統合された（fig.9.26）。各街区の短辺方向に横断する歩行者用ミューズは、1世紀前に基盤目街区の再編成を唱えたエドワード・ポッターを想起させた（fig.1.16-18参照）。公私の空間の境界設定に慎重な配慮が払われ、各住戸の独自性は、私的な玄関階段（stoop）と玄関によって最大限に強調された。しかし採用された建築表現は、社会的構成への配慮を弱める結果となった。過大な連続窓が「国際様式」の主題を一般住宅に復活させる試みのもとに

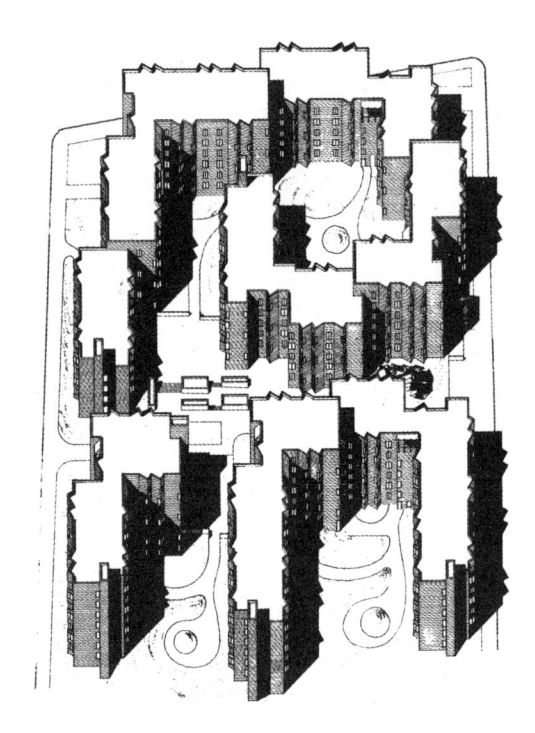

9.24 デイヴィス・ブローディ・アンド・アソシエイツ。ランバート・ハウス（ブロンクス、1973年）。フィップス・ハウスの慈善プロジェクトとして、同じ慈善団体が50年前に建てた、フィップス・ガーデン・アパートメントと同様の敷地構成が採用されている。

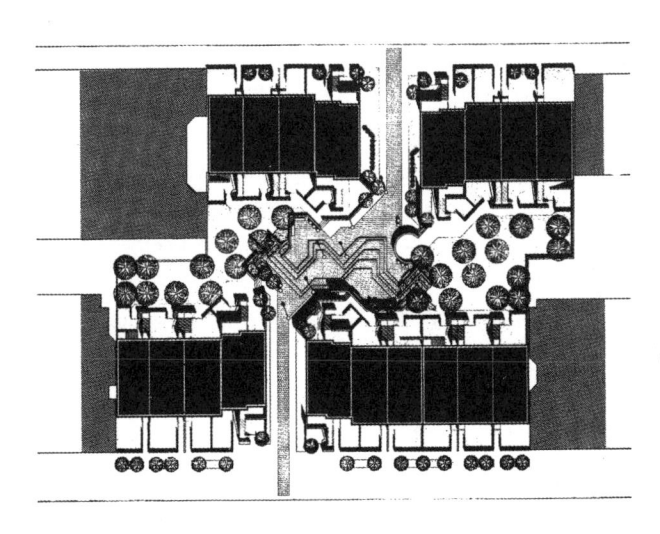

9.25 シアードゥロ・エアマン。プラザ・ボリンクエン（サウス・ブロンクス、モット・ヘブン地区、1974年）。低層周囲型。最も端的に実現された低層エレベーターなしハウジングのリバイバル事例。

新しい動向　363

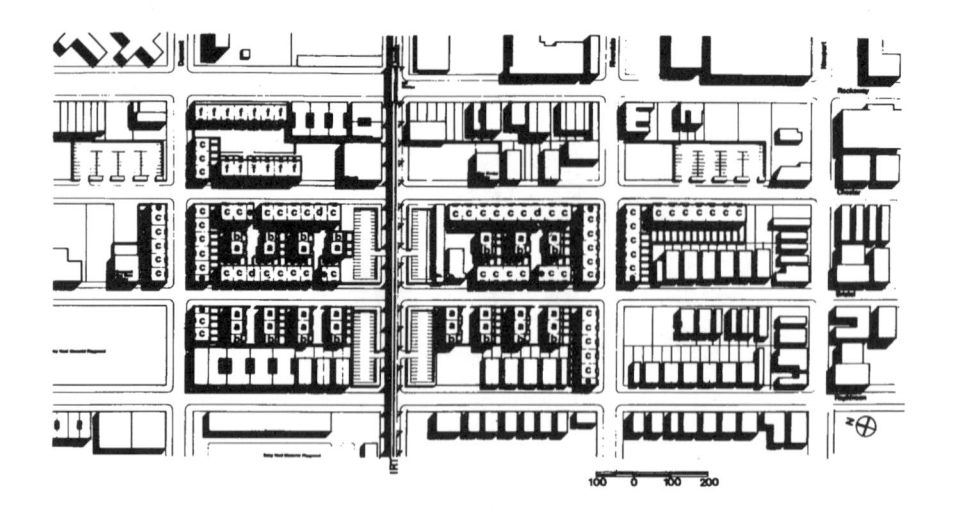

9.26 都市開発公社、建築都市研究所、デイヴィッド・トッド・アンド・アソシエイツ。マーカス・ガーヴィー・パーク・ヴィレッジ（ブルックリン、ブラウンズヴィル 1975 年）。街区を横切るミューズに沿って、エレベーターなしのアパートメントが並び、スケールの小さい街並みを維持し、公共空間の視認性を向上。

使われたのである。

　低層ハウジングへの動きはマンハッタンにまで到達する。マンハッタンでは、1933 年のニッカーボッカー・ヴィレッジを最後に、周囲型ハウジングが建てられることはなかった（fig.7.2参照）。しかし1960年代になると、ロウワー・イースト・サイド再開発への苛立ちから、中層の断片的な周囲型が、部分的に損壊した街区を修復する目的で提案され始めた。洗練された事例として、ロジャー・A・カミングとウァルトラウド・シュレイシャー・ウッズが 1973 年に設計した、ロウアー・イースト・サイドの地域団体、クーパー・スクエア委員会への提案が挙げられる。[77]　建物の高さは 8 層から 14 層までと多様で、外周の角部と中庭側の隅部は、問題の多い住戸を改良する目的で面取りがなされた（fig.9.27）。駐車場は中庭の下部に設けられ、道路側には商店が配置された。屋上は共用利用を目的に整備され、保育所が中庭の小さな建物に設置されていた。クーパー・スクエアは結局実現を見ず、その後も周囲型ハウジングがマンハッタンで復活することはなかった。しかしその細分化された形式は、ロウアー・イースト・サイドなどで建設され、クーパー・スクエアの敷地に建った平凡な建物もその一つであった。さらによく知られた事例は、マルベリー通りのプロジェクトであり、パサネラ・アンド・クラインの設計によって 1982 年に完成した。[78]

8. ウェストヴィレッジ論争、ジェーン・ジェイコブスと地区保存運動

　何よりも論議を呼んだのは、マンハッタンに 1975 年に完成することになる、ウェストヴィレッジ・ハウスである。これはグリニッジ・ヴィレッジの西、ワシントン通りに並ぶ計 14 街区にわたる充填プロジェクトであった（fig.9.28）。設計はパーキンズ・アンド・ウィル、主任建築家は J・レイ

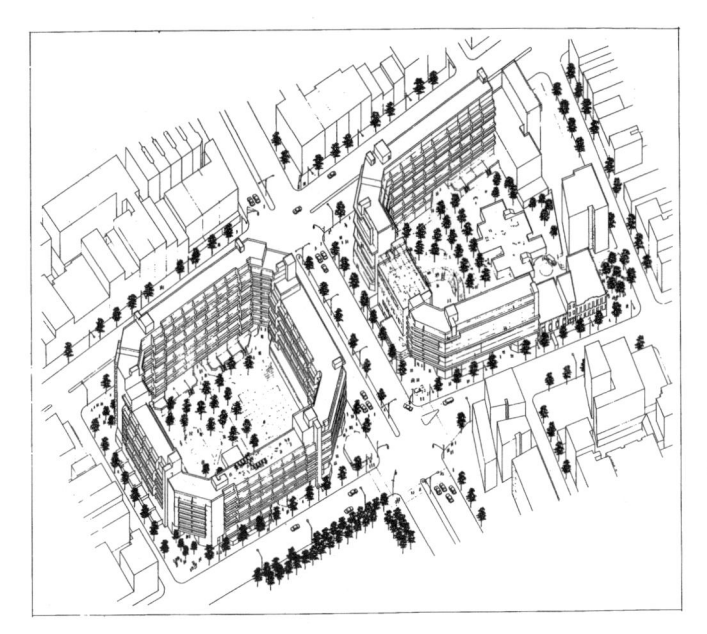

9.27 ロジャー・A・カミング、ウォルトラウド・シュレイシャー・ウッズ。クーパー・スクエア提案（ロウアー・イースト・サイド、1973年）。マンハッタンでは1930年代以来となる周囲ブロック型の提案。

モンド・メイツであった。1961年に始まった計画は、波乱の経緯をたどり、後に続く多数の低層プロジェクトへの道を切り開いていく。ウェストヴィレッジ・ハウスを取り巻く議論は、都市ハウジング文化を巻き込む全国的病理の背景にあった問題の縮図であり、その経緯は、社会ハウジングの最盛期後に訪れた、デザイン・イデオロギーの不安定な時代を象徴していた。このプロジェクトをめぐる抵抗運動の影響力は、当時主流のアーバニズムからは異端とも言えた、理想に対する精神力と、その意義の十分な証左となっている。

発端は1961年2月、ニューヨーク市ハウジング再開発評議会（HRB）による同地区の再生計画の発表である。当時の界隈は、商業と工業、そして約600世帯が居住するハウジングから構成されたいた。しかし、HRBはこの地区を荒廃地区と指定し、大規模な排除を掲げたのである。中間所得層を対象とする新しいミッチェル・ラマ・ハウジングが提案され、3棟の14階層タワーと1棟の21層タワーが、その他の低層ビルとともに計画された、そのすべては開発業者のデイヴィッド・ローズ・アソシエイツに協力するバリー・ベネペによって設計された。*79 事業予算として、民間開発による新規中所得層ハウジングに1,350万ドル、工業開発に1,500万ドルが要求された。さらに675万ドルの公的助成も提案に含まれていた。*80

ジェーン・ジェイコブスに率いられたウェストヴィレッジの住民らは、HRB提案に対抗する準備を即座に整えた。プロジェクトの発表からわずか2日後、市の財務委員会による初期調査資金の認可を遅らせることに成

新しい動向 365

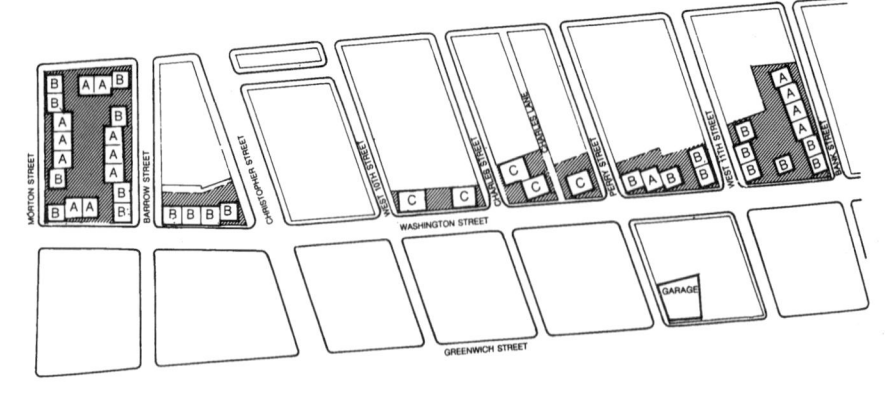

9.28 パーキンズ・アンド・ウィル。ウェストヴィレッジ・ハウス。論争をもたらした、エレベーターなしの低層プロジェクト。1961年に提案され、完成したのはそれから14年後であった。小規模なインフィル方式を採用し、既存の都市文脈の保存を試み、近隣地域でのスケールや用途の多様性を訴えた。

功した。*81　こうして始まった戦いは、開発に左右されないコミュニティの自主管理を求めて、ニューヨーク史上、最も長期にわたり厳しいものとなった。不屈の運動が実現したのは、その舞台が全国でも名が通ったボヘミアで、左派政治の伝統を持つグリニッジ・ヴィレッジであったからであろう。*82　抵抗者たちはウェストヴィレッジを救う会（Committee to Save the West Village, CSWV）として集結し、この地区は荒廃地域ではなく、スラムと呼べる建物はわずかにあるが、いずれも所有者によって修復可能であると主張した。また、この開発計画が彼らの生活に大きな影響をもたらすにもかかわらず、何の事前協議もなかったことを指摘した。彼らが告発したHRBによる都市再生は、近隣破壊の遠回しな表現に過ぎなかった。市の役人たちの反論は、ロバート・モーゼスが退任した現在、公共資金はスラム除去だけでなく地域の再生にも配分され、1950年代のブルドーザー手法は既に無効であるというものであった。しかしCSWVは市への疑いを解くことはなく、プロジェクトを完全に阻止する意向を宣言した。*83

　長期間続いた論争は、過去30年にわたる政府の介入が生み出したハウジング・デザインに関する大半の問題に触れるものであった。市のハウジング官僚によるデザイン上の意図は、当初から疑わしいものであった。HRBがプロジェクトのプランナーとしてヴィクター・グルーエンを採用した際、グルーエンはCSWVのメンバーらを宥めるために、大規模な解体を伴わない計画手法を保証した。しかしグルーエンは、決して小規模運営とは言えない川沿いのトラック操車場の上部に、ハウジングと公園の建設を主張したのだった。*84　その後、いかなる発表や、住民参加が請願される少なくとも5カ月前から、別の建築家が開発業者に採用されていたことが発覚する。*85　さらにHRBは、同プロジェクトを促進する対抗団体、ウェストヴィレッジ予定地住民委員会を設立したかどで非難された。

　コミュニティの感情は圧倒的にプロジェクトに反対しているように見えた。反対運動に参加した複数の大規模な団体には、グリニッジ・ヴィレッジ協会や、地域を管轄する計画評議会（planning board）が含まれていた。*86

1961年10月、HRBは再開発計画を公式に破棄したが、[*87]　ニューヨーク市都市計画理事会（New York City Planning Commission, NYCPC）は同地域の調査を強く求めると同時に、批判への入念な反論を作成し、市民ハウジング・プランニング理事会（Citizen's Housing and Planning Commission）を通して発表した。[*88]　1962年1月31日、ワグナー市長からの絶え間ない圧力のもと、NYCPCはようやく計画を放棄する旨を票決した。[*89]　この時点で、CSWVは同じ14街区を対象とした独自のハウジング提案の作成を確約し、設計事務所パーキンズ・アンド・ウィルを採用し、担当建築家J・レイモンド・メイツのもとで調査を開始した。

　1963年5月、CSWVの計画が報告書とともに公表された。[*90]　そこは民間開発業者や官僚による、近代主義的アーバニズムに対する代案となる理論が簡潔に示されていた。提案された低層ハウジングは、既存の住宅を解体することなく、475戸の住居を生み出すというものであった。代案の予算は、HRB原案の3,500万ドルよりも経済的であり、既存の住居を保存することで供給戸数はHRB案より175戸多かった。また、撤去される予定であった156の商店はすべて残された。高建蔽率という効率のよい敷地計画によって、居住空間は最大化された。低層建築は、既存の都市文脈を尊重した結果であり、さらに建設方式の単純さと、高層ハウジングよりも高い家賃が見込めるという理由で、より工費が低く抑えられるものとみなされた。

　CSWVの考案では、通常の近隣活動を維持しながら、新しいハウジングを既存のコミュニティに統合することが意図されていた。形式的言語の採用により、敷地計画が柔軟になり、不整形な土地を全体計画に融合することが出来た。各住戸は2寝室を基本とし、数は限られたが、1寝室と3寝室の住戸に改造可能なものもあった。5層の建物はエレベーターなしで計画された。共有スペースと私的な空間は丁寧に境界が定められ、公道に活気をもたらすと同時に、各住居と道路の間の視覚的触れ合いを増し、より安全な環境を保証した。各住戸の向きや外観は様々で、視覚上の単調さを避け、住民により多くの選択肢を与えた。同様の目的で多様な戸外空間も整備され、敷地利用の連続性を保つため、広い駐車場は計画されなかった。ミッチェル・ラマ・プログラムの家賃補助を活用した、広範な世帯規模と所得が推奨された。

　CSWVが市の建設官僚からプロジェクトの認可を獲得するまでには9年間を要した。予備承認が下りたのは、1960年代の終わりにかけて、進歩的なジョン・リンゼー市政が十分に整ってからであった。1969年には、工業地域の合間に新しいウェストヴィレッジの住宅が建設できるように、市議会がゾーニング法の修正条項を可決したのは、伝統的な都市計画の原則から見ると例外的なことであった。さらに敷地計画上、ミッチェル・ラマ・プログラムの設計基準に相反する場合においては、法の適用除外が必

要となった。1972年には最終承認がニューヨーク市予算審議評議会において可決され、ミッチェル・ラマ・プログラムのもとに、中間所得層を対象とした420戸のコーポラティヴ・アパートメントの建設に、2,900万ドルの抵当ローンが保証された。CSWVの派生団体、グリニッチ・ヴィレッジ・コミュニティ・ハウジング・コーポレーションがプロジェクトの所有保証人とされていた。しかし1972年の時点でも、HRBの後継機関であったニューヨーク市ハウジング開発局（New York City Housing and Development Administration）の局長、アルバート・A・ウォルシュは、プロジェクトに反対するあまり、抵当権の合意書への署名を拒否したこともあり、その部下がリンゼー市長からの圧力を受けて、署名する結果となった。[*91]

ウェストヴィレッジ・ハウスへの最も声高な反対は、戦後ハウジング・デザインの正統的教義を推進した人々であった。当然、市計画委員会や、その委員ジェームズ・フェルトもその一部であり、1930年代から存続していたロビー団体、市民ハウジング・プランニング理事会の会長、ロジャー・スターも同様である。スターは以前『ヴィレッジ・ボイス』紙上で、ジェーン・ジェイコブスの著書を痛烈に批判した人物であり[*92]　フェルトとともに、ハウジングの他の用途からの機能的分離を主張した。例えば、ウェストヴィレッジの計画では、子供たちがトラック車両に轢かれる危険性があり、周辺の倉庫建物は、隣接する新しいハウジングに相容れないことを確信していた。[*93]　このプロジェクトが暗示する現状批判に憤慨した保守派のハウジング官僚らは、その事務手続きに極めて非協力的であった。さらに開発業者たちの反論も、より遠慮のないものであった。ニューヨークの大手開発業者、ウィリアム・ゼッケンドルフは、1968年にはウェストヴィレッジ開発の隣接地を、自身の高級高層アパートメント開発のために買収整理していると言われていた。[*94]　さらに1974年には不動産会社、J・I・ソファー・アンド・カンパニーの社長、ハンク・ソファーが『ニューヨーク・タイムズ』紙上で次のように述べている。

　ウェストヴィレッジ・ハウスは市民血税の悲惨な浪費である。
　不況の時代にあることは承知しているが、だからといって恐慌期のエレベーターなしの建物を再現すれば良いというものではない。それは安全性の重大な問題を生じるであろうし、索漠たるものである。市場の好みとは全くかけ離れているのである。
　高級アパートメント賃貸の市内の最大代理店として、私は自分が一般市民の好みを理解していると自負している。ニューヨーカーは、隅々まで細心の安全を来たした高層の建物に住みたいのである。豪華なロビーと24時間ドアマン、絨毯が敷かれ、十分に明るい贅沢な廊下を求めているのである。階級のない過去には戻りたくはないのである。ウェストヴィレッジ・ハウスは大失敗であり、ジェーン・ジェイコブスは自分が何千マイルも離れた場所に住み、自身の無計画な思い

つきに対する非難を逃れられたことを喜ばしく思うべきである。*95

　ジェーン・ジェイコブス一家は、ベトナム戦争時の1969年に、ウェストヴィレッジを離れてトロントに移り住んでいた。1974年には、計画された42棟中30棟が完成していたが、プロジェクト自体は窮地に陥っていた。非難の矛先はジェイコブスの理論に向けられた。しかし、実際の問題は一般経済に根ざしていた。1975年の秋になっても、販売済みであったのは全420戸のうちわずか5戸のみだったのである。*96　各住戸の販売価格は中間所得層にとっては単純に高すぎる価格帯であり、インフレによって管理費も1963年に予想されていた額のほぼ4倍に跳ね上がっていた。*97 さらに1974-75年の景気後退によって、見込み客は購買意欲をなくし、銀行からコーポラティヴ用の抵当ローンの取得も困難な状態であった。1975年11月には、市は所有保証人の債務不履行を理由に、ミッチェル・ラマからの抵当権2,500万ドル分を差し押さえた。皮肉にも、受取人は市民ハウジング・プランニング理事会のロジャー・スターであった。市が所有者となった後、プロジェクトは速やかに完成し、一部屋あたり平均85ドルで賃貸された。*98　ようやく最初の住民が入居したのは、計画が立てられてから13年が過ぎた1976年末のことであった。

　ジェイコブスは1975年、プロジェクトの財政難は市による認可の遅延が原因であるという、正論を述べていた。「私が最も怒りを覚えるのは、このプロジェクトが予定通り進行していれば、採算も十分にとれていた1964年、もしくは1965年には入居可能であったことである …買い手を捜すのに苦労しているプロジェクトはこのプロジェクトに限らず、最近の建物すべての共通点なのである。」*99　実際、ミッチェル・ラマのプロジェクトは、ニューヨーク市全域において経済的困難に陥っていた。ミッチェル・ラマ・プログラムによる9,500万ドルの出資を受け、ウェストヴィレッジ・ハウスの直後に完成したコーポラティヴ・プロジェクト、マンハッタン・プラザも同様であった。*100　やがては、市はその抵当権を差し押え、主に舞台芸術関係者を対象とする賃貸ハウジングに改造された。*101　その他のプロジェクトはさらなる不運に見舞われていた。例えばハーレムのティアノ・タワーズはその法外な予算にもかかわらず、完成を見ずに終わった。それは市で最も高くついた政府助成プロジェクトであった。*102

　ウェストヴィレッジ・ハウスが挫折した原因は、明らかにその経済的重圧であったが、それでも批判者たちはデザイン自体を非難することに固執していた。『ニューヨーク・タイムズ』紙のポール・ゴールドバーガーは、装飾の不足がプロジェクト失敗の一因であったと貶かし、ニューヘヴンのチャーチ・ストリート・サウスの外壁に、建築家チャールズ・ムーアが描いた「スーパーグラフィック」の成功と対比させた。*103　確かに、ウェストヴィレッジの外観は、その初期提案からコスト削減によって相当変化

新しい動向　369

していた。マンサード屋根や、床から天井まである引き違い窓、そして打ち放しコンクリートの窓枠は、いずれも省略された。これに対してジェーン・ジェイコブスは、ウェストヴィレッジは当初から建築的傑作の創造を目的とせず、入居前から近くの旧倉庫の空きビルが、アパートメントに改装されるなど、近隣に実益的な効果をもたらしたことを指摘している。[104] チャールズ・ムーアのプロジェクトに関して言えば、「スーパーグラフィック」はその後の破損行為に対抗する術を持ち備えていなかった。

　ウェストヴィレッジ・ハウスの建築デザインに向けられた批判の本質は、ニューヨークの中流階級が掲げた理想が直面した難局への感情的な対応であった。半世紀にわたり、階段の上り下りは貧しい者の動作であり続け、第2次大戦後では、公営高層ハウジングに住み得ない者だけの行為となった。ウェストヴィレッジ・ハウスは、因習にとらわれない者だけを惹きつけるとされ、ある論評はその問いを道徳的問題へと追いやった。確かに地域の批評家たちは、クリストファー・ストリートに近いウェストヴィレッジ・ハウスが、裕福な同性愛者たちによって占拠されることを恐れていた。皮肉にもウェストヴィレッジ・ハウスの存在は、ウェストヴィレッジのゲイ・コミュニティを強固にすることになり、当初はプロジェクトの支持者であったウェストヴィレッジ住民の一部にとっては、非常に厄介なこととなった。[105]　ニューヨーク市の新しい中産階級ハウジングの発展上、この独特な時期において、階段の上り下りと「型にはまらない」感覚は、決定的な等式であったのかもしれない。しかし、それもまた変化していくのである。

Epilogue

第10章

エピローグ

　大恐慌時に始まった連邦政府による社会ハウジングへの直接介入は着実に前進し、1960年代には大幅な伸びを見せた。しかし1969年のニクソン政権の誕生を機に、この傾向は逆転する。さらに1974年、ハウジング地域開発法（Housing and Community Development Act）の通過をもって、政府の社会ハウジングの生産を放棄する仕組みが整った。1974年には、40年間近く公営ハウジングの時代の砦であり続けた1937年米国ハウジング法に、第8項＝セクション8が追加された。住宅生産は民間部門に託され、政府介入の原則は、開発そのものではなく、家賃助成を中心に移行したのである。事実上、米国ハウジング法本来の目的は頓挫したのであった。政府と開発業者間の契約締結は、公平な相場の家賃と、入居者の所得の一定割合との差額を補填する場合に限られ、新規建設よりも再生が優先された。1982年、レーガン政権によってセクション8は全面的に廃止され、1984年になるとハウジング開発実行補助金（Housing Development Action Grants）に取って代わり、地方団体による特定の新規プロジェクトを援助するようになった。しかしそれもいずれ終結を迎えることになる。[*1]

　1980年代前半のハウジング供給数の統計には、この政策の変化が反映されていた。1982年の住宅純増加戸数は、最盛期であった1960年代の1割程度まで落ち込んだものの、[*2] マンハッタンの高級アパートメントは急増していた。新規ハウジングの生産数が下降し、公営プログラムや民間開発においては修復再生（rehabilitation）が大幅に増加した。再生は、マンハッタンやブルックリンの特定地域における、中流層や上流中産階級のエンクレーヴ形成に大きな役割を果たした。この過程で重要なのは、広義における「再生」、つまり地域の物理的、経済的な変容である。それは、資本主義都市の発展における最終段階を象徴し、上流中産階級の再編成された都

市における、貧富のバランスと関係していた。*3　30年来初めて、この変化を原因とする人口増加が米国の各都市に現れた。*4

ウェストヴィレッジ闘争は一般に、高級化＝ジェントリフィケーション（gentrification）と呼ばれるこの新しい動向の先例であった。*5　ここでの闘争は中産階級が中心となったが、そこに含まれた文化的意義は、当時の主流であった郊外の中産階級が掲げた理想とは異なっていた。危機に直面した都会のエンクレーヴが、その領域に対する権利を再主張したことは、政治的葛藤としても革新的であった。また部分的ながら、多数の中産階級が都会派若手専門職（young urban professional）を中心とする、共通の価値観へと移行したことは注目に値する。この要因は様々であるが、19世紀型の都市製造業の衰退や、変動する不動産投機などが挙げられるであろう。また特に都市開発に関して、文化活動が担う経済的機能に変化が見られた。これは、世紀初期の「反逆的文化」から変化した、前衛芸術への新しい一般的評価と絡み合っている。ニューヨークの経済活動の中で、文化産業の占める割合が増加する一方で、そのハウジング生産構造との関連性は決定的であった。

不動産開発における文化産業の影響は、ウェストヴィレッジ論争の時代まで遡ることができ、それは産業用途の倉庫建築＝ロフト（loft）を、アーティストの居住用に変更するための法的闘争を伴っていた。生活と作業用に、広く安いロフト空間を必要としたアーティストたちは、無意識のうちにその道を切り開いていたことになる。ソーホー（SoHo, South of Houston Street）を拠点にロフト改造という高級化の手順は完成し、制度化され、トライベッカ（TriBeCa, Triangle below Canal Street）やロウワー・ウェストサイド、さらにブルックリンにまで広まった。ニューヨークの画家や彫刻家は、近代芸術作品の大きさが物理的に拡大するにつれ、既に1930年代から商業空間を使用しており、この傾向を後押ししたのは、戦後のニューヨークを芸術文化の震央に押し上げた、著名なアーティストたちであった。*6

アーティストによるロフト改造の規模は1960年代にさらに発展し、キャスト・アイアン＝鋳鉄方式で建てられた19世紀の倉庫が並ぶソーホー地区に集中していた。背景には、隣接するウェストヴィレッジの著しい高級化によって、ソーホーやイーストヴィレッジ、そしてロウアー・イースト・サイドなど、周辺地域の再開発への圧力があった。ウェストヴィレッジの労働者階級や芸術家は、周辺地域に転出せざるを得なかったのである。*7　アーティストたちにとって、ソーホーは理想的と言えた。作業空間が十分にあり、しかもイースト・ヴィレッジやロウアー・イースト・サイドと比

較して、商業空間の空室率が高く、賃料も安かった。この状況は、ソーホーをつくり上げた19世紀産業の衰退を一因としていた。*8 同時に、都市計画上、同地区が衰退したとの判断が下りていたこともあった。これは、ロウワー・イースト・サイドの新計画を立てたモーゼス時代の官僚たちが助長した見解であり、*9 同計画案は、ソーホー地区の製造業から資本の回収を始めていた、銀行側と提携して推進されていた。*10 このような実業界の見解を的確に反映していたのは、アイラ・D・ロビンズが作成したニューヨーク・シティクラブ計画（City Club of New York Plan）であり、それはソーホー全域の取り壊しを提案するものであった。*11

1960年には、アーティスト・テナント協会が設立され、アーティストのロフト居住権を主張するロビー活動を繰り広げた。*12 彼らが居住するロフトの大多数は、建物用途規制や消防規則により、違法住居とされていた。1961年、市は1棟のロフトにつき3世帯を超えない場合に限ってロフト居住を認め、複合住居法の管轄外とした。しかし、この規制緩和は明らかに非現実的であった。1963年には、300家族がロフトに居住していると推定され、しかもその大多数が違法であった。*13 複合住居法は1964年に改正され、居住目的のロフト使用を認可することになるが、*14 包括的な法律によってその合法化と安定が図られるのは、1982年以降のことであった。*15 この動きは皮肉にも、より裕福な住民が芸術家たちを追い出す結果となり、トライベッカなどの周辺地域でも同じ状況が見られた。

初期のソーホーには、アーティストに加えて、ウェストヴィレッジ闘争の参加者や、ロバート・モーゼスの支配下にあったニューヨークの都市政策に反対する活動家などが集まっていた。中には、セントラル・パークで無料劇場を求めたジョセフ・パップ闘争の関係者、モーゼスによるワシントン・スクエアへの5番街の延長計画への反対者たちも含まれていた。*16 モーゼスは、その権力が衰退し始めた1960年以降も、脅威であることには変わりなかった。仮に計画の一部である、マンハッタンを東西に横断するロウアー・マンハッタン高速道路が実現したとしても、ソーホーは崩壊し、ウェストヴィレッジにも悪影響を与えたであろう。*17 1968年の時点でも、高速道路建設を前提とした解体工事は切迫した状態にあった。新しく組織された、高速道路建設に反対する芸術家連合（Artists Against the Expressway, AAE）が反対運動を先導し、アーティストのコミュニティが担う経済的、そして文化的な重要性を唱えた。またAAEは、約270戸を記録した、ソーホー地区におけるロフト住民調査統計を作成している。*18 1969年、高速道路計画はようやく中止された。

1960年代初期、市政府によるロフト居住アーティストに対する嫌がらせは、多くの反対運動を引き起こした。1961年秋には、ニューヨーク全市規模の画廊ストが懸念され、[19]　同年12月に市の譲歩を引き出した。[20]　一連の活動は数年間続き、メトロポリタン美術館で1963年の冬に行われたデモは、とりわけパトロンの関心を集める意味で効果があった。中産階級の文化も追随した。[21]　駆け出しの歴史保存運動は、建築界のエスタブリッシュメントによる強力な助力を得て、ペンシルヴァニア駅やジェファーソン・マーケット裁判所の保存運動と同様、ソーホーの保存を訴えた。[22]　同じ頃、ニューヨークでは10丁目スタジオ（fig.1.6参照）以来となるアーティスト用の慈善ハウジングが完成し、芸術文化面における正当性が強調された。1963年4月にはJ・M・カプラン基金がアーティスト用ハウジングへの援助を開始し、ウェストヴィレッジ地区に建つロフト建築をアーティスト用に賃貸している。[23]　同様のプロジェクトは、ソーホーのコーポラティヴでも実現した。1970年には、ウェストベス・アーティスト・ハウジングが、ニューヨーク州芸術評議会（New York State Council on the Arts）との協力により、連邦政府の助成金を受けて完成した。[24]

　ジェントリフィケーションという都市再生の袋小路は、すでに1960年代初頭に露見していた。アーティストに見出されたロフト生活の魅力は、即座に都会の新世代を惹きつけたのである。マスコミも早くから注目し、1960年に『エスクワイヤー』誌はロフト世代についての記事を掲載し、低家賃と広い空間、そしてハウジングとしての個性表出の可能性を指摘した。1963年には、アーティスト・テナント協会によるロフト立ち退き反対運動の報道を受け、『ネーション』紙が、ニューヨーク以外の都市でアーティストが不動産にもたらしたのは、荒廃ではなく、むしろ恩恵であったことを指摘した。「どこであっても、画家や小説家、俳優や音楽家の文化がある場所の家賃は倍になり、建設は急増し、小事業がまるでキノコのように増殖してきた。」[25]　例として挙げられたのは、グリニッチ・ヴィレッジ、チェルシー、テレグラフ・ヒル（サンフランシスコ）、モンパルナス（パリ）、タオス（ニューメキシコ）、プロビンスタウン（マサチューセッツ）であった。10年後には、ソーホーとトライベッカが続き、20年後にはイースト・ヴィレッジでも同じ現象が見られた。短期間ではあったが、1980年前後、マンハッタンのロフト改造は高級アパートメント建設戸数を上回っていた。[26]

　ウェストベス・アーティスト・ハウジングは、ウェストヴィレッジの大型倉庫建築であり、その完成した1969年はある転機を意味した。商業建物全体を合法的にアーティストの住居へ改造したこのハウジングは、全国、地元を問わず、政治家たちが芸術と不動産の関係性へ興味を持ち始

めた時期と重なっていた。また、その関係性は、全米芸術基金（National Endowment for the Arts, NEA）やニューヨーク州芸術評議会など、政府による助成が様々な形で芽生えるとともに、複雑さを増していった。*27　ウェストベスは建築的な側面から見ても転機であった。改修の空間水準は、それまでの広々としたロフト改造よりも、はるかに低い基準に設定されていた（fig.10.1）。リチャード・マイヤー設計による大型プロジェクトとして注目を集め、最新ファッションとしてのロフト生活の将来性が約束されたのである。*28　1970年中頃には、アップタウンの富裕層がソーホーに住み始め、ロフトはマンハッタンの上流中産階級ハウジングにおける新しい選択肢となった。若い世代の建築家たちの多くは、ロフト改造をキャリア

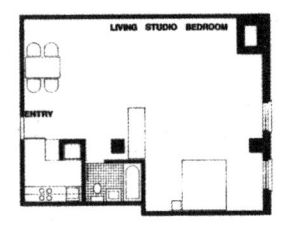

10.1　リチャード・マイヤー・アンド・アソシエイツ。ウェストベス・アーティスト・コロニー（ウェストヴィレッジ、1969年）。産業建築の改造。各ロフト空間はアーティストがロウワーマンハッタンに入手できる物件に比べ、より小さく高価であった。

ウェストベス・アーティスト・コロニー。

エピローグ　377

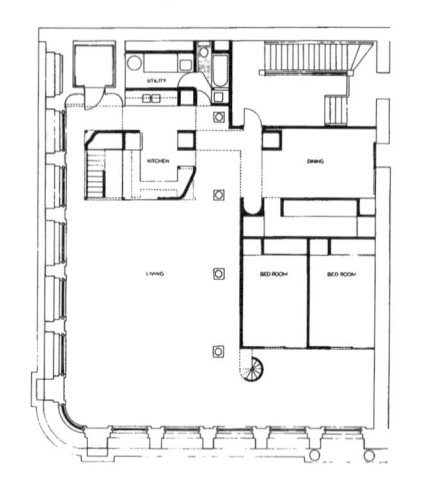

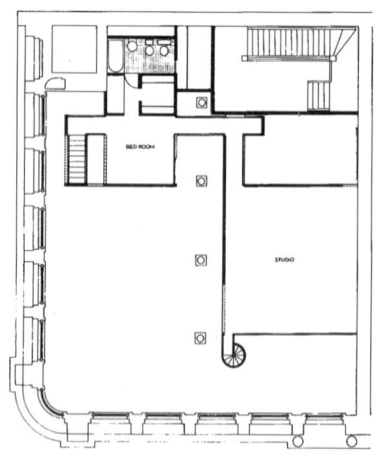

10.2 ジョン・マイケル・シュワーティング。ブルーム通りのロフト（1974年）。建築家によるロフト改修として、多くの業界誌に取り上げられた最初の事例。

10.3 グルゼン・パートナーシップ。モンタナ（1984年）。ブロードウェイ北部。2本の塔を持つ形状は、1929年の複合住居法によってその形態が規定されたセンチュリーを始めとするアッパー・ウェスト・サイドのランドマークを想起させる。

の出発点とした（fig.10.2）。[*29] ロフト改造は時代を風靡していた。1983年の市の調査によると、倉庫指定地域内の違法ロフトが10,000を数えると推定されている。25,000という調査結果もあった。[*30] これらのロフトが違法と定義された理由は、住居としての防火安全基準を満たしていないことであった。ブルックリンやクイーンズなどで工業倉庫建築の改造が進行した結果、市全体を対象とする実際の数値は、さらに大きかった。しかし開発という目標を前に合法性の問題は先送りされたのであった。

　広く知られたロフト現象も、とりわけマンハッタンに偏重した高級化を後押しした、ハウジング構成の変化全体から見ると、ごく一部に過ぎなかった。例えば1980年から83年にかけての住宅所有率はマンハッタンのみ増加し、他の行政区では減少していた。[*31] さらに同時期、マンハッタン住宅所有者の平均所得伸び率は、他の行政区の5倍であった。[*32] この状況は、アパートメントのコーポラティヴ（協同組合方式）所有に関係するもので、賃貸アパートメントのコーポラティヴ化の過半数が、マンハッタンに集中していたからである。[*33] 1986年には、マンハッタンのコーポラティヴ・アパートメントの平均価格は1978年の500％に達していた。[*34] 1982年以降、改造に適した不動産が残り僅かになると、コーポラティヴ化が停滞し、需要がそのまま高くとどまったのであった。[*35] この動向は96丁目以南に集中し、既存の地域は、その需要の対応に大きな負担を強いられた。1986年のマンハッタンでは、21,500戸の高級アパートメントが建設中であり、大多数がアッパー・イーストとアッパー・ウェスト・サイドに集中していた。[*36] 新築アパートメントの建設は、1920年代のウェストエンド・アヴェニューやパーク・アヴェニューでの建設ブームを彷彿させた。しかし前回と同様、1980年代のブームも突然終わりを迎えたのであった。ある推定によると、アパートメントの年間着工数は、1985

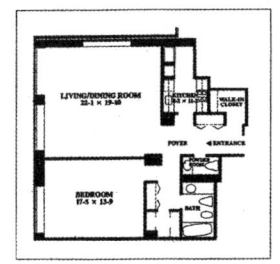

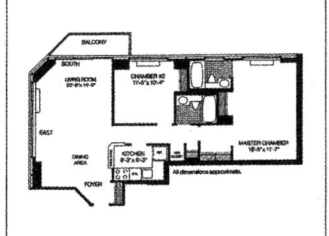

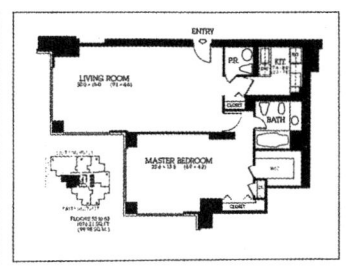

年の20,000戸から、1987年には1,400戸まで激減したとされている。*37

マンハッタンにおける1980年代の不動産ブームの特徴は、従来の高級地域に隣接した限られた地域に集中した民間開発による高級高層アパートメントである。例えば、1984年から86年にかけてアッパー・イースト・サイドの3番街には12棟の大規模建築が建設された。*38 アッパー・ウェスト・サイドのブロードウェイも同様である。*39 これらの建物のデザインやマーケティングは、1920年代のブーム独特の豪華さと雰囲気を再現していた。グルーゼン・パートナーシップの設計により1984年に西87丁目の角に完成した高級ハウジング、モンタナの2つのタワーは、50年前に建てられた、マジェスティック、サンレモなどから直接参照されたものであった（fig.10.3）。*40 しかし、モンタナの形状は1929年の複合住居法という（fig.6.34参照）実用的な規制からではなく、むしろ流行から生まれた形状であった。

この時期の高級アパートメントのデザイン水準は、その高額な販売価格を考慮すると控え目であった。高級枠の中で一番低いレベルの例としても、1984年にリキテンシュタイン・シューマン・クレイマン・アンド・エフロンによってアッパー・イースト・サイドに完成した、サラトガのスタジオ（ワンルーム）の販売価格は200,000ドルであった。同じ建物で、1寝室タイプは250,000ドル、2寝室タイプは300,000ドルであった。*41 購入者は、年収75,000－150,000ドルの範囲内にあり、相応の頭金を確保できる層に限られていた。また、西53丁目、ニューヨーク近代美術館の上部に建設された、シーザー・ペリ・アンド・アソシエイツ設計による1984年竣工の高層アパートメント、ミュージアム・タワーの販売価格は37万ドルから130万ドルであった。*42 5番街のトランプ・タワーは、1983年にデア・スカットとスワンキ・ヘイドン・アンド・コネルによって完成したが、格別広くもない1寝室の住戸が775,000ドル（fig.10.4）、*43 最上階にいたっては1985年に1500万ドルで売却された。*44 購入者の視点からは、室内のアメニティよりも不動産投資の機会が重要視されることがあった。この時期、マンハッタンのアパートメント価格の上昇は、大型開

10.4 右：リキテンシュタイン・シューマン・クレイマン・アンド・エフロン。サラトガ・アパートメントの1寝室タイプの住戸平面。中：シーザー・ペリ・アンド・アソシエイツ。ミュージアム・タワー。1寝室タイプの住戸平面。左：スワンキ・ヘイドン・アンド・コネル、デア・スカット。トランプ・タワー。1寝室タイプの住戸平面。

エピローグ　379

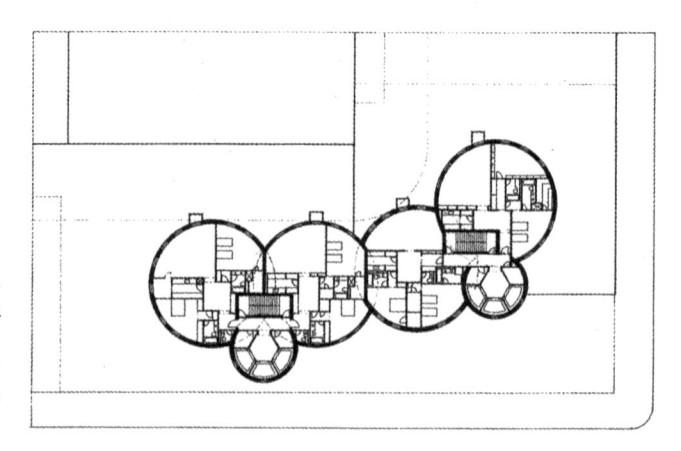

10.5　ジョンソン・バージー・アーキテクツ。トランプ・キャッスル（1984年提案）。マディソン・アヴェニューと59丁目の角を敷地とした。マンハッタンの新しい富を反映し、小塔、濠と跳ね上げ橋を持つ。

発業者だけでなく、個人の不動産事業家たちにとっても大きな利益をもたらしたのである。新しいハウジングにとっての「高級さ」の最も具体的な定義は、その地理的条件であった。アッパー・イースト・サイドなど、長年にわたって中流上層階級のエンクレーヴであった地域には、新しく高級化した地区が追加されていった。「高級さ」の根底には、投資の安全性だけでなく、それと連動した、貧困率が急増した都市における個人の安全性への懸念が横たわっていたのである。

　高級ハウジングの内部空間が縮小する一方で、表層的な富の表現は新しい領域に到達していた。販売キャンペーンは、建物の外観と世界的デザイナーの知名度に頼るところが大きく、スタイルを売り物にする物件は、常に前代を上回るようにデザインされた。この状況はある意味アパレル業界にも似ており、都会派専門職の新しい価値観を反映していた。奇妙ながら注目を集めたのは、1984年にジョンソン・バージー・アーキテクツの設計したトランプ・キャッスルである(fig.10.5)。マディソン街に計画された、6つの「小塔」が、水の張られた濠に囲まれた様子は、中世の城砦からの引用であり、特権と剥奪の不均衡が強まる都市において、跳ね上げ橋に託された安全性を表していた。[*45]　トランプ・キャッスルが実現することはなかったが、そのコンセプトは1987年に東37－38丁目に完成した、57階建てのコンドミニアム、コリンシアンに受け継がれている。設計はマイケル・シメントとデア・スカットである。[*46]　国連プラザ通り100番地は、1985年にリキテンシュタイン・シューマン・クレイマン・アンド・エフロンの設計により東48丁目に完成したが、23戸ものペントハウスが宣伝されていた。上部10層分がゲーブル（破風屋根）となっていたためであった。[*47]　宣伝によると、この建物はマンハッタン・ミッドタウンの魅惑の中心に位置する、デザイナーの主張であり、時代の新精神に通じるものとされた。[*48]　別の傾向としての、新しい富のしるしは、1983年、

東67丁目に完成した11軒の単世帯用のタウンハウスにも見られた。アッティア・アンド・パーキンズが、ソロウ開発社のために設計したこのプロジェクトは、20世紀初頭以来となるタウンハウスの新築であった。より興味深いのは一連の準備提案であり、リチャード・マイヤーとジェームズ・スターリングによる、革新的な設計が織り込まれていた。それぞれが独自の方法で、ニューヨークのブラウンストーンの伝統に取り組んでいたが、いずれの提案も却下され、最終的にはより保守的で19世紀のブラウンストーンの外観に近いものが再現された。[49]

1975年の市の財政危機に続いた低迷期を乗り越え、近年では大型ハウジングの開発計画の再興が見られる。中でも、バッテリー・パーク・シティ計画の再開はよく知られている。1966年に始まったこの計画は1970年代に中断し、1980年にバッテリー・パーク・シティ公社の破産が決議されるとアレクサンダー・クーパー・アンド・アソシエイツによる新しいマスタープランに基づいて工事が再開された。[50] 新しい計画は碁盤街区に充填された建物、というマンハッタンの19世紀的都市構造を踏襲しており、過去50年間にわたり「公園の中のタワー」を推進し続けた、革新主義的慣例に対抗するものであった（fig.10.6）。しかしながら、バッテリー・パーク・シティの実現案には、19世紀に見られた街並みの統一性はなかった。一因として、極端な用途とスケールの並置による、公共空間の分断が挙げられる。マンハッタンの既存街区との物理的連続性も、ウェスト・ストリートの交通が障壁となり実現されずに終わった。個々の建物の設計を委託された建築家には、以前のUDCハウジング世代のベテランが含まれていた。ジェームズ・スチュアート・ポルシェック・アンド・パートナーズ、ボンド・ライダー・ジェームズ、コンクリン・ロッサン、デイヴィス・ブロディ・アンド・アソシエイツなどである。彼らの以前の作品に見られた感性は、バッテリー・パーク・シティ計画の制約により、いずれも大幅に修正されていた。その他、チャールズ・ムーア、ウルリッヒ・フランツェン、グルーゼン・パートナーシップ、そしてミッチェル・ジョゴラなどの建築家たちが名を連ねた。個々の建築の質が、同時期に民間業者が開発した、同所得層ハウジングと比較してかなり高かったことは、マスタープランと高額の助成金がうまく反映された結果と言えた。[51]

ウェストウェイ計画もまた、1975年以前の系統を受け継いだ大型開発であり、マンハッタンのウェスト・サイド、42丁目からバッテリー・パーク・シティに至る高速道路の計画も含まれていた。1984年までには、旧ウェスト・サイド高架高速道路や、計画地区に沿った埠頭の撤去を中心に、この数十億ドル規模の開発に伴う解体工事のほとんどが完了していた。しかしこの計画は、より小規模なプロジェクトと、連邦政府からの助成の公共

エピローグ　381

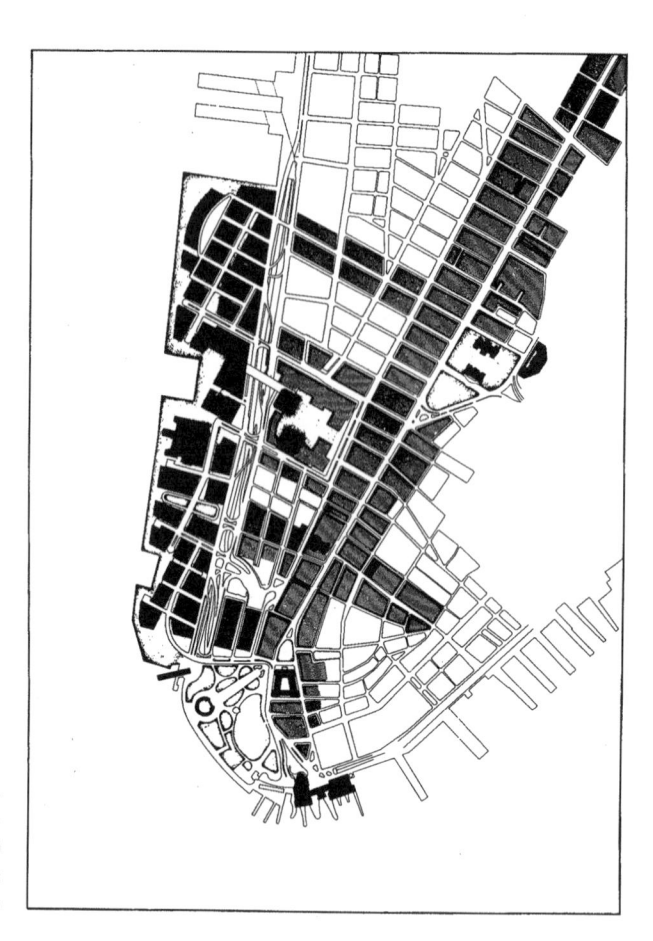

10.6 アレクサンダー・クーパー・アンド・アソシエイツ。バッテリー・パーク・シティ・マスタープラン(1979年)。マンハッタン従来の街区を延長させ「公園の中のタワー」手法に対抗。

バッテリー・パーク・シティ。

輸送機関など、直接的な社会福利への配分を提唱する反対派の訴えを受けた。裁判所の決定により事実上中心に追い込まれ、[*52] 1972年の着想以来、[*53] ウェストウェイ計画の思惑はマンハッタンのロウアー・ウェスト・サイドに大規模な変化を誘発させること、すなわち、マンハッタンの中流上層階級のためのエンクレーヴ化というより大きな目標を視野に入れた、大量の新規ハウジングの供給であった。[*54] 1984年、ウェストウェイの敷地にロバート・ヴェンチューリらによって準備された空地としての街区は、原案のプランニングが持つスケールへの、無言の抗議であった。[*55] 地元の反対派には、ニュージャージー州下院議員も加わり、民間業者の利権と密接に関わるプロジェクトに、連邦政府助成金を配分すべきではないと主張した。[*56] ウェストウェイ反対運動の成功は、ニューヨーク市の転換期として、いずれウェストヴィレッジの救済活動と並ぶ時が来るであろう。結果として、開発の焦点は裕福な都心から、荒廃した周縁地区の再建を促すための公共交通機関に移されたのであった。

それでも、ウェストサイドの開発を求める圧力は続いており、57－72丁目の間、ハドソン川沿いに広がる、ペン・セントラル鉄道の操車場に提案された大型ハウジング、リンカーン・ウェスト（現リバーサイド・サウス）もその一つである。1982年の最初の提案では、4,300戸の住宅と100万平方フィート以上のオフィスが計画されていた。*57　1985年にドナルド・トランプが敷地を取得した後、計画の規模は7,900戸に拡大し、さらにオフィスとテレビスタジオが加わり、投資額は10億ドルを超えた。マーフィー・ヤーンによる設計案は、6棟の76階建ての建物が両側に並ぶ巨石のような150階建てタワーであった。*58　このプロジェクトの巨大さは、開発者と同様、この時期のニューヨークに流行の私利追求と、派手な裕福さを象徴し、より大きな公共利益はその影に潜んだのであった。*59　しかし公共利益への支持は固く、ウェストウェイに見られたように、リンカーン・ウェストにも反対派がいないわけではなかった。その多くは既に無数の開発を経験し、リンカーン・ウェストの破壊的な規模に不安を募らせていた隣接するアッパー・ウェスト・サイドからのものであった。*60　重なる批判をよそに、プロジェクトは1986年半ばにアレクサンダー・クーパー・アンド・パートナーズに委託され、開発の将来は依然として不透明である。*61　同地区は、リンカーン・センターやマンハッタンタウンなど（fig.9.1 参照）、30年以上前にロバート・モーゼスがアッパー・ウェスト・サイドに描いた開発構想の最後の一片であった。同時に、バッテリー・パーク・シティを含む、壮大なウォーターフロント再開発の最北拠点でもあり、マンハッタンの中、南地区を市の問題からかけ離れたところで再編成しようとする、近年の傾向を強調するものである。

　極端な富と貧困の並置は、ニューヨークのハウジング文化において常に顕著な一面を成してきた。市の経済の根本的な変化は住宅ストックの減少をもたらし、貧困層の生活水準の悪化と、拡大する貧富の差は、上向きの社会的流動性の停滞を浮き彫りにしていた。1970年代に入ると、マンハッタンは脱工業経済の時代を迎え、それに付随する階級の変動は、近年の高級ハウジングの流行が明示するように、中－高所得者層の急増によってもたらされたのであった。貧困層と公式に分類される人口の割合は、ニューヨーク市全体で1969年の14.9％から、1983年の23.4％に増加し、その増加率は全国平均の2.9ポイントをはるかに上回った。1987年の貧困率はさらに増加し、特に黒人とプエルトリコ人の貧困率は、それぞれ32％と48％であった。*62　貧困の増加とともに、市の人口は1970年から1980年の間に7,894,862人から7,071,030人へと10.4％減少した。しかしマンハッタンの減少率が7.3％であったのに対し、ブルックリンは14.3％、ブロンクスは20.6％であった（クイーンズとスタテン島に増減はなかった）。そ

10.7 ニューヨークの荒廃地区「リング」。マンハッタンを囲み、1960年代以降40％以上人口減少した地域を示す。

れぞれの行政区の差は、同期間の住戸数の統計からも確認できる。マンハッタンで5.6％の増加が見られた一方で、ブルックリンでは2.4％、ブロンクスでは11.3％の減少であった。[*63] これらの統計を実体として証言するのは、マンハッタンを中心に出来上がった崩壊の輪「ニューヨーク・リング」である。

この「ニューヨーク・リング」は南ブロンクスと東ハーレムから、ブルックリン中央を抜け、ロウアー・イースト・サイドへと円弧を描くように伸びている（fig.10.7）。[*64] かつての安定した住宅地域において、都市の瓦礫はごみを漁る者のみを養い、その様相は、第2次大戦で連合軍の爆撃を受けたドレスデンやベルリンを彷彿させた。この広大な「リング」の地域には、1970年から1980年の間に40％以上の人口が減少し、1960年代半

ばから20年余りで80％以上の減少を記録した地区もあった。*65　この過程を何よりも鮮烈に表す社会の象徴は、荒廃を決定づけた一連の火災であろう。その規模は19世紀前半の大火災以来のものであった。破壊のほとんどは放火が原因であり、1970年代半ばには、年間約15,000件もの放火が記録されている。*66　1975年の財政危機とともに、南ブロンクスの火災は凋落の象徴として大衆の脳裏に焼きついたのであった。『ニューヨーク・タイムズ・マガジン』誌はこれを「炎の伝染病」と呼んだ。*67　しかし、この文脈における凋落の重大さと、その意味については論議の余地があった。より皮肉な表現は、ロジャー・スターによって要約された「計画された収縮」であろう。*68

　過去10年間で最も注目に値する統計は、人口の急減と同時進行した住戸数の極端な減少であろう。理論上は人口減少に伴うはずの住宅余剰の代わりに、その不足が顕著になった。実際、リング地域での大規模崩壊によって、市場の影響力は妨害され、もしこの「収縮」が本当に「計画された」とすれば、それは経済的に有利であった。ブロンクスの火災は、マンハッタンで同時に起こった高級化とともに、投資の分配先を決定づける銀行政策によって刺激されたのである。また公共政策も影響し、例えばJ-51固定資産税減免プログラムなどは、保険会社の契約を通した放火に伴う利益の、悪名高い拠り所となった。*69　こうして現在、人口の減少、ハウジングの不足、価格の上昇という、ニューヨーク市のハウジング生産史上、異常な逆行現象が生じている。また、市の資本関係者たちが、「収縮」の難局を切り抜けながら記録的利潤を維持できたことは、不名誉ながらも注目に値する偉業と言えよう。*70

　「リング」地域の荒廃が進む反面、高級化の波が押し寄せた地区もあった。さらに「リング」の一部には再生も見られ、良好な住宅ストックの破壊と併存する中流階級ハウジングの不足という皮肉を強調していた。マンハッタンに住む財力を持たぬ者は出て行くべきである、というエドワード・コッチ市長の悪名高い発言は、貧困層だけでなく、中産階級にもあてはまり、*71　とりわけブルックリンにはマンハッタンの高い家賃を逃れた、若くて比較的裕福な人々が流入した。パークスロープやブルックリン・ハイツなど、19世紀の重厚な住宅が並ぶ地域の再生はかなり前から進んでおり、隣接するキャロル・ガーデンズ、フォート・グリーン、レッド・フックでも、同様の傾向が急速に進んでいる。例えば、レッド・フック、さらにはウィリアムスバーグですら、アーティストの存在は開発到来の予兆となっている。この最初の波こそが、白人の中産階級が近づくことのなかった、リング地域で社会的困難を克服し、その後の大規模な人口流入を招いたのであった。

マンハッタンの、高級化の前線はハーレムであろう。1981 年、市がハーレムのブラウンストーンの競売を計画した際、[72] 少なくとも白人中流階級が近づくことはなかった。しかし人種偏見に基づくこの制約も変わりつつあり、1980 年の時点で既に、マンハッタンの黒人のうち、ハーレムに住む割合は、1970 年の 32％から 25％へと低下していた。[73] 1984 年の『ニューヨーク』誌に掲載された、ハーレム高級化の潜在性を論じた記事は、それまで想像すらされなかった人種的、経済的変容に、初めて大衆の目を向けさせた。[74] 一方、ハーレムが持つ黒人の象徴的首都としての機能が消失することは、黒人社会にとっても政治的に重大な結果をもたらすであろう。さらに、ハーレムの問題は市内のどの地域よりも、増え続ける貧困層の運命を左右するであろう。社会ハウジングプログラムの縮小を受けて予想されることは、市内の貧しい少数民族の、都市周縁部の荒廃したハウジングへの排除であり、中流、上流中産階級の都市の望ましい地区への再定住である。そしてこれらの変遷を方向づけるのは、市の政策以外にない。

1970 年代末、ニューヨーク市政府は市最大の家主となった。管理物件は 40,000 戸を数え、その多くは「リング」地域内に集中していた。[75] 例えば、ハーレムの不動産の 40％は市の保有であった。[76] 1981 年以来、市は特定市有地の民間開発を積極的に斡旋している。[77] やはり市有率が高いロウアー・イースト・サイドでも市有地開発に乗り出している。1981 年、市は芸術家主導による、倉庫ビル開発の援助を試みた。[78] 1984 年には、放置された 207 棟の建物と、219 の空地の売却を提案した。収益は 1200 戸以上の市営住宅の改修に充てられる予定である。[79]

1985 年にニューヨーク市都市計画委員会がまとめたゾーニング調査研究は、外郭行政区の再建を論点の中心に置き、[80] これを機にゾーニング法が 1987 年に改正された。[81] 改正の目的は、中密度開発の収益性を上げ、年間 5,000 戸の民間による住宅供給を促進させることであった。対象とされたのは、マンハッタン以外のハウジングの大部分を占める 6 − 12 階建ての範囲であり、マンハッタンの外では、助成なしでは経済上に非現実的であった密度における高層ハウジングを奨励した、1961 年ゾーニング法の修正であった。その結果、外郭行政区では新規の民間ハウジング建設は停滞したのである。近年のブルックリンでは、民間業者が建てた大型アパートメントは、ベンソンハーストに 1969 年に完成したものが最後である。[82] 許容建蔽率の増加と、新たな容積と高さ制限によるゾーニングの変更が示す方向は、1920 年代のガーデン・アパートメントを連想させる新しいハウジングであり、公園の中のタワーを断ち切る最後の、重要な

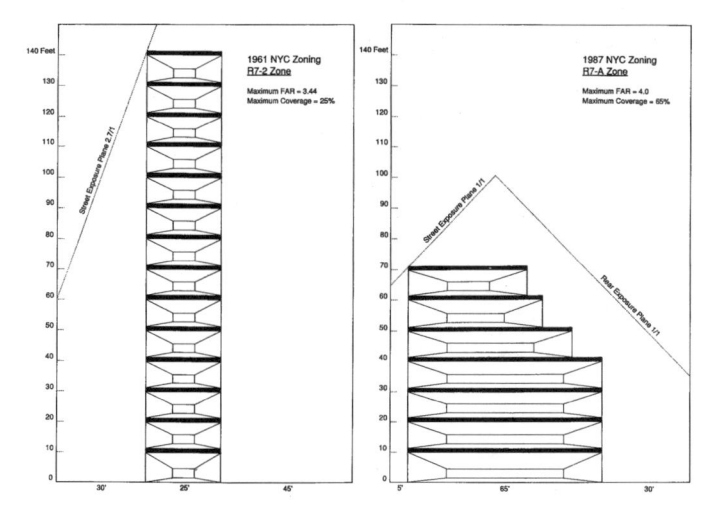

10.8 R-7 ゾーニングで許容された建築形態の比較。左は 1961 年ゾーニング法に基づいたもの。右は 1987 年の住宅品質改正案による。建蔽率は 25％から 60％に増加した。

段階でもある（fig.10.8）。さらに市の保有不動産の売却や、新規の家賃助成プログラムなどの誘因と組み合わさることで、[*83] 新しいゾーニング法はリングの再建にとって重要な鍵となるであろう。しかし、市人口のほぼ 4 分の 1 が貧困層であり、たとえ 2 万ドルの年収があっても、高物価のために貧困層に分類されてしまうニューヨークでは、[*84] このような展望の妥当性には限界があるだろう。

　近年の公的機関によるハウジング政策の縮小は甚だしい。連邦政府の予算削減はもとより、ミッチェル・ラマといった州の大型プログラムも、139,000 戸の供給をもって中止に追い込まれた。[*85] 社会ハウジングの新規建設戸数も、1965 年に記録した 33,790 戸の約 1 割にまで減少していた。一方、再生プログラムへの助成は増加し、1965 年のわずか 60 戸から、1981 年には 14,540 戸にまで達した。[*86] この再生戸数は、ある程度は 1960 年代の余波として急増した市民主導による開発を反映しており、それは 1967 年に設立されたベッドフォード・スタイヴェサント修復公社や、[*87] 1968 年設立のマンハッタン・ヴァレー開発公社[*88] などの先駆的な事業主体によって実現された。しかしニューヨークの激しい不動産市場の中で、これらの市民主導開発の多くは当初の権限を失い、資金削減によって低所得層に対する責務も去勢されてしまった。デザイン面においては、中庸な予算による修復再生は妥協に過ぎなかった。マンハッタン・ヴァレーや東ハーレムなどの「次に浮上する」であろう貧しい地域では、[*89] 高級化の進行に伴う、貧困層が立ち退かされる現状は、望まれない結果であった。しかし地域の結集を効率よく維持するためにも、修復再生の付加的な性格は、社会ハウジングの供給方法として説得力のある戦略であった。ジェーン・ジェイコブスの時代に始まった、この意識の変化は、社会ハウジング

エピローグ　387

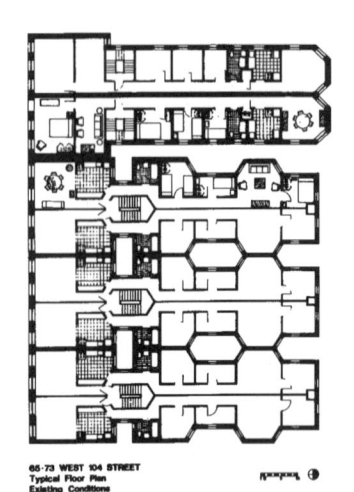

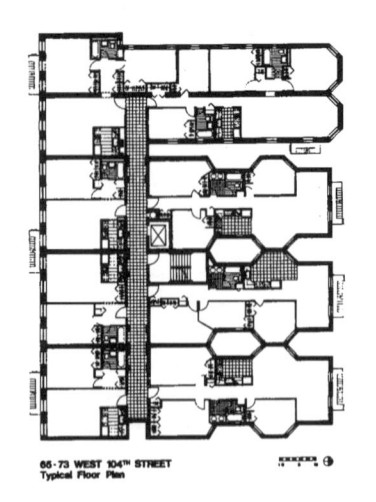

65-73 WEST 104 STREET
Typical Floor Plan
Existing Conditions

65-73 WEST 104ᵀᴴ STREET
Typical Floor Plan

10.9　レヴェンソン・テイラー・アソシエイツ。マンハッタン・ヴァレーにおいて再生されたテナメント。隣接する旧法テナメントが連結され、採光と通気、平面効率を向上させた。

だけでなく、新世代の都会派職業人が住む中流上層ハウジングにも影響を及ぼした。

　修復再生において、難題の多いハウジングの類型は、いまだに残る旧法テナメントと一部の新法テナメントであり、基本的な採光と通気の問題をはじめ、合理的で経済的なデザインの変更は困難である。評価の高いマンハッタン・ヴァレーにおける再生の取り組みの成果も両面的である。[*90] 例えば、コロンバス・アヴェニューにおけるレヴェンソン・テイラー・アソシエイツによるプロジェクトでは、旧法テナメントの平面が巧みに再編されたが、通気シャフトに面する部屋の問題は解決されることはなかった（fig.10.9）。旧法テナメントの採光条件はあまりにも限られていたため、建物前後に開いたロフトだけが十分に機能したのである。この方法はイーストヴィレッジやロウワー・イースト・サイドで採用されていた（fig.10.10）。[*91]　マンハッタン・ヴァレーの再生テナメントは、新築されたマンハッタン・ヴァレー・タウンハウスと対照的である。後者はローゼンブラム・ハーブ・アーキテクツの設計により、1987年にマンハッタン・ヴァレー開発公社によって完成した。[*92]　アッパー・ウェスト・サイド、104－105丁目間に位置するU字形の建物は、破壊された街区端部を回復させ（fig.10.11）、ファサードは周辺のロウハウスのリズムを保つよう配慮され、部分的に崩壊した地域の再生につながるハウジングタイプを示唆していた。しかし新しい住戸は、周辺の建物と対照的であり、高級の域に入っていた。当初の販売価格は6万5千ドルであったが、数年間でほぼ3倍にまで上昇した。西110丁目にボンド・ライダー・ジェームズが設計した「公園の中のタワー」プロジェクトとともに、このコミュニティの運命はより高所得層専用として定まったのであった。[*93]

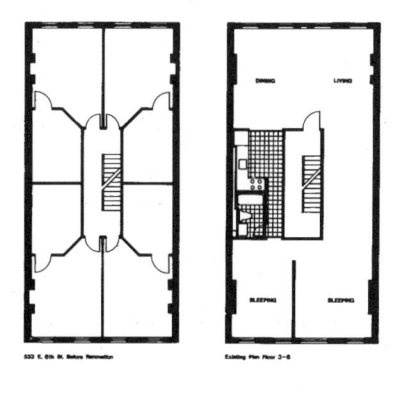

10.10 東6丁目に建つ法令化以前のテナメント。アーティスト用のロフトとして改装された。

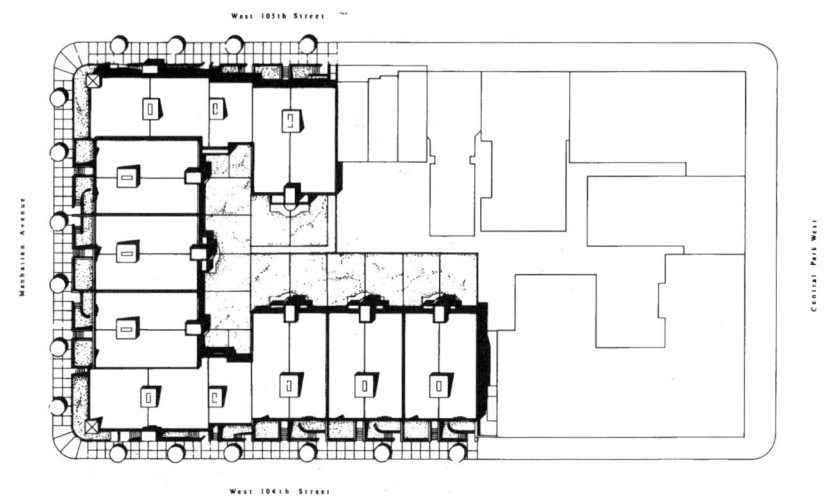

10.11 ローゼンブラム・ハーブ・アーキテクツ。マンハッタン・ヴァレー・タウンハウス(アッパー・ウエスト・サイド、1987年)。低層の形態が、破壊された街区端部を補完している。

　1980年代以降に新築された社会ハウジングの大半は、ジェーン・ジェイコブスが描いた未来像の恩恵を受けていた。ニューヨーク市の貧困地区に、たとえ経済的に可能であっても、新しく高層タワーが選択されることはありえないであろう。代わりに、低層の社会ハウジングが主流となりつつあった。それは都市再生、放棄、放火によって部分的に破壊された地区を充填する目的で、くまなく採用され、ニューヨーク州芸術評議会の主催による、イースト・ハーレム充填ハウジング設計競技のきっかけとなった。対象となったイースト・ハーレムのレノックス・アヴェニューに沿う街区は、19世紀以来の街並みの大部分が破壊され、放置されたテナメントやアパートメント、商業と公共用途など、多様の建物が混在する場所であり、低所得者層の文化的ニーズを強調した要求内容に、社会的要望に応えるデザインを引き出そうとする試みが表れていた。しかし貧困層を対象とする住宅資金は節減され、この設計競技に暗い影を投じることになった。

エピローグ　389

10.12 ベイヤー・ブラインダー・ベル。クロトナ・メイプス再生計画（ブロンクス、1985 年）。ツイン・パークス・ノースイーストに隣接した中所得者層を対象とした政府助成による新築ローハウス。(A) 同地区の以前の都市構造（1965 年）(B) との対比。

1990 年には、充填方式は各行政区で多数のプロジェクトとして実現していた。例に、1970 年代前半に UDC が南ブロンクスに完成させたツイン・パークス地域の再生計画が挙げられる。もともと既存の都市文脈に応答した、大規模な高層建物の組み合わせであったが、その後の再生段階において高層建物が採用されることはなかった。ベイヤー・ブリンダー・アンド・ベルの設計によって 1985 年に完成したクロトナ・メイプス再生プロジェクトは、リチャード・マイヤー設計のツイン・パークス・ノースイースト開発（fig.9.12 参照）近くの 200 戸の小規模充填住宅である。[*94] この開発はのブロンクス公園の東側に、政府の助成金を受けて建設された中流低層階級を対象としたロウハウスであった（fig.10.12）。

1973 年の完成当時、ツイン・パークス・ノースイーストは、都市文脈との関連性においてハウジングの確実な前進とみなされたものの、数年も経たないうちにその失敗が証明された。共用空間に金網の棚が設けられたが、破壊され、コミュニティ空間は半ば放置された状態であった。焼け焦げたアパートメントと高い空室率は、再生の切実さを静かに訴え、竣工後 10 年もたたない 1982 年に再生計画が始まる。総額 170 万ドルの計画によれば、プロジェクトの問題は、「36％設計と施工、34％暴力行為、20％管理怠慢」とされていた。[*95] ツイン・パークス・サウスイーストとツイン・パークス・ノースウェストなど、他のツイン・パークス・プロジェクトでは、さらにずさんな設計と施工の欠陥が見られた。ブルックリンのコニー・アイランド地区の状況も同様であったが、[*96] ツイン・パークス・ノースイーストの失敗はとりわけ重大であった。貧困と人種問題を抱える地区において、大型ハウジングの病弊の相殺が可能であるという、文脈主義にかけられた期待が裏切られたのである。実際、竣工から 3 年後もすると、荒廃が既に表れていた。[*97] 表層的なデザインの文脈主義は、周辺都市文脈に蔓延する深刻な病弊と比較され、イタリア生まれの教育者でもある建築家

ロマルド・ジョゴラによって「本質に触れることのない延々と続く折衷主義」と描写された。*98

小規模ハウジングと敷地分割の方針は、社会的に問題を抱える外郭行政区で広く普及してきた。はずみとなったのは、1980年に連邦政府がセクション325として制定した助成プログラムで、単世帯住宅あたり15,000ドルまでの補助金を認められた。同年、市はセクション235を市の助成プログラムに組み込むことで、計10地区に2,200戸の新規住宅建設を設定した。*99 まもなく新世代の慈善団体によって始められた新たなプロジェクトが続いた。イースト・ブルックリン教会連合や、デイヴィッド・ロックフェラー率いる市民団体ニューヨーク・シティ・パートナーシップなどである。このようなハウジング生産の断片化は、文脈主義の極端な形であり、都市再生による混乱を最小限に抑え、修復の効果を最大化した。この方法論は高級化の一形式となっていった。必要とされる技術の水準は基礎的で最小限であり、大規模高層建設と比較して政府の関わりはより小さなものであった。修復再生の開発単位が断片化されることで、すでに完成した部分を損なうことなく、プロジェクトの容易な中止が可能であった。また民間所有にすることにより、市は長期管理とその他の維持コストから解放された。

ブルックリンのブラウンズヴィル地区で1982年に始まったニアマイア・ハウス計画は、ニューヨーク市で最大規模の低コスト住宅所有への試みであった。イースト・ブルックリン教会連合による提案では、5,000棟の新規のロウハウスが、開発業者アイラ・D・ロビンズの管理の下に計画されていた。*100 建設用地は「リング」に位置し、ヴァン・ダイク・ハウス公営ハウジングに隣接する荒廃地にあった（fig.8.23参照）。第1期建設区域はニューロッツとリヴォニア・アヴェニュー、マザー・ガストン・ブルバード、ジュニアス通りを境界としていた（fig.10.13）。まばらに残る建物を除いて、同地区のほとんどは1980年代に瓦礫と化していた。建築家ジェームズ・L・ロビンソンとの協働によるロビンズの計画は、各道路に面して約28棟ずつのロウハウスであった（fig.10.14）。5,000棟という目標には、約90街区が必要となる計算であった。

ニアマイア計画の住宅は幅18フィート、奥行き55フィートの2階建てで、2寝室と3寝室が選択可能であった。煉瓦の外観は全戸同一であり、小さな開口部が連続する様子は、贔屓目に見ても、19世紀の製粉所小屋を連想させるものであった（fig.10.15）。注目すべき点は、駐車スペースとして機能した道路からのセットバックである。個々の住宅の空間基準は正当なものであったが、集合体としてのデザインの着想は初歩的であり「公

エピローグ　391

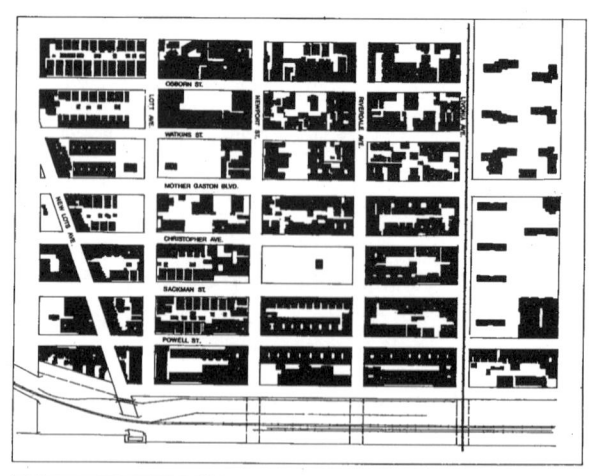

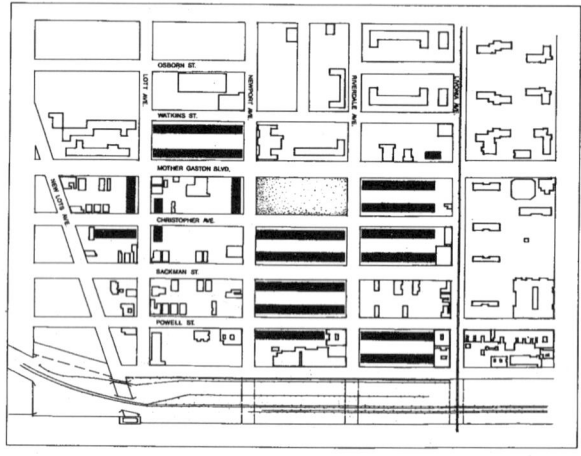

10.13 アイラ・D・ロビンズとジェームズ・L・ロビンソン。ニアマイア・ハウス（ブルックリン、1986年）。新築ロウハウス。(A) ニューヨーク最大の低所得層対象の新規ハウジングとして1982年に建設開始。同地区の以前の都市構造（1965年）(B) との対比。

園の中のタワー」と同様、ある意味で還元主義的であった。その構成は、水平のバラックであり、1エーカーあたり14.6住戸という低密度であった。ツァイレンバウ計画（fig.6.22参照）とも言えたが、端部の工夫も見られなかった。教会からの貸付と多様な政府助成によって、第1期の1戸あたり販売価格は40,000ドルを切り、当時ニューヨーク市で建設された最も安価な新築ハウジングの一つであった。土地そのものも市から寄付されており、ある種の助成であった。また他にも、市の直接援助となる20年間の市税の減額や、州からの抵当権ローン助成などがあった。

ニアマイア住宅と19世紀との関連性は、外観だけにとどまらなかった。これらの住宅は南北戦争後の大好況期における、民間慈善活動に共通するものがあった。5,000ドルの頭金と、20年間の抵当権ローンは、年間16,000ドルから20,000ドルの世帯所得を必要とし、当時の貧困層平均所

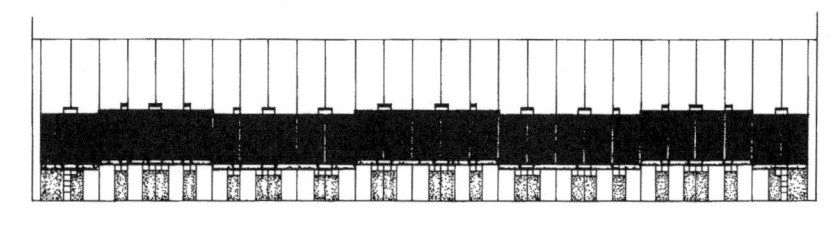

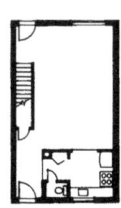

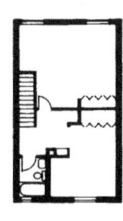

得をはるかに超えていた。1983年、公営ハウジングにおける世帯所得の中央値は7,314ドルであり、市内全世帯数の20％の平均所得はわずか4,300ドルであった。*101 このような背景に、ニアマイアや他の住宅所有プログラムから浮かび上がったのは、上昇志向の家族が獲得した新しい立場が、低価格の「より良いハウジング」によって報われるという、20世紀後半の「援助に値する貧者」(deserving poor) の特徴であった。残された者に、手の届くハウジングはほとんど存在せず、再開発によって立ち退かされた貧困層がつくる状況は悪化する一方であった。

　公共慈善活動の民営化は、今日では過去の遺物でしかない19世紀の経済市場を示唆している。しかし政治的観点から見たニアマイアの目的は、慈善という目前の事情を超えたところに明確に表れている。例えば、イースト・ブルックリンの荒廃は、地域内の教会組織支持層の確保を危うくし

10.14 アイラ・D・ロビンズとジェームズ・D・ロビンソン。ニアマイア・ハウス典型ブロックと住戸平面。正面の駐車スペースと裏庭を持つ。

10.15 ニアマイア・ハウス。典型的な道路側正面。前庭と車寄せを持つ。

エピローグ　393

ていた。政治勢力を代表する教会にとって、5,000家族の確保は存続に関わる問題であった。*102　ニアマイア計画において、十分に使用可能な建物を、新規のロウハウスに置き換える案が住人からの猛烈な反対を受けたのも、このような性急さによるものと言えた。*103　あるいは、ニアマイアは過去の都市再生と同様、強引な制度化であり、「公園の中のタワー」が低コストの水平なバラックに代わっただけとも言える。ロビンズはニアマイア型の住宅をニューヨーク市に200,000戸新築する構想を描いていた。*104　彼はコストの経済性を建前にすべての取り壊しを正当化した。しかし立ち退きを迫られたイースト・ブルックリンの家族たちの主張は逆である。

　彼らが今話していることは、粗悪な単世帯用の住宅を建て、私の家族をそこに住まわせ、しかも2家族を入居させようというものである。ニアマイア計画が始まった当初は、空き地に建設するという話だった。しかし実際行われているのは、空き地への建設ではなく没収である。ここの家具店を取得したかと思えば、我々の食料品店も取られてしまった。我々はどこに店を構えたらいいのか？どこに行けというのか？私の父はどこに行くのか？彼はようやく自宅の借金を返済したばかりというのに、また別の抵当権ローンを払わされようとしている。今では衣をまとった牧師がやってきては礼拝を挙げるが、同時に我々の家を取り上げては、立ち退きを命じるのである。*105

　20世紀後期に米国の政治的変化がもたらしたプロジェクトの典型として、シャーロット・ガーデンズ・ハウジングが挙げられる。これはサウス・ブロンクス開発機構（South Bronx Development Organization, SBDO）の一環として1982年に開始された、「リング」上にあるイースト・トレモント地区へのプログラムであった。SBDOはある意味、都市開発公社（UDC）が残した課題を象徴していた。しかし組織としての規模ははるかに小さく、UDC全盛期に会長を務めたエドワード・ローグが指揮したにもかかわらず、その活動地区は限られていた。SBDOの最初の計画対象となった、サウス・ブロンクス崩壊の象徴とも言えるシャーロット・ストリート地区は、1970－80年の間に80％の人口を失っており、1977年にはカーター大統領、そして1980年にはレーガン大統領候補が訪問し、全国的な注目を集めていた。*106　シャーロット・ガーデンズ計画に要求されたのは、新しい国内政治を踏まえた意思表示に他ならなかった。こうして選ばれたのが、単世帯住宅である。*107　シャーロット・ガーデンズに新築された住宅が、焼け焦げたアパートメントの残骸を背景に建つ光景は超現実的であった（fig.10.16）。ある住民の発言は言い得ている。

　だから、自分が運転していて、例えば3番街なんかを通って見えるのは、みんな焼け焦げた建物ばっかりで、路上に立つ人とか、これらの地域を見るだけで

10.16　サウス・ブロンクス開発機構。シャーロット・ガーデンズ・ハウジング（1983－1987年）。焼け焦げたアパートメントとの対比。

気が滅入るんだ。そうして家に帰ってくる。でも自分の家に着くと、全くの別世界がある。まるでロング・アイランドに住んでいるみたいだ。*108

　こうして、戦後の郊外化時代のまさに終局になって、郊外型の一戸建て住宅は少数ながらも都市部の低所得者層の手に届いたのである。その場所はヘンプステッドではなく、サウス・ブロンクスであった。これらの住宅が完成したのは、ブロンクスにコテージ型の慈善住宅を建設する提案が出されてからちょうど100年後のことであった。*109　ニアマイア計画と同様、シャーロット・ガーデンズもまた、19世紀後半の大好況時代に見られた慈善活動に近く、経済状況や社会問題にかかわらず、必要を要する家族の受け入れが、法によって強制されていた公営ハウジングとは異なっていた。シャーロット・ガーデンズが門戸を開いた対象は「援助に値する貧者」、すなわちコテージ所有の神話と特権に同化できるだけの、経済的社会的手段を有する下層中産階級を指していた。

　シャーロット・ガーデンズでの新築住宅の平均販売価格は52,000ドルであり、10％の頭金とニューヨーク州抵当局からの融資が必要とされた。実際の建設費用は81,000ドルであった。助成の有無にかかわらず、これらの住宅が、民間開発による郊外住宅と同等の長期的経済利点を生み出せるか、そして新しい所有者たちが「アメリカン・ドリーム」を享受できるかは今後に分かることである。建物資産とその維持管理の点からは、これらプレハブ建築がローン返済期間の30年間持ちこたえるかは疑問である。事実上シャーロット・ガーデンズはレヴィットタウンの系譜につながる郊

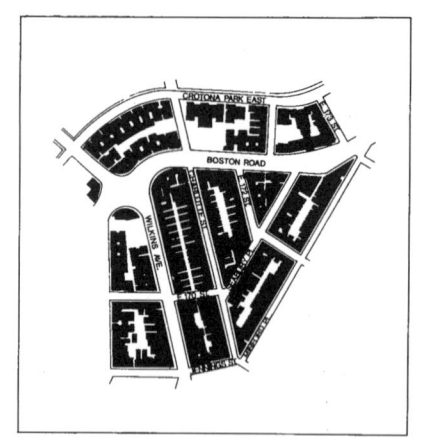

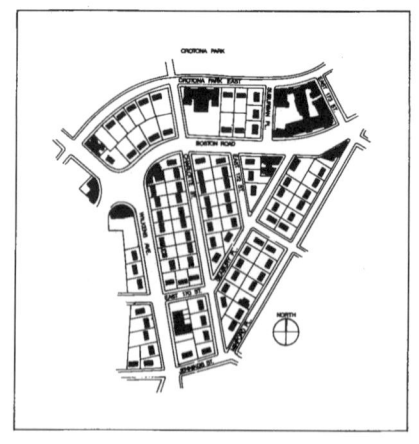

10.17 シャーロット・ガーデンズ敷地計画（A）。1965年における同地区の都市構造（B）。

外型分譲地であった（fig.8.26 参照）。湾曲する道路は、偶然にも同地区の不規則な既存環境によるところが大きい（fig.10.17）。また1エーカーあたり 6.2 住居という密度は、ニューヨーク市で最も低いものである。対照的に、近くにあるガバナー・モリス・ハウスは、1965年に竣工した公営の高層ハウジングであるが、その密度は1エーカーあたり 106 住居に達していた。しかし、シャーロット・ガーデンズ建設以前の建物群はさらに象徴的であった。この一帯は、1901 年以降に建設された新法テナメントを中心に、1エーカーあたり 500 戸をはるかに超える活気に満ちた住宅街だったのである。

一戸建て住宅の極端な例はシャーロット・ガーデンズに限られていたものの、ニューヨーク市の他の地域では、小規模ながら持ち家式の、単世帯社会ハウジングが急増していた。助成プログラムも多様であった。典型的な事例には、市の「小住宅所有プログラム」による最初の開発として、ベッドフォード・スタイヴェサントのフルトン・パーク地区に建てられた、74 棟のロウハウスが挙げられる。当初の販売価格は 62,750 ドルであり、10％の頭金と 30 年の抵当ローンを組む仕組みであった。[110] また有限利益の企画として、ブルックリンのパークスロープに隣接する、17 軒から成るウィンザー・テラスが挙げられる。これは、ニューヨーク市ハウジング・パートナーシップ（NYCHP）による、全 5,000 戸の開発計画の第1期である。NYCHP による他のプロジェクトには、イースト・ハーレムでの 96 戸のロウハウス、ブラウンズヴィルの 255 戸のプレハブ住宅などがある。[111] これらの住宅は中所得層を対象としており、ウィンザー・テラスの各住戸は 112,500 ドルで販売された。それでも比較できる民間開発による市場価格よりも安かった。例えばブルックリンのベッドフォード・スタイヴェサントに建設されたケアリー・ガーデンズは、助成なしで建設された、プレ

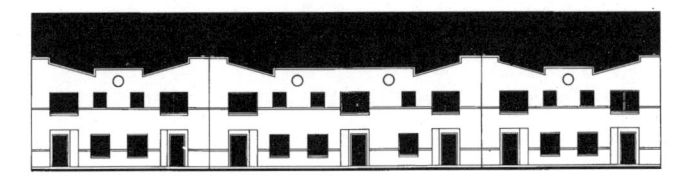

10.18 スカリー・トーレセン・アンド・リナード。コニー・アイランド・タウンハウス（1985年）。過去20年間に破壊された住宅の建て替え計画。ファサードは19世紀末の外郭行政区に見られた労働者階級ハウジングをしのばせる。

ハブ式2家族用ロウハウスであったが、1987年の1戸あたりの平均販売価格は164,500ドルであった。*112

開発の方式や販売価格に差はあるものの、これらの取り組みは、助成が緊縮した時代における、社会ハウジングとしての単世帯住宅の費用効率に関する疑問を明らかにしている。最大の憂慮は、建設費の大幅な削減と、ニアマイアに見られるような計画の単純化である。例えば、ブルックリンのコニーアイランド・タウンハウスでは、入居者から挙がった建設の質に関する苦情が広く公表された。*113 市の小住宅所有プログラムの助成を得て、1985年に完成したこのプロジェクトは全397戸から成り、スカリー・ソールセン・アンド・リナードの設計によって西31丁目と37丁目沿いに建設された。*114 周辺に残る低層コミュニティの再建をを試みたこの計画は、ニアマイアよりもさらに簡素化された、単世帯用のロウハウスであった（fig.10.18）。ここでの問題は施工上のことであり、米国住宅都市開発省（U.S. Department of Housing and Urban Development, HUD）が課した経済的制約により、4寝室住宅の販売価格は62,500ドルに設定されたため、いかなる良質の工事も望めなくなっていた。政府による慈善の手法は、建設コストと長期管理コストの削減が目的であり、粗悪な工事による因果は購入者に委ねられたのであった。それでも、年間所得が20,000－35,000ドルの範囲内に入る、購入資格のある中流下層階級には、新築住宅への需要は依然として高かった。この疑問の残る「アメリカン・ドリーム」への願望はあまりにも強く、シャーロット・ガーデンズの購入者は、竣工のかなり前に決まっていたほどであった。

助成を受けた単世帯住宅は、主に65,000ドルから75,000ドルの価格帯で販売され、中流下層階級の手の届く範囲に近づいていた。しかし多大な宣伝にもかかわらず、実際の小住宅の数は、ニューヨーク市で必要とされる低－中所得層用ハウジングから見れば、ごくわずかであった。それでも、これらの取り組みは市の住宅需要に応える現実的解答としてみなされていた。『ニューヨーク・タイムズ』紙の論説委員、ロジャー・スターの言う「小住宅は大きな望み」*115 は甚だ楽観的な評価と言えよう。こうして、かつてジェーン・ジェイコブスの強敵であったスターによって奇妙な円環が完結する。ジェイコブスの理論は、政治情勢が変化した時代に入って、

エピローグ 397

新しい実用的な意義とともに受け入れられたのであった。

　この「新現実主義」の最も滑稽な徴候は、ニューヨーク市住宅保存開発局（New York City Department of Housing Preservation and Development）によるデカル・プログラムに表れている。*116　1980年から、3カ年計画として発足したこのプロジェクトは、300棟の放置され、あるいは焼け朽ちた建物に、窓や雨戸、そして植物や猫などを描いた絵を転写＝デカル（decal）するというものであった（fig.10.19）。「リング」の空白地にあたかも人々が居住しているような錯覚を意図したもので、情景効果により創出された虚像のコミュニティであった。それでもデカル・プログラムは、残っていた住民を楽しませ、好印象を抱いた外部の人々への「リング」への新規出資を募る効果があると言われた。一般に、このユーモアを受け止める者はなく、貧困層のためにメルセデスベンツを住宅の正面に、あるいはビーフステーキのデカルを冷蔵庫に張ればよいなど、皮肉な提案が出され

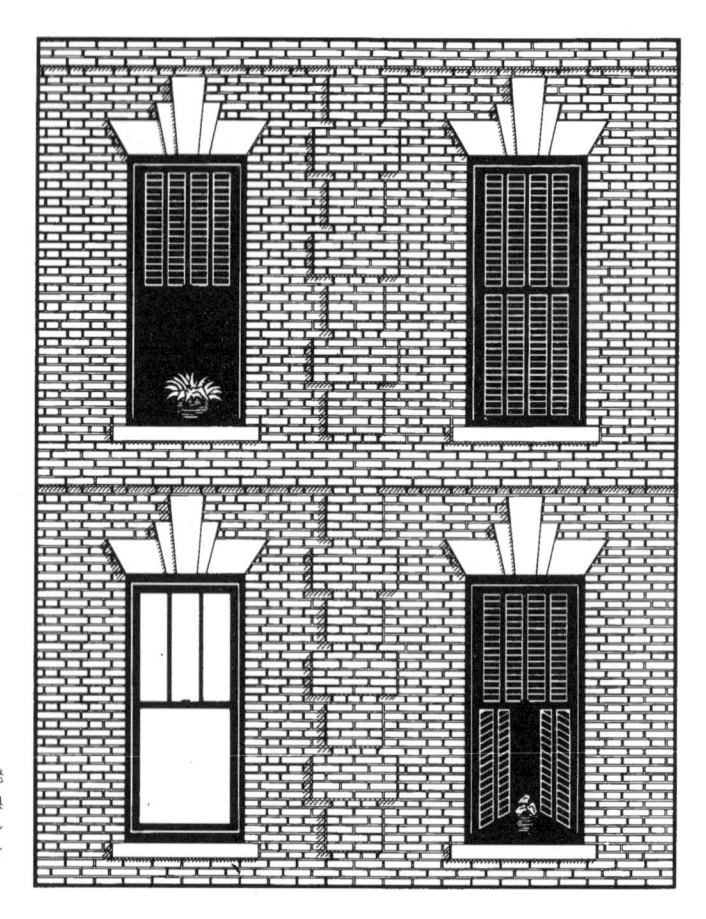

10.19　ニューヨーク市住宅保存開発局。デカール計画（1980-83年）。典型的な「デカール（貼り絵）」がマンハッタンの東116丁目で放置されていた建物の開口部を覆った。

た。*117

　政府の社会ハウジングプログラムは、こうして場当たり的に進行したが、デカル計画は広大かつ悲惨な空洞の中での、最後の苦闘の象徴とみなせる。デカルはハウジングの問題、さらには我々の都市、そして政治の文化状況に対する最後の論評としてふさわしい。*118　自暴自棄になった都市は、効果的に覆い隠されたのである。幸せのイメージは、メジャー・ディーガン高速道路を運転する通勤者のためにも使われた。彼らは1950年代より、南ブロンクスがテナメントから、公営ハウジングの垂直バラックへと変化し、さらに厳粛な転移作用の中で、整然とした、静かな死の街に成り果てた様子を目にしていた。デカルは力強い声明であった。過酷な現実を隠す、猫、植栽、ブラインドのグラフィックによる超現実的な家庭生活に置き換えられた、生き方のデスマスクとして。「リング」の多くの地域で同様の特徴が見られた。サウス・ブロンクスの20世紀は壮大な変容の世紀であった。農地に始まって、テナメントが建ち、大火災や立ち退きを経験して、最後に農地に戻ったのであった。これはいかなる都市の歴史においても類を見ない、情景の伝承であろう。

　1980年代の都市の出来事に対する建築界の反応は、広い意味での建築文化を反映していた。建築の本流は1960年代の社会政治の問題から早々に背を向け、新しい社会建築を生み出したプログラムは姿を消していた。同じ時期、建築メディアは自己陶酔の時代と言える状況を強調しており、主流派が1960年代の状況に比べても、はるかに悪化していた市内の貧困状況を気にとめる様子もなかった。*119　1980年代は誇張された並置の時代でもあった。マンハッタンの新建築に表出された虚栄としての富の傍らで、街角にはホームレスが増え続けていた。*120　1982年に30カ所あったスープ配給所は1987年には500カ所まで増加し、*121　一方で、建築家がデザインしたティーポットが、高尚なポストモダン議論の対象となったのである。*122　悪化する深刻な社会状況を前に、新古典主義から新構築主義までと、その中間にあるものすべてにおいて、「スタイル」としての型にはまった心酔が、建築思潮の感性を支配したのだった。*123

　1980年代には、富そして欲までもが、ステータスを表すファッショナブルな象徴となり、倒錯的にも都心部の荒廃によって強調されていた。富への誘惑が高まる一方で、現状の解体への兆しも見えていた。1987年10月の株式市場の大暴落（ブラックマンデー）と、それに続く世界的な金融危機は、経済システムの利己主義と横行する社会問題の矛盾の表れである。ハウジングにとって、この変化を示す最大の指標は、マンハッタンの高級ハウジングブームが終わったことであった。住宅着工戸数は20,000戸を

記録した 1985 年から 2 年後には 1,400 まで減少し、高級市場の飽和点を示していた。しかし一方では、経済基盤は貧困も飽和状態にあり、貧富の差はますます拡大したのである。ハウジングのコストは貧困層にとって不相応に増加した。*124 次の 10 年間では、手ごろな値段で入手できる、よくデザインされた都市ハウジングの生産が、少なくとも研究においては全国的な優先事項となろう。しかし進歩的な建築家たちによる解答がまだ出ていないとすれば、その議論も無意味である。*125 散在した取り組みながら、1970 － 80 年代に生まれた各種の進歩的ハウジングの原型はいまだ存在し、今後の発展の礎台となっていくであろう。社会ハウジングへの関心が再び高まる中、その援助の源泉はいまだ明らかでない。政府と民間の新しい融合はどの規模においても具体化していない。

有望な可能性は抽象の域を出ていない。我々は、社会経済とデザインの複雑な関連性をかつてなく深く理解している。ハウジング問題を解決する技術的方法は既に存在する。必要なのは、政治的な率先性を駆使し、それらの技術を用いてサスティナブルなモデルをつくることであろう。我々は、自ら明らかにした複雑さへの恐れから身動きが取れずにいる。富とスタイルから得た、私的な満足への逃避は予想できる成り行きであろう。しかしそれは、何よりも重大な公という問題を大きく見過した幻覚である。ここで明白な事実は、どんな社会的破局が訪れようとも、それは、無知でナイーヴな過失が原因ではなく、経験と知識によってもたらされる皮肉な過ちの結果であるということに過ぎない…。

[完]

**Appendix:
Endgame**

補遺:

エンドゲーム

　1980年代以降、米国の郊外化の最終的な影響は、各州の人口比重が、伝統的な意味での都市から脱工業化時代の郊外への移行したという点において明白化した。*1　全国経済への累積的な影響は、都市部から新しい成長地域への税収が不均衡に流出したことである。これに相関して政治的代表も転換し、1990年代、その傾向は不動のものとなった。米国の全人口の半数が、人口100万以上の39の都市圏成長地域に住み、同時にいくつかの都心部では現実に縮小が見られた。*2

　1994年までには、この新しい郊外の多数は共和党による下院の支配を確固たるものとし、結果的に、都市部を中心とする民主党支持地域から、共和党主流の郊外や地方への連邦政府予算の大規模な移行をもたらした。*3 2000年の大統領選挙は、この新しい政治的分裂を決定的に表していた。2002年の国会選挙では、新しい郊外の勢力に議論の余地はなかった。共和党地域は、民主党地域と比較して連邦予算の割り当てが16％多く、*4 同時に高所得世帯の資産は劇的に増加した。*5　21世紀の最初の数年間、この変化は世帯所得中間値と一人あたり国民所得の減少と結びついていた。国勢調査局によれば、政府が定義する貧困レベル以下の人口層は全体の12％を占めた。*6　社会階層の格差の拡大も注目され、物質的、金銭的な側面だけでなく、アメリカの実力主義や上昇志向という伝統においても識別されるようになり、例えば教育といった基本的権利に対する、均等な機会はますます妨げられている。*7

　新しい保守的な国内政治は、社会保障年金プランや公営ハウジングの供給にいたる、政府のセーフティネット政策への大きな脅威となっている。1930年代に訪れた最初の脱工業化危機に端を発した、ニューディール政

策の理想は、第 2 の脱工業化危機に触発された「所有権社会」(Ownership Society) という希望に取って代わられ、*8 ある意味では、この「新しい取り決め」は、これまで政府が保障してきた安全策を、住居や生計のためであれ、個人に移換することを意図している。それは私有化と所有権というイデオロギーのもと、基本的権利としてのハウジングという考えに公然と対抗し、近年の社会ハウジングプログラムに致命的な影響を与えた。*9 既に 1980 年代には、連邦政府はハウジング助成の削減を開始し、ニューディール時代からの公営ハウジングプログラムに大きな打撃を与えていた。以来、国会では予算縮小を唱える厳然たる提案が増加するとともに、保守派とリベラル派の間において「猫とネズミ」のゲームが繰り広げられている。最も劇的な戦いは、2004 年に米国住宅都市開発省 (HUD) がセクション 8 の保障制度を取り止め、社会ハウジングへの助成を、北東地域の都市から、より新しく政治的に保守的な地域への再分配を提案したことである。2005 年、HUD は社会ハウジングへの年間助成額の 14% 削減を提案しており、ニューヨーク市住宅公社 (NYCHA) は、年間連邦助成額の 4 分の 1 にあたる 1 億 6,600 万ドルの資金の削減を受けるはずであった。*10

さらに、上層階級における急激な富の増加は、税金体系などの連邦政策によって後押しされている。*11 1983 年から 2001 年までに、米国全世帯の総資産額は、インフレを考慮しても 27% 増加している。しかし最高所得層においては、この増加率は 409% であった。富めるものはより富み、貧しいものはより貧しく、そして中産階級の資産は減少したのである。貧富の差は 1979 年から 2000 年で倍以上に広がった。*12 この所得の両極化がもたらす都市への影響は重大である。さらに従来の都心部から流出する富の再配分は、ニューヨーク市において極端であり、州や連邦の税収においては、市からの納税額は、その還元額に比べてあまりにも多額であり、この状況をさらに悪化させている。この欠損は 240 億ドル以上と算定されている。*13 しかし近年では、ニューヨーク市はこれらの政策に屈することなく、その経済状態を保っている。*14

ニューヨークは、富と貧困の大規模な集積という、ある種の独特な特徴を維持している。これはまさに「二都市物語」である。ハウジングの領域の一端では、不動産市場の乱高下に始まり、富の上層集中は明白な事実である。例えば、マンハッタンにおけるアパートメントの平均販売価格は 1995 年から 2004 年の間に 3 倍となり、1 戸あたり 120 万ドルにまで達した。*15 トライベッカやハーレムの増加率は著しい。トライベッカは現在ニューヨーク市において、一人あたりの資産額の最高値をアッパー・イースト・サイドと競っている。トライベッカとソーホーは 30 年前には衰退した産業時代の面影を残すだけであったが、現在では全米一位の家賃平均

を支配するまでになった。*16　しかしこれらの数値は、手頃な価格における切迫した住宅不足と、その需要に対する生産状況の深刻な隔たりを伝えることはない。都市人口の大半に残されたハウジングの選択肢に関しては、不動産市場の上端を支えてきたある種の繁栄が、隠喩と錯覚に満ちて残っているだけである。

　目下のハウジング生産の不足は、とりわけ低所得層において、過去20年間のニューヨーク市の人口と土地の動静に関連づけることが可能である。1970年代末期の市の人口は6,948,000人であった。1980年代は3.6%という僅かな増加が見られた。1980年から2000年までの人口増加率は13%であり、公の推測は、8,008,278人という最高値を記録している。*17　この20年間の人口増加は、当然新規のハウジング生産を伴ったが、その数は不十分であった。1978年時点で2,783,000戸であったハウジング戸数は、*19　2002年には3,208,587戸まで増加している。*18　これは全人口が15.26%増加したのに対し、全戸数が15%増加したことを示す。しかし詳細を見ると、生産の遅れは特定の地域と所得層において著しい。例えばブロンクスでは、1970年代に見られた20.6%の人口減少は、残留人口にとってハウジングの供給数を増加させたはずである。しかし、同時期における広範囲の焼損によって、ブロンクスは11.3%の住戸数を失い、1980年における不足数はあまりにも大きく、公的助成による回復は不可能であった。

　住宅供給不足は下位の低所得層において深刻であり、その地区は人口増加率が最も高いだけでなく、住宅着工数も最低値を記録している。*20　低所得層のハウジングは最も不足している。2003年、1カ月500－699ドルの家賃範囲の空室率はわずか1.42%であった。*21　その他の所得層もこの状態とは無縁でなく、「所有権社会」が政治的姿勢として優位を増してきたにもかかわらず、近年の市内の住宅所有に要するコストは全般的に上昇している。ここで、NYCHAが所有する180,000戸のアパートメントは、最も低い所得層にある人々にとって生存の鍵であることを思い起こすべきである。最近になって、市政府はハウジング不足の緩和を目的として、「低価格ハウジング」（affordable housing）の生産に重点を置くようになったが、その対象は、かつてニアマイアやニューヨーク市ハウジング・パートナーシップ（NYCHP）が対象とした所得層、つまり最低所得層ではなく、いわゆる「救済に値する貧民」（deserving poor）であった。1990年代、この論法はより高所得レベルの住宅不足を緩和することにより「フィルタリング・アップ」（filtering up）の効果を通じて、公営ハウジングを主体とする底部のハウジングストックに余裕をもたらすことであった。*22　しかし、こうした「フィルタリング・アップ」だけでは、幅広い低所得層を対象と

する、住宅生産の根本的な欠乏の改善は望めないであろう。

　現在では、市有地の不足によりニアマイアとNYCHPはどちらも縮小している。NYCHPは転換期にあり、[*23]　ニアマイアは休止中である。この難局に面して、ジュリアーニ市長の任期末期から、ブルームバーグ市政が引き継いだ新しいハウジングのイニシアチブは、政府予算と民間投資を再分配し、低価格ハウジングの生産を刺激することを狙いとした。そのうち最も熱意のあるものは2002年に発表されたブルームバーグ計画であり、2006年までに60,000戸の新規ハウジングを供給することを目標とした。[*24] 最近になってこの数値には多様な財政戦略が加わり、2008年までの68,000戸に拡大されている。[*25]　しかし住宅不足が最も切実な地区では、問題は依然として存在し、中産階級の下に位置する層、すなわち旧来の「救済に値する貧民」と、その下の層での状況に変わりはない。

　このうち最も顕著な症状は不法居住である。しかし、それは19世紀のダッチタウンやシャンティヒルの貧窮さに匹敵するものではない。代わりに、現在ではチャイナタウンの過密状態や、クイーンズの不法敷地分割などが問題となっている。[*26]　市営のシェルターに毎晩身を寄せる人々は38,000人以上とされ、その住環境は至る所で問題化している。1980年代に多くの都市で見られた、いわゆる「路上ホームレス」は、現在ではより制度化されている。路上ホームレス人口の数をめぐっては議論があるものの、彼らが貧富の分離を示す最も目立った要素であることには変わりない。

　「所有権社会」の一員となれるだけの資産がある者にとって、マンハッタンの一部の地域で20年以上前に始まった、地区再生という高利益の過程はまだ衰えてはいない。現在この動きは外郭行政区まで移り、全所得層にわたる適価格帯のハウジング不足によって増幅されている。新規のハウジング生産は、ここ数十年間で郊外に偏したパターンを逆転させ、ニューヨーク市内で新しい段階に達する一方、地方では一定値を保つか、もしくは低下した。[*28]　この新しい傾向は都市の再生と、1950年代の脱都市化と人口離散に機を発する、郊外の成長と、都市の衰退の抑制の重要な兆候であった。不動産資産を生み出す目的で、文化生産を推奨するという立証済みの戦略はいまだに有効である。この方法は1970年代のソーホーで開拓された後、1990年代までにイースト・ヴィレッジ、トライベッカ、ロウワー・イースト・サイド、さらにブルックリンのダンボ地区まで拡大したものである。最近では同じ過程が、ブルックリンのウィリアムスバーグやグリーンポイント、南ブロンクスのポート・モリスなどで新たに実行され、産業や雇用の転出を批判する声が上がっている。[*29]　ここで明白な

のは1930年以来の市の政策によって、市内の製造業の基盤が収縮を続けたことである。より最近の、グローバルな脱工業化時代のイデオロギーの展望がこの過程に一役買ったことは間違いない。*30

1990年代、住宅ストックが15％の増加を見せたにもかかわらず、デザインの革新はほとんど見られなかった。すでに見慣れた高級高層アパートメントの新規建設は、マンハッタンの96丁目以南を占め、場所によってはさらに北上したところもあった。全所得層におけるハウジングの需要増加は、地区の高級化というプロセスにおいて最も顕著であり、部分的に低価格ハウジングの助成プログラムや、民間によるイニシアチブに促進されたものである。デザインの革新の多くは、建築のディテールや、新しい富を示す都市風景においてであり、その中間は皆無に近かった。1973年のツイン・パークス・ノースイースト以来、ニューヨークでハウジングの設計から遠ざかっていたリチャード・マイヤーのような建築家でさえ、最近になって、グリニッチヴィレッジのウォーターフロントで新しい高級ブームに参加している。マイヤーによるこのペリー通り173－176番地の2棟のタワーは、マンハッタンにおける不動産の新しく壮大なゲームを象徴しており、メディアによってこの界隈に「有名人のイメージチェンジ」をもたらす連結点と称された。*31 このプロジェクトが開始された当時には、1960年代初期のジェーン・ジェイコブスまで遡るウェストヴィレッジの保存運動が再燃したが、最終的には失敗に終わっている。*32 マイヤーというブランド名がついたプロジェクトは、その有名富豪な入居者によって知名度を得て、隣地に3棟目のタワーが後に追加された。*33 このような「デザイナー・ブランディング」と高級アパートメントにおけるマーケティングの関係は、この例に限られたことではない。*34

タイポロジーに関しては、1980－90年代の住宅所有助成プログラムに見られたような、小規模のタウンハウスを中心とするデザインの理想は、市有地の不足などによって消滅していた。用地の不足問題によって開発密度が引き上げられた低価格ハウジング市場は、今では、単位面積あたりのより高いコストによって再定義されている。1990年代を通して、ブルックリンの広大な土地が低層タウンハウスによって建て替えられたが、デザイン上の革新は、1920年代に外郭行政区のガーデン・アパートメントの持つ、豊かな伝統と比較すると限定されたものであった。同時に、1960年代の「公園の中のタワー」タイポロジーも、2012年のオリンピック招致委員会による埋立地プロジェクトで再来し、ハイ・スタイルの象徴、ザハ・ハディドなどによるデザインも予定されている。*35 概してタイポロジー上の考案は、1960－70年代の革新の焼き直しにとどまり、その努力のほとんども、タワーの配置における「公園」の側面においてであった。

新しく多様な「セレブリティ界隈」が、デザインの全帯域の一端を成す一方で、その対極にある社会ハウジングのデザイン議論は、平凡ながらもやはり注目すべきものである。180,000 戸以上の公営ハウジングは、ニューヨークの賃貸アパートメントの 8.6％を占めており、*36 それは中規模都市に等しく、数代にわたり住み続ける住民は「商業施設などの都市機能を、すべての公営ハウジングの敷地で規制する」という 1937 年米国ハウジング法まで遡る制約を受けながらも存続してきた。今日では、この規制は緩和され「タワーがつくる公園」という新しいパラダイムに入り込んでいる。米国の他の都市では、人口減によって社会ハウジングへの需要の縮小にもかかわらず、ニューヨーク市の公営ハウジングにおける入居待ちリストには、2004 年 9 月 30 日の時点で 233,000 家族が名を連ねた。*37 全国で最初に創立され、最も成功した NYCHA は、その需要の増加にもかかわらず、非常に厳しい財政的制約のもとで運営を強いられているのである。

　高級アパートメント市場の活況が、デザインの関心を高めることは少なかったものの、今日の公営ハウジングが置かれた逼迫した経済状況は、過去 10 年でも、意義深いハウジングデザインの革新を生み出してきた。これらの試みは、既存のハウジング地所のオープンスペース改善を強調した調査に焦点を当てている。興味深いのは、1974 年に建設された、4 棟の高層住宅から成る「公園の中のタワー」プロジェクト、ブルックリンのプロスペクト・プラザ・ハウスの、HOPE IV 連邦プログラムの助成による再生計画である。*38 NYCHA の建築家ヴィレン・ブラムバットによるマスタープランの草案は、構造劣化が見られる 1 棟のタワーを解体し、住居と他の用途のテナントが混在する低層棟を新築し、残る 3 棟のタワーを再生するというものであった。*39 建築出版界はほとんど取り上げていないが、NYCHA の「コミュニティ・センター・プログラム」も、一世代前のブルックリンに、タワーブロック建設の道を開いた、一連のスラム・クリアランスが引き起こした都市の亀裂を修復する、社会的、物理的な戦略計画の試みである。*40

　この「コミュニティ・センター・プログラム」は、画期的な提案を生み出しており、それらは現代の都市文脈と、現存する最低限のハウジングの真の連続性を探求するものである。*41 中でも特記すべきは、ブルックリンにおける、オルハウゼン・デュボア・アーキテクツによるヴァン・ダイク・ハウス、パサネラ・クライン・ストルツマン・アンド・バーグ・アーキテクツのウィリアムスバーグ・ハウス、ハンラハン・アンド・マイヤーズ・アーキテクツのレッドフック、そしてブロンクスにおける、アグレスト・アンド・ガンデルソナス・アーキテクツによるメルローズ・ハウ

ス、さらにスタテン島のパナメンタ・トリアーニ・アーキテクツによるリッチモンド・テラス・ハウス、それぞれにおけるコミュニティセンター計画である。[*42] これらの建物は、かつてキャサリン・バウアーが称した「暗澹たる行き詰まり」にあるデザインの固定観念へのアンチテーゼとして、多様なコミュニティの文脈における、透明性と連結性を推進するものである。

ニューヨークは長年にわたり、「アメリカの世紀」におけるメトロポリスとなって、ある種の近代性の縮図を描いてきた。この世紀が終わったばかりの今、激変する世界におけるニューヨークの将来は興味深い。特にもし―ドイツの社会学者ウルリッヒ・ベックが論じるよう、「現在」が、都市の内部における第1の近代の亀裂から生まれつつある「第2の近代」を迎えているのであれば、楽観的な予測を立てることは可能である。[*43] ベックは慎重にこの第2の近代は都市だけの現象とは限らないとしているが、世界的な脱領域化の時代において、都市の持つ「結節点」(nodal point) としての重要性を強調している。ベックによると、これは「コスモポリタン」と「ローカル」の新しい均衡を達成している「グローバル・ローカライゼーション」の現象を指し示すものである。ニューヨークの将来はまさにこういったパラメーターのもとで決定されるのであり、すなわち、文化、経済、その必然的結果としての物理的な都市組成 (urban fabric) のさらなる展開である。例えば、ヨーロッパの多くの都市においては、ヨーロッパ的、そして世界的文脈に呼応した第2の近代性が日常的である。対照的に、脱都市化 (de-urbanization) の過程にあるニューヨークが過去20年間に直面してきた困難を悲嘆せずにはいられない。脱都市化がいずれ静まるという兆候は見られるが、それが「いかにして」あるいは「いつ」起きるかは未知数である。

2001年9月11日のワールド・トレードセンター (WTC) とペンタゴンへの攻撃と、それに続いた世界的余波は、ベックの言う「グローカライゼーション」に新たな意味を付加し、それはロウアー・マンハッタンにおいても明らかである。WTCへの攻撃は、焔 (fire) を通じて、FIRE (金融 Finance, 保険 Insurance, 不動産 Real Estate) 分野による開発の筋書きに対抗する変化をもたらし、高まる自国化への傾向を助長した。[*44] 「ヒロシマUSA」(fig.8.29参照) の遅れた具現であったこの9・11に、前向きな効果があるとすれば、それは即時に資本主義の世界的中心地を、住宅が再び占有したことである。[*45] ニューヨークで今起きていることが、次に到来するコスモポリタンの時代における、新しい「世界都市」を予見するのであれば、ハウジングという、すべての都市を変容させ、再充電する、匿名ながらも不可欠な接合剤が、さらなる重要性を持つことであろう。しか

しハウジングには、政治的イデオロギーが必然的に立ちはだかる。10年前よりも明らかなことは、なるほどニューヨークのハウジングに関して言えば、「無知でナイーヴな」社会的破滅は決してあってはならないということである。

For MPS and SMSP:

Poetry still falls from the skies
into our streets still open.

They haven't put up the barricades, yet,
the streets are still alive with faces,
lovely men & women still walking there,
still lovely creatures everywhere,
in the eyes of all the secret of all
still buried there,
Whitman's wild children still sleeping there,
Awake and walk in the open air.

Lawrence Ferlinghetti
from *Populist Manifesto*

訳者あとがき

　人口800万人、その3分の1を超える280万人が外国出身というニューヨーク市、この大都市が200年にわたって、人々を住まわせてきた構造と経緯を読み解いていくことは、この街に魅せられ、暮らしている私自身にとっても非常に楽しい経験であった。人口の絶え間ない流入、されど島という地理的制約ゆえの土地の区画割りなど、この街に独特のハウジング文化をもたらしたものは、偶然と必然の喜ばしい組み合わせだったのか。

　Housingという用語には、住宅供給、住宅地計画、集合住宅といった意味が挙げられるが、この言葉の本質は、その動名詞としての語形、すなわち他人のために住まいを供給する、という行為にあると言えよう。社会主義国家がかつて理想として掲げたごとくに、富が分散している現代の日本とは異なり、米国では建国当初から貧富の差が明白であっただけでなく、それをあえて問題視してくることはなかった。反面、富める者を中心に、貧しい者を助けるという使命感が生まれたのである。「ハウスすること＝housing」という行為は、ある意味、こうした使命感によって実行されてきたのである。そして時代が移り、その主体には労働組合や政府機関が加わった。こうしてニューヨークの「ハウジング」は、一家主がロウハウスを改造して、貸し部屋をつくった程度のものから、何百世帯という大規模な公営団地や郊外の宅地開発まで、広範囲にわたるものとなった。翻訳に際しては、この行為そのものを強調するために、特に日本で定着している名称を除いて、一貫して「ハウジング」という訳語を用いている。

　1990年に初版が出版された *A History of Housing in New York City* は、ニューヨーク市のハウジングを網羅し、その変遷を追う入門書としては、今日でも唯一のものである。統計の存在しなかった時代に始まり、新聞記事や随筆集といった、膨大な資料からこの体系を彫り出したのは、他ならぬリチャード・プランツ教授の熱意であろう。それは、無名の大家や建築家、慈善主義者、役人など、その目的が金銭であれ、公益であれ、あるいは博愛であれ、いずれも一般市民に快適な住居を与えようと尽力した、ハウジングの立役者達に流れる情熱の系譜といってよい。本書の特徴は、有名無名の主人公たちに焦点をあてつつも、こうしたデータをグラフやダイアグラムで図式化することを避け、人々が都市に住まうという基本的な営みを形づくった諸々の要素が絡み合って進化してきた様を、一連のストーリーとしてあたかも叙事詩のごとくに描いてみせたことにある。読み進むと、写真や映画にみられるニューヨークの街並みは、いずれも各時代それぞれの政策や市民の立志によって、半ば必然的にかたどられ、その結果生まれた都市文化が、

新たに都市のファブリックを編み上げ重ねていく、といった生成発展の様子が浮かび上がってくるであろう。このように読み込んでくると、都市を構成する諸々の要素が「ハウジング」という行為を舞台に、様々な相互作用を惹き起してゆく凄まじいエネルギーは、とても数値や図式で表現できるものではないことを思い知らされる。

　今日、市の財政が破綻寸前まで追い込まれた、1970年代の危機的状況は後影もなく、再び活力を取り戻したこの街は、衰える様子もなく大小の新規ハウジングに埋め尽くされているようである。マンハッタンにおいても、つい最近まで食品、生花、衣料といった産業が明確に区分けされていた街区が、次々と陣取りゲームのように高級ハウジングに置き換えられている。しかし絶えず人間を凝集してやまない、その吸引力は、単なる不動産需要からみても、過去最高水準にある。これが都市機能の持続と発展を保障するものなのか、あるいは限界に直面するのか、いずれ時代が明らかにしてくれるであろう。しかし、ひとり「ハウジング」という行為だけは、脈々と続いてゆく。ニューヨークという都市文明は、たとえ苦境の時代にあっても、ハウジングを都市基盤として文化の揺籃となってきた。その遺産は、幸い地震も戦災も知らず、また近年にはランドマーク保存という法に守られてきたことも重なって、今でも豊かな歴史の証人であり続ける。これら無言の生き証人の代弁者ともいえる本書を通じて、読者なりのメッセージを読み取っていただけるとするならば、訳者にとって望外の幸せである。

　本書の翻訳に先立ち、東京工業大学教授デイヴィッド・スチュアート氏には、著者の了承のもと、原書を大幅に再編集し、段落を整理して小見出しを作成いただくなど、大意をより明確にしていただいた。また東京大学の伊藤毅先生は、日米に通じる都市建築史家として、温かい序文をお寄せ下さった。あわせて感謝の意を表しておきたい。編集を担当された鹿島出版会の打海達也氏は、ウェスト・ヴィレッジにある私の職場近くのカフェで、プランツ教授とともに最初の打合せをして以来、訳了にいたるまでの2年間、忍耐強く最後までお付き合い下さった。末筆ながら、同氏の編集者としての立場を超えた親身なる力添えに、心より感謝の念を申し述べ、訳者あとがきとしたい。

　　　2005年8月

　　　　　　　　　　　　　　　　　　　　　　　　　　　　酒井詠子

原　註

エピローグ

1. "Can We Have a Model City?" The World (October 20, 1871), p.4.
2. "Table-talk," Appleton's Journal (December 2, 1871), 4:638.
3. O.B. Bunce, "The City of the Future," pp.156-158.
4. この関係についての近年の論説は、Warren I. Sussman, Culture As History (New York: Pantheon Books, 1973), ch. 12.
5. 例として、"Danger of An Epidemic," New York Tribune (April 17, 1881), p.1.
6. Howard D. Kramer, "Germ Theory and Early Health Program in the U.S.," p.239.
7. William H. McNeill, Plagues and Peoples, p.341.
8. Richard H. Shrylock, "Origins and Significance," n20.
9. E. Idell Zeisloft, The New Metropolis, p.520.
10. Zeisloft, The New Metropolis, p.272.
11. 米国の建築職能の確立についての歴史については、Henry Saylor, "The AIA's First Hundred Years," part II; Turpin C. Bannister, The Architect at Mid-Century.
12. Thomas Jefferson, Notes on the State of Virginia, p.153.
13. 技師の視点から見た、興味深い建築家と技師の対抗については、William H. Wisely, The America Civil Engineer, pp.300-306.
14. アルフレッド・J・ブルアの著述、とりわけ"The Architectural and Other Art Societies of Europe."と"History of the American Institute of Architects," pp.40-42 は、当時の AIA の成長を取り巻く感性を最も正確に表している。
15. この活動に関する包括的な調査研究として、Dolores Hayden, The Grand Domestic Revolution.

第1章

1. A.J.F. van Laer, ed., Documents Relating to New Netherland: 1624-1626 (San Marion, Ca.: The Henry E. Huntington Library, 1924), pp.160-168.
2. 法令化に至るまでの詳しい概説については、James Ford, Slums and Housing, 2 vols. (Cambridge, Mass.: Harvard University Press, 1936); Joseph D. McGoldrick, Seymour Graubard, and Raymond Horowitz, Building Regulation in New York City: A Study in Administrative Law and Procedure (New York: The Commonwealth Fund, 1944); Thelma E. Smith, ed., Guide to the Municipal Government of the City of New York.
3. Berthold Fernow, ed., The Records of New Amsterdam from 1653 to 1674, 7 vols. (New York: Knickerbocker Press, 1897; reprint ed., Baltimore, Md.: Genealogical Publishing Co. Inc., 1976).
4. New York City, Minutes of the Common Council of the City of New York: 1675-1776, 8 vols. (March 15, 1683), 1:137.
5. New York Colony, Colonial Laws of New York from the Year 1664 to the Revolution, 5 vols. (April 1, 1775), vol. 1, ch. 63, pp.107-110.
6. David Grimm, "Account of the 1776 Fire for the New York State Historical Society," (1870), p.275.
7. New York State Legislature, Laws (1791), ch. 46, pp.34-35.
8. New Amsterdam, The Record of New Amsterdam, 7 vols. (February 19, 1657), p.31.
9. New York Colony, Colonial Laws of New York, vol. 1, ch. 47, pp.348-351.
10. James Hardie, An Account of the Malignant Fever Lately Prevalent in the City of New York (New York: Hartin and McFarlane, 1799); Valentine Seaman, "Account of Yellow Fever in New York in 1795," in Noah Webster, ed., A Collection of Papers on the subject of Bilious Fevers prevalent in the United States for a few years past (New York: Hopkins Webb and Co., 1776).
11. New York State Legislature, Laws (1800), ch. 16, pp.24-26.
12. Robert Grier Monroe, "The Gas, Electric Light, and Street Railway Services in New York City," Annals of the American Academy of Political and Social Science (January-June, 1906), 27:112.
13. Charles H. Haswell, Reminiscences of an Octogenarian of the City of New York: 1816-1860 (New York: Harper and Bros., 1896), p.392.
14. Grant Thorburn, Fifty Years of Reminiscences (1845).
15. Ira Rosenwaike, Population History of New York City (Syracuse, N.Y.: Syracuse University Press, 1972), p.18, table 2.
16. Edward Miller, M.D., Report on the Malignant Disease which Prevailed in the City of New York, in the Autumn of 1805 (New York, 1806), pp.91-96.
17. New York City, Minutes of the Common Council: 1784-1831, 19 vols. (April 30, 1804), 3:550-552.
18. Miller, Report, p.98.
19. New York City, Minutes of the Common Council: 1675-1776 (April 18, 1678), 1:14.
20. New York State Legislature, Laws (1800), ch. 87, pp.541-543.

21. New York City, Minutes of the Common Council: 1784-1831 (June 15, 1829), 18:123
22. William Ambrose Prendergast, Record of Real Estate (1914), p.49.
23. John H. Griscom, M.D., Annual Report of the Interments in the City and County of New York, for the Year 1842, with Remarks Thereon, and a Brief View of the Sanitary Condition of the City (New York: James van Norden, 1843), p.166.
24. Charles E. Rosenberg, The Cholera Years: The United States in 1832, 1849, and 1866 (Chicago: University of Chicago Press, 1962, pp.187-255.
25. Haswell, Reminiscence of an Octogenarian, pp.305-308.
26. New York State Legislature, Laws (1849), ch. 84, pp.118-124.
27. Rosenwaike, Population History of New York City, p.63, table 19.
28. 同書 pp.39, 42.
29. この差をもたらしたニューヨーク市の業績については、Edward K. Spann, The New Metropolis. New York City, 1840-1857 (New York: Columbia University Press, 1981), ch. 15. 関連分野における大衆文化の変化については、Paul Alan Marx, This is the City. An Examination of Changing Attitudes Toward New York as Reflected in its Guidebook Literature, 1807-1860 (Ann Arbor, Michigan: University Microfilms International, 1983), parts 3 and 4.
30. Philip Hone, The Diary of Philip Hone, 1828-1851, Allan Nevins, ed. (New York: Dodd, Mead and Company, 1927), p.785.
31. John H. Griscom, M.D., The Sanitary Condition of the Laboring Population of New York with Suggestions for its Improvement (New York: Harper and Bros., 1845); Griscom, The Uses and Abuses of Air: Showing its Influence in Sustaining Life, and Producing Disease: with Remarks on the Ventilation of Houses (New York: Redfield, 1854).
32. Edwin Chadwick, Report on the Sanitary Condition of The Labouring Population of Great Britain: A Supplementary Report on the Results of a Special Inquiry into the Practice of Interments in Towns (London: W. Clowes and Son, 1843), p.203.
33. Griscom, Annual Report of 1842, p.176.
34. 同書
35. Griscom, The Sanitary Condition of the Laboring Population of New York, p.6.
36. Griscom, Annual Report of 1842, pp.175-176.
37. Gervet Forbes, "Remarks," in Annual Reports of Deaths in the City and County of New York for the Year 1834 (New York, 1835), p.16.
38. Plumber and Sanitary Engineer (December 15, 1879), 3:26; Haswell, Reminiscences of an Octagonarian, p.332.
39. Evening Post, August 20, 1850.
40. Citizen's Association of New York, Council of Hygiene and Public Health, Report Upon the Sanitary Condition of the City (New York: D. Appleton and Co., 1865), pp.49-55; "Gotham Court", Frank Leslie's Sunday Magazine (June 1879), 5:655.
41. "Gotham Court", Frank Leslie's Sunday Magazine, p.655.
42. Jacob A. Riis, The Battle with the Slum (New York: The Macmillan Co., Ltd., 1902), p.118.
43. AICP の詳しい歴史については、Lilian Brandt, Growth and Development of AICP and COS, Report of the Committee on the Institute of Welfare Research (New York: Community Service Society of New York, 1942).
44. "Dwellings for the Poor," Morning Courier and New York Enquirer (January 30, 1847), p.2.
45. Working Men's Home Association, A Statement Relative to the Working Men's Home Association; New York Association for Improving the Condition of the Poor, Thirteenth Annual Report (New York, 1856), pp.45-58; Robert H. Bremmer, "The Big Flat: History of a New York Tenement House," The American Historical Review (October, 1958), 64:54-62. ゴッサム・コートとワーキングメンズ・ホームの比較については、Anthony Jackson, A Place Called Home. A History of Low Cost Housing in Manhattan (New York: The MIT Press, 1976), ch. 1.
46. Ford, Slums and Housing, 2:878
47. New York Association for Improving the Condition of the Poor, Fifteenth Annual Report (New York, 1858), pp.52-53.
48. Robert W. DeForest and Lawrence Veiller, eds., The Tenement House Problem, (New York: The Macmillan Co;, Ltd., 1903), 1:86-87.
49. "The 'Big Flat' Tenement House," New York Daily Tribune (November 8, 1879), p.3.
50. Jane Davies, "Llewellyn Park in West Orange, New Jersey," Antiques Magazine (January 1975), 107:142-158.
51. Morton White and Lucia White, The Intellectual Versus the City (Cambridge, Mass.: M.I.T. Press, 1962), p.31.
52. 19世紀前半のニューヨーク市の郊外拡張に関する詳しい調査研究は、Edward K. Spann, The New Metropolis. New York City, 1840-1857 (New York: Columbia University Press, 1981), ch. 8.
53. 初期の郊外エンクレーヴにおけるイデオロギー上の起源に関しては、David Schuyler, The New Urban Landscape. The Redefinition of City Form in Nineteenth Century America (Baltimore: The Johns Hopkins University Press, 1986), ch. 8; Kenneth T. Jackson, Crabgrass Frontier: The Suburbanization of the United States (New York: Oxford University Press, 1985), ch. 4.
54. Neil Harris, The Artist In American Society: The Formative Years, 1790-1860 (New York: George Braziller, 1966), ch. 10.
55. 同時期の案内書は、しばしばニューヨーク上流中産階級の成り上がり的な見通しについて触れている。Paul Alan Marx, This Is the City を参照のこと。

56. Alan Burnham, "The New York Architecture of Richard Morris Hunt," Journal of the Society of Architectural Historians (May, 1952), 11:11; Mary Sayre Haverstock, "The Tenth Street Studio," Art In America (September-October, 1966), 54:18-57; Sarah Bradford Landau, "Richard Morris Hunt: Architectural Innovator and Father of a 'Distinctive' American School," in Susan E. Stein (ed.), The Architecture of Richard Morris Hunt (Chicago: University of Chicago Press, 1986), pp.49-50; Neil Harris, The Artist in American Society, pp.268-270.
57. Citizen's Association of New York, Report, p.LXIX.
58. New York State Legislature, Laws of State of New York (1807); "Commissioners' Remarks," in William Bridges, Map of Manhattan; Isaac Newton Phelps-Stokes, The Iconography of Manhattan Island, vol. 3, plates 79, 80b, 86; vol 5, pp.1531, 1532, 1537; John H. Reps, The Making of Urban America: A History of City Planning in the United States (Princeton, N.J.: Princeton University Press, 1965), pp.297-299.
59. DeForest and Veiller, The Tenement House Problem, 1:293-300.
60. Citizen's Association of New York, Council of Hygiene and Public Health, Report upon the Sanitary Condition of the City, p.135.
61. "Homes of Poor People," New York Daily Tribune (January 8, 1882), p.10; "Rear Tenements," New York Herald (January 23, 1881), p.6.
62. DeForest and Veiller, The Tenement House Problem, 1:306-309.
63. この「改善された」テネメントの十分な議論については、Citizen's Association of New York, Report.
64. George W. Morton, "Remarks," Annual Report of the City of New York, for the Year Ending December 31, 1857 (1858), p.211.
65. James Philip Noffsinger, The Influence of the Ecole des Beaux-Arts on the Architects of the United States (Washington, D.C.: Catholic University of America Press, 1955), ch. 1.
66. Frederick Law Olmsted and J.J.R. Cross, "the 'Block' Building System of New York," Plumber and Sanitary Engineer (April 1879), 2:134.
67. 同書
68. Stephen Smith, M.D. "Methods of Improving the Homes of the Laboring and Tenement House Classes of New York," pp.150-152.
69. ハウジング分野におけるポッターの貢献については、Sarah Bradford Landau, Edward T. and William A. Potter, pp.390-409. ポッターの研究の大要として、"Concentrated Residence Studies," (April 1903). が Schaffer Memorial Library, Union College の特別コレクションに保存されている。
70. Edward T. Potter, "Urban Housing in New York I: The Influences of the Size of the City Lots," American Architect and Building News (March 16, 1878), 3:90-92; "Urban Housing II: What May be Done with Smaller Lots," American Architect and Building News (April 20, 1878), 3:137-138; "Urban Housing III: Use of Frontage. Width of Streets - The Tenement Houses Possible on Smaller Lots," American Architect and Building News (May 18,1878), 3:171-173; "Urban Housing V," American Architect and Building News (September 27, 1879), 6:98-99.
71. Goerge W. Dresser, "Plan for a Colony of Tenements," Plumber and Sanitary Engineer (April 1879), 2:124.
72. ポッターの提案の簡潔な説明は、New York Times (March 16, 1879); Charles L. Brace, "Model Tenement Houses," Plumber and Sanitary Engineer (February 1878), 1:47. ダービーの提案については、Nelson L. Derby, "A Model Tenement House," American Architect and Building News (January 20, 1877), 2:19-21.

第２章

1. Ford, Slums and Housing, pp.117, 129; New York City, Annual Report of the City of New York for the Year Ending December 31, 1854 (1855), pp.204, 234-235.
2. New York Association for Improving the Condition of the Poor, Fifteenth Annual Report (New York, 1858), pp.17-18
3. New York State Assembly, Report of the Special Committee on Tenement Houses; Report of the Select Committee on Tenement Houses; New York Association for Improving the Condition of the Poor, Sixteenth Annual Report (New York, 1859).
4. Edward K. Spann, The New Metropolis, pp.235-241, 389-395; James McCague, The Second Rebellion: The Story of the New York City Draft Riots of 1865 (New York: The Dial Press, 1968).
5. Citizen's Association of New York, Council of Hygiene and Public Health, Report upon the Sanitary Condition of the City (New York: D. Appleton and Co., 1865), p.LXIX.
6. New York State Assembly, Report of the Committee on Public Health, Medical Colleges, and Societies Relative to the Condition of Tenement Houses in the Cities of New York and Brooklyn.
7. New York State Legislature, Laws (1866), ch. 873, pp.2009-2047.
8. New York State Legislature, Laws (1867), ch. 980, sec. 17, pp.2265-2273.
9. McGoldrick, Graubard, and Horowitz, Building Regulation in New York City pp.49-66.
10. John P. Comer, New York City Building Control: 1800-1941 (New York: Columbian University Press, 1942), ch. 2.
11. "The Qualifying of Architects," American Architect and Building News (April 20, 1878), 3:134-135.
12. Turpin C. Bannister, ed., The Architect at Mid-Century: Evolution and Achievement (New York: Reinhold, 1954), vol.1, ch. 9.

13. New York City, Health Department, The Registration of Plumbers and the Laws and Regulations of All Buildings Hereafter Erected (1881), ch. 450.
14. Lawrence Veiller and Hugh Bonner, Special Report on Housing Conditions and Tenement Laws in Leading American Cities (New York: Evening Post Job Printing House, 1900), pp.5-6.
15. 同書 p.17.
16. New York State Legislature, Laws (1879), ch. 504, pp.554-556.
17. この設計競技のプログラムについては、"Improved Homes for Workingmen," Plumber and Sanitary Engineer (December 1878), 2:1, 32. ニューヨークで行われたハウジング設計競技の大要については、Richard Plunz, "Strange Fruit: The Legacy of the Design Competition in New York Housing."
18. 12 の入選案の図面は以下に掲載された。"Model House Competition: Prize Plans," Plumber and Sanitary Engineer (March 1879), 2:103-106; (April, 1879), 2:131-132; (May, 1879), 2:158-159; (June 1, 1879), 2:180; (June 15, 1879), 2:212; (July 1, 1879), 2:230.
19. "Prize Tenements," New York Times (March 16, 1879), p.6. その他の同時代の批評として、"The Tenement House Competition: Criticism of the Prize Plans," New York Daily Tribune, March 7, 1879, p.1; Alfred J. Bloor, "Suggestions for a Better Method of Building Tenant-Houses in New York," p.75.
20. Henry C. Meyer, The Story of the Sanitary Engineer (New York, 1928), pp.14-15.
21. "The Tenement-House Act," New York Times (May 25, 1879).
22. Alfred J. Bloor, "Suggestions for a Better Method of Building Tenant-Houses in New York," American Architect and Building News (February 12, 1881), 9:75.
23. 同書.
24. Nelson L. Derby, "A Model Tenement House," American Architect and Building News (January 20, 1877), 2:19-21.
25. "The Tenement House Competition: Criticism of the Prize Plans," New York Herald Tribune (March 7, 1879), p.1.
26. Edward T. Potter, "Plans for Apartment Houses," American Architect and Building News (May 5, 1888), vol. 23, plate follows p.210; E.T. Potter, "A Study of Some New York Tenement House Problems," Charities Review (January 1892), 1:129-140.
27. Actes du Congrès International des Habitations à Bon Marché Tenu à Bruxelles (Juillet, 1897), (Brussels: 1897), pp.473-475. ポッターが提出した論文は、"Étude de Quelques Problémes de l'Habitation Concentree" と題されている。
28. Edward T. Potter, "System for Laying Out Town Lots," American Architect and Building News (October 15, 1887), vol.22, plate follows p.188.
29. Alfred J. Bloor, "The Late Edward T. Potter," American Architect and Building News (January 21, 1905), 87:1-22.
30. DeForest and Veiller, The Tenement House Problem, 1:94, 2:78.
31. Rosenwaike, Population History of New York City, p.7, table 29; p.110, table 49.
32. これらの変化の要約は、McGoldrick, Graubard, and Horowitz, Building Regulation in New York City, pp.51-56. 大ニューヨーク憲章の制定の経緯については、Barry J. Kaplan, "Metropolitics, Administrative Reform, and Political Theory. The Greater New York City Charter of 1897," Journal of Urban History (February, 1983), 9:164-194. を参照。
33. New York State Legislature, Laws (1882), ch. 410, title 5, pp.125-145.
34. New York State Legislature, Report of the Special Committee Appointed to Investigate the Public Offices and Departments of the City of New York and of the Counties Therein Included, (1900), 4:4411
35. New York State Senate, Report of the Tenement House Committee of 1884, Legislative Document no. 36 (February 17, 1885), pp.42, 44.
36. 同書 p.6.
37. New York State Legislature, Laws (1887), ch. 566, pp.738-772; ch. 84, pp.94-101.
38. New York State Legislature, Laws (1884), ch. 272.
39. Theodore Roosevelt, An Autobiography, p.82; Jacob Riis, "How the Other Half Lives," ch.12.
40. "Matter of Jacobs," in New York State Court of Appeals, New York Reports (1885), vol. 98, pp.114-115.
41. Roosevelt, An Autobiography, p.83; Henry Steele Commager, Documents of American History, 2:116-118. コマジャーはこの判決について同書の初版で触れているが、その後の改定版では削除した。
42. Jacob Riis, "How the Other Half Lives," Scribner's Magazine (December 1889), 6:643-662; Jacob Riis, How the Other Half Lives (New York: Chalres Scribner's Sons, 1890).
43. スミスの貢献に関する優れた要約は、Gordon Atkins, "Health, Housing, and Poverty in New York City: 1865-1898," (Ph.D. Dissertation, Columbia University, 1947), pp.22-27.
44. AICP と COS の歴史の総括は、Lilian Brandt, Growth and Development of AICP and COS, Report of the Committee on the Institute of Welfare Research (New York: Community Service Society of New York, 1942).
45. Charles F. Wingate, "The Moral Side of the Tenement House Problem," The Catholic World (May 1885), 41:162, 164.
46. Carrol D. Wright, The Slums of Baltimore, Chicago, New York and Philadelphia: Seventh Special Report of the Commissioner of Labor (Washington, D.C.: Government Printing Office, 1894), pp.19, 42, 45, 85-86.
47. Wingate, "The Moral Side of the Tenement House Problem," p.161.
48. Allen Forman, "Some Adopted American," American Magazine (November 1888), 9:50.
49. New York State Assembly, Report of the Tenement House Committee of 1894, Legislative Document no. 37

(January 17, 1895), p.11, 256.
50. New York State Legislature, Laws (1895), ch. 567, pp.1099-1114.
51. Elgin R.L. Gould, The Housing of the Working People: Eighth Special Report of the Commissioner of Labor (Washington, D.C.: Government Printing Office, 1895).
52. "Tenement House Reform. What the Government Should Do. The Last of Felix Adler's Lectures," New York Daily Tribune (March 10, 1884), p.8.
53. Charles E. Emery, "The Lessons of the Columbian Year," Cassier's Magazine (January 1894), 5:203.
54. この感性の優れた要約については、Michael T. Klare, "The Architecture of Imperial America," Science and Society (Summer-Fall 1969), 33:257-284.
55. Charles Mulford Robinson, Modern Civic Art or the City Made Beautiful (New York: G.P. Putnam's Sons, 1903), pp.257-258.
56. Louis H. Sullivan, The Autobiography of an Idea (New York: Peter Smith, 1949), p.314.
57. 設計競技に関する出版物の切り抜き記事は、J.H. Freedlander, Scrapbooks, 4 vols. (New York, Avery Library of Columbia University, 1940), vol. 1. 設計競技の結果発表は、"A Great International Competition: The University of California: Described with the Assistance of Mr. John Belcher, One of the Assessors," Architectural Review (January-June 1890), 7:109-118.
58. "American Architecture and its Future," Criterion (October 22, 1898) in J.H. Freedlander, Scrapbooks, vol. 1.
59. "Why English Architects Did Not Succeed," San Francisco Examiner, October 8, 1898, in Freedlander, Scrapbooks, vol. 1.
60. Ernest Flagg, "The New York Tenement-House Evil and Its Cure," Scribner's Magazine (July 1894), 16:108-117. フラッグはフランスからの影響について、"The Planning of Apartment Houses and Tenements," pp.85-90. で述べている。フラッグのテネメント改革における業績については、Mardges Bacon, Ernest Flagg: Beaux-Arts Architect and Urban Reformer, ch. 8.
61. 設計競技のプログラムに関しては、Improved Housing Council, Conditions of Competition for Plans of Model Apartment Houses (New York, 1896). 入賞作品についての議論は、"New York's Great Movement for Housing Reform," Review of Reviews (December 1896), 14:692-701; "Model Apartment Houses," Architecture and Building (January 2, 1897), 26:7-10; Robert DeForest and Lawrence Veiller, The Tenement House Problem 1:107-109; James Ford, Slums and Housing, plate 7; Anthony Jackson, A Place Called Home: A History of Low-Cost Housing in Manhattan, pp.106-108.
62. 設計競技のプログラムに関しては、Charity Organization Society of the City of New York, Tenement House Committee, Competition for Plans of Model Tenements. 入賞作品についての議論は、Lawrence Veiller, "The Charity Organization Society's Tenement House Competition;" "The Model Tenement House Competition," Architecture (March 15, 1900), 1:104-105; "Model Tenement Floors," Real Estate Record and Builder's Guide (March 17, 1900), 65: 452-455; Robert DeForest and Lawrence Veiller, The Tenement House Problem, 1:109-113; James Ford, Slums and Housing, plates 8,9.
63. James Ford, Slums and Housing, plate 7E; "Model Tenements," Municipal Affairs (March 1899), 3:136.
64. Ford, Slums and Housing, vol. 2, plate 7F. フェルプス・ストークスのテネメント改革における業績については、Roy Lubov, "I. N. Phelps-Stokes: Tenement House Architect, Economist, Planner," pp.75-87.
65. "Tenement House Show," New York Times (February 10, 1900), p.7; DeForest and Veiller, The Tenement House Problem, 1:112-113.
66. この推測は DeForest and Veiller, The Tenement House Problem, I: 8. による。
67. このうち幾つかの計画は、Ford, Slums and Housing, vol. 2, plates 9B, 10A, 10B, 10D, 10E.
68. New York State Legislature, Laws (1901), ch.334, pp.889-923.

第3章

1. Citizen's Association of New York, Council of Hygiene and Public Health, Report upon the Sanitary Condition of the City (New York: D. Appleton and Co., 1865), pp.LXIII-LXIV.
2. Griscom, The Uses and Abuses of Air, pp.193-194.
3. New York Association for Improving the Condition of the Poor, Sixteenth Annual Report (New York, 1856), p.46.
4. "Congress in the Slums," New York Herald (July 27, 1888), p.3; Jacob A. Riis, "The Clearing of Mulberry Bend," Review of Reviews (August 1895), 12:172-178.
5. New York City, Minutes of the Common Council: 1784-1831 (April 20, 1829) 18:11-12.
6. Charles Dickens, American Notes, 2 vols. (London: Chapman and Hall, 1842), p.213.
7. New York State Senate, Report of the Tenement House Commission, Legislative Document No. 36 (February 17, 1885), pp.232-235.
8. Jacob Riis, How the Other Half Lives (New York: Charles Scribner's Sons, 1890), pp.56-57.
9. 同書 p.64.
10. Allen Forman, "Some Adopted Americans," The American Magazine (November 1888), 9:46.
11. New York State Senate, Report of the Tenement House Commission, Legislative Document No. 36 (February 17, 1885), pp.102-104.
12. "The Charter Election - A Crying Evil," New York Times (November 21, 1864), p.4.
13. "The Squatter Population of New York City," New York Times (November 25, 1864), p.4.
14. 一例の描写として、"Squatter Life in New York," Harper's New Monthly Magazine (September 1880),

61:563.
15. これらの数値は、Citizens' Association of New York, Report, pp.291-292, 300-303, 334, 346. による。
16. "The Central Park," Harper's Weekly (November 28, 1857), 1:756-757.
17. Reps, The Making of Urban America, pp.331-339.
18. マンハッタンを北上する移動の歴史に関しては、Charles Lockwood, Manhattan Moves Uptown. An Illustrated History (Boston: Houghton Mifflin Company, 1976); M. Christine Boyer, Manhattan Manners. Architecture and Style, 1850-1900 (New York: Rizzoli International Publications, 1985).
19. New York City, Central Park Commission, First Annual Report (New York: William C. Bryant Co., 1858), p.214.
20. The New York Association for Improving the Condition of the Poor, Fifteenth Annual Report (New York, 1858), p.18.
21. "The Charter Election - A Crying Evil," New York Times (November 21, 1864), p.4. 仮小屋の撤去はその後 20 年間続いた。"Squatters Shanties Torn Down," New York Times, April 17, 1881, p.4.
22. Citizen's Association of New York, Report, p.300.
23. American Architect and Building News (November 20, 1880), 13:242.
24. New York City, Department of Public Works, Third Annual Report (New York, 1893) の道路地図を参照。
25. H.C. Bunner, "Shantytown," Scribner's Monthly (October 1880), 20:855-869.
26. A. Blair Thaw, "A Record of Progress," Lend a Hand (May 1893), 10:309-317.
27. C. T. Hill, "The Growth of the Upper West Side of New York," Harper's Weekly (July 25, 1896), 40:730.
28. "Squatter Life in New York," p.568.
29. 同書 p.563.
30. New York City, City Inspector, Annual Report. 1856 (1857), p.199.
31. Hill, "The Growth of the Upper West Side of New York," p.568; "The Growing West Side," New York Times (April 17, 1881), p.14.
32. Frank Richards, "The Rock Drill and Its Share in the Development of New York City," Cassier's Magazine (June 1907), 32:160-177.
33. Jay E. Cantor, "A Monument of Trade: A.T. Stewart and the Rise of the Millionaire's Mansion in New York," Winterhur Portfolio 10 (Charlottesville, Va.: University Press of Virginia, 1975).
34. Anthony Trollope (Donald Smalley and Bradford Allen Booth, eds.), North America (New York: Alfred A. Knopf, 1951), p.214.
35. Edward K. Spann, The New Metropolis. New York City, 1840-1857 (New York: Columbia University Press, 1981), p.205.
36. 都市型ロウハウスに関する記録については、William Tuthill, The City Residence. Its Design and Construction, (New York: W. T. Comstock, 1890); Charles Lockwood, Bricks and Brownstone: The New York Row House, 1783-1929, an Architectural and Social History (New York: McGraw Hill, 1972).
37. Charles Astor Bristed. The Upper Ten Thousand: Sketches of American Society (New York: Stringer and Townsend, 1852), pp.92-93.
38. "Alternative Designs for a City House, New York, N.Y.," The American Architect and Building News (November 1, 1879), 6:140, plate follows p.144.
39. 同時期多くの観察者がこの事実を指摘している。例としては、Richard M. Hurd, Principles of City Land Values (New York: The Record and Guide, 1903).
40. 1870 年代の動乱の描写に関しては、Robert V. Bruce, 1877: Year of Violence (Chicago, Quadrangle Books, Inc., 1970); Dennis Tilden Lynch, The Wild Seventies, 2 vols. (Port Washington, N.Y.: Kennikat Press, 1971).
41. この時代のハウジング用語の定義については、Superintendent of Buildings によって、"The Building Transactions of the Past Year," The American Architect and Building News (February 7, 1880), 7:47.
42. 新しいパリ風ブルジョア層の特徴については、David H. Pinkney, Napoleon III and the Rebuilding of Paris (Princeton, N.J.: Princeton University Press, 1958). ニューヨークに影響したヨーロッパの先例についての一般論は、Elizabeth C. Cromley, "The Development of the New York Apartment, 1860-1905," ch.3.
43. 近年では Edith Wharton, The Age of Innocence の中の一節が、この倫理観の確信に多用されている。Stephen Birmingham, Life At The Dakota. New York's Most Unusual Address (New York: Random House, 1979), p.17; Robert A. M. Stern, "With Rhetoric: The New York Apartment House," Via (1980), p.80; Gwendolyn Wright, Building The Dream. A Social History of Housing in America (New York: Pantheon Books, 1981), p.146.
44. Sarah Gilman Young, European Modes of Living; or, the Question of Apartment Houses (New York: G.P. Putnam's Sons, 1881), p.26-27.
45. 同書 p.1.
46. James Richardson, "The New Homes of New York," Scribner's Monthly (May 1874), 8: 67. ニューヨーク初期のアパートメント・ハウスと、ハントの重要な役割に関する良い入門書として、Sarah Bradford Landau, "Richard Morris Hunt, Architectural Innovator and Father of a 'Distinctive' American School," in Susan E. Stein ed., The Architecture of Richard Morris Hunt (Chicago: University of Chicago Press, 1986), pp.61-66.
47. "The Apartment Houses of New York City," Real Estate Record and Builder's Guide (March 26, 1910), 85:644; Raymond Roberts, "Building Management: Trend of Apartment House Buildings," Real Estate Record and Builders' Guide (July 17, 1915), 96:111-112.
48. Calvert Vaux, "Parisian Buildings for City Residents," Harpers's Weekly (December 19, 1857), 1:809.

49. "Apartment House on East 21st Street, New York," American Architect and Building News (May 4, 1878), 3:157, plate follows p.156.
50. 中産階級向けフラットの問題に関する良識ある議論は、"The New Homes of New York," Scribner's Monthly (May 1874), 8:63-76.
51. Appleton's Dictionary of New York and Vicinity (New York: D. Appleton and Company, 1879), pp.11-12.
52. Charles Wingate, "The Moral Side of the Tenement House Problem," The Catholic World (May 1885), 41:160.
53. Richardson, "The New Homes of New York," pp.63, 65.
54. John H. Jallings, Elevators. A Practical Treatise on the Development and Design of Hand, Belt, Steam, Hydraulic, and Electric Elevators (Chicago: American Technical Society, 1915), p.69. は初期のエレベーターの発展に関する、最良の研究である。
55. W. Sloan Kennedy, "The Vertical Railway," Harper's New Monthly Magazine (November 1882), 65:890-891.
56. "The 'Flats' of the Future," The World (October 8, 1871), p.3.
57. "Parisian Flats," Appleton's Journal (November 18, 1871), 4:561-562; "The 'Flats' of the Future," The World (October 8, 1871), p.3.
58. O. B. Bunce, "The City of the Future," Appleton's Journal (February 10, 1872), 5:156-158.
59. 同書 p.6. この提案や類似する案の詳しい解説は、Arthur Gilman, "Family Hotels: The New Departure in Domestic Apartments," (letter), New York Times (November 19, 1871), p.5.
60. Jean A. Follett, "The Hotel Pelham: A New Building Type for America," American Art Journal (Autumn, 1983), 15:58-73.
61. 詳しい説明は Arthur John Gale, "The Godwin Bursary: Report of a Tour in the United States of America," The Transactions 1882-83 (London: Royal Institute of British Architects, September 1883), pp.59-60; "The Vancorlear, New York," American Architect and Building News (January 24, 1880), 7:28.
62. Hubert, Prisson and Co., Where and How to Build (New York, 1892), pp.74-75.
63. ニューヨーク市のコーポラティヴ所有権の歴史については、Christopher Gray, "The 'Revolution' of 1881 is Now in its 2nd Century," New York Times (October 28, 1984), sec. XII, p.57. さらに Dolores Hayden, The Grand Domestic Revolution: A History of Feminist Designs for American Homes, Neighborhoods, and Cities (Cambridge, Massachusetts: The MIT Press, 1981), ch.5. も興味深い。
64. ダコタの説明については Historic American Building Survey, New York City Architecture: Selections (Washington, D.C.: National Park Service, July 1969); Arthur John Gale, "The Godwin Bursary," The Transactions 1882-83, pp.57-64.
65. Report on Elevated Dwellings in New York City (New York: Evening Post Job Printing Office, 1883), p.3.
66. The Dalhousie Brochure (New York, 1884).
67. Andrew Alpern, Apartments for the Affluent: A Historical Survey of Buildings in New York (New York: McGraw-Hill Book Company, 1975), pp.114-115; Joseph Giovannini, "The Osborne: Now 100 Years Old And Still A Nice Place to Live," New York Times (November 21, 1985), p.C-1.
68. これらの建物の描写はゲイル一覧表に含まれた。Arthur John Gale, "The Godwin Bursary," p.58.
69. "A High House," The Builder (June 23, 1883), 44:867.
70. Arthur John Gale, "American Architecture from a Constructional Point of View," The Transactions 1882-83, pp.57-64. ゲイルの全報告書が記載されている。
71. "Architectural Style and Criticism in the State," The Builder (September 15, 1883), 45:344-345.
72. これらのアパートメントすべての説明は、Arthur John Gale, "The Godwin Bursary," in The Transaction 1882-83, pp.61-63, figures 70-77; American Bank Note Co., The Central Park Apartments Facing the Park (New York, 1882)
73. ニューヨークの一般向け出版物はアパートメント生活の欠点を軽視しがちであった。批評の例としては、Gwendolyn Wright, Building the Dream, pp.141-151; David P. Handlin, The American Home. Architecture and Society, 1815-1915 (Boston: Little, Brown and Company, 1979), pp.230-231.
74. Junius Henri Browne, "The Problem of Living in New York," Harper's New Monthly Magazine (November 1882), 65:919-920.
75. Everett Blanke, "The Cliffdwellers of New York," Cosmopolitan (July 1893), 15:356-357.
76. John Vredenburgh Van Pelt, A Monograph of the William K. Vanderbilt House (New York: John Vredenburgh Van Pelt, 1925); Cantor, "A Monument of Trade: A. T. Stewart and the Rise of the Millionaire's Mansion in New York," p.168.
77. George Edward Harding, "Electric Elevators," American Architect and Building News (October 27, 1894), 46:31; Herbert T. Wade, "The Problem of Vertical Transportation," American Review of Reviews (December, 1909), 40:705-712.
78. ニューヨーク市交通システムの発展の研究として、James Blaine Walker, Fifty Years of Rapid Transit: 1864-1917 (New York: The Law Printing Company, 1918); Stan Fischler, Uptown, Downtown. A Trip Through Time on New York's Subways (New York: Hawthorn Books, Inc., 1976).
79. Reginald Pelham Bolton, "The Apartment Hotel in New York," Cassier's Magazine (November 1903), 25:27-32; New York City, Landmarks Preservation Commission, "Ansonia Hotel: Designation Report," (1972).
80. Charles H. Israels, "New York Apartment Houses."
81. "The Apthorp," Architecture (July 15, 1909), 16:115; "The Apthorp," Architects' and Builders' Magazine (September 1908), 40:531-543.

82. "The Belnord to Have Interesting Features," Real Estate Record and Builders' Guide（November 7, 1908）, 82:873-875.
83. Ernest Flagg, "The Planning of Apartment Houses and Tenements," Architectural Review（July 1903）, 10:86.
84. これらの統計は Beginald Pelham Bolton, "The Apartment Hotel In New York," pp.27-32 に掲載されたものである。
85. "270 Park Avenue," Architecture（May 1918）, 37:143, plates 78-80.
86. "Apartment House, 277 Park Avenue. McKim, Mead and White Architects," Architecture and Building（January 1925）, 57:4.
87. "1185 Park Avenue," Architecture and Building（January 1930）, 62:23, 24, 31.
88. 2層式アパートメントの進展については、次の3部シリーズを参照。Elisha Harris Janes , "The Development of Duplex Apartments," The Brickbuilder: "I. The Early Years,"（June, 1912）, 21:159-161; "II. Studio Type,"（July, 1912）, 21:183-186; "III. Residential Type,"（August, 1912）, 21:203-206.
89. スタジオ・アパートメントに関する近年の研究では、David P. Handlin, The American Home, pp.377-385; Robert A. M. Stern, Gregory Gilmartin, and John Massengale, New York 1900（New York: Rizzoli International Publications, 1983）, pp.295-299.
90. "Studio Apartment at 70 Central Park West, New York City. Rich & Mathesius, Architects," Architectural Review（February, 1920）, 27:33.
91. New York State Legislature, Laws（1867）, vol.2, ch.908, sec. 17, pp.2265-2273.
92. この継続する問題に関する論考は、Hubert, Pirsson, and Hoddick, "New York Flats and French Flats," Architectural Record（July-September 1892）, 2:61; McGoldrick, Graubard, and Horowitz, Building Regulation in New York City, pp.6-7.
93. Arthur Gross, "The New Multiple Dwelling Law of New York," Architectural Forum（September, 1930）, 53:273.
94. Edward T. Potter, "Tenement Houses," American Architect and Building News（November 24, 1900）, 70:62.
95. C.W. Buckham, "The Present and Future Development of the Apartment House," American Architect and Building News（November 29, 1911）, 100:224-227.
96. 1916年には、ニューヨーク市建築法規によって自動押しボタン式エレベーターが認可された。New York Society of Architects, "The Building Code of the City of New York," Year Book（New York, 1916）, art.27, sec.567. これについての更なる議論は、第5章を参照のこと。
97. New York City Tenement House Department の初期の報告書に、典型的平面図が掲載されている。
98. "Modern Apartment Conveniences," Real Estate Record and Builders Guide（September 12, 1908）, 82:531.
99. Charles Griffith Moses, "A Mile and a Half Progress," Real Estate Record and Builders' Guide（September 12, 1908）, 82:505-506.

第4章

1. 英国での活動の総括については、John Nelson Tarn, Five Per cent Philanthropy: An Account of Housing in Urban Areas Between 1840 and 1914（Cambridge: Cambridge University Press, 1973）. 米国での活動に関しては、Eugenie C. Birch and Deborah S. Gardner, "The Seven-Percent Solution. A Review of Philanthropic Housing."
2. これらプロトタイプの解説は、Henry Roberts, The Dwellings of the Labouring Classes（London: Society for Improving the Condition of the Labouring Classes, 1850）, pp.120-121. ロバーツの貢献に関する研究は、James Stevens Curl, The Life and Work of Henry Roberts.
3. Citizens Association of New York, Council of Hygiene and Public Health, Report Upon the Sanitary Condition of the City（New York: D. Appleton and Co., 1865）, pp.LXXXVI-LXXXVII.
4. New York State Assembly, Report of the Committee on Public Health, Medical Colleges and Societies, Relative to the Condition of Tenement Houses in the Cities of New York and Brooklyn, Legislative Document No.156（March 8, 1867）, pp.12-14.
5. 全プロジェクトの説明は、Alfred Treadway White, Improved Dwellings for the Laboring Classes（New York: G.P. Putnam's Sons, 1879）, pp.
6. "Prize Tenements," New York Times（March 16, 1879）, p.6.
7. "New York's Great Movement for Housing Reform," Review of Reviews（December 1896）, 14:699.
8. Alfred Treadway White, Sun-Lighted Tenements: Thirty Five Years' Experience as an Owner, Publication 12（New York: National Housing Association Publications, March 1912）, p.3.
9. White, Improved Dwellings for the Laboring Classes, pp.8-9.
10. 同書 p.9.
11. 同書 p.10.
12. 同書 p.11.
13. 当時のフィラデルフィアに見られた現象の概要は、Addison B. Burk, "The City of Homes and Its Building Societies," Journal of Social Science（February 1882）, 15:121-134; Stephen Smith, M.D., "Methods of Improving the Homes of the Laboring and Tenement House Classes of New York."
14. Seymour Dexter, "Cooperative Building and Loan Associations in the State of New York," Journal of Social Science（December 1888）, 25:141; F.B.Sanborn, "Cooperative Building Associations," p.115.
15. これらの数値は、M. J. Daunton, House and Home in the Victorian City, p.58.
16. White, Improved Dwellings for the Laboring Classes, p.21.

17. E. Moberly Bell, <u>Octavia Hill</u> (London: Constable and Co., Ltd., 1943).
18. ゴッサムコートの再生は、1879 年に「マイルス夫人」なる人物によって始められ、その後オリヴィア・ダウが引き継いだ。<u>Some Results of an Effort to Reform the Homes of the Laboring Classes in New York City</u> (New York: Henry Besey, Printer, 1881), pp.5-19; John Cotton Smith, <u>Improvement of the Tenement House System of New York</u>, pp.7-8; "The Good Work of Misses Dow," <u>New York Tribune</u> (November 14, 1887), p.2; "Housing for the Poor," <u>New York Evening Post</u> (January 2, 1885), p.1.
19. New York State Assembly, <u>Report of the Tenement House Committee of 1894</u>, pp.131-137 の説明を参照。
20. 詳細については、George W. DaCunha, "Improved Tenements," <u>American Architect and Building News</u> LII (June 27, 1896), pp.123-124; "Model Tenement House," <u>American Architect and Building News</u> (April 17, 1880), 7:166.
21. DeForest and Veiller, <u>The Tenement House Problem</u>, I: 99.
22. "Building Transactions of the Past Year," <u>American Architect and Building News</u> (February 7, 1880), 7:48. James Gallatin, "Tenement House Reform in the City of New York."
23. New York Sanitary Reform Society, <u>First Annual Report</u> (New York, 1880), p.22; Elgin R. L. Gould, <u>The Housing of the Working People</u>: Eighth Special Report of the Commissioner of Labor, (Washington, D.C.: Government Printing Office, 1895), pp.196-200; "Pleasant Homes at Little Cost. An Interesting Colony on the East Side," <u>New York Daily Tribune</u>, April 3, 1882, p.5.
24. New York State, Assembly, Tenement House Committee, <u>Report of the Tenement House Committee</u>, pp.137-142; "New Apartment Houses," <u>American Architect and Building News</u> (May 31, 1879), 5:175; "Improved Tenements," <u>New York Herald</u>, September 18, 1881, p.9.
25. New York State, Assembly, Tenement House Committee, <u>Report of the Tenement House Committee</u>, pp.126-131; Tenement House Building Company, <u>Report</u> (New York: October, 1890); Tenement House Building Company, <u>The Tenement Houses of New York City</u>; Gould, <u>The Housing of the Working People</u>, pp.196-200.
26. これらの活動の、詳細を含む説明は、"Model Tenements," <u>Harper's Weekly</u> January 14, 1888), 32:31.
27. "The Astral Apartments, Greenpoint, N.Y.," <u>American Architect and Building News</u> (November 13, 1886), 20:230-231.
28. "The Astral Apartments, Greenpoint, N.Y.," <u>American Architect and Building News</u>; <u>The Astral Apartments</u>, (Brooklyn, N.Y., no date). パンフレット。ニューヨーク市立図書館にて保管。
29. Elgin R.L. Gould, "The Housing Problem," <u>Municipal Affairs</u> III (March 1899), pp.123-127; "Model Apartment Houses," <u>Architecture and Building</u> (January 2, 1897), 26:7-10.
30. City and Suburban Homes Company, <u>Model City and Suburban Homes</u>; New York City Housing Authority, Technical Division, <u>Survey</u>, pp.67-71; Gould, "The Housing Problem," pp.123-127; "Model Apartment Houses," pp.7-10.
31. Lawrence Veiller, "The Effect of the New Tenement House Law," <u>Real Estate Record and Builders' Guide</u> (January 18, 1902), 62:108-109, New York City Housing Authority, Technical Division, <u>Survey</u>, pp.60-66. CSHC によるプロジェクトの経緯は、City and Suburban Homes Company, <u>Thirty-Sixth Annual Report</u> (New York: May 1932), p.4.
32. "Housing of the Poor," <u>New York Times</u> (March 5, 1896), p.2. アドラーの発言に対する反応については、"Houses for the Poor," <u>New York Times</u> (March 6, 1896), p.1.
33. City and Suburban Homes Company の全活動の概要は、United States Federal Housing Administration, <u>Four Decades of Housing with Limited Dividend Corporation</u> (Washington, D.C.: Government Printing Office, 1939); Gould, "The Housing Problem," pp.122-131; "New York's Great Movement for Housing Reform," pp.693-701.
34. アドラーは社会ハウジングを目的とした、ニューヨーク市政府による広い用地買収を提唱した。"Housing of the Poor," <u>New York Times</u> (March 5, 1896), p.2; "For Improved Housing," <u>New York Times</u> (March 4, 1896), p.2.
35. United States, Federal Housing Administration, <u>Four Decades of Housing</u>, p.9.
36. "Apartment Houses," <u>American Architect and Building News</u> (Jaunary 5, 1907), 91:3-11.
37. H.W. Desmond, "The Works of Ernest Flagg," <u>Architectural Record</u> (April 1902), 11:38-39.
38. Ford, <u>Slums and Housing</u>, 2:902.
39. Ford, <u>Slums and Housing</u>, vol. 2, plate 12c. 防火テナメント協会の活動に関しては、Anthony T. Sutcliffe, "Why The Model Fireproof Tenement Company."
40. Henry L. Shively, "Hygienic and Economic Features of the East River Homes Foundation," <u>New York Architect</u> (November-December 1911), 5:197-203 and plates; "Building for Health," <u>The Craftsman</u> (February 1910), 17:552-561; and Jonathan A. Rawson, Jr., "Modern Tenement Houses," <u>The Popular Science Monthly</u> (February 1912), 80:191-196.
41. Charity Organization Society of the City of New York, <u>New York Charities Directory</u> (New York, 1912), p.335.
42. Will Walter Jackson, "A Peculiar Situation in Tenement Work," <u>Real Estate Record and Builders' Guide</u> (February 28, 1914), 93:398; William Miller, <u>The Tenement House Committee and the Open Stair Tenements</u> (New York: American Institute of Architects, 1912).
43. 同機構に関しては大まかな参考資料が残っているだけである。William P. Miller, <u>The Tenement House Committee and Open Stair Tenements</u> (New York: American Institute of Architects, 1912); "Tenements that Are Safe in Fire," <u>Harper's Weekly</u> (April 29, 1911), 55:13; Charity Organization Society, <u>New York Charities Directory</u>, p.235.
44. "Modern Open Stair Tenements," <u>Real Estate Record and Builders' Guide</u> (April 29, 1916), 97:668; Henry

Atterbury Smith, "Economic Open Stair Communal Dwellings," Real Estate Record and Builders' Guide (February 10, 1917), 99:184.
45. Arthur M. East, "Modern Tenements Needed in Chelsea," Real Estate Record and Builders' Guide (February 7, 1914), 93:270-271; New York City Housing Authority, Technical Division, Survey, pp.107-111.
46. New York City, Tenement House Department, Eighth Report (March 16, 1917), pp.55-58.
47. "New Tenements for Negroes in City's Most Populous Block," New York World (January 21, 1901), "New Model Tenements Uptown for East and West Side Families," in Howells and Stokes, Scrapbook of Clippings (New York, Avery Library of Columbia University); City and Suburban Homes Company, Model City and Suburban Homes.
48. "New Model Tenements Just Completed," Real Estate Record and Builders' Guide (August 7, 1915), 96:246; William Emerson, "The Open Stair Tenement," American Architect (February 14, 1917), 111:100-102, 105-106.
49. "Rogers Model Dwellings," American Architect (October 29, 1913), vol. 104, plates follow p. 172; "The Rogers Tenements," The Brickbuilder (May 1915), 24:129, plates 64, 65.
50. John Taylor Boyd, "Garden Apartments in Cities," Architectural Record (July 1920), 48:66-68; "Modern Open Stair Tenements," p.668; New York City Housing Authority, Technical Division, Survey, pp.112-116.
51. Alfred Treadway White, The Riverside Buildings of Improved Dwellings Co. (Brooklyn, N.Y., 1890).
52. White, Sun-Lighted Tenements, p.7.
53. "A Tenement Turns Outside In," Architectural Forum (November 1939), 71:406.
54. White, The Riverside Buildings, p.8.
55. Hubert, Pirsson, and Hoddick, "New York Flats and French Flats," Architectural Record (July/September 1892), 2:55-64.
56. J.F. Harder, "The City's Plan," Municipal Affairs II (March 1898), pp.41-44.
57. I.N. Phelps Stokes, "A Plan for Tenements in Connection with a Municipal Park," in DeForest and Veiller, The Tenement House Problem, 2:59-64.
58. Katherine Bement Davis, Report on the Exhibit of the Workingman's Model Home (Albany: James B. Lyon, 1893).
59. 郊外モデル工場に関する当時の資料としては、Budgett Meakin, Model Factories and Villages (Philadelphia: Jacobs and Company, 1905); Graham Romeyn Taylor, Satellite Cities: A Study of Industrial Suburbs (New York: D. Appleton and Company, 1915) が挙げられる。19世紀ニューイングランド地方の工場町に関する素晴らしい議論は、John Coolidge, "Low Cost Housing. The New England Tradition," New England Quarterly (March 1941), 14:6-24.
60. タキシード・パーク開発の歴史については、Samuel H. Graybill, Jr., Bruce Price, 2:4. タキシード・パークとショート・ヒルズの比較に関しては、"Some Suburbs of New York," Lippincott's Magazine (July 1884), 8:21-23.
61. Aaron Singer, Labor-Management Relations at Steinway & Sons, 1853-1896 (Ann Arbor, Michigan: University Microfilms International, 1977), p.88. シンガーの19世紀の郊外化現象についての総括論は、全体的によくまとまっている。
62. Charles L. Brace, "Model Tenement Houses," Plumber and Sanitary Engineer (February 1878), 1:47-48.
63. "Houses for Workingmen," New York Times (September 8, 1891), p.8.
64. ガーデンシティの沿革については、M. H. Smith, History of Garden City (Manhasset, N.Y.: Channel Press, Inc., 1963); Kenneth Jackson, Crabgrass Frontier, pp.81-84.
65. "The Hempstead Plains," Harper's Weekly (August 7, 1869), 13:503.
66. スタインウェイの開発過程の一般資料として、Singer, Labor-Management Relations at Steinway & Sons, ch.4; Theodore E. Steinway, People and Pianos (New York: Steinway and Sons, 1961).
67. J.S. Kelsy, History of Long Island City (Long Island City, N.Y.: Long Island Star Publishing Company, 1896), p.49.
68. 両期間のスト活動の進展については、Singer, Labor-Management Relations at Steinway & Sons, 1853-1896, ch.3 and 5.
69. City and Suburban Homes Company, Model City and Suburban Homes; Elgin R. L. Gould, "Homewood - A Model Suburban Settlement"; Gould, "The Housing Problem," pp.127-135; DeForest and Veiller, The Tenement House Problem, 1:345-346.
70. United States, Federal Housing Administration, Four Decades of Housing, p.54.
71. Samuel Howe, "Forest Hills Gardens," American Architect (October 30, 1912), 102:153-160; Howe "Forest Hills Gardens, Long Island," The Brickbuilder (December 1912), 21:317-320; Charles C. May, "Forest Hills Gardens from the Town Planning Viewpoint," Architecture (August, 1916), 34:161-172.
72. Forest Hills Gardens, Pamphlet No.1 (New York: The Sage Foundation Homes Company, 1911), p.8.
73. 同書 p.13.
74. この研究の報告書は、Grosvenor Atterbury, The Economic Production of Workingmen's Homes (New York: Russell Sage Foundation, 1930).
75. Walter I. Willis, Queens Borough, New York City: 1910-1920 (New York: Queens Chamber of Commerce, 1920), p.169. 同じ論考は、Russel Sage Foundation, A Forward Movement in Suburban Development, p.169. にも記載されている。
76. Ebenezer Howard, Garden Cities Tomorrow (London: Swan Sonnenschein and Co., Ltd., 1902).
77. レゴパーク開発については、Queens Borough Public Library の地域史コレクションに記録されてい

る。
78. クイーンズ開発の概略については、Works Progress Administration, Federal Writers, Project, The WPA Guide To New York City, pp.555-561.

第 5 章

1. James Blaine Walker, Fifty Years of Rapid Transit 1864-1971 (New York: The Law Printing Co., 1918); Stan Fischler, Uptown, Downtown. A Trip Through Time on New York's Subways (New York: Hawthorn Books, Inc., 1976).
2. New York State, State Board of Housing, Annual Report, 1929 (1929), table XXVII; New York City Department of City Planning, New Housing in New York City, 1981-82 (New York, December, 1983), p.26.
3. Walker, Fifty Years of Rapid Transit; James Ford, Slums and Housing, (Cambridge, Mass.: Harvard University Press, 1936), I: 214.
4. Ira Rosenwaike, Population History of New York City (Syracuse, N.Y.: Syracuse University Press, 1972), p.141, table 69.
5. Lawrence Veiller, A Model Housing Law (New York: Survey Associates, 1914); "Widespread Movement for Good Housing," Real Estate Record and Builders' Guide (March 21, 1914), 93:501.
6. New York State Legislature, Joint Legislative Committee on Housing and the Reconstruction Commission of the State of New York, Report of the Housing Committee (Albany: J. B. Lyon, March 26, 1920), pp.6-8.
7. New York City, Board of Estimate and Apportionment, Building Zone Plan (1916); Robert Whitten, The Building Zone Plan of New York City; "New Uses for the Zoning System," Architectural Review (April 1918), 6:66-67.
8. "Slight Effect of Changes in the Tenement House Law," Real Estate Record and Builders' Guide (June 21, 1919), 103:826.
9. Freeman Cromwell, "The Push Button Elevator as a Renting Aid," Real Estate Record and Builders' Guide (January 17, 1931), 117:9; Bernard Lauren and James Whyte, The Automatic Elevator in Residential Buildings (New York: The Elevator Industries Association, 1952), Part II: pp.2-3.
10. 1916年に建築法規が改正され「全自動押しボタン式エレベーター」が追加されたが、同技術が実用化されたのはその数年後であったようである。Code of Ordinances of the City of New York as Amended 9/15 (New York: Chief Publishing Company, 1915), ch.5, art. 29, p.567; Cromwell, "The Push Button Elevator;" Henry Wright, "The Apartment House," Architectural Record (March, 1931), 69:187-224; Alexander Marks, "Future Possibilities of Push-Button Control of Electric Elevators," American Architect (August 6, 1919), 116:187-194.
11. Mark Ash and William Ash, The Building Code of the City of New York (New York: Baker, Voorhis, and Company, 1899); Henry Wright, "The Modern Apartment House," Architectural Record (March, 1929), 65:237.
12. "Emery Roth Dies: Noted Architect," New York Times (August 21, 1948), p.16; "Andrew Thomas, A City Architect," New York Times (July 27, 1965), p.33; "G. W. Springsteen, Architect, 76, Dies," New York Times (October 6, 1954), p.25; "Horace Ginsbern, 69, Dies; Founded Architects Firm," New York Times (September 22, 1969), p.33.
13. これらのプログラムの概要については、Miles L. Colean, Housing for Defense (New York: Twentieth Century Fund, 1940). ch.1.
14. United States Housing Corporation, Report, (Washington, D.C.: Government Printing Office, 1919), 2:397, table III.
15. 同書 2:347-349.
16. Colean, Housing for Defense, pp.14-15, 23-24.
17. ニューヨーク市の危機の歴史については、Joseph A. Spencer, "The New York Tenant Organizations and the Post-World War I Housing Crisis," in Ronald Lawson and Mark Naison, eds., The Tenant Movement in New York City, 1904-1984 (New Brunswick, New Jersey: Rutgers University Press, 1986), ch.2.
18. The Real Estate Board of New York, Apartment Building Construction - Manhattan, 1902-1953, exhibit C; "Supt. Miller Analyzes Manhattan Building for Decade," Real Estate Record and Builders' Guide (September 4, 1920), 106:313-214.
19. New York State, State Board of Housing, Report Relative to the Housing Emergency in New York and Buffalo and Extension of the Rent Laws, New York State Legislative Document No. 85 (Albany: J. B. Lyon Company, 1928), table V. これと比較して、1987年初頭の空室率は2%を僅かに下回っており、非常に低いとされた。法律上5%以下は緊急事態とみなされている。William B. Eimicke, "New York State Housing Division Manages the Unmanageable" (Letter to the Editor), New York Times (March 23, 1987), p.16.
20. New York State Board of Housing, Report Relative to the Housing Emergency, table V.
21. Charity Organization Society of the City of New York, Tenement House Committee, The Present Status of Tenement House Regulation, p.12; Spencer, "The New York Tenant Organizations," pp.53-54.
22. "Court to Hear Only 250 Landlord-Tenant Cases a Day Hereafter," Bronx Home News, November 2, 1919, p.16.
23. "Offer to Aid Fight on Building Trust," New York Times (September 8, 1920), p.16.
24. Julian F. Jaffe, Crusade Against Radicalism. New York During the Red Scare, 1914-1924 (Port Washington, New York: Kennikat Press, 1972), ch.7.
25. Zosa Szajkowski, Jews, Wars, and Communism, (New York: KTAV Publishing House, 1972), p.123.

26. "Rent Strikes Largely Due to Bolshevik Propaganda," Real Estate Record and Builders' Guide (December 20, 1919), 104:625-626.
27. New York State Legislature, Laws of the State of New York (1915), ch.454.
28. John Irwin Bright, "Housing and Community Planning," American Institute of Architects Journal (July 1920), 8:276-277.
29. "Strong Opposition Develops to Municipal Housing Legislation," Real Estate Record and Builders' Guide (January 31, 1920), 105:134.
30. "Architects Say Extra Story on Tenements is Feasible," Real Estate Record and Builders' Guide (September 4, 1920), 106:312.
31. 設計競技のプログラムについては、New York State Legistlature, "Joint Legislative Committee on Housing and the Reconstruction Commission of the State of New York," Program of Architectural Competition for the Remodeling of a New York City Tenement Block (Albany: J.B. Lyon, 1920). 入賞作品についての議論は、"Architectural Competition for the Remodeling of a New York City Tenement Block," Journal of the American Institute of Architects (May 1920), 8:198-199; "Notes on an Architectural Competition for Remodeling a Tenement Block," American Architect (September 8, 1920), 118:305-314; Andrew Thomas and Robert D. Kohn, "Is It Advisable to Remodel Slum Tenements?" pp.417-426. ニューヨーク市における再生の変遷については、Alfred Medioli, "Housing Form and Rehabilitation in New York City."
32. John Taylor Boyd, Jr., "Garden Apartments in Cities, Part I," Architectural Record (July, 1920), 48:69-73.
33. 委員会の最終報告書を参照。New York State Legislature, Joint Legislative Committee on Housing and the Reconstruction Commission of the State, Report of the Housing Commission (Albany: J.B. Lyon, March 26, 1920). 同委員会によるその他の文書や記録は、Clarence S. Stein Papers, Department of Manuscripts and University Archives, Cornell Univesity Libraries, Box 7 and 11 に保管されている。
34. 1850 年以前のニューヨーク郊外拡張に関する総論については、Edward K. Spann, The New Metropolis. New York City, 1840-1857 (New York: Columbia University Press, 1981), ch.8.
35. ブロンクスの状況に関する総論は、Richard Plunz, "Reading Bronx Housing, 1890-1940," in Timothy Rub (ed.), Building A Borough.Architecture and Planning in the Bronx, 1890-1940 (New York: The Bronx Museum of the Arts, 1986), pp.67-70.
36. ニューヨーク市地下鉄の発展に関する年代順の概要は、Stan Fischler, Uptown, Downtown. A Trip Through Time on New York's Subways (New York: Hawthorn Books, Inc., 1976), appendix.
37. クイーンズの交通発展についての説明は Walter I. Willis, Queens Borough, New York City, 1910-1920 (New York: Queens Chamber of Commerce, 1920), pp.5, 112.
38. 同書 , pp.66-85.
39. ジャクソンハイツの歴史的描写は Queensboro Corporation, "A History of Jackson Heights," Jackson Heights, New York: General Information and Shopping Directory (New York, 1955), pp. 3, 18-19; Richard Plunz and Marta Gutman, "The New York 'Ring'," Eupalino I (1983), pp.36-40.
40. 大量交通輸送機関への投資に関する初期の説明は、Ray Stannard Baker, "The Subway 'Deal.' How New York Built Its New Underground Railroad," McClure's Magazine (March, 1905), 24:451-469; Henry A. Gordon, Subway Nickels. A Survey of New York City's Transit Problem (New York, 29 January, 1925).
41. Willis, Queens Borough, New York City, p.124. 不動産開発業者の一覧表が記載されている。
42. The Queensboro Corporation, Investment Features of Cooperative Apartment Ownership at Jackson Heights (New York, 1925), pp.5-6.
43. "Jackson Heights: Will it Be Decay or Renaissance?" Long Island Press (April 7, 1975).
44. New York City Department of City Planning, New Dwelling Units Completed 1921-1972 in New York City (New York, December, 1973).
45. New York City, Department of Parks, Annual Report (1914), p.3.
46. C. Morris Horowitz and Lawrence J. Kaplan, The Estimated Jewish Population of the New York Area, 1900 to 1975 (New York: Federation of Jewish Philanthropies of New York, 1959), table 9.
47. Louis Wirth, "Urbanism as a Way of Life," American Journal of Sociology (July, 1938), pp.1-24.
48. 同じ主題に関する近年の興味深い研究には、Marshall Sklare, "Jews, Ethnics and the American City," Commentary (April, 1972), 53:70-77; Deborah Dash Moore, At Home In America (New York: Columbia University Press, 1981).
49. この論点のさらなる展開は、Plunz, "Reading Bronx Housing," p.63.
50. Horowitz and Kaplan, The Estimated Jewish Population.
51. New York State, Tenement House Commission, Report (1894), pp.11, 256.
52. "Fine Construction for the Bronx," Real Estate Record and Builders' Guide (August 28, 1909), 84:384.
53. "New Long Island City Apartments Designed to Meet Popular Demand," Real Estate Record and Builders' Guide (March 24, 1917), 99:392.
54. "Unique Departures in Bronx Apartment House Design," Real Estate Record and Builders' Guide (June 14, 1919), 103:791; "Bronx Apartment for 250 Families Will Cost $2,000,000," Real Estate Record and Guilders' Guide (October 23, 1920), 106:583.
55. 設計競技に関する多くの資料は、I.N. Phelps‐Stokes Papers, New York Historical Society, box 12 and letter press book no. 17. プログラムの原文は現存していないが、James Ford, Slums and Housing, pp.915-918 に記載されている。入賞作品についての議論は、"Awards Announced in Tenement Plan Competition," Real Estate Record and Builders' Guide (February 11, 1922), 109:182; Frederick L. Ackerman, "The Phelps-Stokes Fund Tenement House Competition," pp.76-82; "Tenement House Planning,"

Architectural Forum (April 1922), 36:157-519.
56. Frederick L. Ackerman, "The Phelps‐Stokes Fund Tenement House Competition," pp.76-82.
57. New York State Legislature, Joint Legislative Committee on Housing and Reconstruction Commission, Report of the Housing Committee, pp.47-52.
58. LCC 初期作品の総括は、Susan Beattie, A Revolution in London Housing. LCC Architects and Their Work, 1893-1914, (London: The Architectural Press, 1980).
59. Jean Taricat and Martine Villars, Le Logement à Bon Marché Cronique Paris, 1850-1930 (Boulogne: Editions Apogee, 1982); Jean‐François Chiffard and Yves Roujon, "Les H.B.M. et La Ceinture de Paris. Après les Fortifs et La Zone, La Ceinture," Architecture Movement Continuite (1977), 56:9-25.
60. ベルリンのテナメント・ハウジングの発展に関しては、Horant Fassbinder, Berliner Arbeitervlertel 1800-1918; Johann Friedrich Geist, Das Berliner Meitshaus; Goerd Peschken, "The Berlin 'Miethaus' and Renovation," pp.49-54.
61. 英国の庭園都市運動については豊富な記録が残されている。ベルギーに関しては、Marcel Smets, L'Avènement de la Cité-Jardin en Belgique (Liege: Peirre Mardaga Editeur, 1977).
62. John Taylor Boyd, Jr., "Garden Apartments in Cities, Part I," Architectural Record (July 1920), 48:122.
63. Erich Haenel and Heinrich Tscharmann, Das Mietwohnhaus der Neuzeit (Leipzig: Verlag von S. S. Weber, 1913); Albert Gessner, Das Deutsche Miethaus (Munich: F. Bruckmann, 1909).
64. 例としては、W. H. Frohne, "The Apartment House," Architectural Record (March, 1910), 27:205-217.
65. Helen Fuller Orton, "Jackson Heights. Its History and Growth."
66. Queensboro Corporation, Garden Apartments, Jackson Heights; John Taylor Boyd, Jr., "Garden Apartments in Cities, Part II," Architectural Record (August 1920), 48:130-132, 134; "A New Idea in Apartment Houses," Queensboro (May 1917), 4:74.
67. "New Garden Apartments in Queens County, New York City," Architectural Forum (June 1919), 30:187-191; Boyd, "Garden Apartments in Cities, Part II," pp.123, 125-129.
68. Queensboro Corporation, Chateau Apartments, Jackson Heights Garden Apartments; Andrew J. Thomas, "The Button-Control Elevator in a New Type of Moderate-Price Apartment Buildings at Jackson Heights, New York City," Architectural Record (June 1922), 51:486-490; "New Jackson Heights Apartments Will Cost $5,000,000," Real Estate and Builders' Guide (March 11, 1922), 19:300.
69. "The Garden Homes at Jackson Heights, Long Island," Architecture and Buildings (May 1924), 56:55-57; Queensboro Corporation, Investment Features of Cooperative Apartment Ownership at Jackson Heights.
70. Frank Chateau Brown, "Tendencies in Apartment House Design, Part XI: The Unit Apartment Building and its Grouping," Architectural Record (May 1922), 51:442-443, 445.
71. "Multi-Family House Development," Real Estate Record and Builders' Guide (February 9, 1918), 101:180.
72. Brown, "Tendencies in Apartment House Design, Part XI," pp.438-442.
73. 同書, pp.438, 444
74. Boyd, "Garden Apartments in Cities, Part II," pp.132-134.
75. Queensboro Corporation, Cambridge Court, Jackson Heights; "The Garden Homes at Jackson Heights, Long Island," pp.55-57; "Apartment House Group: Two Types, 4 and 5 Room Apartments, Borough of Queens, New York," Architecture (June 1921), vol. 43, plate LXXXII.
76. Thomas, "The Button-Control Elevator in a New Type of Moderate-Price Apartment Buildings at Jackson Heights, New York City," pp.486-490.
77. "Jackson Heights Visit," New York Times (July 30, 1922), sec. viii, p.1.
78. The Queensboro Corporation, "Special Supplememt to Record Visit of Delegates to the International Town, City, and Regional Planning Conference to Jackson Heights."
79. Noonan Plaza, (New York: Nelden Corporation, 1931); Donald Sullivan, Bronx Art Deco Architecture, An Exposition (New York: Hunter College Graduate Program in Urban Planning, 1976), ch.4.
80. R. W. Sexton, American Apartment Houses, Hotels, and Apartment Hotels of Today (New York: Architectural Book Publishing Company, 1929), pp.162-163.
81. "$4,000,000 Co-Operative Project for Washington Heights," Real Estate Record and Builders' Guide (April 12, 1924), 113:9; Hudson View Gardens Graphic (New York, 1924), Edith Elmer Wood Collection, Avery Library, Box 58; Dolores Hayden, The Grand Domestic Revolution: A History of Feminist Designs for American Homes, Neighborhoods, and Cities (Cambridge, Massachusetts: The MIT Press, 1981), pp.260-261.
82. "Real Estate Market in 1925 Most Active Yet Recorded," Real Estate Record and Builders' Guide (January 2, 1926), 117:7; "Tudor City, A Residential Center," Architecture and Building (July, 1929), 61:202, 219-222, 227; H. Douglas Ives, "The Moderate Priced Apartment Hotel," Architectural Forum (September, 1930), 53:309-312.
83. "Apartments Replacing Manhattan Landmarks," New York Times (March 10, 1929), sec. XIII, p.1; "London Terrace Apartments, New York City," Architecture and Building (July, 1930), 63:194, plates 205-208; "Recent Apartment Houses in New York," Architectural Forum (September 1930), 53:284.
84. Charles Lockwood, Bricks and Brownstone. The New York Row House, 1783-1929. An Architectural and Social History (New York: McGraw-Hill, 1972), pp.88-89.
85. "Pomander Walk, New York," Architecture and Building (January, 1922), 54:2-5; "New York Will Have a 'Pomander Walk' Colony," New York Times (April 24, 1921), sec. IX, p.1; Solomon Asser and Hilary Roe, Development of the Upper West Side to 1925. Thomas Healey and Pomander Walk, New York Neighborhood Studies, Working Paper No. 5 (New York: Division of Urban Planning, Columbia University, 1981), pp.36-46.

86. "High-Grade Apartment Homes For The Moderate Wage Earner," New York Evening Post (June 7, 1919), sec. ii, p.10; Boyd, "Garden Apartments in Cities, Part I," pp.64-65, 67; City and Suburban Homes Company, Twenty-Fifth Annual Report; United States Federal Housing Administration, Four Decades of Housing with a Limited Dividend Corporation (Washington, D.C.: Government Printing Office, 1939), p.42.
87. Boyd, "Garden Apartments in Cities," Part I, p.67; City and Suburban Homes Company, Annual Report, 1917 (New York, May 1917).
88. この戦略についての総論は、Anthony Jackson, A Place Called Home (Cambridge, Massachusetts: The MIT Press, 1976), ch.2.
89. New York State Legislature, Laws (1920), ch.949, p.2487; New York State Legislature, Laws (1923), ch.337, pp.557-558.
90. New York State, Legislature, Laws (1922), ch.658, p.1802.
91. 保険会社の活動に関する総論は、James Marquis, The Metropolitan Life (New York: The Viking Press, 1947), ch.15; Robert E. Schultz, Life Insurance Housing Projects (Homewood, Ill,: S.S. Huebner Foundation for Insurance Education, 1956), ch.4.
92. John Taylor Boyd, Jr., "A Departure in Housing Finance," Architectural Record (August 1922), 52:133-142; "The Metropolitan Houses in New York City," Architecture and Building (May 1924), 56:42-44; "Metropolitan Life's $9-a- Room Housing Project Completed," Real Estate Record and Builders' Guide (July 5, 1924), 114:7-8; "How $9-a-Room Homes Were made Possible," Real Estate Record and Builders' Guide (July 12, 1924), 114:5; Walter Stubler, Comfortable Homes in New York City at $9.00 a Room a Month (New York: Metropolitan Life Insurance Company, 1925); Metropolitan Life Insurance Company, Just The Place For Your Children. Homes for 2125 Families. The Metropolitan Life's New City; New York City Housing Authority Technical Division, Survey, pp.97-101.
93. New York State Legislature, Laws (1923), ch.337, pp.577-578.
94. New York State, Legislature, Laws (1926), ch.823, pp.1507-1571; Dorothy Schaffter, State Housing Agencies (New York: Columbia University Press, 1942), pp.251-256.
95. 労働運動に関連したハウジングについての資料は、Robert F. Wagner Labor Archives, New York University; Labor-Management Documentation Center; Martin B. Catherwood Library; Cornell Library.
96. New York City Housing Authority, Technical Division, Survey, pp.137-144; Calvin Trillin, "U.S. Journal: The Bronx: The Coops," The New Yorker (August 1, 1977), 53:49.
97. B.A. Weinrebe (trans. A. Richter), "Jewish Suburban Housing Movement. Part III - Cooperative Apartment Houses" Typescript; United Workers Cooperative Colony, The Coops: The United Workers Cooperative Colony 50th Anniversary, 1927-1977 (New York: Semi-Centennial Coop Reunion, 1977); Calvin Trillin, "U.S. Journal: The Bronx: The Coops," The New Yorker, (August 1, 1977), 53:49-54; Delores Hayden, The Grand Domestic Revolution, pp.255-257.
98. New York City Housing Authority, Survey, pp.145-148.
99. Blanche Lichtenberg, Interview with the Author, February 14, 1986. リヒテンバーグ夫妻は創始者グループの一員であった。
100. New York City Housing Authority, Technical Division, Survey, pp.77-81; New York State, State Board of Housing, Annual Report 1929, pp.27-29;
101. "More Cooperative Housing in New York," Cooperation (December, 1928), 14:230-231; B. A. Weinrebe, "Jewish Suburban Housing Movement," p.6
102. B.A. Weinrebe, "Jewish Suburban Housing Movement," p.7.
103. New York City Housing Authority, Technical Division, Survey, pp.34-44; Sexton, American Apartment Houses, pp.106-107; "Eleven Housing Developments," Architectural Forum (March, 1932), 56:234; New York State, State Board of Housing, Annual Report (1929), Annual Report (1931). 後の段階の完成した様子は、Amalgamated Housing Corporation, Festival Journal. 20th Anniversary Amalgamated Cooperative Community, 1927-1947 (New York: A & L Consumers Society, 1947); Amalgamated Housing Corporation, 30 Years of Amalgamated Cooperative Housing. 1927-1957 (New York: A & L Consumer Society, 1957)
104. Will Herberg, "The Jewish Labor Movement in the United States," American Jewish Yearbook (1952), 53:3-74.
105. Calvin Trillin, U.S. Journal, p.49.
106. New York City Housing Authority, Technical staff, Survey, pp.28-33; George Springsteen, "The Practical Solution," Architectural Forum (February, 1931), 54:242-246; New York State, State Board of Housing, Annual Report (1930), and Annual Report (1931).
107. "Rockefeller Jr. Saves Needle Union Homes," New York Herald Tribune (September 19, 1925), p.1; "Cooperative Homes for Garment Workers," New York Times (April 26, 1925), sec II, p.2; "Rockefeller Opens Cooperative Flats," New York Times (February 10, 1927), p.48.
108. New York City Housing Authority, Technical Division, Survey, pp.132-137; Thomas Garden Apartments, Inc., Thomas Garden Apartments Prospectus; "Thomas Garden Apartments, New York City," Architecture and Building (March 1928), 59:111-112, 123-125; "Garden Apartment Building, East 158th Street, New York City," Architectural Record (March, 1928), 63:273-277.
109. United Workers Cooperative Association, The Co-ops; Herman Jessor, Interview with Laurie Lieberman, March, 1980 は、著者のコロンビア大学における講義、"A4366 Historical Evolution of Housing in New York City," の関連資料である。
110. Blanche Lichtenberg, Interview.

111. "More Cooperative Housing in New York," <u>Cooperation</u>（December, 1928）, 14:230.
112. "Clothing Workers Model Apartments Finished," <u>Real Estate Record and Builders' Guide</u>（December 31, 1927）, 120:8.
113. "Amalgamated Cooperative Apartments," <u>Cooperation</u>（February, 1928）, 14:22, 23.
114. B.A. Weinrebe, "Jewish Suburban Housing Movement," p.6.
115. "Cooperative Stores Run by Cooperative Housing Societies," <u>Cooperation</u>（June, 1928）, 14:102-104.
116. Herman Liebman, "Twenty Years of Community Activities;" United Workers Cooperative Colony, <u>The Coops</u>.
117. Michael Shallin, "The Story of Our Cooperative Services."
118. YIVO Institute for Jewish Research における Shalom Aleichem Houses のアーカイヴには、この活動範囲に関する著述が残されている。
119. Licthenberg, Interview.
120. Fred L. Lavanburg Foundation, <u>First Annual Report, Lavanburg Homes</u>（New York, 1934）; James Ford, <u>Slums and Housing</u>, 2:902-903.
121. New York City Housing Authority, Technical Division, <u>Survey</u>, pp.23-27; "Eleven Housing Developments," p.244; New York State, State Board of Housing, <u>Annual Report</u>（1931）.
122. "The Paul Laurence Dunbar Apartments, New York City", <u>Architecture</u>（January 1929）, 59:5-12; Roscoe Conkling Bruce, "The Dunbar Apartment House," <u>Southern Workman</u>（October 1931）, 60:417-428; "New York Chapter of Architects Awards Medals for Best Apartment Houses," <u>Real Estate Record and Builders' Guide</u>（March 3, 1928）, 121:6; <u>The Paul Laurence Dunbar Apartments and Dunbar National Bank</u>; New York City Housing Authority, Technical Division, <u>Survey</u>, pp.72-76.
123. Gilbert Osofsky, <u>Harlem: The Making of a Ghetto</u>（New York: Haprer and Row, 1968）, pp.155-158.
124. New York City Housing Authority, Technical Division, <u>Survey</u>（New York: New York City Housing Authority, 1934）, pp.45-49; New York State, State Board of Housing, <u>Annual Report</u>（1931）, pp.37-40.
125. Phipps Houses, Inc., <u>Phipps Garden Apartments</u>; Isadore Rosenfield, "Phipps Garden Apartments," <u>Architectural Forum</u>（February, 1932）, 56:112-124, 183-187; Clarence S. Stein, <u>Toward New Towns for America</u>（New York: Reinhold Publishing Corp., 1957）, ch.4.
126. Abraham E. Kazan, "Building and Financing Our Cooperative Homes," in Amalgamated Housing Corporation, <u>Festival Journal</u>.
127. "Farband Has Rent Relief Fund," <u>Cooperation</u>（May, 1933）, 19:94.
128. Calvin Trillin, <u>U.S. Journal</u>, p.50.
129. YIVO Institute のアーカイヴには、ストライキに関する十分な記事が残されている。.
130. Trillin, <u>U.S. Journal</u>, p.51.
131. 1966 年には、ニュース媒体はグランド・コンコースの衰退を認識していた。1967 年にはこの衰退がコープシティなどの外郭行政区のプロジェクトと関連づけられたが、事態の安定化を図った米国ユダヤ人議会や一般の関連団体はこれらの報告を否定している。"City Fights White Exodus from Grand Concourse," <u>The New York Post</u>（March 9, 1967）, p.2; David Stoloff, <u>The Grand Concourse: Promise and Challenge</u>（New York: American Jewish Congress, 1967）.
132. Lichtenberg, Interview.

第 6 章

1. "Modern Apartment at Kew Gardens," <u>Real Estate Record and Builders' Guide</u>（August 18, 1917）, 100:215.
2. Herman Jessor, Interview with Laurie Lieberman, New York, March 1980.
3. Joachim Schlandt, "Economic and Social Aspects of Council Housing in Vienna between 1922 and 1934," <u>Lotus 10</u>（1975）, pp.161-175; Manfredo Tafuri, <u>Vienne La Rouge</u>（Liege: Pierre Mardaga, Editeur, 1981）.
4. <u>Who Was Who in America</u>, 5 vols.（Chicago: Marqui's Who's Who Inc., 1973）, 5:755.
5. New York State, State Board of Housing, <u>Annual Report, 1931</u>, p.21; Talbot Hamlin, "The Prize-Winning Buildings of 1931," <u>Architectural Record</u>（January 1932）, 71:26.
6. John Taylor Boyd, Jr., "A Departure in Housing Finance," <u>Architectural Record</u>（August, 1922）, 52:136. その他 Metropolitan Homes に関する参考資料については第 5 章を参照。
7. シティハウジング社の最初の案内書を参照。City Housing Corporation, <u>Your Share in Better Housing</u>（New York, 1924）.
8. New York City Housing Authority, Technical Division, <u>Survey</u>, pp.127-131; City Housing Corporation, <u>Sunnyside and the Housing Problem</u>（New York, 1924）; Clarence S. Stein, <u>Toward New Towns for America</u>（Liverpool: University Press of Liverpool and Chicago; Public Administration Service, 1951）.
9. City Housing Corporation, <u>Fourth Annual Report</u>（New York, 1928）, p.2.
10. Lewis Mumford, <u>The Culture of Cities</u>（New York: Harcourt, Brace and Company, 1938）, p.484.
11. Paul Byers, <u>Small Town in the Big City: A History of Sunnyside and Woodside</u>（New York: Sunnyside Community Center, 1976）; <u>New York Times</u>, February 26, 1933, secs. X-XI, p.1; February 28, 1933, p.36; March 19, 1933, sec. XI and XII, p.3; 資料は April 6, 1933, p.3; April 17, 1933, p.2; April 18, 1933, p.14; April 21, 1933, p.16. ストライキに関する十分な資料は、Edith Elmer Wood Collection, Avery Architecture and Fine Arts Library, Columbia University, Box 55 に保管されている。
12. 関心の対象範囲を示す例としては、Henry Wright, "Outline of a Housing Research Prepared with the Cooperation of the Research Institute of Economic Housing," (New York, Avery Architecture and Fine Arts

原註 427

Library of Columbia University, 1930).
13. Isadore Rosenfield, "Phipps Garden Apartments," <u>Architectural Forum</u>（February 1932), 56:112-114.
14. Henry Wright, "The Modern Apartment House," <u>Architectural Record</u> LXV（March 1929), 65:220-221. ライトの研究の主な記録については、Henry Wright Papers, Department of Manuscripts and University Archives, Cornell University Libraries.
15. 同書 pp.234-235.
16. Henry Atterbury Smith, "Economic Open Stair Communal Dwellings for Industrial Towns," <u>Architecture</u>（May, 1917), 35:81-84.
17. Henry Atterbury Smith, "Garden Apartments for Industrial Workers," <u>American Architect and Building News</u>（May 22, 1918), 113:686-689.
18. Ford, <u>Slums and Housing</u>, 2:891, pl. 16A; Open Stair Dwellings Company, <u>Open Stairs Applied to Industrial Towns and Villages</u>（New York, June 1929).
19. "First Elevator Apartment House in Queens," <u>Real Estate Record and Builders' Guide</u>（April 28, 1917), 100:583.
20. Frank Chouteau Brown, "Some Recent Apartment Buildings," <u>Architectural Record</u>（March, 1928), 63:262, 264; "Eleven Housing Developments," <u>Architectural Forum</u>（March, 1932), 56:236.
21. "Roosevelt Avenue Neighborhood: One of the Fastest Growing Sections of Queens," <u>Queensboro</u>（November, 1925), 11:642.
22. John T. Moutoux, "The TVA Builds A Town," <u>The New Republic</u>（January 31, 1934), p.331.
23. Richard Pommer, "The Architecture of Urban Housing in the United States during the Early 1930s," <u>Journal of the Society of Architectural Historians</u>（December, 1978), 37:235-264. 当時の米国と欧州における近代主義ハウジングの政治的表現が比較分析されている。
24. Congres International d'Architecture Moderne, <u>Rationelle Bebauungsweisen</u>; Jose Luis Sert, <u>Can Our Citeis Survive?</u> Oscar Newman, <u>CIAM '59 in Otterloo</u>, pp.11-16; Auke van der Woud, <u>Het Nievwe Bouwen</u>.
25. Museum of Modern Art, <u>Modern Architecture International Exhibition</u>（New York: Museum of Modern Art, 1932). pp.198-199.
26. Henry-Russell Hitchcock, Jr., and Philip Johnson, <u>The International Style: Architecture Since 1922</u>（New York: W.W. Norton and Company, Inc., 1932), p.38.
27. Museum of Modern Art, <u>Modern Architectural International Exhibition</u>, p.20.
28. 同書, p.22.
29. 同書, p.20.
30. Hitchcock and Johnson, <u>The International Style</u>, ch.8.
31. Museum of Modern Art, <u>Modern Architecture International Exhibition</u>, p.179.
32. Hitchcock and Johnson, <u>The International Style</u>, p.90.
33. 初期の運動に関する当時の記述は、"The Housing Movement," <u>Housing Betterment</u>（February 1912), 1:1.
34. 第１次大戦前の設計職能界に見られた国際主義の調査研究については、Anthony Sutcliffe, <u>Towards the Planned City: Germany, Britain, the United States and France, 1780-1914</u>（New York: St. Martins Press, 1981), ch.6.
35. 米国でのこれらの展開については、M. Christine Boyer, <u>Dreaming the Rational City. The Myth of American City Planning</u>（Cambridge, Massachusetts: The MIT Press, 1983), ch.3, 4.
36. Hitchcock and Johnson, <u>The International Style</u>, p.90.
37. Tony Garnier, <u>Une Cité Industrielle; Etude Pour La Construction des Villes</u>（Paris: Editions Vincent, 1918); Dora Wiebenson, <u>Tony Garnier and the Cité Industrielle</u>（New York: George Braziller, 1969).
38. Henry Wright, <u>Rehousing Urban America</u>（New York: Columbia University Press, 1935), pp.130-132; Matilde Buffa Rivolta and Augusto Rossari, <u>Alexander Klein: Scritti e Progetti dal 1906 al 1957</u>（Milano: Gabriele Mazzotta Editore, 1975).
39. Jean Labadie, "Les Cathédrales de la Cité Moderne," <u>L'Illustration</u> LLX（August 12, 1922), pp.131-135; Jean Labadie, "À la Recherche d'Homme Scientifique," <u>Science et Vie</u>（December 1925), 28:547-556.
40. Le Corbusier, "Trois rappels à MM. les Architects," <u>L'Esprit noveau</u> No. 4, pp.457-470; and <u>Urbanisme</u>（Paris: Editions Vincent, Freal, 1927), ch.11.
41. "Maquette d'Habitations à Bon Marché," <u>L'architecture Vivante</u>（Fall and Winter 1927), pl. 36.
42. "L'oeuvre architecturale de Walter Gropius," <u>L'architecture Vivante</u>（Fall and Winter 1931), pp.6-9, 14-15, 18-20 and plates 3-6, 10-17 このグロピウス特集に掲載された作品は、これらの計画の原点となった。
43. 同研究の英語版は 1935 年に初めて出版された。Walter Gropius, <u>The New Architecture and the Bauhaus</u>（London: Farber and Farber, 1935), pp.72-73.
44. 最も包括的な説明は、Sigfried Giedion, <u>Walter Gropius</u>（Stuttgard: G. Hatje, 1954), p.80, figs. 248-253.
45. "Portfolio of Apartment Houses," <u>Architectural Record</u>（March 1932), 71:194-195; Museum of Modern Art, <u>Modern Architecture International Exhibition</u>, pp.154-155; "A Model Housing Development for Chrystie-Forsyth Streets," <u>Real estate Record and Builders' Guide</u>（February 13, 1932), 79:6. また、同プロジェクトに関する議論については、Robert A. M. Stern, <u>George Howe: Toward A Modern American Architecture</u>, pp.101-104; Richard Pommer, "The Architecture of Urban Housing in the United States During the Early 1930s," pp.250-252; Christian Hubert and Lindsay Stamm Shapiro, <u>William Lescaze</u>, pp.76-77; Robert A.M. Stern, Gregory Gilmartin, Thomas Mellins, <u>New York 1930. Architecture and Urbanism Between the Two World Wars</u>, pp.438-439; Lorraine Welling Lanmon, <u>William Lescaze, Architect</u>, pp.83-85.

46. "Portfolio of Apartment Houses," pp.194-195 の平面図と断面図を参照。
47. "St. Marks Tower," Architectural Record（January 1930）, 67:1-4.
48. これらのタワーはブロードエーカー・シティ計画初期段階ですでに取り込まれている。Frank Lloyd Wright, "Broadacre City. A New Community Plan," Architectural Record（April, 1935）, 77:244-45.
49. "Lexington Terrace," L'architecture Vivante（Spring and Summer 1930）, pp.70-71; Pfeiffer, Bruce Books, Yukio Futagawa, eds., Frank Lloyd Wright, 1867-1959, 1:80-81; 224-229.
50. この時期に関する説明は、"N.Y.C. of the Future," Creative Art（August, 1931）, 9:128-171.
51. Hugh Ferris, The Metropolis of Tomorrow.
52. Herbert R. Houghton, "Experienced Observers Analyze Market Prospects," Real Estate Record and Builders' Guide（September 15, 1928）, 122:7.
53. 初期の典型例に関しては、"First Small Suite Apartments Planned for West 86th Street," Real Estate Record and Builders' Guide（July 19, 1924）, 114:10.
54. 次の議論を参照。"The Mayor's Discrimination Unjust," Real Estate Record and Builders' Guide（November 20, 1920）, 106:701-702; "Best Use of Terra Cotta," Real Estate Record and Builders' Guide（December 11, 1920）, 106:798.
55. Joseph McGoldrick, Seymour Graubard, and Raymond Horowitz, Building Regulation in New York City（New York: The Commonwealth Fund, 1944）, pp.5-9; "Apartment Hotels Outside Tenement House Law," Real Estate Record and Builders' Guide（December 24, 1927）, 120:7-8; "Authorities Act to Bar Cooking in Hotel Apartments," Real Estate Record and Builders' Guide（October 16, 1926）, 118:10.
56. "Upper Fifth Avenue Opens to Tall Apartments," New York Times, April 2, 1924, p.1; "Plans to Transform 'Millionaire Row' Getting Under Way," Real Estate Record and Builders' Guide（April 26, 1924）, 113:7.
57. "Brooklyn's First 12-Story Apartment Houses for Prospect Park Plaza Section," Real Estate Record and Builders' Guide（February 27, 1926）, 117:9.
58. "Tallest Apartment House Project Planned for Park Avenue," Real Estate Record and Builders' Guide（August 30, 1924）, 114:8.
59. "58‐Story Apartment Hotel Planned for Tudor City," Real Estate Record and Builders' Guide（March 24, 1928）, 121:10.
60. "World's Tallest Hotel Is Nearing Completion," Real Estate Record and Builders' Guide（May 1, 1926）, 117:11; "The Ritz Apartment Hotel, New York City," Architecture and Building（December, 1926）, 58:128-129, pl. 232-236; Steven Ruttenbaum, Mansions in the Clouds. The Skyscraper Palazzi of Emery Roth（New York: Balsam Press, Inc., 1986）, ch.6.
61. New York State, Assembly, Report to the Legislature of the Temporary Commission to Examine and Revise the Tenement House Law, Legislative Document No. 60（January 30, 1928）, pp.1-152, plates I-XIII.
62. "Commissioner Martin Analyzes Construction of Tenements Since 1902," Real Estate Record and Builders' Guide（May 28, 1927）, 119:9; and Martin C. Walter, "Reports 83,459 Vacancies in Tenement Houses," Real Estate Record and Builders' Guide（February 4, 1928）, 121:10.
63. Housing Betterment 誌は「密造ホテル」問題を詳細に追跡している。例として、"To Cook or Not To Cook. Where Law Evasion Ends,"（May, 1927）, 16:69-82; "Too Many Cooks Spoil the Graft,"（June, 1929）, 18: 85-88; "Law Evasion Made Easy. The New York Apartment Hotel Issue,"（December, 1927）, 16:310-315. その他には "Apartment Hotels Outside Tenement House Law," Real Estate Record and Builders' Guide（December 24, 1927）, 120:7-8.
64. New York State Legislature, Laws of the State of New York（1929）. ch.713, pp.1663-1756.
65. Arthur Gross, "The Multiple Dwelling Law of New York," Architectural Forum（September, 1930）, 53:273-276.
66. "San Remo Towers, New York City. Emery Roth, Architect," Architectural Record（March, 1931）, 69:212; "San Remo Apartment House, 145 Central Park West, New York City. Emery Roth, Architect," Architecture and Building（October, 1930）, 62:283, 289.
67. Ruttenbaum, Mansions in the Clouds, pp.141-144.
68. Diana Agrest, ed., A Romance With The City, pp.76-79; Steven Ruttenbaum, Mansions in the Clouds. The Skyscraper Palazzi of Emery Roth（New York: Balsam Press, Inc., 1986）, pp.144-145.
69. "Portfolio of Apartment Houses," Architectural Record（March, 1932）, 71:190-191; Diana Agrest ed., A Romance With The City. Irwin S. Chanin（New York: The Cooper Union Press, 1982）, pp.80-84.
70. "Air Conditioning Methods," Real Estate Record and Builders' Guide（April 19, 1930）, 125:8.
71. Andrew Alpern, Apartments for the Affluent: Historical Survey of Buildings in New York（New York: McGraw-Hill Book Co., 1975）, pp.114-115; Ruttenbaum, Mansions in the Clouds, pp.127-133.
72. W. A. Swanberg, Citizen Hearst: A Biography of William Randolph Hearst（New York: Charles Scribner's Sons, 1961）, p.487, Ruttenbaum, Mansion in the Clouds, p.144.
73. Ruttenbaum, Mansions in the Clouds, p.144.
74. ジャック・デラマールはフランス語の姓名だが生粋のアメリカ人であった。彼は一連の素晴らしいデコ・モダン作品をチャニンの依頼により完成させている。Dan Klein, "The Chanin Building, New York," The Connoisseur（July, 1974）, 186:162-169.
75. "Room Count As Standard for Apartment Rentals Obsolete, Chanin Declares," Real Estate Record and Builders' Guide（October 17, 1931）, 128:7-8.
76. "Apartment House of the Future Forecast by Electric Show," Real Estate Record and Builders' Guide（October 24, 1925）, 116:10.

77. "Apartment House, 25 East 83rd Street, New York City," Architectural Forum (December, 1938), 69:429-432; "Air Conditioned Apartments Placed On New York Market," Real Estate Record and Builders' Guide (May, 1938), 141:25-29.
78. "Social Changes Create Small Apartment Demand," New York Times (March 10, 1929), sec. XIII, p.1.
79. Otto V. St. Whitelock, "Planning Manhattan Homes for the Average Wage-Earner," Real Estate Record and Builders' Guide (December 13, 1930), 126:7.
80. Clarence Stein, Toward New Towns for America (New York: Reinhold Publishing Corporation, 1957), 口絵.
81. 自家用車庫の重要性については、J.B.Jackson, "The Domestication of the Garage," The Necessity For Ruins, pp.103-111.
82. The Queensboro Corporation, English Garden Homes in Jackson Heights (New York, 1927), Edith Elmer Wood Collection, Avery Library, Columbia University, Box 58; Richard Plunz and Marta Gutman, "The New York 'Ring'," Eupalino (1984), 1:40, 42.
83. "Building Boom in Borough of the Bronx is Breaking All Records," New York Times (March 30, 1924), sec. IX, p.2; Richard Plunz, "Reading Bronx Housing, 1890-1940," in Timothy Rub (ed.), Building A Borough. Architecture and Planning In The Bronx, 1980-1940 (New York: Bronx Museum of the Arts, 1986), pp.57-58.
84. Plunz, Reading Bronx Housing, p.58.
85. Plunz and Gutman, "The New York 'Ring'," pp.39, 40, 41.
86. 同書 pp.39, 41.
87. "'Forest Close,' Forest Hills, Long Island, N.Y., Robert Tappan, Architect," Architectural Record (March, 1928), 63:232-235; Edith E. Elton, Forest Close in Relation to Suburban Planning in England and America in the Early Twentieth Century, Masters Thesis in Art History, Queens College, May, 1986.
88. "Fordham Road As A Business Center," New York Times, March 30, 1924, sec. IX, p.2.
89. "Old Bronx Areas Must Be Rebuilt," New York Times, February 22, 1925, sec X, p.2.
90. City Housing Corporation, Radburn Garden Homes; City Housing Corporation, Fourth Annual Report (New York, 1928), pp.6-9; Fifth Annual Report (New York, 1929), pp.1-8; Sixth Annual Report (New York, 1930), pp.1-11; Louis Brownlow, "Building for the Motor Age," Conference on Housing Proceedings (New York: National Housing Association, 1929), ch.15; Stein, Toward New Towns for America, ch.2.
91. Regional Plan of New York and Its Environs, "The Regional Highway System," Regional Plan of New York and Its Environs, 2 vols. (New York, 1929-1931), pp.210-305.

第 7 章

1. John H. Gries and James Ford, eds., The President's Conference on Home Building and Home Ownership, 11 vols. (Washington, D.C.: Government Printing Office, 1932); Ford, Slums and Housing, I: 209-211.
2. 連邦政府のハウジングプログラムに関する概略は、Housing and Home Finance Agency, Chronology of Major Federal Actions Affecting Housing and Community Development (Washington, D.C.: Government Printing Office, 1963); Housing Activities of the Federal Government (Washington, D.C.: Government Printing Office, 1952).
3. New York State, State Board of Housing, Annual Report, 1934 (1934), p.17; Ford, Slums and Housing, 2:718-719. 全国の PWA プロジェクトがすべて記載されている。
4. PWA 活動の概略については、Robert Fisher, Twenty Years of Public Housing (New York: Harper and Brothers, 1959), pp.82-91.
5. New York State Legislature, Laws (1934), ch.4, pp.13-25.
6. Schaffer, State Housing Agencies, pp.268-278.
7. James Ford, Slums and Housing, 2:640.
8. Rosalie Genevro, "Site Selection and the New York City Housing Authority," pp.334-352.
9. 各提案が記された文献は以下の通り。アンドリュー・トーマス案 – "A Proposal for Rebuilding the Lower East Side," Real Estate Record and Builders' Guide (May 6, 1933), 131:3-5; "New Plan for Garden Homes in Manhattan Slum Area," New York Times, May 7, 193, sec. X and XI, p.1. ジョン・J・クレーバー案 – John Klaber, "An Economic Housing Plan for the Chrystie-Forsyth Area," pp.6-8. ハウ・アンド・レスケイズ案 – "Portfolio of Apartment Houses," Architectural Record (March 1932), pp.194-195; "A Model Housing Development for Chrystie - Forsyth Streets," Real Estate Record and Builders' Guide (February 12, 1932), 79:6. スローン・アンド・ロバートソン案 – "N.Y. Architects Apply for Federal Loan on Housing Project," Architectural Record (July 1933), 74:13-14; "$12,789,708 Housing on East Side Voted Over Cheaper Plan," New York Times, July 6, 1933, p.1, 15. ホールデン・マクラウリン・アンド・アソシエイツ案 – Arthur C. Holden, "Facing Realities in Slum Clearance," p.79. ジャーディン・マードック・アンド・ライト案 – Jardine, Murdock, and Wright, Christie-Forsyth Street Housing. モーリス・ドイチ案 – "Submits Novel Plan For East Side Housing," New York Times, June 18, 1933, Sec.XI and XII, p.2.
10. Arthur C. Holden, "A Review of Proposals for the Chrystie-Forsyth Area," pp.7-9; "Chrystie-Forsyth Development Plans Stimulated by Move to Mortgage City's Fee," Real Estate Record and Builders' Guide (April 9, 1932), 129:5-6; "LaGuardia Scraps Chrystie St. Plans," New York Times, February 1, 1934.
11. Robert A. Caro, The Power Broker, pp.375-378.
12. New York City Housing Authority, First Houses (1935). この章で取り上げたすべての NYCHA プロジェクトについては、New York City Housing Authority, Tenth Annual Report (1944), pp.22-25; American

Institute of Architects, New York Chapter, The Significance of the Work of the New York Housing Authority.
13. Langdon Post, The Challenge of Housing (New York: Farrar and Rinehart, 1938), ch.6; Peter Marcuse, "The Beginning of Public Housing in New York," pp.356-365.
14. "Model Housing in Woodside Started with Aid of Federal Funds," New York Times (January 28, 1934), Sec. X-XI, p.1; New York State, Board of Housing, Annual Report, 1934, and Annual Report, 1935.
15. New York State, Board of Housing, Annual Report, 1934 and Annual Report, 1935; "Knickerbocker Village," Architectural Forum (December 1934), 61:458-464; Albert Mayer, "A Critique of Knickerbocker Village", Architecture (January 1935), 71:5-10.
16. 設計競技のプログラムは Phelps-Stokes Collection, Schomberg Center for Research in Black Culture, New York Public Library, box 9, A-50-A-75 内の無題のパンフレットに記されている。同コレクションには同設計競技に関するその他の資料も残されている。入賞作品については、"Garden Space Stressed in Low Cost Housing Design," Real Estate Record and Builders' Guide (June 3, 1933), 131:5; "Slum Block Which Won Phelps-Stokes Prize," New York Herald Tribune, June 13, 1933, Sec. X, p.2; James Ford, Slums and Housing, fig. 127, plate 22.
17. Henry Saylor, "The Hillside Housing Development," Architecture (May 1934), 71:245-252; "Hillside Homes," American Architect (February 1936), 148:17-33.
18. フラッグと CSHC の不安定な関係については、Mardges Bacon, Ernest Flagg. Beaux-Arts Architect and Urban Reformer, ch.8.
19. New York City Housing Authority, Technical Division, Survey, pp.55-59; "Portfolio of Apartment Houses," Architectural Record (March, 1932), 71:167-169.
20. Flagg Court, rental brochure; "Apartment Houses at Bay Ridge, Brooklyn," Architectural Forum (May, 1937), 66:414-415; New York City Housing Authority, Technical Division, Survey, pp.55-59; Mardges Bacon, Ernest Flagg, pp.261-265.
21. U.S. Federal Emergency Administration of Public Works, Housing Division, Harlem River Houses (Washington, D.C.: Government Printing Office, 1937); Talbot Hamlin, "New York Housing: Harlem River Houses and Williamsburg Houses," Pencil Points (May 1938), 19:281-292; James Sanders and Roy Strickland, "Harlem River Houses," Harvard Architectural Review (Spring, 1981), 2:48-59; Peter Marcuse, "The Beginnings of Public Housing in New York," pp.369-375.
22. U.S. Treasury Department, "Treasury Artists Working on PWA Housing Projects," Bulletin No. 9: Treasury Department Art Projects (March-May 1936), p.14; Olin Dows, "The New Deal's Treasury Art Program: A Memoir," in Francis V. O'Connor, ed., The New Deal Art Projects: An Anthology of Memoirs (Washington, D.C.: Smithsonian Institution Press, 1972), pp.28-29.
23. United States Federal Administration of Public Works, Housing Division. Williamsburg Houses; Talbot Hamlin, "Harlem River Houses and Williamsburg Houses," pp.281-292; American Architect (December 1935), 47:53; Peter Marcuse, "The Beginning of Public Housing in New York," pp.365-369.
24. NYCHA の全プロジェクトに関する統計データについては、New York City Housing Authority, Project Data.
25. Hamlin, "Harlem River Houses and Williamsburg Houses," p.286.
26. Lewis Mumford, Roots of Contemporary American Architecture (New York: Dover Publications, Inc., 1972), p.420.
27. United States Federal Emergency Administration of Public Works, Urban Housing: The Story of the PWA Housing Division, 1933-36 (Washington, D.C.: Government Printing Office, 1936), p.2.
28. Frederick Ackerman, Memorandum to Commissioner Alfred Rheinstein "Note on New Site & Unit Plans," dated September 26, 1939. New York City Housing Authority Archives, LaGuardia Community College.
29. ニューヨークの生活文化の再形成を目指したロックフェラー一族の連繋は、Russel Lynes, Good Old Modern や Edgar B. Young, Lincoln Center の中で概要が述べられている。
30. Frederick Ackerman and William Ballard, Survey of Twenty-three Low Rental Housing Projects (New York: New York City Housing Authority, 1934).
31. New York City Housing Authority, "Proposed Low-Rental Housing Projects. Block 1670, Manhattan" (1935).
32. 初期計画案の記録は、New York City Housing Authority, Model Exhibit Showing Use of Urban Areas for Multi-Family Habitations, plates 38 and 39; Richard Pommer, "The Architecture of Urban Housing in the United States During the Early 1930s," p.253.
33. Wilfred S. Lewis から Langdon W. Post への覚書の中で反対意見が述べられている。"Architects Contracts," dated October 30, 1934. New York City Housing Authority Archives, LaGuardia Community College, Box 15A4, Folder 64.
34. 手法の変化を取り囲む状況に関しては、Richard Pommer, "The Architecture of Urban Housing in the United States During the Early 1930s," Society of Architectural Historians Journal (December 1978), 37:235-264.
35. Museum of Modern Art, Art in Our Time (New York: Museum of Modern Art, 1939), p.329.
36. Frederick L. Ackerman から Langdon W. Post への覚書, "Williamsburg, A Comment – Preliminary Submission of Elevations," dated August 21, 1935. New York City Housing Authority Archive, LaGuardia Community College.
37. 設計競技のプログラムについては、New York City Housing Authority, Program of Competition for Qualification of Architects. 入賞作品についての議論は、New York City Housing Authority, Competition: Scrapbook of Placing Entries (New York, Ware Library of Columbia University, 1934). その他設計競技に関

する資料は、Fiorello H. LaGuardia Archives, LaGuardia Community College に保管されている。
38. "Slum Clearance Housing Proposal: District Number 5, Manhattan", Architectural Record（March 1935), 77:220-223.
39. バウワーによるツァイレンバウの長い議論は、この概念の米国建築界での認知度を拡大した。Catherine Bauer, Modern Housing, pp.178-182.
40. Fredrick Ackerman and William Ballard, A Note on Site and Unit Planning (New York: New York City Housing Authority, 1937).
41. New York City Housing Authority, Model Exhibit Showing Use of Urban Areas for Multi-Family Habitations. 模型や図面の記録が記載されている。
42. Frederick L. Ackerman and William F.P. Ballard, Survey of Twenty-three Low Rental Housing Projects（New York: New York City Housing Authority, 1934), pp.iii-iv.
43. United States, Federal Emergency Administration of Public Works, Urban Housing: The Story of the PWA Housing Division, 1933-36 (Washington, D.C.: Government Printing Office, 1936), p.25, viii.
44. "Higher Housing for Lower Rents," Architectural Forum (December 1934), 61:421-434.
45. Clarence Stein, "The Price of Slum Clearance", Architectural Forum (February 1934), 60:157.
46. 各提案については以下のこと。NYCHA 技術部案－ L. E. Cooper, "$6 Rentals Held Feasible on the East Side," New York. アンドリュー・トーマス案－ "Architect Says His Plan for East Side Would Stamp Out World's Best Known Slums," New York Herald Tribune, May 7, 1933, Sec. 5, p.2; "A Proposal For Rebuilding the Lower East Side," Real Estate Record and Builders' Guide (May 6, 1933), 131:3-5. ハウ・アンド・レスケイズ案－ Christian Hubert and Lindsay Stamm Shapiro, William Lescaze; Richard Pommer, "The Architecture of Urban Housing in the United States During the Early 1930s," p.252. ホールデン・マクラウレン・アンド・アソシエイツ案－ Arthur C. Holden, "Facing Realities in Slum Clearance." pp.75-82. ジョン・テイラー・ボイド・ジュニア案－ Peter A. Stone, "Rutgers Town Considered From a Social Viewpoint;" Rutgers Town Corporation, Rutgers Town: Low Cost Housing Plan for the Lower East Side.
47. Fred F. French, "394,000 Persons Eager to Live Downtown, French Survey Shows," pp.1-3.
48. Rutgers Town Corporation, Rutgers Town: Low Cost Housing Plan for the Lower East Side (New York, 1933). これに先立って、同じプロジェクトでより小規模な型が 1932 年に提案された。Robert W. Aldrich Roger, Low Cost Housing Plan for the Lower East Side (New York, 1932).
49. "Ickes Bars Loan to Two Projects Here for Lack of Funds," New York Times（June 13, 1934), p.4.
50. "Higher Housing for Lower Rents," p.421.
51. Rutgers Town Corporation, Rutgerstown and Queenstown: Low Cost Housing Projects for the Average Man（Town Corporation, 1933)
52. "Calls City Housing a Racket," New York Sun (March 27, 1939), p.6.
53. コリアーズ・フック計画の概略については、Ann L. Buttenweiser, "Shelter For What And For Whom?" pp.391-413.
54. U.S. Federal Emergency Administration of Public Works, Housing Division, Unit Plans (Washington, D.C.: Government Printing Office, 1935).
55. "Housing Number", Architectural Record (March 1935), 77:148-189.
56. "A Typical Project Illustrating Use of Block Models for Grouping of Unit Types," Architectural Record (March 1935), 77:154.
57. Henry Wright, "Are We Ready for American Housing Advance?" Architecture (June 1933), 67:311.
58. Robert Caro, The Power Broker (New York: Alfred A. Knopf, 1974). "Triborough Bridge" と "Triborough Bridge and Tunnel Authority" の欄を参照。
59. John P. Dean, Home Ownership: Is It Sound? (New York: Harper and Brothers, 1945). この運動に関する優れた総論を展開している。Kenneth Jackson, Crabgrass Frontier. The Suburbanization of the United States (New York: Oxford University Press, 1985), ch.10,11.
60. New York City Housing Authority, Must We Have Slums? (1937), p.1.
61. Dean, Home Ownership, ch.4.
62. "PWA Clears a Synthetic Slum," Architectural Forum (June 1937), 66:542; "The Second New York Own Your Own Home Exposition," Building Age (June 1920), 42:50-52.
63. Dean, Home Ownership, ch.2; "Publicizing the Model House", Architectural Forum (December 1937), 67:521-531, 552, 554, 556, and 558. 近代的な消費者宣伝については、Roland Marchand, Advertising the American Dream.
64. John Chusman Fistere, "Tradition-Innovation," Ladies Home Journal (June 1937), 54:28-31, 45; Henrietta Murdock, "The House of Tomorrow," Ladies Home Journal (September 1937), 54:24-26.
65. "Rus in Urbe," Architectural Forum (September 1934), 61:5.
66. Dean, Home Ownership, pp.42-43.
67. "Prefabricated National Houses," Architectural Forum (February, 1936), 64:137-138; "A House For Today," New York Herald Tribune (July 26, 1936), p.14; "National Houses Inc., Begins Production" Architectural Record (July, 1937), 80:71; "The House of the Modern Age," Architectural Forum (September, 1936), 65:254.
68. Small house issue, Architectural Forum (October 1935, November 1936, April 1937), vol. 63.
69. "Green Acres, A Residential Community," Architectural Record (October 1936), 80:285-286.
70. Dean, Home Ownership, p.51.
71. 同書 p.124 にはこの運動の一例が記述されている。
72. "G.E. Does It," Fortune (March 1942), 25:160.

73. G.E. competition issue: A House for Modern Living," Architectural Forum (April 1935), 62:64-69.
74. "Publicizing the Model House," Architectural Forum (December 1937), 67:525-526.
75. "Small House Competition Sponsored by Ladies Home Journal," Architectural Forum, (October 1938), 69:275-294.
76. "American Gas Association Competition," Architectural Forum (July 1938), 69:2-74; "American Gas Association Competition for Completed Houses," Architectural Forum (October 1939), 71:313-338.
77. Frank Dorman, "Managers Are Mayors of Small Cities," Shelter (April 1938), 3:18.
78. United States Congress, October 11, 1974, Congressional Record, 120:35278.
79. これらの展示作品や、これに続いた同趣旨の展示に関する調査概要については、"Building The World of Tomorrow," Official Guidebook of the World's Fair, 1939 (New York: Exposition Publications, Inc., 1939); "Town of Tomorrow," Architectural Forum (April 1938), 68:287-308; The Queens Museum, Dawn of a New Day, The New York World's Fair, 1939/40.
80. USHA プログラム初期の概要については、Fisher, Twenty Years of Public Housing, pp.6-8, 92-125.
81. Fisher, Twenty Years of Public Housing, p.8.
82. Schaffter, State Housing Agencies, pp.251-256.
83. United States Housing Authority, Summary of General Requirements and Minimum Standards for USHA-Aided Projects, USHA 699.69192H, 1939, Sec. 7,8,9.
84. これらの数値の計算は、New York City Housing Authority, Project Data. による。
85. Robert Moses, Housing and Recreation (New York: DeVinne-Brown Corp., 1938).
86. この挿話についての詳細は、Caro, The Power Broker pp.610-612.
87. Carol Anonovici, W.F.R. Ballard, Henry S. Churchill, Carl Feiss, William Lescaze, Albert Mayer, Lewis Mumford and Ralph Walker, "Moses Turns Housing Expert," Shelter (December 1938), 3:2-3. 前衛的な専門家同士の間に生まれた敵対関係については、Robert Moses, "Long-Haired Planners. Common Sense vs. Revolutionary Theories," pp.16-17; Joseph Hudnut, "A Long-Haired Reply to Moses," p.16.
88. United States Housing Authority, Bulletin No. 11 on Planning and Policy Procedure: Planning the Site (Washington, D.C.: Government Printing Office, 1939).
89. U.S. Federal Public Housing Authority, Public Housing Design (Washington, D.C.: Government Printing Office, 1946).
90. U.S. Federal Housing Administration, Architectural Planning and Procedure for Rental Housing (Washington, D.C.: Government Printing Office, 1938); U.S. Federal Housing Administration, Rental Housing As Investment (Washington, D.C.: Government Printing Office, 1938).
91. United States, Congress, Housing Act (1937), sec. 15-5.
92. New York City Housing Authority, Project Data.
93. United States Housing Authority, Summary of General Requirements and Minimum Standards for USHA-Aided Projects, sec. 0.
94. この議論に関する興味深い公的な説明は、Albert C. Shire, "Housing Standards and the USHA Program", USHA 29140H, Washington, D.C., 1938 (mimeographed). New York, Avery Library of Columbia University.
95. "A Lesson in Cost Reduction", Architectural Forum (November 1938), 69:405-408; New York City Housing Authority, Fifth Annual Report, pp.6-14.
96. 初期計画の記録は、New York City Housing Authority, New York City Housing Authority, 1934-1936; New York City Housing Authority, Model Exhibit Showing Use of Urban Areas for Multi-Family Habitations, plates 45 and 46; Richard Pommer, "The Architecture of Urban Housing in the United States During the Early 1930s," p.356.
97. Richard Pommer, "The Architecture of Urban Housing in the United States During the Early 1930s," p.256; New York City Housing Authority, Fifth Annual Report, pp.6-14. クイーンズブリッジや、その他戦前のプロジェクトのコスト削減に関する分析は、New York City Housing Authority, Large-Scale Low Rent Housing: Construction Cost Analysis, 2 vols. (1946).
98. 初期計画の記録は、Frederick Ackerman and William Ballard, A Note On Site And Unit Planning, p.40; New York City Housing Authority, Model Exhibit Showing Use of Urban Areas for Multi-Family Habitations, plate 44; Richard Pommer, "The Architecture of Urban Housing in the United States During the Early 1930s," p.356.
99. New York City Housing Authority, Vladeck Houses.
100. New York City Housing Authority, Clason Point Gardens (New York, 1942), pp.2-3.
101. Le Corbusier, Quand les cathédrales étaient blanches (Paris: Plon, 1937).
102. "East River Houses: A High Density Project," Pencil Points, (September 1940), 21:555-566; New York City Housing Authority, East River Houses (New York, 1941).
103. Harold R. Sleeper, A Realistic Approach to Private Investment in Urban Redevelopment Applied to East Harlem as a Blighted Area (New York: Architectural Forum, 1945).
104. New York City, Mayor's Committee on Slum Clearance, Harlem Slum Clearance Plan Under Title I of the Housing Act of 1949 (1951) の地図を参照。

第 8 章

1. 戦時中プログラムの概略については、U.S. Housing and Home Finance Agency, Chronology of Major

Federal Actions Affecting Housing and Community Development (Washington, D.C.: Government Printing Office, 1963); Citizens Housing Council of New York, Wartime Housing in the New York Metropolitan Area (New York, 1942).
2. "Apartments Rented to Servicemen's Families," New York City Housing Authority News, (November 1943), No. 17.
3. New York City Housing Authority, Wallabout Houses (New York, 1942), p.3.
4. "Architects' Emergency Committee," American Institute of Architects Journal (November 1931), 3: 14; "Unemployment Relief in New York," American Institute of Architects Journal (February 1932), 4: 29.
5. Louis LaBeaume, "The Federal Building Program," American Institute of Architects Journal (April 1931), 3:13-15.
6. Theodore Rohdenburg, A History of the School of Architecture, Columbia University (New York: Columbia University Press, 1954), pp.35-40; Rosemarie Haap Bletter, "Modernism Rears Its Head."
7. "Architects' Craft and Code of Practice," New York Times, August 7, 1953, p.5; Housing Study Guild Records, Department of Manuscripts and University Archives, Cornell University Libraries, Folders 2-17 and 2-18. FAECTの建築家会員に関する記録が保管されている。
8. "FAECT Four Years Old," Technical America (September 1939), 4:10.
9. "New York Architects in First 'Sit-Down Strike',", Architectural Record (August 1936), 80:81; "Jules Korchien Among Ten Fired for Organization", Bulletin of the Federation of Architects, Engineers, Chemists and Technicians (July 1936), 3:2.
10. "FAECT and AGA Win Big Increase in New York," Architectural Record (September 1936), 80: 171.
11. Simon Breines, "'Designers of Shelter in America:" A New Society Makes Its Bow," Bulletin of the Federation of Architects, Engineers, Chemists and Technicians (November 1936), 3:4-5.
12. バウハウス後の米国における活動の簡単な説明は、Hans Wingler, Bauhaus in America (Berlin: Bauhaus-Archiv, 1972) を参照。
13. Herbert Bayer, Bauhaus, 1919-1928 (New York: Museum of Modern Art, 1938).
14. Serge Chermayeff, "Telesis: The Birth of a Group," Pencil Points (July 1942), 23:45-48.
15. ソビエトーアメリカ友好全国評議会の建築家委員会や、芸術科学専門界委員会の資料各種は、コロンビア大学内エイヴリー図書館のシェマイエフ・パッパーズ・アーカイヴに保管されている。
16. Oscar Newman, "A short Review of CIAM Activity," in Newman, ed., CIAM '59 in Otterloo (Stuttgart: Karl Kramer Verlag, 1961), pp.11-16; Auke van der Woud, Het Nieuwe Bouwen.
17. CIAMアメリカ支部とASPAに関する各資料は、ハーバード大学内ウィドニー図書館に保管されている。
18. "G.E. Does It", Fortune (March 1942), 25:165.
19. Ladies Home Journal (January, July, September, October, November 1944), vol.61; (January, February, March, April, May, June, July, August, September, November 1945), vol.62; (January, March, April, May, June, September, November 1946), vol.63.
20. フランク・ロイド・ライトの都市論の文化的背景については、Giorgio Ciucci, "The City in Agrarian Ideology and Frank Lloyd Wright," in Giorgio Ciucci, Francesco Dal Co, Mario Manieri-Elia, Manfredo Tafuri, The American City From the Civil War to the New Deal, pp.293-376.
21. Museum of Modern Art, Tomorrow's Small House (New York: Museum of Modern Art, 1945), p. 12.
22. Ladies Home Journal (February, March, July, September, November 1949), vol. 66; (March, April, May, October 1950), vol.67.
23. Serge Chermayeff and Christopher Alexander, Community and Privacy (Garden City, N.Y.: Doubleday, 1963).
24. Robert E. Schultz, Life Insurance Housing Projects, (Homewood, Ill.: S. S. Huebner Foundation for Insurance Education, 1956), pp.30-39.
25. "New Housing Units for 12,000 Families," New York Times, October 21, 1945, p.44. メトロポリタン生命の計画概要が発表されている。
26. "Metropolitan's Parkchester," Architectural Forum (December 1939), 71:412-426.
27. "Stuyvesant Town: Rebuilding a Blighted City Area," Engineering News-Record (February 5, 1948), 140:73-96; Arthur R. Simon, Stuyvesant Town, U.S.A. (New York: New York University Press, 1970); "Stuyvesant Town: Borough of Manhattan, New York City," Architect and Engineer (August 1948), 174:27-29.
28. "News," Architectural Forum (February, 1945), 82:7-8; "New Metropolitan Housing Project," Architectural Record (February, 1945), 97:116; "Gardens to Bloom on 'Gas House' Site," New York Times, January 4, 1945, p.21.
29. 公聴会の記録については、CHC Housing News (June-July 1943), pp.1-5.
30. "Housing Project to Rise in Harlem," New York Times, September 18, 1944, p.21; "Metropolitan Life Plans Large Scale Housing Project for Harlem," CHC Housing News (September 1944), p.4; Carlyle Douglas, "Ex-Residents Fondly Recall 'Island in Harlem'."
31. James Baldwin, "Fifth Avenue, Uptown," p.73. Baldwinのプロジェクトに対する批評はリバートン住民会長によって激しく論破された。Richard P. Jones, "Up the Riverton," p.16.
32. スタイヴェサント・タウンに関する2つの優れた批評は以下に掲載されている。Task, No. 4 (1946); Simon Breines, "Stuyvesant Town," pp.35-38; Henry Reed, "The Investment Policy of Metropolitan Life", pp.38-30; スタイヴェサント・タウンに賛同する議論については、Tracy B. Augur, "An Analysis of the Plan of Stuyvesant Town," American Institute of Planners Journal (Autumn 1944), 10:8-13.
33. "Stuyvesant Town Approved by Board," New York Times, June 4, 1943, p.23; editorial reaction, June 5, 1943,

p.14. この問題に関するより一般的な議論については、Kathryn Close, "New Homes With Insurance Dollars," pp.450-454.
34. これらの政策に関する長い議論については、Simon, Stuyvesant Town; Algernon D. Black, "Negro Families in Stuyvesant Town," pp.502-503; Joseph B. Robinson, "The Story of Stuyvesant Town," Nation（June 2, 1951）, 172:516-518.
35. Lewis Mumford, "Stuyvesant Town Revisited," The New Yorker（November 27, 1948）, 24:71.
36. Schultz, Life Insurance Housing Projects, Tables 8 and 9.
37. "Park Apartments", Architectural Forum（May 1943）, 78:138-145.
38. "Stuyvesant Six: A Development Study," Pencil Points（June 1944）, 25:66-70.
39. Henry Aaron, Shelter and Subsidies（Washington, D.C.: Brookings Institution, 1972）, p.54.
40. 同書 Table 10-1.
41. 自動車の実経費についての議論は、Ezra J. Mishan, The Costs of Economic Growth; James A. Bush, "Would America Have Been Automobilized in a Free Market?"
42. WET 法案通過をめぐる各問題の総括は、Congressional Digest（November 1946）. vol. 27. 反対派勢力の大きさについては、Lee F. Johnson, "How They Licked the TEW Bill," pp.445-449.
43. シェマイエフの ASPA 論文では、決議案の日付は 1946 年 1 月 19 日となっている。Widner Library, Harvard University.
44. "An Emergency Housing Program," American Institute of Architects Journal（January 1948）, 9:4-6.
45. Carl Koch, "What is the Attitude of the Young Practitioner Toward the Profession?" American Institute of Architects Journal（June 1947）, 7:264-269.
46. New York City Housing Authority, Thirteenth Annual Report（1947）, p.2.
47. "Public Housing, Anticipating New Law, Looks at New York's High Density Planning Innovations," Architectural Forum（June 1949）, 90:87-89.
48. New York City, Committee on Slum Clearance Plans, North Harlem Slum Clearance Plan, and Williamsburg Slum Clearance Plan（New York, 1951）.
49. Le Corbusier, "A Plan for St. Die", Architectural Record（October 1946）, 100:79-80; "Le Corbusier's Living Unit," Architectural Forum（January 1950）, 92:88-89.
50. Jose Luis Sert, Can Our Cities Survive?（Cambridge, Mass.: Harvard University Press, 1942）.
51. J. Tyrwhitt, J.L. Sert, E.N. Rogers, CIAM 8: The Heart of the City（London: Lund Humphries, 1952）.
52. Caro, "Mayor's Slum Clearance Committee", The Power Broker.
53. "Post-War Housing Includes No Stores," New York Times（October 7, 1944）, p.15.
54. Richard Roth, "Baruch Houses: $30,000,000 Worth of Slum Clearance," Empire State Architect（July-August 1954）, 14:9-11; New York City Housing Authority, Baruch Houses and Playground.
55. Oscar Newman, Defensible Space: Crime Prevention Through Urban Design（New York: Macmillan Co., 1972）, pp.39-49.
56. New York City Housing Authority, Toward the End to Be Achieved（1937）, pp.12-13. NYCHA 初期のテナント審査が総括されている。
57. 配当限度付ハウジング、公営ハウジングにおける住民組合運動の総括については、Joel Schwartz, "Tenant Unions in New York Low-Rent Housing, 1933-1949," pp.414-443.
58. Catherine Bauer, "Facts for Housing Program," USHA 29139H, Washington, D.C., 1938（mimeographed）, Avery Library of Columbia University.
59. Catherine Bauer, "The Dreary Deadlock of Public Housing," Architectural Forum（May 1957）, 106:140-143.
60. Caro, "Mayor's Slum Clearance Committee", The Power Broker.
61. J. Anthony Panuch, Building a Better New York,（New York: Office of the Mayor, 1960）, p.35.
62. Frank Kristof, Changes in New York City's Housing Status, 1950-1960（New York: Housing and Redevelopment Board, 1961）, p.8.
63. "City Population Trails Suburbs," New York Times, February 23, 1961, p.29.
64. "66% in City Area Moved in 1950s," New York Times, July 28, 1962, p.21.
65. "4,000 Homes Per Year," Architectural Forum（April 1949）, 90:84-93; "The Most Popular Builder's House," Architectural Forum（April 1950）, 92:134-135; Kenneth Jackson, Crabgrass Frontier, pp.234-245; Mark Robbins, "Growing Pains," pp.72-79.
66. Eric Larrabee, "The Six Thousand Houses that Levitt Built," Harper's Magazine（September 1948）, 197:84.
67. これらの数値は、Charles Redford, "The Impact of Levittown on Local Government," p.131; "The Most Popular Builder's House," Architectural Forum（April 1950）, 92:134. による。
68. Larrabee, "The Six Thousand Houses", p.82.
69. Urban dispersal issue, Bulletin of the Atomic Scientists（September 1951）, vol. 7.
70. U.S. Federal Civil Defense Administration, Operation Doorstep（Washington, D.C.: Government Printing Office, 1953）.
71. 原子力時代初期の米国での文化への影響の総論は、Paul Boyer, By The Bombs Early Light に記されている。
72. John Lear, "Hiroshima, U.S.A.," Colliers（August 5, 1950）, 126:11-15.

第 9 章

1. Lewis Mumford, "High Buildings: An American View," The Architects' Journal（October 1, 1924）, 60:487.

2. Lewis Mumford, "The Marseilles 'Folley'," The New Yorker (October 5, 1957), 33:76-95.
3. New York City Mayor's Committee on Slum Clearance, Title I Slum Clearance Progress (1956).
4. Robert Moses, Public Works: A Dangerous Trade (New York: McGraw-Hill, 1970), p.426.
5. New York State Legislature, Laws of the State of New York (1955), ch.407, art.1; Braun Arthur, The Limited Profit Housing Companies Law (Albany, 1955).
6. ミッチェル・ラマ・プログラムに関するその他の統計については、Joseph S. DeSalvo, An Economic Analysis of New York City's Mitchell-Lama Housing Program (New York: The New York City Rand Institute, June 1971); Barbara W. Woodfill, New York City's Mitchell-Lama Program: Middle-Income Housing (New York: The New York City Rand Institute, June 1971).
7. United States, Congress, Laws (1961), Public Law 87-70, sect.101, pp.149-154.
8. Daniel S. Berman, Urban Renewal, FHA, Mitchell-Lama. A Workshop Course (New York: Benenson Publications Inc., 1967), p.157.
9. "Four Housing Projects for City Approved," New York Times, May 23, 1952, p.14.
10. "34 Million Co-op Housing Planned Near Penn Station," New York Times, August 19, 1957, p.1.
11. Robert Caro, The Power Broker. "Manhattan Project" に関する項を参照。
12. "Fresh Meadows," Architectural Forum (December, 1949), 106:85-87; James Dahir, "Fresh Medows," pp.80-82; "New York Life Acquires Large Housing Site," New York Times (March 23, 1946), p.24.
13. Lewis Mumford, "From Utopia Parkway Turn East," pp.102-106.
14. "Fordham Hill Apartments," Architectural Record, (September 1950), 108:132-136.
15. Robert Caro, The Power Broker (New York: Alfred A. Knopf, Inc., 1974). Ch.41.
16. New York City Planning Commission, Zoning Maps and Resolution; Thomas W. Ennis, "New Zoning Laws in Effect Friday," p.1.
17. ゾーニングの仕組みの詳細については、The New York City Planning Commission, Rezoning New York City: A Guide to the Proposed Comprehensive Amendment of the Zoning Resolution of the City of New York.
18. David B. Carlson, "Sam Lefrak: He Builds Them Cheaper By The Dozen," Architectural Forum (April, 1963), 119:102-105.
19. "Big Development Due in Elmhurst," New York Times (May 11, 1960), p.63; "Part of Warbasse Site Named Trump Village," New York Times, June 14, 1960, p.60.
20. Carter B. Horsley, "Housing for 24,000 Begun in Brooklyn," New York Times, July 16, 1972, p.46; Steven V. Roberts, "Project for 6,000 Families Approved for Canarsie Site," New York Times, June 28, 1967, p.1.
21. Thomas W. Ennis, "15,500-Apartment Co-op to Rise in Bronx," New York Times, February 10, 1965, p.1. Samuel E. Bleecker, The Politics of Architecture, pp.64-73.
22. Caro, The Power Broker, p.1151.
23. 南ブロンクスの変遷に関する興味深い観察は、Women's City Club of New York, Inc., "With Love and Affection". A Study of Building Abandonment (New York, 1977); The Bronx Museum of the Arts, Devastation/Resurrection: The South Bronx (New York: The Bornx Museum of the Arts, 1979).
24. Robert Caro, The Power Broker, chs. 37-38. モーゼスの高速道路建設の業績に関する、より個人的な評価については、Marshall Berman, All That is Solid Melts Into Air, pp.290-312.
25. Abel Silver, "City Fights White Exodus From Grand Concourse," New York Post, March 9, 1967, p.2. この見解に対する厳しい反論については、American Jewish Congress, The Grand Concourse, Promise and Challenge (New York, November 1967.) その他 Bernard Weintraub, "Once-Grand Concourse," p.35; Steven V. Roberts, "Grand Concourse: Hub of Bronx Is Undergoing Ethnic Changes," p.35.
26. Denise Scott Brown and Robert Venturi, "Co-op City: Learning to Like It", Progressive Architecture (February 1970), 51:64-73. 同プロジェクトの批判は最初の発表当時からみられた。William E. Farrell, "Architects Score Co-op City Design," New York Times (February 20, 1965), p.29. 1977 年、各メディアの扇動的な記事によって、プロジェクトの荒廃の大部分が記録された。
27. "Quality in Quantity: Manhattan House. A Block of Swank New York Apartments," Architectural Forum (July 1952), 97:140-151.
28. "Variety and Open Space for New York," Architectural Record (July 1958), 124:175; Edward L. Friedman, "Cast-in-Place Technique Restudied," Progressive Architecture (October 1960), 41:158-169.
29. "Big City Two-and-a-half," Architectural Record (June 1959), 60:204-205.
30. New York City. Mayor's Committee on Slum Clearance, Washington Square South, Slum Clearance Plan Under Title I of the Housing Act of 1949.
31. United States Congress, House of Representatives, Washington Square Southeast Slum Clearance Project Hearing. Robert Caro, The Power Broker, chs. 41, 45.
32. "Bright Landmarks on Changing Urban Scene," Architectural Forum (December 1966), 125:21-29.
33. Women's City Club of New York. Tenant Relocation at West Park. A Report Based on Field Services (New York, March 1964); Elinor G. Black, Manhattantown Two Years Later (New York: April 1956).
34. この研究に関する詳細な記録は、コロンビア大学内エイヴリー図書館のシェマイエフ・アーカイヴを参照のこと。
35. Jane Jacobs, The Death and Life of Great American Cities (New York: Random House, 1961), p. 373.
36. 設計競技のプログラムと入選案についての議論は、the Ruberoid Corporation, Fifth Ruberoid Architectural Design Competition. East River Urban Renewal Project (New York: The Ruberoid Corporation, 1964); "Renewal Gains From Ruberoid Contest," Architectural Forum (September 1964), 119:7; "Minneapolitans Win Ruberoid Competition," Progressive Architecture (September, 1963), 34:63-66; "Ruberoid Competiton

Gives New York Ideas for Urban Renewal," Architectural Record (October, 1963), 139:14-15.
37. 省略された設計競技のプログラムと入選案についての議論は、New York City Housing and Development Administration, Record of Submissions and Awards. Competition for Middle-Income Housing at Brighton Beach, Brooklyn. "Development On A Brooklyn Beach," Progressive Architecture (May 1968) 34:62, 64; Robert A. M. Stern, New Directions in American Architecture, pp.8-10; Stanislaus von Moos, Venturi, Rauch, and Scott-Brown. Buildings and Projects, pp.288-289.
38. Robert Venturi, Complexity And Contradiction in Architecture."
39. New York City Housing and Development Administration, Record of Submissions and Awards. Competition for Middle-Income Housing at Brighton Beach, Brooklyn.
40. Caro, The Power Broker, ch.45; New York City Planning Commission, Tenant Relocation Report (New York: January 20, 1954).
41. J. Anthony Panuch, Building a Better New York (New York: Office of the Mayor, 1960).
42. HDAのさらなる情報については、New York State, The Temporary State Commission to Make a Study of the Governmental Operation of the City of New York, HDA: A Superagency Evaluated (March 1973).
43. Lawrence Halpern and Associates, New York, New York (New York: New York City Housing and Development Administration, 1968).
44. "Urban Housing: A Comprehensive Approach to Quality," Architectural Record (January 1969), 145:97-118. HDAの初期のプロジェクト数例が発表されている。
45. New York State Legislature, Laws of the State of New York (1968), ch.173-174.
46. UDCの詳細についてはEleanor L. Brilliant, The Urban Development Corporation (Lexington, Mass.: Lexington Books, 1975); Charles Hoyt, "Crisis In Housing. What Did the New Super-Agency Mean for the Architect?"
47. Roger Katan, Pueblos for El Barrio (New York: United Residents of Milbank-Frawley Circle-East Harlem Association, 1967); and Ellen Perry Berkeley, "Vox Populi: Many Voices from a Single Community," Architectural Forum (May 1968), 128:59-63.
48. Oscar Newman, Defensible Space: Crime Prevention Through Urban Design (New York: MacMillan, 1972).
49. New York State, Division of Housing and Community Renewal, Statistical Summary of Programs (New York: March 31, 1982); New York City Department of City Planning, Housing Database. Publically and Publically Aided Housing Vol. 1 (August, 1983), Table A-1.
50. "Upbeat in Harlem," Architectural Forum (January-February 1969), 130:65; "A Riverside Co-op in New York City," House and Home (October 1971), 40:106-107.
51. この頃には幾つかの記録が発表されている。そのうちのひとつは、Alison Smithson, ed., "Team 10 Primer," Architectural Design (December 1962) で、1965年に再出版された。また米国で知られた資料として、Oscar Newman, CIAM '59 in Otterlooがある。
52. Kenneth Frampton, "Twin Parks As Typology," Architectural Forum (June, 1973), 136:56-61; Richard Meier, Richard Meier, Architect (New York: Oxford University Press, 1976), pp.129-137. ツインパークス開発の沿革については、Myles Weintraub and Reverend Mario Zicarelli, "Tale of Twin Parks," pp.54-67.
53. 1962年、ロウはコーネル大学の教授陣に加わり、ニューヨークの都市計画に関わる多数の若い建築家たちに影響を与えた。Kenneth Frampton, Alessandra Latour, "Notes On American Architectural Education," pp.27-31
54. この観察は1975年、著者によるコロンビア大学での講義、"A4410 Origins of Design Attitudes in Modern Urban Planning" において、Beyhan Karahanによる小論文で展開されている。
55. Richard Meier, Richard Meier, Architect (New York: Oxford University Press, 1976), pp.129, 132, 133.
56. Kenneth Frampton, "Twin Parks As Typology," Architectural Forum (June, 1973), 136:58. 建設中の時点において既に、地元の青年ギャングの対立の場となっていた。例えば1972年8月21日には、東181丁目とクロトナ・アベニューの角で青年が射殺された。Emanuel Perlmutter, "Homicides in City Climbed to a Record of 13 for 24-Hour Period Ending at 12:01 yesterday," p.21.
57. ツインパークスにおける各ユニットの水準の問題については、Suzanne Stephens, "Learning from Twin Parks," Architectural Forum (June, 1973), 136:62-67.
58. "Twin Parks Northwest," Architecture and Urbanism no.43 (July 1974), pp.65-70; Frampton, "Twin Parks As Typology," Architectural Forum (June, 1973), 136:60.
59. Alessandra Latour ed., Pasanella and Klein (Rome: Edizioni Kappa, 1983), pp.27-72.
60. "Twin Parks East: Bronx Vest Pocket Housing with Two Schools and a Center for the Aged Tucked Under Its Towers," Architectural Record (August, 1976), 159:110-113; Latour, Pasanella and Klein, pp.73-98.
61. "Battery Park City," Architectural Record (June, 1969) 145:145-148.
62. New York State Urban Development Corporation, The Island Nobody Knows; "Project Welfare Island. New York," Baumeister (February, 1972) pp.166-170; Richard Rogin. "New Town On A New York Island," City V (May-June, 1971), pp.42-47.
63. "Eastwood: A Low- to Moderate-Income Housing Development on Roosevelt Island." Architectural Record (August, 1976), 159:102-107.
64. ピーボディーテラスは完成後10年が経過する頃には、非常に良い評価を得ていた。Jonathan Hale, "Ten Years Past at Peabody Terrace," Progressive Architecture (October, 1974), pp.72-77.
65. Stanley Abercrombie, "Roosevelt Island Housing," Architecture and Urbanism (February, 1976), pp.91-103.
66. Paul Goldberger, "Manhattan Plaza: Quality Housing to Upgrade 42nd Street," New York Times (August 19, 1974), p.27; Glenn Fowler, "Builders Hope to Lure Richer Tenants to Project," New York Times (August

19, 1974), P.27; Suzanne Stephens, "The Last Gasp: New York City," <u>Progressive Architecture</u>（March, 1976), 57:61.
67. Stanley Abercrombie. "New York Housing Breaks the Mold." <u>Architecture Plus</u>（November, 1973), pp.70-73.
68. Stephens, "The Last Gasp," p.63.
69. "High-Rise in Harlem", <u>Progressive Architecture</u>（March 1976), 57:64-69; and "New York, N.Y.". <u>Architectural Forum</u>（May 1971), 134:42-45.
70. 設計競技のプログラムと提出作品に関する議論については、New York State Urban Development Corporation, <u>Roosevelt Island Housing Competition</u>（New York, 1974); Suzanne Stephens, "This Side of Habitat," pp.58-63; Gerald Allen, "Roosevelt Island Competition - Was It Really A Flop?" pp.111-120.
71. Edward Logue, "The Future for New Housing in New York City." 1985 年、New York Times 紙は経済危機について5回にわたる連載記事を掲載した。Martin Gottlieb, "A Decade After the Cutbacks, New York Is a Different City," p.1; Martin Gottlieb, "New York's Rescue: The Offstage Drama," p.1; Maureen Dowd, "Hard Times in Brooklyn: How Two Neighborhoods Have Coped," p.1; Michael Oreskes, "Fiscal Crisis Still Haunts the Police," p.1; Sam Roberts, "75 Bankruptcy Scare Alters City Plans Into 21st Century," p.1.「危機」の異なる解釈については、Peter Marcuse, "The Targeted Crisis: On the Ideology of the Urban Fiscal Crisis and Its Uses," pp.330-355; William K. Tabb, <u>The Long Default. New York City and the Urban Fiscal Crisis</u>; Eric Lichten, <u>Class, Power, and Austerity. The New York City Fiscal Crisis</u>.
72. "Crown Gardens: Design to Reverse the Spread of Blight," <u>Architectural Record</u>（January 1969), 145:105-106.
73. "Lambert Houses. Urban Renewal With A Conscience," <u>Architectural Record</u>（January, 1974), 145:133-140.
74. "Red Hook Housing, Phase One," <u>Architectural Record</u>（December 1972), 152:90
75. "Mott-Haven Infill in the South Bronx... ," <u>Architectural Record</u>（August 1976), 159:114-116. モット・ヘブン充填提案の全体的説明については、New York City, Planning Commission, <u>Plan for New York City, 1969: A Proposal: The Bronx</u>, (1969), 2:54-57.
76. Museum of Modern Art, <u>Another Chance for Housing: Low-Rise Alternatives: Brownsville, Brooklyn; Fox Hills, Staten Island</u>（New York: Museum of Modern Art, 1973).
77. プロジェクトを巡る状況は 1979 年 5 月に行われた Waltrude Schleicher Woods のインタヴューに記録されている。Kenneth Frampton, "The Generic Street as a Continuous Built Forum", in Stanford Anderson, <u>On Streets</u>（Cambridge, Mass.: M.I.T. Press, 1978), pp.309-337.
78. Latour, <u>Pasanella and Klein</u>, pp.99-112.
79. Suzanne Stephens, "Low-Rise Lemon," <u>Progressive Architecture</u>（March 1976), 57:56.
80. "Two Blighted Downtown Areas Are Chosen for Urban Renewal," <u>New York Times</u>（February 21, 1961), p.37. "Huge Renewal Project Planned for W. Village," <u>Village Voice</u>, February 23, 1961, p.1.
81. "Village Housing Study Finds Plea Put Off, But Board Votes on Other Requests", <u>New York Times</u>（February 24, 1961), p.31.
82. <u>Dissent</u> 1961 年 9 月号はヴィレッジの感情をよく描いている。特に、Stephen Zoll, "The West Village: Let There Be Blight," pp.289-296; Marc D. Schliefer, "The Village," pp.360-365; Ned Polsky, "The Village Beat Scene: Summer 1960," pp.339-359.
83. "Angry 'Villagers' to Fight Project," <u>New York Times</u>（February 27, 1961), p.29.
84. "Architect Tells of Village Plan," <u>New York Times</u>（March 5, 1961), p.52; "City Reassures 'Village' Groups," <u>New York Times</u>（March 8, 1961), p.28; "City's West Village Project Hit By More Local Groups," <u>Village Voice</u>（March 23, 1961), p.5.
85. Edith Evans Asbury, "Deceit Charges in 'Village' Plan," <u>New York Times</u>（October 20, 1961), p.68; Mary Perot Nichols, "West Village Renewal Fight Arouses Ire On Both Sides," <u>Village Voice</u>（October 26, 1961), P.3.
86. "'Village' Group Protest Survey," <u>New York Times</u>（March 13, 1961), p.31; "Project Foe Hits 'Village' Group," <u>New York Times</u>（March 14, 1961), p.26; "'Village' Board Assails Project," <u>New York Times</u>（March 18, 1961), p.12.
87. "Board Ends Plan for West Village," <u>New York Times</u>（October 25, 1961), p.39.
88. Citizens Housing and Planning Council of New York, <u>Renewal and Rebuttal: The City Planning Commission Tells the Public Its Decision on the Suitability of the So-Called West Village Area for Urban Renewal Study and Planning</u>.
89. Charles G. Bennett, "City Gives Up Plan for West Village," <u>New York Times</u>（February 1, 1962), p.33.
90. Perkins and Will, <u>The West Village Plan for Housing</u>（New York: New York State Division of Housing and Community Renewal and the West Village Committee, 1963).
91. Alan S. Oser, "Upturn for West Village Houses," <u>New York Times</u>（August 20, 1976), p.18.
92. Roger Starr, "Adventure in Mooristania," p.5. <u>Village Voice</u> は以前により同情的な評論を掲載している。Ira D. Robbins, "Books," "The Death and Life of Great American Cities." p.5. 興味深い反論としては、Elias S. Wilentz, "Good Planning or Bad?"
93. Roger Starr の主張は著書で述べられている。<u>The Living End: The City and Its Critics</u>（New York: Coward-McCann, Inc., 1966), pp.162-167. Village Voice によれば、Ira S. Robbins はより感情的な反応を示し、ウェストヴィレッジ都市再生計画の反対者が「無知、神経質、不正直、中傷的、無秩序で不快極まる」人々であると公言し、「ごく少数の不安定な人々と、婉曲に「左翼派」と呼ばれるが実際は完全な共産主義者」が含まれるとした。Mary Perot Nichols, "City Official Blasts West Village Groups," Village Voice, p.1.
94. Stephens, "Low-Rise Lemon," p.56.

95. Letter to the Editor, New York Times (August 25, 1974), sec. VIII, p.8.
96. "Co-op Scores Foreclosure Plan," New York Times (September 22, 1975), p.37.
97. "City is Foreclosing on 'Village' Project; Will rent Complex," New York Times (November 22, 1975), p.31.
98. Glenn Fowler, "Unsuccessful Cooperative Will Now Offer Rentals," New York Times (March 22, 1976), p.29.
99. Joseph P. Fried, "A Village Housing Project Becomes a Fiscal Nightmare," New York Times (August 8, 1975), p.29; Peter Freiberg, "Jane Jacobs Defends 'White Elephant'," p.29.
100. Jospeh P. Fried, "Mitchell-Lama Housing Beset by Problems, but City Sees Progress in Solving Them," New York Times (December 8, 1974), p.79; Alan S. Oser, "Housing Subsidies A Paradox," New York Times (July 18, 1975), p.47; Stephens, "The Last Gasp: New York City," p.61.
101. Joseph P. Fried, "Manhattan Plaza Wins Approval to Get Tenants," New York Times (March 15, 1977), p.73.
102. Stephens, "The Last Gasp: New York City," Progressive Architecture (March, 1976), 57:62-63; Robert Tomasson, "Four Luxury Towers to House the Poor Opening in Harlem," New York Times (October 28, 1975), p.35; Michael Goodwin, "Project Admits Tenants to End a Three Year Delay," New York Times (August 16, 1979), sec. II, p.3.
103. Paul Goldberger, "Low-Rise, Low-Key Housing Gives Banality a Test in West Village," New York Times (September 28, 1974), p.23.
104. Peter Freiberg, "Jane Jacobs' Old Fight Lingers On," Planning: The Aspo Magazine, (January, 1976), 42:5.
105. この論争の一部は以下に掲載されている。Judith C. Lack, "Dispute Still Rages as West Village Meets Its Sales Test," New York Times (August 18, 1974), sec VIII, p.1; Chilton Williamson, Jr., "West Village Town Meeting," National Review (August 29, 1975), 27:944.

第 10 章

1. 1980 年代前半のプログラムの総括は、Penelope Lemov, "Life After Section 8."
2. 住宅純増加戸数は 1963 年に記録された 51,377 戸が最高である。New York City, Department of City Planning, New Housing in New York City, 1981-1982, appendix.
3. Ernest Mendel, Late Capitalism, p.387. より局地的な評価は、Emanuel Tobier, "Gentrification: The Manhattan Story."
4. Iver Peterson, "People Moving Back to Cities, U.S. Study Says," sec. I, p.1. 全報告書は、U.S. Bureau of the Census, Geographical Mobility: March 1983 to March 1984.
5. "Gentrification," すなわち「高級化」という用語が最初に使われたのは、ロンドンの労働者階級に関してである。1960 年代初期、ロンドンへの新しい中産階級の流入は、大規模な置き換えを生じさせた。Ruth Glass, London: Aspects of Change, pp.xviii-xix.
6. Serge Guilbaut, How New York Stole the Idea of Modern Art.
7. 1960 年代初期には、Village Voice 紙だけでなく、New York Times などの紙上でもこの状況への一般の関心が集まりつつあった。Bernard Weintraub, "Renovation on Lower East Side Creating New Living Quarters," sec. VIII, p.1; Weintraub, "Lower East Side Vexed by Housing," sec. VIII, p.1; Sharon Zukin, Loft Living, p.113.
8. ニューヨーク市の製造業とマンハッタンのロフト空間の関係についての概論は、Suzanne O'Keefe, "Loft Conversion in Manhattan;" Emanual Tobier, "Setting the Record Straight on Loft Conversions."
9. Lower Manhattan; Major Improvements, Land Use, Transportation, Traffic (New York: 1963); The Lower Manhattan Plan (New York: New York City Planning Commission, 1966).
10. Zukin, Loft Living, pp.37-43.
11. Ira D. Robbins, The Wastelands of New York City; Charles R. Simpson, SoHo: The Artist in the City, p.132.
12. Simpson, SoHo, pp.123-126; Zukin, Loft Living, pp.49-50.
13. New York State Legislature, Report of the Joint Legislative Committee on Housing and Urban Development.
14. New York State Legislature, Laws (1964), ch.939.
15. New York State Legislature, Laws (1982), ch.349. ロフト関連の法規については、Zukin, Loft Living, table 7; O'Keefe, "Loft Conversion in Manhattan," pp.29-35; Weisbrod, "Loft Conversions: Will Enforcement Bring Acceptance?"
16. シンプソンは、ソーホーの闘争と他のコミュニティのイニシアティブを関連付けた。SoHo, p.147.
17. 既に 1961 年には、アーティスト・テナント協会はソーホーの大規模な解体への反対運動を行っていた。"Artists Face New Problem: Demolition of Loft Area," Village Voice, December 21, 1961, p.3. ロウワー・マンハッタン高速道路反対運動の詳しい歴史については、Simpson, SoHo,; Stanley Penkin, The Lower Manhattan Expressway.
18. Simpson, SoHo, p.244.
19. Michael Duplaix, "The Loft Generation."
20. "Vote Indicates Art Strike Looms for City in Fall," Village Voice (July 27, 1961), p.1; "Artists To Strike for Lofts in September," Village Voice, August 3, 1961, p.16; "City May Move To Legalize Artists' Lofts, Stop Strike," Village Voice, August 24, 1961, p.3.
21. 1961 年 12 月、市はロフトに居住するアーティストを対象とした初めての建築局による規則を発布し、ニューヨークのロフト居住合法化への長い過程の出発点となる。規則の概要については、"City Cooperates, but Artists Face New Problems: Demolition of Loft Area," Village Voice (December 21, 1961), p.3.
22. Stephanie Gervis, "Loftless Leonardos Picket as Mona Merely Smiles."

23. J. R. Goddard, "Village Area Artists Win/Lose This Week."
24. この協力の発端については、Ada Louise Huxtable, "Bending the Rules."
25. "Golden Touch," The Nation (January 6, 1963), 204:4; cited in "Artists Are Realtors' Best Friends, Edit Says," Village Voice, January 17, 1963, p.25.
26. Carter B. Horsley, "Loft Conversions Exceeding New Apartment Construction."
27. Zukin, Loft Living, p.114. ズーキンはJ・D・カプラン基金の活動と、貴族的になりつつある芸術分野への経済的影響を関連づけている。
28. "Westbeth's Rehabilitation Project: A Clue to Improving Our Cities," Architectural Record (March 1970), 137:103-109; "Westbeth Artists in Residence," Architectural Forum (October 1970), 33:45-49.
29. 例として、1974年に高級ロフトデザインが初めて専門誌で取り上げられた。Sharon Lee Ryder, "A Very Lofty Realm;" Paul Goldberger, "A Recycled Loft Restores the Luxury to City's Luxury Housing."
30. 都市計画局による公式の推定値は、George W. Goodman, "Illegal Loft Tenants Get Second Chance." 非公式であるがより高い推定値は、Emanual Tobier, "Setting the Record Straight on Loft Conversions," p.39; James R. Hudson, The Unanticipated City: Loft Conversions in Lower Manhattan (Cambridge: MIT University Press, 1976).
31. Stegman, The Dynamics of Rental Housing in New York City, table 5-8.
32. 同書 table 5-4.
33. 同書 table 8-2.
34. これらの数値は、1985年にコーコラン・グループ、ダグラス／エリマン／アイヴスによって発表されたもので、New York Times (April 28, 1985), sec. VIII, p.1 に記載されている。
35. Kirk Johnson, "Pace of Co-op Conversion Slackening."
36. Michael De Courcy Hinds, "Frenzy of Building Activity Brings 18,000 Unites to Market."
37. Anthony DePalma, "Construction of Apartments in Manhattan Falls Sharply," p.1.
38. Michael De Courcy Hinds, "Marketing Third Avenue as a Chic Address."
39. Michael De Courcy Hinds, "Along Upper Broadway a Revival."
40. Alan S. Oser, "A Luxury Apartment House Will Rise on Broadway."
41. この数値は New York Times (December 2, 1984), sec. VIII, p.8 の広告に記されたもの。
42. この数値は New York Times (April 15, 1984), sec. VIII, p.4 の広告に記されたもの。
43. この数値は、Trump Organization が1985年1月に発表したものである。
44. この数値は、Tony Schwartz, "The Show Must Go Up." による。
45. Susan Doubilet, "I'd Rather Be Interesting," p.66.
46. "New Departure," New York Times (June 8, 1986), sec. VIII, p.1; 同 14 頁の広告も参照のこと。
47. この新しいデザインは、一連の宣伝広告で常に中心に置かれた特徴であった。例として、New York Times Magazine (September 28, 1986), p.81; (October 12, 1986), p.63; (October 26, 1986), p.82; (November 16, 1986), p.117.
48. RAMS マーケティング社は、その他のハウジングも扱っており、例えば Robert A.M. Stern 設計による、St. Andrews Golf Community at Hastings-on-the-Hudson などがある。
49. Paul Goldberger, "Architecture: Townhouse Rows," p.15; "Eleven on 67," New York Times (April 4, 1982), sec. 8, p.1; David Chipperfield, "Style or Pragmatism: Ciriani's Housing and Stirling's Apartments Contrasted;" "Richard Meier's New York Apartments Schemes," International Architect (1981), 1 (5):6.
50. Alexander Cooper and Associates, Battery Park City.
51. 大衆向け出版物は肯定的であった。Carter Wiseman, "The Next Great Place," pp.34-41; Paul Goldberger, "Battery Park City Is a Triumph of Urban Design," p.23; Michael de Courcy Hinds, "Shaping a Landfill Into a Neighborhood."
52. Joe Conason, "The Westway Alternative."
53. Michael J. Lazar, Land Use and the West Side Highway, p.8.
54. このような「誘発された開発」への一般の関心の欠如が、Draft Environmental Impact Statement for Westway の中で指摘されている。Beyer, Blinder, and Belle and Justin Gray Associates, Combo: Critique, West Side Highway Project; Draft Environmental Impact Statement and Section 4 (f) Statement for West Side Highway.
55. Clark and Rapuano, Inc.; Venturi, Rauch and Scott Brown; Salmon Associates, "Westway. The Park." Brochure published by the Westway Management Group (September 1983); "Big Park for the Big Apple: Westway State Park, New York City," Architectural Record (January 1985), 173:124-131; "Westway Park," The Princeton Journal (1985), 2:19-199.
56. "New Attack on Westway," New York Times (May 19, 1985), sec. IV, p.6; Arnold H. Lubasch, "Corps Aide Sees No Alternative to the Westway"; Representative James J. Howard, Letter to the Editor.
57. Joyce Purnick, "Estimate Board Gives Approval to Lincoln West." Martin Gottlieb, "Trump Set To Buy Lincoln West Site," Ethel Sheffer, "The Lessons of Lincoln West." の数値も参照のこと。
58. "Trump Planning 66th Street Tower, Tallest in World," New York Times (November 19, 1985), p.A-1; Paul Goldberger, "Height of 8 Towers Could Overwhelm Wide Open Space."
59. この現象に関してかなり率直な論評は、ドナルド・トランプという人物を対象としていた。Paul Goldberger, "Trump; Symbol of a Gaudy, Impatient Time," John Kenneth Galbraith, "Big Shots."
60. Gottlieb, "Trump Set To Buy Lincoln West Site," Wolfgang Saxon, "West Siders Voice Opposition on Plan."
61. Paul Goldberger, "Developers Learned Some Lessons and Cut Back," Thomas C. Lueck, "Trump City Site

May Be Sold."
62. これらの数値は、"How Many Will Share New York's Prosperity?" New York Times (January 20, 1985), sec. 4, p.6; Sam Roberts, "Gathering Cloud: The Poor Climb Toward 2 Million," B-1.
63. Michael A. Stegman, The Dynamics of Rental Housing in New York City, table 3-3.
64. Richard Plunz and Marta Gutman, "The New York 'Ring,'" pp.18-33.
65. 米国国勢調査の統計によれば、南ブロンクス（Cross Bronx Expressway 以南）の全人口は 1970 年の 499,346 人から 1980 年の 266,089 人にまで、ほぼ半減している。この中の統計区によっては、人口が 90％減少したところもあった。ほぼ同じ地域では、入居建物のうち、67.6％が放置された建物に隣接しており、41.2％が管理不十分であり、この数値はニューヨーク市の最高値であった。同じ地域で、人口の 54.7％が公式に貧困層に入り、これも市最高値である。これについては、1980 年国勢調査と、Stegman, The Dynamics of Rental Housing in New York City, tables 7-2, 7-5 を参照のこと。
66. NYC Anti-Arson UPDATE (Winter/Spring 1985), 2 (3):7 の中の、"Structural Arson in New York City, 1967-1984," と題されたグラフを参照のこと。
67. Fred C. Shapiro, "Raking the Ashes of the Epidemic of Flame."
68. Roger Starr, "Making New York Smaller"; Starr, "Letters," p.16.
69. New York City Arson Strike Force, A Study of Government Subsidized Housing Programs and Arson; Michael Jacobson and Philip Kasinitz, "Burning the Bronx for Profit."
70. ニューヨーク市経済危機と、この戦略の関係については、William K. Tabb, The Long Default: New York and the Urban Fiscal Crisis, chs. 5,6.
71. 1984 年、コッチ市長の次の発言は広く公表された。「我々はこれ以上貧民の世話は焼けない… 彼らが住める場所は、まだ 4 区もある。彼らにマンハッタンに住む必要はないのだ」Arthur Brown, Dan Collins, and Michael Goodwin, I Koch (New York: Dodd, Mead, 1985), p.290.
72. "Koch Says Lotteries To Sell City Housing Are Not Ruled Out," New York Times (July 28, 1981), sec. II, p.6; "Forms Available for Brownstones," New York Times (October 6, 1981), p.3.
73. Michael Goodwin, "Census Finds Fewer Blacks in Harlem."
74. Craig Unger, "Can Harlem Be Born Again?" Neil Smith and Richard Schaffer, "Harlem Gentrification, A Catch 22?"
75. 1983 年、ニューヨーク・タイムズ紙は Matthew L. Wald による市有権について、以下の 4 部シリーズを掲載した。"Saving Aging Housing: A Costly City Takeover," "New York City as an Apartment Owner: Three Case Histories," "Problems Persist When City Owns Houses," "No Simple Way for City To End Housing Burden."
76. New York City Harlem Task Force, Redevelopment Strategy for Central Harlem (New York: Office of the Mayor, August 25, 1982), p.1.
77. この例については、Lee A. Daniels, "A Surge in Housing in Harlem Prompts Hopes for a Renewal," New York Times (September 12, 1981), p.1; Lee A. Daniels, "Condominiums Planned for Harlem Brownstones," New York Times (January 26, 1983), sec. 2, p.1.
78. Chuck DeLancy, "Lofts for Whose Living?"
79. Anthony DePalma, "Can City's Plan Rebuild the Lower East Side?"
80. Sandy Hornick, Arnold Kotlen, Tony Levy, David Vendor, "Quality Housing and Related Zoning Text Amendments;" Jesus Rangel, "Koch Promises New Zoning for Apartments;" Alan S. Oser, "Restructuring Zoning to Spur Apartment Construction;" Arnold S. Kotlen and David Vendor, "More and Better: Zoning for Quality Housing;" Anthony DePalma, "Developing New Housing Standards."
81. New York City Planning Commission, "Quality Housing Amendment Adopted by the Board of Estimate, August 14, 1987;" Bruce Lambert, "New York City Agrees to Allow Building of Bulkier Apartments," New York Times (August 15, 1987), sec. 1, p.1.
82. David Vandor とのインタビュー。Zoning Study Group, New York City Planning Commission. 著者と David Smiley により 1984 年 11 月 27 日に行われた。
83. Alan S. Oser, "City's Rental-Subsidy Program To Get First Test Soon."
84. 同書
85. これらの数値は、Warren Moscow, "Mitchell-Lama: The Program That Was." p.44. による。その他に、Robert T. Newsom, "Limited-Profit Housing — What Went Wrong?"
86. New York City, Planning, Housing Database, tables A-1, A-2.
87. ベッドフォード・スタイヴェサントのイニシアティブは、同社によって記されている。"Restoration of Confidence: The Achievements of the Bedford-Stuyvesant Restoration Corporation, 1967-1981." Carlyle C. Douglas, "In Brooklyn's Bedford-Stuyvesant, Glimmers of Resurgence Are Visible."
88. Manhattan Valley Department Corporation. その他にも、Richard D. Lyons, "If You're Thinking of Living In Manhattan Valley."
89. Kirk Johnson, "Rediscovering Cathedral Parkway," Kirk Johnson, "Suddenly the Barrio Is Drawing Buyers;" Joseph Berger, "Hispanic Life Dims in Manhattan Valley;" Anthony DePalma, "Is The Upper East Side Moving North?"
90. ニューヨーク市の再生の略歴については、Alfred Medioli, "Housing Form and Rehabilitation in New York City." その他に、Michael Winkleman, "Raising the Old Law Tenement Question."
91. Iver Peterson, "Tenements of 1880s Adapt to 1980s."
92. Alan S. Oser, "Project Evokes City's Brownstone Era."
93. Richard D. Lyons, "If You're Thinking of Living in Manhattan Valley."

94. この設計競技のプログラムは以下に記されている。New York State Council on the Arts, Inner City Infill: A Housing Program for Harlem. 代表的な提出作品については、New York State Council on the Arts, Reweaving the Urban Fabric. このカタログはニューヨークや他都市における、近年の「充填」ハウジング・プロジェクトの広範囲にわたる調査研究である。

95. Perkins and Will, MLC Rehabilitation Survey, pp.59-60.

96. Twin Parks Southeast, Northwest, Southwest は多数の破壊行為を誘発した。その他には、クイーンズの Ocean Village や、コニーアイランドの Sea Rise なども、急速な衰退が顕著であった。同書。pp.50, 52, 55, 69, 85.

97. 破壊行為の分析は、著者による 1975 年春期のコロンビア大学での講義、"A4410 Origins of Design Attitudes in Modern Urbanism" における Beyhan Karahan による小論文の中で展開されている。

98. Romaldo Giurgola, "The Discreet Charm of the Bourgeoisie," p.57.

99. Michael Goodwin, "A Home Ownership Aid Program is Planned for City"; Lee A. Daniels, "City Is Sponsoring 2,200 Small Houses."

100. Alan S. Oser, "In Brownsville, Churches Joining to Build Homes;" George W. Goodman, "Housing in Brownsville Progresses;" Jim Sleeper, "East Brooklyn's Nehiamiah Opens Its Door and Answers Its Critics;" Anthony DePalma, "The Nehiamiah Plan: A Success;" Paul A. Crotty, "Nehiamiah Plan;" Jack Newfield, "Annual Thanksgiving Honor Roll," Sam Roberts, "Despite Success, Housing Effort Still Struggling," New York Times (September 24, 1987), p.B1.

101. Stegman, The Dynamics of Rental Housing in New York City, p.5; table 5-11. 初期の住宅所有者に関する興味深い説明は、Utrice C. Leid, "A Neighborhood Grows in Brooklyn Ghost Town."

102. Wayne Barrett, "Why the Mayor Blessed Brownsville," Sam Roberts, "In East Brooklyn, Churches Preach Gospel of Change." Sharon Zukin and Gilda Zweyman, "Housing for the Working Poor; A Historical View of Jews and Blacks in Brownsville."

103. Jeffrey Schmalz, "East New York Housing Stirs Emotions"; "Nehiamiah Slowed," City Limits (April 1986), 11:8.

104. I.D. Robbins, "Blueprints for a New York City Housing Program." Alan Finder, "A Queens Beachfront is Ground for a Fight Over Housing Goals." New York Times (December 25, 1988), sec.4, p.6.

105. "Building Alternatives: Housing for the Homeless," Metroline Show 208 (January 14, 1987), P. 13, transcript of WNET Channel 13 broadcast.

106. 米国国勢調査によると、シャーロット・ガーデンが位置する第 153、155 統計区の合計人口は、1970 年から 1980 年の間に 20,747 人から 4,066 人まで減少した。

107. Kathleen Teltsch, "94 Factory-Built Houses Planned for South Bronx"; Philip Shenon, "Taste of a Suburbia Arrives in the South Bronx"; Alan S. Oser, "Owner-Occupied Houses: New Test in South Bronx"; Winston Williams, "Rebuilding From the Grass Roots Up"; Letters to the Editor; New York Times, February 8, 1987, sec. VIII, p.12; Sam Roberts, "Charlotte Street: Tortured Rebirth of a Wasteland." また South Bronx Development Organization によって 1983 年 8 月 10 日に配布された、"Charlotte Gardens Information Kit" も情報豊富である。

108. "The Bronx Is Up," Metroline Show 307, p. 5. Transcript of WNET Thirteen telecast (February 10, 1988).

109. "Houses for Workingmen," New York Times, September 8, 1891, p.8.

110. Alan S. Oser, "Brooklyn Renewal: Two Story Homes."

111. Lee A. Daniels, "Housing Partnership Begins In the Middle"; Lee A. Daniels, "Lots Are Drawn for New Middle-Income Homes"; Kirk Johnson, "One-Family Houses for East Harlem"; Michael de Courcy Hinds, "Delays Beset 255-Unit Modular Project in Brownsville."

112. Alan S. Oser, "New 2-Family Houses Without subsidies."

113. David W. Dunlap, "Koch Proposes Shift in Coney Island Housing"; "Coney Island Residents Fault New Homes," New York Times (July 6, 1984), sec. II, p.3; Matthew L. Wald, "New Coney Island Homes Called Flawed."

114. New York State Council on the Arts, Reweaving the Urban Fabric.

115. Roger Starr, "The Small House Is The Big Hope"; "Ranch Houses? Where?" (editorial), New York Times, March 27, 1983, p.30.

116. Robert D. McFadden, "City Puts Cheery Face on Crumbling Facades"; Robert D. McFadden, "Derelict Tenements In the Bronx To Get Fake Lived-In Look."

117. William E. Geist, "Residents Give a Bronx Cheer to Decal Plan."

118. Roger Starr, "The Editorial Notebook: Seals of Approval." 翌年のニューヨーク・タイムズ紙上の論説はプログラムに対して批判的であった。"Fake Blinds Can't Hide Blight," New York Times, November 14, 1983, p.18. 市長の返答については、Edward I. Koch, "Of Decals and Priorities for the South Bronx."

119. この傾向の初期の状態については、Alexander Tzonis and Liane Lefaivre, "The Narcissist Phase in Architecture."

120. 1986年の時点では、定まった住みかがない(他人と同居している)家族は、約100,000世帯あると推定された。緊急ハウジング・システム(ホテルやシェルター)に寝泊まりするものは、4,560世帯であった。Manhattan Borough President's Task Force on Housing for Homeless Families, A Shelter Is Not a Home, pp.16-17; その他に、Peter Marcuse, "Why Are They Homeless?"

121. これらの数値は、"A Million Meals," Metroline Show 304, p.1. Transcript of WNET Thirteen telecast (December 23, 1987). New York City Coalition Against Hunger の Liz Krueger によると 1980 年の 30 カ所から 1988 年の 550 カ所まで増加しているが、この数値にはスープ配給所(約 200)の他に、食

料品配布所（約 350）が含まれていた。
122. Officina Alessi, <u>Tea and Coffee Piazza</u>; Joseph Giovannini, "Tea Services with the Touch of an Architect;" "Architecture Argent," <u>Progressive Architecture</u> (January 1984), 65:23.
123. ニューヨークにおける近年の「スタイル」については、Richard Plunz and Kenneth Kaplan, "On 'Style'."
124. 近年のハウジングと所得状況に関する調査研究は、Michael A. Stegman, <u>Housing and Vacancy Report</u>: New York City 1987 (New York: Department of Housing Preservation and Development, 1988); Anthony DePalma, "Construction of Apartments in Manhattan Falls Sharply."
125. これに関するより一般的な論旨は、William Julius Wilson, <u>The Truly Disadvantaged. The Inner City, the Underclass, and Public Policy</u>, pp.18-19.

補遺

1. 例として、"Population Shifts Toward More Rural Areas," <u>New York Times</u> (Connecticut edition), (November 23, 1980), sec.11, p.1. を参照のこと。
2. Robert Suro, "Where Have All the Jobs Gone? Follow the Crab Grass," <u>New York Times</u> (March 3, 1991), sec.4, p.5.
3. "Federal Funds flow Into GOP Districts," <u>The Times Union</u> (Albany), (August 6, 2002), p.A-1.
4. Sheldon Danziger, "Comment on 'The Ages of Extremes: Affluence and Poverty in the Twenty-First Century'," <u>Demography</u> 33 (November 1996). pp.413-416.
5. この傾向は既に 1980 年代に定着していた。例として以下を参照。Danziger, Gottschalk, Smolensky, "How the Rich Have Fared, 1973-1987," <u>The American Economic Review</u> 79 (May 1989). pp.310-314; Sheldon Danziger, "Comment on 'The Age of Extremes: Concentrated Affluence and Poverty in the Twenty-First Century'," <u>Demography</u> 33 (November 1996). pp.413-416.
6. 2000 年国勢調査の統計結果については、Bernadette D. Proctor and Joseph Dalaker, "Poverty in the United States: 2002 Current Population Reports. Consumer Income," U.S. Census Bureau, September 2003.
7. 米国の経済的、社会的階層差の拡大に関する詳しい分析は、<u>The New York Times</u>, May 16, 19, 22, 24, 26, 29; June 1, 5, 8, 12, 2005 に掲載されている。類似する連載記事として、<u>The Wall Street Journal</u>, May 13, 17, 20, 2005 も参照のこと。
8. Peter Grier, "Ownership Society versus New Deal," <u>Christian Science Monitor</u> (February 3, 2005). このイデオロギーに関する洞察的な批評は、経済学者ポール・クルーグマンによる。<u>The Great Unraveling</u>, New York: W.W. Norton & Company, 2004 を参照。
9. ピーター・マクースは米国におけるハウジングや所有権のイデオロギーについて周到に書き残している。特に、"Mainstreaming Public Housing" in David P. Varaday, Wolfgang F. E. Preiser and Francis P. Russell, eds., <u>New Directions in Urban Public Housing</u>, New Jersey: Center for Urban Policy Research, 1998, pp. 23-44. Also see, "Housing on the Defensive," <u>Practicing Planner</u>, American Institute of Certified Planners, vol.2, no.4,
10. ニューヨーク・タイムズ紙の David Chen はこの攻撃について詳しい記事を残している。"Northeast Loses in reshuffling of Housing Aid," (August 30, 2004), p.B-1; "U.S. Seeks Cuts in Housing Aid to Urban Poor," (September 22, 2004), p.A-1; "HUD Aid Short by $50 Million, City Reports," (January 27, 2005), p. B-1; "U.S. Deepens Planned Cuts in Housing Aid for Disabled," (April 8, 2005), p. B-1.
11. David Cay Johnston, "Richest are Leaving Even the Rich Far Behind," <u>The New York Times</u> (June 5, 2005), p.A-1.
12. Lynley Browning, "U.S Income Gap is Widening, Study Says," <u>The New York Times</u> (September 25, 2003). p.C-2; Isaac Shapiro, "What New CBO Data Indicate About Long-Term Income Distribution Trends," Washington, D.C.: Center on Budget and Policy Priorities (March 7, 2005).
13. "Mayor Michael R. Bloomberg Presents $48.3 Billion FY 2006 Preliminary Budget," New York City Government Press Release (January 27, 2005), p.3. 同問題は 2003 年の、連邦ガソリン税収益分配の変更を求める提案によって一般に知れわたった。Michael Cooper, "Mayor Suggests Federal Tax Act of His Own," <u>The New York Times</u> (June 17, 2003). p.B-6.
14. 例えば、市の貧困率に関する公的な数値は、全国規模で増加する平均値と比較して一定値を保っていた。Lydia Polgreen, "New York City's Poverty Rate Holds Steady While Nations Rises," <u>The New York Times</u> (September 15, 2004). p. B-7; Mark Levitan, "Poverty in New York City, 2003: Where is the Recovery? Where Was the Recession?" New York: Community Service Society (September 2004).
15. Prudential Douglas Elliman, <u>Manhattan Market Report 1995-2004</u>. New York: Miller Samuel Inc, 2005.; Halstead Property, <u>Monthly Market Report</u> (April 2005); William Neuman, "In Manhattan, Apartments Still Selling at Record Highs," <u>The New York Times</u> (June 7, 2005), p.B-6.
16. Lois Weiss, "Soho is $0 High," <u>The New York Post</u> (January 3, 2005), p. 3.; Dennis Hevesi, "Real Estate is Still Surging in Harlem, A Study Finds," <u>The New York Times</u> (February 23, 2005), p. B-3; Motoko Rich, "Average Manhattan Apartment Remains Over $1 Million," <u>The New York Times</u> (January 3, 2005), p. B-3; William Neuman, "In Manhattan, Apartments Still Selling at Record Highs," <u>The New York Times</u> (June 7, 2005), p. B-6.
17. Denise Prevíta, Michael H. Schill, <u>State of New York City's Housing and Neighborhoods</u> (2003). p.215.
18. 同書 p. 4.
19. Michael A. Stegman, <u>The Dynamics of rental Housing in New York City</u>, New York: NYC Housing

Preservation and Development（February, 1982）. p. 11; Michael A. Stegman, Housing in New York, New York: NYC Housing Preservation and Development（1984）. p. 10.
20. Jerry J. Salama, Michael H. Schill, Reducing the Cost of Housing Construction in New York City. 2005 Update. New York: Furman Center for Real Estate and Urban policy（2005）. Also see:
21. Housing NYC: Rents, Markets and Trends 2004. New York: NYC Rent Guidelines Board（2004）. pp.58-59.
22. Howard Husock, "New Frontiers in Affordable Housing," City Journal（Spring 1993）.
23. "Government Alert: City Housing Partnership is running out of chores; May shut or merge; federal bill jitters," Crain's New York Business（May 12, 2003）, p.10.
24. The New Marketplace, Creating Housing for the Next Generation, New York City Department of Housing Preservation and Development（December 2002）. Also see: Jennifer Steinhaur, "Mayor Envisions Housing Revival Unmatched Since the 80's," The New York Times, December 9, 2002, p. B-1; Matt Pacenza, "Housing the Next Generation," City Limits 28（April 2003）. pp. 25-32.
25. Mike McIntire, "Bank of America Creates $100 Million Housing Fund," The New York Times（December 21, 2004）, p. B-3; David W. Chen, "Mayor Proposes Housing Fund Using $130 Million Supply from Battery Park City," The New York Times（April 20, 2005）, p. B-5.
26. 新たな不法居住に関する公的研究は行われていないが、この問題は既に1996年には新聞などで取り上げられていた。Frank Bruni and Deborah Sontag, "Behind a Suburban Facade in Queens: A Teeming, Angry Arithmetic," The New York Times（October 8, 1996）, p. A-1; See also David W. Chen, "Be it Ever so Low, the Basement is Often Home," The New York Times（February 25, 2004）, p.A-1.
27. 2005年のニューヨーク市政府による公的調査は、「路上ホームレス」人口の減少を記しているが、ホームレス連合組織（Coalition for the Homeless）は、この数値は増加しつつあると、反論している。"Undercounting the Homeless. How the Bloomberg Administration's Homeless Survey Undercounts the Street Homeless and Misleads the Public," New York City Coalition for the Homeless（May 24, 2004）. www.coalitionforthehomeless.org; Leslie Kaufman, "First Citywide Homeless Count Finds About 4,400 on Streets," The New York Times（April 23, 2005）. p. B-2; Leslie Kaufman, "City Calls its System of Aiding Homeless Too Broken to Fix," The New York Times,"（March 23, 2004）, p.A-1.
28. Josh Barbanel, "The New Housing Spurt Sweeping Boroughs Outside Manhattan," The New York Times（January 30, 2004）, p.A-1. ウィリアムズバーグは外郭行政区で、一番「活気に満ちた」な界隈としての広い評判を得ている。See Tara Bahrampour, "The Births of the Cool," The New York Times（May 19, 2002）, sec. 14, p. 1
29. Carolyn Bigda, "Sobro Goes Soho," City Limits（June 2003）, pp. 12-14; Alex Ulam, The Growth Dividend," City Limits（September/October, 2003）, pp. 11-15.
30. ニューヨークの脱工業化政策についての、最も周到な分析については、Robert Fitch, The Assassination of New York. New York: Verso Press, 1996. 同時代の負の投資政策については、Deborah Wallace, Robert Wallace, A Plague on Your Houses: How New York was Burned Down and National Public Health Crumbled, London and New York: Verso Press（1998）.
31. Deborah Shoeneman, "Down by the Riverside," New York（February 9, 2004）. pp. 26-31, 44. Also see: David W. Dunlap, "In the West Village, a Developers' Gold Rush," The New York Times（August 29, 1999）. p.RE1.
32. Denny Lee, "As Village Towers Loom, Foes Seek New Boundaries," The New York Times（July 9, 2000）. p.C-8; Herbert Muschamp, "Blond Ambition on Red Brick," The New York Times（June 19, 2003）. p.F-1.
33. Robin Pogrebin, "For Act II, Architect Gets More Hands-On," The New York Times（April 11, 2005）. p. E-1.
34. Tracie Rozhon, "Condos on the Rise, by Architectural Stars," The New York Times（July 19, 2001）. p. F-1.
35. Herbert Muschamp, "Let the Design Sprint Start," The New York Times（March 11, 2004）. Section F, p.5.
36. "New York City Housing Authority Fact Sheet." New York City Housing Authority（December 2, 2004）. June 17, 2004 http://www.nyc.gov/html/nycha/pdf/factsheet.pdf
37. Ibid.
38. Hope VIプログラムの概要については、Susan J. Popkin, et al., "A Decade of Hope VI: Research Findings and Policy Challenges." Washington, D.C., The Urban Institute（May 18, 2004. June 19, 2005）. http://www.urban.org/url.cfm?ID=411002
39. この計画は建築出版物ではまったく取り上げられていない。概略については、New York City Housing Authority, "Hope VI Program: Prospect Plaza Houses," at http://www.ci.nyc.ny.us/html/nycha/html/hopeprospectplaza.html.
40. スラム排除による被害を編み直すという概念は、Viren Brahmbhattによるもので、彼はNYCHA設計部のDavid Burneyとともにコミュニティ・センター・プログラムを作成した。Brahmbhattの考えは、未発表の論文、"Public Face of Public Housing: Design Initiatives at the New York City Housing Authority." にまとめられている。
41. 今日の公営ハウジングが面する難局については、Richard Plunz and Michael Sheridan, "Deadlock Plus 50. On Public Housing in New York," Harvard Design Magazine（Summer 1999）, pp.4-9.
42. David Dunlap, "Community Centers Open Up, With Glass and Air," The New York Times（November 14, 2002）. p.B-3; James S. Russell, "Red Hook Center for the Arts, Brooklyn," Architectural Record 189（March 2001）. p.136.
43. Ulrich Beck and Johannes Willms, Conversations With Ulrich Beck Cambridge, England: Polity Press（2004）. p.39, 183.
44. "Fire and F.I.R.E. in Lower Manhattan," 著者による未出版の論文は、Plunz archive, Avery Architectural

and Fine Arts Library に保管されており、World Trade Center Forum, Columbia University (February 1, 2002) において発表されたものである。

45. 推測値によって異なるが、ロウワー・マンハッタン、チェンバース通り以南の人口は、2001年9月11日より2倍に増加し、30,000を超えたようである。Jennifer Steinhauer, "Baby Strollers and Supermarkets Push into Financial District," The New York Times (April 15, 2005), p.A-1; Alexandra Marks, "Chaos to Condos: Lower Manhattan's Rebirth; Nearly four years after 9/11, there are more homes, grassy parks - and new challenges, too." The Christian Science Monitor (May 19, 2005), p.3.

補遺原文
Endgame

By the 1980s the trend, and ultimate impact, of United States suburbanization was clear---in each state, population was shifting from traditional city to post-industrial suburb.*1 A cumulative, nationwide economic effect was the disproportionate flow of tax revenues from these older cities to areas of new growth. In a related cycle, political representation had had also shifted, such that by the 1990s, the trend was entrenched. The thirty-nine metropolitan growth regions with populations exceeding one million now constituted fully half of the U.S. population, while at the same time, a few older urban cores were actually shrinking.*2 This new demographic was neither urban nor rural, but suburban.

By 1994, the new suburban majority had established a Republican control of the House of Representatives. This in turn subsequently resulted in a large shift in Federal spending from Democratic (mostly urban) districts to the more heavily Republican suburbs and rural areas.*3 The 2000 U.S. Presidential election definitively showed the new political fallout. By the 2002 U.S. Congressional elections, the power of this new conservative suburbia was irrefutable. Republican districts had received 16 percent more in Federal spending in contrast to Democratic districts,*4 while the wealth of upper income households increased dramatically.*5 By the first years of the present century, this evolution combined with a decline in median household income, as well as in per capita income. According to the Bureau of the Census, individuals below the government-defined poverty level now accounted for 12 percent of the entire population.*6 Heightened social-class distinction has also been noted, measured not only in terms of goods and money, but also in terms of the traditions of American meritocracy and upward mobility, which are increasingly impeded by inequity of access to formerly basic rights, such as equality of educational opportunity.*7

New conservative national politics have waged a frontal assault against the Federal government's safety net, from Social Security retirement pension plans to Public Housing. The ideals of the New Deal that originated in the first U.S. post-industrial crisis of the 1930s have been replaced by the promises of an "Ownership Society,"*8 in some sense engendered by a second post-industrial crisis. In this "new deal," the safety net once guaranteed by government is to be transferred to the individual, whether for shelter or sustenance. It represents an ideology of privatization and ownership which has openly challenged the concept of housing as a basic human right, to the great detriment of social housing programs in recent years.*9 Already in the 1980s, the federal government began to reduce its commitment to housing subsidy, with the most widely felt impact on public housing programs that date from the New Deal itself. This has been a "cat and mouse" game between conservative and liberal forces in Congress, with increasingly draconian proposals for de-funding public assistance to social housing initiatives. Thus far the most dramatic battles have been fought in 2004, when HUD proposed cuts to the Section 8 voucher system while proposing redistribution of social housing subsidies away from the older cities of the Northeast towards newer and more politically conservative regions, where some cities have been receiving increases. In 2005, HUD proposed to cut the whole of the annual social housing subsidy by 14 percent. The New York City Housing Authority (NYCHA) would have had a net funding reduction of $166 million per year, or a quarter of its annual federal subsidy. *10

Furthermore, the abrupt upward transfer of wealth has been abetted by Federal policies, including the Federal tax structure.*11 Between 1983 and 2001, the increase in wealth for all U.S. households, adjusted for inflation, increased by 27 percent. For the highest income households, however, this increase has ranged up to 409 percent. Clearly, the rich have gotten richer, the poor have gotten poorer, while middle class wealth has diminished in the past several decades, with the gap between rich and poor more than doubling between 1979 and 2000.12 The effect of these income trends on cities has been critical. Moreover, the continuing redistribution of wealth away from traditional urban core areas is felt with a vengeance in New York City, exacerbated by the substantial deficit between State and Federal tax revenues leaving the city, relative to what returns. This deficit has been calculated at more than $24 billion.*13 Yet of late, New York City has managed to maintain some resistance to such policies, bringing to bear the state of its economy.*14

New York City retains certain unique characteristics, the foremost being that it harbors the largest concentrations of both extreme wealth and poverty in North America. This is, indeed, a "Tale of Two Cities." At the upper end of the housing spectrum, the evidence of upward transfer of wealth is irrefutable, beginning with volatility in the real estate market itself. For example, the average apartment sales price in Manhattan has increased threefold since 1995, to an average of over $1.2 million per unit.*15 In TriBeCa, and in Harlem, the relative increases have been the most extreme. TriBeCa is now competing with the Upper East Side as having the highest per capita concentration of wealth in New York City. Both SoHo and TriBeCa, which three decades ago were known, if at all, for their vestiges of a lost industrial era, now command the highest residential rents in the entire United States.*16 But such figures belie a critical housing shortage at the affordable level, with a significant lag in production relative to that demand. And in terms of housing options for a large proportion of the urban population, the sort of prosperity that has buoyed the upper end of the real estate market remains allusive and illusionary.

The present shortfall in housing production, especially at lower income level, can be tied in part to New York City population and land dynamics over the past two decades. By the end of the 1970s, the population of New York had declined by 10 percent to 6,948,000. The 1980's saw a small increase of 3.6 percent. Between 1980 and 2000, however, the increase was 13 percent, to a total official estimate of 8,008,278, said to be a record high.*17 Of course, these same two decades of population growth witnessed new housing production, but it did not quite keep up. As of 2002, there were 3,208,587 total housing units in New York City*18 compared with 2,783,000 units in 1978.*19 This suggests a 15 percent increase in units for an increase in population of 15.26 percent. Under further scrutiny, however, the lag is very pronounced within particular geographic distributions and for select income groups. In the Bronx, for example, one would have expected that the population decline of 20.6 percent in the 1970's might have increased the housing supply for the remaining population. However, because of the massive burnout during the same decade, the Bronx lost 11.3 percent of its housing units, leaving by 1980 a deficit too large for public subsidies to correct.

The most serious housing lag is in the supply for lower income residents, involving some of the highest growth neighborhoods, which have also experienced the least housing starts.*20 Housing for low-income residents is the scarcest. In 2003, New York experienced a vacancy rate of only 1.42 percent for the $500-$699 per month rental level.21 Not exempted from this scarcity equation are other income groups, and it is notable that within the city the cost of home ownership has risen overall in recent years, even as the "Ownership Society" has predominated as a political notion and "ideal". It is important to recall the 180,000 apartments owned by the New York City Housing Authority that are the lifeline for those at the lowest end of the income spectrum. Recently, the city government has attempted to alleviate the housing shortage by focusing on production of what is now called affordable housing--- more or less continuing to target the same income groups which the Nehemiah and New York City Housing Partnership had addressed previously - that is, the so-called deserving poor rather than those at the very lowest income level. In the 1990s, such reasoning allowed that by reducing the shortage at a higher level, more housing would be freed up at the bottom, primarily within Public Housing through a process of "filtering up." 22 However, such "filtering up" could not possibly remedy the basic lack of production for a broad low-income segment of the population.

Both Nehemiah and the New York City Housing Partnership are now curtailed due to a scarcity of buildable land, formerly a considerable city-owned element of the schemes--- to such an extent that the Partnership's future is in transition,*23 and Nehemiah is inactive. Given this impasse, the Giuliani administration toward the end of its tenure, and then the succeeding Bloomberg administration, put forth new housing initiatives that have attempted to re-orchestrate the dispersal of government funds combined with private investment, in order to bolster production of affordable housing as a response to shortage. Most ambitious to date has been the Bloomberg plan, announced in 2002, with its goal of 60,000 new housing units by 2006.*24 The target has been recently expanded through various financial strategies to 68,000 units by 2008.*25 But questions remain concerning the area of severest shortage, impacting as it does those beneath the middle class, notably the old "deserving poor" category and below.

The most obvious symptom of crisis remains squatting, although this no longer rivals in its dire misery the shacks of Dutchtown or Shantyhill of the nineteenth century. Instead, it is the present overcrowding in Chinatown or illegal subdividing in Queens.*26 More than 38,000 persons reside nightly in city-run shelters in environments universally considered problematic. The so-called "street homeless" prevailing in cities everywhere during the 1980s, are now more institutionalized. While today's street- homeless numbers are disputed, such persons remain one of the most visible aspects of the new disjunction between wealth and poverty.*27

For those with the resources to participate in the "Ownership Society," the lucrative process of neighborhood renewal that began in limited areas of Manhattan over two decades ago continues unabated. It has now moved to the Outer Boroughs, fueled by the shortage of affordable housing everywhere at all income levels. Indeed, the new housing production has reversed a decades-old pattern relative to the suburbs, rising to new levels within New York City, while the regional situation has remained the same or declined.*28 This new tendency is a significant sign of the renewal of the city, and of the arresting of the suburban growth and urban decline that originated with the de-urbanization diaspora of the 1950s. The tried and true strategy of encouraging cultural production as a generator of real estate capital is still viable. This process was pioneered in SoHo in the 1970's and spread to the East Village, TriBeCa, the Lower East Side, and Dumbo in Brooklyn by the 1990's. More recently the same process has been reinvented in Williamsburg and Greenpoint in Brooklyn, and Port Morris in the South Bronx, but with increasingly critical questions about displacement of industry and jobs. The local pre-existing populations find themselves without their prior livelihoods, and with little else except for the marginal service industry, which tends to be symbiotic to the displacements.*29 What is clear is the relentless tendency in New York policies since the 1930s that depleted the city's manufacturing base. A more recent (and globalized) post-industrial ideological landscape surely played some role.*30

In spite of the 15 percent increase in housing stock during the 1990's, there have been few surprises in terms of design innovation. The already familiar conventions for new luxury high-rise construction dominated much of Manhattan south of 96th Street, while even reaching northward in some areas. The growing housing demand at all income levels was most apparent in the process of neighborhood gentrification, fueled in part by affordable housing program subsidies as well as private initiatives. Much design innovation resided in architectural details or in the urbanscape of the new wealth, but with little in between. Even architects like Richard Meier, who had built no housing in New York City since Twin Parks Northeast in the Bronx in 1973 (see Chapter 9), now participated in the new luxury boom - in this case on the Greenwich Village waterfront. In Manhattan, perhaps Meier's 173 and 176 Perry Street towers are most emblematic of the new Great Game for real estate, described in the media as a nexus of the "celebrity makeover" of the neighborhood.*31 With two sixteen-story buildings, the project did at first spawn, albeit eventually unsuccessfully, a renewal of West Village preservation efforts, whose origins date back to Jane Jacobs's leadership in the early 1960s.32 The Meier-branded project achieved such celebrity among its rich and famous tenants that an adjacent third tower was later added.*33 This example of the relation between "designer branding" and marketing luxury housing is by no means isolated.*34

Typologically, the design ideals of the subsidized ownership programs of the 1980s and 1990s, those emphasizing small townhouses, have slipped away, for lack of city-owned buildable land, as much as any other factor. The land availability issue has nudged up density in the affordable housing market, now redefined and limited by new higher costs per square foot. Throughout the 1990s, while large tracts in Brooklyn were rebuilt using low-rise town house profiles, the level and range of innovative design nevertheless remained primitive relative to the rich tradition of the perimeter block that had dominated large areas of the outer Boroughs in the 1920s. At the same time, the 1960s tower-in-the-park typology began to enjoy a comeback, at least for the ambitions waterfront reclamation projects commissioned by the 2012 Olympics planners, slated for design by such high-style icons as Zaha Hadid.35 By and large, typological invention beyond the recycled innovations of the 1960s and 1970s has been minimal, with most of the effort going into the "park" aspect of the tower settings.

With various new "celebrity neighborhoods" anchoring one end of the design spectrum, at the other are the relatively unremarked, but nonetheless remarkable, attempts to shift the design discourse around social housing. The more than 180,000 apartments within the Public Housing universe represent 8.6% of New York's rental apartments.*36 This is the equivalent of a medium-sized city, inhabited by several successive generations of families whose tenancy has persisted within restrictions that date to the 1937 United States Housing Act, barring normal urban functions, such as commercial uses, from all Public Housing sites. Now, under the pressure of uncertainty, these restrictions are easing, starting with new intrusions into the "park-of-the-towers" paradigm. While other U.S. cities have seen a reduction in demand for social housing due to depopulation, in New York City a waiting list for Public Housing comprised 233,000 families as of September 30, 2004.*37 Thus, it has come to pass that the first and most successful housing authority in the country is now forced to operate within severe financial constraints, in spite of increasing demand.

While a booming luxury market has generated little of new design interest, perhaps it is the dire present-day economic straits of Public Housing that has produced the most worthwhile housing design interventions of the decade. These efforts have focused on study of existing housing estates, with emphasis on improvement of their open spaces. Of interest in this regard has been the revitalization of Prospect Plaza Houses in Brooklyn, a tower-in-the-park project built in 1974 housing 368 families in four high-rises. Under the auspices of the HOPE VI Federal program, 38 the master plan, drafted by NYCHA architect Viren Brahmbatt, schedules removal of one of the towers due to structural instability, construction of new low-rise housing combining both public housing and other tenants, and rehabilitation of the remaining three tower units.*39 While little noted by the architectural media, the NYCHA's "community centers program" is also of great interest for having attempted to draw up a social and physical strategy to heal the urban ruptures caused by those very slum clearance campaigns that made way for the Brooklyn tower blocks of a generation ago.*40

Striking schemes have emerged from the community centers program, aiming to find what is bound to be a long road back to any real continuity between the existenz minimum housing and the contemporary urban context.*41 Notable among these designs are community centers at Van Dyke Houses, Brooklyn, by Olhausen DuBois Architects; at Williamsburg Houses, Brooklyn, by Pasanella Klein Stoltzman & Berg Architects; at Red Hook, Brooklyn, by Hanrahan & Meyers Architects; and Melrose Houses, the Bronx, by Agrest & Gandelsonas, Architects; and at Richmond Terrace Houses, Staten Island, by Pagnamenta Torriani, Architects.*42 All these buildings are the antithesis of what Catherine Bauer referred to as "dreary deadlock" design stereotypes; instead, they seek and promote transparency, as well as connectivity, within their divers community contexts.

New York City has long epitomized a certain modernity born of being the North American Metropolis of the "American Century" just ended, making the issue of New York's future in a rapidly changing world a particularly intriguing one. An upbeat prognosis is possible, especially if--- as the German sociologist Ulrich Beck argues---

the present is a moment of a "second modernity" that is "being born within the interstices of the first modernity, most of all within its cities..."*43 While Beck cautions that this second modernity is by no means apparent only in cities, he nonetheless stresses the importance of cities as "nodal points" within a global deterritorialization. This, in turn, according to Beck, points to a phenomenon of "global-localization" striking a new balance between the "cosmopolitan" and the "local." It is precisely within these parameters that the future of New York will be determined... its culture, its economy, and as corollary, the further elaboration of its physical fabric.

Conditions of a second modernity are common to many cities in Europe as they respond to new European and global contexts. By contrast, one cannot help but lament the difficulties that New York has faced in the past two decades, caught in the continuing U.S. tide of de-urbanization. There are indeed signs that the latter will eventually subside, but "how" and "when" are unknown.

Clearly the September 2001, attacks on the World Trade Center and the Pentagon---and their global aftermath--- offer a new interpretation of Beck's "glocalization" coinage, especially in the case of Lower Manhattan. The WTC attack effected a transition "via fire" as opposed to the development scenario by F.I.R.E. (acronym of the Finance, Insurance, and Real Estate service industries) *44, including a heightened trend toward domestication. A positive effect of the attack on New York City... a delayed manifestation of the "Hiroshima USA" scenario (see chapter 8) -- has been a prompt residential reoccupation of our former global capitalist hub. *45 If what is happening in New York prefigures the new "world city" in its next cosmopolitan phase, then it will be housing, the anonymous yet crucial glue which transforms and recharges all cities, that we shall expect to grow exponentially in importance. But with housing, political ideology inevitably gets in the way, and what is even clearer today than it was a decade ago is that, indeed, no "uninformed and naive" social catastrophe must be allowed to occur as far as housing in New York is concerned.

図版出典

カバー　Reprinted from Citizen's Association of New York, Report of the Council of Hygiene and Public Health, p.258.
口絵　Reprinted from The New York Mirror XII (November 15, 1834), p.1.

第 1 章

1.1. Reprinted from Harper's New Monthly Magazine LXII (January 1881), p.193.
1.2. (S=1:500) Reprinted from Citizen's Association of New York, Report of the Council of Hygiene and Public Health, pp.50-51.
1.3. Reprinted from Frank Leslie's Sunday Magazine V (June 1879), p.648.
1.4. (S=1:600) Reprinted from New York Association for Improving Conditions of the Poor, Thirteenth Annual Report, p.50.
1.5. (S=1:20000) Used with permission from the New York Public Library.
1.6. Reprinted from Frank Leslie's Illustrated Newspaper (January 23, 1869), p.297.
1.7. Reprinted from J. Stubben, Der Stadtebau (Handbuches der Architektur, Entwerfen, Anlage, und Einrichtung der Gebaude, vol. IX), fiugre 574.
1.8. (S=1:2500) Drawing by the author.
1.9. (S=1:500) Reprinted from New York State Assembly, Tenement House Committee, Report of 1895, plate faces p.13.
1.10. Photograph by Jessie Tarbox Beals. Used with permission from the Museum of the City of New York.
1.11. (S=1:50) Reprinted from Citizen's Association of New York, Report of the Council of Hygiene and Public Health, p.136.
1.12. Reprinted from Jacob Riis, How the Other Half Lives, p.163.
1.13. (S=1:300) Reprinted from Citizen's Association of New York, Report of the Council of Hygiene and Public Health, p.275.
1.14. (S=1:400) Reprinted form Citizen's Association of New York, Report of the Council of Hygiene and Public Health, pp.122, 204.
1.15. (S=1:400) Redrawn from Charles F. Chandler, Ten Scrap Books of Tenement House Plans, plate 954 in Vol. V.
1.16. Reprinted from The American Architect and Building News III (March 16, 1878), p.92; and The American Architect and Building News III (May 18, 1878), p.175.
1.17. Reprinted from The American Architect and Building News III (April 20, 1878), p.137; and The American Architect and Building News III (May 18, 1878), p.172.
1.18. Reprinted from The American Architect and Building News VI (September 6, 1879), p.99.

1.19. Reprinted from <u>The Plumber and Sanitary Engineer</u> II（April 1879）, p.124.

第 2 章

2.1. （S=1:400）Reprinted from <u>The Plumber and Sanitary Engineer</u> II（March 1879）, p.103.
2.2. （S=1:400）Reprinted from <u>The Plumber and Sanitary Engineer</u> II（April 1879）, p.132; <u>The Plumber and Sanitary Engineer</u> II（May 1879）, p.159; and <u>The Plumber and Sanitary Engineer</u> II（June 1879）, p.180.
2.3. （S=1:400）Reprinted from New York State Assembly, Tenement House Committee, <u>Report of 1895</u>, plate faces p.13.
2.4. （S=1:400）Reprinted from <u>The American Architect and Building News</u> IX（February 12, 1881）, p.75.
2.5. （S=1:600）Reprinted from <u>The American Architect and Building News</u> II（January 20, 1877）, p.20.
2.6. （S=1:600）Reprinted from <u>The Charities Review</u> I（January 1892）, p.137.
2.7. Reprinted from <u>The Charities Review</u> I（January 1892）, p.128.
2.8. （S=1:600）Reprinted from <u>The American Architect and Building News</u> XXII（October 15, 1887）, plate follows p. 188.
2.9. （S=1:600）Reprinted from W.J. Fryer, <u>Laws Relating to Buildings</u>, pp.140-142.
2.10. Photograph by Jacob Riis. Used with permission from the Museum of the City of New York.
2.11. Reprinted from New York State, Assembly, Tenement House Committee, <u>Report of 1895</u>, fig.9.
2.12. （S=1:600）Reprinted from <u>The Builder</u> XVI（March 6, 1858）, p. 59.
2.13. （S=1:600）Reprinted from <u>Scribner's Magazine</u> XVI（July 1894）, pp.108, 112-114.
2.14. （S=1:600）Reworked from James Ford, <u>Slums and Housing</u> 2: pl.7C.
2.15. （S=1:2000）Reprinted from <u>Architecture and Building</u> XXVI（January 2, 1897）, p.9.
2.16. （S=1:600）Reprinted from William P. Miller, <u>The Tenement House Committee and the Open Stair Tenements</u>.
2.17. （S=1:600）Reprinted from Robert W. DeForest and Lawrence Veiller, <u>The Tenement House Problem</u> I: p.116.
2.18. （S=1:600）Reprinted from <u>Municipal Affairs</u> III（March 1899）, p.136.
2.19. （S=1:400）Reworked from I.N. Phelps Stokes, <u>Random Recollections of a Happy Life</u>, plate opposite p.122.
2.20. Reprinted from Robert W. DeForest and Lawrence Veiller, eds., <u>The Tenement House Problem</u> I; plate opposite p.112.
2.21. Reprinted from Robert W. DeForest and Lawrence Veiller, eds., <u>The Tenement House Problem</u> I; plate opposite p.10.
2.22. （S=1:400）Reprinted from James Ford, <u>Slums and Housing</u>, plate 10E.
2.23. （S=1:400）Reprinted from James Ford, <u>Slums and Housing</u>, plate 10D.
2.24. （S=1:1200）Drawing by the author.
2.25. （S=1:2500）Reprinted from <u>The Architectural Record</u> XLVIII（July 1920）, p.55.
2.26. （S=1:400）Reprinted from <u>The American Architect and Building News</u> XCI（January 5, 1907）, p.8.
2.27. （S=1:600）Reprinted from City Housing Corporation, <u>Sunnyside and the Housing Problem</u>, p. 16.

第 3 章

3.1. （S=1:300）Reprinted from Citizen's Association of New York, <u>Report of the Council of Hygiene and Public Health</u>, pp.198, 200.
3.2. （S=1:2500）Reprinted from <u>The Review of Reviews</u> XII（August 1895）, p.177.
3.3. Photograph by Jacob Riis. Used with permission from the Museum of the City of New York.
3.4. Reprinted from <u>Harper's Weekly</u> I（November 28, 1857）, p.757.
3.5. （S=1:24000）Reprinted from <u>Harper's Weekly</u> I（November 28, 1857）, p.757.
3.6. Reprinted from <u>Harper's New Monthly Magazine</u> LXI（September 1880）, p.566.
3.7. Reprinted from <u>Harper's Weekly</u> XL（July 25, 1896）, p. 730.
3.8. Reprinted from Matthew Hale Smith, <u>Sunshine and Shadow in New York</u>, frontispiece.
3.9. （S=1:300）Reprinted from <u>Scribner's Magazine</u> VII（June 1890）, p. 695.
3.10. Reprinted from <u>Harper's New Monthly Magazine</u> LXVII（September 1883）, p. 564; and Augustine E. Costello, <u>Our Firemen: A History of the New York Fire Departments</u>, p.80.
3.11. （S=1:400）Reprinted from <u>The American Architect and Building News</u> VI（November 1, 1879）, p.140.
3.12. Reprinted from Richard Hurd, <u>Principles of City Land Values</u>, p.53.
3.13. （S=1:400）Reprinted from <u>The Architectural Record</u> XI（July 1901-April 1902）, p.479.
3.14. Reprinted from <u>Harper's Weekly</u> I（December 19, 1857）, p.809.
3.15. （S=1:400）Reprinted from <u>The American Architect and Building News</u> III（March 4, 1878）, plate opposite p. 156.
3.16. （S=1:400）Reprinted from <u>Scribner's Monthly</u> VIII（May 1874）, pp.65, 66.
3.17. （S=1:400）Reprinted from <u>Scribner's Monthly</u> VIII（May 1874）, p. 67.
3.18. Photograph used with permission from the New York Historical Society.
3.19. Reprinted from <u>Appleton's Journal</u> VI（November 18, 1871）, p. 561.
3.20. （S=1:800）Reprinted from <u>Scribner's Monthly</u> VIII（May 1874）, pp.64, 68.
3.21. （S=1:800）Reprinted from Royal Institute of British Architects, <u>The Transactions,1882-1883</u>, fig.68.
3.22. （S=1:800）Reprinted from Andrew Alpern, <u>Apartments for the Affluent</u>, p.18.
3.23. Reprinted from <u>Frank Leslie's Illustrated Magazine</u>, LXIX（September 9, 1889）, p.81.

3.24. （S=1:800）Reprinted from Royal Institute of British Architects, The Transactions, 1882-1883, figure 65.
3.25. Reprinted from Augustine E. Costello, Our Firemen: A History of the New York Fire Department, p.1038.
3.26. Photograph used with permission from the New York Historical Society.
3.27. （S=1:2000）Reprinted from American Bank Note Company, The Central Park Apartments Facing the Park.
3.28. Reprinted from Cosmopolitan XV（July 1893）, p.357.
3.29. （S=1:1000）Reprinted from The American Architect XCI（January 5, 1907）, p.7.
3.30. （S=1:1000）Reprinted from Architect's and Builder's Magazine IX（September, 1908）, p.532.
3.31. （S=1:1000）Reprinted from Real Estate Record and Builders' Guide LXXXII（November 7, 1908）, p.874.
3.32. Reprinted from The Architectural Review X（August 1903）, p.128.
3.33. Reprinted from Real Estate Record and Builders' Guide LXXXII（December 19, 1908）, p.1215.
3.34. （S=1:2500）Reprinted from Architecture XXXVII（May 1918）, plate LXXIX.
3.35. （S=1:800）Reprinted from The American Architect C（November 29, 1911）, p.225.
3.36. （S=1:400）Reprinted from New York City, Tenement House Commission, First Report, plates 122; 123.
3.37. （S=1:400）Reprinted from Real Estate Record and Builders' Guide LXXXII（September 12, 1908）, p. 531.
3.38. （S=1:25000）Reprinted from Real Estate Record and Builders' Guide LXXXII（September 12, 1908）, p. 505.

第 4 章

4.1. （S=1:400）Reprinted from Henry Roberts, The Dwellings of the Labouring Classes, p.121.
4.2. （S=1:400）Reprinted from Citizen's Association of New York, Report of the Council on Hygiene, plate opposite p. LXXXVI.
4.3. （S=1:400）Reprinted from New York State, Assembly, Report of The Committee on Public Health, Medical Colleges and Societies, Relative to the Condition of Tenement Houses in the Cities of New York and Brooklyn, plate opposite p.12.
4.4. （S=1:600）Reprinted from Alfred Treadway White, Improved Dwellings for the Laboring Classes（1877）.
4.5. （S=1:1200）Courtesy of the Slide Library of the Graduate School of Architecture and Planning, Columbia University, New York.
4.6. （S=1:600）Reprinted from Alfred Treadway White, Improved Dwellings for the Laboring Classes, plate follows p.45.
4.7. （S=1:800）Reprinted from Alfred Treadway White, Better Homes for Workingmen, plate follows p.13.
4.8. （S=1:600）Reprinted from The American Architect and Building News VII（April 17, 1880）, p.166; and The American Architect and Building News LII（July 27, 1896）, p.123.
4.9. （S=1:600）Reprinted from New York Sanitary Reform Society, First Annual Report, plate opposite p. 24.
4.10. Reprinted from New York Sanitary Reform Society, First Annual Report, frontispiece.
4.11. （S=1:500）Reprinted from William P. Miller, The Tenement House Committee and the Open Stair Tenements; and from Scribner's Magazine XI（June 1892）, p.707.
4.12. （S=1:600）Reprinted from Tenement House Building Company, Report, p.6.
4.13. （S=1:600）Reprinted from E. R. L. Gould, The Housing of Working People, p.788.
4.14. （S=1:1200, 1:600）Reprinted from Architecture and Building XXVI（January 2, 1897）, pp.7,8.
4.15. （S=1:800）Reprinted from Municipal Affairs III（March 1899）, p.126.
4.16. （S=1:800）Reprinted from Real Estate Record and Builders' Guide LXIX（January 18, 1902）, p.108.
4.17. （S=1:600）Reprinted from The American Architect and Building News XCI（January 5, 1907）, p.9.
4.18. （S=1:1200）Reprinted from James Ford, Slums and Housing, plates 13A; 13B.
4.19. （S=1:800）Reprinted from The New York Architect V（November-December 1911）, plate faces p.201.
4.20. Reprinted from The New York Architect V（November-December 1911）, plate opposite p. 197.
4.21. Reprinted from The New York Architect V（November-December 1911）, p.198,199.
4.22. Reprinted from Real Estate Record and Builders' Guide XCIII（February 28, 1914）, p.398.
4.23. （S=1:600）Reprinted from The American Architect CIV（October 29, 1913）, p.174.
4.24. （S=1:1200）Reprinted from The Architectural Record XLVIII（July 1920）, pp.67, 68.
4.25. （S=1:1200, 1:400）Reprinted from The American Architect and Building News LII（April 18, 1896）, p.25.
4.26. Photograph by Jacob Riis. Used with permission from the Museum of the City of New York.
4.27. （S=1:1600）Reprinted from The Architectural Record II（July-September 1892）, p.62.
4.28. （S=1:6000）Reprinted from Municipal Affairs II（March 1898）, p. 42.
4.29. （S=1:1200）Reprinted from Robert DeForest and Lawrence Veiller, eds., The Tenement House Problem, II: 57.
4.30. （S=1:300）Reprinted from New York Legislature, Report of the Board of General Manager of the State of New York at the World's Columbian Exposition（Albany: James B. Lyon, 1894）, pp.400, 409.
4.31. Reprinted from Harper's Weekly XIII（August 7, 1869）, p.503.
4.32. （S=1:12000）Reprinted from Abstract of the Title of Steinway and Sons to Property at Long Island City, frontispiece.
4.33. （S=1:400）Reprinted from Municipal Affairs III（March 1899）, p.133.
4.34. Reprinted from Architectural Forum LXII（May 1935）, p.438.
4.35. （S=1:12000）Reprinted from The Brickbuilder XXI（December 1912）, p.318; and G.W. Bromley and Co., Atlas of the City of New York, Borough of Queens, plate 18.
4.36. （S=1:3000）Reprinted from Grosvenor Atterbury, Model Towns in America, pp.13,15.

4.37. Reprinted from Real Estate Record and Builders' Guide CIX（June 24, 1922）, p.778.
4.38. Reprinted from the Journal of the American Institute of Architects VIII（November 1920）, p.384.

第 5 章

5.1. Reprinted from Real Estate Record and Builders' Guide XCVII（April 22, 1916）, p.615.
5.2. （S=1:6000）Reprinted from United States Housing Corporation, Report II: 347.
5.3. （S=1:1200）Reprinted from American Architect CVIII（September 8, 1920）, pp. 306, 309.
5.4. （S=1:2500）Reprinted from The Architectural Record XLVIII（July 1920）, p.71.
5.5. Reprinted from Umberto Toschi, La Citta（Torino: Topografia Sociale Torinese, 1966）, p.346.
5.6. Reprinted from Real Estate Record and Builders' Guide XCIC（April 21, 1917）, p.553.
5.7. （S=1:400）Reprinted from Real Estate Record and Builders' Guide LXXXIV（August 28, 1909）, p.384.
5.8. （S=1:400）Reprinted from Real Estate Record and Builders' Guide XCIX（March 24, 1917）, p.392.
5.9. （S=1:2000）Reprinted from Real Estate Record and Builders' Guide CVI（October 23, 1920）, p.584.
5.10. （S=1:600）Reprinted from The Architectural Forum XXXVI（April 1922）, p.158.
5.11. Reprinted from Journal of the American Institute of Architects X（March, 1922）, p. 82.
5.12. （S=1:2500）Reprinted from The Architectural Record XLVIII（July 1920）, p. 63.
5.13. （S=1:3000）Reprinted from Erich Haenel and Heinrich Tscharmann, Das Mietwohnhaus der Neuzeit, p.83.
5.14. （S=1:2500）Reprinted from The Queensboro Corporation, Investment Features of Cooperative Apartment Ownership at Jackson Heights Pamphlet（New York, 1925）, p.32.
5.15. Reprinted from Queensboro IV（May 1917）, p.17.
5.16. Reprinted from The American Architect CXIII（May 22, 1918）, p.686.
5.17. （S=1:400）Reprinted from The Architectural Forum XXX（June 1919）, p.189.
5.18. Reprinted from The Architectural Record XLVIII（August 1920）. p.123.
5.19. （S=1:400）Reprinted from The Architectural Record LI（June 1922）, p.489; and Architecture and Building LVI（June 1924）, p.56.
5.20. （S=1:1500）Reprinted from Queensboro Corporation, Chateau Apartments. Jackson Heights Garden Apartments.
5.21. （S=1:600）Reprinted from The Architectural Record LI（May 1922）, p.442.
5.22. （S=1:800）Reprinted from Real Estate Record and Builders' Guide CI（February 9, 1918）, p.180.
5.23. Reprinted from The Architectural Record LI（May 1922）, p.438.
5.24. （S=1:400）Reprinted from The Architectural Record LXVIII（August 1920）, p.132.
5.25. （S=1:400）Reprinted from Architecture and Building LVI（May 1924）, pp. 55-57.
5.26. （S=1:2500）Reprinted from Architecture and Building LVI（May 1924）, pp. 55-57.
5.27. （S=1:1200）Courtesy of Horace Ginsbern and Associates.
5.28. （S=1:2500）Reworked from The Architectural Forum LIII（September 1930）, p.284.
5.29. （S=1:1000）Reworked from Architecture and Building LIV（January, 1922）, p.5.
5.30. （S=1:1000）Reprinted from The Architectural Record XLVIII（July 1920）, p. 64.
5.31. Reprinted from Walter Stubler, Comfortable Homes in New York City at $ 9.00 a Room a Month, pp.6-7.
5.32. （S=1:1200）Drawn by Nancy Josephson.
5.33. （S=1:1000）Reprinted from The Architectural Forum LVI（March 1932）, p.234.
5.34. Reprinted from The Architectural Forum LVI（March 1932）, p.233.
5.35. Reprinted from New York State, Board of Housing, Report, 1929, p.16.
5.36. （S=1:1000）Reprinted from The Architectural Record LXIII（March 1928）, p.273.
5.37. Reprinted from The Architectural Record LXIII（March 1928）, p. 273.
5.38. Courtesy of the YIVO Institute for Jewish Research.
5.39. （S=1:1000）Reprinted from Fred L. Lavanburg Foundation, Practices and Experiences at the Lavanburg Homes, p. 5.
5.40. （S=1:2500）Reprinted from The Architectural Forum LVI（March 1932）, p. 244.
5.41. （S=1:2500）Reprinted from The Architectural Record LXIII（March 1928）, p.272.
5.42. （S=1:2500, 1:5000）Reprinted from The Architectural Forum LVI（February 1932）, pp.114, 115, 120.

第 6 章

6.1. Reprinted from The Architectural Record LXIX（March 1931）, p.196.
6.2. （S=1:2500）Reprinted from James Ford, Slums and Housing II, plate 16B.
6.3. （S=1:600）Reprinted from Walter Stubler, Comfortable Homes in New York City at $ 9.00 a Room a Month, p.8.
6.4. Reprinted from The Architectural Record LII（August 1922）, p.135.
6.5. Reprinted from Architecture and Building LVI（May 1924）, plate 100.
6.6. Reprinted from City Housing Corporation, Sunnyside and the Housing Problem, p.31.
6.7. （S=1:12000）Reprinted from The Architectural Forum LVI（February 1932）, p.112.
6.8. Reprinted from New York State, Board of Housing, Report, 1930, p.70.
6.9. Reprinted from City Housing Corporation, Sunnyside and the Housing Problem, p.22.
6.10. （S=1:400）Reprinted from City Housing Corporation, Sunnyside and the Housing Problem, p.17.
6.11. Reprinted from The Architectural Record LXV（March 1929）, pp.220, 221.

6.12. （S=1:800）Reprinted from The Architectural Record LXV（March 1929），p.213.
6.13. Reprinted from Architecture XXXV（May 1917），pp.81-84.
6.14. Reprinted from The American Architect CXIII（May 22, 1918），pp.687-688.
6.15. （S=1:600）Reprinted from James Ford, Slums and Housing II, plate 16A.
6.16. （S=1:600）Reprinted from Real Estate Record and Builders' Guide XCIC（April 28, 1917），p.583.
6.17. （S=1:2500）Reprinted from James Ford, Slums and Housing II, plate 18A.
6.18. Reprinted from Queensboro XI（November 1925），p.642.
6.19. （S=1:600）Reprinted from The Architectural Record LXIII（March 1928），p.262.
6.20. Reprinted from The Architectural Forum LVI（March 1932），p.236.
6.21. Reprinted from The Architectural Forum LVI（March 1932），p.236.
6.22. Reprinted from Museum of Modern Art, Modern Architecture International Exhibition, p.198.
6.23. Reprinted from L'Illustration CLX（August 12, 1922），p.133.
6.24. Reworked from L'Esprit Nouveau No. 4, pp.465, 466.
6.25. Reprinted from Le Corbusier, Le Corbusier, p. III.
6.26. Reprinted from L'Architecture Vivante（Fall and Winter 1927），p.36.
6.27. Reprinted from Siegfried Giedion, Walter Gropius, plate 14.
6.28. Reprinted from Walter Gropius, Scope of Total Architecture, figure 40.
6.29. （S=1:600）Reprinted from Siegfried Giedion, Walter Gropius, p. 202.
6.30. （S=1:1200）Reprinted from The Architectural Record LXXI（March 1932），p. 194; New York Times, June 18, 1933, Sec XI and XII, p.2.
6.31. Reprinted from The Architectural Record LXXI（March 1932），p.195.
6.32. （S=1:4000）Reprinted from The Architectural Record LXXI（March 1932），p.196.
6.33. Reprinted from The Architecutral Record LXVII（January 1930），p.1.
6.34. （S=1:2000）Reprinted from Regional Plan Association, Inc., Regional Survey of New York and Its Environs, VI: 329.
6.35. Photograph by the author.
6.36. Reprinted from The Architectural Record LXXI（March 1932），p.190.
6.37. （S=1:400）Reprinted from Real Estate Record and Builders' Guide CXXVIII（October 17, 1931），p.7.
6.38. Drawn by Tracy Dillon.
6.39. （S=1:400）Reprinted from Real Estate Record and Builders' Guide CXXVI（December 13, 1930），p.7.
6.40. （S=1:1200）Drawn by Harry Kendall and George Schieferdecker.
6.41. （S=1:500）Drawn by Stephen Day.
6.42. （S=1:500）Drawn by Stefano Paci and Stephen Day.
6.43. （S=1:1200）Drawn by Amy Dreifus and Michele Noe.
6.44. （S=1:2000）Reprinted from The Architectural Record LXIII（March, 1928），p.232.
6.45. （S=1:12000）Reworked from City Housing Corporation, Sixth Annual Report, plate opposite p.1.

第 7 章

7.1. Reprinted from New York City Housing Authority, Tenth Annual Report, p.25; with drawing by the author.
7.2. （S=1:2500, 1:5000）Reprinted from Fred F. Freanch Management Company, Knickerbocker Village; and Clarence Arthur Perry, The Rebuilding of Blighted Areas, p.46.
7.3. （S=1:500）Reprinted from New York City Housing Authority, Housing: Cost Analysis, p.27.
7.4. （S=1:1200）Drawn by Tracy Dillon from a plan in James Ford, Slums and Housing, Plate 22A.
7.5. （S=1:600）Reprinted from Architecture LXXI（May 1935），p.249.
7.6. （S=1:2000, 1:10000）Reprinted from Architecture LXXI（May 1935），pp.247, 249, 250.
7.7. （S=1:6000）Reprinted from New York State, Board of Housing, Annual Report, 1934, p.26.
7.8. （S=1:2500）Reprinted from Flagg Court.
7.9. （S=1:4000）Reprinted from Pencil Points XIX（May 1938），p.282.
7.10. Reprinted from United States, Federal Emergency Administration of Public Works, Housing Division. Harlem River Houses.
7.11. （S=1:6000, 12000）Reprinted from Werner Hegemann, City Planning; Housing III: 141; with drawing by the author.
7.12. Reprinted from Werner Hegemann, City Planning; Housing III: p.141.
7.13. Reprinted from Werner Hegemann, City Plannning Housing III: p.140.
7.14. （S=1:2500）Reprinted from New York City Housing Authority, Proposed Low Rental Housing Project, Block 1670-Manhattan.
7.15. （S=1:6000）Redrawn from New York Housing Authority, Competition: Scrapbook of Placing Entries.
7.16. Reprinted from The Architectural Record LXXVII（March 1935），p.223.
7.17. Reworked from Frederick Ackerman and William Ballard, A Note on Site and Unit Planning, pp.42, 46.
7.18. （S=1:20000）Reprinted from Rutgers Town Corporation, Rutgers Town: A Low Cost Housing Plan for the Lower East Side.
7.19. Reprinted from The Architectural Record LXXVII（March 1935），p.155.
7.20. （S=1:2000）Reworked from The Architectural Record LXVII（March 1935），p.155.
7.21. Reprinted from New York City, Department of Parks, New Parkways in New York City, p. 16.

7.22. Reprinted from The Architectural Forum LXI (September 1934), p. 5.
7.23. (S=1:2500) Reprinted from The Architectural Record LXXX (October 1936), p. 286.
7.24. Reprinted from The Architectural Record LXII (April 1935), pp.284, 288.
7.25. Reprinted from The Architectural Forum LXII (April 1935), p.356.
7.26. Reprinted from United States Federal Public Housing Authority, Public Housing Design, p.32.
7.27. Reprinted from United States Federal Housing Administration, Architectural Planning and Procedure for Rental Housing, pp.17-18.
7.28. Reprinted from United States, Federal Housing Administration, Architectural and Rental Procedure for Rental Housing, p.8.
7.29. (S=1:6000) Redrawn from New York City Housing Authority, New York City Housing Authority, 1934-1936. Examples of Types of Work.
7.30. (S=1:6000) Reprinted from New York City Housing Authority, Tenth Annual Report, p.37.
7.31. (S=1:500, 1:800) Reprinted from The Architectural Forum LXIX (November 1938), pp. 406, 407.
7.32. (S=1:6000) Reprinted from Frederick Ackerman and William Ballard, A Note on Site and Unit Planning, p. 40.
7.33. (S=1:6000) Reprinted from New York City Housing Authority, Tenth Annual Report, p. 41.
7.34. Reprinted from Jose Luis Sert, Can Our Cities Survive?, p.39.
7.35. (S=1:6000) Reprinted from New York City Housing Authority, Tenth Annual Report, p.45.
7.36. (S=1:6000) Reprinted from New York City Housing Authority, Tenth Annual Report, p.61.
7.37. Reprinted from Le Corbusier, When the Cathedrals Were White, p.188.
7.38. Reprinted from The New Republic XCIV (April 6, 1938), p.276.
7.39. Reprinted from New York City Housing Authority, East River Houses, p.2.
7.40. (S=1:6000) Reworked from Pencil Points XXI (September 1940), p. 56.
7.41. (S=1:20000) Reprinted from CHPC Housing News VIII (July 1950), p.1.

第8章

8.1. (S=1:400) Reprinted from Museum of Modern Art, Tomorrow's Small House, p.12.
8.2. (S=1:12000) Reprinted from The Architectural Forum LXXI (December 1939), p.416.
8.3. (S=1:2500) Reprinted from The Architectural Forum LXXI (December 1939), p. 419.
8.4. (S=1:6000) Reworked from a map courtesy of the Stuyvesant Town Administration Office.
8.5. (S=1:400) Courtesy of the Stuyvesant Town Administration Office; and New York City Housing Administration, East River Houses, p.14.
8.6. (S=1:2500) Reprinted from CHC Housing News III (September 1944), p.4.
8.7. Reprinted from CHC Housing News (June-July 1943), p.5.
8.8. (S=1:600) Reworked from The Architectural Forum LXXVII (May 1942), p.140.
8.9. (S=1:12000) Reprinted from Pencil Points XXV (June 1944), p.87.
8.10. (S=1:4000) Reprinted from New York City Housing Authority, Tenth Annual Report, p.75.
8.11. (S=1:4000) Reprinted from New York City Housing Authority, Tenth Annual Report, p.78.
8.12. (S=1:600) Courtesy New York City Housing Authority.
8.13. Reworked from The Architectural Forum XC (June 1949), p.87.
8.14. Reprinted from New York City Committee on Slum Clearance Plans, North Harlem Slum Clearance Plan Under Title I of the Housing Act of 1949, pp.12-13.
8.15. (S=1:600) Reworked from New York City, Committee on Slum Clearance Plans, North Harlem Slum Clearance Plan Under title I of the Housing Act of 1949, p.5.
8.16. (S=1:2500) Courtesy New York City Housing Authority.
8.17. Reprinted from Le Corbusier, Oeuvre Complete, 1938-46, p.172.
8.18. (S=1:6000) Courtesy New York City Housing Authority.
8.19. Reprinted from New York State Division of Housing, Annual Report of the Commissioner of Housing to the Governor and the Legislature for the Year Ending March 31, 1950. Legislative Document No.14. 1950, p.22.
8.20. (S=1:6000) Courtesy New York City Housing Authority.
8.21. Reprinted from The Empire State Architect XIV (July-August 1954), p.9.
8.22. (S=1:20000) Drawn by Christine Hunter from Sanborn Map Company, Inc., Manhattan Land Book, 1978-79.
8.23. Drawn by Christine Hunter from plans courtesy of the New York City Housing Authority.
8.24. Reprinted from The Architectural Record CXXIV (July 1958), p.184.
8.25. Used with permission from the New York Public Library.
8.26. (S=1:300) Reworked from The Architectural Forum XCII (April 1950), p.134.
8.27. Reprinted from Bulletin of Atomic Scientists VII (September 1951), p.268.
8.28. Reprinted from United States, Federal Civil Defense Administration, Operation Doorstep, cover.
8.29. Reprinted from Collier's CXXVI (August 5, 1950), pp.12-13.

第9章

9.1. (S=1:6000, 1:12000) Drawn by Stephen Day from New York City Committee on Slum Clearance Plans, Manhattantown Slum Clearance Plan Under Title I of the Housing Act of 1949, p.10-11; and from Sanborn Map

Company, Inc., Manhattan Land Book 1985-86.
9.2. (S=1:12000) Reprinted from The American City LXIII (July, 1948), p.81.
9.3. (S=1:4000) Reprinted from The Architectural Record CVIII (September, 1950), p.133.
9.4. (S=1:4000) Courtesy of the Lefrack Organization, Inc.
9.5. (S=1:20000) Reprinted from Progressive Architecture LI (February, 1970), p.68.
9.6. (S=1:2500) Courtesy of Skidmore, Owings, and Merrill.
9.7. (S=1:2500) Courtesy of I.M. Pei and Partners.
9.8. Courteesty of Edvin Stromsten.
9.9. (S=1:6000, 1:12000) Redrawn by Stephen Day from Lawrence Halpern and Associates, New York New York, pp.16-19.
9.10. (S=1:4000) Courtesy of Davis, Brody and Associates.
9.11. Courtesy of Davis, Brody and Associates.
9.12. Courtesy of Richard Meier and Associates.
9.13. (S=1:2500) Reworked from Architecture and Urbanism No. 43 (July, 1974), p.67.
9.14. Courtesy of Pasanella and Klein.
9.15. Courtesy of Pasanella and Klein.
9.16. (S=1:12000) Drawn by Tracy Dillon from plans in Deborah Nevins, ed., The Roosevelt Island Housing Competition.
9.17. Reprinted from The Architectural Record CLIX (August, 1976), p.107.
9.18. (S=1:2500) Courtesy of Cabrera/Barricklo Architects.
9.19. (S=1:2500) Courtesy of Davis, Brody and Associates.
9.20. (S=1:4000) Courtesy of Thomas Hodne Architects, Inc.
9.21. (S=1:4000) Reprinted from Progressive Architecture LIV (July, 1975), p.61.
9.22. Reprinted from Deborah Nevins, ed., The Roosevelt Island Housing Competiton.
9.23. (S=1:2500) Reprinted from The Architectural Record CVL (January, 1969), p.105.
9.24. Courtesy of Davis, Brody and Associates.
9.25. (S=1:1200) Courtesy of John Ciardullo.
9.26. (S=1:6000) Reprinted from Museum of Modern Art, Another Chance for Housing, p.20.
9.27. Courtesy of Roger A. Cumming.
9.28. (S=1:5000) Reworked from Progressive Architecture LVII (March, 1976), 58:54.

第 10 章

10.1. (S=1:300) Courtesy of Richard Meier and Associates.
10.2. (S=1:400) Courtesy of Michael Schwarting.
10.3. TU
10.4. (S=1:400) Left: Courtesy of the Trump Organization; Middle: Reprinted from The New York Times (April 15, 1984), Sec. VIII, p.4; Right: Reprinted from The New York Times (December 2, 1984), Sec. VIII, p. 8.
10.5. (S=1:1000) Drawn by Jose Alfano from information courtesy of Johnson Burgee Architects.
10.6. (S=1:25000) Courtesy of Cooper Eckstat Associates.
10.7. Drawn by Wiebke Novack.
10.8. (S=1:800) Drawn by the author.
10.9. (S=1:600) Courtesy of Levinson/Thaler Architects.
10.10. (S=1:400) Drawn by Stephen Day from information compiled by Jeffery Schofield.
10.11. (S=1:1200) Courtesy of Rosenblum-Harb Architects.
10.12. (S=1:8000) Drawn by David Smiley from maps in the City Planning Commission, Community Planning Handbook, and information courtesy of Beyer, Blinder, Belle, Architects.
10.13. (S=1:12000) Drawn by David Smiley and Stephen Day from maps in the City Planning Commission, Community Planning Handbook, and from site inspection.
10.14. (S=1:400) Drawn by David Smiley and Stephen Day from information courtesy of James D. Robinson, Architect.
10.15. Photograph by the Author.
10.16. Photograph by the Author.
10.17. (S=1:12000) Drawn by Marta Gutman from information courtesy of the South Bronx Redevelopment Corporation.12
10.18. (S=1:500) Courtesy of Scully, Thoreson, Linard, Architects.
10.19. Drawn by Ludmilla Pavlova.

P.28 左下 Reprinted from James Ford, Slums and Housing, fig. 19c.
P.32 上 Photographed by Berenice Abbott, the Museum of the City of New York.
P.83 下 Photographed by Jacob Riis, the Museum of the City of New York.
P.96 上 Photographed by Charles von Urban, the Museum of the City of New York.
P.105 上 Photographed by J. P. Day, the New York Historical Society.

P.111 上	Library of Congress.	
P.115 上	Photographed by Irving Underhill, the Museum of the City of New York.	
P.127 下	Reprinted from James Ford, Slums and Housing, fig. 114b.	
P.143 右下	Reprinted from American Architect, October 29, 1913, 104:174.	
P.155 下	Reprinted from Forest Hills Gardens, Sage Foundation Homes Company, New York. New York, 1913.	
P.181 下	Reprinted from Architectural Forum, June 1919, 30:190.	
P.183 左下	Reprinted from Architecture and Building, June 1924, 56:120.	
P.183 右下	Reprinted from Architecture and Building, June 1924, 56:121.	
P.187 右下	Reprinted from Architecture and Building, June 1924, 56:124.	
P.189 上	Reprinted from Real Estate Record and Builder's Guide, April 12, 1924, 113:9.	
P.190 下	Photographed by Wurts Brothers, the Museum of the City of New York.	
P.191 右上	Reprinted from Architecture and Building, January, 1922, 54:2.	
P.201 下	Reprinted from Architectural Forum, March 1932, 56:244.	
P.202 左中	Reprinted from Architectural Forum, September 1930, 53:355.	
P.202 下	Reprinted from Architectural Forum, September 1930, 53:355.	
P.205 上	Reprinted from Architectural Record, March 1932, 71:202. Wurts Brothers.	
P.205 中	Reprinted from Architectural Forum, September 1930, 53:355.	
P.215 右上	City Housing Corporation.	
P.215 中	Reprinted from Architectural Forum, March 1932, 56:252.	
P.239 上	TU.	
P.241 上	Photographed by Wurts Brothers, Irwin S. Chanin.	
P.256 下	Reprinted from James Ford, Slums and Housing, fig. 130b.	
P.257 上	Reprinted from James Ford, Slums and Housing, fig. 129a.	
P.257 下	Reprinted from James Ford, Slums and Housing, fig. 128a.	
P.261 左中	Reprinted from James Ford, Slums and Housing, fig. 130a.	
P.261 右中	Reprinted from American Architect, February 1936, p23, photographed by Samuel Gottscho.	
P.263 下	Courtesy of National Archives and Records Administration.	
P.268 下	Courtesy of National Archives and Records Administration.	
P.288 下	New York City Housing Authority, New York, NY.	
P.309 上	New York City Housing Authority, New York, NY.	
P.339 下	Reprinted from Architectural Record, December 1949, 106:87.	
P.340 下	Reprinted from Architectural Record, September 1950, 108:132.	
P.342 下	Lefrak Organizations.	
P.343 下	Riverbay Corporation.	
P.345 下	Stoller, ©ESTO.	
P.346 左下	New York City Housing Authority, New York, NY.	
P.347 右上	TU.	
P.353 上	©Norman McGrath.	
P.357 右下	TU.	
P.360 左上	©Norman McGrath.	
P.358 左下	TU.	
P.377 下	Stoller, ©ESTO.	
P.382 左下	TU.	

欧文索引

A

Aaron, Henry　ヘンリー・アーロン　312
Absentee landlords　家主不在システム　27
Academy Housing Corporation　アカデミー・ハウジング・コーポレーション　200, 201
Ackerman, Frederick　フレデリック・アッカーマン　20, 165, 168, 177, 214, 215, 242, 255-257, 265, 267, 268, 272, 286, 289
Adler, Felix　フェリックス・アドラー　66
Albany Houses　オルバニー・ハウス　315, 316, 321
Alexander Cooper and Associates　アレクサンダー・クーパー・アソシエイツ　381-383
Alhambra, The　アルハンブラ　187
Allaire, James　ジェームズ・アレア　28
Allen, Arthur　アーサー・アレン　247
Amalgamated Clothing Workers of America　米国合同衣料労働組合　192, 195-197, 198, 206, 210, 211
Amalgamated Housing Corporation　合同ハウジング法人　193
American Architect and Building News　『アメリカン・アーキテクト・ビルディング・ニュース』誌　88
American Institute of Architects（AIA）　アメリカ建築家協会　18, 54, 96, 167, 201, 210, 300, 302, 304, 313
American Notes　『アメリカ日記』　82
American Society of Civil Engineers and Architects　アメリカ土木技術士建築家協会　18
American Society of Planners and Architects（ASPA）　米国プランナー・建築家協会　302, 313
Ansonia, The　アンソニア　111-113, 116
Antwerp Competition, see University of California at Berkeley　アントワープ・コンペティション　68
Appleton's Dictionary　アップルトン辞書　97
Appleton's Journal　『アップルトンズ・ジャーナル』誌　13, 14, 15, 101
Apthorp, The　アプソープ　111-114, 116, 131, 144, 257
Architectural Forum　『アーキテクチュラル・フォーラム』誌　278, 280, 302, 311, 315, 317
Architectural League of New York　ニューヨーク建築連盟　19, 302, 311
Architectural Planning and Procedure for Rental Housing（1938）　「賃貸ハウジングにおける建築計画と手順」　284
Architectural Record　『アーキテクチュラル・レコード』誌　274, 275
Armour Institute　アーマー・インスティチュート（イリノイ工科大学）　301
Aronovici, Carol　キャロル・アロノヴィチ　228, 300
Art Students' League　芸術学生連盟　19
Artists-Tenants Association　アーティスト・テナント協会　375, 376
Association for Improving the Condition of the Poor（AICP）　ニューヨーク貧民状況改善協会　29, 47, 63, 71, 136
Asterisk-type plan　星型　315, 316, 320, 321
Astor House　アスター・ハウス　99
Astor, Vincent　ヴィンセント・アスター　255
Astoria Ferry　アストリア・フェリー　151
Astoria　アストリア　149, 150, 158, 170, 184, 185
Astral Apartments　アストラル・アパートメント　134, 135

欧文索引　457

Atomic bomb　原子爆弾　329
Atterbury, Grosvenor　グローヴナー・アッタベリー　139, 143, 154-156, 265
Attia and Perkins　アッティア・アンド・パーキンズ　381
Attics　屋根裏　110, 326
Avant-garde, European　ヨーロッパ前衛派　229

B

Back-building　裏建物　36-38, 41, 50, 65, 82, 118
Bakema, Jakob　ヤコブ・バケマ　353
Baldwin, James　ジェームズ・ボールドウィン　308
Ballard, William F.　ウィリアム・F・バラード　270, 272, 287, 289, 290, 292, 315
Barr, Alfred H.　アルフレッド・H・バー・ジュニア　302
Barthe, Richard　リッチモンド・バルテ　264
Baruch Houses　バルク・ハウス　321, 322
Battery Park　バッテリー・パーク　352, 356, 357, 381-383
Battery Park City Authority　バッテリー・パーク・シティ公社　353, 356, 357, 381
Bauer, Catherine　キャサリン・バウアー　227, 270, 324
Bauhaus　バウハウス　276, 301
Bedford-Stuyvesant　ベッドフォード・スタイヴェサント　396
Beecher, Catherine　キャサリン・ビーチャー　20
Bel Geddes, Norman　ノーマン・ベル・ゲデス　282
Belnord, The　ベルノード　112, 114-116, 131, 144, 145, 257
Bendix Corporation　ベンディックス社　328
Benepe, Barry　バリー・ベネペ　365
Bensonhurst　ベンソン・ハースト　386
Beresford, The　ベレスフォード　239, 240
Berlin　ベルリン　178, 179, 187, 233, 384
Better Homes and Gardens　『ベター・ホームズ・アンド・ガーデンズ』誌　326
Beyer, Blinder, and Belle　ベイヤー・ブリンダー・アンド・ベル　390
Bien, Sylvan　シルヴァン・ビーン　289, 292
Bloor, Alfred J.　アルフレッド・J・ブルア　54, 55, 57
Bly, James F.　ジェイムズ・F・ブライ　264, 265
Bohemia　ボヘミア　61, 64, 117, 366
Bond, Ryder, James　ボンド・ライダー・ジェームズ　381, 388
Bonner, Hugh　ヒュー・ボナー　49
Bootleg hotels　密造ホテル　116, 118, 237, 238
Boston　ボストン　103, 300, 302
Bottle Alley　瓶型裏通り　84
Boulevard Gardens　ブールバード・ガーデンズ　254, 256, 257
Boyd, John Taylor, Jr.　ジョン・テイラー・ボイド・ジュニア　273, 274
Breuer, Marcel　マルセル・ブロイヤー　231, 233, 301, 302, 304, 311, 312, 316, 336
Bright, John Irwin　ジョン・アーウィン・ブライト　265
Brighton Beach Housing Competition　ブライトン・ビーチ・ハウジング設計競技　348
Bristed, Charles Astor　チャールズ・アスター・ブリステッド　92
Broadacre City　ブロードエーカー・シティ　235, 303
Bronx River Parkway　ブロンクス・リバー・パークウェイ　246
Brook Farm　ブルック・ファーム　32
Brookings Institution　ブルッキングズ研究所　312
Brooklyn College　ブルックリン・カレッジ　301
Brooklyn Heights　ブルックリン・ハイツ　32, 385
Brooklyn-Manhattan Transit（BMT）　BMT線　170, 171
Brounn and Muschenheim　ブラウン・アンド・ミューヘンハイム　269, 270

Brown, Archibald Manning　アーチボルド・マニング・ブラウン　262, 314
Brown, Denise Scott　デニス・スコット・ブラウン　344
Brown, Jack　ジャック・ブラウン　341, 342
Brownsville Houses　ブラウンズヴィル・ハウス　314, 315, 323-325, 351
Buckham, Charles W.　チャールズ・W・バッカム　118, 120
Buell, William P.　ウィリアム・P・ブエル　81
Builder, The　『ビルダー』誌　107
Building Zone Plan　ニューヨーク市建築形態規制＝ゾーニング法　57, 118, 162, 238
Bulletin of the Atomic Scientists　『原子力科学者会報』誌　358, 329
Bunshaft, Gordon　ゴードン・バンシャフト　302, 304, 315, 316, 318, 344
Burnham, Daniel　ダニエル・バーナム　67, 68, 347
Burton and Bohm　バートン・アンド・ボーム　290, 292

C

Cambridge Court　ケンブリッジ・コート　184, 185, 187
Camp Nigedaiget (Workers Cooperative Colony)　キャンプ・ニゲダイゲット　193
Can Our Cities Survive?　『我々の都市は生き延びられるか？』　318
Candilis, Josic, and Woods　カンディリス・ジョジック・ウッズ　353
Carey Gardens　ケアリー・ガーデンズ　396
Carrere and Hastings　カレール・アンド・ヘイスティングス　237
Carrere, John　ジョン・カレール　40
Carroll Gardens　キャロル・ガーデンズ　385
Carter, Jimmy　ジミー・カーター　394
Cathedral Ayrocourt　カテドラル・アイロコート　221
Cellars　地下室　25, 27, 28, 67, 81, 82, 84, 90, 287
Celtic Park Apartments　セルティック・パーク・アパートメント　260
Central Park　セントラル・パーク　34, 86, 87, 375
Central Park Apartments　セントラル・パーク・アパートメント　108, 109, 116, 239
Century, The　センチュリー　239, 240, 241, 243, 279, 378
Chadwick, Sir Edwin　シーザー・ペリ・アンド・アソシエイツ　379
Chandler, Charles F.　チャールズ・F・チャンドラー　54, 142
Chanin, Irwin S.　アーウィン・S・チャニン　238, 241, 279, 280
Charity Organization Society　慈善機構協会　62, 69, 71, 74, 140, 143
Charlotte Gardens　シャーロット・ガーデンズ　394-397
Charlottenburg, Berlin　シャーロッテンブルグ（ベルリン）　178, 179, 225
Chateau, The　シャトー　180, 183, 185, 209
Chelsea, The　チェルシー　104, 105, 190
Chermayeff, Serge　セルジュ・シェマイエフ　301, 302, 311, 346
Chicago　シカゴ　13, 14, 18, 67, 68, 148, 149, 152, 226, 236, 301
Chrystie-Forsyth Project　クリスティー・フォーサイス通りのプロジェクト　72, 173, 234
Churchill, Henry S.　ヘンリー・S・チャーチル　287, 290
Ciardullo-Ehrmann　シアードゥロ・エアマン　362, 363
Cigar-Maker's Union　葉巻製造業者組合　61
Citizens' Association of New York　ニューヨーク市民協会　47, 48, 123
Citizens Housing and Planning Council　市民ハウジング・プランニング理事会　367, 368, 369
City and Suburban Homes Company (CSHC)　シティ・アンド・サバーバン・ホームズ・カンパニー　135, 136, 138, 139, 143, 153
City Beautiful movement　シティ・ビューティフル運動　67, 228, 347
City Club of New York　ニューヨーク・シティクラブ　375
City Housing Corporation　シティ・ハウジング社　214, 217, 248, 249

Civil War 南北戦争 47, 91, 150, 392
Clark Buildings クラーク・ビルディング 135, 136, 139, 260
Clark, Edwin Severin エドウィン・セヴェリン・クラーク 103
Clarke, Gilmore D. ギルモア・D・クラーク 305-307
Clason Point Gardens クレイソン・ポイント・ガーデンズ 290, 292
Clauss and Daub クラウス・アンド・ダウブ 234, 235
Clerks' and Mechanics' House Company Limited 事務員機械工住宅会社 149
Cleveland クリーブランド 300
Clinton and Russell クリントン・アンド・ラッセル 111, 113
Colliers 『コリアーズ』誌 330, 331
Collins, Ellen エレン・コリンズ 130
Columbia Broadcasting System コロンビア放送網 278
Columbia College コロンビア・カレッジ 40
Columbia University コロンビア大学 164, 300, 301, 351
Columbian Exposition コロンビア博覧会 19, 67, 148, 149
Community and Privacy 『コミュニティーとプライヴァシー』 347
Company towns 企業町 152
Complexity and Contradiction in Architecture 『建築の多様性と対立性』 348
Coney Island コニー・アイランド 351, 390
Coney Island Town House Project コニーアイランド・タウンハウス 397
Confucius Plaza コンフューシャス・プラザ 358
Congrès internationaux d'architecture moderne (CIAM) 近代建築国際会議 225, 302, 316, 318
Congress of Industrial Organizations (CIO) 産業別組織会議 300
Conklin and Rossant コンクリン・アンド・ロッサント 356
Contextualism 文脈主義 353, 354, 358, 390, 391
Co-op City コープ・シティ 206, 310, 341-344, 357
Cooper Square クーパー・スクエア 364, 365
Cooper Square Committee クーパー・スクエア委員会 364
Cooper Union クーパー・ユニオン 164
Cooper, Edward エドワード・クーパー 131
Corbett, Harvey Wiley ハーヴィー・ワイリー・コーベット 236
Corinthian, The コリンシアン 380
Corlears Hook コルリアーズ・フック 273, 292
Corona, Queens コロナ（クイーンズ区） 158, 171
Cosmopolitan 『コスモポリタン』誌 110
Council of Hygiene and Public Health 公衆保健衛生委員会 48
Crime 犯罪 28, 82, 94, 322, 323, 351
Cross Bronx Expressway クロス・ブロンクス高速道路 343
Croton Aqueduct クロトン水道橋 24, 82, 86, 94
Crotona Park クロトナ・パーク 343
Crotona-Mapes Renewal Project クロトナ・メイプス再生プロジェクト 390
Crown Gardens クラウン・ガーデンズ 361, 362
Culture industry 文化産業 374

D

Da Cunha, George ジョージ・ダ・クーニャ 52, 53, 131, 132
Dakota, The ダコタ 103, 104, 106, 239
Dalhousie, The ダルハウジー 107, 116
David Rose Associates デイヴィッド・ローズ・アソシエイツ 365
David Todd and Associates デイヴィッド・トッド・アンド・アソシエイツ 358, 359, 362, 364

Davis, Andrew Jackson　アンドリュー・ジャクソン・デイビス　31, 188
Davis, Brody and Associates　デイヴィス・ブローディ・アンド・アソシエイツ　352, 358, 359, 361, 363, 381
Day, Joseph P.　ジョセフ・P・デイ　246
Death and Life of Great American Cities, The　『アメリカ大都市の死と生』　347
Decal Programs　デカル・プログラム　398, 399
Decentralization　分散化　328
Deco-Moderne style　デコモダン様式　227, 240, 243
Defensible Space　『まもりやすい空間』　351, 354
DeForest, Robert　ロバート・デフォレスト　74
Del Gaudio, Matthew　マシュー・デル・ガウディオ　264, 265
Delamarre, Jacques　ジャック・デラマール　238, 241
Delano and Aldrich　デラノ・アンド・アルドリッチ　165
Der Scutt　デア・スカット　379, 380
Derby, Nelson　ネルソン・ダービー　41, 55
Designers of Shelter in America (DSA)　米国シェルター設計者協会　301
Deutsch, Maurice　モーリス・ドイチュ　234, 255
Division of Defense Housing Corporation　国防住宅調整部門　299
Dominick, William F.　ウィリアム・F・ドミニク　285, 287
Dow, Olivia　オリビア・ダウ　20, 130
Draft Riots　ドラフト暴動　47
Dresden　ドレスデン　384
Dresser, George　ジョージ・ドレッサー　41, 42
Drug and Hospital Workers Union　保健医療労働者組合　359
Duboy, Paul　ポール・ドゥボイ　111, 112
Duenkel, Louis E.　ルイス・E・ドゥンケル　124, 125
Dumber Apartment (Paul Lawlence Dumber Apartment)　ダンバー・アパートメント　200-202, 263
Dutch West India Company　オランダ西インド会社　22
Dutchtown　ダッチタウン　88-90, 104, 106
Dyckman Houses　ダイクマン・ハウス　315, 316

E

East Brooklyn Coalition of Churches　イースト・ブルックリン教会連合　391
East Harlem　イースト・ハーレム　267, 268, 293-295, 322-324, 347, 348, 351, 352, 359, 389, 396
East Midtown Plaza　イースト・ミッドタウン・プラザ　358-360
East River Houses　イーストリバー・ハウス　290, 293, 294, 305, 308
East Tremont　イースト・トレモント　173, 394
East Village　イースト・ヴィレッジ　374, 376
Eastwood　イーストウッド　357, 358
Ecole de Beaux-Arts　エコール・デ・ボザール　19, 33, 39, 40, 67, 68, 69, 72, 73, 95, 164, 210, 213, 227, 228, 236, 300
Eldorado, The　エルドラド　238-240
Elliott Houses　イースト・トレモント　173, 394
Emergency Fleet Corporation　緊急艦隊公社　165, 166, 252, 274
Emergency Home Relief Bureau　家賃軽減基金　204, 205
Emerson, The　エマーソン　143
Emerson, William　ウィリアム・エマーソン　143
Emery Roth and Sons　エメリー・ロス・アンド・サンズ　164, 174, 237, 238, 239, 240, 243, 321
Emery, Charles　チャールズ・エメリー　67

Englehardt, Theodore H.　セオドア・H・エングルハート　256
English Tudor style　英国チューダー様式　210, 245
Epidemics　伝染病　16, 60, 385
Equitable Life Assurance Company　エクイタブル生命保険　304, 338
Erb, William E.　ウィリアム・E・エルブ　174, 175
Erie Canal　エリー運河　15
Esquire　『エスクワイヤー』誌　376
Evictions　立ち退き　18, 150, 166, 204-206, 217, 273, 324, 326, 343, 346, 349, 377, 387, 393, 394, 399

F

Fairlawn（New Jersey）　フェアローン（ニュージャージー州）　249
Farband Houses　ファーバンド・ハウス　194, 197, 199
Farband Housing Corporation　ファーバンド・ハウジング法人　193
Farragut Houses　ファラガット・ハウス　321
Farrar and Watmaugh　ファラー・アンド・ワトマー　188, 190
Federation of Architects, Engineers, Chemists and Technicians（FAECT）　建築家・技師・化学者・技術者連盟　300
Fellheimer, Wagner, and Vollmer　フェルハイマー・ワグナー・アンド・ヴォルマー　314, 316, 320
Felt, James　ジェームズ・フェルト　368
Ferriss, Hugh　ヒュー・フェリス　236, 338
Fifth Avenue Hotel　フィフス・アヴェニュー・ホテル　99
Fire Department　消防局　48, 58
Fire prevention　防火　15, 23, 25, 26, 29, 48, 51, 164, 261, 378
First Houses　ファースト・ハウス　255, 256, 321
Five Points　ファイブ・ポイント　81, 82, 84, 90, 91
Flagg Court　フラッグ・コート　261, 262
Flagg, Ernest　アーネスト・フラッグ　19, 60, 68-71, 74, 75, 112, 135, 136, 138, 139, 260-262
Flagg-type plan　フラッグ型　69-73, 76, 119, 120, 135-137, 139, 140, 143, 144, 174, 191, 222
Floor Area Ratio（FAR）　容積率　341
Flushing, Queens　フラッシング　151, 170
Ford, James　ジェームズ・フォード　19, 254
Fordham Hill Apartments　フォーダム・ヒル・アパートメント　339, 340
Forest Hills Gardens　フォレスト・ヒルズ・ガーデンズ　153-157, 222
Forest Hills West　フォレスト・ヒルズ・ウェスト　157, 158
Forman, Allen　アレン・フォアマン　64
Fort Green　フォート・グリーン　321, 385
Fouiboux, J. Andre　J・アンドレ・フイブー　278
Frampton, Kenneth　ケネス・フランプトン　354
François I style　フランソワⅠ世様式　110
Franzen, Ulrich　ウルリッヒ・フランツェン　381
Frappier, Arthur J.　アーサー・J・フラッピア　236
Frederic F. French Company　フレッド・F・フレンチ社　188, 256, 257, 273
French Flats　フレンチ・フラット　15, 94, 95, 99
Fresh Meadows　フレッシュ・メドウズ　337-339, 344
Frost, Frederick G.　フレデリック・G・フロスト　287, 314, 315
Fuller, Charles F.　チャールズ・F・フラー　262
Functionalism　機能主義　19, 55, 57, 68, 142, 209, 212, 213, 224-228, 270, 300

G

Garden City Company　ガーデン・シティ・カンパニー　150
Garden City, Long Island　ガーデン・シティ（ロングアイランド）　148-151, 157, 158, 228, 327, 338, 339
Garnier, Tony　トニー・ガルニエ　229
General Electric　ゼネラル・エレクトリック（GE）社　242, 279-281, 303, 328
General Mortors　ゼネラル・モーターズ（GM）社　282
Gentrification　高級化＝ジェントリフィケーション　374, 376, 378, 380, 385-387, 391
George Washington Bridge　ジョージ・ワシントン橋　249
German Cabinetmakers Association　ドイツ家具師協会　149
Gilbert, Cass　キャス・ギルバート　229
Gilman, Arthur　アーサー・ギルマン　102, 103
Ginsbern, Horace　ホラス・ギンズバーン　164, 186, 188, 210, 262, 269
Giovanni Passanella and Associates　ジョヴァンニ・パサネラ・アンド・アソシエイツ　355
Giurgola, Romaldo　ロマルド・ジオゴラ　381, 391
Glass block　ガラスブロック　242, 243
Goldberger, Paul　ポール・ゴールドバーガー　369
Golden, Robert E.　ロバート・E・ゴールデン　187
Goldhill Court　ゴールドヒル・コート　174
Goodelman, Aaron　アーロン・グーデルマン　198
Gotham Court　ゴッサム・コート　28, 29, 31, 41, 130
Gould, Elgin R. L.　エルギン・R・L・グールド　66, 110, 138
Governeur Morris Houses　ガバナー・モリス・ハウス　396
Graham Court　グラハム・コート　111
Gramercy Park　グラマシー・パーク　145
Grand Concourse　グランド・コンコース　170, 173, 196, 200, 343, 344
Graves and Duboy　グレイヴス・アンド・ドゥボイ　111, 112
Great Depression　大恐慌　66, 200, 202, 203, 205, 225, 226, 229, 252, 262, 266, 299, 302, 304, 349
Greater New York Charter (1897)　1897年大ニューヨーク憲章　58, 76, 169
Greater New York Tenants League　大ニューヨーク・テナント同盟　166
Green Acres　グリーン・エイカーズ　279
Greenwich Village　グリニッジ・ヴィレッジ　345, 364, 366
Greystone, The　グレイストーン　179-181, 186, 187
Griffin, Percy　パーシー・グリフィン　72, 73, 136, 153, 154
Griscom, John H.　ジョン・H・グリスコム　26, 27, 62
Gropius, Walter　ワルター・グロピウス　231-233, 235, 276, 284, 301, 302, 304, 316, 336
Gruen, Victor　ヴィクター・グルーエン　366
Gruzen Partnership　グルーゼン・パートナーシップ　379, 381
Gun Hill Houses　ガンヒル・ハウス　315, 316

H

Haesler, Otto　オットー・ヘスラー　225, 226
Haight House　ハイト・ハウス　100
Halpern, Lawrence　ローレンス・ハルプリン　349, 350
Hamburg　ハンブルグ　210
Hamlin, Talbot　タルボット・ハムリン　264
Hardenbergh, Henry　ヘンリー・ハーデンバーグ　103, 106
Harder, Julius F.　ジュリアス・F・ハーダー　147
Harlem River Houses　ハーレム・リバー・ハウス　254, 262-264, 277, 285
Harper's New Monthly　『ハーパーズ・ニュー・マンスリー』誌　108

Harrison and Abramovits　ハリソン・アンド・アブラモヴィッツ　356
Harrison, Wallace K.　ウォーレス・K・ハリソン　278, 302
Hartley Dwellings　ハートリー住宅　142
Harvard University　ハーバード大学　164, 301, 318, 346, 357
Haskell, Llewellyn　ルウェリン・ハスケル　31
Haussmann, Baron　オースマン　94
Hayes Avenue Apartments　ヘイズ・アヴェニュー・アパートメント　184
Healey, Thomas　トーマス・ヒーリー　189
Heart of the City, The　『都市の中心』　318
Heights restrictions　高さ制限　117, 120, 237, 386
Henkel, Paul R.　ポール・R・ヘンケル　174, 175
Highway　高速道路　32, 246, 276, 279, 282, 312, 338, 341, 343, 375, 381, 399
Hilbersheimer, Ludwig　ルドヴィグ・ヒルベルザイマー　231
Hillside Homes　ヒルサイド・ホームズ　254, 259-261, 362
Hiroshima　ヒロシマ　330
Hiss and Weeks　ヒス・アンド・ウィークス　112, 114
Historic Preservation　歴史保存運動　376
Hitchcock, Henry Russell, Jr.　ヘンリー・ラッセル・ヒッチコック・ジュニア　226-229, 302
Hoddesdon, England　ホデスドン　318
Hodne Associates　ホドニー・アソシエイツ　347
Hohauser, William I.　ウィリアム・I・ホハウザー　286, 287
Holden, Arthur　アーサー・ホールデン　264, 265, 273
Holden, McLaughlen and Associates　ホールデン・マクラウラン・アンド・アソシエイツ　255
Holland Tunnel　ホランド・トンネル　249
Home Buildings　ホーム・ビルディング　125, 126, 127
Home ownership　住宅所有　153, 253, 277, 278, 312, 313, 328, 378, 391, 393, 396
Homeless　ホームレス　399
Homewood　ホームウッド　153, 154, 190, 191, 209
Hone, Philip　フィリップ・ホーン　26
Hood, Raymond　レイモンド・フッド　177, 236
Hoover administration　ハーバート・フーバー政権　253
Horowits and Chun　ホロヴィッツ・アンド・チャン　358
Hotel Pelham　ホテル・ペラム　103
Housing and Community Development Act (1974)　ハウジング地域開発法　373
Housing and Development Administration (HDA)　住宅開発局　349
Housing and Home Finance Agency　住宅金融局　283
Housing and Recreation (Moses)　「ハウジングとレクリエーション」　283
Housing and Redevelopment Board (HRB)　ハウジング再開発委員会　325
Housing Development Action Grants　ハウジング開発実行補助金　373
Housing Study Guild　「ハウジング研究会」　272
How the Other Half Lives　『残りの半分はどのように生きているか』　62, 84, 85
Howard, Ebenezer　エベネザー・ハワード　157, 186
Howe and Lescaze　ハウ・アンド・レスケイズ　233, 234, 236, 255, 273
Howe, George　ジョージ・ハウ　233, 302
Howells and Stokes　ハウエルス・アンド・ストークス　143
Hubert Home Clubs　ヒューバート・ホーム・クラブ　104
Hubert, Philip　フィリップ・ヒューバート　103, 104, 107
Hubert, Pirsson, and Company　ヒューバート・ピアソン・アンド・カンパニー　103, 104, 108, 145, 146
Hudnut, Joseph　ジョセフ・ハドナット　300, 301

Hudson View Gardens　ハドソン・ヴュー・ガーデンズ　188, 189
Hunt, Richard Morris　リチャード・モリス・ハント　15, 19, 33, 39, 95, 100, 101, 110, 117
Hutaff, Richard　リチャード・フタフ　258, 259

I

I. M. Pei and Partners　I・M・ペイ・アンド・パートナーズ　302, 344, 346
Illinois Institute of Technology　イリノイ工科大学　301
Immigrants　移民　17, 26, 62, 64, 84, 158, 162, 164, 194
Improved Dwellings Association　改善住宅協会　131-133
Improved Dwellings Company　改善住宅会社　123, 124, 134
Improved Housing Council of the Association for the Improving the Condition of the Poor　改善ハウジング委員会　69, 70, 135, 136, 138
Independence Houses　インデペンデンス・ハウス　350
Independent Subway System　IND線　170
Indian style　インド風　209
Infill housing　インフィル＝充填　351, 362, 364, 381, 389, 390
Institute for Architecture and Urban Studies　建築都市研究所　362, 364
Insurance companies　保険会社　192, 193, 198, 217, 304, 307, 385
Interborough Rapid Transit Corp.（IRT）　IRT線　111, 170, 171
International Congress on Low Cost Housing（1897）　低コストハウジング国際会議　56
International Ladies Garment Workers Union　国際女性衣料労働組合　195
International Regional Planning Conference（1925）　国際地域計画会議　186
International style　国際様式　225, 226, 228, 233, 304, 362
Irving Park　アービング・パーク　32
Iser, Gustav W.　グスターヴ・W・アイザー　255
Italian Renaissance style　イタリア・ルネッサンス様式　116

J

J. M. Kaplan Fund　J・M・カプラン基金　376
Jackson Heights, Queens　ジャクソンハイツ（クイーンズ）　170, 171, 178-181, 184-186, 222, 223, 225, 244, 245, 247
Jacob Riis Houses　ジェイコブ・リース・ハウス　309
Jacobs, Jane　ジェイコブ・リース　28, 62, 63, 84, 85
Jahansen, John M.　ジョン・M・ヨハンセン　302
James Stewart Polshek and Partners　ジェームズ・スチュアート・ポルシェック・アンド・パートナーズ　381
James, Bond Ryder　ボンド・ライダー・ジェームズ　381, 388
Japanese style　日本様式　209
Jardine, Murdock and Wright　ジャーディン・マードック・アンド・ライト　255
Jefferson Market Courthouse　ジェファーソン・マーケット裁判所　376
Jenkins, Helen Hartley　ヘレン・ハートリー・ジェンキンズ　142
Jessor, Herman J.　ハーマン・ジェッサー　193, 194, 210, 337, 341-343
Jewish National Workers Alliance of America（Natsionaler Yiddisher Arbeter Farband）　ユダヤ系全国労働者同盟　193, 194
John Burgee　ジョン・バージー　356, 357
Johnson, James Boorman　ジェイムズ・ブアマン・ジョンソン　33
Johnson, Philip　フィリップ・ジョンソン　226, 227, 302, 303, 356, 357

K

Kahn, Louis　ルイス・カーン　302
Kaplan, Richard　リチャード・カプラン　361, 362
Karl Marx Hof　カール・マルクス・ホフ　210, 211

Katan, Roger　ロジャー・カタン　351
Kaufman, Edgar, Jr.　エドガー・カウフマン・ジュニア　302
Kellum, John　ジョン・ケラム　90, 91, 149, 150
Kennedy, John F.　ジョン・F・ケネディ　351
Kennedy, Robert G.　ロバート・G・ケネディ　52, 53
Kessler S. J. and Sons　S・J・ケスラー　344, 345
Kew Gardens, Queens　キュー・ガーデンズ　158, 209
King and Campbell　キング・アンド・キャンベル　189, 191
Kips Bay Plaza　キップス・ベイ・プラザ　344-346
Klaber, John J.　ジョン・J・クレイバー　255
Klein, Joseph　ジョセフ・クライン　244, 246
Knickerbocker Village　ニッカーボッカー・ヴィレッジ　252, 254-258, 364
Koch, Carl　カール・コッホ　302, 313
Koch, Edward　エドワード・コッチ　358
Korn, Louis　ルイス・コーン　119, 120
Kreymbourg, Charles　チャールズ・クレーンボーグ　174, 175, 186

L

Labor Homes Building Corporation　労働者住宅建設法人　195
Ladies Home Journal　『レディース・ホーム・ジャーナル』誌　277, 278, 280, 303
LaGuardia, Fiorello　フィオレーロ・ラガーディア　273, 283
Lamb and Rich　ラム・アンド・リッチ　134, 135
Lambert Houses　ランバート・ハウス　361, 363
Land costs　地価（土地コスト）　85, 91, 92, 127, 129, 161, 162, 164, 169, 187, 191, 215, 237, 283, 290, 337, 344
Land speculation　土地投機（不動産投機）　20, 42, 43, 69, 75-77, 85, 86, 89, 151, 166, 191, 237, 374
Landlords　家主（大家）　26, 27, 28, 54, 166, 205, 206, 341, 386
Lanham Act (1941)　ラーナム法（1941年）　299
Laurel, The　ローレル　179
Lavanburgh Foundation　ラヴァンバーグ財団　200
Lavanburgh Homes　ラヴァンバーグ・ホームズ　200, 201
Le Corbusier　ル・コルビュジェ　229-234, 290, 292, 293, 310, 318, 319, 335, 344, 347, 355-358
Lear, John　ジョン・リアー　330
Lefrak City　レフラック・シティ　341, 342
Lefrak, Samuel J.　サミュエル・J・レフラック　341
Lengh, Charles　チャールズ・レング　243
Leonard Schultze and Associates　レナード・シュルツ・アンド・アソシエイツ　339, 340
Lescaze, Holden, McLaughlan and Associates　レスケイズ、ホールデン・マクラウラン・アンド・アソシエイツ　273
Lescaze, William　ウィリアム・レスケイズ　233, 264, 265, 267, 314
Levenson-Thaler Associates　レヴェンソン・テイラー・アソシエイツ　388
Levitt and Sons　レヴィット・アンド・サンズ　326, 327
Levitt, William　ウィリアム・レヴィット　326
Levittown　レヴィットタウン　326-328, 395
Lichtenstein, Schuman, Claman, and Efron　リキテンシュタイン・シューマン・クレイマン・アンド・エフロン　379, 380
Limited Dividend Housing Companies Law (1926)　配当限度付きハウジング社法（1926年）　192, 195, 197, 200, 253
Limited Profit Housing Companies Law (1955): see also Mitchell-Lama program　有限利益ハウジング会社法（1955年）　336

Lincoln Center　リンカーン・センター　383
Lincoln West project　リンカーン・ウェスト　383
Linden Court　リンデンコート　180, 181, 183, 185
Lindsay, John　ジョン・リンゼー　349, 367, 368
Litchfield, Electus D.　エレクタス・D・リッチフィールド　286, 287
Llewellyn Park, New Jersey　ルウェリン・パーク　31, 32, 149
Loft buildings　ロフト（倉庫）建築　374-378, 388, 389
Logue, Edward　エドワード・ローグ　394
London　ロンドン　15, 40, 107, 122, 124, 130, 134, 135, 178
London County Council　ロンドン郡評議会　178
London Terrace　ロンドンテラス　188, 190
Long Island　ロング・アイランド　20, 149, 150, 151, 158, 249, 254, 277, 279, 280, 326, 327, 338, 341, 395
Long Island City, Queens　ロング・アイランド・シティ　150, 151, 192, 193, 212, 215, 234, 235, 261
Long Island Railroad　ロングアイランド鉄道　151, 154, 157, 158
Long Island State Park Commission　ロングアイランド州立公園委員会　249
Lower Manhattan Expressway　ロウアー・マンハッタン高速道路　375

M

MacDougal, Edward A.　エドワード・A・マクドゥーガル　171
MacKay, John W., Jr.　ジョン・マッケイ　110
Majestic, The　マジェスティック　238, 239, 279, 379
Major Deegan Expressway　メジャー・ディーガン高速道路　399
Manhattan House　マンハッタン・ハウス　344, 345
Manhattan Plaza　マンハッタン・プラザ　358, 359, 369
Manhattan Valley　マンハッタン・ヴァレー　387-389
Manhattan Valley Development Corporation　マンハッタン・ヴァレー開発公社　387
Manhattan Valley Townhouses　マンハッタン・ヴァレー・タウンハウス　388, 389
Manhattanization　マンハッタン化　341
Maniewich, Abraham　アブラハム・マニエウィッチ　198
Marcus Garvey Park Village　マーカス・ガーヴィー・パーク・ヴィレッジ　362, 364
Margon and Holder　マーゴン・アンド・ホルダー　238
Mariner's Harbor　マリナーズ・ハーバー　165
Marseilles Unite (Le Corbusier)　マルセイユのユニテ　319, 335, 344
Marshall Plan　マーシャル計画　318
Martoranto, Felix　フィリックス・マートラノ　348
Massachusetts Institute of Technology　マサチューセッツ工科大学（MIT）　40
Matz, J. Raymond　J・レイモンド・メイツ　364, 367
Mayan Deco style　マヤデコ調　186, 210, 239
Mayor's Committee on Slum Clearance　スラム除去市長委員会　294, 317, 318, 336, 337, 345, 349
McCarthy, W. T.　W・T・マカーシー　286, 287
McFadden, Howard　ハワード・マクファデン　255
McKim, Charles Follen　チャールズ・フォレン・マッキム　19, 40
Meier, Richard　リチャード・マイヤー　353, 354, 377, 381, 390
Mesa Verde, The　メサ・ヴェルデ　222-225, 240, 241, 243
Metropolis of Tomorrow, The　『明日のメトロポリス』　233, 236
Metropolitan Association　メトロポリタン・アソシエーション　123
Metropolitan Board of Health, see New York City Board of Health　メトロポリタン衛生局　49
Metropolitan Life Insurance Company　メトロポリタン生命保険会社　192, 193, 198, 304

欧文索引　467

Metropolitan Museum of Art　メトロポリタン美術館　376
Mews　路地＝ミューズ　28, 41, 42, 189, 191, 362, 364
Mies van der Rohe, Ludwig　ルートヴィッヒ・ミース・ファン・デル・ローエ　301
Miller, Julius　ジュリアス・ミラー　243
Mitchell, Giurgola　ミッチェル・ジョゴラ　381
Mitchell-Lama program　ミッチェル・ラマ・プログラム　335-337, 341, 352, 367-369
Model Housing Law, A (Veiller)　モデル・ハウジング法　237
Modern Housing　『モダン・ハウジング』　270
Moholy-Nagy, Laszlo　ラズロ・モホリ・ナギ　301
Monroe Model Tenement　モンロー　132, 133
Montana, The　モンタナ　378, 379
Moore, Charles　チャールズ・ムーア　369, 370, 381
Moorish style　ムーア風　209
Morgen Freiheit　『モーゲン・フライハイト』紙　197
Mortality rates　死亡率　17, 63
Mortgage　抵当ローン　198, 217, 278, 284, 337, 368, 369, 396
Morton, George W.　ジョージ・W・モートン　39
Moscowitz, Jacob　ジェイコブ・モスコヴィッツ　286, 287
Moses Robert　ロバート・モーゼス　249, 255, 276, 277, 283, 293, 294, 305, 309, 318, 336, 337, 341, 346, 349, 366, 375, 383
Mott Haven, Bronx　モット・ヘヴン（ブロンクス）　362
Mulberry Bend　マルベリー・ベンド　82-85, 88
Multiple Dwelling Law (1929)　複合住居法（1929年）　57, 120, 236-239, 241, 243, 257, 258, 375, 378, 379
Mumdord, Lewis　ルイス・マンフォード　19, 217, 227, 265, 309, 335, 338
Municipal Art Society　市芸術協会　19
Municipal Housing Authorities Law (1934)　都市住宅公社条例　254
Murphy-Jahn　マーフィー・ヤーン　383
Museum of Modern Art　ニューヨーク近代美術館　225, 226, 234, 267, 301, 303, 348, 379

N

Nation, The　『ネーション』紙　376
National Better Homes in America　ナショナル・ベターホームズ・イン・アメリカ　278
National Board of Health　全国保健省　62
National defense　国防　299, 330
National Endowment for the Arts (NEA)　全米芸術基金　377
National Housing Act (1941)　全国住宅法（1941年）　299
National Housing Act (1961)　全国住宅法（1961年）　337
National Housing Agency　全国住宅局　282, 299, 313
National Housing Association　全国ハウジング協会　228
National Industrial Recovery Act (1933)　全国産業復興条例　254
Nehiamiah Houses　ニアマイア・ハウス　391, 392, 393
Neo-classicism　新古典主義　399
Neutra, Richard　リチャード・ノイトラ　281, 302
New Bauhaus　新バウハウス　301
New Deal　ニューディール　35, 153, 165, 249, 254, 255, 262, 264, 276, 277, 282, 300, 302, 312
New Deal Treasury Art Projects Program　ニューディール公庫芸術プロジェクト　264
New Law Tenements　新法テナメント　119, 173, 263, 388, 396
New York Association for Improving the Condition of the Poor (AICP) see Association for Improving the Condition of the Poor　ニューヨーク貧民状況改善協会　29
New York City Board of Estimate　ニューヨーク市予算委員会　307

New York City Board of Examiners　ニューヨーク市審査局　49
New York City Board of Health　ニューヨーク市保健局　24, 25, 47, 58, 59, 62, 65, 134
New York City Common Council　ニューヨーク市議会　24, 25, 35, 47, 82, 86, 349, 367
New York City Department of Buildings　ニューヨーク市建設局　54, 58
New York City Department of Housing Preservation and Development　ニューヨーク市住宅保存開発局　398
New York City Department of Parks　ニューヨーク市公園局　255, 277, 283, 284
New York City Department of Survey and Inspection of Buildings　ニューヨーク市建物調査監察局　49
New York City Housing and Redevelopment Board, (HRB)　ニューヨーク市ハウジング再開発評議会　349, 365
New York City Housing Authority Technical Division　ニューヨーク市住宅公社技術スタッフ　256, 265, 267, 268, 286, 289
New York City Housing Authority, (NYCHA)　ニューヨーク市住宅公社　254, 283
New York City Housing Partnership　ニューヨーク市ハウジング・パートナーシップ　396
New York City Planning Commission　ニューヨーク市都市計画理事会　367
New York Daily Tribune　『ニューヨーク・デイリー・トリビューン』紙　37
New York Life Insurance Company　ニューヨーク生命保険会社　304, 338, 344
New York Magazine　『ニューヨーク』誌　386
New York Post　『ニューヨーク・ポスト』紙　206, 343
New York Regional Plan (1929)　ニューヨーク地域計画　249
New York Ring　ニューヨーク・リング　384
New York Sanitary Reform Society　ニューヨーク衛生改革ソサエティ　52
New York State Board of Housing　ニューヨーク州ハウジング理事会　253
New York State Commissioner's Plan of 1811　コミッショナーズ・プラン　16, 35, 77
New York State Council on the Arts (NYSCA)　ニューヨーク州芸術評議会　376, 377, 389
New York State Housing Board　ニューヨーク州ハウジング評議員会　192
New York State Housing Law (1926)　ニューヨーク州ハウジング法　254
New York State Insurance Code　ニューヨーク州保険規約　192
New York State Mortgage Agency　ニューヨーク州抵当局　395
New York State Reconstruction Commission　ニューヨーク州再建委員会　177, 178, 180
New York State Tenement House Committee (1884)　ニューヨーク州テナメント研究会　48
New York State Urban Development Corporation (UDC)　ニューヨーク州都市開発公社　350, 361
New York Times　『ニューヨーク・タイムズ』紙　52, 84, 86, 126, 309, 368, 369, 397
New York World's Fair (1939)　ニューヨーク万国博　282
Newman, Oscar　オスカー・ニューマン　322, 323, 351, 354
Noonan Plaza　ヌーナン・プラザ　186, 188, 210
Note on Site and Unit Planning, A　『敷地と住戸の計画について』　270, 272

O

Ohm, Philip　フィリップ・オーム　136, 139
Old Law Tenement　旧法テナメント　50, 54, 58, 63, 126, 162, 166, 168, 237, 263, 388
Olmstead, Frederick Law,　フレデリック・ロー・オルムステッド　40, 86, 87, 154, 155, 156
One Hundred United Nations Plaza　国連プラザ通り100番地　380
Open Stair Dwellings and Company　外部階段住宅会社　142-144
Open Stair Tenement Company　外部階段テナメント会社　142
Osborn, The　オズボーン　107

欧文索引　469

P

Palazzo-type plan　パラッツォ型　34, 103, 112, 116, 161, 188
Panuch Report（1960）　パヌーク・レポート　325
Panuch, J. Anthony　J・アンソニー・パヌーク　349
Paris　パリ　19, 33, 40, 64, 67, 69, 70, 94, 96, 101, 103, 116, 178, 227, 240, 318, 376
Park Slope　パークスロープ　385, 396
Parkchester　パークチェスター　304-306, 307, 310, 338
Parker, Louis N.　ルイス・N・パーカー　189
Parking　駐車場　181, 221, 247, 329, 344
Parkside Houses　パークサイド・ハウス　315, 316
Pasanella and Klein　パサネラ・アンド・クライン　364
Paul Lawrence Dunber Apartments　ポール・ローレンス・ダンバー・アパートメント　200, 202, 263
Peabody Trust　ピーボディー・トラスト　123, 134, 135
Peabody, Elizabeth　エリザベス・ピーボディー　32
Peabody, George　ジョージ・ピーボディー　134
Peace movements　平和運動　228
Pei, I. M., see also I. M. Pei and Partners　I・M・ペイ　302, 304, 344, 346
Pelham Parkway　ペラム・パークウェイ　173, 187
Pelham, George F.　ジョージ・ペラム　119, 120, 187, 189
Penn Station South　ペン・ステーション・サウス　337, 349, 350
Pennell, Richard　リチャード・ペネル　25
Pennsylvania Station　ペンシルヴァニア駅　154, 158, 376
Penthouse　ペントハウス　380
Perkins and Will　パーキンズ・アンド・ウィル　364, 366, 367
Perret, Auguste　オーギュスト・ペレ　229-231
Peter Cooper Village　ピーター・クーパー・ヴィレッジ　304, 305
Phelps Stokes Fund　フェルプス・ストークス基金　143, 176, 177, 258, 259, 271
Philadelphia　フィラデルフィア　52, 123, 129, 300, 302
Phipps Garden Apartments　フィップス・ガーデン・アパートメント　202, 204, 205, 214, 218, 259, 362, 363
Phipps Houses　フィップス・ハウス　361, 363
Phipps, Henry　ヘンリー・フィップス　139
Photojournalism　写真ジャーナリズム　62
Pike, Benjamin, Jr.　ベンジャミン・パイク・ジュニア　151
Planning the Site（USHA）　『敷地を計画する』　284
Plaza Borinquen　プラザ・ボリンクエン　362, 363
Plumber and Sanitary Engineer　『配管工と衛生技師』誌　50-52
Polshek, James Stewart　ジェームズ・スチュアート・ポルシェック　381
Pomander Walk　ポマンダー・ウォーク　189, 191
Poor, Alfred Easton　アルフレッド・イーストン・プアー　285, 287, 293
Porte cochere　ポルテ・コシェール＝馬車出入口　69, 70
Post, George　ジョージ・ポスト　41, 42
Potter, Edward T.　エドワード・T・ポッター　19, 41, 42, 55-58, 118, 126, 142, 164, 189, 223, 362
Pratt Institute　プラット・インスティテュート　164
Prefabricated　プレハブ　156, 278, 351, 395, 396
Prentice, Chan, and Olhausen　プレンティス・チャン・アンド・オルハウゼン　355
President's Conference on Home Building and Home Ownership（1931）　住宅建設所有大統領会議　253
Price, Bruce　ブルース・プライス　92, 93, 97, 98
Price, Thompson　トンプソン・プライス　28

Princeton University　プリンストン大学　164
Profitability　収益性　43, 54, 176, 386
Property tax　不動産税　84, 192, 337
Public health　公衆衛生　16, 24
Public Housing Administration　公営ハウジング局　283, 313
Public Housing Design (USHA)　「公営ハウジング・デザイン」　284
Public Housing: costs vs. design　公営住宅　284, 313
Public Works Administration (PWA)　公共事業局　254

Q
Quand les cathedrales etaient blanches　『伽藍が白かったとき』　293
Queen Anne style　アン女王朝様式　189
Queensboro Bridge　クイーンズボロー橋　151, 158, 171, 279
Queensboro Corporation　クイーンズボロー社　170, 171, 178-187, 244, 245
Queensbridge Houses　クイーンズブリッジ・ハウス　266, 287-291
Queenstown　クイーンズタウン　273

R
Racism　人種差別　307, 308, 309
Radburn　ラドバーン　248, 249, 279, 280
Rafford Hall　ラッフォード・ホール　120
Reagan, Ronald　ロナルド・レーガン　373, 394
Real Estate Board of New York　ニューヨーク不動産評議員会　167
Real Estate Record and Builder's Guide　『不動産記録と案内』誌　241
Reconstruction Finance Corporation (RFC)　復興金融公社　253, 274
Red Hook Houses　レッド・フック・ハウス　266, 285, 286, 287, 288
Red Hook　レッド・フック　286, 287, 290, 321, 362, 385
Rego Construction Company　レゴ建設会社　158
Rego Park, Queens　レゴ・パーク　158
Rehabilitation　修復再生　255, 373, 387, 388, 391
Rensselaer Polytechnic Institute　レンセラー工科大学　18, 127
Report of the Council of Hygiene　衛生局報告書　48, 124
Ribbon forms　リボン型　271, 284
Richardson, Henry Hobson　ヘンリー・ホブソン・リチャードソン　40, 229, 307
Riis, Jacob　ジェイコブ・リース　28, 62, 63, 83, 84, 85, 146
Riley, Champlain L.　シャンプレーン・L・ライリー　142
Riots　暴動　47, 110, 138, 150
Ritch, John W.　ジョン・W・リッチ　29, 30
Ritz Tower　リッツ・タワー　236
Riverbend Houses　リバーベンド・ハウス　352, 353
Rivercross　リバークロス複合団地　358
Riverside Buildings　リバーサイド・ビルディング　144, 145, 146
Riverton　リバートン　304, 307, 308
Robbins, Ira D.　アイラ・D・ロビンス　375, 391-394
Roberts, Henry　ヘンリー・ロバーツ　123, 124
Robin, Edwin J.　エドウィン・J・ロビン　286, 287
Robinson, Allan　アラン・ロビンソン　191
Robinson, Charles Mulford　チャールズ・マルフォード・ロビンソン　67
Robinson, James L.　ジェームズ・L・ロビンソン　391-393
Rockefeller Center　ロックフェラー・センター　236
Rockefeller family　ロックフェラー家　266
Rockefeller, David　デイビッド・ロックフェラー　110, 391

Rockefeller, John D., Jr.　ジョン・D・ロックフェラー・ジュニア　196, 199, 200, 202
Rockefeller, Nelson　ネルソン・ロックフェラー　318, 341
Rogers and Hanneman　ロジャーズ・アンド・ハネマン　245
Rogers Model Dwellings　ロジャーズ・モデル住居　143
Rookery　ロッカリー　36-38, 81, 82, 84, 88-90
Roosevelt Island　ルーズヴェルト島　352, 353, 357, 358
Roosevelt Island Competition　ルーズヴェルト島ハウジング設計競技　360, 361
Roosevelt, Franklin D.　フランクリン・D・ルーズヴェルト　299
Roosevelt, Theodore　セオドア・ルーズベルト　61, 62
Rosenblum-Harb Architects　ローゼンブラム・ハーブ・アーキテクツ　288, 289
Rosenfield, Zachary　ザカリー・ローゼンフィールド　323, 324
Roth, Emery　エメリー・ロス　164, 174, 237-240, 243, 321
Rothenberg Housing, Kassel　ローテンブルグ・ハウジング（カッセル）　225, 226
Rowe, Colin　コーリン・ロウ　354
Ruberoid Corporation　ルーベロイド社　347, 348
Russell Sage Foundation　ラッセル・セイジ財団　153, 155, 156
Rutgers Town　ラトガーズ・タウン　274, 289, 322
Rutgers Town Corporation　ラトガーズ・タウン・コーポレーション　273

S

Saarinen, Eero　エーロ・サーリネン　302, 304
Saarinen, Eliel　エリエル・サーリネン　186
Sage, Russell　ラッセル・セイジ　110, 153
Sajo, Stefan S.　ステファン・S・サヨ　210
San Remo　サンレモ　238, 239, 379, 394
Saratoga, The　サラトガ　379
Sass and Smallheiser　サス・アンド・スモールハイザー　138
Savings and Loan associations　貯蓄銀行とローン組合　129
Sawtooth geometry　鋸歯　218, 220, 221, 223, 264
Scenography　情景創作　209
Schafer, Charles, Jr.　チャールズ・シェーファー・ジュニア　244, 245
Schickel, William　ウィリアム・シッケル　133, 134
Schiment, Michael　マイケル・シメント　380
Schleicher-Woods, Waltrude　ウォルトラウド・シュレイシャー・ウッズ　364, 365
Schlusing, C. W.　C・W・シュルーシング　293
School sinks　スクールシンク　37, 39
Scofidio, Ricardo　リカルド・スコフィディオ　347, 348
Scott Brown, Denise　デニス・スコット・ブラウン　344
Scribner's　『スクリブナーズ』誌　62, 98
Scully, Thoresen, and Linard　スカリー・ソールセン・アンド・リナード　397
Second Empire style　第二帝政様式　90, 102, 103
Section 221d3　セクション 221d3　337
Section 235　セクション 235　391
Section 8　セクション 8　373
Sedgwick Houses　セドウィック・ハウス　315, 316, 319, 321, 344
Sert, Jackson, and Associates　セルト・ジャクソン・アンド・アソシエイツ　357, 358
Sert, Jose Luis　ホセ・ルイ・セルト　301, 302, 304, 318, 346
Setback　セットバック　57, 58, 118, 238, 239, 391
Sewage　下水　24, 37, 81, 82, 151, 153
Shalom Aleichem Cooperative　シャローム・アレイヘム・ハウス　194, 197-200, 205, 206, 217
Shantyhill　シャンティヒル　88

Shantytowns　シャンティタウン（仮小屋街）　84
Shelter（T-Square Club）　『シェルター』誌　300, 302
Short Hills　ショート・ヒルズ　149
Short, R. Thomas　R・トーマス・ショート　70, 72
Shreve, Lamb, and Harmon　シュレーヴ・ラム・アンド・ハーモン　264, 289
Shreve, Richmond H.　リッチモンド・H・シュレーヴ　264, 265, 289, 292, 304, 306
Sibley and Fetherston　シブリー・アンド・フェザーストン　167, 168, 176, 177
Single family　単世帯　28, 35, 36, 91, 92, 94, 96, 97, 99, 100, 109, 110, 126, 128, 153, 156, 161, 163, 165, 173, 228, 242, 245, 249, 278, 326, 327, 381, 391, 394, 396, 397
Site planning　敷地計画　184, 212, 218, 265, 266, 269, 271, 274, 286-290, 292, 293, 305, 335, 337, 341, 354, 355, 358, 362, 367, 396
Skidmore, Owings, and Merrill（SOM）　スキッドモア・オーウィングズ・アンド・メリル　315-319, 337, 338, 344, 345
Slab block　スラブ・ブロック（板状型ヴォリューム）　104, 231-234, 236, 311, 316-318, 321, 324, 336, 337, 344-346, 352, 358, 360, 362
Sloan and Robertson　スローン・アンド・ロバートソン　255
Slum and Housing　『スラムとハウジング』　254
Slum clearance　スラム・クリアランス（スラム除去）　84, 147, 188, 190, 198, 270, 284, 293, 294, 313, 316-318, 335, 336-338, 340, 344-346, 349, 366
Smith, Alfred E.　アルフレッド・E・スミス　167
Smith, Henry Atterbury　ヘンリー・アッタベリー・スミス　19, 70, 71, 140-144, 218, 220-223, 229, 240, 264
Smith, Perry Coke　ペリー・コーク・スミス　293
Smith, Stephen　スティーブン・スミス　40, 62
Smithson, Alison　アリソン・スミッソン　353
Smithson, Peter　ピーター・スミッソン　353
Society for Ethical Culture　倫理文化協会　60, 66
Society for Improving the Condition of the Laboring Classes（London）　労働者階級の状況を改良する会（ロンドン）　123
Society of American Artist　米国芸術家の会　19
Soho　ソーホー　374, 375, 376, 377
Solow Development Corporation　ソロウ開発社　381
Sommerfeld and Sass　ソマーフェルド・アンド・サス　200, 201
Sopher, Hank　ハンク・ソファー　368
South Bronx　サウス・ブロンクス　351, 362, 363, 394, 395, 399
South Bronx Community Housing Company　サウス・ブロンクス・コミュニティ・ハウジング社　362
South Bronx Development Organization（SBDO）　サウス・ブロンクス開発機構　394, 395
South Jamaica Houses　サウス・ジャマイカ・ハウス　290
Speculation　投機　20, 42, 43, 69, 75, 76, 77, 85, 86, 89, 151, 166, 191, 237, 374
Springsteen and Goldhammer　スプリングスティーンとゴールドハマー　187
Squatter　不法居住　28, 81, 84-86, 88-90
St. Die　サン・ディー　318
St. Gaudens, Augustus　オーガスタス・セント・ガーデンズ　19
St. Mark's Place　セント・マークス・プレイス　235
Starr, Roger　ロジャー・スター　368, 369, 385, 397
Starrett City　スターレット・シティ　341
Staten Island　スタテン島　165, 172, 383
Stein, Clarence　クラレンス・スタイン　20, 165, 168, 169, 200, 203, 204, 214-216, 218, 227, 245, 248, 249, 259, 260, 273
Steinway　スタインウェイ　150, 151, 152, 153, 157
Steinway, William　ウィリアム・スタインウェイ　150

Stevens House　スティーブンス・ハウス　15, 100, 101, 104
Stewart Alexander T.　アレクサンダー・T・スチュアート　90, 91, 110, 149, 150, 157, 158, 327
Stirling, James　ジェームズ・スターリング　381
Stockmar, Severin　セヴェリン・ストックマー　258, 259
Stokes, Isaac Newton Phelps　アイザック・ニュートン・フェルプス・ストークス　19, 69
Stonorov, Oscar　オスカー・ストノロフ　302
Straus, Nathan　ネイサン・シュトラウス　290
Strikes　ストライキ　151, 153, 166, 205, 206, 217
Stromsten, Edvin　エドヴィン・ストロムセン　347, 348
Stubben, Joseph　ジョセフ・スタッベン　186
Stubbins, Hugh　ヒュー・スタビンス　302
Stuyvesant Town　スタイヴェサント・タウン　304-312, 336-338, 357
Stuyvesant, The　スタイヴェサント　37, 95, 96, 100, 305, 308, 309, 311, 387, 396
Style　様式（スタイル）　14, 15, 33, 90, 92, 95, 101-103, 107, 110, 116, 173, 189, 209, 210-212, 217, 225-228, 233, 234, 236, 239, 240, 245, 262, 269, 273, 282, 301, 304, 325, 362
Subways　地下鉄　111, 115, 158, 161, 169, 170, 189, 192, 198, 214, 215, 249, 305, 338
Suffolk County, Long Island　サフォーク郡（ロング・アイランド）　326
Sullivan, Louis　ルイス・サリヴァン　40, 68, 227, 229, 265
Sunnyside Gardens　サニーサイド・ガーデンズ　202, 204, 214, 215, 216, 219, 256
Swanke, Hayden, and Connell　スワンキ・ヘイドン・アンド・コネル　379

T

Taft Houses　タフト・ハウス　351
Tappan, Robert　ロバート・タッパン　244, 245, 247
Task　『タスク』誌　301
Team Ten　チーム・テン　353
Technical America (FAECT)　『テクニカル・アメリカ』誌　300
Telesis　テレシス　301
Tenants movements　テナント運動　166
Tenement Economics Society　テナント経済協会　142
Tenement House Acts: (1867)　1867年テナメント条例　47-50, 60
Tenement House Acts: (1879) = Old Law　1879年テナメント条例=旧法　50
Tenement House Acts: (1901) = New Law　1901年テナメント条例=新法　74-78, 118, 120
Tenement House Acts: (1919)　1919年テナメント条例改正　163
Tenement House Building Company　テナメントハウス・ビルディング・カンパニー　134
Tenement House Department　テナメント・ハウス局　60, 76, 142, 143, 166, 237, 269
Tenement House Problem, The (DeForest and Veiller)　「テナメント・ハウス問題」　63, 74, 136
Tenth Street Studio　10丁目スタジオ　31-33, 376
Terra-cotta　テラコッタ　111, 236
Thomas Garden Apartment　トーマス・ガーデン・アパートメント　195, 199, 209, 262
Thomas, Andrew　アンドリュー・トーマス　19, 164, 165, 168, 169, 174-178, 180-185, 190-193, 199, 200, 202, 209, 210, 212-14, 218, 221, 240, 255, 273
Tiano Towers　ティアノ・タワーズ　369
Title I　タイトルI　334, 335, 336, 337, 340, 346, 349
Title IV　タイトルIV　299
Todd, David, see David Todd and Associates　デイヴィッド・トッド　358, 359, 362, 364
Towers, The　タワーズ　180, 182, 183, 209, 369

Trains 鉄道 13-15, 32, 36, 37, 41, 51, 54, 55, 77, 89, 133, 149, 150, 151, 153, 154, 157, 158, 169-171, 178, 246, 249, 282, 383
Tribeca トライベッカ 374, 375, 376
Trillin, Calvin カルヴィン・トリリン 206
Trolley service 路面電車 32, 151, 249
Trollope, Anthony アンソニー・トロロプ 90
Trump Castle トランプ・キャッスル 380
Trump Tower トランプ・タワー 379
Trump Village トランプ・ヴィレッジ 341
Trump, Donald ドナルド・トランプ 383
Trump, Fred C. フレッド・C・トランプ 341
Tudor City チューダー・シティ 188
Turner, Burnett C. バーネット・C・ターナー 287, 290
Tuscan style トスカナ 190, 191, 209
Tuskeegee, The タスキージー 143
Tuxedo Park タクシード・パーク 32, 149
Twin Parks ツイン・パークス 351, 353-356, 390
Typographical Union 印刷工組合 195

U

U.S. Department of Housing and Urban Development 米国住宅都市開発省 397
U.S. Department of Labor 米国労働省 66, 165, 277
Unit Plans (PWA) 「ユニット・プラン」 274, 276
Unite d'Habitation ユニテ・ダビタシオン 318, 319, 344
United Residents of Milbank-Frawley Circle East Harlem Association ミルバンク－フローリー・サークル－イースト・ハーレム住民合同協会 351
United States Housing Acts: Housing Act (1937) 1937年米国ハウジング法 283, 290, 373
United States Housing Acts: Housing Act (1949) 1949年米国ハウジング法 312, 313, 336
United States Housing Authority (USHA) 米国住宅公社 274, 282, 284, 299, 324
United States Housing Corporation 米国住宅法人 165
United Workers Cooperative Association 労働者協同組合 342
University of California at Berkeley カリフォルニア州立大学バークレー校 68
University Plaza ユニバーシティ・プラザ 346, 347
Unwin, Raymond レイモンド・アンウィン 186
Upper East Side アッパー・イースト・サイド 85, 88, 135, 136, 269, 344, 345, 379, 380
Upper West Side アッパー・ウェスト・サイド 85, 88, 89, 107, 111, 135, 378, 379, 383, 388
Utopianism ユートピア 229, 236

V

Vacancy rates 空室率 166, 237, 375, 390
Van Alen, William ウィリアム・ヴァン・アレン 278
Van Dyck Houses ヴァン・ダイク・ハウス 323-325, 351, 391
Van Wart, John S. ジョン・S・ヴァン・ワート 256, 257
Vancorlear, The ヴァンコリア 103, 104
Vanderbilt mansion ヴァンダービルト邸 110, 111
Vanderbilt, Ann Harriman アン・ハリマン・ヴァンダービルト 140
Vanderbilt, Cornelius コーネリアス・ヴァンダービルト 131
Vaux and Radford ヴォー・アンド・ラドフォード 131, 132, 133
Vaux, Calvert カルヴァート・ヴォー 87, 96, 97, 111
Veiller, Lawerence ローレンス・ヴェイラー 49, 72, 74, 142, 162, 237
Venturi, Robert ロバート・ヴェンチューリ 344, 348, 382
Veterans' Emergency Housing Act (1946) 退役軍人緊急ハウジング法 313

Veterans' Home Loan Guaranty Program　退役軍人を対象とした、住宅ローン保証プログラム　312
Victory Gardens　家庭菜園　180
Viele, Egbert　エグバート・ヴィエール　86, 87
Vienna　ウィーン　210, 211, 270, 324
Vietnam War　ベトナム戦争　369
Village Voice　『ヴィレッジ・ボイス』紙　368
Villard, Henry　ヘンリー・ウィラード　110
Ville Radieuse　「輝く都市」　347, 348
Vladeck House　ヴラデック・ハウス　273, 289, 292
Voorhees, Gemlin, and Walker　ヴォーヒーズ・ゲムリン・アンド・ウォーカー　273
Voorhees, Walker, Foley and Smith　ヴォーレーズ、ウォーカー、フォーリー・アンド・スミス　293

W

Wachsmann, Konrad　コンラッド・ワクスマン　302
Wagner, Robert　ロバート・ワグナー　325, 349, 367
Wagner-Ellender Taft (WET) Bill (1945)　ワグナー・エレンダー・タフト法案　313
Wagner-Steagall Bill　ワグナー・スティーガル法案　282
Walker and Poor　ウォーカー・アンド・プアー　315
Wallhigh　ウォールハイ　88
Walsh Albert A.　アルバート・A・ウォルシュ　368
Wank, Roland　ローランド・ヴァンク　210, 225
Ware, James E.　ジェイムズ・E・ウェア　51-54, 69, 71, 107, 135, 137-139
Ware, William Robert　ウィリアム・ロバート・ウェア　40
Warnecke, Heinz　ハインツ・ヴァーネッケ　264
Warren and Wetmore　ウォーレン・アンド・ウェットモア　116
Warren Place Mews　ウォーレン・プレイス・ミューズ　126
Washington Square　ワシントン・スクエア　92, 345, 346, 375
Washington Square Village　ワシントン・スクエア・ヴィレッジ　345
Waterlow, Sydney　シドニー・ウォーターロー　124, 127, 134
Waterlow-type plan　ウォーターロー型　124-126, 132, 134, 144
Weiner, Paul Lester　ポール・レスター・ワイナー　345
Wells, George H.　ジョージ・H・ウェルズ　179, 180, 184-187
Wells-Koetter　ウェルズ＝コッター　348
West Park Village　ウェスト・パーク・ヴィレッジ　337, 338, 364
West Point　ウェストポイント　18
West Village Houses　ウェストヴィレッジ・ハウス　364-366, 368-370
West Village,　ウェスト・ヴィレッジ　364-370, 374, 376, 377, 382
Westbeth artist housing　ウェストベス・アーティスト・ハウジング　376
Westview　ウェストヴュー　357
Westway　ウェストウェイ　352, 381, 382, 383
White, Alfred Treadway　アルフレッド・トレッドウェイ・ホワイト　124-132, 144, 145, 147, 158
William Field and Son　ウィリアム・フィールド・アンド・サン　125, 126, 132, 133, 144, 145
Williamsburg Houses　ウィリアムスバーグ・ハウス　254, 262, 264-269, 277, 281, 286, 289, 304
Wilson, John, L.　ジョン・L・ウィルソン　262
Windsor Terrace　ウィンザー・テラス　396
Wingate, Charles F.　チャールズ・F・ウィンゲート　63, 64
Wirth, Louis　ルイス・ワース　15, 173

Women's Club of New York　ニューヨーク婦人クラブ　346
Wood, Silas　サイラス・ウッド　28
Woodside　ウッドサイド　192, 254, 256
Woolworth building　ウールワース・ビルディング　229
Workers Cooperative Colony　労働者協同コロニー　193-195, 197, 198, 204, 210, 211, 217
Workingmen's Home　ワーキングメンズ・ホーム　29, 30, 31, 41, 143, 353
World War I　第1次大戦　66, 147, 166, 167, 178, 180, 228, 245, 265, 277, 278, 298, 313
World War II　第2次大戦　195, 256, 281, 299, 302, 312-314, 318, 335, 370, 384
World, The　『ワールド』誌　13-15
Wright, Frank Lloyd　フランク・ロイド・ライト　227, 234, 235, 236, 278, 303
Wright, Henry　ヘンリー・ライト　20, 165, 214-216, 218, 219, 227-229, 248, 249, 259, 275, 276, 300
Wyoming, The　ワイオミング　107

Y

Yale University　イエール大学　164, 301
Yellow fever　黄熱病　17, 24, 25
Yiddish Cooperative Heimgesellschaft（Shalom Aleichem Cooperative）　イディッシュ協同ハイムゲゼルシャフト　193, 194
York and Sawyer　ヨーク・アンド・ソイヤー　290, 292
York Avenue Estate　ヨーク・アヴェニュー・エステート　136, 137, 139
Young, Sarah Gilman　サラ・ギルマン・ヤング　94, 95

Z

Zeckendorg, William　ウィリアム・ゼッケンドルフ　368
Zeilenbau planning　ツァイレンバウ　225, 226, 231, 232, 262, 267, 269, 270, 272, 273, 276, 289, 290, 292, 293, 392
Zeisloft, E. Idell　E・アイデル・ザイスロフト　17
Zionism　シオニズム（シオン主義）　193, 194
Zoning　ゾーニング　57, 118, 162, 238, 239, 240, 305, 340, 341, 347, 350, 367, 386, 387

▶著者

リチャード・プランツ　Richard Plunz
建築家・歴史家、コロンビア大学教授。

▶序文

伊藤 毅　いとう たけし
歴史家、東京大学大学院教授。

▶訳者

酒井詠子　さかい えいこ
建築家、Koko Architecture ＋ Design 勤務。東京大学およびペンシルヴァニア大学大学院で建築を学ぶ。主にニューヨークを活動の拠点とし、分野を超えた取材・視察のコーディネーター、通訳としても活躍。

ニューヨーク都市居住の社会史　リチャード・プランツ
2005年10月7日　初版第1刷発行©

訳　者　酒井詠子
発行者　鹿島光一
発行所　株式会社 鹿島出版会
　　　　〒100-6006 東京都千代田区霞が関3-2-5
　　　　電話 03-5510-5400
　　　　http://www.kajima-publishing.co.jp

DTP　　エムツークリエイト
印　刷　三美印刷
製　本　牧製本

ISBN 4-306-04456-4　C3052　　Printed in Japan
無断転載を禁じます。落丁・乱丁はお取替えいたします。